国外名校最新教材精选

Fluid Mechanics and Thermodynamics of Turbomachinery

透平机械中的流体力学与热力学

（第7版）

〔英〕 S. L. 狄克逊
S. L. Dixon
University of Liverpool, UK
C. A. 霍尔
C. A. Hall
University of Cambridge, UK
著

张 荻 谢永慧 译

俞茂铮 审校

西安交通大学出版社
Xi'an Jiaotong University Press

Fluid Mechanics and Thermodynamics of Turbomachinery, Seventh Edition
S. L. Dixon, C. A. Hall
ISBN: 9780124159549

《透平机械中的流体力学与热力学》(第 7 版)
ISBN: 9787560581231

陕西省版权局著作权合同登记号 图字 25-2014-143 号

图书在版编目(CIP)数据

透平机械中的流体力学与热力学:第 7 版/(英)狄克逊,(英)霍尔著;张荻,谢永慧译.—7 版.—西安:西安交通大学出版社,2015.12(2020.7 重印)
书名原文:Fluid Mechanics and Thermodynamics of Turbomachinery,7ed
ISBN 978-7-5605-8123-1

Ⅰ.①透… Ⅱ.①狄…②霍…③张…④谢… Ⅲ.①透平机械-流体力学②透平机械-热力学
Ⅳ.①TK05

中国版本图书馆 CIP 数据核字(2015)第 288532 号

书　　名　透平机械中的流体力学与热力学(第 7 版)
著　　者　(英)S. L. 狄克逊,(英)C. A. 霍尔
译　　者　张　荻　谢永慧
审 校 者　俞茂铮
责任编辑　鲍　媛

出版发行　西安交通大学出版社
地　　址　西安市兴庆南路 1 号　邮政编码 710048
电　　话　(029)82668357　82667874(发行中心)
(029)82668315(总编办)
印　　刷　西安日报社印务中心

开　　本　787mm×1092mm　1/16　**印张**　27.5　**字数**　634 千字
版次印次　2015 年 12 月第 1 版　2020 年 7 月第 2 次印刷　**印数**　2001～3000
书　　号　ISBN 978-7-5605-8123-1
定　　价　118.00 元

读者购书、书店添货,如发现印装质量问题,请与本社发行中心联系、调换。
订购热线:(029)82665248　(029)82665249
投稿热线:(029)82665397
读者信箱:banquan1809@126.com

译者序

透平机械亦称为叶轮机械和涡轮机械，被广泛应用于发电、化工、航空航天、舰船动力等领域，其典型特征是装有叶片（或叶轮）的转子做旋转运动，流体与叶片相互作用，实现能量的转化与传递。

古希腊人早在3000多年前就开始使用最简单的透平机械——风车来灌溉和碾磨谷物等，我国利用风车始于汉朝，至今也有2000多年的历史。随着人类科技的发展，在19世纪末，瑞典工程师拉伐尔及英国工程师帕森斯分别独立发明了实用的汽轮机，由此开创了透平机械的现代化进程。其后各国科学家及工程师发展了满足人类多种需求的种类繁多的透平机械，包括汽轮机、燃气轮机、水轮机和风力机等将流体能量（热能、势能或动能）转化为机械功的原动机，以及泵、风机和压气机等将机械能转化为流体能量的工作机。理解并掌握这些透平机械的流体流动过程及能量转化原理，对于其设计、制造及利用具有重要意义。

本书为透平机械世界名家 S. Larry Dixon 的倾心之作，目前已更新至第7版，世界上许多高校和培训机构都采用本书作为热能动力工程（尤其是透平机械）专业的教材。本书第7版深入浅出地阐述了透平机械的流体力学和热力学基础知识，并详细介绍了常见的轴流式、径流式和混流式透平机械（如压气机、泵、涡轮机、水轮机和风力机等）的基本原理、工作性能和初步设计。本书各章节提供了丰富的示例，详细给出了计算公式及过程，为初学者提供了极佳的示范，也为透平机械研究人员提供了清晰的分析思路。同时，每章还附有多个综合性和设计性习题，便于读者巩固知识，深入理解。

本书可以作为能源与动力工程、核动力工程、舰船、航空航天等专业的本科生教科书，也可作为透平机械相关专业研究生及工程技术人员的参考书。译者有幸将此书译成中文并推荐给读者，期望本书能促进我国透平机械教学工作和技术的发展。

本书共10章，其中第4、5、6、7、8章由张荻翻译，第1、2、3、9、10章由谢永慧翻译，全书最后由张荻统稿，并请俞茂铮先生对全书进行了审校。俞茂铮先生为本书提供了大量宝贵的修改意见，在此表示真诚地感谢！译者指导的研究生吕坤、申仲旸、屈焕成、袁瑞山等在本书翻译的前期进行了大量基础性工作，西安交通大学出版社的鲍媛编辑为本书的出版付出了非常多的努力，在此一并表示感谢！

由于译者水平所限，译书的缺点和错误难免，欢迎读者批评指正。

张荻　谢永慧

2015年8月于西安交通大学

第 7 版序

本书最初是作为透平机械相关专业,并且需要获得工程荣誉学位的学生最后一年使用的教材,也可作为进修硕士研究生课程的参考书。本书针对的读者主要从事工程技术,而非数学专业,但是具备一些数学知识对于阅读本书非常有益。此外,本书从第 1 章起就默认读者已经具备流体力学基本知识。全书着重阐述流动的实际物理意义,很少使用专门的数学方法。

与第 6 版相比,新版改动和补充了许多概念、科技进展和例题。第 1 章首先给出了透平机械的定义,介绍了连续方程、能量方程和熵方程等基本定律以及非常重要的欧拉功方程;其次,第 1 章还介绍了完全气体和实际工质的物理性质,并在附录中给出了水蒸气焓熵图。第 2 章主要描述了"相似原理"的应用,以及各种类型透平机械及其性能特征的量纲分析。同时,介绍了低速及高速透平机械的性能特征。基于上述概念,给出了两个重要参数:比转速和比直径,并在科迪尔图中阐释了这两个参数的应用,该图说明了如何根据设计要求选取效率最高的机型。最后,第 2 章还介绍了泵和水轮机空化的基本知识。

对叶栅中气动特性的测量和理解是现代轴流式透平机械设计与分析的基础。第 3 章介绍了叶栅气体动力学,这是后续轴流式涡轮机与轴流式压气机两章的理论基础。上一版已经对第 3 章进行了重新编写,新版则更关注可压缩流动,以及影响透平机械叶片设计和叶栅性能的各种因素。此外,本章还添加了新的一节,介绍叶栅设计和分析的计算方法,并详细阐述了两种计算方法及其功能。

第 4 章和第 5 章分别介绍了轴流式涡轮机和轴流式压气机。第 4 章添加了一些新内容以更好地描述汽轮机特性,并补充了几个小节来阐述涡轮机内各种损失的来源,进一步分析了损失与效率之间的关系,同时更新了例题与习题。第 4 章还讨论了不同类型涡轮机设计的优缺点,包括与机械设计有关的问题,如离心应力水平以及高转速、高温涡轮机的冷却。采用比较简单的关系式描述了涡轮机效率随主要参数的变化趋势。

第5章阐述了各种类型轴流式压气机的分析方法和初步设计方法，添加了一些插图、例题及习题，介绍了新的压气机损失来源，详细分析了高速旋转的动叶栅中的激波损失。本章还讨论了非设计工况和多级压气机中级的匹配，由此可以实现大型压气机性能的定量分析。同时，补充了新的例题和习题，作为上述新内容在设计工况、非设计工况以及高转速压气机可压缩流动方面的应用示例。

第6章介绍了轴流式透平机械中的三维流动效应。相比第6版，这一章可能最具新特色。本章添加了大量关于三维流动、三维设计特征以及三维计算方法的内容，改写和更新了介绍通流计算方法的小节，补充了大量解释性插图以及有关涡旋设计的新例题和习题。

径流式透平机械仍然是广泛应用的重要动力设备，如内燃机的涡轮增压器、油气运输以及空气液化中使用的透平膨胀机。由于喷气式发动机核心部件设计得越来越紧凑，因此径流式透平机械在航空航天领域将会有更多的用途。第7章和第8章阐述了离心压气机和向心涡轮机的分析及设计方法。相较第5版，新版增添了新的例题，修正了一些内容并重新编写了一些小节。

本书第4版首次引入可再生能源的内容，添加了威尔斯透平和新的一章“水轮机”。随后，第5版添加了“风力机”一章。由于世界各国越来越关注各种形式能源的利用，所以新版保留了上述章节。利用可再生能源获取更多电力的要求不断高涨，其中水力发电和风力发电是最重要的方式。新版第9章介绍了水轮机，包括威尔斯透平和潮汐能发电机，并补充了一些新的例题。第10章介绍了风力机的基本流体力学原理，给出了难度不同的例题。新版还增加了风特性的概率分析，从而可以确定给定尺寸的风力机从正常阵风中获得的能量。本章还介绍了通过风速仪测量瞬时风速来确定平均速度及平均风力发电量的方法，阐述了翼型选取和叶片制造的准则、常规功率输出和转子转速的调节方法以及性能测试等重要问题。此外，还简要讨论了风力机对环境的负面效应，这对风力机的发展越来越重要。

为了加深学生在全书学习过程中的理解，本书提供了很多例题来阐释相关理论。除此之外，每一章最后还给出了许多习题，有些习题比较简单，有些则难度较大。学生可以根据附录F中的答案来检查解答是否正确。

致 谢

作者衷心感谢出版社和教育、研究及制造机构的众多同仁在本书新版准备过程中的帮助和支持！特别感谢下列公司和机构许可本书新版使用多幅照片及插图：

ABB(Brown Boveri，Ltd.)

American Wind Energy Association

BergeyWindpower Company

Dyson Ltd.

Elsevier Science

Hodder Education

Institution of Mechanical Engineers

Kvaener Energy，Norway

Marine Current Turbines Ltd.，UK

National Aeronautics and Space Administration (NASA)

NREL

Rolls-Royce plc

The Royal Aeronautical Society and its Aeronautical Journal

Siemens (Steam Division)

Sirona Dental

Sulzer Hydro of Zurich

Sussex Steam Co.，UK

US Department of Energy

Voith Hydro Inc.，Pennsylvania

The Whittle Laboratory，Cambridge，UK

我要向已故的利物浦大学教授 W. J. Kearton 以及他那本影响深远的著作《汽轮机理论与实践》(*Steam Turbine Theory and Practice*)表达我迟到但诚挚的谢意。Kearton 教授花费了大量时间与精力传授我们工程知识,令我对透平机械的兴趣与日俱增,并将终生保持这种兴趣与热爱。此外,如果没有利物浦大学 W. R. Pickup 基金会奖学金在我大学期间给予我的支持,这一切都不可能实现,是它向我打开了机会之门,改变了我的人生。

同时,我要向 John H. Horlock 教授(如今已是爵士)表达我最诚挚的谢意,他在利物浦大学担任 Harrison 机械工程教授期间,培养了我对压气机和涡轮机叶栅流动奥妙知识的兴趣。在撰写第 6 版的初期,John P. Gostelow 教授(是我早前指导的本科学生)与我就新版中可以添加的内容进行了深入而有益的探讨。在我职业生涯中,还有很多机械工程系的同仁也给予了我大量帮助和指导,在此一并表示感谢。

此外,我曾频繁地在利物浦大学 Harold Cohen 图书馆查找第 7 版所需的技术资料,我要向该馆工作人员给予的帮助表达深深的谢意。

最后,由衷感谢我的妻子 Rosaleen 对我工作的耐心支持以及不时的建议,使我有充分的精力完成本书新版。

S. Larry Dixon

感谢剑桥大学工程系,我曾是那里的一名学生、研究员,如今又受聘为讲师。在我成长为学者和工程师的过程中,许多同仁给予了我无私的帮助。在此我要特别感谢 John Young 教授,他对于热流体课程的精彩讲授,激发了我对学科的兴趣与热情。同时,我也十分感激我工作了多年的罗尔斯-罗伊斯公司。从众多同事那里,我学习到压气机和涡轮机气体动力学方面的许多知识,而且他们仍一如既往地支持着我的研究工作。

我利用休假时间在剑桥大学国王学院的办公室完成了本书新版中我承担

的所有工作。国王学院不仅为我提供住宿和餐饮，还有许多杰出而友好的同仁在我撰写本书的过程中给予了我热情的帮助，在此表示诚挚的谢意。

作为一名透平机械专业的讲师，Whittle 实验室对我而言是最好的研究机构，在此感谢实验室以往及现任同仁对我的所有支持和指导。其中，特别感谢我的博士学位导师 Tom Hynes 博士，是他鼓励我从工业界回归学术界，并在我担任讲师时就将透平机械课程的主讲工作交付于我。Rob Miller 博士是我在实验室工作期间的挚友及同事，非常感谢他在许多技术、专业以及个人事务上给予我的建议。实验室其他成员，包括 Graham Pullan 博士、Liping Xu 博士、Martin Goodhand 博士、Vicente Jerez-Fidalgo、Ewan Gunn 以及 Peter O'Brien 帮助我为本书准备了合适的插图，在此一并表示感谢。

最后，我要向我的父母 Hazel 和 Alan 为我所做的一切致以诚挚的谢意。同时，将我为本书所做的工作献给我的妻子 Gisella 和儿子 Sebastian。

Cesare A. Hall

符号表

A	面积
a	音速
$\bar{a}, a'$	轴向诱导因子,切向诱导因子
b	轴向弦长,通道宽度,叶栅轴向弦长(宽度)
C_c, C_f	弦向力系数,切向力系数
C_L, C_D	升力系数,阻力系数
CF	容量系数($=\bar{P}_W/P_R$)
C_p	定压比热,压力系数,压升系数
C_v	定容比热
C_X, C_Y	轴向力系数,切向力系数
c	绝对速度
c_o	射流速度
d	管道内径
D	阻力,直径
D_h	水力平均直径
D_s	比直径
DF	扩散因子
E, e	能量,比能
F	力,普朗特修正系数
F_c	叶片离心力
f	摩擦系数,频率,加速度
g	重力加速度
H	叶高,水头(压头)

H_E	有效水头
H_f	摩擦导致的水头损失
H_G	总水头
H_S	净正吸入水头(NPSH)
h	比焓
I	转焓
i	冲角
J	风力机叶尖速比
j	风力机当地叶片速比
K，k	常量
L	升力，扩压器壁面长度
l	叶片弦长，管道长度
M	马赫数
m	质量，分子质量
N	转速，扩压器轴向长度
n	级数，多变指数
o	喉部宽度
P	功率
P_R	风力机额定功率
$\bar{P}_W$	风力机平均功率
p	压力
p_a	大气压
p_v	蒸汽压
q	蒸汽干度
Q	传热量，体积流量
R	反动度，比气体常数，扩压器半径，流管半径
Re	雷诺数
R_H	重热系数
R_o	通用气体常数
r	半径

S	熵,功率比
s	叶片节距,比熵
T	温度
t	时间,厚度
U	叶片速度,内能
u	比内能
V, v	体积,比容
W	功,扩压器宽度
ΔW	比功
W_x	轴功
w	相对速度
X	轴向力
x, y	干度,湿度
x, y, z	笛卡尔坐标系方向
Y	切向力
Y_p	滞止压力损失系数
Z	叶片数,Zweifel 叶片负荷系数
α	绝对流动(气流)角
β	相对流动(气流)角,叶片俯仰角
Γ	环量
γ	比热比
δ	落后角
ε	流体偏转角,冷却效率,风力机阻力-升力比
ζ	焓损失系数,不可压缩流动的滞止压力损失系数
η	效率
θ	叶片中弧线折转角,尾迹动量厚度,扩压器的50%扩张角
κ	对数螺旋线叶片的包角
λ	叶型损失系数,叶片负荷系数,冲角系数
μ	动力粘性系数
ν	运动粘性系数,轮毂比,速比

$\boldsymbol{\xi}$	叶片安装角
$\boldsymbol{\rho}$	密度
$\boldsymbol{\sigma}$	滑移系数,稠度,空化系数(Thoma 系数)
$\boldsymbol{\sigma}_b$	叶片空化系数
$\boldsymbol{\sigma}_c$	离心应力
$\boldsymbol{\tau}$	转矩
$\boldsymbol{\phi}$	流量系数,速比,风力机冲击角
ψ	级负荷系数
$\boldsymbol{\Omega}$	转速
$\boldsymbol{\Omega}_S$	比转速
$\boldsymbol{\Omega}_{SP}$	功率比转速
$\boldsymbol{\Omega}_{SS}$	吸入水头比转速
$\boldsymbol{\omega}$	涡量

下标

0	滞止参数
b	叶片
c	压气机,离心的,临界的
cr	临界值
d	设计
D	扩压器
e	出口
h	水力的,轮毂
i	进口,叶轮
id	理想的
m	平均,子午面的,机械的,材料
max	最大的
min	最小的
N	喷嘴
n	法向分量
o	总的
opt	最佳的

p	多变的，泵，定压的
R	可逆过程，转子
r	径向的
ref	参照值
rel	相对的
s	等熵的，围带，失速工况
ss	级等熵的
t	涡轮机，顶部，横向的
ts	总-静
tt	总-总
v	速度
x，y，z	笛卡尔坐标系方向分量
θ	切向的（圆周向的）

上标

·	随时间的变化率
‾	平均的
′	叶片角（与流动角（气流角）进行区分）
*	额定工况，喉部工况
^	无量纲量

目　录

绪论:基本原理

1

你自己选择你认为最能帮助你的人员吧。
——莎士比亚《科利奥兰纳斯》

1.1 透平机械的定义

透平机械(turbomachine)指通过一个或多个旋转叶片排的作用力,将能量传递给连续流动的流体,或者使流体能量传递给叶片的各种机器。起源于拉丁文“turbo”或“turbinis”,原意为“转动”或“旋转”。实质上,旋转的叶片排、转子或叶轮是按照透平机械的功能要求,通过对经过流道的流体做正功或负功来改变流体滞止焓的。焓值的改变与同时发生的流体压力改变密切相关。

透平机械可分为两大类:第一类是工质从机械运动中吸取能量来提高工质压力或压头(有涵道或无涵道的风扇、压气机和泵);第二类是通过工质膨胀,压力降低来对外做功(风力机、水轮机、蒸汽轮机和燃气轮机)。图 1.1 以简图形式表示了实际应用的许多种类型的透平机械。泵(压气机)和涡轮机的型式很多的原因是其应用领域十分广泛。一般来说,对于给定的运行要求,只有一种型式的泵或涡轮机能提供最佳的运行工况。

透平机械还可以根据通过转子流道的流体路径进行分类。当流体路径整体上或基本上平行于转轴时,称为轴流式透平机械(如图 1.1(a)和(e))。当流体路径整体上或基本上处于一个垂直于旋转轴的平面上时,称为径流式透平机械(如图 1.1(c))。图 7.4、7.5、8.2 和 8.3 给出了较为详细的径流式透平机械简图。混流式透平机械应用很广。“混流”指的是转子出口的流体速度在轴向和径向的分量都较大。图 1.1(b)所示为一台混流泵,图 1.1(d)则是一台混流式水轮机。

还需要提及另一种分类方法。根据流体通过转子时产生或者不产生压力变化,可将透平机械分为反动式和冲动式两种类型。冲动式透平机械中所有的压力改变都发生在一个或多个喷嘴中,然后流体被导向转子。图 1.1(f)所示的水斗式水轮机为一种冲动式水轮机。

本书的主要目的是应用流体力学和热力学原理研究主要型式透平机械实现能量转换的方法,以及各种型式透平机械的不同运行特性。流动过程的分析方法取决于透平机械的几何结构、工质可压缩性以及透平机械是做正功还是负功。本书尽可能采用统一的分析方法,这样就同时考虑了具有相似结构和功能的透平机械。

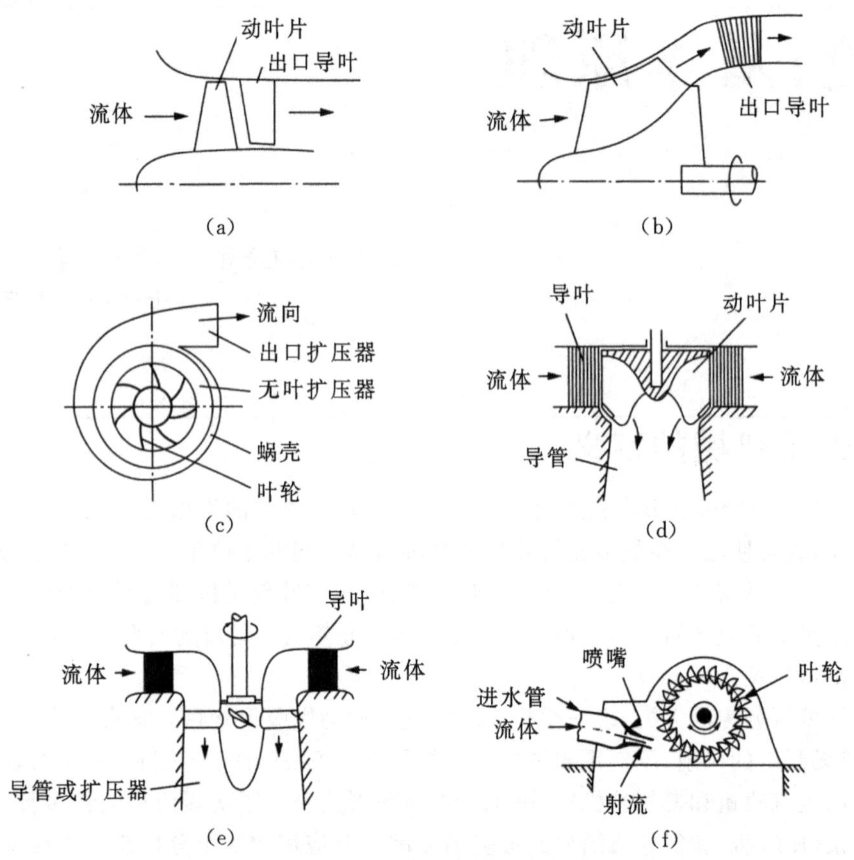

图 1.1　透平机械图例。(a)单级轴流式压气机或泵；(b)混流式泵；(c)离心式压气机或泵；(d)混流式水轮机；(e)轴流式水轮机；(f)水斗式水轮机

1.2　坐标系

透平机械由围绕同一转轴布置的旋转叶片和静止叶片组成，这意味着它们呈圆柱形，所以很自然地采用以旋转轴线为中心线的柱坐标来描述和分析。图 1.2 表示了这种坐标系。三个坐标轴分别为 x 轴、径向轴 r、切向轴(或周向轴)$r\theta$。

通常透平机械中的流体在三个坐标轴方向均有速度分量，并且是沿坐标轴变化的。但是为了方便研究，常假设切向分速度沿切向保持不变。此时，流体在透平机械的轴对称流面上通流，如图 1.2(a)所示。沿轴对称流面的速度分量被称为子午速度。

$$c_{\mathrm{m}} = \sqrt{c_x^2 + c_r^2} \tag{1.1}$$

在纯轴流式透平机械中，流体通流半径不变，所以图 1.2(c)中径向流速为零且 $c_{\mathrm{m}}=c_x$。与此类似，在纯径流式透平机械中，轴向流速为零且 $c_{\mathrm{m}}=c_r$。这两种型式透平机械的例子参见图 1.1。

总流速可由子午速度和切向速度合成，可以写为

$$c = \sqrt{c_x^2 + c_r^2 + c_\theta^2} = \sqrt{c_{\mathrm{m}}^2 + c_\theta^2} \tag{1.2}$$

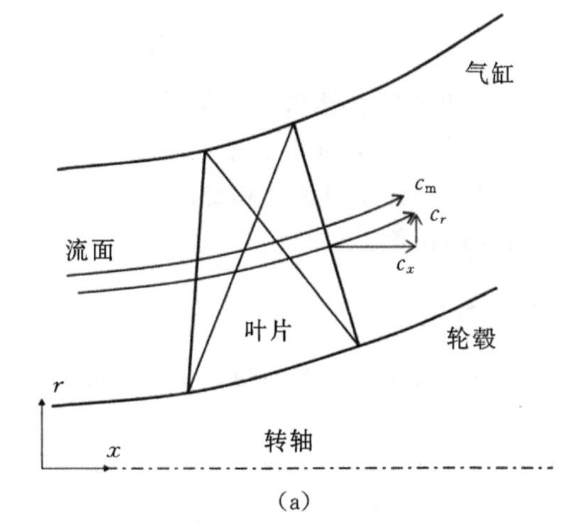

(a)

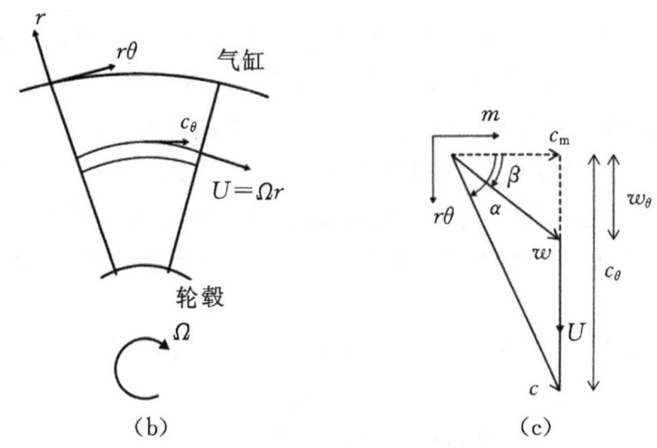

(b) (c)

图 1.2 透平机械的坐标系和流速

(a)子午面视图或侧视图;(b)轴向视图;(c)流面俯视图

旋流角(或切向角)为流动方向和子午方向的夹角。

$$\alpha = \arctan(c_\theta / c_m) \tag{1.3}$$

相对速度

透平机械旋转叶片通道的流场分析是在相对于叶片静止的参考坐标系中进行的。在此参考坐标系中,流动可视为稳态,而在绝对坐标系中,流动则是非稳态的。这使得计算简易许多,所以在透平机械研究中应用相对速度和相对参数很重要。

如图 1.2(c)所示,相对速度 w 为流体绝对速度 c 与叶片圆周速度 U 的矢量差,叶片圆周速度仅有切向分量,因此相对速度分量可以表示为

$$w_\theta = c_\theta - U, w_x = c_x, \omega_r = c_r \tag{1.4}$$

相对气流角为相对流动方向与子午面方向的夹角:

$$\beta = \arctan(w_\theta / c_m) \tag{1.5}$$

根据式(1.3)、(1.4)和(1.5)可以得出相对气流角与绝对气流角的关系式:

$$\tan\beta = \tan\alpha - U / c_m \tag{1.6}$$

符号约定

式(1.4)和(1.6)表明气流角和气流速度有可能是负值。在许多透平机械课程和教材中,习惯上把与转动方向一致的切向速度定为正值(如图1.2(b)和(c)所示),与旋转方向相反的切向速度定为负值。本书为保证相对速度和绝对速度间的正确矢量关系,上述两种情况下的气流速度和气流角都采用正值。

轴流式压气机级的速度三角形

图1.3所示为一个典型的轴流压气机级的简图(沿径向向内观察),由图可见叶片的布置和流体流向叶片时的速度三角形。

气流以角度 α_1 和速度 c_1 进入级内。这一进口速度与压气机级上游的设置有关,上游的设置可以为入口管道、另一压气机级或入口导叶。通过矢量相减,进入动叶栅的相对速度为 w_1,相对气流角为 β_1。动叶片设计成可以使做相对运动的气流顺畅地流过并改变方向,因此在出口处气流离开动叶栅时的相对速度为 w_2,相对气流角为 β_2。本章以后还要说明,在此过程中动叶会对气流做功,并最终使气流压力和滞止温度升高。

通过矢量相加可以得到动叶栅出口绝对流速 c_2 及气流角 α_2。这一气流应该顺畅地进入静叶栅,并以降低后的速度 c_3 和绝对气流角 α_3 从静叶栅流出。速度由 c_2 减至 c_3 的扩散流动使压力和温度进一步升高。随后,气流被导入下一动叶栅并在后续压气级中重复上述过程。

以上对级内流动的简要说明,其目的是以轴流压气机为例向读者介绍透平机械的基本流体力学过程。希望读者能理解图1.3所示的速度变化,因为这是学习透平机械的基础。在以后各章还要详细分析各类透平机械的速度三角形。

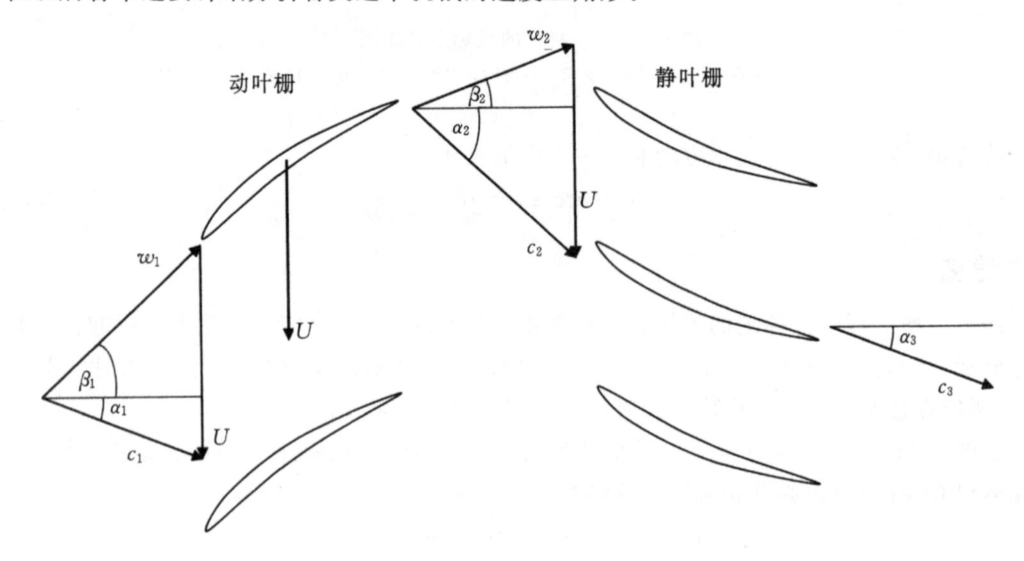

图1.3 轴流式压气机级的速度三角形

例题 1.1

通过一台轴流风扇的流体轴向速度为 30 m/s。符号如图 1.3 所示，气流角 α_1 和 β_2 为 23°，β_1 和 α_2 为 60°，试求叶片圆周速度 U。如果风扇平均半径为 0.15 m，试求动叶转速。

解：

速度分量可用以下关系式得出：

$$w_{\theta 1} = c_x \tan\beta_1 \text{ 和 } c_{\theta 1} = c_x \tan\alpha_1$$

$$\therefore U_{\mathrm{m}} = c_{\theta 1} + w_{\theta 1} = c_x(\tan\alpha_1 + \tan\beta_1) = 64.7\ \mathrm{m/s}$$

转速为

$$\Omega = \frac{U_{\mathrm{m}}}{r_{\mathrm{m}}} = 431.3\ \mathrm{rad/s} \text{ 或 } 431.3 \times 30/\pi = 4119\ \mathrm{r/min}$$

1.3 基本定律

本章以下部分首先概述流体力学和热力学基本定律，并将其表示为适合于研究透平机械的形式。随后介绍流体属性、可压缩流动关系式、流体压缩和膨胀过程的效率。

基本定律包括：

i. 连续方程；

ii. 热力学第一定律和稳态流动能量方程；

iii. 动量方程；

iv. 热力学第二定律。

这些定律通常在大学一年级的工程和技术课程中讲授，所以这里只作简要阐述和分析。Cengel 和 Boles(1994)，Douglas、Gasiorek 和 Swaffield(1995)，Rogers 和 Mayhew(1992)，Reynolds 和 Perkins(1977)编写的多本教科书全面阐述了这些定律。需要指出的是，这些定律是完全通用的，它们与流体属性或可压缩性无关。

1.4 连续方程

假定密度为 ρ 的流体在时间间隔 $\mathrm{d}t$ 内流过面积为 $\mathrm{d}A$ 的微元面。参考图 1.4，如果流速为 c，则通过微元面的流体质量为 $\mathrm{d}m=\rho c\mathrm{d}t\mathrm{d}A\cos\theta$，其中 θ 为微元面法向与流动方向的夹角。

垂直于流动方向的微元面面积为 $\mathrm{d}A_n=\mathrm{d}A\cos\theta$，所以 $\mathrm{d}m=\rho c\mathrm{d}A_n\mathrm{d}t$。质量流量为

$$\mathrm{d}\dot{m} = \frac{\mathrm{d}m}{\mathrm{d}t} = \rho c\,\mathrm{d}A_n \tag{1.7}$$

本书中绝大部分的分析对象均为一维稳态流动，即流体在管道或通道的每一个截面上各点的流速和密度被认为是相同的。设 A_{n1} 和 A_{n2} 分别为通道中位置 1 和 2 处垂直于流向

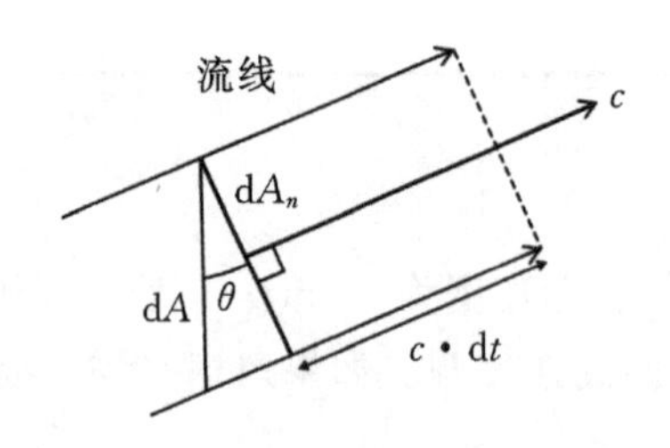

图 1.4　微面元面上的流动

的截面面积,由于两截面间的控制体内没有流体聚积,因此有

$$\dot{m} = \rho_1 c_1 A_{n1} = \rho_2 c_2 A_{n2} = \rho c A_n \tag{1.8}$$

1.5　热力学第一定律

热力学第一定律表明,如果将一个存在吸热和做功过程的完整循环作为一个系统,则有

$$\oint (dQ - dW) = 0 \tag{1.9}$$

式中,$\oint dQ$ 表示循环向系统提供的热量,$\oint dW$ 表示循环中系统对外做的功。式(1.9)中热量和功的单位相同。

工质的状态 1 转变到状态 2 时,系统内能的变化为

$$E_2 - E_1 = \int_1^2 (dQ - dW) \tag{1.10a}$$

式中,$E = U + (1/2)mc^2 + mgz$ 。

对于某一微小的状态变化有

$$dE = dQ - dW \tag{1.10b}$$

稳态流动能量方程

在许多教科书中,例如 Cengel 和 Boles(1994),都介绍了如何应用热力学第一定律导出稳态流动的流体通过一个控制体时的稳态流动能量方程。在这里没有必要重复这一推导,只需要引用最终结果。图 1.5 表示了一个透平机械的控制体。通过该控制体的定常质量流量为 $\dot{m}$,在位置 1 处流入,2 处流出。能量从流体传递给透平机械的叶片,并通过转轴以功率 $\dot{W}_x$ 输出正功。一般情况下,外界向控制体输入热量时,传热率 $\dot{Q}$ 取为正值。因而稳态流动能量方程可表示为

$$\dot{Q} - \dot{W}_x = \dot{m}\left[(h_2 - h_1) + \frac{1}{2}(c_2^2 - c_1^2) + g(z_2 - z_1)\right] \tag{1.11}$$

式中的 h 为比焓,单位质量流体的动能为 $1/2c^2$,单位质量流体的势能为 gz。

为了方便,将比焓 h 和动能 $1/2c^2$之和称为滞止焓。

$$h_0 = h + \frac{1}{2}c^2 \tag{1.12}$$

除了水轮机以外,式(1.11)中 $g(z_2 - z_1)$项的数值都很小,通常可以忽略。此时式

(1.11)可以写为

$$\dot{Q}-\dot{W}_x=\dot{m}(h_{02}-h_{01}) \tag{1.13}$$

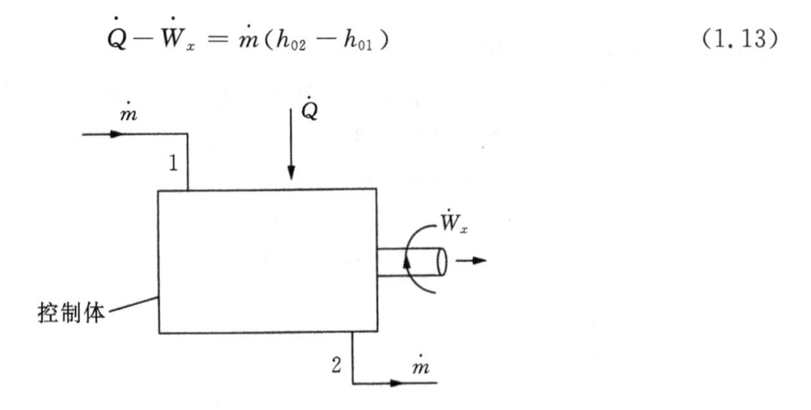

图 1.5 控制体热功转换的符号约定

因此，如果流动过程中不存在功和热量的传递时，滞止焓保持不变。大多数透平机械的流动过程为绝热过程(或很接近绝热)，可以认为 $\dot{Q}=0$。对于原动机(透平)，$\dot{W}_x>0$，所以

$$\dot{W}_x=\dot{W}_t=\dot{m}(h_{01}-h_{02}) \tag{1.14}$$

对于工作机(压气机)，$\dot{W}_x<0$，为了方便，写为

$$\dot{W}_c=-\dot{W}_x=\dot{m}(h_{02}-h_{01}) \tag{1.15}$$

1.6 动量方程

力学中最基本和最有价值的定律之一是牛顿第二运动定律。动量方程建立了作用于流体微元上的合外力与微元加速度，或者合外力方向上动量变化率之间的关系。动量方程在透平机械的研究中广泛应用，例如作用在压气机或透平叶片上的力即是由叶栅流道中流体的转向或加速引起的。

对于质量为 m 的系统，沿任意 x 方向作用在该系统的体积力和表面力之和等于系统在 x 方向动量随时间的变化率：

$$\sum F_x=\frac{\mathrm{d}}{\mathrm{d}t}(mc_x) \tag{1.16a}$$

如稳态流动的流体流入控制体的速度为 c_{x1}，流出速度为 c_{x2}，则有

$$\sum F_x=\dot{m}(c_{x2}-c_{x1}) \tag{1.16b}$$

式(1.16b)为稳态流动的一维动量方程。

动量矩

在动力学中可以应用以力矩表示的牛顿第二定律来得到有价值的信息。这种形式的第二定律对于透平机械中能量传递过程的分析甚为重要。

对于质量为 m 的系统，作用在系统上的所有外力绕任意固定 $A-A$ 轴的力矩矢量和 τ_A 等于系统对该轴的角动量随时间的变化率：

$$\tau_A = m\frac{\mathrm{d}}{\mathrm{d}t}(rc_\theta) \tag{1.17a}$$

式中，r 为质量中心与转轴的垂直距离，c_θ为垂直于转轴及矢量半径 r 的速度分量。

对于控制体可以应用动量矩定理。图 1.6 所示为一个包围着广义透平机械转子的控制体。具有切向分速的流体在半径 r_1 处以切向分速 $c_{\theta1}$ 进入控制体，在半径 r_2 处以切向分速 $c_{\theta2}$ 离开控制体。则一维稳态流动的动量矩定理可写为

$$\tau_A = \dot{m}(r_2 c_{\theta2} - r_1 c_{\theta1}) \tag{1.17b}$$

这表明，外力作用于该瞬时控制体内流体的力矩之和等于流出控制体的流体角动量通量的净流率。

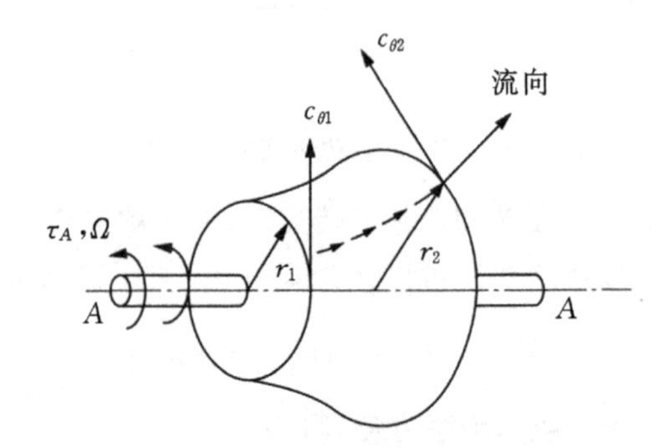

图 1.6　广义的透平机械控制体

欧拉功方程

以角速度 Ω 运转的泵或压气机转子对流体做功的功率为

$$\dot{W}_c = \tau_A\Omega = \dot{m}(U_2 c_{\theta2} - U_1 c_{\theta1}) \tag{1.18a}$$

式中，叶片圆周速度 $U=\Omega r$。

所以对单位质量流体所做的功或比功为

$$\Delta W_c = \frac{\dot{W}_c}{\dot{m}} = \frac{\tau_A\Omega}{\dot{m}} = U_2 c_{\theta2} - U_1 c_{\theta1} > 0 \tag{1.18b}$$

上式称为泵或压气机的欧拉方程。

对于涡轮机，流体对转子做功，按习惯取功为正值。这样比功为

$$\Delta W_t = \frac{\dot{W}_t}{\dot{m}} = U_1 c_{\theta1} - U_2 c_{\theta2} > 0 \tag{1.18c}$$

式(1.18c)为涡轮机的欧拉方程。

需要注意，对于绝热的透平机械(涡轮机或压气机)，应用稳态流动能量方程式(1.13)可以得到

$$\Delta W_x = (h_{01} - h_{02}) = U_1 c_{\theta1} - U_2 c_{\theta2} \tag{1.19a}$$

该式还可以写为

$$\Delta h_0 = \Delta(U c_\theta) \tag{1.19b}$$

式(1.19a)和(1.19b)为欧拉功方程的一般形式。考虑到方程推导时的假设，此方程对于透平机械叶栅通道中绝热流动的任一流线都是适用的。它同时适用于粘性和无粘流动，

因为流体的压力和摩擦力都对叶片产生力矩。严格地说它只适用于稳态流动,但也可以应用于时间平均的非稳态流动,只要计算平均值的时间周期取得足够长。在所有情况下,流体施加的全部转矩都必须传递到叶片上。透平机械轮毂和气缸上的摩擦力会导致角动量变化,这一影响在欧拉功方程中未被考虑。

对于静叶栅,$U=0$,所以 h_0 为定值。这是可以预料的,因为静止叶片与流体之间没有功的传递。

转焓和相对速度

欧拉功方程(1.19)可以写为

$$I = h_0 - Uc_\theta \tag{1.20a}$$

式中,I 沿着通过透平机械的一条流线为定值。函数 I 由 Wu(1952)首先引入,称为转焓(rothalpy),是旋转滞止焓(rotational stagnation enthalpy)的缩写。转焓是研究旋转系统中流动的重要力学参数,它还可以用静焓表示为

$$I = h + \frac{1}{2}c^2 - Uc_\theta \tag{1.20b}$$

欧拉功方程也可以用旋转参照系下的相对参数来表示。将式(1.4)中的相对切向速度代入式(1.20b),可得

$$I = h + \frac{1}{2}(w^2 + U^2 + 2Uw_\theta) - U(w_\theta + U) = h + \frac{1}{2}w^2 - \frac{1}{2}U^2 \tag{1.21a}$$

定义相对滞止焓为 $h_{0,\mathrm{rel}} = h + (1/2)w^2$,式(1.21a)可以简化为

$$I = h_{0,\mathrm{rel}} - \frac{1}{2}U^2 \tag{1.21b}$$

这一形式的欧拉功方程表明:对于动叶栅,如果叶片圆周速度为常数,则相对滞止焓为定值。换言之,如果流经叶栅通道的流线半径不变,则 $h_{0,\mathrm{rel}}$ 为定值。这一结论在分析相对坐标系中的透平机械流动时很重要。

1.7 热力学第二定律——熵

许多现代热力学教科书对热力学第二定律进行了严密的阐述,如 Cengel 和 Boles(1994),Reynolds 和 Perkins(1977),以及 Rogers 和 Mayhew(1992)。应用这一定律可以导出熵的概念并定义理想热力学过程。

克劳修斯不等式(Inequality of Clausius)是热力学第二定律的一个重要和有用的推论。它表明,一个系统经历一个存在热交换的循环后,有

$$\oint \frac{\mathrm{d}Q}{T} \leqslant 0 \tag{1.22a}$$

式中,$\mathrm{d}Q$ 为在绝对温度 T 下传递给系统的微元热量。

如果循环中的所有过程都是可逆的,则 $\mathrm{d}Q = \mathrm{d}Q_\mathrm{R}$,式(1.22a)的等号成立,也就是

$$\oint \frac{\mathrm{d}Q_\mathrm{R}}{T} = 0 \tag{1.22b}$$

对于一个有限的状态变化,状态参数熵定义为

$$S_2 - S_1 = \int_1^2 \frac{dQ_R}{T} \tag{1.23a}$$

对于状态的微小变化,则有

$$dS = m ds = \frac{dQ_R}{T} \tag{1.23b}$$

式中,m 为系统质量。

当作一维稳态流动的流体通过控制体时,从进口处的流体状态 1 变为出口处的状态 2,则有

$$\int_1^2 \frac{d\dot{Q}}{T} \leqslant \dot{m}(s_2 - s_1) \tag{1.24a}$$

可引入过程不可逆性引起的熵增 ΔS_{irrev} ,上式也可表示成:

$$\dot{m}(s_2 - s_1) = \int_1^2 \frac{d\dot{Q}}{T} + \Delta S_{irrev} \tag{1.24b}$$

如果为绝热过程,$d\dot{Q} = 0$,则

$$s_2 \geqslant s_1 \tag{1.25a}$$

如果为可逆过程,则

$$s_2 = s_1 \tag{1.25b}$$

所以,对于经历了既是绝热又是可逆过程的流体,熵值不变(这种过程称为等熵过程)。因为透平机械通常是绝热的或接近绝热,所以等熵压缩或膨胀是最佳过程。为了最大限度地提高透平机械的效率,必须要尽可能减小不可逆熵增 ΔS_{irrev},这是任何设计的首要目标。

应用上述熵的定义可以得出几个重要的表达式。对于经历一个可逆过程的质量为 m 的系统,有 $dQ = dQ_R = mTds$ 以及 $dW = dW_R = mpdv$。在没有运动、重力及其他影响时,热力学第一定律公式(1.10b)可以写为

$$Tds = du + pdv \tag{1.26a}$$

利用 $h = u + pv$,$dh = du + pdv + vdp$,上式可以转化为

$$Tds = dh - vdp \tag{1.26b}$$

式(1.26a)和(1.26b)是热力学第二定律非常有用的形式,因为这些公式中只包含系统的状态参数(没有 Q 和 W 项),所以这些方程适用于经历任何过程的系统。分析透平机械问题时,熵是一个特别有用的参数。发生在流道中的任何熵增可以等同于一定量的"功的损失"和由此导致的效率损失。熵值在绝对坐标系和相对坐标系中是相同的(见图 1.9),这意味着可以用熵来追踪透平机械所有旋转部件和固定部件内损失的来源。用熵来计算性能损失非常有效,这将在以后几章中说明。

1.8 伯努利方程

将稳态流动能量方程(1.11)应用于绝热流动且没有功的传递时,有

$$(h_2 - h_1) + \frac{1}{2}(c_2^2 - c_1^2) + g(z_2 - z_1) = 0 \tag{1.27}$$

如果将上式应用于在流动方向厚度无限小的控制体(图 1.7),可以推导出以下微分形

式能量方程：

$$dh + c dc + g dz = 0 \tag{1.28}$$

若在流体内没有剪切力（没有混合或摩擦），则流动是等熵的，式（1.26b）转化为 $dh = v dp = dp/\rho$，可以得到

$$\frac{1}{\rho} dp + c dc + g dz = 0 \tag{1.29a}$$

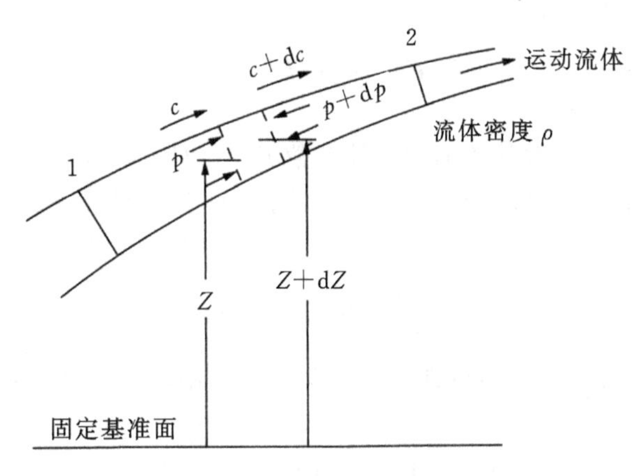

图 1.7 运动流体的控制体

式（1.29a）通常被称为一维欧拉运动方程，在流动方向对该方程进行积分可得

$$\int_1^2 \frac{1}{\rho} dp + \frac{1}{2}(c_2^2 - c_1^2) + g(z_2 - z_1) = 0 \tag{1.29b}$$

上式即为伯努利方程。对于不可压缩流体，ρ 为常数，则式（1.29b）可写为

$$\frac{1}{\rho}(p_{02} - p_{01}) + g(z_2 - z_1) = 0 \tag{1.29c}$$

式中不可压缩流体的滞止压力为 $p_0 = p + (1/2)\rho c^2$。

上式应用于水轮机时，常采用压头（水头）H 表示，定义为 $z + p_0/(\rho g)$。所以式（1.29c）可写为

$$H_2 - H_1 = 0 \tag{1.29d}$$

如果流体为气体或蒸汽，重力势的变化通常可以忽略，式（1.29b）可写为

$$\int_1^2 \frac{1}{\rho} dp + \frac{1}{2}(c_2^2 - c_1^2) = 0 \tag{1.29e}$$

如果气体或蒸汽的压力变化很小，则流体密度可视为常数。对式（1.29e）积分可以得到

$$p_{02} = p_{01} = p_0 \tag{1.29f}$$

也就是说，滞止压力为常数（以后还将证明该公式也适用于可压缩等熵过程）。

1.9 流体的热力学性质

流体最常用的三个热力学性质为压力 p、温度 T 和密度 ρ。此外，还需要考虑流动过程中其他相关的热力学性质，比如内能 u、焓 h、熵 s、比热 C_p 和 C_v 的变化。

由统计热力学的研究可知，在所有涉及压力变化的流动过程中，在非常短的时间间隔内

产生巨大数量的分子碰撞,这意味着流体压力会迅速调整到平衡状态。因此可以认为上文提到的所有物性都遵循经典平衡热力学定律和状态关系式。以下仅讨论纯的均匀工质:理想气体、完全气体和蒸汽。

理想气体

空气是混合气体,但是在 160～2100 K 温度范围内可以看作纯气体。在这个温度范围内,空气遵循理想气体状态方程:

$$p = \rho RT \text{ 或者 } pv = RT \tag{1.30}$$

式中,$R=C_p-C_v$,为气体常数。

任何理想气体的气体常数等于通用气体常数 $R_0=8314$ J/kmol 除以气体的分子量。本书中许多问题和空气有关,所以给出这种混合气体的气体常数很有用处,其分子量为 $M=28.97$ kg/kmol。

$$R_{air} = \frac{8314}{28.97} = 287 \text{ J/(kg·K)}$$

对于处于标准海平面的空气,压强 $p_a=1.01$ bar①,温度 $T_a=288$ K。因此,标准海平面条件下空气的密度为

$$\rho_a = \frac{p_a}{RT_a} = \frac{1.01\times10^5}{287\times288} = 1.222 \text{ kg/m}^3$$

所有处于高温和相对较低压力的气体都遵循理想气体定律。

理想气体可以是半完全气体或完全气体。

半完全气体的比热只是温度的函数:

$$C_p = \left(\frac{\partial h}{\partial T}\right)_p = \frac{dh}{dT} = C_p(T) \text{,且 } C_v = \left(\frac{\partial u}{\partial T}\right)_p = \frac{du}{dT} = C_v(T)$$

在较大的温度范围,空气和许多其他常见气体均可视为半完全气体。图 1.8 所示为空气 C_p 和 γ 随温度的变化。γ 为比热比,$\gamma=C_p/C_v$,在可压缩流动分析中是一个很重要的参数(参见 1.10 节)。

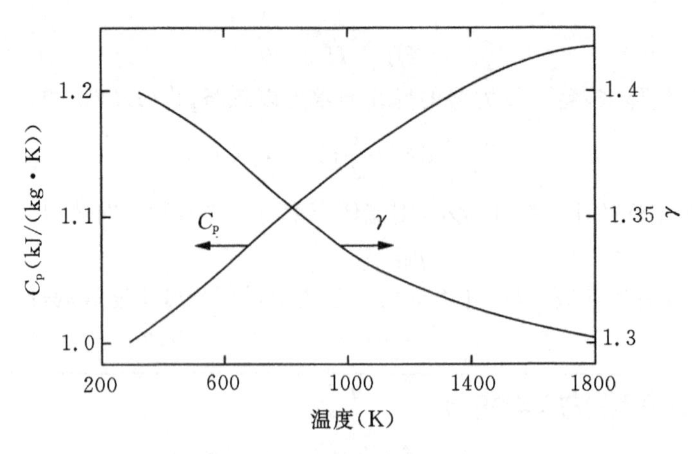

图 1.8 干空气物性随温度的变化

① 1 bar$=10^5$ Pa。

完全气体

完全气体是C_p、C_v和γ为常数的理想气体。许多实际气体在有限的温度和压力范围内可视为完全气体。对于透平机械内流体膨胀和压缩过程的计算，一般做法是根据过程平均温度使用C_p和γ的加权平均值。因此，本书在讨论问题时将根据气体种类和温度范围选用C_p和γ值。例如，处于接近环境温度下的空气流的γ取为1.4。

需要注意，经历任何过程的理想气体熵变可以由该过程开始和结束时的气体性质进行计算。将$dh=C_p dT$和$pv=RT$代入式(1.26b)可得：

$$T ds = C_p dT - RT dp/p$$

这一方程可以在过程初态(1)和终态(2)间进行积分：

$$\int_1^2 ds = C_p \int_1^2 \frac{dT}{T} - R\int_1^2 \frac{dp}{p}$$

$$\therefore s_2 - s_1 = C_p \ln\frac{T_2}{T_1} - R\ln\frac{p_2}{p_1} \tag{1.31}$$

例题 1.2

a. 对一定量的二氧化碳进行等熵膨胀，初始压力$p_1=120$ kPa，初始温度$T_1=120$ ℃，膨胀过程结束时压力$p_2=100$ kPa。求最终温度T_2。

b. 继续对二氧化碳进行定容加热，使温度升高到200 ℃。求向单位质量气体提供的热量、最终压力以及由于热量传递导致的比熵增。

设CO_2为理想气体，$R=189$ J/(kg·K)，$\gamma=1.30$。

解：

a. 因为$s_2=s_1$，由式(1.31)得

$C_p\ln(T_2/T_1)=R\ln(p_2/p_1)$，因此

$$T_2 = T_1\left(\frac{p_2}{p_1}\right)^{(\gamma-1)/\gamma} = 393\times 0.9588 = 376.8\text{K}$$

b. 对系统应用热力学第一定律，式(1.10b)：

$$Q = \Delta U = C_v\Delta T,\ T_3 = 473\ \text{K}\ \therefore Q = C_v(T_3 - T_2) = \frac{R}{\gamma-1}(T_3-T_2)$$

$$\therefore Q = \frac{189}{0.3}(96.2) = 60.6\ \text{kJ/kg}$$

在等容状态下，由$pv=RT$得

$$\frac{p_3}{p_2} = \frac{T_3}{T_2}\quad \therefore p_3 = 100\times\frac{473}{376.8} = 125.5\ \text{kPa}$$

由式(1.31)得出熵增为

$$\Delta s = C_p\ln\left(\frac{T_3}{T_2}\right) - R\ln\left(\frac{p_3}{p_2}\right) = \frac{\gamma R}{\gamma-1}\ln\left(\frac{T_3}{T_2}\right) - R\ln\left(\frac{p_3}{p_2}\right)$$

$$\therefore \Delta s = \frac{1.3\times 189}{0.3}\ln\left(\frac{473}{376.8}\right) - 189\ln\left(\frac{125.5}{100}\right) = 142.9\ \text{J/(kg·K)}$$

蒸汽

蒸汽是纯净水煮沸时形成的气相。处于液相与气相共存的两相区域的蒸汽称为湿蒸汽。蒸汽轮机通过高压蒸汽的膨胀来做功。蒸汽轮机中蒸汽膨胀过程一般接近或处于两相区域,此时理想气体定律不再适用,并且没有简单公式可以应用,需要使用通过实验得到的蒸汽性质表或蒸汽图来确定状态变化的影响。

蒸汽的热力学性质是许多科学家和工程师通过多年的艰难研究得到的。Harvey 和 Levelt Sengers(2001)综述了研究中应用的方法和遇到的困难。目前,国际水和水蒸气性质协会(IAPWS)已采用了最新的先进水和水蒸气热力性质公式(Wagner & Pruss,2002),按照 IAPWS 标准计算出的供一般用途及科学研究使用的水蒸气性质也已由美国国家标准与技术研究院(NIST)纳入标准参考数据库(Harvey,Peskin & Klein,2000)。这些性质数据也可通过免费在线计算器或性质表得到(National Institute of Standards and Technology(2012))。

除去水蒸气表外,进行蒸汽性质计算最直接的方法是查焓熵图(尽管不太准确)。焓熵图给出了不同压力 p(MPa)下比焓 h(kJ/kg)与比熵 s(kJ/(kg·K))的关系曲线。附录 E 给出了一张单页的小幅焓熵图,采用大尺寸的焓熵图当然可以得到更精确的值。

蒸汽表中常用的热力学术语

i. 饱和线

饱和线是热力性质图中单相区与两相区的分界线。饱和液体是指饱和液体线所有的水都处于液相的状态,饱和蒸汽是指饱和蒸汽线上所有的水都处于气相的状态。两相区位于饱和液体线和饱和蒸汽线之间。需要注意,在两相区内温度和压力不再是独立的性质。例如,当水在压力 1 bar 下沸腾时,所有的液体和气体均为 100 ℃。

ii. 蒸汽干度

干度是用于两相区域的一个状态参数,是蒸汽质量与汽、液总质量之比。在两相区内,任一状态参数的值是相同压力和温度下饱和液体线与饱和蒸汽线上参数值的质量加权平均值。因此,干度可用于确定蒸汽的热力学状态。

例如,假定干度为 x 的有一定量的湿蒸汽,该状态下蒸汽的比焓可以表示为

$$h = (1 - x)h_f + xh_g \tag{1.32}$$

式中,h_f是饱和液体线上的比焓,h_g是饱和蒸汽线上的比焓,两者均处于与湿蒸汽相同的温度和压力下。上述方法也可以用于其他状态参数,如 u、v 和 s。

iii. 蒸汽的过热度

当饱和蒸汽在恒定的压力下被加热,蒸汽的温度就高于相应的饱和温度。在相同压力下蒸汽温度与饱和温度之差称为过热度。

iv. 三相点和临界点

水的三相点温度和压力是单值的,在该点处,固态冰、液态水和蒸汽三相共存。临界点是饱和液体线与饱和蒸汽线在两相区的最高温度和压力处相会合的点。

1.10 完全气体可压缩流动关系式

气流马赫数定义为速度与当地音速之比。对于完全气体,如处于某一有限温度范围内

的空气，马赫数可以表达为

$$M=\frac{c}{a}=\frac{c}{\sqrt{\gamma RT}} \tag{1.33}$$

当气流马赫数大于 0.3 时，流动变为可压缩，气体密度的变化不能忽略。大功率透平机械的流量大，叶片圆周速度高，不可避免地会形成可压缩气流。气流的静参数与滞止参数之间的关系可以表示成当地马赫数的函数，以下进行推导。

对于完全气体，滞止焓的表达式 $h_0=h+(1/2)c^2$ 可以改写为

$$C_p T_0=C_p T+\frac{c^2}{2}=C_p T+\frac{M^2\gamma RT}{2} \tag{1.34a}$$

由 $\gamma R=(\gamma-1)C_p$，式(1.34a)可以简化为

$$\frac{T_0}{T}=1+\frac{\gamma-1}{2}M^2 \tag{1.34b}$$

气流滞止压力是气流等熵减速至速度为零时测得的静压。由式(1.26b)可知，对于等熵过程有 $\mathrm{d}h=\mathrm{d}p/\rho$。将此式与完全气体状态方程 $p=\rho RT$ 结合，可以得到下式：

$$\frac{\mathrm{d}p}{p}=\frac{C_p}{R}\frac{\mathrm{d}T}{T}=\frac{\mathrm{d}T}{T}\frac{\gamma}{\gamma-1} \tag{1.35}$$

对上式在静态和滞止状态间进行积分，即得可压缩气流的静压与滞止压力的关系式：

$$\frac{p_0}{p}=\left(\frac{T_0}{T}\right)^{\gamma/(\gamma-1)}=\left(1+\frac{\gamma-1}{2}M^2\right)^{\gamma/(\gamma-1)} \tag{1.36}$$

式(1.35)也可以沿着等熵流动中任意两点 1 和 2 之间的流线进行积分。在这种情况下，滞止温度和滞止压力存在以下关系：

$$\frac{p_{02}}{p_{01}}=\left(\frac{T_{02}}{T_{01}}\right)^{\gamma/(\gamma-1)} \tag{1.37}$$

如果没有热或功传递给气流，则 T_0 值不变。因此，式(1.37)表明，对于不存在功的传递的等熵流动，$p_{02}=p_{01}=$常数，式(1.29f)所示的不可压缩流动也是如此。

组合状态方程 $p=\rho RT$ 与式(1.34b)和(1.36)，可以得到对应的滞止密度关系式：

$$\frac{\rho_0}{\rho}=\left(1+\frac{\gamma-1}{2}M^2\right)^{1/(\gamma-1)} \tag{1.38}$$

对透平机械来说，最重要的可压缩流动关系式是无量纲质量流量（有时称为通流能力）关系式。它可以通过联立式(1.34b)、(1.36)、(1.38)和连续方程(1.8)得出：

$$\frac{\dot{m}\sqrt{C_p T_0}}{A_n p_0}=\frac{\gamma}{\sqrt{\gamma-1}}M\left(1+\frac{\gamma-1}{2}M^2\right)^{-\frac{1}{2}\left(\frac{\gamma+1}{\gamma-1}\right)} \tag{1.39}$$

这一关系式很重要，因为它可以用于关联透平机械内可压缩流动不同点处的流动参数。式(1.39)的应用将在第 3 章中说明。

需要注意，以上得出的可压缩流动关系式也适用于动叶栅中流动的相对坐标系，此时应采用相对滞止参数和相对马赫数：

$$\frac{p_{0,\mathrm{rel}}}{p},\frac{T_{0,\mathrm{rel}}}{T},\frac{\rho_{0,\mathrm{rel}}}{\rho},\frac{\dot{m}\sqrt{C_p T_{0,\mathrm{rel}}}}{Ap_{0,\mathrm{rel}}}=f(M_{\mathrm{rel}})$$

图 1.9 说明了温熵图中静参数与滞止参数的关系，为了清晰起见，图中的温差被放大了。图中还标明了流动过程中某一状态点的相对滞止状态和绝对滞止状态。要注意，所有

的状态均具有相同的熵，这是因为滞止状态是用等熵过程定义的。温度与压力的关系由式(1.36)确定。

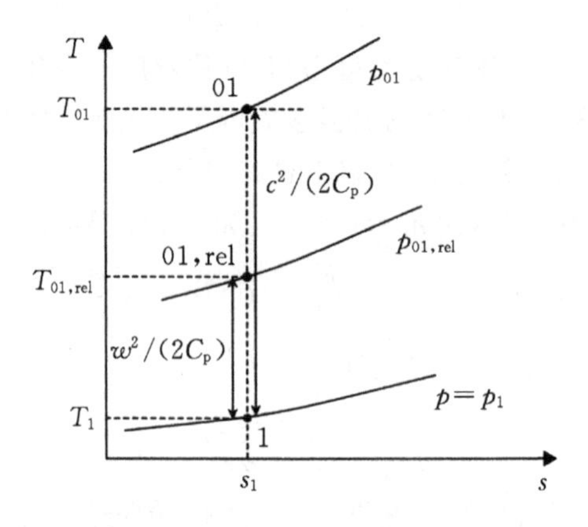

图 1.9 温熵图中静态参数和滞止参数的关系

例题 1.3

空气以高亚音速绝热地通过某一管道。在位置 A 测得流速 c_A 为 250 m/s，静温 $T_A=315$ K，静压 $p_A=180$ kPa。求滞止温度 T_{0A}、马赫数 M_A、滞止压力 p_{0A} 和滞止密度 ρ_{0A}。如果管道横截面积为 0.1 m²，计算空气的质量流量。取 $R=287$ J/(kg·K)，$\gamma=1.4$。

解：

由式(1.34a)可得

$$T_{0A}=T_A+\frac{c_A^2}{2C_p}=346\ \text{K}$$

由式(1.33)可得

$$M_A=\frac{c_A}{\sqrt{\gamma RT_A}}=0.703$$

由式(1.36)可得

$$p_{0A}=p_A\left(1+\frac{\gamma-1}{2}M_A^2\right)^{\gamma/(\gamma-1)}=250\ \text{kPa}$$

由式(1.38)可得

$$\rho_{0A}=\rho_A\left(1+\frac{\gamma-1}{2}M_A^2\right)^{1/(\gamma-1)}\text{，其中 }\rho_A=\frac{p_A}{RT_A}=1.991\ \text{kg/m}^3$$

$$\therefore \rho_{0A}=2.52\ \text{kg/m}^3$$

在这里，显然可以更直接使用气体状态方程计算滞止密度

$$\rho_{0A}=\frac{p_{0A}}{RT_{0A}}=2.52\ \text{kg/m}^3$$

计算空气质量流量的方法也有两种。应用式(1.8)可得

$$\dot{m}=\rho_A A_A c_A=1.99\times 0.1\times 250=49.8\ \text{kg/s}$$

另一方法则采用式(1.39)或表格 C.1,

$$\frac{\dot{m}\sqrt{C_p T_{0A}}}{A_A p_{0A}} = f(0.703) = 1.1728$$

$$\dot{m} = 1.1728 \times \frac{A_A p_{0A}}{\sqrt{C_p T_{0A}}} = 49.7 \text{ kg/s}$$

附录 C 给出了式(1.34)、(1.36)、(1.38)和(1.39)的计算结果列表。

阻塞流

对于亚音速流动,随着流动速度和马赫数的增大,单位面积的质量流量增加。这是因为根据式(1.8),单位面积的质量流量是 $\dot{m}/A = \rho c$,随着马赫数的增大,流速 c 的增大比密度 ρ 的减小更快,所以二者乘积更大。但是这一结论并不适用于超音速流动,即 $M>1$ 的情况,此时随着流动速度和马赫数的增大,单位面积的质量流量降低。因此,在流速等于音速($M=1$)时,单位面积的质量流量最大。在给定的 γ 值下,根据式(1.39)作出马赫数在 0～2 范围内的无量纲质量流量变化曲线,可以很容易地观察到这一最大值。

上述特性产生的一个重要结果是,气流在任何透平机械部件的最小通流面积处达到 $M=1$时,质量流量都将达到最大。此时的流动称为阻塞流动,并且质量流量不可能进一步提高(不改变入口滞止参数)。流动面积最小的截面称为喉部,由于喉部尺寸决定了跨音速透平机械可以通过的最大质量流量,因此它是一个重要的设计参数。在阻塞流动工况下,由于压力波在气流中的传播马赫数为 $M=1$,喉部下游流动参数的改变不会对喉部上游的流动有任何影响。

本书 3.5 和 3.6 节分别对压气机和涡轮机叶栅内的阻塞流动进行了详细阐述。

1.11 效率的定义

在透平机械的文献中给出了大量有关效率的定义,这一领域的大多数研究者都认为效率的定义太多。本书只介绍那些重要且实用的定义。

涡轮机效率

涡轮机的作用是将流动流体的能量转换为机械功,并通过输出轴上的联轴器输出机械功。这个过程的效率(总效率 η_0)是涡轮机设计者和用户相当重视的特性参数。

η_0定义为

$$\eta_0 = \frac{\text{单位时间输出轴上的联轴器获得的机械能}}{\text{单位时间流体可能产生的最大能量差}}$$

由于轴承、密封装置等部件的摩擦,涡轮机转子和输出轴上联轴器间存在机械能损失。这一损失相对于传递到转子的总机械能的比值很难估计,这是因为它与涡轮机的尺寸及设计特点有关。对于小型涡轮机(几千瓦)来说,该损失可能达到 5%或更大,但中型和大型涡轮机的这一损失比例则可能低至 1%。本书对涡轮机机械损失不作进一步讨论。

概括地说,涡轮机的等熵效率 η_t(或水力效率 η_h)是

$$\eta_t(\text{或}\ \eta_h) = \frac{\text{单位时间向转子提供的机械能}}{\text{单位时间流体可能产生的最大能量差}}$$

通过比较这些定义,很容易得出机械效率 η_m,η_m为轴功率与转子功率之比:

$$\eta_m = \eta_0/\eta_t(\text{或}\ \eta_0/\eta_h) \tag{1.40}$$

上述等熵效率定义也可以采用流体流经涡轮机所做的功来表示:

$$\eta_t(\text{或}\ \eta_h) = \frac{\text{实际功}}{\text{理想(最大)功}} = \frac{\Delta W_x}{\Delta W_{max}} \tag{1.41}$$

实际功可通过稳态流动能量方程(式(1.11))直接确定。对于绝热涡轮机,根据滞止焓的定义可得,

$$\Delta W_x = \dot{W}_x/\dot{m} = (h_{01} - h_{02}) + g(z_1 - z_2)$$

理想功的确定要稍微复杂一些,这是因为它取决于理想过程是如何定义的。等熵膨胀可以做出最大功,但问题是如何定义相对于实际过程的理想过程的最终状态。下一节将针对不同类型透平机械讨论理想功的不同定义。

汽轮机和燃气轮机

图1.10(a)所示是绝热涡轮机膨胀过程的简化焓熵图。线1—2表示实际膨胀过程,线1—2s表示理想的或可逆膨胀过程。透平从入口到出口流速很高,因而工质动能较大。

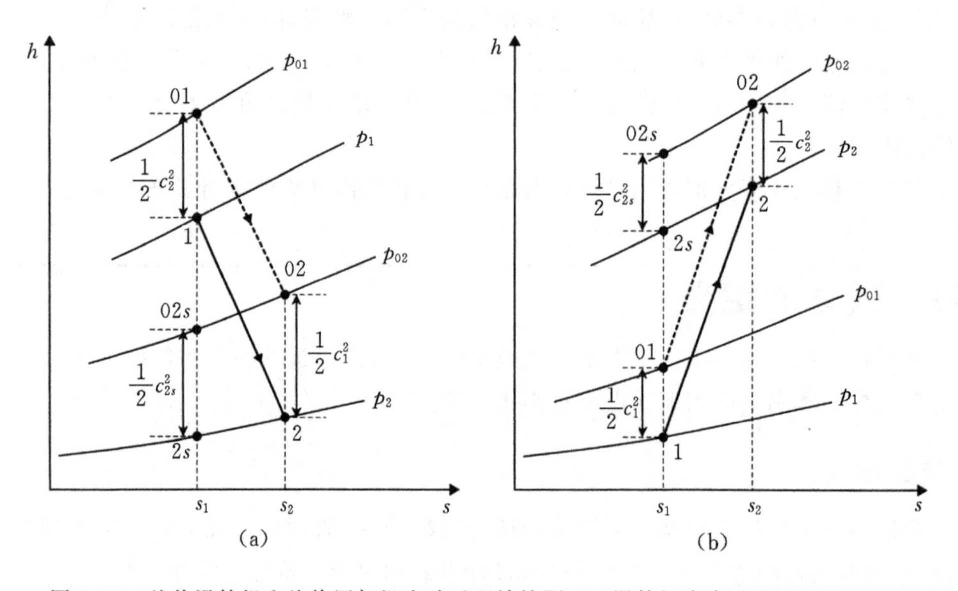

图1.10 绝热涡轮机和绝热压气机流动过程焓熵图:(a)涡轮机膨胀过程;(b)压缩过程

另一方面,对于可压缩流体,其势能通常可以忽略。所以涡轮机转子实际的比功为

$$\Delta W_x = \dot{W}_x/\dot{m} = h_{01} - h_{02} = (h_1 - h_2) + \frac{1}{2}(c_1^2 - c_2^2)$$

等熵效率的定义主要有两种,选择哪一种定义在很大程度上取决于出口动能是否可以有效利用。如果出口动能可以利用,那么理想膨胀的终压取为与实际过程的滞止终压(或总压)相同。因此,理想的输出比功等于状态点01和02s的比焓差。

$$\Delta W_{max}=\dot{W}_{max}/\dot{m}=h_{01}-h_{02s}=(h_1-h_{2s})+\frac{1}{2}(c_1^2-c_{2s}^2)$$

由这一理想比功得出的绝热效率 η 称为总-总效率，可表示成

$$\eta_{tt}=\Delta W_x/\Delta W_{max}=(h_{01}-h_{02})/(h_{01}-h_{02s}) \tag{1.42a}$$

如果入口和出口动能的差值很小，也就是 $(1/2)c_1^2\cong(1/2)c_2^2$，那么

$$\eta_{tt}=(h_1-h_2)/(h_1-h_{2s}) \tag{1.42b}$$

排气动能没有被浪费的一个例子是航空发动机燃气涡轮，其末级排气被用来产生推力。另一个例子是多级涡轮机中上一级的排气动能可以被下一级利用。

如果排气动能没能有效利用，反而被完全浪费的话，则理想膨胀的终压取为实际过程中出口动能为零时对应的静压。此时理想输出比功可由状态点 01 和 $2s$ 的比焓得出：

$$\Delta W_{max}=\dot{W}_{max}/\dot{m}=h_{01}-h_{2s}=(h_1-h_{2s})+\frac{1}{2}c_1^2$$

由此得出的绝热效率称为总-静效率 η_{ts}，可由下式得出：

$$\eta_{ts}=\Delta W_x/\Delta W_{max}=(h_{01}-h_{02})/(h_{01}-h_{2s}) \tag{1.43a}$$

如果入口和出口动能的差值很小，式(1.43a)可写为

$$\eta_{ts}=(h_1-h_2)/\left(h_1-h_{2s}+\frac{1}{2}c_1^2\right) \tag{1.43b}$$

当涡轮机直接向周围环境排气而不是通过扩压器排气，则其出口动能就被完全浪费。例如，火箭中使用的辅助涡轮机往往不采用排气扩压器，这是因为虽然涡轮机效率降低会引起推进剂消耗增加，但这一不利影响要小于火箭质量和尺寸增大所带来的有害影响。

通过比较式(1.42)和(1.43)可以看出，总-静效率总是低于总-总效率。总-总效率只考虑涡轮机的内部损失（熵增），然而总-静效率则考虑了内部损失和浪费的动能。

例题 1.4

汽轮机入口的过热蒸汽质量流量为 10 kg/s，压力为 20 bar，温度为 350 ℃，在汽轮机中膨胀至 0.3 bar，干度为 0.95。忽略动能的变化，试求：

a. 通过汽轮机的蒸汽焓降；

b. 蒸汽熵增；

c. 汽轮机的总-总效率；

d. 汽轮机的输出功率。

解：

可用附录 E 所示的水蒸气焓熵图确定给定膨胀条件下的焓和熵。

	T(℃)	h(kJ/kg)	s(kJ/(kg·K))
20 bar 进口蒸汽	350	3140	6.96
0.3 bar 饱和液体	69.1	289.3	0.944
0.3 bar 饱和蒸汽	69.1	2624.5	7.767

a. 首先确定汽轮机出口的比焓和比熵（状态 2）。对于干度为 0.95 的蒸汽根据式(1.32)可得：

$$h_2 = 0.95h_g + 0.05h_f = 0.95 \times 2624.5 + 0.05 \times 289.3 = 2510 \text{ kJ/kg}$$

$$s_2 = 0.95s_g + 0.05s_f = 0.95 \times 7.767 + 0.05 \times 0.944 = 7.43 \text{ kJ/(kg·K)}$$

$$\Delta h_0 = 630 \text{ kJ/kg}$$

b. $$\Delta s = 0.47 \text{ kJ/(kg·K)}$$

c. 汽轮机膨胀过程的效率是

$$\eta_{tt} = \frac{h_{01} - h_{02}}{h_{01} - h_{02s}} = \frac{630}{790} = 0.797$$

注意,h_{02s}=2350 kJ/kg 为 p=0.3 bar,s=6.96 kJ/(kg·K)时的焓值。

d. 输出功率 $\dot{W} = \dot{m}(h_{01} - h_{02}) = 10 \times 630 = 6.3$ MW

水轮机

水轮机的水力效率采用前述总-总效率表示。对于绝热涡轮机,稳态流动能量方程(式(1.11))可以写为以下微分形式:

$$\mathrm{d}\dot{W}_x = \dot{m}\left[\mathrm{d}h + \frac{1}{2}\mathrm{d}(c^2) + g\mathrm{d}z\right]$$

对于等熵过程,$T\mathrm{d}s = 0 = \mathrm{d}h - \mathrm{d}p/\rho$。如果等熵膨胀的出口静压、动能和高度与实际过程相同,则最大输出功为

$$\dot{W}_{\max} = \dot{m}\left[\int_1^2 \frac{1}{\rho}\mathrm{d}p + \frac{1}{2}(c_1^2 - c_2^2) + g(z_1 - z_2)\right]$$

对于不可压缩流体,水轮机最大的输出功率(忽略摩擦损失)为

$$\dot{W}_{\max} = \dot{m}\left[\frac{1}{\rho}(p_1 - p_2) + \frac{1}{2}(c_1^2 - c_2^2) + g(z_1 - z_2)\right] = \dot{m}g(H_1 - H_2)$$

式中,$gH = p/\rho + (1/2)c^2 + gz$,$\dot{m} = \rho Q$。

水轮机的水力效率 η_h 为转子输出功与进出口水力能量差之比,也就是

$$\eta_h = \frac{\dot{W}_x}{\dot{W}_{\max}} = \frac{\Delta W_x}{g[H_1 - H_2]} \tag{1.44}$$

压气机和泵的效率

压气机的等熵效率 η_c 和泵的水力效率 η_h 一般定义为

$$\eta_c(\text{或 } \eta_h) = \frac{\text{单位时间向流体输入的有用(水力)能量}}{\text{输入转子的功率}}$$

由于轴承、密封等处存在外部能量损失,输入到转子(或叶轮)的功率总是小于在联轴器处提供的功率。因此,压气机或泵的总效率为

$$\eta_o = \frac{\text{单位时间向流体输入的有用(水力)能量}}{\text{输入到联轴器的功率}}$$

由此可知机械效率为

$$\eta_m = \eta_o/\eta_c(\text{或 } \eta_o/\eta_h) \tag{1.45}$$

对于一个从状态1到状态2的完整的绝热压缩过程,输入比功为

$$\Delta W_c = (h_{02} - h_{01}) + g(z_2 - z_1)$$

图 1.10(b)给出了焓熵图上实际压缩过程的状态变化 1—2 和相应的理想过程 1—2s。对于绝热压气机，势能的变化可以忽略，最有意义的效率为总-总效率，其表达式为

$$\eta_c = \frac{\text{理想(最小)输入功}}{\text{实际输入功}} = \frac{h_{02s} - h_{01}}{h_{02} - h_{01}} \tag{1.46a}$$

如果入口和出口动能的差值很小，$(1/2)c_1^2 \cong (1/2)c_2^2$，那么

$$\eta_c = \frac{h_{2s} - h_1}{h_2 - h_1} \tag{1.46b}$$

对于不可压缩流动，最小输入功为

$$\Delta W_{\min} = \dot{W}_{\min}/\dot{m} = \left[(p_2 - p_1)/\rho + \frac{1}{2}(c_2^2 - c_1^2) + g(z_2 - z_1)\right] = g[H_2 - H_1]$$

因此泵的水力效率定义为

$$\eta_h = \frac{\dot{W}_{\min}}{\dot{W}_c} = \frac{g[H_2 - H_1]}{\Delta W_c} \tag{1.47}$$

例题 1.5

液压泵的供水流量为 0.4 m³/s，供水需提升的压头为 6.0 m。如果泵的效率是 85%，需要多大的功率驱动泵？

解：

由式(1.47)

$$\eta_h = \frac{g\Delta H}{\Delta W_c} \quad \therefore \Delta W_c = g\Delta H/\eta_h = \frac{9.81 \times 6}{0.85} = 69.25 \text{ J/kg}$$

$$\therefore P = \rho Q \Delta W_c = 10^3 \times 0.4 \times 69.25 = 27.7 \text{ kW}$$

1.12 小焓差级或多变效率

上一节介绍的等熵效率虽然基本上是适用的，但在对比不同压比透平机械的效率时可能会引起误解。现在，不考虑透平机械的实际级数，将任一透平机械认为是由大量焓差很小的级组成，如果每个小焓差级具有相同的效率，那么整台机器的等熵效率将与小焓差级的效率不同，其差异取决于该透平机械的压比。这个结果相当令人惊讶，它是由隐含在等熵效率表达式中的一个简单热力效应引起的，下文的讨论将予以说明。

压缩过程

图 1.11 所示的焓熵图绘出了状态点 1 和 2 之间压力 p_1 至 p_2 的绝热压缩过程，对应的可逆过程是由等熵线 1—2s 来表示的。可将该压缩过程划分成大量效率 η_p 相同的小焓差级。每个小焓差级的实际输入功为 δW，对应的等熵过程理想功为 $\delta W_{\min}$。由图 1.11 可知

$$\eta_{\mathrm{p}} = \frac{\delta W_{\min}}{\delta W} = \frac{h_{xs} - h_1}{h_x - h_1} = \frac{h_{ys} - h_x}{h_y - h_x} = \cdots$$

由于每个小焓差级具有相同的效率,因此 $\eta_p = \left(\sum \delta W_{\min} / \sum \delta W\right)$ 也同样成立。

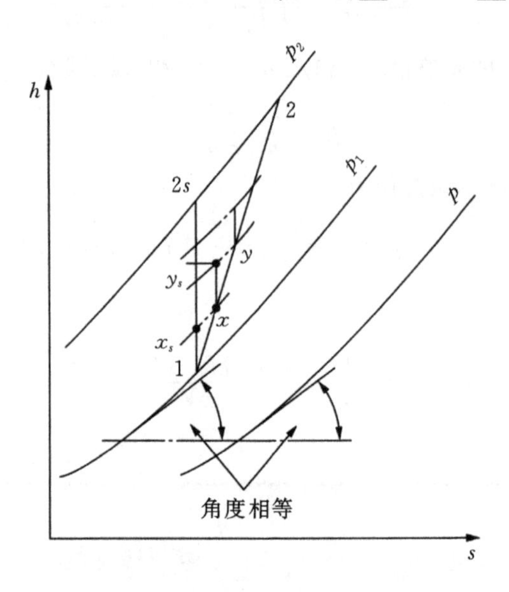

图 1.11 小焓差级压缩过程

对于定压过程,由 $T\mathrm{d}s = \mathrm{d}h - v\mathrm{d}p$ 可知 $(\partial h/\partial s)_{\mathrm{p1}} = T$ 。这意味着流体温度越高,焓熵图上定压线的斜率越大。当气体的 h 为 T 的函数时,定压线发散,并且在熵值相同时,p_2 线的斜率大于 p_1 线的斜率。如图 1.11 所示,T 相等时,定压线的斜率相等。对于完全气体(C_{p}为常数)定压过程,有 $C_{\mathrm{p}}(\mathrm{d}T/\mathrm{d}s) = T$。沿定压线对该式积分,可得 $s = C_{\mathrm{p}}\ln T +$ 常数。

现在再来讨论更一般的情况,由于

$$\sum \mathrm{d}W = \{(h_x - h_1) + (h_y - h_x) + \cdots\} = (h_2 - h_1)$$

因此

$$\eta_{\mathrm{p}} = [(h_{xs} - h_1) + (h_{ys} - h_s) + \cdots]/(h_2 - h_1)$$

整个压缩过程的绝热效率为

$$\eta_{\mathrm{c}} = (h_{2s} - h_1)/(h_2 - h_1)$$

又由于定压线发散

$$\{(h_{xs} - h_1) + (h_{ys} - h_x) + \cdots\} > (h_{2s} - h_1)$$

也就是

$$\sum \delta W_{\min} > W_{\min}$$

所以有

$$\eta_{\mathrm{P}} > \eta_{\mathrm{c}}$$

因此,对于压缩过程,透平机械的等熵效率小于小焓差级效率,两者的差别取决于定压线的发散程度。虽然上述讨论是基于静参数进行的,但该结论也适用于滞止状态,因为可以通过等熵过程关联滞止参数与静参数。

完全气体的小焓差级效率

对于完全气体，可以很容易地推导出小焓差级效率、总等熵效率和压比之间的显式关系。设有一焓差无限小的压气机级，其压力增量为 $\mathrm{d}p$，如图 1.12 所示。其实际焓升为 $\mathrm{d}h$，对应的理想焓升为 $\mathrm{d}h_{\mathrm{is}}$。

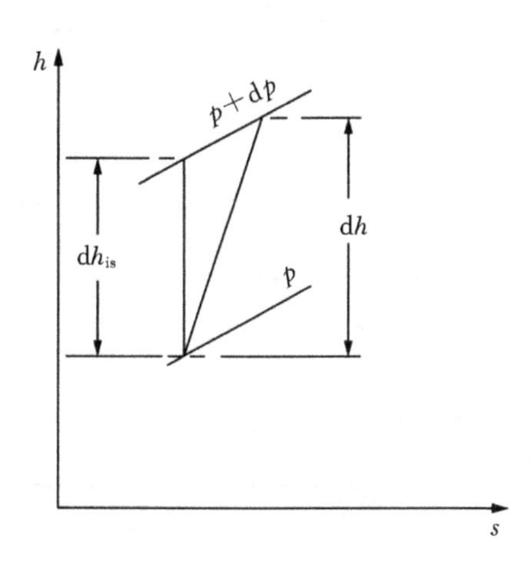

图 1.12 压缩过程中状态的增量变化

因为等熵过程有 $T\mathrm{d}s=0=\mathrm{d}h_{\mathrm{is}}-v\mathrm{d}p$，因此小焓差级的多变效率为

$$\eta_{\mathrm{P}}=\frac{\mathrm{d}h_{\mathrm{is}}}{\mathrm{d}h}=\frac{v\mathrm{d}p}{C_{\mathrm{p}}\mathrm{d}T} \tag{1.48}$$

将 $v=RT/p$ 代入式(1.48)，并由 $C_{\mathrm{p}}=\gamma R/(\gamma-1)$ 可以得到

$$\frac{\mathrm{d}T}{T}=\frac{(\gamma-1)}{\gamma\eta_{\mathrm{P}}}\frac{\mathrm{d}p}{p} \tag{1.49}$$

对整个压缩过程积分式(1.49)，并取焓差无限小的各级效率相同，可得

$$\frac{T_2}{T_1}=\left(\frac{p_2}{p_1}\right)^{(\gamma-1)/\gamma\eta_{\mathrm{P}}} \tag{1.50}$$

如果假定入口和出口的速度相等，则整个压缩过程的等熵效率是

$$\eta_{\mathrm{c}}=(T_{2s}-T_1)/(T_2-T_1) \tag{1.51}$$

对于理想的压缩过程，将 $\eta_{\mathrm{P}}=1$ 代入式(1.50)可以得到

$$\frac{T_{2s}}{T_1}=\left(\frac{p_2}{p_1}\right)^{(\gamma-1)/\gamma} \tag{1.52}$$

该式等同于式(1.37)。将式(1.50)和(1.52)代入式(1.51)可以得到

$$\eta_{\mathrm{c}}=\left[\left(\frac{p_2}{p_1}\right)^{(\gamma-1)/\gamma}-1\right]\Big/\left[\left(\frac{p_2}{p_1}\right)^{(\gamma-1)/\eta_{\mathrm{P}}\gamma}-1\right] \tag{1.53}$$

图 1.13 给出了一定压比范围内用上式计算出的不同 η_{P} 值下的“总”等熵效率。由图可以明显看出，有限压缩过程的等熵效率小于小焓差级效率。可见，利用等熵效率对比两台不同压比的透平机械，并不是一个有效的方法。这是因为在多变效率相等的情况下，由于隐含的热力学效应，压比较高的压气机等熵效率较低。

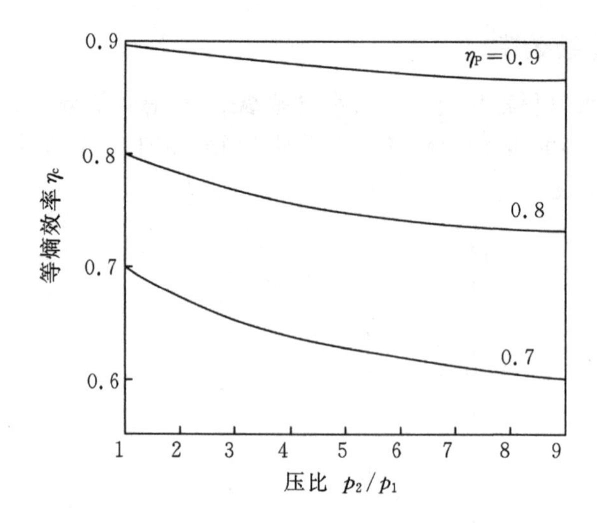

图 1.13 压气机(总)等熵效率与压比及小焓差级(多变)效率的关系($\gamma=1.4$)

例题 1.6

一台轴流空气压气机的总-总压比为 8∶1。入口和出口处的滞止温度分别是 300 K 和 586.4 K。求压气机的总-总效率和多变效率。设空气的 γ 为 1.4。

解：

将 $h=C_pT$ 代入式(1.46)，效率可以表示为

$$\eta_c=\frac{T_{02s}-T_{01}}{T_{02}-T_{01}}=\frac{(p_{02}/p_{01})^{(\gamma-1)/\gamma}-1}{T_{02}/T_{01}-1}=\frac{8^{1/3.5}-1}{586.4/300-1}=0.85$$

对式(1.50)两侧取对数，整理后可以得到

$$\eta_p=\frac{\gamma-1}{\gamma}\frac{\ln(p_{02}/p_{01})}{\ln(T_{02}/T_{01})}=\frac{1}{3.5}\times\frac{\ln 8}{\ln 1.9547}=0.8865$$

涡轮机多变效率

对于完全气体在涡轮机中的绝热膨胀过程，可以采用类似于压缩过程的分析方法。对于涡轮机，状态 1 至状态 2 的膨胀过程，合适表达式为

$$\frac{T_2}{T_1}=\left(\frac{p_2}{p_1}\right)^{\eta_p(\gamma-1)/\gamma} \tag{1.54}$$

$$\eta_t=\left[1-\left(\frac{p_2}{p_1}\right)^{\eta_p(\gamma-1)/\gamma}\right]\Big/\left[1-\left(\frac{p_2}{p_1}\right)^{(\gamma-1)/\gamma}\right] \tag{1.55}$$

这些表达式的推导可以作为读者的练习，此处不再阐述。图 1.14 所示为一定压比范围内按上式计算得出的在不同多变效率下的“总”等熵效率。这些结果最显著的特点是，与压缩过程相反，膨胀过程的等熵效率大于小焓差级多变效率。

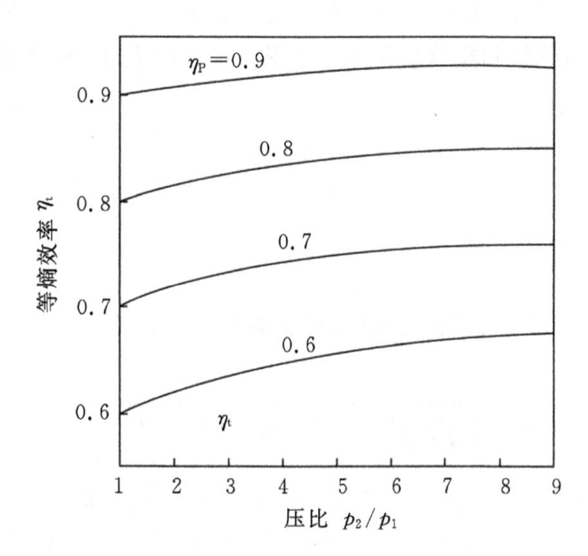

图 1.14 不同小焓差级多变效率下涡轮机等熵效率随压比的变化(γ=1.4)

重热系数

上述参数关系式不能应用于汽轮机,这是因为蒸汽的热力性质不满足完全气体定律要求。对于汽轮机,通常使用重热系数 R_H 来衡量整个膨胀过程效率所受的影响。如图 1.15 所示,绝热汽轮机内由状态 1 至状态 2 的整个膨胀过程在焓熵图上被划分成许多小焓差级的膨胀过程。重热系数定义为

$$R_H=[(h_1-h_{xs})+(h_x-h_{ys})+\cdots]/(h_1-h_{2s})=\left(\sum\Delta h_{is}\right)/(h_1-h_{2s})$$

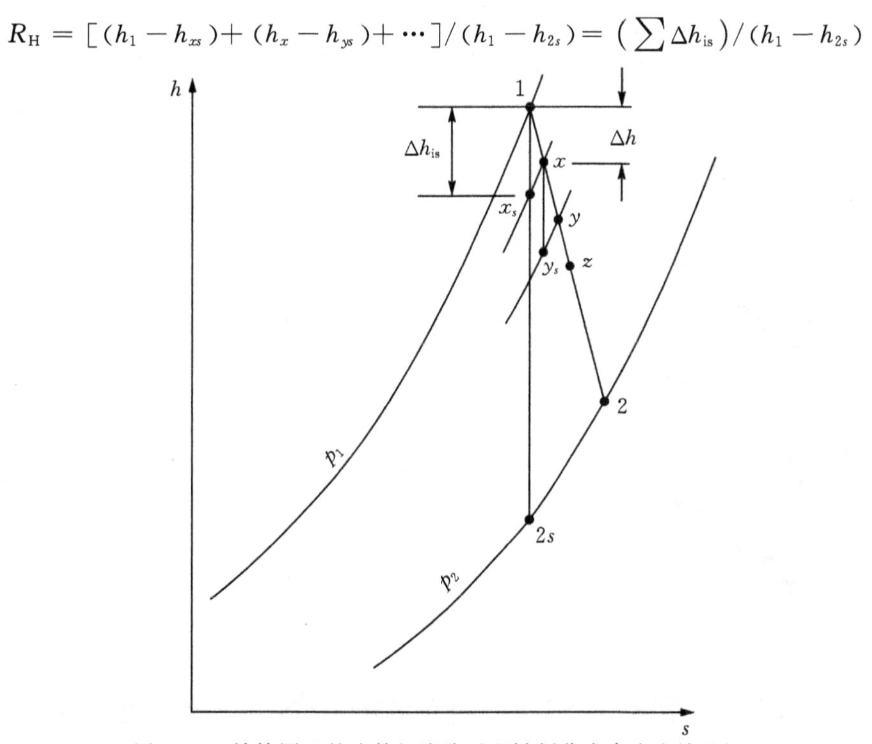

图 1.15 焓熵图上的汽轮机膨胀过程被划分为多个小焓差级

由于定压线逐渐发散,因此重热系数 R_H 总是大于1。当级数很多时,实际的 R_H 值取决于膨胀线在焓熵图上的位置和膨胀总压比。常规汽轮机的 R_H 值一般在1.03和1.08之间。由于汽轮机的等熵效率是

$$\eta_t = \frac{h_1 - h_2}{h_1 - h_{2s}} = \frac{h_1 - h_2}{\sum \Delta h_{is}} \times \frac{\sum \Delta h_{is}}{h_1 - h_{2s}}$$

所以

$$\eta_t = \eta_p R_H \tag{1.56}$$

上式建立了多变效率、重热系数和汽轮机等熵效率之间的关系。

1.13 透平机械内流动的固有不稳定性

由于流动的不稳定性,透平机械只能按自己的方式工作,而这一事实却经常被透平机械设计者所忽略。针对这个问题,Dean(1959)、Horlock 和 Daneshyar(1970)以及 Greitzer(1986)均进行了研究。在此,对这一涉及范围很广的问题只作简要介绍。

不考虑粘性时,通过透平机械的流体质点的滞止焓变化方程为

$$\frac{Dh_0}{Dt} = \frac{1}{\rho}\frac{\partial p}{\partial t} \tag{1.57}$$

式中,D/Dt 为流体质点的随体导数。式(1.57)表明,流体滞止焓的任何变化均是静压不稳定变化造成的。事实上,没有流动的不稳定性,滞止焓是不可能变化的,因此流体也就不可能做功。这就是所谓的“非定常性悖论”。定常分析方法可用于计算透平机械中功的传递,但功的传递机制从根本上来说是不稳定的。

Greitzer(1986)研究了轴流压气机转子中如图1.16(a)所示的物理现象。考察叶片周

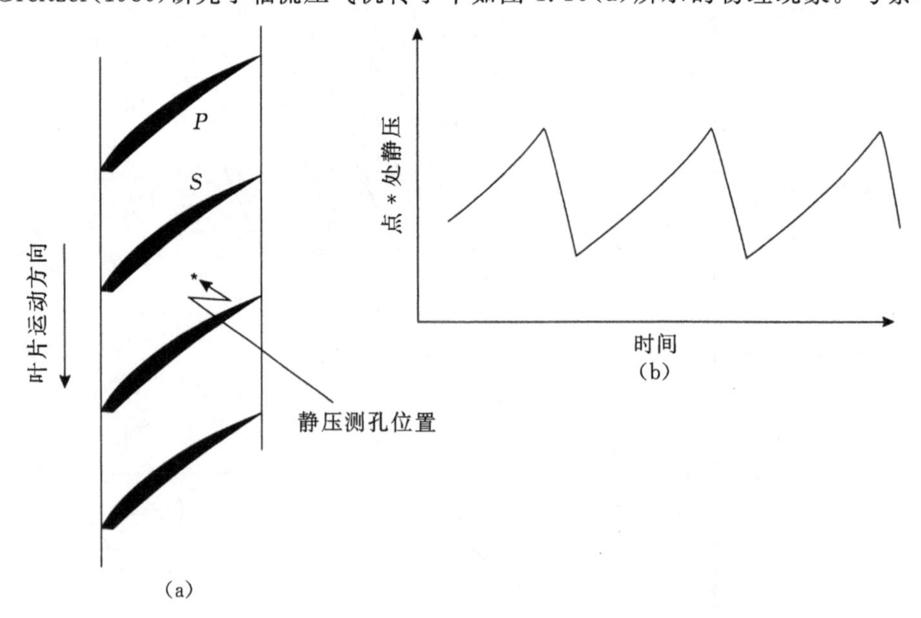

图1.16 轴流压气机转子不稳定压力场的测量:(a)气缸上点*处的压力测量;(b)点*处测得的脉动压力

围的压力场，是由吸力面(S)至压力面(P)压力逐渐增大。该压力场与叶片一起移动，因此在相对参考坐标系中是稳定的。但对于一个位于点 * 处(绝对参考坐标系)的观察者，其测得的压力则随时间变化，如图 1.16(b)所示。这种不稳定的压力变化通过叶片转速与叶片的压力场直接关联，

$$\frac{\partial p}{\partial t}=\Omega\frac{\partial p}{\partial \theta}=U\frac{\partial p}{r\partial \theta} \tag{1.58}$$

因此，流体质点通过转子时压力增大(也就是 $\partial p/\partial t>0$)，其焓值也会增加。

习题

1. a. 空气绝热流经长直水平管道，管道直径为 0.25 m，测得的质量流量为 40 kg/s。沿管道某截面处测得静温 $T=150$ ℃，静压 $p=550$ kPa。求该截面处气流平均速度和滞止温度。

b. 在管道另一截面处，测得静温降至 147 ℃，这是由壁面摩擦导致。试确定此处气流的平均速度和静压。

确定两测量截面间单位质量流体熵的变化。

此外，试设空气的 $R=287$ J/(kg·K)，$\gamma=1.4$。

2. 滞止温度为 300 K，静压为 2 bar 的氮气绝热流经直径为 0.3 m 的管道。管道某截面处马赫数为 0.6。设流动无摩擦，请确定：

a. 流体静温和滞止压力；

b. 气体的质量流量。

设氮气的 $R=297$ J/(kg·K)，$\gamma=1.4$。

3. 空气在水平管道内绝热流动，已知截面 1 处的静压 $p_1=150$ kPa，静温 $T_1=200$ ℃，速度 $c_1=100$ m/s。下游截面 2 处静压 $p_2=50$ kPa，静温 $T_2=150$ ℃。请确定速度 c_2 和单位质量空气熵的变化。空气的 $R=287$ J/(kg·K)和 $\gamma=1.4$。

4. 完全气体在涡轮机内进行绝热膨胀，总效率和小焓差级效率的关系为

$$\eta_t=(1-\varepsilon^{\eta_p})/(1-\varepsilon)$$

式中，$\varepsilon=r^{(1-\gamma)/\gamma}$，$r$ 为膨胀压比，γ 为比热比。轴流式涡轮机小焓差级效率为 86%，总压比为 4.5∶1，γ 的平均值为 1.333。试计算涡轮机的总效率。

5. 空气在多级轴流涡轮机内膨胀，每一级的压降很小。设空气为完全气体，比热比为 γ，试推导出下列过程的压力-温度关系：

a. 可逆绝热膨胀；

b. 不可逆绝热膨胀，小焓差级效率为 η_p；

c. 可逆膨胀，每一级中的热损失与级焓降的百分比为 k；

d. 可逆膨胀，其中热损失正比于绝对温度 T。在温熵图上作出前三种过程的过程线。如果入口温度为 1100 K，涡轮机压比为 6∶1，试计算以上三种工况的排气温度。设 $\gamma=1.333$，$\eta_p=0.85$，$k=0.1$。

6. 汽轮机入口蒸汽压力为 80 bar，温度为 500 ℃，蒸汽膨胀终压为 0.15 bar。膨胀过程为绝热膨胀，等熵效率为 0.9，汽轮机的输出功率为 40 MW。试采用焓熵图和蒸汽性质表确定出口蒸汽焓值和蒸汽流量。

7. 多级高压汽轮机的入口蒸汽滞止压力为 7 MPa,滞止温度为 500 ℃,相应的比焓为 3410 kJ/kg,排汽滞止压力为 0.7 MPa,蒸汽在整个膨胀过程中都处于过热状态。设蒸汽在整个膨胀范围内为完全气体,$\gamma=1.3$,汽轮机内流动过程的小焓差级效率为 0.82,请确定:

a. 膨胀终点的蒸汽温度与比容;

b. 重热系数。

过热蒸汽的比容可用 $pv=0.231(h-1943)$ 来计算,式中,p 的单位为 kPa,v 的单位为 m^3/kg,h 的单位为 kJ/kg。

8. 一台 20 MW 背压式汽轮机的入口蒸汽参数为 4 MPa 和 300 ℃,末级出口蒸汽压力为 0.35 MPa。级效率为 0.85,重热系数为 1.04,外部损失为实际等熵焓降的 2%。试确定蒸汽流量。如第一级喷嘴出口蒸汽速度为 244 m/s,比容为 68.6 dm^3/kg,平均直径为 762 mm,以轴向为基准的气流角为 76°。试计算该级的喷嘴出口高度。

9. 一台有 5 个压力级的汽轮机,其第一级入口蒸汽滞止压力为 1.5 MPa,滞止温度为 350 ℃,末级出口蒸汽滞止压力为 7.0 kPa,相应的干度为 0.95。

设焓熵图中蒸汽膨胀的滞止状态点轨迹是一条连接初态和终态的直线,试采用焓熵图确定:

a. 每一级之间的滞止状态参数,设每级做功相同;

b. 每一级的总-总效率;

c. 汽轮机的总-总效率和总-静效率,设蒸汽以 200 m/s 的速度进入凝汽器;

d. 基于滞止状态的重热系数。

10. 二氧化碳气体(CO_2)在管道中做绝热流动。截面 1 处静压 $p_1=120$ kPa,静温 $T_1=120$ ℃,截面 2 处静压 $p_2=75$ kPa,速度 $c_2=150$ m/s。试确定:

a. 马赫数 M_2;

b. 滞止压力 p_{02};

c. 滞止温度 T_{02};

d. 马赫数 M_1。

取 CO_2 的 $R=188$ J/(kg·K),$\gamma=1.30$。

11. 进入轴流压气机第一级的空气滞止温度为 20 ℃,滞止压力 1.05 bar,压气机出口空气滞止压力为 11 bar,压气机的总-总效率为 83%。试确定出口的空气滞止温度及压气机多变效率。设空气 $\gamma=1.4$。

参考文献

Çengel, Y. A., & Boles, M. A. (1994). *Thermodynamics: An engineering approach* (2nd ed.). New York, NY: McGraw-Hill.

Dean, R. C. (1959). On the necessity of unsteady flow in fluid mechanics. *Journal of Basic Engineering, Transactions of the American Society of Mechanical Engineers, 81*, 24–28.

Douglas, J. F., Gasioreck, J. M., & Swaffield, J. A. (1995). *Fluid mechanics* New York, NY: Longman.

Greitzer, E. M. (1986). An introduction to unsteady flow in turbomachines. In D. Japikse (Ed.), *Advanced topics in turbomachinery, principal lecture series no. 2.* Wilder, VT: Concepts ETI.

Harvey, A. H., & Levelt Sengers, J. M. H. (2001). *Thermodynamic properties of water and steam for power generation* (pp. 49–52). Special Publication 958, National Institute of Standards and Technology.

Harvey, A. H., Peskin, A. P. & Klein, S. A. (2000). *NIST/ASME Steam Properties*, NIST Standard Reference Database 10, Version 2.2, National Institute of Standards and Technology.

Horlock, J. H., & Daneshyar, H. (1970). Stagnation pressure changes in unsteady flow. *Aeronautical Quarterly*, 22, 207–224.

National Institute of Standards and Technology. (2012). Websites for access to thermodynamic properties of water and steam. Online property calculator:<http://webbook.nist.gov/chemistry/fluid/> Tabulated data: <http://www.nist.gov/srd/upload/NISTIR5078.htm>.

Reynolds, C., & Perkins, C. (1977). *Engineering Thermodynamics* (2nd ed.). New York, NY: McGraw-Hill.

Rogers, G. F. C., & Mayhew, Y. R. (1992). *Engineering Thermodynamics, Work and Heat Transfer* (4th ed.). New York, NY: Longman.

Rogers, G. F. C., & Mayhew, Y. R. (1995). *Thermodynamic and Transport Properties of Fluids (SI Units)* (5th ed.). Malden, MA: Blackwell.

Wagner, W., & Pruss, A. (2002). The IAPWS formulation 1995 for the thermodynamic properties of ordinary water substance for general and scientific use. *The Journal of Physical Chemistry Reference Data, 31*, 387–535.

Wu, C. H. (1952). A general theory of three-dimensional flow in subsonic and supersonic turbomachines in radial and mixed flow types. NACA TN 2604. National Aeronautics and Space Administration, Washington DC.

量纲分析：相似原理

2

一法通，则百法通。

——泰伦斯《福尔米欧》

2.1 量纲分析和确定性能的定律

对各种透平机械通用特性的最全面描述无疑是通过量纲分析获得的。通过量纲分析的常规流程，可将一组表示物理现象的变量转换为数量较少的无量纲参数。当独立变量不太多时，量纲分析可以大大减少获得变量间实验关系式的工作量。量纲分析对透平机械还有两个更重要的用途：(a)通过按比例缩小的模型实验（相似）预测原型性能；(b)当压头、转速及流量的范围给定时，确定可使效率达到最大值的最佳透平机械类型。Ouglas、Gasiorek、Swaffield(1995)及Shames(1992)等人给出了构建无量纲参数的几种方法。Edward Taylor(1974)对量纲分析方法作出了全面论述，他给出的因次分析方法比较简便，而且实用，本书即采用这种方法。

利用基础热力学的简单方法，取定一个包围透平机械且形状、位置和方向均不变的控制面（图2.1）。定常流动的流体从控制面边界1流入，从边界2流出。除了流体进出控制面以外，还有功经由控制面输入或输出，这些功通过透平机械的转轴来传递。在分析问题时，可以忽略透平机械内部流动的所有细节，只考虑能够从外部观测到的特性（如转速Ω、流量Q、转矩τ及流体流经透平机械后的物性参数变化等）。例如，假定该透平机械是一台由电机驱动的泵（相关分析适用于其他类型的透平机械）。通过改变电机的电流可以调节泵的转速Ω，而泵的流量Q则可由节流阀单独控制。给定一组Q和Ω，其他变量如转矩τ、扬程H等就都可以确定下来。控制变量Q和Ω是任取的，也可以选择其他任意一对独立变量如τ和H作为控制变量。需要指出的是，泵只有两个控制变量。

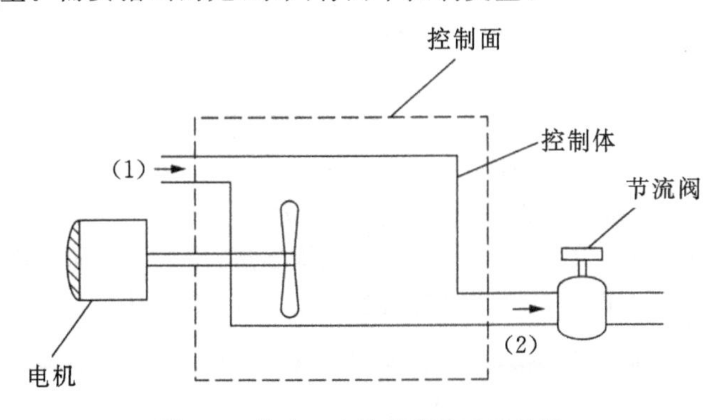

图2.1 作为一个控制体的透平机械

改变流体密度ρ和粘度μ将影响透平机械的性能。而对于工质为可压缩流体的透平机械，流体的其他物性参数也很重要，这些参数将在后文中讨论。

到目前为止，我们只考虑了一个特定的透平机械，即给定尺寸的泵。为了拓宽讨论范围，必须引入影响透平机械性能的几何变量。透平机械的尺寸由叶轮直径D表征，形状由多个长度比l_1/D、l_2/D等表征，表面光洁程度则可采用粗糙度e表征。

2.2 不可压缩流体分析

由上一节可知，透平机械的性能可表达为控制变量、几何变量和流体物性参数的函数。对于水泵来说，适合取净能量传递gH、效率η和功率P作为非独立变量，由此可写出三个函数关系式：

$$gH = f_1\left(Q,\Omega,D,\rho,\mu,e,\frac{l_1}{D},\frac{l_2}{D},\cdots\right) \tag{2.1a}$$

$$\eta = f_2\left(Q,\Omega,D,\rho,\mu,e,\frac{l_1}{D},\frac{l_2}{D},\cdots\right) \tag{2.1b}$$

$$P = f_3\left(Q,\Omega,D,\rho,\mu,e,\frac{l_1}{D},\frac{l_2}{D},\cdots\right) \tag{2.1c}$$

对于一组几何相似的透平机械，形状参数l_1/D、l_2/D为常数，可以不用考虑，利用量纲分析确定动力相似时，仅采用必需的一组无量纲参数即可。无量纲参数的个数由π定理(Buckingham,1994)确定。该定理指出，若M个独立变量中包含N个基本量纲，则至少可得到$M-N$个无量纲参数。在本例中有6个变量(Q,Ω,D,ρ,μ,e)和3个基本量纲(质量、长度和时间)，因此可以得到6－3＝3个独立的无量纲参数。然而，所需无量纲参数的组合形式还未确定，选取时必须考虑物理过程的特点。对于泵来说，通常选取ρ、Ω和D作为独立变量来组合无量纲参数，这样可以使特殊的流体参数(如μ、Q)只在一个无量纲参数中出现，因而能够得出gH、η和P的显式函数关系式。由此，方程(2.1a—c)的3个关系式可以转化为以下容易验证的形式：

能量转换系数，有时称为扬程系数(泵)或水头系数(水轮机)：

$$\psi = \frac{gH}{(\Omega D)^2} = f_4\left(\frac{Q}{\Omega D^3},\frac{\rho\Omega D^2}{\mu},\frac{e}{D}\right) \tag{2.2a}$$

效率(本身是无量纲参数)：

$$\eta = f_5\left(\frac{Q}{\Omega D^3},\frac{\rho\Omega D^2}{\mu},\frac{e}{D}\right) \tag{2.2b}$$

功率系数：

$$\hat{P} = \frac{P}{\rho\Omega^3 D^5} = f_6\left(\frac{Q}{\Omega D^3},\frac{\rho\Omega D^2}{\mu},\frac{e}{D}\right) \tag{2.2c}$$

无量纲组合$Q/\Omega D^3$是体积流量系数。在非液力透平机械中，通常使用速度(或流量)系数$\phi = c_m/U$替代$Q/\Omega D^3$，其中U为平均叶片圆周速度，c_m为子午面平均速度。由于

$$Q = c_m \times 通流面积 \propto c_m D^2\ ,\ U \propto \Omega D$$

所以有

$$\frac{Q}{\Omega D^3} \propto \frac{c_m}{U} = \phi$$

这两个无量纲参数通常都称为流量系数 ϕ。

无量纲参数 $\rho\Omega D^2/\mu$ 为雷诺数，记为 Re。雷诺数表示流体惯性力与粘性力之比。低粘性流体作高速流动时，雷诺数较高；反之，高粘性流体作低速运动时则雷诺数较低。实验证明，当 $Re>2\times10^5$ 时，Re 对透平机械性能的影响很小。这是因为在高雷诺数下，透平机械叶片边界层的绝大部分为湍流边界层并且非常薄，所以对整个流场的影响不大。效率受雷诺数的影响很大，一般来说，Re 提高一个数量级，η 上升百分之几。对于工质为水的透平机械，由于水的运动粘性系数 $\nu=\mu/\rho$ 很小，所以雷诺数很高，一般可忽略雷诺数的影响。

表面光洁度的影响由无量纲参数 e/D(称为粗糙率或相对粗糙度)来描述。当雷诺数较大时，高表面粗糙度会使表面摩擦损失增大，效率降低。而当雷诺数较小时，由于边界层可能处于层流状态，也可能处于层流向湍流的转捩状态，因此情况较为复杂。如果假定表面光洁度的影响较小，而且雷诺数较高，则几何相似的液力透平的函数关系式为

$$\psi=f_4(Q/\Omega D^3) \tag{2.3a}$$

$$\eta=f_5(Q/\Omega D^3) \tag{2.3b}$$

$$\hat{P}=f_6(Q/\Omega D^3) \tag{2.3c}$$

以上就是只进行量纲分析得出的结果，所得函数 f_4、f_5 和 f_6 的实际形式必须由实验确定。

由此可以直接导出 ψ、ϕ、η 和 $\hat{P}$ 之间的关系式。泵的净水力功率 P_N 等于 ρQgH，这是不考虑任何损失的情况下所需的最小轴功率。在第 1 章中，我们已定义了泵的效率为 $\eta=P_N/P=\rho QgH/P$，其中 P 是驱动泵的实际功率。于是有，

$$P=\frac{1}{\eta}\left(\frac{Q}{\Omega D^3}\right)\frac{gH}{\Omega^2D^2}\rho\Omega^3D^5 \tag{2.4}$$

由于 $\hat{P}=\phi\psi/\eta$，因此可以通过 f_4 和 f_5 获得 f_6。对于水轮机，供给它的净水力功率 P_N 显然比水轮机实际输出的轴功率大，其效率为 $\eta=P/P_N$。于是，利用类似于求取泵功率系数的方法即可获得水轮机的功率系数为 $\hat{P}=\phi\psi\eta$。

2.3 低速透平机械的性能特性

当一台透平机械在两个不同转速下运行时，只要各对应点的流速方向一致并且都与叶片圆周速度成正比，那么两个运行工况就是动力相似的。也就是说，只要相对于叶片的流谱是几何相似的，那么流动就是动力相似的。当两个流场动力相似时，所有无量纲参数都对应相等。如式(2.3a—c)所示，对于一台运行在高雷诺数下的不可压缩流体机械(流场中各处的马赫数 $M<0.3$)，则只要流量系数对应相等即可达到动力相似。因为采用无量纲参数表述透平机械性能数据时，所有数据都可以利用一条曲线表示，而使用有量纲参数时却需要绘制多条曲线，因此无量纲参数在实际使用中具有明显的优势。

图 2.2 给出了英国利物浦大学研究人员采用一台简单的实验离心泵得出的试验结果，对上述结论是一个有力的佐证。在该离心泵的正常工作范围内($0.03<Q/(\Omega D^3)<0.06$)，系统性分散的数据很少，这可能与转速为 $2500\leqslant\Omega\leqslant5000$ r/min 时的雷诺数影响有关。当流量较小时($Q/(\Omega D^3)<0.025$)，流动不太稳定，压力表读数也不可靠，但动力相似条件仍然存在。观察高流量下的结果可见，随着转速的增大，实验数据相当有规则地偏离“单一曲

线”所反应的趋势。这是由于发生了汽蚀。汽蚀是水力机械高速运行时的一种现象,由低压下释放的汽泡导致,将在本章后续内容中讨论。此处我们只需要知道,在汽蚀流动工况下,动力相似无法实现。

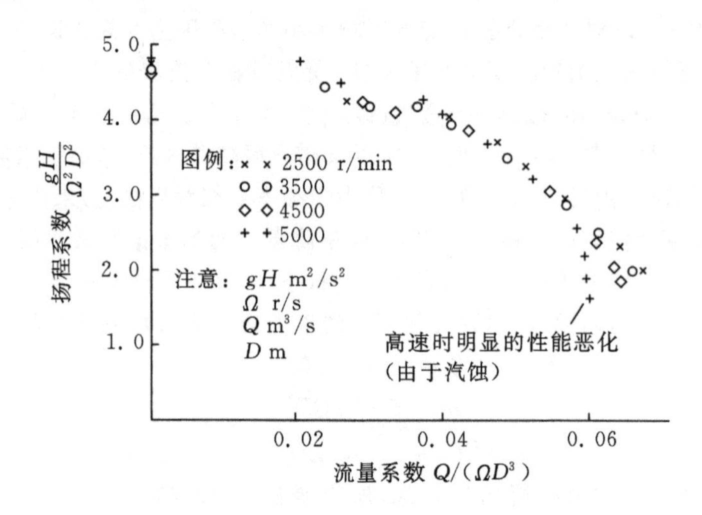

图 2.2 离心泵的无量纲扬程-流量特性曲线

图 2.2 中的无量纲特性虽然是对某一特定泵进行实验获得的,但也近似适用于一系列不同尺寸的泵,只要这些泵是几何相似的并且不存在汽蚀现象。因此,如果忽略由雷诺数改变导致的性能变化,图 2.2 中的动力相似特性就可用于预测这些泵在其运行转速下的有量纲性能。图 2.3 给出了这样一个示例。由上述讨论可知,H 随 Ω^2 而变,Q 随 Ω 而变,因此动力相似点位于 $H-Q$ 图中的一条抛物线上。

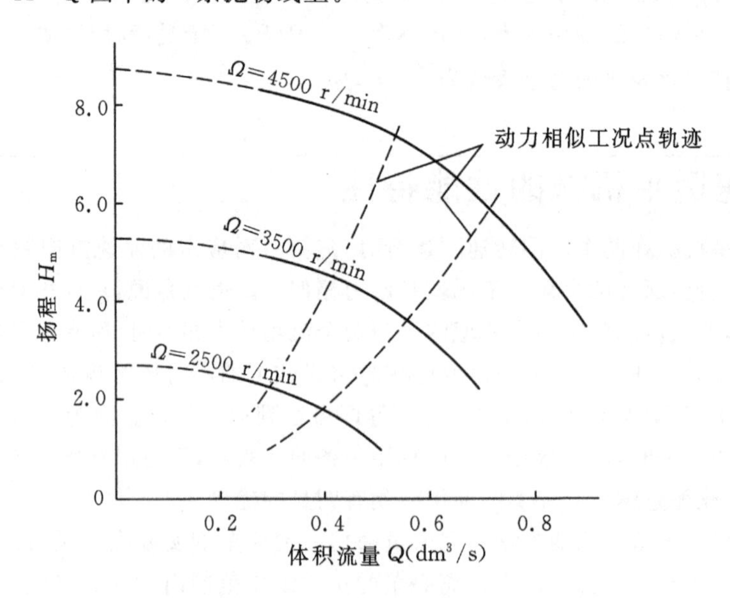

图 2.3 Ω=3500 r/min 的动力相似工况特性曲线外推

例题 2.1

对一台模型离心泵在 3000 r/min 转速下进行测试，效率为 88%，供水流量为 0.12 m^3/s，扬程为 30 m。请采用上述相似定律确定一台扬程为 50 m，与模型泵几何相似且尺寸为模型泵 8 倍的原型泵的转速、体积流量和功率。

解：

根据相似原理，模型泵与原型泵的扬程系数相同，即

$$H_p/(\Omega_p^2 D_p^2) = H_m/(\Omega_m^2 D_m^2)$$

式中，下标 m 表示模型，p 表示原型。因此可得

$$\Omega_p = \Omega_m \left(\frac{D_m}{D_p}\right)\left(\frac{H_p}{H_m}\right)^{\frac{1}{2}} = 3000 \times \frac{1}{8} \times \left(\frac{50}{30}\right)^{\frac{1}{2}} = 484.1 \text{ r/min}$$

两台泵在相同体积流量系数下运行，则

$$\frac{Q_p}{\Omega_p D_p^3} = \frac{Q_m}{\Omega_m D_m^3}$$

$$Q_p = Q_m \frac{\Omega_p}{\Omega_m}\left(\frac{D_p}{D_m}\right)^3 = 0.12 \times \frac{484.1}{3000} \times 8^3 = 9.914 \text{ m}^3/\text{s}$$

最后，假设原型泵与模型泵的效率相同，可得

$$P_p = \frac{\rho g Q_p H_p}{\eta_p} = (10^3 \times 9.81 \times 9.914 \times 50)/0.88 = 5.526 \times 10^6 = 5.526 \text{ MW}$$

2.4 可压缩流动分析

如预期那样，量纲分析已越来越多地应用于可压缩流动。相比已经得出的不可压缩流动函数关系，可压缩流动的函数关系更为复杂。即使对于完全气体，除了前文提到的流体物性外，还需要添加两个特性参数，分别是透平机械进口滞止音速 a_{01} 及比热比 $\gamma=C_p/C_v$。以下分析中所讨论的可压缩流体为完全气体，或者是特性与完全气体接近的干蒸汽。

若流体流过透平机械时密度发生明显变化，则需要改变进行量纲分析的变量，通常用质量流量 $\dot{m}$ 替代体积流量 Q，等熵滞止焓降 Δh_{0s} 替代扬程与水头变化 H。选取等熵滞止焓降作为变量之一甚为重要，因为对于理想绝热过程，Δh_{0s} 等于作用在单位质量流体上的功。而通过透平机械缸体的传热量与流过透平机械的能量通量相比一般可以忽略，所以一般不选取温度作为独立变量。不过，温度很容易测量，尤其是完全气体，可以很容易地通过状态方程 $p/\rho = RT$ 求出温度。

对于工质为可压缩流体的透平机械，性能参数 Δh_{0s}、η 和 P 可表达为下列函数关系式：

$$\Delta h_{0s}, \eta, P = f(\mu, \Omega, D, \dot{m}, \rho_{01}, a_{01}, \gamma) \tag{2.5}$$

由于 ρ_0 和 a_0 在整个透平机械中是不断变化的，因此上式选取进口处的值，下标为 1。式(2.5)表示了三个独立的函数关系，每一个关系式包含 8 个变量。取 ρ_{01}、Ω 和 D 作为独立变量，通过量纲分析可使上述每一个关系式都由 5 个无量纲参数表述：

$$\frac{\Delta h_{0s}}{\Omega^2 D^2}, \eta, \frac{P}{\rho_{01}\Omega^3 D^5} = f\left(\frac{\dot{m}}{\rho_{01}\Omega D^3}, \frac{\rho_{01}\Omega D^2}{\mu}, \frac{\Omega D}{a_{01}}, \gamma\right) \tag{2.6a}$$

因为 ΩD 正比于叶片圆周速度，所以 $\Omega D/a_{01}$ 可视为叶片马赫数。又因其作为一个独立变量出现在等式右端，因此可以用进口滞止音速 a_{01} 改写上式：

$$\frac{\Delta h_{0s}}{a_{01}^2}, \eta, \frac{P}{\rho_{01} a_{01}^3 D^2} = f\left(\frac{\dot{m}}{\rho_{01} a_{01} D^2}, \frac{\rho_{01} a_{01} D}{\mu}, \frac{\Omega D}{a_{01}}, \gamma\right) \tag{2.6b}$$

对于工质为完全气体的透平机械，使用另一组函数关系式更为有用。这些函数式可以通过选取适用于完全气体的变量对初始函数式重新进行量纲分析获得，也可以对式(2.6b)进行简单变换从而给出更适宜的无量纲参数。第二种方法是一种有用的变换练习，因此以下使用该方法导出相应的函数式。以工质为完全气体的绝热压气机为例。完全气体等熵滞止焓升可由 $C_p(T_{02s}-T_{01})$ 计算。根据第1章所述，温度与压力之间的等熵关系式如下：

$$\frac{T_{02s}}{T_{01}} = \left(\frac{p_{02}}{p_{01}}\right)^{(\gamma-1)/\gamma}$$

因此，等熵滞止焓升为

$$\Delta h_{0s} = C_p T_{01}\left[(p_{02}/p_{01})^{(\gamma-1)/\gamma} - 1\right] \tag{2.7}$$

由于 $C_p = \gamma R/(\gamma-1)$，$a_{01}^2 = \gamma R T_{01}$，因此 $a_{01}^2 = (\gamma-1)C_p T_{01}$，于是

$$\frac{\Delta h_{0s}}{a_{01}^2} = \frac{\Delta h_{0s}}{(\gamma-1)C_p T_{01}} = \frac{1}{(\gamma-1)}\left[\left(\frac{p_{02}}{p_{01}}\right)^{(\gamma-1)/\gamma} - 1\right] = f(p_{02}/p_{01}, \gamma)$$

引入状态方程 $p/\rho = RT$，无量纲质量流量可表示为

$$\hat{m} = \frac{\dot{m}}{\rho_{01} a_{01} D^2} = \frac{\dot{m} R T_{01}}{p_{01}\sqrt{\gamma R T_{01}} D^2} = \frac{\dot{m}\sqrt{\gamma R T_{01}}}{D^2 p_{01}\gamma}$$

功率系数也可以改写为

$$\hat{P} = \frac{P}{\rho_{01} a_{01}^3 D^2} = \frac{\dot{m} C_p \Delta T_0}{(\rho_{01} a_{01} D^2) a_{01}^2} = \hat{m}\frac{C_p \Delta T_0}{a_{01}^2} = \frac{\hat{m}}{(\gamma-1)}\frac{\Delta T_0}{T_{01}}$$

将这些新导出的无量纲参数代入式(2.6b)，可以得到一个更为简单、实用的函数关系式：

$$\frac{p_{02}}{p_{01}}, \eta, \frac{\Delta T_0}{T_{01}} = f\left[\frac{\dot{m}\sqrt{\gamma R T_{01}}}{D^2 p_{01}}, \frac{\Omega D}{\sqrt{\gamma R T_{01}}}, Re, \gamma\right] \tag{2.8}$$

相比式(2.6b)，式(2.8)的最大优点在于无量纲参数是由进、出口滞止温度和滞止压力组成的，这些参数在透平机械中很容易测定。对于工质为单一气体的透平机械，γ 的变化可以忽略。此外，如果透平机械只在高雷诺数下运行(或处于较小的速度范围)，Re 的影响也可忽略。于是，式(2.8)的右端就只剩下两个无量纲参数：

$$\frac{p_{02}}{p_{01}}, \eta, \frac{\Delta T_0}{T_{01}} = f\left[\frac{\dot{m}\sqrt{C_p T_{01}}}{D^2 p_{01}}, \frac{\Omega D}{\sqrt{\gamma R T_{01}}}\right] \tag{2.9a}$$

在第1章的可压缩流动部分曾经介绍过，上式中的无量纲参数 $\dot{m}\sqrt{C_p T_{01}}/D^2 p_{01}$ 通常称为通流能力。尽管式(2.6b)和(2.8)中的形式也是有效的，但 $\dot{m}\sqrt{C_p T_{01}}/D^2 p_{01}$ 是使用最广泛的无量纲质量流量表达式。对于一个尺寸已知且工质确定的透平机械，在工业应用中常将式(2.9a)及类似表达式中的 γ、R、C_p 和 D 省去。此时，式(2.9a)可写为

$$\frac{p_{02}}{p_{01}}, \eta, \frac{\Delta T_0}{T_{01}} = f\left[\frac{\dot{m}\sqrt{T_{01}}}{p_{01}}, \frac{\Omega}{\sqrt{T_{01}}}\right] \tag{2.9b}$$

需要指出的是，由于略去了直径 D 和气体常数 R，式(2.9b)中的独立变量不再是无量纲参数。

对于给定的透平机械，式(2.9b)有时也采用折合流量和折合速度表示，它们是假定透平机械在标准大气压力 p_a 和温度 T_a 下运行时测得的流量和速度。

折合流量和折合速度定义为

$$\frac{\dot{m}\sqrt{\theta}}{\delta} \text{ 和 } \frac{\Omega}{\sqrt{\theta}}$$

式中

$$\theta = \frac{T_{01}}{T_a}, \delta = \frac{p_{01}}{p_a}$$

则式(2.9b)可改写为

$$\frac{p_{02}}{p_{01}}, \eta, \frac{\Delta T_0}{T_{01}} = f\left(\frac{\dot{m}\sqrt{\theta}}{\delta}, \frac{\Omega}{\sqrt{\theta}}\right) \tag{2.9c}$$

注意，等式右端两个变量不再是无量纲的，其单位分别为 kg/s 和 rad/s。可以令两变量除以设计点的值予以无量纲化。

式(2.9a—c)表明，对于工质为可压缩流体的透平机械，需要两个变量才能确定其运行状态。而根据式(2.3a—c)，当工质为不可压缩流体时，只要一个变量就能确定透平机械的运行状态。在所有工况下，只有相对于叶片的流谱几何相似，流动才能达到动力相似。当工质为不可压缩流体时，只需要给定叶片的相对进口角(利用流量系数)即可。而当工质为可压缩流体时，叶栅通道内的流谱还与流体密度的变化有关，因此必须引入第二个变量以给定流动马赫数，并进而给定密度的变化。

与不可压缩流动类似，性能参数 p_{02}/p_{01}、η 和 $\Delta T_0/T_{01}$ 之间并非完全独立，可以很容易地推导出这三个变量之间的关联式。第 1 章中定义的压气机等熵效率可表示为

$$\eta_c = \frac{\Delta h_{0s}}{\Delta h_0} = \frac{(p_{02}/p_{01})^{(\gamma-1)/\gamma} - 1}{\Delta T_0/T_{01}} \tag{2.10a}$$

涡轮机的等熵效率可表示为

$$\eta_t = \frac{\Delta h_0}{\Delta h_{0s}} = \frac{\Delta T_0/T_{01}}{(p_{01}/p_{02})^{((\gamma-1)/\gamma)} - 1} \tag{2.10b}$$

式中，p_{01}/p_{02} 为整个涡轮机的总压比。

流量系数和级负荷系数(级负荷)

当工质为可压缩流体时，流量系数 ϕ 是设计和分析透平机械的重要参数之一。其定义与前述不可压缩流体机械的定义一样，即 $\phi=c_m/U$，其中 U 为叶片平均圆周速度，c_m 为平均子午面速度。不过，对于可压缩流体，只用流量系数不能确定透平机械的运行状态。这是因为流量系数也是式(2.9a)中无量纲参数的函数，并可以由以下简单的代数运算给出：

$$\phi = \frac{c_m}{U} = \frac{\dot{m}}{\rho_{01}A_1U} = \frac{\dot{m}RT_{01}}{p_{01}A_1U} \propto \frac{\dot{m}\sqrt{C_pT_{01}}}{D^2p_{01}} \times \frac{\sqrt{C_pT_{01}}}{U} = f\left(\frac{\dot{m}\sqrt{C_pT_{01}}}{D^2p_{01}}, \frac{\Omega D}{\sqrt{\gamma RT_{01}}}\right)$$

需要注意的是，无量纲质量流量 $\dot{m}\sqrt{C_pT_{01}}/D^2p_{01}$ 与流量系数不同，前者的表达式中不包含叶片圆周速度。

级负荷系数 ψ 是非液力透平机械的另一个关键设计参数，其定义为

$$\psi=\frac{\Delta h_0}{U^2} \tag{2.11}$$

该参数在形式上与水力机械的扬程系数及水头系数 ψ 类似（式 2.2a），但存在细微差别。最重要的是，级负荷是实际滞止比焓差的一个无量纲形式，而扬程系数及水头系数则是水力机械可以产出的最大（或等熵）功的无量纲度量。需要指出，级负荷系数可以与式(2.9a)中的无量纲参数相关联，如下式所示：

$$\psi=\frac{\Delta h_0}{U^2}=\frac{C_p\Delta T_0}{C_pT_{01}}\times\frac{C_pT_{01}}{U^2}=\frac{\Delta T_0}{T_{01}}\Big/\left(\frac{U}{\sqrt{C_pT_{01}}}\right)^2=f\left\{\frac{\dot{m}\sqrt{C_pT_{01}}}{D^2p_{01}},\frac{\Omega D}{\sqrt{\gamma RT_{01}}}\right\}$$

因此，只要给定无量纲质量流量和无量纲叶片速度（或叶片马赫数），级负荷就可以确定下来。许多情况下，采用级负荷来替代式(2.9a)给出的功率系数 $\Delta T_0/T_{01}$。

2.5 高速透平机械的性能特性

压气机

高速压气机的特性曲线实质上是式(2.9b)给定的函数关系的图解表述。图 2.4 所示为一台跨音速风机特性曲线，图 2.5 是一台高速多级轴流压气机的特性曲线。两张图分别绘制了几个给定 $\Omega/\sqrt{T_{01}}$ 值下整机压比与 $\dot{m}\sqrt{T_{01}}/p_{01}$ 的函数关系曲线，这是表述函数关系的常规方法。图 2.4 和 2.5 也在同一坐标系中给出了压气机效率等值线。

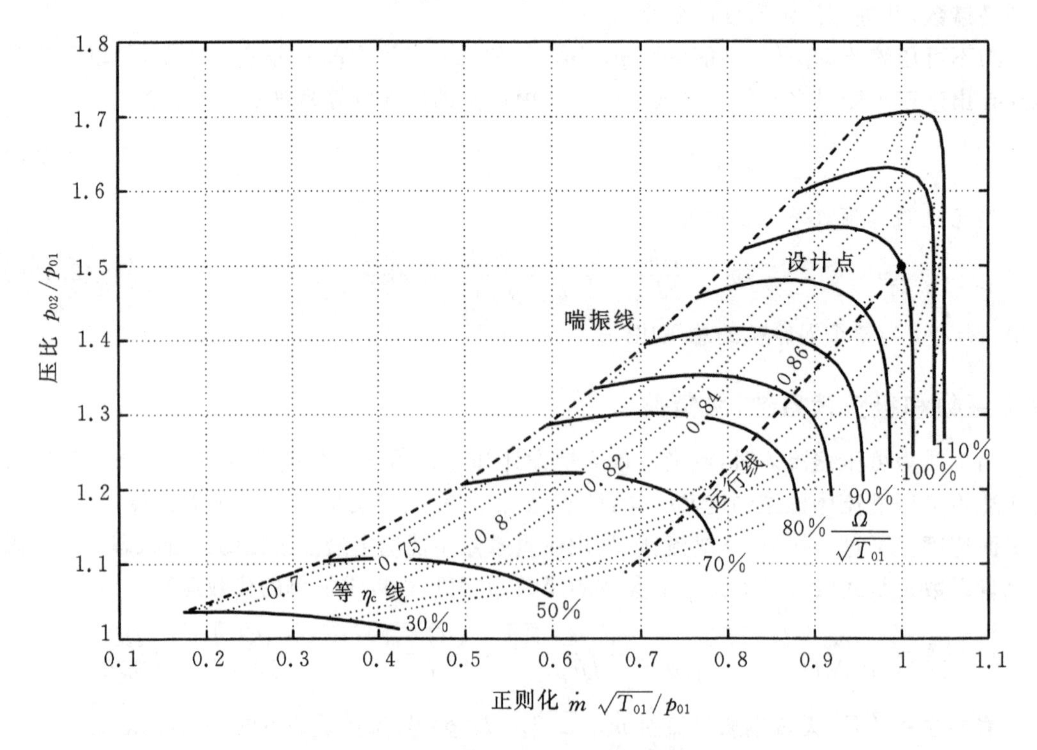

图 2.4 民用飞机喷气发动机跨音速风扇特性曲线

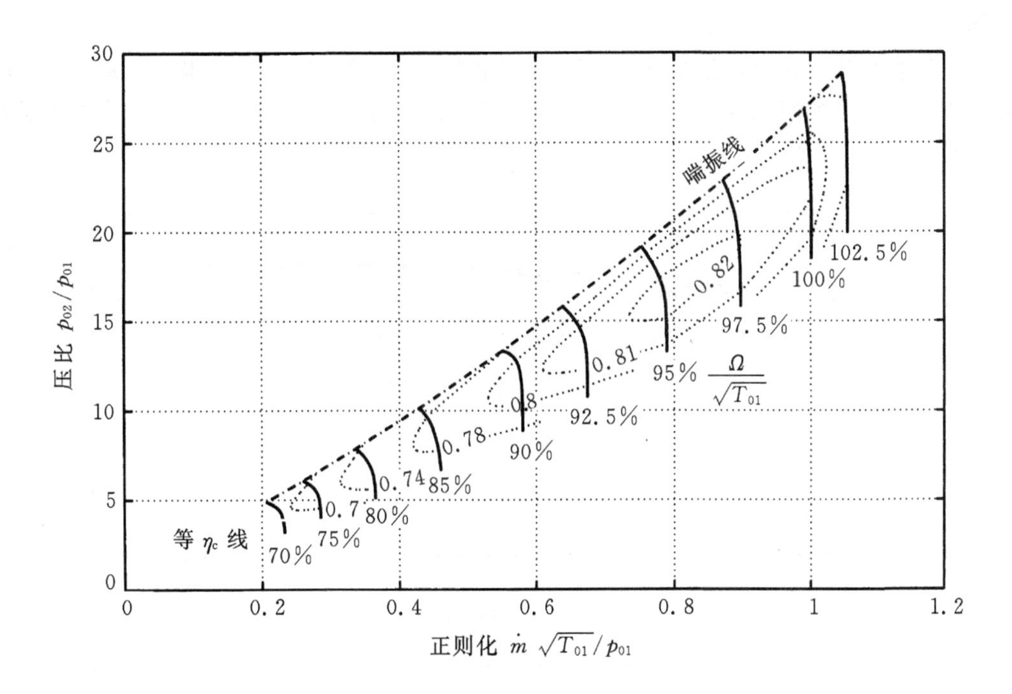

图 2.5 10 级高速轴流压气机特性曲线

压气机特性曲线中每一条等转速线都终结于喘振(或失速)线。如果运行点越过该线,压气机就不能稳定运行。第 5 章将讨论喘振和失速现象。在速度较高且压比较低时,等转速线垂直于横坐标。在这些特性区域中,当压气机某一截面处的马赫数达到 1,则 $\dot{m}\sqrt{T_{01}}/p_{01}$ 不可能进一步增加,这种流动称为阻塞流动。

压气机可在喘振线右下侧任何工况点运行,不过通常被限制在某一条运行线上运行,该线由压气机下游通流面积确定。图 2.4 中给出了一条运行线。在设计运行线时,通常使其通过压气机效率曲线的峰值点,但其确切位置要由压气机设计人员来确定。常用失速裕度(stall margin)来描述运行线与喘振线的相对位置。有几种确定喘振裕度(surge margin, SM)的方法,其中最常用的一个简单方法为

$$SM=\frac{(pr)_s-(pr)_o}{(pr)_o} \tag{2.12}$$

式中,$(pr)_o$是某一折合速度 $\Omega/\sqrt{T_{01}}$ 下运行线上某点的压比,$(pr)_s$是同一折合速度下喘振线上对应点的压比。依此定义,在涡轮喷气发动机中,压气机的典型喘振裕度为 20%。Cumpsty(1989)讨论了失速裕度的其他定义及其优点。

涡轮机

图 2.6 给出了一个典型的高速涡轮机特性曲线。涡轮机特性曲线的绘制方式与压气机相同,但两者特性却有很大区别。因为涡轮机叶片表面边界层的流动是加速的,比较稳定,所以涡轮机的每一级都可以在高压比下运行。高压比使涡轮静叶栅中的流动快速达到阻塞,于是整个涡轮机中的无量纲质量流量达到一个固定值。一旦涡轮机静叶栅完全阻塞,运行工况点就与 $\Omega/\sqrt{T_{01}}$ 无关,因为此时动叶旋转对涡轮机压比或无量纲质量流量都没有实

质影响。

由于涡轮机的压比通常是给定的，并且对于高速工况，当$\Omega/\sqrt{T_{01}}$变化时，$\dot{m}\sqrt{T_{01}}/p_{01}$的变化不大。所以如图 2.6 所示，绘制流量及效率与压比的关系曲线可以比其他方法揭示更多信息。

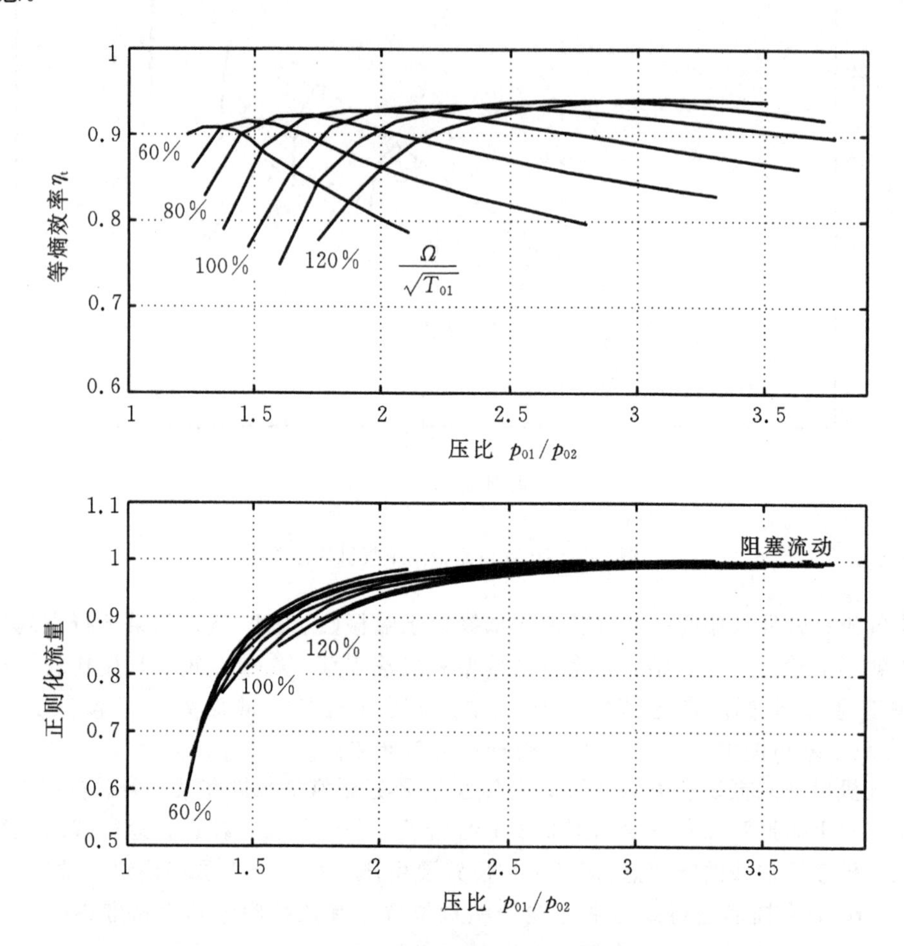

图 2.6 两级高速轴流涡轮机的总体特性

例题 2.2

图 2.5 所示的压气机特性曲线是在海拔高度为 0 m 的固定试验平台上测试得到的，当地大气温度和压力分别为 298 K 和 101 kPa。在设计工况运行时，通过压气机的质量流量为 15 kg/s，转速为 6200 r/min。若压气机在高空巡航时仍在设计工况下运行，压气机进口滞止温度为 236 K，滞止压力为 10.2 kPa。试确定压气机的质量流量和转速。

压气机的设计压力比为 22。利用图 2.5 给出的压气机特性曲线确定压气机在设计工况的等熵效率及多变效率，并由此计算出巡航状态下压气机所需的输入功率。计算时设空气的 $\gamma=1.4$ 和 $C_p=1005$ J/(kg·K)。

解：

在巡航和测试过程中，压气机均工作于无量纲设计工况点。因此，两种工况下压气机的各个无量纲性能参数对应相等。

无量纲质量流量为

$$\left[\frac{\dot{m}\sqrt{\gamma R T_{01}}}{D^2 p_{01}}\right]_{\text{cruise}}=\left[\frac{\dot{m}\sqrt{\gamma R T_{01}}}{D^2 p_{01}}\right]_{\text{test}}$$

由于压气机尺寸及工质的物性没有变化，因此上式可简化为

$$\left[\frac{\dot{m}\sqrt{T_{01}}}{p_{01}}\right]_{\text{cruise}}=\left[\frac{\dot{m}\sqrt{T_{01}}}{p_{01}}\right]_{\text{test}}$$

在试验过程中，压气机是固定的，进口气体滞止温度与滞止压力等于大气静温和静压。由此可得巡航时的质量流量为

$$\dot{m}_{\text{cruise}}=\left[\frac{p_{01}}{\sqrt{T_{01}}}\right]_{\text{cruise}}\times\left[\frac{\dot{m}\sqrt{T_{01}}}{p_{01}}\right]_{\text{test}}=\frac{10.2}{\sqrt{236}}\times\frac{15\times\sqrt{298}}{101}=\underline{1.70\ \text{kg/s}}$$

同理，对于无量纲速度有，

$$\left[\frac{\Omega}{\sqrt{T_{01}}}\right]_{\text{cruise}}=\left[\frac{\Omega}{\sqrt{T_{01}}}\right]_{\text{test}}$$

因此可得

$$\Omega_{\text{cruise}}=\sqrt{T_{01,\text{cruise}}}\times\left[\frac{\Omega}{\sqrt{T_{01}}}\right]_{\text{test}}=\sqrt{236}\times\frac{6200}{\sqrt{298}}=\underline{5520\ \text{r/min}}$$

查图 2.5，在 100%转速、压比为 22 时，$\underline{\eta_c=0.81}$。

$$\frac{T_{02}}{T_{01}}=\frac{(p_{02}/p_{01})^{(\gamma-1)/\gamma}-1}{\eta_c}+1=\frac{22^{1/3.5}-1}{0.81}+1=2.751$$

根据式(1.50)，多变效率为

$$\eta_p=\frac{\gamma-1}{\gamma}\frac{\ln(p_{02}/p_{01})}{\ln(T_{02}/T_{01})}=\frac{1}{3.5}\frac{\ln(22)}{\ln(2.751)}=\underline{0.873}$$

正如所料，在此压比下，多变效率比等熵效率高出许多。由于两种工况下无量纲功率系数 $\Delta T_0/T_{01}$ 保持不变，因此压气机巡航工况的输入功率为

$$\frac{\Delta T_0}{T_{01}}=\frac{T_{02}}{T_{01}}-1=1.751$$

$$P_{\text{cruise}}=[\dot{m}C_p\Delta T_0]_{\text{cruise}}=[\dot{m}C_pT_{01}]_{\text{cruise}}\frac{\Delta T_0}{T_{01}}=1.70\times1005\times236\times1.751=\underline{706\ \text{kW}}$$

2.6 比转速和比直径

透平机械设计人员经常会面对一个基本问题，就是要针对给定负荷来确定什么类型的透平机械才是最佳选择。在设计过程的初始阶段，通常已知对透平机械的一些整体需求。对于液压泵，已知参数包括扬程 H、体积流量 Q 及转速 Ω。相反，如果要设计高速燃气轮机，则初始参数可能包括质量流量 $\dot{m}$、比功 Δh_0 及转速 Ω。

通常利用比转速 Ω_s 和比直径 D_s 这两个无量纲参数决定最合适的机型(Balje，1981)。

将式(2.3a—c)定义的无量纲参数中所包含的透平机械特征直径 D 消去,即可导出比转速。Ω_s值可以用来确定在设计工况下能获得高效率的机型。同理,从无量纲参数中消去转速 Ω 可以获得比直径。

现在来分析一台具有固定几何尺寸的液力透平机械。如式(2.3b)所示,在雷诺数的影响可以忽略且无汽蚀的情况下,效率与流量系数之间存在单值函数关系。若在某一流量系数 $\phi=\phi_1$时达到最大效率 $\eta=\eta_{max}$,相应的 $\psi=\psi_1$和 $\hat{P}=\hat{P}_1$,则

$$\frac{Q}{\Omega D^3}=\phi_1=\text{常数} \tag{2.13a}$$

$$\frac{gH}{\Omega^2 D^2}=\psi_1=\text{常数} \tag{2.13b}$$

$$\frac{P}{\rho\Omega^3 D^5}=\hat{P}_1=\text{常数} \tag{2.13c}$$

组合以上三式中的任何两个就可以简单地消去直径。对于泵来说,消除 D 的常用方法是令 $\phi_1^{1/2}$ 除以 $\psi_1^{3/4}$ 。这样,在具有最大效率的运行工况下:

$$\Omega_s=\frac{\phi_1^{1/2}}{\psi_1^{3/4}}=\frac{\Omega Q^{1/2}}{(gH)^{3/4}} \tag{2.14}$$

式中,Ω_s称为比转速。"比转速"这个术语只在 Ω_s正比于 Ω 的范围内是合理的。有时也称其为形状因子,因为其值表征了所需透平机械的形状。

对于水轮机则常采用功率比转速 Ω_{sp},其定义为

$$\Omega_{sp}=\frac{\hat{P}_1^{1/2}}{\psi_1^{5/4}}=\frac{\Omega(P/\rho)^{1/2}}{(gH)^{5/4}} \tag{2.15}$$

令式(2.15)除以式(2.14)可得 Ω_s与 Ω_{sp}之间的简单关系,对于水轮机有,

$$\frac{\Omega_{sp}}{\Omega_s}=\frac{\Omega(P/\rho)^{1/2}}{(gH)^{5/4}}\frac{(gH)^{3/4}}{\Omega Q^{1/2}}=\left(\frac{P}{\rho gQH}\right)^{1/2}=\sqrt{\eta} \tag{2.16}$$

与比转速类似,可利用式(2.13a—c)中任意两个表达式消去转速 Ω 来获得比直径。令 $\psi^{1/4}$除以 $\phi^{1/2}$可得泵的比直径:

$$D_s=\frac{\psi_1^{1/4}}{\phi_1^{1/2}}=\frac{D(gH)^{1/4}}{Q^{1/2}} \tag{2.17}$$

式(2.14)、(2.15)和(2.17)是无量纲的。通常采用其中一个或另一个表达式计算比转速和比直径,并不去掉 g 和 ρ,这样做比较安全且不易混淆,而去掉 g 和 ρ 则会使得到的比转速和比直径是有量纲的,其值将取决于选用的单位。本书只使用无量纲形式的 Ω_s(Ω_{sp})和 D_s。另外,由于转速 Ω 的单位可以用 rad/s,r/s 也可以用 r/min,因此虽然 Ω_s是无量纲的,但在求取此转速时,转速单位有可能使用 r/s,而不是 rad/s。在本书中除非另有说明,转速单位均取 rad/s。

图 2.7 表明了上文阐述的比转速概念。图中给出了根据式(2.14)获得的 Ω_s等值线与流量系数 ϕ 和扬程系数 ψ 之间的函数关系,同时在同一坐标系中绘制了三种不同类型液压泵的典型特性曲线。该图给出了给定机型达到最高效率时的 Ω_s值。换句话说,一旦比转速已知,能够获得最高效率的机型也就确定了。由图 2.7 还可以看出,比转速较低时,更适合使用径流泵,因为这种泵的流量小,液体的压力变化大。与此相反,叶片间距大的轴流级则适合采用高比转速泵,因为这种泵的流量大,液体的压力变化小。

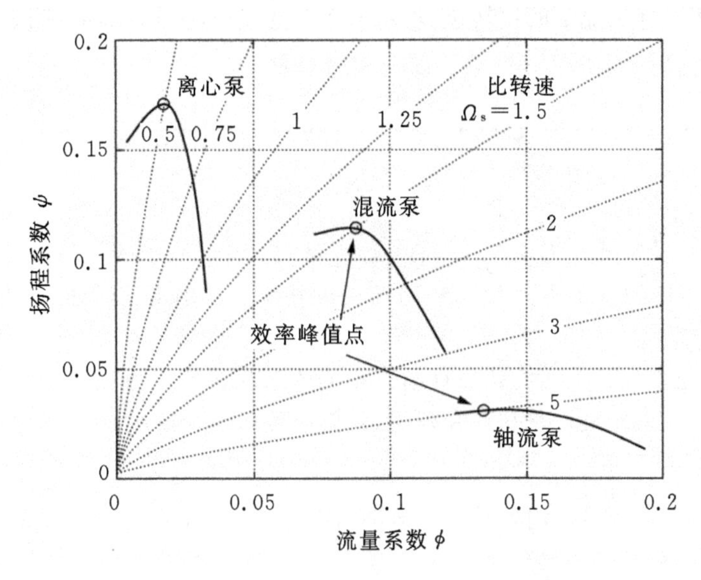

图 2.7 可表征不同类型泵的特性的比转速等值线

如果比转速是按透平机械最大效率工况点确定的，那么这种比转速就是根据给定要求进行透平机械选型的最重要参数。因为最大效率条件取代了几何相似条件，所以比转速的任何变动都意味着透平机械设计的变更。从广义上讲，每一种不同类型的透平机械只能在其很窄的比转速范围内取得最佳效率。图 2.8 给出了适合不同类型透平机械的比转速范

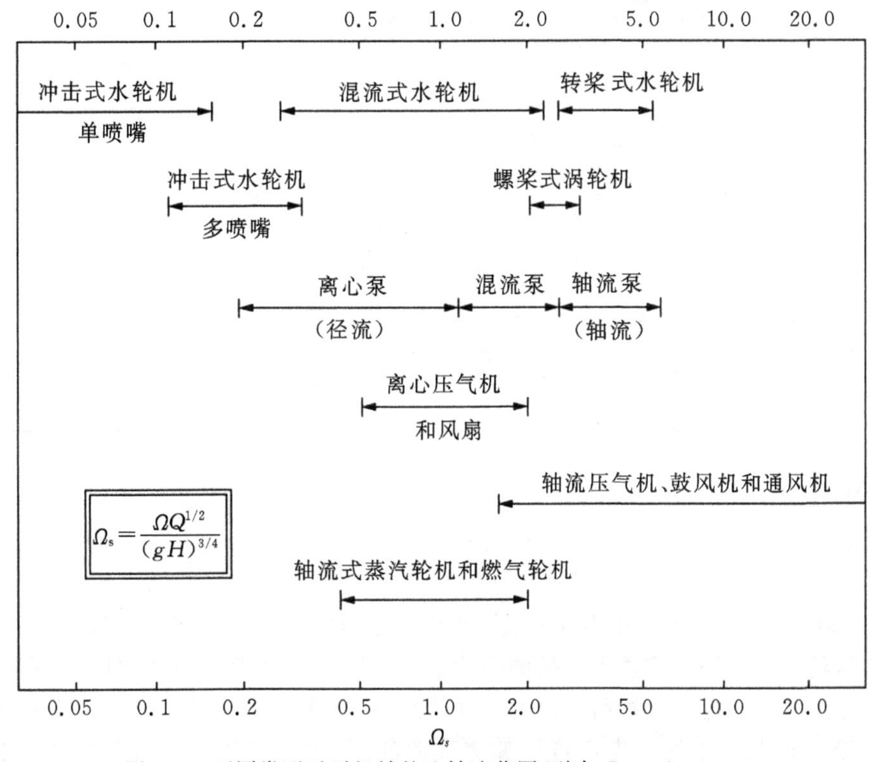

图 2.8 不同类型透平机械的比转速范围(引自 Csanady,1964)

围。一旦确定了设计工况下的比转速,利用图 2.8 选择一种设计良好的机型就有可能具有最大设计效率。

例题 2.3

a. 某水轮机转轮外径为 4.31 m,有效水头 H 为 543 m,水的体积流量为 71.5 m^3/s,转速为 333 r/min,可产生 350 MW 的轴功率。试确定比转速、比直径以及该水轮机的效率。

b. 另一个与该水轮机几何相似且动力相似的水轮机转轮直径为 6.0 m,有效水头为 500 m。试确定此水轮机所需流量、预期输出功率及转速。

解:

a. 注意:所有转速单位均先转换为 rad/s,因此 $\Omega=333\times\pi/30=34.87$ rad/s。

应用式(2.14)可求得比转速

$$\Omega_s = \Omega Q^{1/2}/(gH)^{3/4} = \frac{34.87\times 71.5^{0.5}}{(9.81\times 543)^{0.75}} = 0.473 \text{ rad}$$

由式(2.17)可得比直径

$$D_s = \frac{D\,(gH)^{1/4}}{Q^{1/2}} = \frac{4.31\times(9.81\times 543)^{1/4}}{71.4^{1/2}} = 4.354$$

对于水轮机,净水力功率

$$P_n = \rho g Q H = 9810\times 71.5\times 543 = 380.9\times 10^6 = 380.9 \text{ MW}$$

水轮机效率为

$$\eta = 350/380.9 = 0.919$$

b. 变换式(2.17)可得体积流量

$$Q = (D/D_s)^2\,(gH)^{1/2} = (6/4.354)^2\,(9.81\times 500)^{1/2} = 133 \text{ m}^3/\text{s}$$

输出功率

$$P = \eta\rho g Q H = 0.919\times 9810\times 133\times 500 = 599.5 \text{ MW}$$

根据式(2.14)可得以单位为 r/min 的转速为

$$\Omega = \Omega_s\,(gH)^{3/4}/Q^{1/2} = 0.473\times\frac{30}{\pi}\times(9.81\times 500)^{3/4}/133^{1/2} = 229.6 \text{ r/min}$$

科迪尔图

当给定运行负荷和最优效率时,科迪尔图(Cordier diagram,图 2.9)可以为确定压气机、泵或风机的最佳型式及尺寸提供粗略但有益的指导。该方法起初由 Cordier(1953)建立,随后 Csanady(1964)的工作为其提供了更多细节,最后 Lewis(1996)又进行了一些改进。图 2.9 右侧给出了不同类型透平机械的推荐应用范围。需要指出的是,图中的曲线实际上是根据大量透平机械运行数据所作出的平均曲线,所以代表了曲线两侧分布较为分散的数据。很多设计的比转速与比直径可能偏离该曲线,但仍然可以得到高性能泵、风机或压气机。

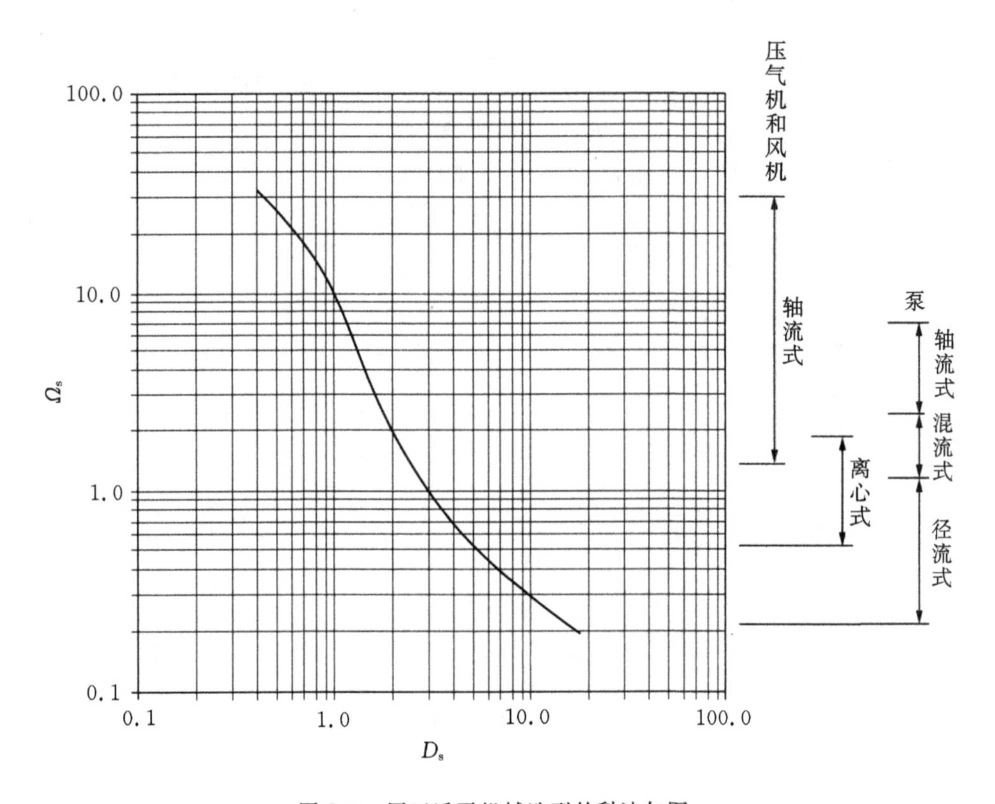

图 2.9 用于透平机械选型的科迪尔图

继 Lewis 之后，研究人员又采用另一种既有意义又实用的方式来绘制科迪尔图，这种图分别以流量系数 ϕ 和级负荷系数 ψ 为坐标轴。ϕ 和 ψ 可由式(2.14)和(2.17)导出：

$$\phi = 1/(\Omega_s D_s^3) \tag{2.18}$$

$$\psi = 1/(\Omega_s^2 D_s^2) \tag{2.19}$$

将科迪尔线的数据用于上述两个方程并重新绘制曲线，可以得到一条新的、更明确的最佳机型曲线，如图 2.10 所示。新曲线明显分为两个主要区域，一个区域表示离心泵的特性，当流量系数为 $0.001 \leqslant \phi \leqslant 0.04$ 时，级负荷系数基本不变，约为 $\psi = 0.1$；另一个区域表示轴流式机械的特性，其级负荷系数变化范围较大，为 $0.005 \leqslant \psi \leqslant 0.05$，流量系数的变化也较大。Casey、zwyssig 和 Robinson(2010)指出，科迪尔线的形状及图 2.10 中两个截然不同的区域是由不同类型压气机和泵的离心效应变化引起的：在径流式机械中，流动半径改变会产生离心效应，几乎所有压力变化都是由该离心效应导致，但轴流式机械中却不会出现此类影响(参见第 7 章)。

混流式机械处于轴流式和径流式之间，其 ψ 和 ϕ 的变化范围较小。但在某些情况下，只能选择混流式机型。Lewis(1996)指出，当压比和质量流量较高时(如气体冷却核反应堆和气垫船提升风扇)，宜采用混流式风机，而不宜采用单级轴流压气机。图 2.11 所示为一台用于通风的混流式风机。

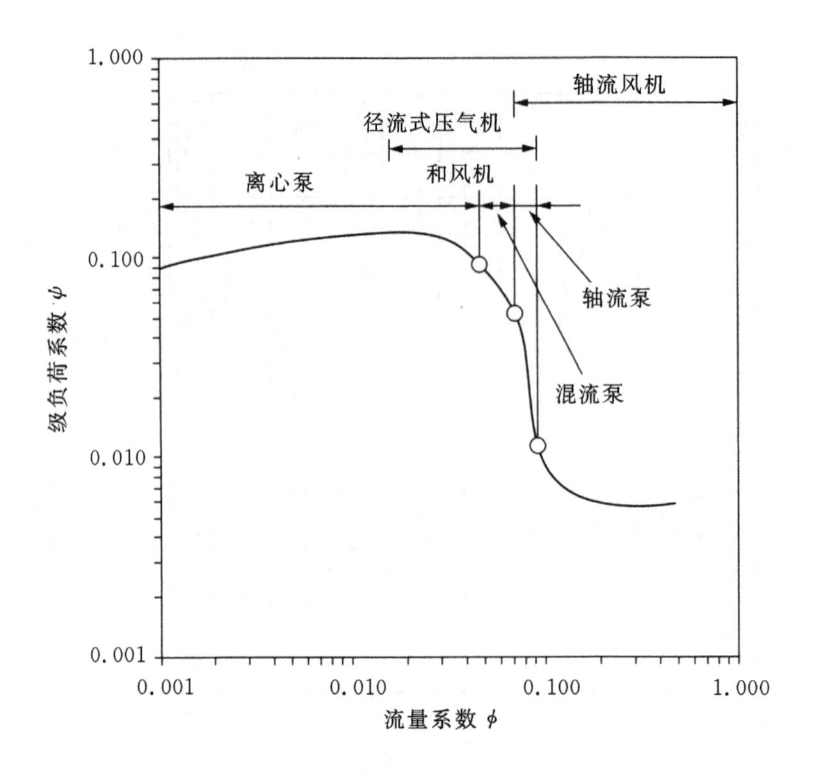

图 2.10　各种泵和风机的 ψ-ϕ 图

例题 2.4

图 2.11 所示的混流式风机工质为空气，设计体积流量为 27 L/s，压升为 450 Pa。叶轮设计转速为 8300 r/min，直径为 90 mm。

计算该风机的比转速和比直径，并在图 2.9 所示的科迪尔线中标出设计点位置，并确定设计流量系数和级负荷系数。假设所需流量和压升不变，试确定符合设计需求的轴流风机转速。

取空气密度为 1.21 kg/m^3。

解：

根据设计要求可计算出比转速如下：

$$\Omega_s = \frac{\Omega Q^{1/2}}{(gH)^{3/4}} = \frac{\Omega Q^{1/2}}{(\Delta p/\rho)^{3/4}} = \frac{8300 \times \pi/30 \times \sqrt{27 \times 10^{-3}}}{(450/1.21)^{0.75}} \cong \underline{1.69\ \text{rad}}$$

同样，可得比直径：

$$D_s = \frac{D(gH)^{1/4}}{Q^{1/2}} = \frac{D(\Delta p/\rho)^{1/4}}{Q^{1/2}} = \frac{0.09 \times (450/1.21)^{0.25}}{\sqrt{27 \times 10^{-3}}} \cong \underline{2.41}$$

将上述计算值标注在图 2.9 中，可以清晰地看到设计点位置与科迪尔线很接近，并且选用混流式机械最合适。根据式(2.18)和(2.19)可得设计流量系数和级负荷系数为

$$\phi=\frac{Q}{\Omega D^3}=\frac{1}{(\Omega_s D_s^3)}=\frac{1}{1.69\times 2.41^3}=\underline{0.042}$$

$$\psi=\frac{\Delta p/\rho}{\Omega^2 D^2}=\frac{1}{(\Omega_s^2 D_s^2)}=\frac{1}{1.69^2\times 2.41^2}=\underline{0.060}$$

根据图 2.8 和 2.9 可知，当比转速大于等于 3 时，适合使用轴流式。当流量及压升一定时，比转速与转速成正比。因此，比转速大于 3 要求的转速为

$$\Omega_2\geqslant\Omega_1\frac{\Omega_{s2}}{\Omega_{s1}}=8300\times\frac{3}{1.69}=\underline{14700\ \text{r/min}}$$

图 2.11 用于高效通风的混流式风机叶轮(由 Dyson Ltd. 许可使用)

可压缩流体机械的比转速

式(2.14)中定义的比转速主要用于低转速及液力透平机械的设计和选取。但是，比转速这一概念同样可应用于可压缩流体机械，并且在根据特定需求选择采用轴流式机型还是径流式机型时特别有用。Baskharone(2006)指出，由于在可压缩透平机械中，体积流量 Q 变化很大，而且能头 H 具有特定含义，因此将比转速这一重要概念应用于此类机械时需要修正。当比转速应用于高转速透平机械时，需要采用适合可压缩流动的参数来表达：

$$\Omega_s=\Omega\left(\frac{\dot{m}}{\rho_e}\right)^{1/2}(\Delta h_{0s})^{-3/4} \tag{2.20}$$

需要注意的是，式(2.20)中并没有采用实际比功，亦即实际比焓降 Δh_0，而是采用了等熵比焓降 Δh_{0s}。对于压气机来说，由于可以根据所需压比 p_{02}/p_{01} 利用式(2.7)来确定等熵比功，因此在式(2.20)中使用等熵比焓降很有意义。在进行初始设计时，所需压比一般已知，但实际比功取决于压气机效率，一般是未知的。涡轮机的实际比功则通常需要事先给定。在此情况下，需要预估一个效率或认为等熵比功近似等于所需的实际比功。

求解式(2.20)还需要确定出口工质密度 ρ_e，该密度可以用状态方程 $\rho_e=p_e/RT_e$ 计算，其中 p_e 和 T_e 分别为出口等熵静压和静温。还有一些用其他方法定义的比转速，但是用上述方法定义最为简单，引起的误差很小，并且不会影响对最佳透平机械类型的选择。

例题 2.5

现有一台驱动牙科钻头的空气涡轮,为了使钻头能有效地磨除牙釉质,要求涡轮转速高达 300000 r/min。此外,涡轮必须很小,以便能够进入患者口腔的所有部位,出口空气流量为 10 L/min。涡轮供气压力为 3 bar,温度为 300 K。

计算该涡轮的比转速,并用它来确定所需涡轮类型。估算涡轮功率消耗,并解释这些功率是如何消耗的。

解:

将变量的单位转换为标准国际单位(SI),

$$\text{转速},\ \Omega = 300000 \times \pi/30 = 10000\pi\ \text{rad/s}$$

$$\text{出口体积流量},\ \dot{m}/\rho_e = Q_e = 10/(1000 \times 60) = 0.000167\ \text{m}^3/\text{s}$$

假设涡轮内的空气膨胀过程为等熵膨胀,则可计算等熵比功。空气视作完全气体,$\gamma=1.4$,$C_p=1005\ \text{J/(kg·K)}$,

$$\Delta h_{0s} = C_p T_{01}\left[1-(p_{02}/p_{01})^{(\gamma-1)/\gamma}\right] = 1005 \times 300 \times \left[1-\left(\frac{1}{3}\right)^{0.4/1.4}\right] = 81.29\ \text{kJ/kg}$$

比转速可以使用式(2.20)来计算:

$$\Omega_s = \Omega\left(\frac{\dot{m}}{\rho_e}\right)^{1/2}(\Delta h_{0s})^{-3/4} = \frac{10000 \times \pi \times 0.000167^{1/2}}{(81290)^{3/4}} \cong \underline{0.084\ \text{rad}}$$

利用图 2.8 给出的机型与比转速关系即可看出,适合这一很低比转速的涡轮类型是冲击式涡轮。事实上,所有的现代高速牙科钻头都采用冲击式涡轮,图 2.12 展示了这种涡轮的典型叶轮。

这种涡轮机的功率可近似用质量流率和等熵比功的乘积来计算。如果取出口空气密度为常用值,则:

$$P = \dot{m}\Delta h_{0s} = \rho_e Q_e \Delta h_{0s} \cong 1.16 \times 0.000167 \times 81290 = \underline{15.7\ \text{W}}$$

大部分功率通过轴承的摩擦、冲击式涡轮的损失以及钻头与牙齿的摩擦以热量形式耗散,因此现代高速牙科钻头需要使用大量冷却水。

图 2.12 高速牙钻冲击式涡轮的叶轮,直径为 10 mm(由 Sirona Dental 许可使用)

2.7 空化

空化是当静压足够低时液体在正常温度下的沸腾气化现象。它可能发生在泵的进口或水轮机出口处的动叶附近。叶片的运动会引起局部区域静压减小，通常，在当地压力低于大气压力时会发生空化，由于压力降低时而被释放出来的溶解气体又会促进这种现象。

为了进一步说明，以一台以恒定转速和容量运行的离心泵为例。如果稳定地减小进口压力直至接近固体表面的液体内出现小蒸汽泡（空泡），这就是发生在压力最低区域的初始空化。这些空泡被液体带入压力较高的区域，由于突发蒸汽凝结，空泡溃灭。此时空泡周围的液体会冲击壁面和相邻的液体。由空泡溃灭产生的压力波（量级约为 400 MPa）将瞬间提升附近的压力水平，空化过程由此结束。然后该循环重演，频率可高达 25 kHz（Shepherd，1956）。固体表面附近的空泡溃灭反复作用，就产生了汽蚀。

空泡溃灭产生的噪声频率范围很宽，测得的频率高达 1 MHz（Pearsall，1972），这种噪声即所谓的白噪声。显然较小空泡溃灭引起高频噪声，较大空泡溃灭则引起低频噪声。噪声测量可以作为作检测汽蚀的手段（Pearsall，1967）。Pearsall 和 McNulty（1968）的实验结果表明，汽蚀噪声水平与缸体侵蚀损坏之间存在一定联系，他们认为可以利用这种联系发展出一种预测汽蚀的技术。

至此，泵的性能还没有发生可以检测到的变化。然而，随着进口压力进一步减小，空泡的尺寸和数目不断增加，小空泡聚合成大空泡，就会影响整个流场。随着空泡的增长，泵的性能急剧下降，如图 2.2 所示（5000 r/min 时的测试数据）。出人意料的是，空泡尺寸变大后，固体表面的损伤有可能比空化开始时要少得多。泵和水轮机设计人员的主要任务之一就是在常规设计中避免空化现象，但也有一些特殊用途的泵，其设计就是在过度空化的工况下运行。在这些工况下会形成大尺寸空泡，但空泡溃灭则发生在叶轮叶片的下游。航天器火箭发动机燃油泵是过度空化泵的一个特殊应用实例，此时无论如何都要使泵具有小尺寸和小质量。Pearsall（1973）指出，过度空化方法最适用于高比转速的轴流泵，并提出了一种类似于传统泵设计方法的设计技术。

Pearsall（1973）是首先证实轴流泵可以在过度空化工况下运行的研究人员之一，并提出了一种设计技术，使泵得以在这种模式下运行。这种技术的详细说明已经发表，并且泵的汽蚀性能据称比传统泵要好得多（Pearsall，1972）。在第 7 章中将对此作进一步阐述。

空化限制条件

在理论上，当液体内静压力降低到与液体温度对应的汽化压力时，液体开始空化。然而，在实际中，液体的物理状态将决定汽化开始的压力（Pearsall，1972）。随着压力的降低，溶解在液体中的气体释放出来，形成压力高于汽压的空穴。汽化要求存在足够数量的气核——亚微观气泡或非湿润固体颗粒。一个有趣的事实是，如果不存在这样的气核，则液体可以承受负压（即拉应力）！这种现象最早可能是由 Osborne Reynolds（1882）展示的，并且早于某学术协会的研究。他展示了水银由于液体的内聚力（应力）可以承受比气压计水银柱高一倍以上的压力。近期，Ryley（1980）设计了一个简单的离心装置，给学生用来测试未处理的自来水以及经过滤然后煮沸脱气的水的抗拉强度。Young（1989）给出了涉及空化多方面知识(包括液体抗拉强度)的文献目录。据称在室温下,水的理论抗拉强度可高达 1000 atm(100 MPa)! 经过特殊前处理(即严格过滤和预加压)后的液体才能达到这种状态。流经透平机械的液体通常都会包含一些尘粒和溶解的气体,在这种条件下并不存在负压。

泵的进口或水轮机出口的有效抽吸水头是一个很有用的参数,通常称为净正吸入压头(net postitive suction head,NPSH),其定义为

$$H_s = (p_o - p_v)/(\rho g) \tag{2.21}$$

式中,p_o和 p_v分别为泵的进口或水轮机出口的绝对滞止压力和汽化压力。

为了考虑汽蚀的影响,液力透平机械的特性参数应该包括另一个独立变量 H_s。如果忽略雷诺数的影响,那么一台几何形状不变的性能就取决于两个变量组合数。因此,效率可表示为

$$\eta = f(\phi, \Omega_{ss}) \tag{2.22}$$

式中,吸入比转速 $\Omega_{ss} = \Omega Q^{1/2}/(gH_s)^{3/4}$表征汽蚀的影响,$\phi = Q/(\Omega D^3)$为流量系数。

从实验结果可知,对于在设计时已考虑了抗汽蚀的各类泵(或各类水轮机),空化发生时的 Ω_{ss}值几乎相同。这是因为这些泵的进口叶片截面形状大致类似(同样地,水轮机出口处的叶片截面形状也是类似的),而低压通道的形状会影响空化的发生。

使用另一种方式定义的吸入比转速为 $\Omega_{ss} = \Omega Q^{1/2}/(gH_s)^{3/4}$,其中,$\Omega$ 为转速,单位为 rad/s,Q 为体积流量,单位为 m^3/s,gH_s的单位为 m^2/s^2。Wislicenus 指出,

对于泵,有

$$\Omega_{ss} = 3.0\ (\text{rad}) \tag{2.23a}$$

对于水轮机,有

$$\Omega_{ss} = 4.0\ (\text{rad}) \tag{2.23b}$$

Pearsall(1967)介绍了一种汽蚀性能比传统泵好得多的超空化泵。这种泵的吸入比转速 Ω_{ss}可以达到 9.0 甚至更高,但要以降低扬程和效率为代价。这种超空化泵有可能得到越来越广泛的应用,以满足对更高转速、更小尺寸和更低成本的需求。

习题

1. 一台风机的运行转速为 1750 r/min,体积流量为 4.25 m^3/s,用 U 形管压力计测得扬程为 153 mmH_2O①。如果需要建造一个几何相似的更大的风机,效率和扬程与现有风机相同,但转速变为 1440 r/min。试计算大风机的体积流量。

2. 轴流风机的直径为 1.83 m,设计工况的转速为 1400 r/min,空气平均轴向的速度为 12.2 m/s。为了校核这一设计,建造了一台按 1/4 比例设计的模型,模型风机的转速为 4200 r/min。试确定当模型与实际风机动力相似时模型所需的轴向气流速度。雷诺数变化的影响可以忽略不计。如果存在一个足够大的压力容器,可将整个模型放置其中,并且可在完全相似的条件下进行测试。假定空气的粘度与压力无关并且温度保持恒定。试确定应在多大的压力下对模型风机进行测试?

3. 设有一台特性如图 2.2 所示的水泵,叶轮直径为 56 mm。在转速为 4500 r/min 时对其进

---

① 1 mmH_2O=9.80665 Pa。

行测试，所得的扬程-体积流量特性关系可由下式表示：

$$H = 8.6 - 5.6Q^2$$

式中，H 的单位为 m，Q 的单位为 dm^3/s。如果粘性和空化效应可以忽略不计，试证明所有几何相似的泵的特性均可用下式表示：

$$\psi = 0.121(1 - 4460\phi^2)$$

式中，ψ 为扬程系数 $gH/\Omega^2 D^2$；ϕ 为流量系数 $Q/\Omega D^3$，Ω 的单位为 rad/s。试证明，上式与图 2.2 所示的特性一致。图中，Ω 的单位为 r/s。

4. 一台水轮机在转速为 93.7 r/min、压头为 16.5 m 的工况下运行，设计功率为 27 MW。模型水轮机在动力相似且压头为 4.9 m 的条件下进行测试，输出功率为 37.5 kW。试计算模型水轮机的转速和几何比例。假设模型水轮机的效率为 88%，试确定通过模型水轮机的体积流量。根据计算可得原型水轮机的推力轴承所承受的力为 7.0 GN，试确定模型水轮机轴承的设计推力。

5. 试推导通常在燃气轮机和压气机试验中使用的无量纲参数。压气机的设计进气初态为标准大气状态（101.3 kPa 和 15 ℃）。为了降低测试时消耗的功率，会在进口管道安装节流装置以降低进口压力。压气机特性曲线是在环境温度为 20 ℃，转速为设计转速 4000 r/min 下得到的。试确定，压气机应以怎样的转速运行？在特性曲线上该工况点的质量流量为 58 kg/s，进口压力为 55 kPa，试计算测试时的实际质量流量。

6. 试绘制草图说明泵的几何尺寸和比转速之间的关系。

a. 模型离心泵的叶轮直径为 20 cm，设计转速为 1450 r/min，若要提供体积流量为 20 dm^3/s 的淡水，需要克服 150 kPa 的压力。试确定泵的比转速和比直径。如果泵的效率为 82%，试计算驱动泵需要多大的功率。

b. 原型泵的叶轮直径为 0.8 m，转速为 725 r/min，且在与模型泵动力相似的条件下进行测试。试确定原型泵需要克服的水头，并计算泵的体积流量以及驱动泵所需的功率。

7. 一台水轮机的净压头为 120 m，正常的可用体积流量为 1.5 m^3/s。带动一台 48 极同步发电机（在 60 Hz 的电力系统中运行），发电机功率与水轮机相匹配。试确定：

a. 转速及可以传递的电功率，设系统效率（水轮机和发电机）为 85%；

b. 水轮机的功率比转速；

使用什么类型的水轮机？

8. 一台水轮机在净压头为 25 m 的条件下运行时，转速为 160 r/min，体积流量为 11 m^3/s，所产生的功率达到 2400 kW。试确定：

a. 水轮机的效率；

b. 这台水轮机在 40 m 压头下运行时的转速、体积流量和输出功率。假设工况与上一工况相似，效率相同。

9. 一名水利工程师正计划利用河流水轮机进行发电，正常情况下水流的体积流量为 2.7 m^3/s，压头为 13 m。计划使用的水轮机直径为 2.0 m，转速为 360 r/min，预期效率为 88%。

a. 试确定水轮机可能的输出功率、比转速及比直径，并确定最适合的水轮机类型；

b. 其后，工程师决定先用一台几何相似的模型水轮机进行测试（在与原型相同的比转速和比直径下工作），模型水轮机直径为 0.5 m，压头为 4.0 m。试确定这台模型水轮机的体积流量、转速和功率。

10. 一台单级轴流燃气涡轮机在试验台上进行冷态试验，模拟设计工况点的运行。两种运行工况的参数如下：

1. 设计工况点运行参数

级进口总压，$p_{01}=11$ bar

级进口总温，$T_{01}=1400$ K

级出口总压，$p_{02}=5.0$ bar

转速，$\Omega=55000$ r/min

级效率，$\eta_t=87\%$

质量流量，$\dot{m}=3.5$ kg/s

2. 冷态运行参数

级进口总压，$p_{01(cr)}=2.5$ bar

级进口总温，$T_{01(cr)}=365$ K

对于这两种工况，假设级的轴向速度保持不变。试确定：

a. 级的出口总温 $T_{02(cr)}$；

b. 冷态试验时，涡轮机的输出功率。

假设两种运行工况的平均比热比均为 $\gamma=1.36$。

参考文献

Balje, O. E. (1981). *Turbomachines: A guide to design selection and theory.* New York, NY: John Wiley & Sons.

Baskharone, E. A. (2006). *Principles of turbomachinery in air breathing engines.* Cambridge, UK: Cambridge University Press.

Buckingham, E. (1914). On physically similar systems: illustrations of the use of dimensional equations. *Physical Review, 4*(4), 345–376.

Casey, M., Zwyssig, C., & Robinson, C. (2010). The Cordier line for mixed flow compressors. *ASME IGTI conference*. Glasgow, UK. Paper GT2010-22549.

Cline, S. J., Fesler, W., Liu H. S., Lovewell, R. C., & Shaffer, S. J. (1983). Energy efficient engine—high pressure compressor component performance report. NASA CR-168245, Washington, D.C.: National Aeronautics and Space Administration.

Cornell, W. G. (1975). Experimental quiet engine program. NASA-CR-2519, Washington, D.C.: National Aeronautics and Space Administration.

Cordier, O. (1953). Ähnlichkeitsbedingungen für Strömungsmaschinen. In *Brennstoff-Wärme-Kraft*, 5, 337.

Csanady, G. T. (1964). *Theory of turbomachines.* New York, NY: McGraw-Hill.

Cumpsty, N. A. (1989). *Compressor aerodynamics.* New York, NY: Longman.

Douglas, J. F., Gasiorek, J. M., & Swaffield, J. A. (1995). *Fluid mechanics.* New York, NY: Longman.

Franzini, J. B., & Finnemore, E. J. (1997). *Fluid mechanics with engineering applications.* McGraw-Hill.

Lewis, R. I. (1996). *Turbomachinery performance analysis.* London: Arnold.

Pearsall, I. S (1973). The supercavitating pump. *Proceedings of the Institution of Mechanical Engineers, 187*(1), 649–665.

Pearsall, I. S. (1966). Acoustic Detection of Cavitation. *Proceedings of the Institution of Mechanical Engineers*, 1966–67, 181, Part 3A, Paper 14.

Pearsall, I. S. (1972). Cavitation. M & B Monograph ME/10. London: Mills & Boon.

Pearsall, I. S. & McNulty, P. J. (1968). *Comparison of cavitation noise with erosion* (6–7). *Cavitation forum* American Society of Mechanical Engineers. New York, NY.

Reynolds O. (1882). On the internal cohesion of liquids and the suspension of a column of mercury to a height of more than double that of a barometer. *Memoirs of the Literary and Philosophical Society of Manchester*, 3rd series, vol. 7, pp 1–19.

Ryley, D. J. (1980). Hydrostatic stress in water. *International Journal of Mechanical Engineering Education*, *8*, 2.
Shames, I. H. (1992). *Mechanics of fluids.* New York, NY: McGraw-Hill.
Shepherd, D. G. (1956). *Principles of turbomachinery.* New York, NY: Macmillan.
Taylor, E. S. (1974). *Dimensional analysis for engineers.* Oxford: Clarendon.
Wislicenus, G. F. (1965). *Fluid mechanics of turbomachinery.* New York, NY: McGraw-Hill.
White, F. M. (2011). *Fluid mechanics.* New York, NY: McGraw-Hill.
Young, F. R. (1989). *Cavitation.* New York, NY: McGraw-Hill.

平面叶栅

3

我们先要弄清事实，然后再去寻找原因。

——亚里士多德

3.1 引言

轴流压气机和涡轮机的设计与性能预测主要以平面叶栅流动测量为基础。然而，随着数值分析方法的发展，计算流体动力学(CFD)方法已越来越多地应用于模拟叶栅试验。透平机械内部的流动通常是三维非定常的，而叶栅的计算分析常将通过单个叶片排的流动视作二维定常流动。这种近似方法适用于许多压气机与涡轮机的设计，但通过叶栅试验获得的流动特性一般更可靠，虽然试验比较麻烦。

有许多文献(如 Sieverding(1985)、Baines、Oldfield、Jones、King 和 Daniels(1982)以及 Hirsch(1993))综述了多种类型的叶栅风洞，包括低速风洞、高速风洞、暂冲式风洞、吸入式风洞等。轴流式透平机械的马赫数范围一般为 $M=0.1\sim2.5$。

i. 低速风洞，风速范围为 20～60 m/s；

ii. 高速风洞，用于可压缩流动试验。

图 3.1(a)所示为一种典型的连续式叶栅风洞。所采用的线性叶栅由许多等间距且相互平行的相同叶片组成。图 3.1(b)给出了进口气流达到跨音速及中等超音速的叶栅装置试验段。上壁面开槽用于抽吸，允许跨音速运行。上壁面柔性段的几何结构可以改变，以形成缩放喷嘴，使气流在叶栅上游膨胀到超音速。

最重要的是，叶栅中间区域(在此进行流动参数测量)的流动应很接近二维流动，并且在几个叶栅节距内，流动应是重复的(即周期性的)。使用大量长叶片可以实现这一要求，但需要采用大功率风洞。采用尺寸紧凑的风洞时，风洞壁面边界层与叶片间的相互干扰会使气动问题更加显著。尤其是像图 3.2(a)所示，风洞壁面边界层与叶栅端部叶片的边界层相互掺混，通常会导致该叶片失速，造成通过叶栅的流动不均匀。

在压气机叶栅通道内，由于流经叶片的气流压力快速增大，因而壁面边界层显著增厚，导致有效通流面积收缩，如图 3.3 所示。收缩系数可用于衡量通过叶栅的边界层增厚状况，定义为 $\rho_1 c_1 \cos\alpha_1/(\rho_2 c_2 \cos\alpha_2)$。根据 Carter 等人(1950)提供的资料，设计良好的风洞的收缩系数为 0.9；高速风洞的收缩系数一般为 0.8，若工况恶劣，其值更低。这些都是压气机叶栅的数据；对于涡轮机叶栅，由于流体加速，边界层不会增厚，因此收缩系数较高。

由于主流收缩，即使在考虑损失的情况下仍然无法达到压气机叶栅的理论压升。这是

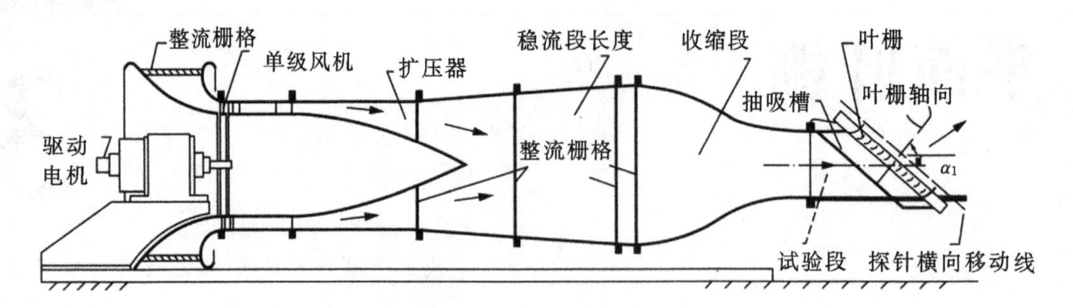

(a)常规低速连续式叶栅风洞(引自 Carter、Andrews 和 Show,1950)

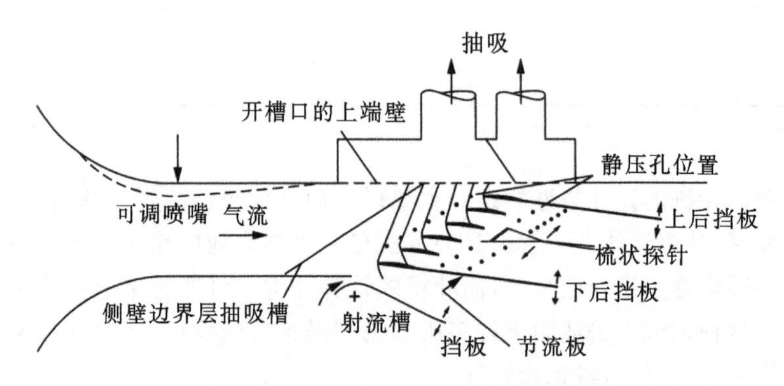

(b)跨音速/超音速叶栅风洞(引自 Siverding,1985)

图 3.1 压气机叶栅风洞

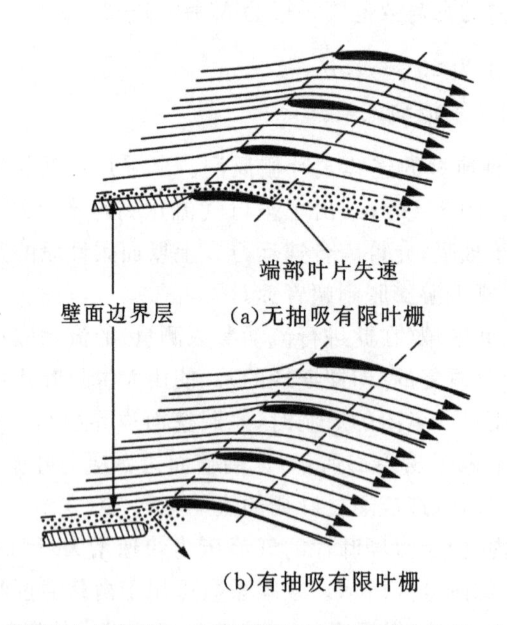

(b)有抽吸有限叶栅

图 3.2 (a)无边界层控制时,流体进入叶栅通道导致端部叶片失速;(b)应用底部壁面边界层抽吸后,流动更均匀且不发生叶片失速(引自 Carter 等,1950)

因为收缩(在亚音速流动中)使流体加速,其作用与叶栅的扩压作用相反。

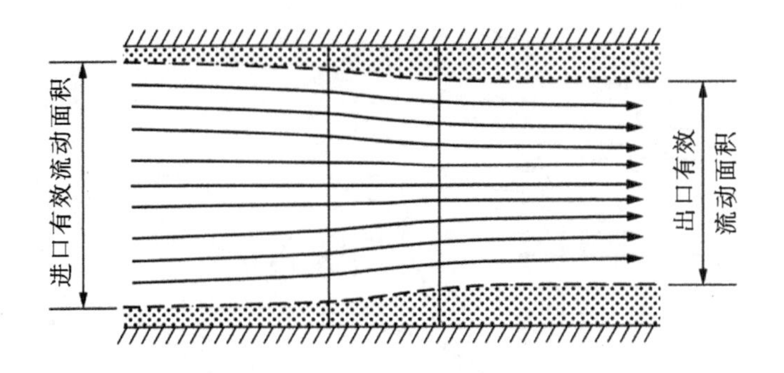

图 3.3 边界层增厚导致流线收缩(引自 Carter 等,1950)

为了减少上述影响,通常(英国)一个压气机叶栅至少包含 7 个叶片,每个叶片的最小展弦比为 3(叶片展长/弦长)。使用 7 个叶片时,压气机叶栅需要采用边界层抽吸,但涡轮机叶栅则很少使用。而在美国的压气机叶栅试验中,则常用展弦比更小的叶片,同时通过抽吸槽和在端壁开孔进行抽吸,应用这些技术,可基本去除风洞四侧壁面的边界层。图 3.2(b)表示了抽吸技术的有效应用使流场变得更加均匀。

对于轮毂-叶顶半径比值(轮毂比)较大的轴流式透平机械,可以忽略径向速度,将流动看做二维的,因此平面叶栅内部流动可以很好地模拟透平机械的内部流动。而对于轮毂比较小的透平机械,叶片沿长度方向的扭转幅度通常相当大,并且节弦比不断变化。这种情况下,可针对多个径向位置处的叶片截面进行多个叶栅试验测量,从而获得各个叶片截面设计所需的特性数据。不过需要强调的是,在任何情况下,平面叶栅只是透平机械内部流动的简化模型,实际的流动具有多种三维流动特征。在透平机械的通流部分存在分离流区域、泄漏流动或显著的展向流动,所以平面叶栅模型是不准确的,需要仔细考虑各种三维流动效应。关于轴流式透平机械三维流动的详细介绍将在第 6 章中给出。

3.2 叶栅几何特性

叶栅的叶片型线可设想为在弯曲的中弧线上对称地叠加一个叶型厚度分布线所形成。图 3.4 所示为压气机叶栅的两个叶片以及描述其几何特征的参数符号。下面给出表示叶栅几何特征的各种参数:

i. 安装角 ξ,叶片弦线与参考方向的夹角①;

ii. 节弦比 s/l(美国则常用稠度,$\sigma=l/s$);

iii. 中弧线折转角 θ;

iv. 叶片进口角 α_1';

v. 叶片出口角 α_2'。

用于描述叶片形状的参数还包括中弧线形状、厚度分布、前缘及尾缘半径以及最大厚度

① 参考方向为与叶栅前额线垂直的方向(采用环形叶栅时,该方向为轴向),本书中所有流动角度及叶片角度均以该方向为测量基准。

与弦长之比 t_{max}/l。

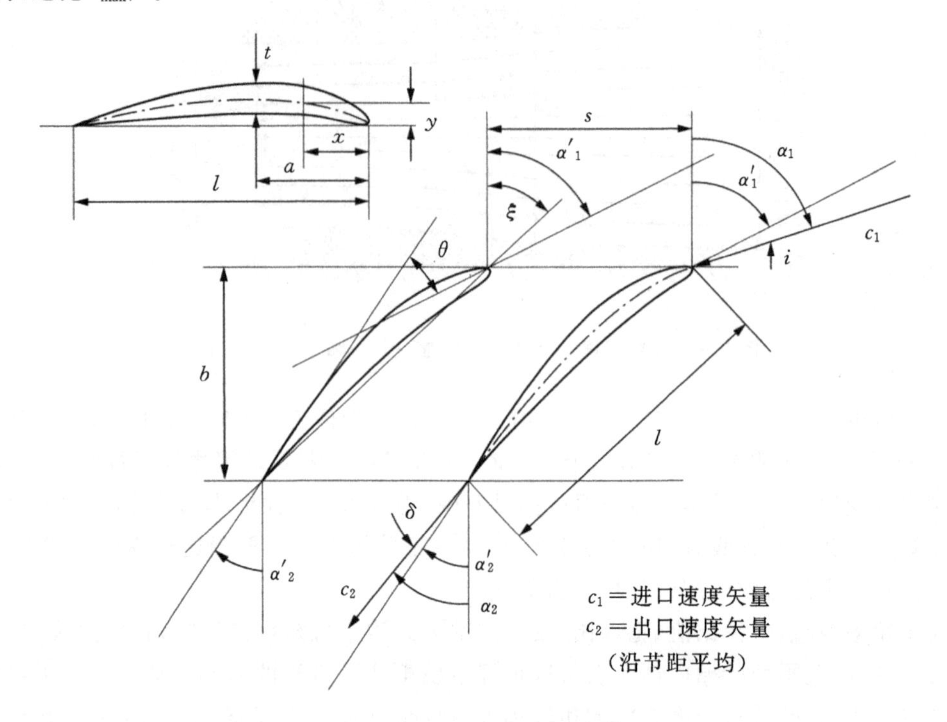

图 3.4 压气机叶栅与叶片参数符号

如图 3.4 所示，中弧线折转角 θ 定义为前缘与尾缘的中弧线与参考方向间夹角的差，其值等于 $\alpha'_1-\alpha'_2$。对于圆弧状中弧线，安装角 $\xi=(1/2)(\alpha'_1+\alpha'_2)$。气流角的变化称为偏转角 $\varepsilon=\alpha_1-\alpha_2$，由于前缘的进口气流冲角不为零，尾缘的出口气流角偏离叶片出口角，因此偏转角一般不等于中弧线折转角。进口气流角与叶片进口角之差称为冲角：

$$i=\alpha_1-\alpha'_1 \tag{3.1}$$

出口气流角和叶片出口角之差称为落后角：

$$\delta=\alpha_2-\alpha'_2 \tag{3.2}$$

压气机叶型

现代压气机设计方法使用由所谓给定速度分布法(PVD)设计出的叶片型线。采用这种方法进行设计时，设计人员需要选取一种叶片表面速度分布及一种计算方法以确定叶型厚度和曲率变化，以获得所需气动性能。尽管如此，还是有很多根据几何形状规定的型线设计的叶片仍在使用。最常用的叶片系列是美国国家航空咨询委员会(American National Advisory Committee for Aeronautics，NACA)的 65 系列叶片，英国的 C 系列叶片以及双圆弧(DCA)叶片或双凸叶片。

NACA 65 系列叶片源自 NACA 飞机翼型，是为了近似达到均匀负荷的目的而设计的。图 3.5 比较了目前应用最广泛的几种叶片截面型线，为了清晰起见，最大厚度与弦长之比取为 20%。事实上，由于使用薄叶片可以达到优越的高马赫数性能，所以现今压气机叶片截面的最大 t/l 一般小于 10%，常用值为 5%。NACA 65 系列叶片的最大厚度截面位于距前缘40%弦长处，C系列叶片在30%弦长处，DCA系列叶片在50%弦长处。这些差异将显著影响叶片表面的速度分布。前缘较圆的叶片最大厚度位于前缘附近，因而可以适应更大的运行范围，但其高速性能却比尖前缘和最大厚度点靠后的叶片差。

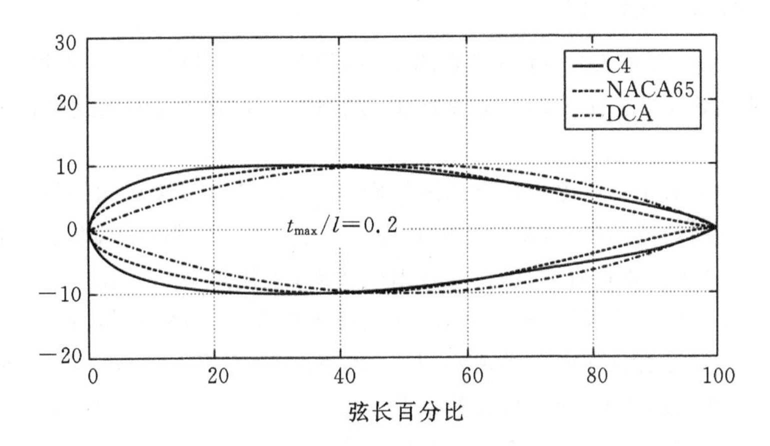

图 3.5 多种压气机叶型的厚度分布

许多文献给出了不同型线的详细几何结构及参数，如 Mellor(1956)、Cumpsty(1989)、Johnson 和 Bullock(1965)、Aungier(2003)等，此处不再赘述。

实际叶片形状是通过在中弧线上叠加一种叶型形状来确定的。中弧线可以如 Aungier (2003)给出的那样是个简单的圆弧，不过使用抛物线弧则能适应更多种叶片加载方式。将所选的以一定比例得出的叶片厚度分布绘制在中弧线法线上就可获得叶片型线。本章3.5节将讨论不同类型压气机叶片性能的关系式。

涡轮机叶型

叶片形状对于涡轮机来说没有在压气机叶栅中那么重要。然而设计人员在选择叶片时仍应多加注意，以获得高效、高负荷叶栅。如今，常常使用计算方法确定叶栅的几何结构(叶片形状、气流角和节弦比)，但最终还是要通过叶栅试验对设计方案进行验证。图3.6所示为典型的高速涡轮机叶栅照片，用来说明航空发动机中常规低压涡轮叶型的特征。叶片型线表明，涡轮机叶片排的流道转向较大且通流面积是收缩的。

图 3.6 高速涡轮机叶栅(由 Whittle Laboratory 提供)

在涡轮机早期设计阶段或无法获得叶栅试验结果时，通常采用一维计算方法和关联式估算涡轮机叶栅的性能,这些将在 3.6 节进行讨论。

3.3　叶栅流动特性

如图 3.7 所示,流体从上游远处[①]以速度 c_1、角度 α_1 流入叶栅,并以速度 c_2、角度 α_2 离开叶栅流向下游远处。叶栅试验的目的是测量落后角 δ,并确定流体通过叶栅通道时产生的损失。

出口气流的落后角既可由无粘流动的效应引起,也可由粘性流动的效应引起。压气机和涡轮机具有不同的流动机理,稍后将对其进行详细介绍。实际上,流体并不能精确地沿着叶片角流动,这将使流体转向不足,在离开出气边时,气流角会稍微偏离叶片出口角。叶栅损失由吸力面及压力面边界层增长导致。这些边界层在叶片尾缘混合形成叶片尾迹,使当地滞止压力降低。随着流体向下游流动,尾迹区不断扩张(见图 3.7),涡流强度逐渐减小。此外,当叶栅在高马赫数下工作时,激波以及激波与边界层之间的相互作用也会导致损失。

叶栅出口流动偏离和叶型损失的测量应在多种工况下进行(或计算),因为除了确定设计性能,考核叶栅对进口流动工况变化的适应性也很重要,也就是考核叶栅是否具有良好的变工况性能。需要指出的是,对动叶和静叶均可进行叶栅试验。如果是动叶,则试验时叶栅内流体的绝对速度应等于实际透平机械中流体的相对速度。

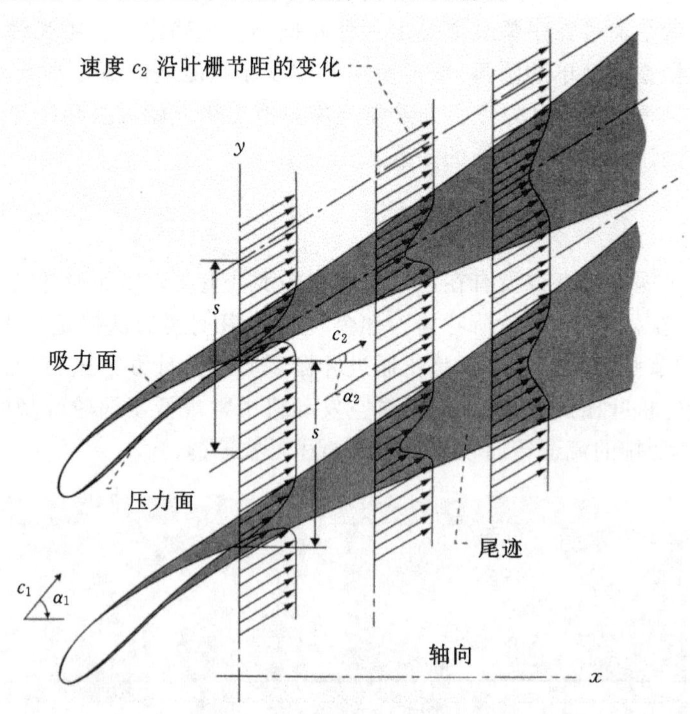

图 3.7　通过叶栅的气流与尾迹形成(引自 Johnson 和 Bullock,1965)

① 上游远处通常取为进气边上游 1/2～1 倍弦长位置,该处叶栅静压场对气流的影响可以忽略不计,下游远处的位置亦按类似方法确定。

流管厚度变化

当研究压气机叶栅流道内的流动状况时，通常假设平均流管厚度保持不变。但这一假设并不符合实际，因为如图 3.3 所示，流体通过叶栅流道时压力迅速上升，端壁边界层显著增厚，导致流道收缩。采用抽吸方法去除端壁边界层，可以消除这种效应。

通常对于各类流动，每个叶栅通道的质量流量守恒公式为

$$\dot{m} = \rho_1 c_1 H_1 s\cos\alpha_1 = \rho_2 c_2 H_2 s\cos\alpha_2 \tag{3.3}$$

Hs 为控制容积 A_a 的迎风面积。$H_1 s\cos\alpha_1$ 是垂直于进口流动方向的面积，这是流体的有效通流面积，因此称为真实流动面积。它是分析可压缩流动时的一个重要因素。

轴向速度密度比(AVDR)是研究叶栅内流动的有用参数，其定义为

$$\text{AVDR} = (\rho_2 c_{x2})/(\rho_1 c_{x1}) = H_1/H_2 \tag{3.4}$$

沿平均流管不同位置的流动参数可通过式(3.4)联系在一起。注意，AVDR 是在引言中提到的收缩系数的倒数。压气机内由于边界层增厚，因此 AVDR>1；但是在涡轮机叶栅中，由于流动加速可能导致边界层减薄，所以 AVDR 有可能小于 1。

叶栅性能参数

已知 AVDR(定义如上)时，叶栅试验的主要气动输入参数有：

i. 进口气流角 α_1；
ii. 进口马赫数 M_1；
iii. 叶片雷诺数 $Re = \rho_1 c_1 l/\mu$，l 为叶片弦长。

利用沿叶栅横向测量得到的数据可获得轴流压气机和涡轮机设计及气动性能预测所需的以下参数：

i. 出口气流角 α_2；
ii. 滞止压力损失 Y_p，或能量损失系数 ζ。

叶栅性能参数可用下列函数关系式表示：

$$\alpha_2 = \text{fn}(M_1, \alpha_1, Re)\ ;\ Y_p = \text{fn}(M_1, \alpha_1, Re)\ ;\ \zeta = \text{fn}(M_1, \alpha_1, Re)$$

出口气流角 α_2 决定了透平机械一级内所传递的功，是非常重要的性能参数。回忆一下第 1 章中给出的欧拉公式 $\Delta h_0 = \Delta(Uc_\theta)$，由于 $c_\theta = c\sin\alpha$，因此输入和输出透平机械的功均取决于出口气流角。

流体通过叶栅所产生的总体气动损失可用滞止压力损失系数来衡量，通常定义为

$$Y_p = \text{滞止压力损失} \div \text{参考压力(动压)}$$

在叶栅的叶栅中产生的气动损失可转换为具有相同形状叶片的实际透平机械的效率损失。损失来源包括：

i. 叶片边界层损失；
ii. 流动分离；
iii. 流体中的激波。

如果没有激波，则绝大部分不可逆损失都在叶片后缘下游的狭窄尾迹中产生，如图 3.7

所示。

压气机的总压损失系数根据进口参考压力来定义，即，

$$Y_p = (p_{01} - p_{02})/(p_{01} - p_1) \tag{3.5}$$

图3.8(a)所示为标有压力与特征的压气机叶栅焓熵图。

涡轮机的总压损失系数则根据出口参考压力来定义，即，

$$Y_p = (p_{01} - p_{02})/(p_{01} - p_2) \tag{3.6}$$

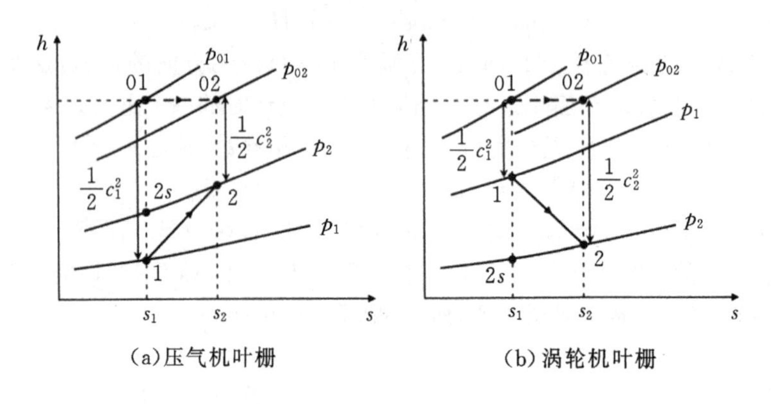

图3.8 压气机叶栅(a)和涡轮机叶栅(b)中流动过程焓熵图

此时，如果为等熵流动，则参考动压为出口动压。在许多文献中还使用了其他形式的涡轮机损失系数。Horlock(1966)给出了各种可能的损失系数定义。

对于涡轮机来说，有时会使用另一个损失参数，称为能量损失系数 ζ。ζ 表示损失的动能与等熵出口动能的比值：

$$\zeta = (c_{2is}^2 - c_2^2)/c_{2is}^2 \text{，其中 } 0.5c_{2is}^2 = h_{01} - h_{2s} \tag{3.7}$$

图3.8(b)所示为涡轮机叶栅内流动过程的焓熵图①，给出了流体的压力与焓值。

两种损失系数在马赫数较低时基本相等，但随着 M_2 的增大，其差别迅速增大，并且 $Y_p > \zeta$。

压气机叶片的主要功能是提高静压并使气流偏转，与此相关的性能参数为静压升系数。对于可压缩流动，该系数通常定义为

$$C_p = (p_2 - p_1)/(p_{01} - p_1) \tag{3.8a}$$

对于不可压缩流动，则定义为

$$C_p = (p_2 - p_1)/\left(\frac{1}{2}\rho c_1^2\right) \tag{3.8b}$$

通常沿一个或两个叶片节距测量滞止压力 p_{02}、静压 p_2 以及 α_2 的变化，然后根据测量数据导出性能参数的质量平均值。如质量流量为

$$\dot{m} = \int_0^s \rho c H \cos\alpha \mathrm{d}y = \int_0^s \rho c_x H \mathrm{d}y \tag{3.9}$$

对一个节距内的周向和轴向动量进行积分可得气流角 α_2 的平均值：

---

① 为方便起见，图中所绘的涡轮机与压气机叶栅中焓的变化大致相等。实际上，涡轮机叶栅中的焓降可能是压气机叶栅中焓升的3～4倍。

$$\tan\alpha_2 = \int_0^s \rho c_x c_y \mathrm{d}y \Big/ \int_0^s \rho c_x^2 \mathrm{d}y \tag{3.10}$$

最后可得质量平均的滞止压力损失系数为

$$Y_p = \int_0^s \{(p_{01} - p_{02})/(p_{01} - p_1)\}\rho c_x \mathrm{d}y \Big/ \int_0^s \rho c_x \mathrm{d}y \tag{3.11}$$

图 3.9 给出了整个压气机叶栅的 Y_p 和 α_2 典型横向测量结果以及两个参数的质量平均值。在 α_2 图中，有一处看起来比较奇特的“扭曲”，这是由于尾迹区 p_{02} 的横向梯度变化以及气流方向探针的响应所引起的。Dixon(1978)对上述影响进行了详细说明。

需要指出的是，从现在开始，所有参数如 Y_p 和 α_2，都指的是根据前述公式进行质量平均后的值。

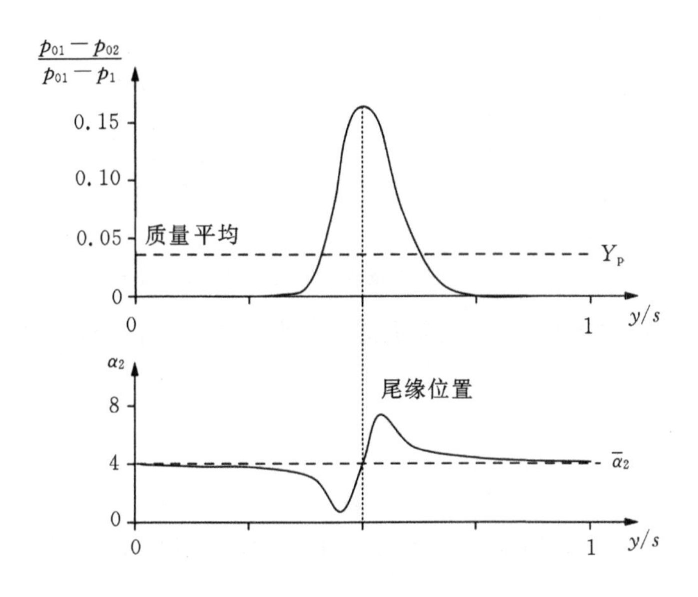

图 3.9 压气机叶栅的典型横向测量结果

叶片表面速度分布

确定叶栅性能参数并不需要详细了解叶栅通道内的流动和速度变化情况。不过，叶片表面的速度(和压力)分布可以表明一个叶片是否达到了设计预期的速度分布状况，并且有助于理解叶栅中叶片的工作方式。特别是叶片吸力面速度变化能够显示出即将发生流动分离，流动一旦分离，就会导致气流偏转减小，损失增大。有关表面速度分布和叶片性能之间的关系将在 3.5 节中详细讨论。

3.4 叶栅受力分析

许多文献以及本书后续多个章节都会经常提到升力系数和阻力系数，特别是在涉及低速风机和风力透平的流动问题中。但是，当压气机和涡轮机的叶片转速很高时，可压缩性的影响十分复杂，则基本不使用这两个系数。如前文所述，一般在计算实际性能时，将使用流动偏转及无量纲总压损失取代升力系数及阻力系数。将这两个系数引入本节是为了更加完整地介绍叶栅试验,但必须记住的是,下述内容仅适用于低速透平机械。

考虑图3.10所示压气机叶栅的一个区域。单位高度叶片对流体施加的力 X 和 Y 与流体作用在叶片上的力大小相等、方向相反。控制面由叶栅上游远处界面、下游远处界面以及与叶栅通道中间流线一致的两个侧界面组成。

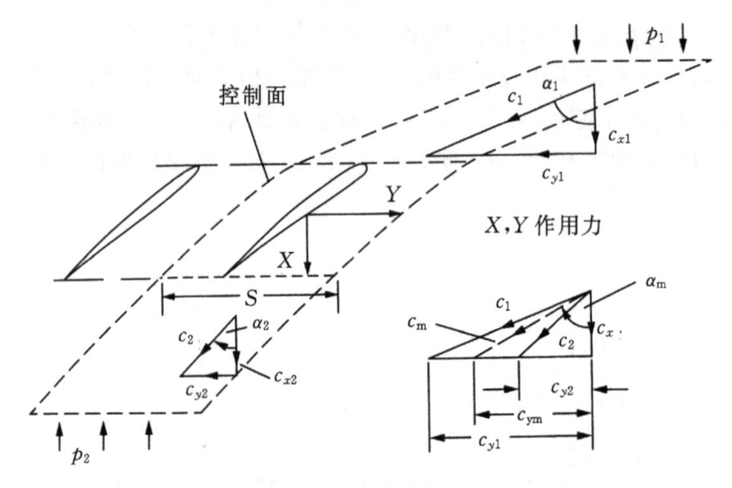

图3.10 压气机叶栅内的作用力和速度三角形

利用 x 和 y 方向的动量方程并设轴向速度 c_x 为常量,可得两个方向的分力为

$$X = (p_2 - p_1)s \tag{3.12}$$

$$Y = \rho s c_x (c_{y1} - c_{y2}) \tag{3.13a}$$

及

$$Y = \rho s c_x^2 (\tan\alpha_1 - \tan\alpha_2) \tag{3.13b}$$

式(3.12)与(3.13)只适用于存在叶栅总压损失但轴向速度不变的不可压缩流动。

升力与阻力

平均速度 c_m 定义为

$$c_m = c_x / \cos\alpha_m \tag{3.14}$$

其中,α_m 定义为

$$\tan\alpha_m = \frac{1}{2}(\tan\alpha_1 + \tan\alpha_2) \tag{3.15}$$

对于单位高度叶片,升力 L 垂直于 c_m,阻力 D 则平行于 c_m。图3.11中给出的 L 和 D 为叶片对流体的反作用力。

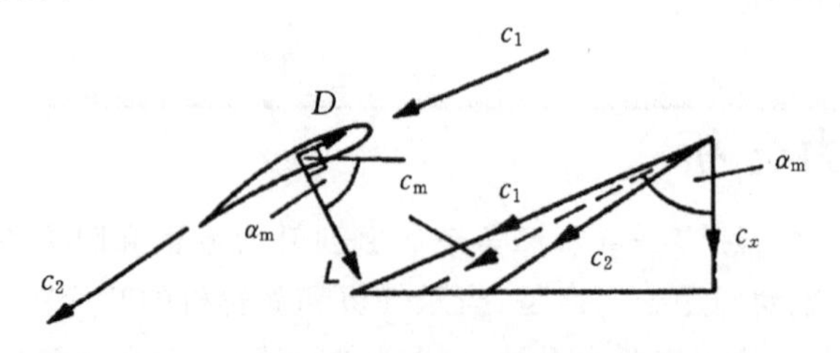

图3.11 单位展长叶片作用于流体的升力与阻力

试验数据通常用升力与阻力的形式表示，但实际上用周向力和总压损失表示试验数据可能更为有用。因而将升力和阻力分解为用轴向力和周向力表示的形式，参照图 3.12 可得

$$L = X\sin\alpha_{\mathrm{m}} + Y\cos\alpha_{\mathrm{m}} \tag{3.16}$$

$$D = Y\sin\alpha_{\mathrm{m}} - X\cos\alpha_{\mathrm{m}} \tag{3.17}$$

阻力 D 与质量平均的滞止压力损失系数 Y_{p} 直接相关。对于单位展长叶片，总压损失导致叶片轴向力减小 $s\Delta p_0$，其中 $\Delta p_0 = p_{01} - p_{02}$。因此，阻力就是图 3.12 中所示的分力为

$$D = s\Delta p_0\cos\alpha_{\mathrm{m}} \tag{3.18}$$

这一结果十分重要，但只适用于不可压缩流动。

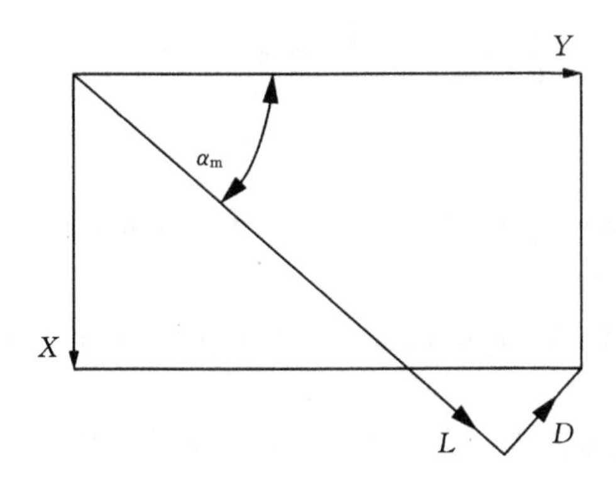

图 3.12 单位展长叶片作用在流体上的轴向力和切向力

显然当 $\Delta p_0 = 0$ 时，阻力 $D = 0$。根据式(3.17)和(3.18)可知阻力为

$$D = \cos\alpha_{\mathrm{m}}(Y\tan\alpha_{\mathrm{m}} - X) = s\Delta p_0\cos\alpha_{\mathrm{m}} \tag{3.19}$$

整理上式可得 X，

$$X = Y\tan\alpha_{\mathrm{m}} - s\Delta p_0 \tag{3.20}$$

将式(3.20)代入式(3.16)得

$$L = \sin\alpha_{\mathrm{m}}(Y\tan\alpha_{\mathrm{m}} - s\Delta p_0) + Y\cos\alpha_{\mathrm{m}} = Y\sec\alpha_{\mathrm{m}} - s\Delta p_0\sin\alpha_{\mathrm{m}} \tag{3.21}$$

引入式(3.13b)消去 Y，则升力为

$$L = \rho s c_x^2(\tan\alpha_1 - \tan\alpha_2)\sec\alpha_{\mathrm{m}} - s\Delta p_0\sin\alpha_{\mathrm{m}} \tag{3.22}$$

升力系数与阻力系数

这些系数通常根据不可压缩流动参数来定义。升力系数一般定义为

$$C_{\mathrm{L}} = L\Big/\left(\frac{1}{2}\rho c_{\mathrm{m}}^2 l\right) \tag{3.23}$$

式中，$c_{\mathrm{m}} = c_x/\cos\alpha_{\mathrm{m}}$ 且 l＝叶片弦长。同样，阻力系数定义为

$$C_{\mathrm{D}} = D\Big/\left(\frac{1}{2}\rho c_{\mathrm{m}}^2 l\right) \tag{3.24a}$$

采用不可压缩流动的总压损失系数定义，

$$\zeta = \Delta p_0\Big/\left(\frac{1}{2}\rho c_{\mathrm{m}}^2\right) \tag{3.24b}$$

引入式(3.18)消去 D，并利用式(3.24b)可得

$$C_D = \frac{s\Delta p_0 \cos\alpha_m}{1/2\rho c_m^2 l} = \frac{s\zeta 1/2\rho c_m^2 \cos\alpha_m}{1/2\rho c_m^2 l} = \frac{s}{l}\zeta\cos\alpha_m \tag{3.25}$$

同样,我们也可以导出更实用的 C_L 公式。由式(3.22)可得

$$C_L = [\rho s c_x^2(\tan\alpha_1 - \tan\alpha_2)\sec\alpha_m - s\Delta p_0 \sin\alpha_m]/(\frac{1}{2}\rho c_m^2 l)$$

因此,

$$C_L = 2\frac{s}{l}\cos\alpha_m(\tan\alpha_1 - \tan\alpha_2) - C_D\tan\alpha_m \tag{3.26a}$$

在叶栅流动的正常工况范围内,C_D 远小于 C_L,因此有时可使用下列近似公式:

$$\frac{L}{D} = \frac{C_L}{C_D} = \frac{2}{\zeta}(\tan\alpha_1 - \tan\alpha_2) \tag{3.26b}$$

环量与升力

注意:针对单个孤立翼型的经典升力理论是基于理想不可压缩流动建立起来的,也就是说,流动中 $D=0$ 且 ρ 为常数。

根据库塔-儒可夫斯基定理(Kutta-Joukowski throrem),升力 L 为

$$L = \Gamma\rho c \tag{3.27}$$

式中,c 为翼型与无穷远处流体之间的相对速度,Γ 为绕机翼的环量。该定理对翼型理论的发展具有十分重要的作用(Glauert,1959)。

因为假设总压损失为零,所以利用式(3.22)可得叶栅中单位展长叶片所受的升力为

$$L = \rho s c_x^2(\tan\alpha_1 - \tan\alpha_2)\sec\alpha_m = \rho s c_m(c_{y1} - c_{y2}) \tag{3.28}$$

环量是速度沿封闭曲线的环积分。对于叶栅中的一个叶片,环量为

$$\Gamma = s(c_{y1} - c_{y2}) \tag{3.29}$$

组合式(3.28)与(3.29)得

$$L = \Gamma\rho c_m \tag{3.30}$$

当叶栅的叶片间距无限增大时(即 $s\to\infty$),叶栅进、出口速度 c_1 和 c_2 将大小相等、方向相同。此时有 $c_1=c_2=c_m$,于是式(3.30)与孤立翼型的库塔-儒可夫斯基定理相同。

3.5 压气机叶栅性能

在压气机的叶栅通道内,流体从低静压的进口流向高静压的出口。压气机设计需要解决的首要问题是如何在不引起大量损失或流动分离的情况下使压升达到要求。轴流压气机设计人员必须选择合适的叶片载荷水平,既能保证实现所需的压升,又不会发生过度设计,以致压气机级数过多。此外,压气机叶片应能在一定的工况范围内运行良好,所以设计人员开发的叶片几何形状应能适应工况点的变化。

本节将介绍决定压气机叶栅设计与性能的关键物理现象,对压气机叶片气动性能进行过的一些研究,以及这些研究所建立的气动性能关联式。

压气机损失及叶片载荷

许多实验研究表明,压气机叶栅中叶片有效性能的提高受到叶片表面边界层增长和分

离的限制。叶栅研究的目的之一是确定常规叶片的通用损失特性及失速极限。许多因素都会影响叶片边界层的增长，如叶片表面速度分布、叶片雷诺数、进口马赫数、自由来流的湍流度和不稳定性以及表面粗糙度等，因此完成这一目标颇有难度。不过，通过对试验数据的分析已发展出几种关联方法，使用这些方法可对叶片损失的主要特性及极限流体偏转角进行预测，使准确度满足工程需求。

通过观察发现，压气机叶片表面的速度扩散程度很高，这将使边界层逐渐增厚并最终导致流动分离，Lieblein(1959)与 Johnson 和 Bullock(1965)据此给出了这一现象的关联式。Lieblein 指出，在损失较小的区域，尾迹厚度和由其引起的总压损失主要与该区域叶片吸力面的速度扩散有关系。他还推论，常规压气机叶片的吸力面边界层是叶片尾迹的最大来源，因此吸力面速度分布是决定总压损失的主要因素。

图 3.13 所示为压气机叶片在最小损失工况下工作时，通过对表面压力进行测量所得的叶片表面典型速度分布。从图中可以清楚地看到，吸力面速度下降很大，而且远大于进出口速度的差值，即 $c_{max,s}-c_2 \gg c_1-c_2$ 。Lieblein 定义了一个术语来量化这种吸力面的扩压特性，称为局部扩散因子：

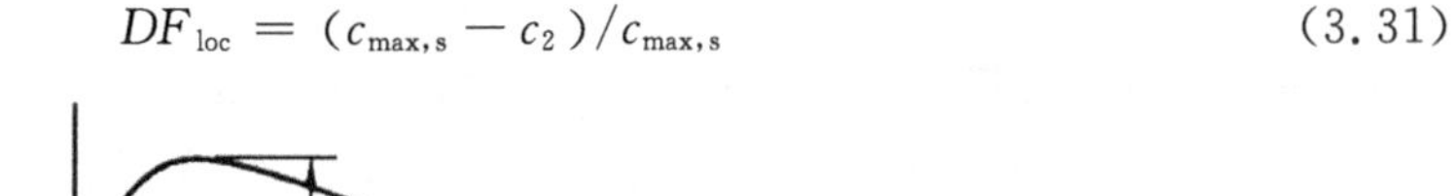

$$DF_{loc}=(c_{max,s}-c_2)/c_{max,s} \tag{3.31}$$

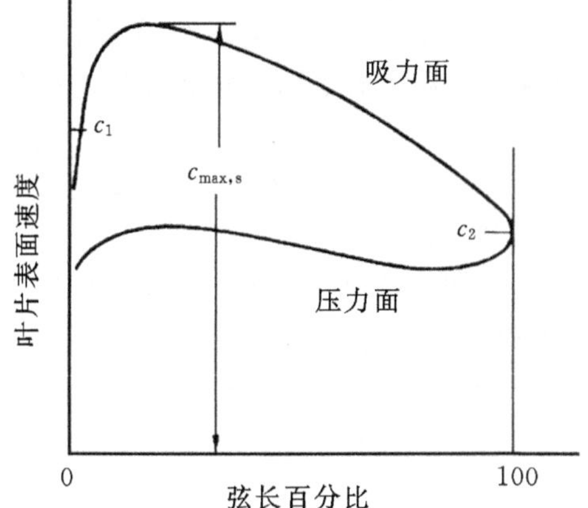

图 3.13 压气机叶栅中叶片的典型速度分布(最低损失工况或接近最低损失工况)

因为确定局部扩散因子相对比较困难，Lieblein、Schwenk 和 Broderick(1953)基于理论表面速度分布提出了一个更常用的扩散因子(diffusion factor，DF)，该速度分布类似于在 NACA 65 系列和英国 C4 系列叶栅上实际测量获得的分布。只要已知叶片进、出口速度及节弦比就可以确定这个因子，因此它对于初步设计非常有用：

$$DF=(1-c_2/c_1)+\left(\frac{c_{\theta 1}-c_{\theta 2}}{2c_1}\right)\frac{s}{l} \tag{3.32}$$

上式右侧第一项 $1-c_2/c_1$ 表示流动的平均减速度。第二项 $(c_{\theta 1}-c_{\theta 2})/2c_1$ 表示流动转向。由于节弦比决定了叶片对流体导向作用的优劣，因此很重要。节弦比较小时，使流体转向所需的通道压力梯度较小，因而流动的扩散较小。Lieblein 指出，当扩散因子大于 0.6 时，流动开始分离，叶栅通道中的损失急剧增大。一般来说，设计良好的叶片承受中等载荷时，扩散因子约为 0.45。尽管扩散因子是根据少数压气机叶片在最小损失工况下的试验数据得出的，但在实际中，它广泛应用于多种压气机的初步设计，既适用于可压缩流动，也适用于不可压缩流动。

此外，还有一个更简单的衡量压气机叶片排总扩散量的指标，称为 De Haller 数 c_2/c_1。该参数由 De Haller(1953)首次提出，目前依然常用于设置压气机叶栅通道的最大升压极限。De Haller 准则建议：

$$c_2/c_1 \geqslant 0.72 \tag{3.33}$$

出口流体偏转

流体离开压气机叶栅通道时，并没有沿着叶片尾缘中弧线方向流动。出口的流动偏转部分源于叶栅通道内的流动扩散。这意味着流线是发散的，流体不会沿单一方向运动。由于距叶片较远的流体受叶片导流作用较小，因此随着叶片节距的增大，发散效应将会加剧。此外，粘性效应将使叶片表面边界层增厚，这会阻碍主流流动，改变叶片的有效形状，使出口流动偏转增加。

Howell(1945a,b)和 Carter(1950)给出了冲角为标称(设计)值 i^* 时，标称落后角与叶片几何参数的经验关系式：

$$\delta^* = m\theta\ (s/l)^n \tag{3.34}$$

式中，对于压气机叶栅，$n\approx0.5$；对于压气机进口导叶，$n\approx1$(导叶加速流体，所以可看作涡轮机叶片)。式(3.34)称为卡特公式(Carter's rule)。它表明，当叶片节弦比和弯度增大时，出口流动偏转增大。m 值取决于中弧线的精确形状和叶片安装角。对于压气机叶栅，计算 m 的常用关联式为

$$m = 0.23\ (2a/l)^2 + \alpha_2^*/500 \tag{3.35}$$

式中，a 为叶片最大弯度点与前缘的距离。

当冲角偏离设计值时，落后角进一步增大，并且流动一旦分离，落后角将迅速增大。后文中的图 3.20 给出了出口角随冲角和进口马赫数的变化关系。

例题 3.1

一压气机叶栅在设计工况下运行，进口气流速度为 150 m/s，进气角为 50°，出口速度为 114 m/s，出气角为 30°。设节弦比为 0.85，计算扩散因子(DF)及 De Haller 数。如果叶片的中弧线为圆弧，冲角为 3°，试采用卡特公式确定落后角及中弧线弯曲角。

解：

$$DF = (1-c_2/c_1)+\left(\frac{c_{\theta1}-c_{\theta2}}{2c_1}\right)\frac{s}{l} = \left(1-\frac{114}{150}\right)+\left(\frac{150\sin 50^\circ-114\sin 30^\circ}{2\times150}\right)0.85$$

$$\Rightarrow DF = 0.24+0.193\times0.85 = \underline{0.404}$$

De Haller 数为

$$c_2/c_1 = 114/150 = \underline{0.76}$$

对于压气机叶片设计来说，这些数值是合理的。

根据卡特落后角公式，压气机叶片的落后角为 $\delta^* = m\theta\ (s/l)^{0.5}$

上式可写为 $\alpha_2^* - \alpha_2' = m(\alpha_1'-\alpha_2')(s/l)^{0.5}$

式中，参数m可由式(3.35)直接估算。对于圆弧叶片，$a/l=0.5$且出口气流角已知，

于是

$$m = 0.23\,(2a/l)^2 + \alpha_2^*/500 = 0.23 \times 1 + 30/500 = 0.29$$

叶片进口几何角为 $\alpha_1' = \alpha_1 - i = 50 - 3 = 47°$

重新组合落后角公式可得叶片出口几何角为

$$\alpha_2' = \frac{\alpha_2^* - \alpha_1' m\sqrt{s/l}}{1 - m\sqrt{s/l}} = \frac{30 - 47 \times 0.29 \times \sqrt{0.85}}{1 - 0.29 \times \sqrt{0.85}} = 23.8°$$

于是,可得落后角和中弧线弯曲角为

$$\delta^* = \alpha_2^* - \alpha_2' = 30 - 23.8 = \underline{6.2°}$$

$$\theta = \alpha_1' - \alpha_2' = 47 - 23.8 = \underline{23.2°}$$

冲角的影响

图 3.14 所示为不同冲角工况下压气机叶片周围的流动状况,以及相应的压气机叶栅表面速度分布示意。对于在设计工况运行的压气机叶片,进口气流几乎平行于前缘中弧线(即进口气流角近似等于叶片进口角)。因此冲角近似为零,叶片表面压力分布光滑连续。在这种工况下,几乎所有的流动偏转或转向都是由叶片弯度产生的。随着冲角的增大,流体冲击叶片压力面,并且吸力面上流体速度必定绕前缘迅速增大,随后又减小到接近主流速度。于是在靠近叶片前缘处出现很高的局部加速区域,有时被称为叶片吸力面前缘尖峰。加速可能使边界层发生转捩,从而增大叶片损失,在冲角很大时,会引起流动分离并形成失速。冲角为正时,叶片载荷较高,流动偏转增大。可以认为,一部分流动偏转源于叶片弯度,另一部分源于正冲角。当冲角为负时,流体绕前缘加速并流向压力面,因而使吸力面与压力面前缘的压力分布线位置互换,压力面上流体扩散程度增大,导致流动偏转减小,载荷降低。若负冲角很大,压力面扩散程度非常高,流动甚至会在压力面发生分离。

压气机叶片对冲角变化的适应性十分重要,是保证压气机在变工况下稳定和高效运行的关键因素。当压气机的质量流量或转速偏离设值时,叶片将承受气流冲角的变化,这将在第 5 章进行详细介绍。尽管需要根据实际情况来确定压气机叶片能够容忍的冲角变化程度,但一般来说,叶片应至少需要承受 ±5° 的冲角变化而不发生失速。在后文中我们将指出,随着进口马赫数的增加,压气机叶片能够容忍的冲角变化值将降低。

不可压缩叶栅流动分析

对压气机叶栅的许多研究都是在低速流动下进行的,此时可压缩效应可以忽略。由此,可对分析模型进行一些简化。对于轴向速度不变的不可压缩流动,式(3.32)的 Lieblein 扩散因子可改写为

$$DF = \left(1 - \frac{\cos\alpha_1}{\cos\alpha_2}\right) + \frac{s}{l}\,\frac{\cos\alpha_1}{2}\,(\tan\alpha_1 - \tan\alpha_2) \tag{3.36}$$

因此,一旦给定进口和出口气流角,就可以根据所需的扩散因子确定节弦比。

Lieblein(1965)对在基准冲角(工作范围的中点)下工作的压气机叶片建立了一个局部扩散因子和尾迹动量厚度与弦长之比 θ_2/l 的关联式,该式适用于多种压气机叶片。根据图 3.15 中的尾迹流动模型参数,尾迹动量厚度定义为

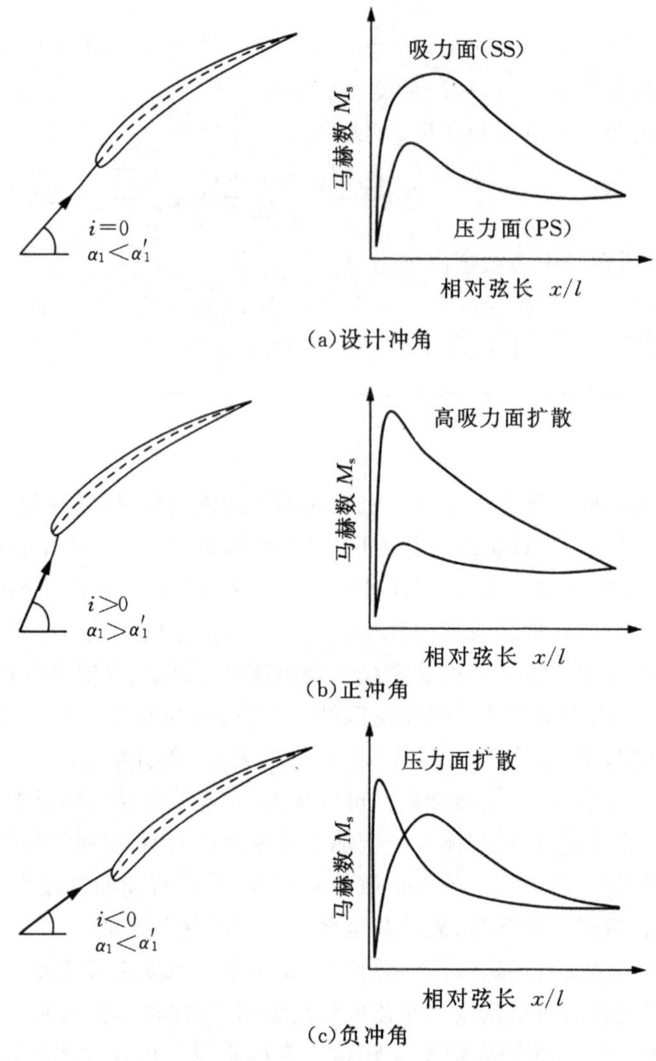

图 3.14 冲角对压气机叶栅表面马赫数分布的影响

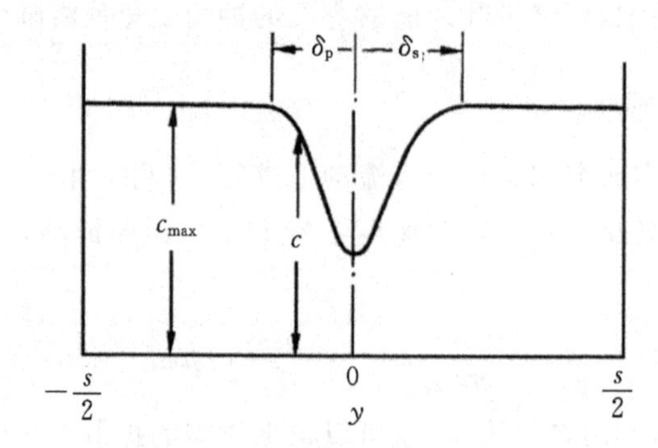

图 3.15 压气机叶栅出口下游的叶片尾迹

$$\theta_2 = \int_{-s/2}^{s/2} (c/c_{max})(1-c/c_{max})\mathrm{d}y \tag{3.37}$$

图 3.15 给出了叶栅出口平面上的整个叶片尾迹。根据牛顿第二运动定律，摩擦引起的总动量损失等于阻力，其中当然包括叶片吸力面和压力面边界层。利用式(3.18)可得

$$D = s\Delta p_0 \cos\alpha_m = \theta_2 \rho c_2^2 \tag{3.38}$$

式中，$\theta_2 = \theta_s + \theta_p$，即后缘处压力面和吸力面上的动量厚度之和。

将阻力系数的定义式(3.24a)与式(3.38)相结合，可得

$$C_D = \zeta(s/l)\cos\alpha_m = 2(\theta_2/l)\cos^2\alpha_m/\cos^2\alpha_2 \tag{3.39}$$

上式是一个阻力系数与尾迹动量厚度之间非常有用的关系。

由 Lieblein 关联式给出的动量厚度-弦长比与局部扩散因子之间的关系曲线如图 3.16 所示。这条曲线所表示的公式为

$$\frac{\theta_2}{l} = 0.004/[1 + 1.17\ln(1 - DF_{loc})] \tag{3.40}$$

式中，DF_{loc} 由式(3.31)定义。式(3.39)与(3.40)给出了叶片滞止压力损失系数与吸力面速度分布之间的简单关系。需要指出，压气机实际可达到的高效运行工况所对应的局部扩散因子在 0.5 左右。

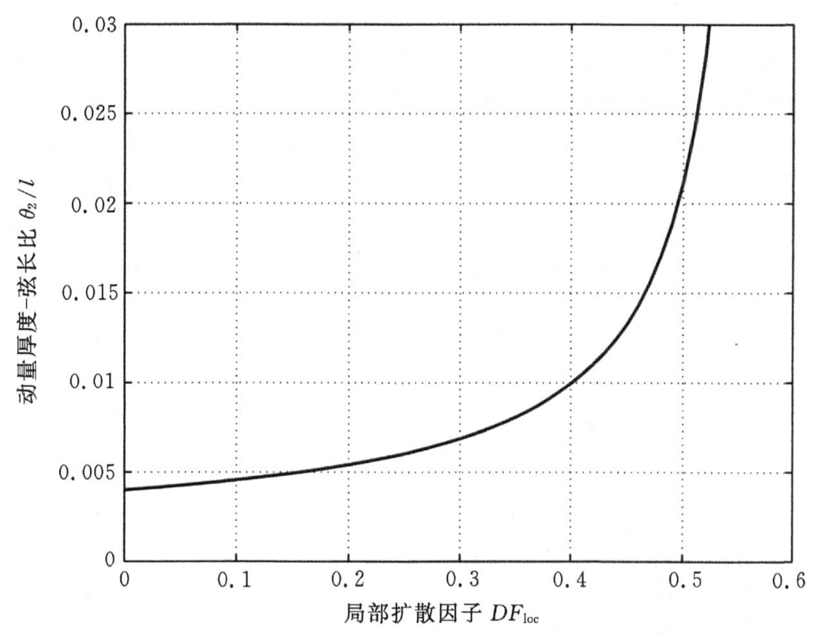

图 3.16 在基准冲角下工作的压气机叶片尾迹动量厚度-弦长比随吸力面局部扩散因子的变化关系

例题 3.2

现进行一低速压气机叶栅试验，进口气流角 $\alpha_1 = 55°$，出口气流角 $\alpha_2 = 30°$。局部扩散因子 DF_{loc} 的设计值为 0.4。设最大扩散因子 DF 为 0.6，试确定可以保证安全运行的节弦比。利用式(3.26)、(3.39)和(3.40)确定 ζ、C_D 与 C_L。

解：

由式(3.36)及 DF=0.6 可得最大许用节弦比为

$$\frac{s}{l} \leqslant \frac{2\cos\alpha_1/\cos\alpha_2 - 0.8}{\cos\alpha_1(\tan\alpha_1 - \tan\alpha_2)} = \frac{2\times 0.5736/0.866 - 0.8}{0.5736\times(1.4281 - 0.5774)} = \underline{1.075}$$

由式(3.40)得，$\theta_2/l = 0.004/[1+1.17\ln(1-0.4)] = 0.01$

由式(3.39)得，$C_D = 2(\theta_2/l)\cos^2\alpha_m/\cos^2\alpha_2$，其中 $\tan\alpha_m = (1/2)(\tan\alpha_1 + \tan\alpha_2) = 1.00275$

因此，$\alpha_m = 45.08°$，并且

$$C_D = 2\times 0.01\times\cos^2 45.08/\cos^2 30 = \underline{0.013}$$

根据式(3.25)可得损失系数为

$$\zeta = C_D/\frac{s}{l}\cos\alpha_m = 0.013/(1.075\times\cos 45.08) = \underline{0.017}$$

又由式(3.26a) $C_L = 2\frac{s}{l}\cos\alpha_m(\tan\alpha_1 - \tan\alpha_2) - C_D\tan\alpha_m$ 得

$$C_L = 2\times 1.075\times\cos 45.08\times(\tan 55 - \tan 30) - 0.013\times\tan 45.08 = \underline{1.28}$$

马赫数的影响

若流过叶栅的流体马赫数大于 0.3，则不能视为不可压缩流动。常规压气机叶片表面的峰值马赫数比进口马赫数高得多。如果进口马赫数超过 0.7，则叶片通道内的流动成为跨音速流动，这将使叶栅性能劣化。图 3.17 所示为冲角较小时，不同进口马赫数下，压气机叶栅的叶型表面马赫数分布。如果吸力面局部马赫数大于 1，则会形成激波，这将带来额外的损失。此外，激波前后压力突增会使边界层增厚，因而粘性损失进一步增大。进口马赫数较大时，吸力面扩散程度较高，这意味着即使正冲角适中，叶片边界层也可能发生分离。

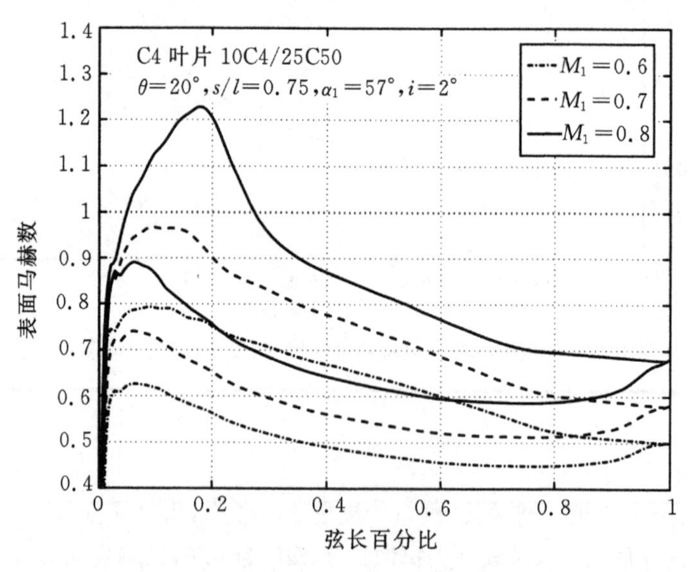

图 3.17 小冲角时，C4 压气机叶片表面马赫数随进口马赫数的变化关系(引自 Lieblein，1959)

在实际中，使用薄叶片和小弯度叶片可以缓和高进口马赫数带来的影响，使吸力面峰值马赫数不会比进口马赫数高出太多。正如第 5 章中指出的，这种叶片可用于相对进口马赫数达到 1.5 的高效跨音速压气机动叶栅。

图 3.18 所示为流经高速压气机叶栅的均匀流动。对任意叶栅，给定进口角 α_1、进口马赫数 M_1 和出口马赫数 M_2，只要叶栅损失系数 Y_p 已知，就可以采用一维可压缩流动关系式计算出口角和落后角。滞止压力与静压的比以及无量纲质量流量都是进口马赫数的函数：

$$\frac{p_{01}}{p_1} = \left(1 + \frac{\gamma - 1}{2} M_1^2\right)^{\gamma/(\gamma-1)} \quad (\text{式}(1.36))$$

$$\dot{m}\frac{\sqrt{C_p T_{01}}}{sH_1\cos\alpha_1 p_{01}} = Q(M_1) \quad (\text{式}(1.39))$$

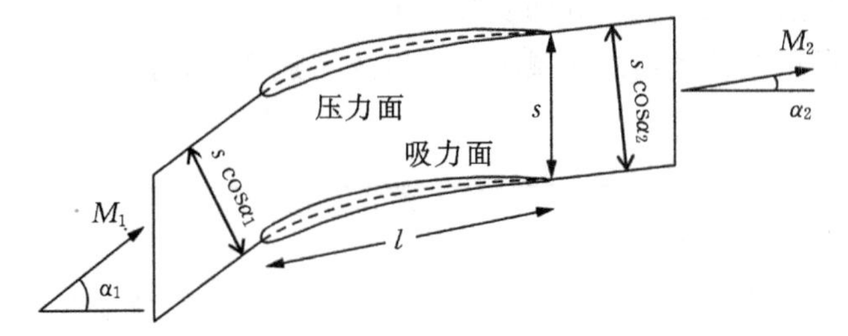

图 3.18 压气机叶栅中可压缩均匀流动分析

根据损失系数 Y_p 的定义(式(3.5))，叶栅滞止压比为

$$\frac{p_{02}}{p_{01}} = 1 - Y_p\left(1 - \frac{p_1}{p_{01}}\right) \tag{3.41}$$

对于静叶栅有 $T_{01} = T_{02}$，因此叶栅出口无量纲质量流量为

$$\frac{\dot{m}\sqrt{C_p T_{02}}}{H_2 s\cos\alpha_2 p_{02}} = Q(M_2) = Q(M_1) \times \frac{H_1}{H_2} \times \frac{p_{01}}{p_{02}} \times \frac{\cos\alpha_1}{\cos\alpha_2}$$

设叶栅的 AVDR 等于 1，则 $H_1/H_2 = 1$，可改写上式来计算出口气流角：

$$\cos\alpha_2 = \frac{Q(M_1)}{Q(M_2)} \times \frac{p_{01}}{p_{02}} \times \cos\alpha_1 \tag{3.42}$$

组合式(3.41)和(3.42)，可根据进口参数、损失系数和出口马赫数计算出口角。同样，利用上式也可根据其他参数求解出口马赫数或损失系数。

为了说明高进口马赫数下负冲角的影响，可以采用类似于以前确定压气机叶栅阻塞的方法进行分析。考虑图 3.19 所示最小通流面积为 A^* 的压气机叶栅。该最小通流截面通常称为叶片通道的喉部。对进口和喉部应用质量守恒定律，得

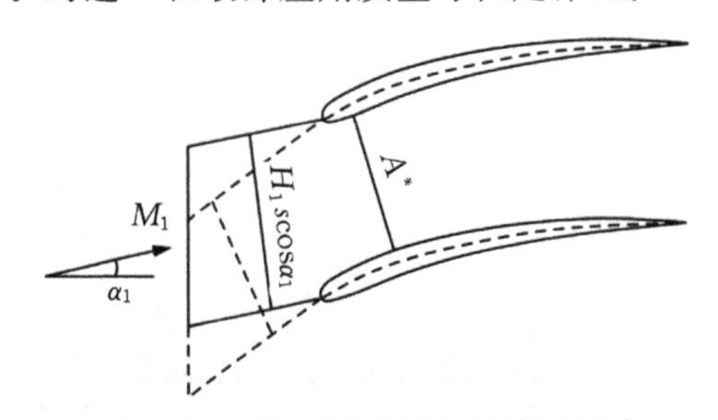

图 3.19 负冲角下压气机叶栅的阻塞

$$\frac{\dot{m}\sqrt{C_p T_{01}}}{H_1 s\cos\alpha_1 p_{01}} = Q(M_1) = \frac{\dot{m}\sqrt{C_p T_{01}}}{A^* p_0^*}\frac{p_0^*}{p_{01}} \times \frac{A^*}{H_1 s\cos\alpha_1} \tag{3.43}$$

当叶片通道发生阻塞时，喉部马赫数等于 1，因此，

$$\frac{\dot{m}\sqrt{C_{\mathrm{p}}T_{01}}}{A^{*}p_{0}^{*}}=Q(1)=\text{常数}$$

最好的情况是滞止压力在进口与喉部之间基本没有损失，并且 $p_0^* = p_{01}$ 。此时，可简化式(3.43)给出发生阻塞时的进口气流角：

$$\cos\alpha_1=\frac{Q(1)}{Q(M_1)}\frac{A^*}{H_1 s} \tag{3.44}$$

除 $Q(M_1)$之外，式(3.44)等号右侧其他各项均为常数。该式表明，随着马赫数的增大，当阻塞发生时，进口角的余弦值减小(即实际角度增大)。也就是说，当进口马赫数增大时，阻塞发生前可以承受的负冲角将随之减小。所以为了避免流动阻塞，就必须增大进口角或减小进口马赫数。

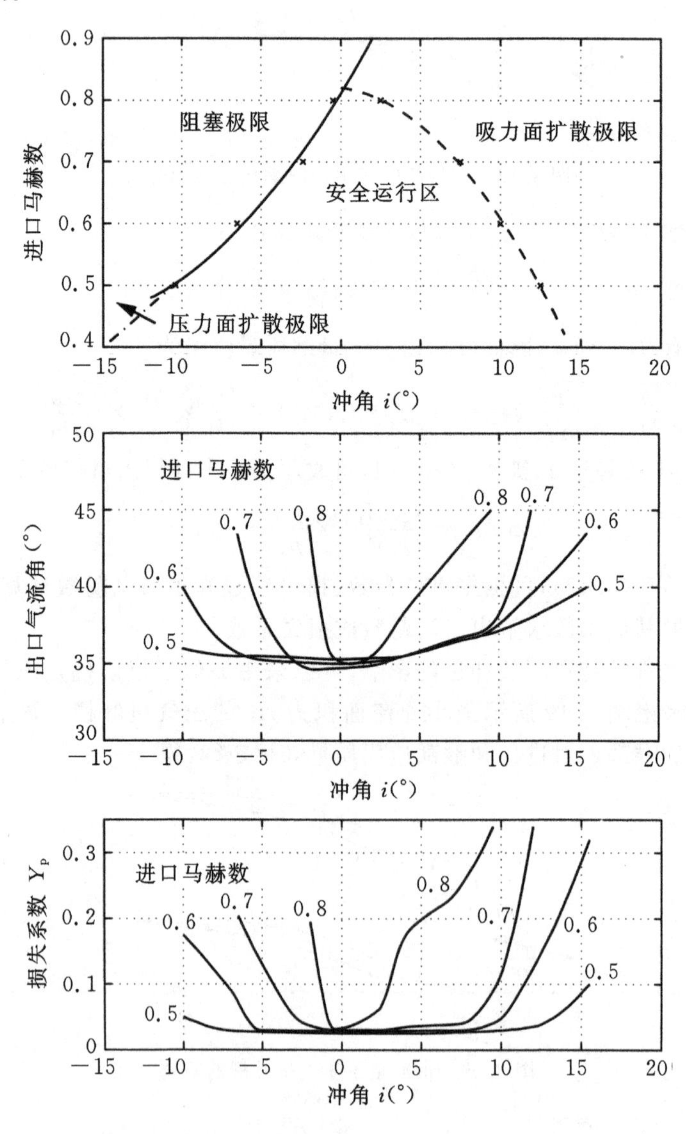

图 3.20　压气机叶栅损失系数及出口角与进口冲角及进口马赫数的典型函数关系

综上所述,图 3.20 给出了典型的压气机叶栅损失系数及出口角与进口冲角及进口马赫数之间的变化关系。这些图的确切形式取决于详细的叶栅几何参数,只能由一系列叶栅试验或细致的数值分析来确定,不过图中所示的变化趋势对所有压气机叶片都适用。对于给定的进口马赫数,在一定的冲角范围内,叶栅的损失及出口偏转均较小。超出这个范围,损失和流动偏转迅速增大。压气机叶栅损失系数随冲角的变化曲线通常称为损失斗或损失环。图 3.20 中的结果清楚地表明,随着马赫数的增大,叶栅对冲角的适应能力降低。当进口马赫数较高时,由于吸力面扩散程度较大,叶栅对正冲角的适应能力降低。而叶栅对负冲角的适应能力降低则发生在叶片通道阻塞的情况下。只有当进口马赫数较小时,压力面流动扩散才是限制负冲角工况下叶栅性能的因素。

3.6 涡轮机叶栅

需要强调的是,涡轮机叶栅中的流动与压气机叶栅有一个重要区别。在涡轮机叶栅中,压力降低,流动加速。这意味着:

i. 边界层很稳定,并附着在叶片上;
ii. 叶片可以承受更高负荷而不存在边界层分离的危险;
iii. 涡轮机叶栅内的流动偏转可超过 120°;
iv. 出口流速与进口流速之比 c_2/c_1 在 2～4 之间;
v. 吸力面扩散因子 DF 一般仅为 0.15 左右,所以除了很低雷诺数工况以外,一般不会发生边界层分离。

图 3.21 为通过轴流涡轮机叶栅的流动及相应的表面速度分布示意图。该图说明了前述的许多特性,尤其值得注意的是叶栅通流面积沿流动方向迅速减小,因而使流体在流道中产生较大的加速流动。由于整个流场处在高加速和低扩压状态,因此在较大的流动参数范围内,涡轮机叶栅中的损失都比较低。这与压气机叶栅形成了鲜明对比,后者低损失所对应的参数范围很窄。这也是涡轮机叶片的压降远高于压气机叶片的压升,以及在涡轮喷气发动机中,涡轮机级数远少于压气机级数的根本原因。

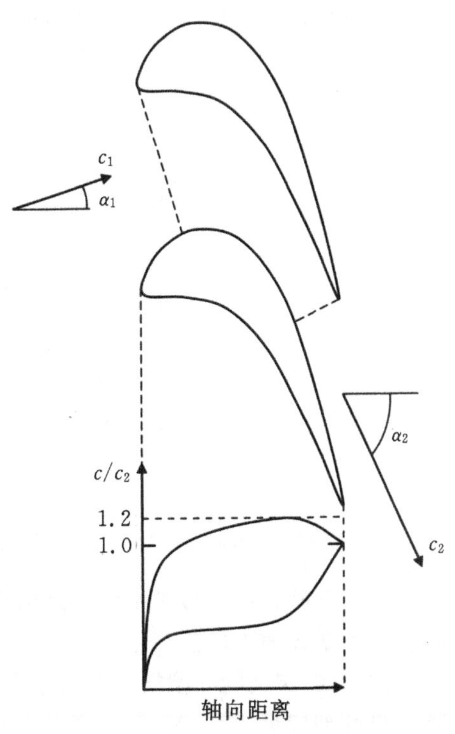

图 3.21 通过轴流涡轮机叶栅的流动

涡轮机损失关联式

目前,已开发出许多利用涡轮机叶栅几何参数及来流参数预测总压损失系数及落后角的方法。Horlock(1966)、Dunham 和 Came(1970)、Kacker 和 Okapuu(1981)、Craig 和 Cox(1971)以及其他研究人员详细综述了不同方

法,并对比了各种方法所得结果。以下将只介绍其中两种比较好的方法,分别是:

i. Ainley 与 Mathieson(1951)关联式;

ii. Soderberg(1949)关联式。

在详细讨论这些关联式之前需要指出,就准确度而言,Soderberg 公式更适合快速估算涡轮机的效率(将在第 4 章中介绍),根据 Horlock(1966)的研究结果,由 Soderberg 公式计算的效率误差在±3%以内。然而如今上述关联式已经过时,不能期望用之准确预测现代、高负荷跨音速涡轮机叶栅的特性。现在,这些关联式只能用于涡轮机的初步设计,还需要进行详细的叶栅试验或数值分析以精准确定叶片的损失。

Ainley 与 Mathieson 关联式

Ainley 和 Mathieson(1951)(A&M)开发了一种计算轴流涡轮机性能的方法,得到了广泛应用。该方法可确定在大范围的进口工况下,涡轮机一级的叶栅在单一参考直径处(叶栅进、出口直径平均值)的总压损失及出口气流角。Dunham 与 Came(1970)综合了该方法的一些改进措施,改进后的方法可以更好地预测涡轮机性能,尤其是小型涡轮机性能。研究人员发现,当叶栅设计适当时,改进方法预测效率的误差在±2%以内。

根据 A&M 方法,涡轮机的总压损失由以下三部分组成:

i. 叶型损失;

ii. 二次流损失;

iii. 顶部间隙损失。

确定涡轮机级的总体性能时必须考虑上述全部损失。

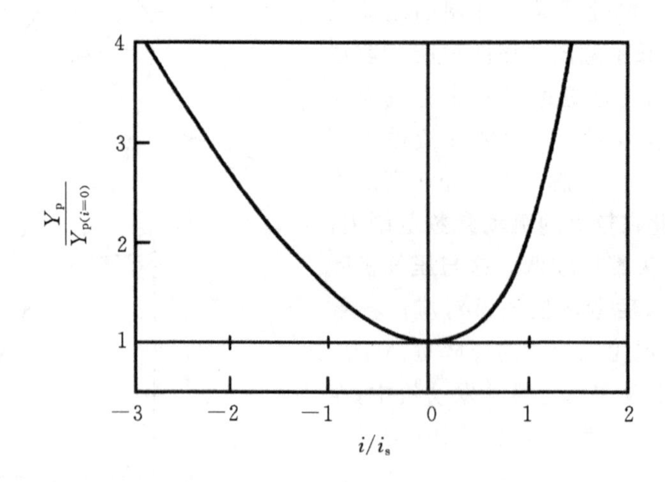

图 3.22 典型涡轮机叶栅的叶型损失随冲角的变化(引自 Ainley 和 Mathieson,1951)

因为只有叶型损失与涡轮机叶栅相关,所以下面的分析将只讨论该损失。其余两种损失将在第 4 章详细阐释。

由式(3.6)定义的叶型损失系数是零冲角($i=0$)下的。当冲角为其他任意值时,A&M 方法假设叶型损失比 $Y_p/Y_{p(i=0)}$ 是冲角比 i/i_s 的单值函数(见图 3.22),其中 i_s 为失速冲角,定义为叶型损失比 $Y_p/Y_{p(i=0)}=2.0$ 时的冲角。

其次，A&M 建立了涡轮机叶栅的叶型损失与节弦比 s/l、出口气流角 α_2、叶片最大厚度-弦长比 t_{max}/l 以及叶片进口角之间的关联式。图 3.23(a)和 3.23(b)分别给出了不同出口气流角下静叶排及冲动式动叶排的 $Y_{p(i=0)}$ 随节弦比的变化关系。

对于常用类型的叶片来说(介于喷嘴叶片和冲动式动叶之间)，A&M 建议的零冲角总压损失系数为

$$Y_{p(i=0)} = \left\{Y_{p(\alpha_1=0)} + \left(\frac{\alpha_1}{\alpha_2}\right)^2 \left[Y_{p(\alpha_1=\alpha_2)} - Y_{p(\alpha_1=0)}\right]\right\}\left(\frac{t_{max}/l}{0.2}\right)^{\frac{\alpha_1}{\alpha_2}} \tag{3.45}$$

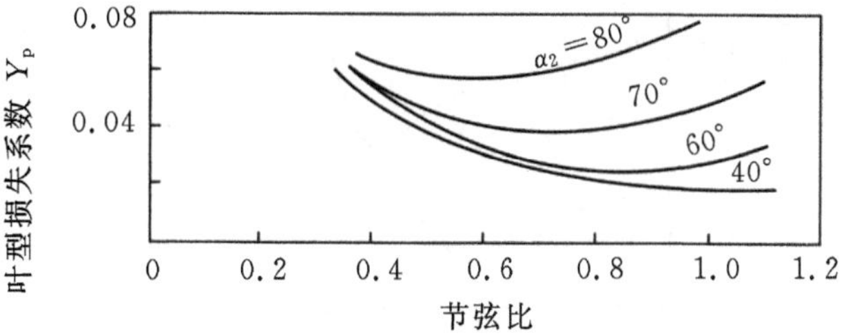

(a)喷嘴叶片 $\alpha_1=0$

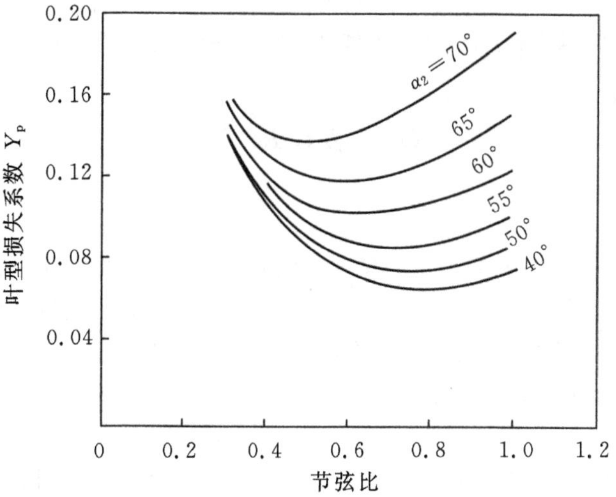

(b)冲动式动叶 $\alpha_1=\alpha_2$

($t_{max}/l=0.2$；$Re=2\times10^5$；$M<0.6$)

图 3.23 冲角为零时，涡轮机喷嘴叶片和冲动式动叶的叶型损失系数(引自 Ainley 和 Mathieson，1951)

所有 Y_p 值都是在相同节弦比及出口气流角的基础上获得的。式(3.45)引入了厚度-弦长比影响的修正，适用于 $0.15\leqslant t_{max}/l\leqslant 0.25$。A&M 建议，若实际叶片的 t_{max}/l 大于 0.25 或小于 0.15，则损失可分别取 t_{max}/l 等于 0.25 或 0.15 时的值。

图 3.23 所示损失系数的特征表明，相比冲动式动叶，喷嘴叶片的总压损失系数要小很多。这一现象证实了图 3.24 给出的结果，即与平均压力不变或逐渐增大的流动相比，平均压力逐渐减小时流动的损失系数更小。

雷诺数修正

A&M 的数据都是在平均雷诺数为 2×10^5(基于涡轮机叶片平均弦长及出口流动参数所得)的工况下获得的。他们建议，在雷诺数小于 5×10^4 时，可采用下述较为粗略的近似公

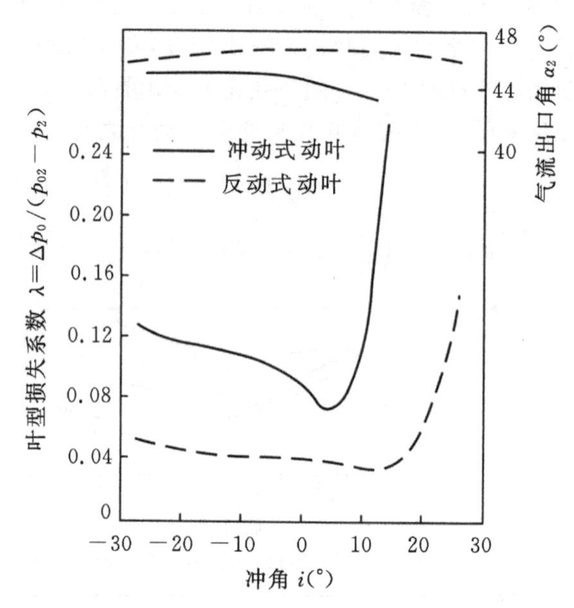

图 3.24 典型涡轮机叶片的叶型损失随冲角的变化(引自 Ainley,1948)

式对级效率进行修正:

$$(1-\eta_{tt}) \propto Re^{-1/5}$$

Soderberg 关联式

一个计算涡轮机叶栅损失的相对简单的方法是,综合多种涡轮机总效率的性能数据,并由此确定单个叶片排的滞止压力损失。Soderberg(1949)根据汽轮机和叶栅的大量试验数据建立了这样一个关联体系,并使其与具有小展弦比(小叶高-弦长比)叶片的小功率涡轮机的试验数据相拟合。Soderberg 方法只适用于符合“良好设计”标准的涡轮机,这种设计将在后文中讨论。

Horlock(1960)批判性地综述了几种得到广泛应用的获得涡轮机设计数据的方法。他的综述进一步证实,虽然 Soderberg 关联式组合了相对较少的几个参数,但其准确性与当时其他可用方法中的最佳方法相当。Soderberg 发现,在最佳节弦比(按 Zweifel 准则得出)条件下,涡轮机叶片损失可以与叶栅节弦比、叶片展弦比、厚度-弦长比以及雷诺数相关联。

若涡轮机叶片在最佳负荷系数工况下运行,雷诺数为 10^5,展弦比即叶高/轴向弦长 $H/b=3$,则“标称”损失系数 ζ^*(由式(3.7)定义)是流动偏转角 $\varepsilon=\alpha_1+\alpha_2$ 的简单函数,对于给定的厚度-弦长比 t_{max}/l,有:

$$\zeta^* = 0.04+0.06\left(\frac{\varepsilon}{100}\right)^2 \tag{3.46}$$

式中,ε 的单位为度。图 3.25 给出了几种不同 t_{max}/l 情况下,ζ^* 与偏转角 ε 的函数关系曲线。

当 $\varepsilon\leqslant120°$时,上式与 Soderberg 曲线($t_{max}/l=0.2$)吻合良好,但当偏转角较大时,上式的准确性降低。对于在零冲角条件下运行的涡轮机叶栅(这是 Soderberg 关联式的基准),流动偏转与叶型偏转基本相同,因此涡轮机叶栅的落后角通常较小。如果展弦比 H/b 大于或小于 3,则标称损失系数 ζ^* 的关联式如下所示：
对于静叶排，

$$1+\zeta_1 = (1+\zeta^*)(0.993+0.021b/H) \tag{3.47a}$$

对于动叶排，

$$1+\zeta_1 = (1+\zeta^*)(0.975+0.75b/H) \tag{3.47b}$$

式中，ζ_1是雷诺数为 10^5时的能量损失系数。

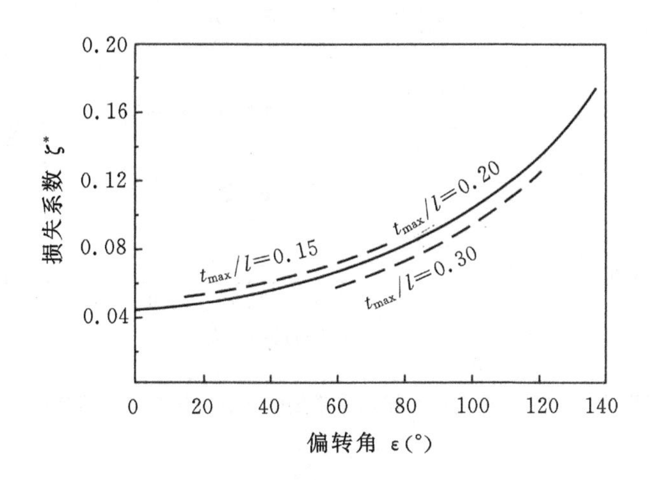

图 3.25 Soderberg 关系式给出的涡轮机叶片损失系数与流动偏转角之间的变化关系(引自 Horlock,1960)

如果雷诺数不等于 10^5,则可对计算结果进行修正。本节使用的雷诺数都是基于出口速度 c_2与喉部水力直径 D_h定义的，即

$$Re = \rho_2 c_2 D_h/\mu$$

式中，叶栅水力直径 $D_h = 2sH\cos\alpha_2/(s\cos\alpha_2+H)$(注意：水力直径=4×通流面积÷周长)。

雷诺数修正关系式为

$$\zeta_2 = \left(\frac{10^5}{Re}\right)^{1/4}\zeta_1 \tag{3.48}$$

在引入考虑叶顶间隙泄漏损失及轮盘摩擦损失影响的修正后，Soderberg 的损失预测方法即可用于计算雷诺数及展弦比在较大范围内变化时的涡轮机效率。Lewis(1996)与 Sayers(1990)都证明了该方法是有效的。

马赫数对损失的影响

图 3.26 所示为 Mee 等人(1992)给出的典型高速涡轮机叶栅损失系数 ζ 的各个组成部分随出口马赫数 M_2的变化关系。该图显示了当 M_2接近和大于 1 时，涡轮机叶栅损失系数是如何快速增大的。前述关系式并没有考虑马赫数变化对损失的影响，所以不能说明损失增大的原因。这部分增大的损失一方面是由激波造成的，另一方面是由流动掺混及出气边附近流型十分复杂所致。这种流动形式使出气边形成低压区，产生了作用于叶片的阻力。Sieverding、Richard 与 Desse(2003)对这一区域的流动进行了深入研究。

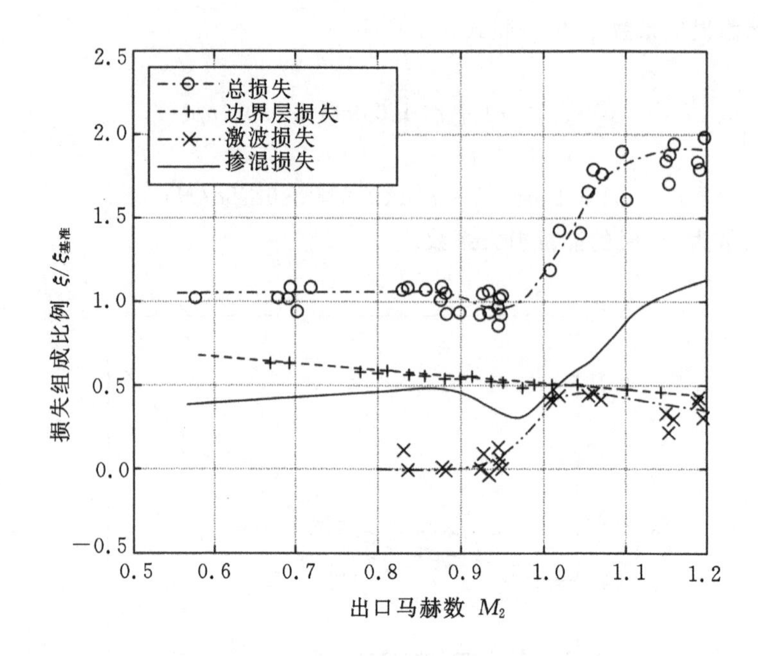

图 3.26 雷诺数为 1×10^6 时涡轮机叶栅损失系数随马赫数的变化关系(引自 Mee 等,1992)

Zweifel 准则

对于涡轮机叶栅,存在一个可使总损失达到最小的最佳节弦比。图 3.27 给出了一个涡轮机叶栅在 3 种不同节弦比下工作时叶片表面速度分布的变化方式。如果叶片间距较小,则叶片对流体的导向作用最大,但摩擦损失也会变大。另一方面,对于同样的叶片,如果增大间距,则摩擦损失较小,但因为叶片的导流作用较差,所以由流动分离造成的损失将会较高。考虑到上述问题,Zweifel(1945)针对折转角比较大的涡轮机叶片建立了最佳节弦比准则。实质上,Zweifel 准则可简单地描述为:各种叶片在最小损失工况下的"实际"切向载荷与"理想"切向载荷的比近似为常数。如下所述,叶片的切向载荷是根据实际和理想的表面压力分布来确定的。

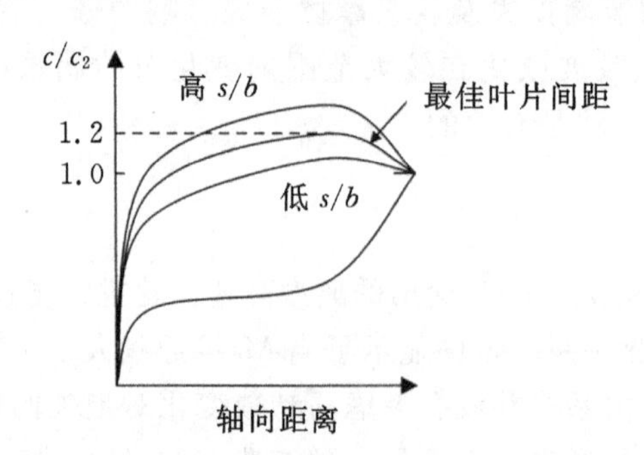

图 3.27 涡轮机叶栅的最佳叶片间距-弦长比

图 3.28 所示为不可压缩涡轮机叶栅单个叶片表面上的典型压力分布,曲线 P 与 S 分别表示压力面(内弧)与吸力面(背弧)。压力沿着与叶栅额线平行的方向标识,因此曲线 S

与 P 包围的面积表示实际的切向叶片载荷：

$$Y = \dot{m}(c_{y1} + c_{y2}) \tag{3.49}$$

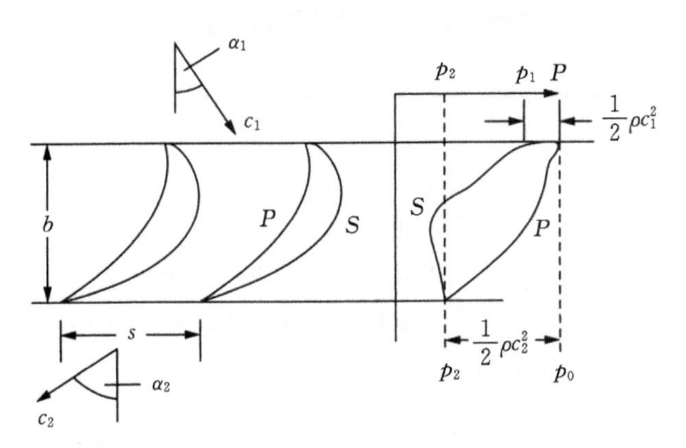

图 3.28　低速涡轮机叶栅中叶片表面的典型压力分布

为了给出一些与叶片负载能力相关的概念，需要对比实际压力分布与理想压力分布。理想压力分布是指当 S 面无流动分离危险时负荷达到最大值 Y_{id} 的压力分布。实现该理想载荷的条件为整个 P 表面所受压力均为 p_{01}，整个 S 表面所受压力均为 p_2。在这种压力分布条件下，理想切向载荷为

$$Y_{id} = (p_{01} - p_2)bH \tag{3.50}$$

式中，b 为叶片轴向弦长。对于不可压缩无损失流动，有 $(p_{01} - p_2) = (1/2)\rho c_2^2$。如果轴向速度不变(即 AVDR=1)，则质量流量 $\dot{m} = \rho H s c_x$，因此可得实际叶片载荷与理想叶片载荷之比为

$$Z = Y/Y_{id} = \frac{\dot{m}(c_{y1} + c_{y2})}{(p_{01} - p_2)bH} = \frac{\rho H s c_x^2(\tan\alpha_1 + \tan\alpha_2)}{1/2\rho c_x^2 \sec^2\alpha_2 bH}$$

上式可简化为

$$Z = Y/Y_{id} = 2(s/b)\cos^2\alpha_2(\tan\alpha_1 + \tan\alpha_2) \tag{3.51}$$

Zweifel 根据涡轮机叶栅的许多试验数据发现：当马赫数较低时，最小损失工况的 Z 值约为 0.8。因此，对于给定的进、出口气流角，最佳节矩-轴向弦长比为

$$s/b = 0.4/[\cos^2\alpha_2(\tan\alpha_1 + \tan\alpha_2)] \tag{3.52}$$

这表明当涡轮机叶片偏转较大时(即 $(\tan\alpha_1 + \tan\alpha_2)$ 较大)，节距-轴向弦长比应较小；而出口气流角大(即 $\cos^2\alpha_2$ 较小)的高加速叶片的节距-轴向弦长比可取得大些。

Horlock(1966)指出，只有当出口气流角在 60°～70°时，Zweifel 准则才能针对 A&M 的数据准确预测出最佳节弦比。Aungier(2003)也证明了当出口气流角不在上述范围时，根据 Zweifel 准则预测的节距-轴向弦长比不太准确。在现代叶片设计中，特别是在设计喷气发动机的低压涡轮时，因为要减轻涡轮机的总重量，就要减少级数，因此 Z 值一般较大。Japikse 和 Baines(1994)建议，这种情况下的 Zweifel 系数可以大于 1。

当涡轮机叶栅中为可压缩流动时，用于导出式(3.51)的假设失效，可压缩流动的 Z 值必须由式(3.49)和(3.50)导出，即

$$Z = Y/Y_{id} = \frac{\dot{m}(c_{y1} + c_{y2})}{(p_{01} - p_2)bH} \tag{3.53}$$

由 Z 的定义可看出，当出口马赫数增大时，最佳 Z 值减小。这是因为随着马赫数的增大，理想动压 $(p_{01}-p_2)$ 迅速增大，从而导致叶片的理想作用力更大。对于高马赫数工况，可以如例题 3.3 所示，利用可压缩流动关系式计算该系数。

例题 3.3

某平面直列涡轮机叶栅的工质为空气，进口气流角为 22°，进口马赫数为 0.3。测得出口马赫数为 0.93，出口气流角为 61.4°。试计算进口滞止压力与出口静压的比，并确定叶栅滞止压力损失系数。若在这样的运行条件下，叶栅所需的 Zweifel 载荷系数为 0.6，试确定叶片节距与轴向弦长的比。

解：

列出叶栅进口和出口的连续方程，

$$\frac{\dot{m}\sqrt{C_p T_{01}}}{Hs\cos\alpha_1 p_{01}} = Q(M_1) = \frac{\dot{m}\sqrt{C_p T_{02}}}{Hs\cos\alpha_2 p_{02}} \times \frac{\cos\alpha_2}{\cos\alpha_1} \times \frac{p_{02}}{p_{01}}$$

对于单个叶栅，滞止温度不变，因此 $T_{02}=T_{01}$。重新组合上式后，可利用可压缩流体气动函数表求出滞止压力比：

$$\frac{p_{02}}{p_{01}} = \frac{Q(M_1)}{Q(M_2)} \times \frac{\cos\alpha_1}{\cos\alpha_2} = \frac{0.6295}{1.2756} \times \frac{\cos(22^\circ)}{\cos(61.4^\circ)} = 0.9559$$

进口滞止压力与出口压力的比为

$$\frac{p_{01}}{p_2} = \frac{p_{02}}{p_2} \times \frac{p_{01}}{p_{02}} = \frac{1}{0.5721 \times 0.9559} = \underline{1.829}$$

由此可得叶栅损失系数为

$$Y_p = \frac{p_{01}-p_{02}}{p_{01}-p_2} = \frac{1-p_{02}/p_{01}}{1-p_2/p_{01}} = \frac{1-0.9559}{1-1.829^{-1}} = \underline{0.0973}$$

Zweifel 系数可采用无量纲组合表示，每个组合都是马赫数的函数。用这种方式表示 Zweifel 系数，可以利用可压缩流体气动函数表计算所需的各个参数：

$$Z = \frac{\dot{m}(c_{y1}+c_{y2})}{(p_{01}-p_2)bH} = \frac{\dot{m}\sqrt{C_p T_{01}}}{Hs\cos\alpha_1 p_{01}} \times \frac{(c_1\sin\alpha_1/\sqrt{C_p T_{01}} + c_2\sin\alpha_2/\sqrt{C_p T_{01}}) \times Hs\cos\alpha_1}{(1-p_2/p_{01})bH}$$

然后将 Zweifel 系数简化为叶片节距与轴向弦长的比、进口和出口马赫数以及气流角的函数：

$$Z = Q(M_1) \times \frac{(c_1/\sqrt{C_p T_{01}} \times \sin\alpha_1 + c_2/\sqrt{C_p T_{01}} \times \sin\alpha_2) \times \cos\alpha_1}{(1-p_2/p_{01})} \times \frac{s}{b}$$

整理上式得节距与轴向弦长的比为

$$\frac{s}{b} = \frac{(1-p_2/p_{01})Z}{Q(M_1) \times (c_1/\sqrt{C_p T_{01}} \times \sin\alpha_1 + c_2/\sqrt{C_p T_{01}} \times \sin\alpha_2) \times \cos\alpha_1}$$

代入有关数值，并在必要时使用可压缩流体气动函数表可得

$$\frac{s}{b} = \frac{(1-1.829^{-1}) \times 0.6}{0.6295 \times [0.1881 \times \sin(22^\circ) + 0.5431 \times \sin(61.4^\circ)] \times \cos(22^\circ)} = \underline{0.851}$$

出口气流角

由于涡轮机叶片吸力面的流动扩散程度较小，边界层较薄，因此与压气机叶栅相比，涡轮机叶栅出口气流角更接近于叶片出口几何角(即落后角较小)。但是随着出口角 α_2 的变化，出口下游流动面积 $Hs\cos\alpha_2$ 迅速变化，因此准确预测出口气流角仍然非常重要。

当马赫数较高时，可以采用可压缩流动关系式来确定出口气流角。图 3.29 所示为一个已达阻塞状态的涡轮机叶栅中的流动。当叶片喉部处于阻塞状态时，喉部的质量平均马赫数为 1，此时(参考公式(1.39))：

$$\frac{\dot{m}\sqrt{C_p T_0}}{Hop_o^*} = Q(1) \tag{3.54}$$

式中，o 为叶片喉部最小距离，如图 3.29 所示；p_o^* 为该位置处的滞止压力。一旦流动阻塞，喉部上游的流动参数就与下游压力无关，将不再发生变化。

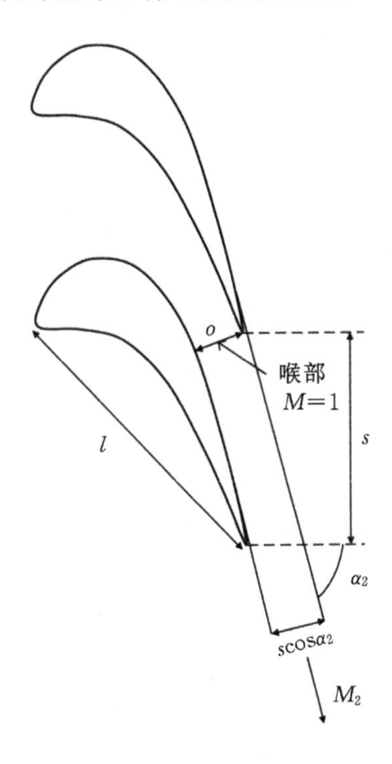

图 3.29 达到阻塞状态的涡轮机叶栅中的流动

叶栅下游的流动面积为 $s\cos\alpha_2$，马赫数为 M_2，

$$\frac{\dot{m}\sqrt{C_p T_0}}{Hs\cos\alpha_2 p_{02}} = Q(M_2) \tag{3.55}$$

因此，组合前两式可得

$$\cos\alpha_2 = \frac{Q(1)}{Q(M_2)} \times \frac{p_o^*}{p_{02}} \times \frac{o}{s} \tag{3.56}$$

如果喉部下游损失较小，则 $p_{02} \approx p_o^*$，于是有

$$\cos\alpha_2 = \frac{Q(1)}{Q(M_2)} \times \frac{o}{s} \tag{3.57}$$

特别是当 $M_2=1$ 时，有 $\alpha_2=\arccos(o/s)$。

图 3.30 给出了流动从亚音速变化到超音速时，出口气流角 α_2 的变化曲线。对于亚音速流动，马赫数改变时，出口气流角的变化非常小。但当出口流动达到超音速，则 $Q(M_2)<Q(1)$，根据式(3.57)，α_2 将减小，这称为超音速偏离。如图 3.30 所示，在实验测量中发现气流角 α_2 的减小比理论值更大。这是由于喉部下游产生的滞止压力损失(即 $p_{02}<p_o^*$)以及叶片表面边界层增长产生的阻塞所引起的。

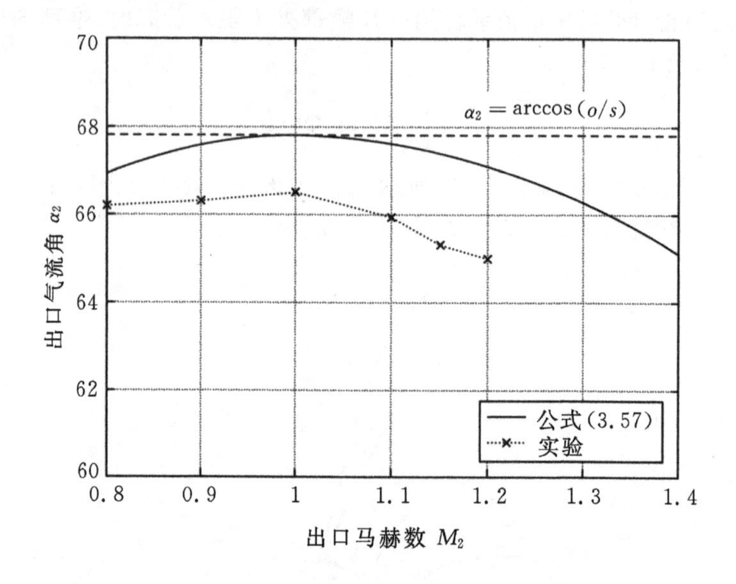

图 3.30 跨音速涡轮机叶栅出口气流角随出口马赫数的变化关系

涡轮机的极限载荷

涡轮机出口气流经常是超音速的，这种工况下会从尾缘发出激波。其中一支激波向下游传播，另一支激波则射向相邻叶片的吸力面并被反射。图 3.31 所示的喉部下游马赫数 $M_2=1.15$ 的跨音速涡轮机叶栅内流动的纹影照片，表明了上述激波结构。

涡轮机叶栅的背压可以一直降低到使出口气流轴向速度分量等于音速。这种工况称为极限载荷工况，此时，信息(即压力波)不能向上游传递，因而出口马赫数也不能进一步增大。在极限载荷工况下，$M_{x,\lim}=M_{2,\lim}\cos\alpha_{2,\lim}=1.0$，也就是，

$$M_{2,\lim}=\frac{1}{\cos\alpha_{2,\lim}} \tag{3.58}$$

根据质量守恒可得

$$\frac{\dot{m}\sqrt{C_p T_0}}{Hs\cos\alpha_{2,\lim}p_{02}}=Q(M_{2,\lim})=\frac{\dot{m}\sqrt{C_p T_0}}{Hop_o^*}\times\frac{p_o^*}{p_{02}}\times\frac{o}{s\cos\alpha_{2,\lim}}$$

考虑到喉部已经阻塞，如式(3.54)，

$$\frac{\dot{m}\sqrt{C_p T_0}}{Hop_o^*}=Q(1)$$

于是有

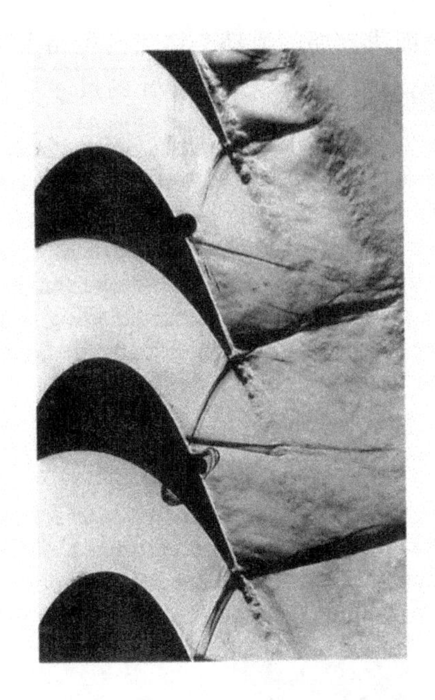

图 3.31 出口马赫数为 1.15 的高负荷跨音速涡轮机叶栅内的气流纹影图(引自 Xu,1985)

$$Q(M_{2,\lim}) = Q(1) \times \frac{p_o^*}{p_{02}} \times \frac{o}{s\cos\alpha_{2,\lim}} \tag{3.59}$$

同时求解式(3.58)和(3.59)可得 $M_{2,\lim}$ 与 $\alpha_{2,\lim}$。一般来说,极限出口马赫数范围为 $1.4 < M_{2,\lim} < 2.0$。

3.7 叶栅中流动的数值分析

叶片载荷、表面速度分布、损失及落后角的确定通常使用数值方法而不是叶栅试验或关联式。本节将简要介绍用于叶片叶型分析的数值方法的关键内容及可能得出的结果。第 6 章将进一步介绍数值方法的应用,包括一些三维计算流体动力学(CFD)的应用。需要强调的是,本书的目的只是使读者大致了解这些方法的功能以及如何将其应用于透平机械的设计和分析。如需进一步了解这些方法,可以参考 Stow(1989)、Denton 和 Dawes(1999)。

计算网格的几何结构

这种用以替代叶栅试验的数值计算方法,其研究对象是展开的子午—周向($m-r\theta$)流面[①]上相邻叶片间的流场,所以这一方法被称为“跨叶片方法”。正如 3.3 节所述,对于叶栅试验来说,通过叶片通道的流管厚度无需保持不变,现代跨叶片方法可以适应 AVDR 不等于 1 的情况。因为这种方法考虑了流管扩张与收缩的三维影响,因此通常称为准三维(Q3D)方法。

跨叶片方法的典型计算网格如图 3.32 所示。需要指出的是,图中所示为一个计算无粘

① 在纯轴流工况中,流域将是一个展开的轴向-切向($x-r\theta$)平面。参见图 1.2 所定义的透平机械坐标系。

流动的网格,不用求解叶片表面边界层的流动。恰当的网格形式取决于所采用的方法及需要解决的问题。本例采用规则的矩形网格,网格单元的尺寸基本不变,也有一些方法采用网格尺寸变化很大的三角形网格。在所有情况下,网格厚度为一个单元的厚度,网格代表一根流管,所以不存在垂直于网格面的流动(流入或流出页面)。

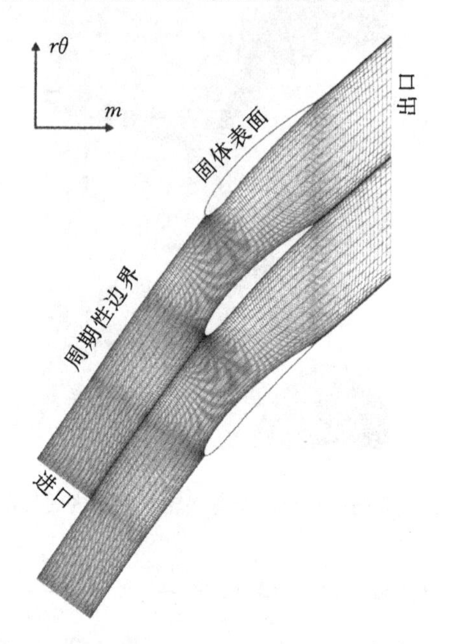

图 3.32 压气机叶栅跨叶片数值计算网格

数值计算方法的种类

数值方法的主要任务是确定各个网格单元的符合边界条件的流动参数。不同的数值求解器采用的方法不同,引入的假设与简化也不同。不过它们都是对第1章介绍的连续方程、定常流动能量守恒、动量守恒以及热力学第二定律的简单应用。

面源法(涡旋法)假设流动是二维无粘流动。该方法在叶片压力面和吸力面的一系列点上设置涡旋,涡旋强度的取值要保证叶片表面无流体流入或流出。因此,叶片通道内任意点的流动可以看作是涡旋影响的线性叠加。由于这种方法只适用于入口气流均匀的不可压缩无粘流动,所以在透平机械中应用不多。

势流法适用于通过叶栅的等熵流动。该方法从本质上来说,是在满足滞止焓不变、符合等熵关系式,以及流体光顺地流出叶片出气边等条件下,求解一套网格上某一形式的可压缩连续方程。势流法可用于分析没有强激波的可压缩流动,但无法获得叶片损失。由于势流法计算快速,被忽略的粘性影响通常又较小,因此至今仍用于涡轮机叶片叶型设计(Whitehead & Newton,1985)。

欧拉方法将计算网格中的每个单元都视为一个控制容积,并在每一个控制容积上迭代求解质量守恒、动量守恒及能量守恒方程。一般来说需要进行大量迭代才能获得收敛的稳定解,这将增长计算机运行时间,但使用现代计算机则只需一分钟左右。欧拉方法可用于可压缩流动,但是未考虑粘性影响。如果要计算边界层,则可采用 Navier-Stokes 方法,其动量方程中包含了粘性项。此外，还可将无粘方法与边界层求解方法耦合起来进行分析。应用这种方法时，使用欧拉方法或类似方法求解无粘的主流流动，而叶片表面粘性边界层的发展则采用边界层求解方法进行计算。在求解过程中，两部分计算信息互相交换，分别用于考虑边界层对主流的堵塞效应和主流压力分布对边界层参数的影响。Giles 与 Drela(1987)介绍了一种目前广泛应用于叶型分析和设计的耦合方法。

应当指出，上述许多方法既能以反问题(设计)模式运算，也能以标准分析(正问题)模式运算。采用分析模式运算时，叶栅几何参数给定，类似于叶栅试验。而以反问题模式运算时，则预先给定表面速度分布，然后通过程序运算得出叶型几何参数。

边界条件

图 3.32 还指出了跨叶片计算中不同类型的区域边界。对叶栅的基本假设是，所有叶片通道内的流动都相同。因此，周期性边界上的流动参数分布是相同的，这可由边界条件设定。在固体叶片表面上无流体进出，因此表面上的法向速度为零，这是另一个给定的边界条件。

进、出口边界条件根据所要求的叶栅运行工况参数设定。如 3.3 节所述，叶栅性能可由下列函数关系式表达：

$$\alpha_2 = \text{fn}(M_1, \alpha_1, Re); Y_p = \text{fn}(M_1, \alpha_1, Re)$$

设定的边界条件必须足以给定马赫数、进口气流角和雷诺数。在应用不可压缩方法时，可以不考虑马赫数；采用无粘(或等熵)方法时则可以忽略雷诺数。因此，势流法与面源法所需的边界条件个数较少。

应用欧拉方法与 Navier-Stokes 方法时，通常给定进口滞止压力 p_{01}、进口滞止温度 T_{01}、进口气流角 α_1 以及出口静压 p_2。这与叶栅试验(见图 3.1)设置的工作参数相同，即由风洞的风机设定进口条件 p_{01} 与 T_{01}，进口气流角 α_1 可调整叶栅轴线与风洞试验段中心线的夹角来设定，出口静压则等于叶栅下游环境压力。如果要模拟粘性影响，则可直接设定雷诺数，或者通过给定流体粘度及几何尺度确定雷诺数。

跨音速效应

欧拉方法与 Navier-Stokes 方法都可以处理跨音速流动与强激波问题，但其预测的准确性受计算网格精细程度的限制。激波经过大量网格单元会被“抹平”，因此无法准确求解与之相关的气动影响。图 3.33 所示为采用无粘流-边界层耦合求解方法获得的 C4 压气机叶栅马赫数等值线，叶栅进口马赫数为 0.8(图 3.17 所示的一组表面马赫数分布线是在同一 M_1 和相同叶栅几何参数的条件下得出的)。从图中可以清晰看到在叶片吸力面捕捉到的激波。同时，该图还给出了构成叶片尾迹的叶片边界层边缘流线，显示了在压气机叶片通道中，粘性效应如何造成显著的堵塞，并对无粘流场产生影响。

粘性效应

无粘方法虽然不能计算损失，但是可用于计算叶片表面速度分布、叶片载荷及表面扩散程度。正如在 3.5 节中讨论的，边界层的状态及叶片损失与局部扩散程度有关。因此，可采用无粘方法确定扩散程度是否合适以及哪些运行工况会导致高扩散。图 3.34 给出了一个

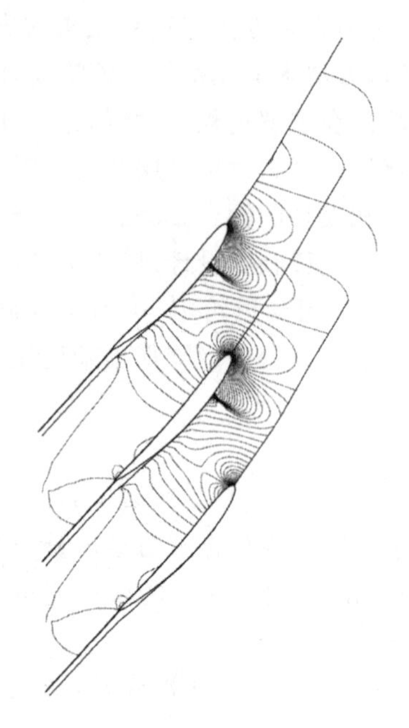

图 3.33 采用无粘流-边界层耦合计算获得的小冲角工况下 C4 压气机叶栅马赫数等值线(进口马赫数为 0.8)

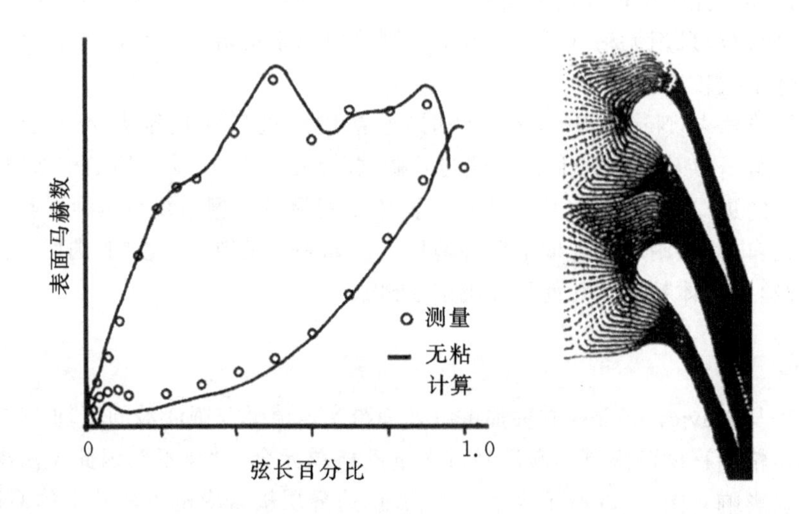

图 3.34 高压涡轮机静叶表面马赫数分布的无粘欧拉方法求解结果与实验结果对比(引自 Bry,1989)

涡轮机静叶表面速度分布的实验与计算结果对比示例,计算采用准三维欧拉方法。

模拟粘性效应不一定要采用精准计算粘性影响的方法,而是需要建立叶片边界层中一些复杂物理现象的模型,如层流、向湍流的转捩、湍流、分离及再附。使用 Navier-Stokes 方法时就需要建立湍流模型和转捩模型,并在接近叶片表面处设置大量网格节点以获得边界层内的流动参数梯度。Denton 与 Dawes(1999)认为,高雷诺数工况下,Navier-Stokes 方法预测的粘性损失误差在 10%以内,但是当雷诺数较小,流动处于转捩状态时,由该方法获得的损失误差可达 50%。在这种情况下,无粘流-边界层耦合方法则更为准确,可以提供更加详细的边界层参数预测。对于雷诺数和转捩影响比较显著的流动，相关应用（如喷气发动机的低压涡轮）已经证明，采用无粘流-边界层求解器耦合方法可以准确地重现叶栅试验结果（Stow，1989）。

用户在使用某种计算方法解决各种问题时，需要仔细确认所使用的求解器能充分重现全部相关物理现象，计算方法已经过适当校正，并且已采用合适的网格及恰当的边界条件进行过成功的应用。这样才有可能快速产生具有已知准确度的有用的叶栅通流分析结果。

习题

1. 压气机叶栅试验结果表明，低速叶栅的叶片在失速工况下的升力系数可表示为

$$C_L\left(\frac{c_1}{c_2}\right)^3 = 2.2$$

式中，c_1和c_2分别为进口和出口速度。如果空气出口角为30°，求节弦比为1的压气机叶栅在失速工况下的气流进口角。

2. 低速涡轮机叶栅在使用图3.28中的符号时，升力系数表达式为

$$C_L = 2(s/l)(\tan\alpha_1 + \tan\alpha_2)\cos\alpha_m + C_D\tan\alpha_m$$

式中，$\tan\alpha_m = (1/2)(\tan\alpha_1 + \tan\alpha_2)$，$C_D =$ 阻力 $/((1/2)\rho c_m^2 l)$。一个涡轮机喷嘴叶栅的叶片进口角 α_1' 为0，叶片出口角 α_2' 为65.50°，弦长 l 为45 mm，轴向弦长 b 为32 mm。流入叶片通道的气流冲角为0，当出口马赫数较小时，由相似叶栅计算得出落后角 δ 约为1.5°。如果叶片载荷系数 Z（式(3.51)定义）为0.85，试计算合适的叶栅节弦比，并确定阻力系数与升力系数，给定叶型损失系数为

$$\lambda = \Delta p_0/(\frac{1}{2}\rho c_2^2) = 0.035$$

3. a. 可压缩压气机叶栅的压升系数 $C_p = \Delta p/((1/2)\rho c_1^2)$ 与总压损失系数 ζ 之间的关系可表达如下：

$$C_p = 1 - (\sec^2\alpha_2 + \zeta)/\sec^2\alpha_1$$

$$\zeta = \Delta p_0/\left(\frac{1}{2}\rho c_x^2\right)$$

式中，α_1，α_2 = 叶栅进口与出口气流角。

b. 若某低速压气机叶栅节弦比为0.8，$\alpha_2 = 30°$，扩散因子(DF)的最大允许值为0.6，试确定适当的最大气流进口角。扩散因子的定义采用Lieblein公式（1959）：

$$DF = \left(1 - \frac{\cos\alpha_1}{\cos\alpha_2}\right) + \left(\frac{s}{l}\right)\frac{\cos\alpha_1}{2}(\tan\alpha_1 - \tan\alpha_2)$$

c. 当进口速度 c_1 为100 m/s，空气密度 ρ 为1.2 kg/m^3 时，通过叶栅试验测得滞止压力损失为149 Pa。试确定：

i. 压升；

ii. 阻力系数及升力系数。

4. 一低速压气机静叶的进口气流角为45°，出口气流角为25°。

a. 假设Lieblein扩散因子为0.45，计算静叶的节弦比。以Liehlein扩散因子达到0.6作为依据，设出口气流角不变，试确定叶片失速时的冲角。

b. 已知叶型中弧线为抛物线，最大弯度位于40%弦长位置，试采用卡特落后角关系式计算所需的出口安装角(注意需要一些迭代计算)。

5. 本题中，$\gamma=1.4$，$R=287\ \mathrm{J/(kg \cdot K)}$，$C_p=1005\ \mathrm{J/(kg \cdot K)}$。

a. 某压气机平面叶栅的工质为空气。进口叶片几何角为55°，出口叶片几何角为37°。当进口气流冲角为0、马赫数为0.65时，出口马赫数等于0.44，滞止压力损失系数为

$$Y_p = \frac{p_{01} - p_{02}}{p_{01} - p_1} = 0.038$$

试确定出口气流角，并说明该角大于出口几何角的两个原因。

b. 当叶栅在(a)题给出的工况点运行时，求可使 $DF=0.45$ 所需的节弦比。

c. 设出口气流角及损失保持不变，当进口马赫数仍为0.65而流体冲角却增大到5°时，试确定新的 DF 值。使用题(b)中求出的节弦比。

d. 若叶栅喉部宽度与节距的比 o/s 为0.6，试确定进口马赫数为0.65时，使叶栅产生阻塞时的气流冲角。设叶栅喉部上游无流动损失。

6. 高速空气涡轮机叶栅的AVDR计算值为0.97。进口马赫数为0.22，气流角为30°。叶片使流动偏转了100°，且出口流速正好达到音速。设 γ 等于1.4。

a. 根据出口参数，确定滞止压力损失系数和能量损失系数 ζ。

b. 设展弦比为3，采用Soderberg关系式(3.46)计算叶栅的 ζ。对比题(a)得出的 ζ 说明为什么在这种情况下，用Soderberg关系式计算得到的损失较小。

c. 忽略流管收缩以及喉部下游的滞止压力损失，计算叶栅的喉部宽度-节距比。

7. 对一工质为空气的压气机平面叶栅进行试验，进口滞止压力为1 bar，滞止温度为300 K。当进口马赫数为0.75、进口气流角为50°时，测得出口气流角为15.8°。试确定通过单位迎风面积的质量流量。设流动为等熵流动，计算出口马赫数及叶栅的静压比。

8. 对一压气机叶栅进行叶片设计试验，当进口马赫数为0.9、进口气流角为52°时流动发生阻塞。若叶栅喉部面积与迎风面积的比 $A^*/H_1 s$ 等于0.625，试计算上游远处与喉部间的滞止压力损失，并表示为损失系数。请解释产生损失的原因。

9. 一涡轮机叶栅的工质为空气，进口气流与轴向间的夹角为45°。进口滞止压力与出口静压的比值为2.6，进口马赫数为0.3。

a. 若测得滞止压力损失系数 Y_p 为0.098，计算出口马赫数并证明出口角为67.7°。可假设叶片高度沿叶栅通道不变，并忽略侧壁面边界层的增长。

b. 叶栅的喉部宽度-节距比为0.354。对于(a)中所述的运行工况，说明约有2/3的滞止压力损失产生于喉部下游。

c. 降低叶栅出口静压直至达到极限载荷。测得该工况下出口马赫数为1.77。设喉部上游滞止压力损失不变，试确定新工况下的叶栅总滞止压力损失系数。

参考文献

Ainley, D. G. (1948). Performance of axial flow turbines. *Proceedings of the Institution of Mechanical Engineers, 159*.

Ainley, D. G., & Mathieson, G. C. R. (1951). A method of performance estimation for axial flow turbines. *ARC. R. and M.*, 2974.

Aungier, R. H. (2003). *Axial-flow compressors: a strategy for aerodynamic design and analysis*. New York, NY: ASME Press.

Baines, N. C., Oldfield, M. L. G., Jones, T. V., Schulz, D. L., King, P. I., & Daniels, L. C. (1982). A short duration blowdown tunnel for aerodynamic studies on gas turbine blading. ASME Paper 82-GT-312.

Bry, P. F. (1989). Blading design for cooled high-pressure turbines. Within AGARD Lecture Series No. 167 presented June 1989.

Carter, A. D. S. (1950). Low-speed performance of related aerofoils in cascade. ARC. Current Paper, No. 29.

Carter, A. D. S., Andrews, S. J., & Shaw, H. (1950). Some fluid dynamic research techniques. *Proceedings of the Institution of Mechanical Engineers, 163*.

Craig, H. R. M., & Cox, H. J. A. (1971). Performance estimation of axial flow turbines. *Proceedings of the Institution of Mechanical Engineers, 185*, 407–424.

Csanady, G. T. (1964). *Theory of turbomachines*. New York, NY: McGraw-Hill.

Cumpsty, N. A. (1989). *Compressor aerodynamics*. New York, NY: Longman.

De Haller, P. (1953). Das Verhalten von Tragflügelgittern in Axialverdichtern und im Windkanal. *BWK Zeitschrift*, *5*(10), 333–337.

Denton, J. D. (1993). Loss mechanisms in turbomachines. IGTI scholar lecture. *ASME Journal of Turbomachinery*, *115*, 621–656.

Denton, J. D., & Dawes, W. N. (1999). Computational fluid dynamics for turbomachinery design. *Proceedings of the Institution of Mechanical Engineers Part C, 213*.

Dixon, S. L. (1978). Measurement of flow direction in a shear flow. *Journal of Physics E: Scientific Instruments*, *2*, 31–34.

Dunham, J. (1970). A review of cascade data on secondary losses in turbines. *Journal of Mechanical Engineering Science, 12*.

Dunham, J., & Came, P. (1970). Improvements to the Ainley–Mathieson method of turbine performance prediction. *Transactions of the American Society of Mechanical Engineers, Series A*, 92.

Felix, A. R. (1957). Summary of 65-Series compressor blade low-speed cascade data by use of the carpet-plotting technique. NACAT.N. 3913.

Giles, M. B., & Drela, M. (1987). Two dimensional transonic aerodynamic design method. *AIAA Journal*, *25*, 9.

Glauert, H. (1959). *Aerofoil and airscrew theory* (2nd ed.). Cambridge, UK: Cambridge University Press.

Hay, N., Metcalfe, R., & Reizes, J. A. (1978). A simple method for the selection of axial fan blade profiles. *Proceedings of the Institution of Mechanical Engineers*, *192*(25), 269–275.

Hearsey, R. M. (1986). Practical compressor design. In David Japikse (Ed.), *Advanced topics in turbomachinery technology*. Norwich, VT: Concepts ETI, Inc.

Herrig, L. J., Emery, J. C., & Erwin, J. R. (1957). Systematic two-dimensional cascade tests of NACA 65-Series compressor blades at low speeds. NACA T.N. 3916.

Hirsch, C. (Ed.), (1993). Advanced methods for cascade testing. Advisory Group for Aerospace Research & Development, NATO, AGARDograph 328.

Horlock, J. H. (1958). *Axial flow compressors*. London: Butterworth (1973 reprint with supplemental material, Huntington, NY: Krieger).

Horlock, J. H. (1960). Losses and efficiency in axial-flow turbines. *International Journal of Mechanical Science*, *2*, 48.

Horlock, J. H. (1966). *Axial-Flow Turbines*. London: Butterworth (1973 reprint with corrections, Huntington, NY: Krieger).

Howell, A. R. (1945a). Design of axial compressors. *Proceedings of the Institution of Mechanical Engineers, 153*.

Howell, A. R. (1945b). Fluid dynamics of axial compressors. *Proceedings of the Institution of Mechanical Engineers, 153*.

Japikse, D., & Baines, N. C. (1994). *Introduction to turbomachinery.* Oxford, UK: Concepts ETI, Inc., Wilder, VT and Oxford University Press.

Johnsen, I. A., & Bullock, R. O. (Eds.), (1965). *Aerodynamic design of axial-flow compressors.* NASA SP 36.

Kacker, S. C., & Okapuu, U. (1981). A mean line prediction method for axial flow turbine efficiency, Paper No. 81-GT-58, ASME.

Koch, C. C., & Smith, L. H., Jr. (1976). Loss sources and magnitudes in axial-flow compressors. *ASME Journal of Engineering for Power*, 411–423.

Lewis, R. I. (1996). *Turbomachinery performance analysis.* New York, NY: Arnold and John Wiley.

Lieblein, S. (1959). Loss and stall analysis of compressor cascades. *Transactions of the American Society of Mechanical Engineers, Series D, 81*.

Lieblein, S. (1960). Incidence and deviation-angle correlations for compressor cascades. *Transactions of the American Society of Mechanical Engineers, Journal of Basic Engineering*, *82*, 575–587.

Lieblein, S. (1965). Experimental flow in two-dimensional cascades. In I. A. Johnsen R. O. Bullock (Eds.), *Aerodynamic design of axial-flow compressors.* NASA SP 36.

Lieblein, S., & Roudebush, W. H. (1956). Theoretical loss relations for low-speed 2D cascade flow. NACA T.N. 3662.

Lieblein, S., Schwenk, F. C., & Broderick, R. L. (1953). Diffusion factor for estimating losses and limiting blade loadings in axial flow compressor blade elements. NACA R.M. E53 D01.

Mee, D. J. (1991). Large chord turbine cascade testing at engine Mach and Reynolds numbers. *Experiments in fluids*, *12*, 119–124.

Mee, D. J., et al. (1992). An examination of the contributions to loss on a transonic turbine blade in cascade. *ASME Journal of Turbomachinery*, *114*, 155–124.

Mellor, G. (1956). The NACA 65-series cascade data. *MIT Gas Turbine Laboratory Report.*

Sayers, A. T. (1990). *Hydraulic and compressible flow turbomachines.* New York, NY: McGraw-Hill.

Sieverding, C. H. (1985). Aerodynamic development of axial turbomachinery blading. In A. S. Ücer, P. Stow, & C. Hirsch (Eds.), *Thermodynamics and fluid mechanics of turbomachinery* (Vol. 1, pp. 513–665). Dordrecht, The Netherlands: Martinus Nijhoff, NATO ASI Series.

Sieverding, C. H., Richard, H., & Desse, J. -M. (2003). Turbine blade trailing edge flow characteristics at high subsonic outlet Mach number. *ASME Journal of Turbomachinery*, *125*, 298–309.

Soderberg, C. R. (1949). Unpublished notes, Gas Turbine Laboratory, MIT.

Starken, H., et al. (1993). *Advanced methods for cascade testing*, Chapter 2, Linear cascades. Advisory Group for Aerospace Research and Development, AGARDograph 328.

Stow, P. (1989). Blading design for multi-stage HP compressors. Within AGARD Lecture Series No. 167 presented June 1989.

Whitehead, D. S., & Newton, S. G. (1985). Finite element method for the solution of 2D transonic flow in cascades. *International Journal of Numerical Methods in Fluid*, *5*, 115–132.

Xu, L. (1985). The base pressure and trailing edge loss of transonic turbine blades. PhD Thesis, University of Cambridge, Cambridge, UK.

Zweifel, O. (1945). The spacing of turbomachine blading, especially with large angular deflection. *Brown Boveri Review*, *32*, 12.

轴流式涡轮机:中径流线分析及设计

4

维护权力的方式是谨慎行事而非大胆建议。

——塔西佗《编年史》

4.1 引言

现代轴流式涡轮机是由长期以来的许多发明发展而来的,最早可以追溯到亚历山大城的西罗(Heron of Alexandria,又名 Hero)在公元前 120 年发明的风神之球(Aeolipile)。虽然我们将其视为玩具,但它的确证实了一个重要原理,即蒸汽在喷嘴中膨胀可以产生旋转运动。几世纪以来,人们已经制造出许多由风能和水能驱动的旋转设备及水轮机等,1883 年,瑞典工程师拉伐尔(Carl de Laval)制成了早期的蒸汽轮机。拉伐尔汽轮机的主要问题是转速过高,最小转子的转速可达 26000 r/min,最大转子圆周速度则超过 400 m/s。在吸取前人经验教训的基础上,1891 年,查尔斯·帕森斯爵士(Sir Charles Parsons)创制了一种多级(15 级)轴流式蒸汽轮机,当转速为 4800 r/min 时可以输出功率 100 kW。其后更著名的是长 30 m 的透平尼亚号舰艇(Turbinia),它采用一台额定功率为 1570 kW 的帕森斯汽轮机作为动力。在 1897 年英国斯皮特黑德(Spithead)的海军大阅兵中,透平尼亚号超越了所有奉命追逐它的舰艇,被认为是一艘超速舰艇。这次引人注目的表现证明了蒸汽轮机的性能及动力,这不仅是帕森斯事业的转折点,也是蒸汽轮机发展的转折点。此后不久,各大国的多数主力舰船都用蒸汽轮机取代了原有的活塞式发动机。

自此之后,蒸汽轮机的设计得到了快速发展。1920 年,通用电气公司(General Electric)所提供的发电用汽轮机的功率已达 40 MW。其后,在蒸汽轮机的功率及效率方面均取得了重大进展,目前单轴机组的功率已可达 1000 MW。图 4.1 所示为现代 1000 MW 单轴汽轮机的双流程低压转子。

轴流式涡轮机的发展虽然与航空发动机的发展密切相关,但无疑取决于蒸汽轮机领域早前的设计进展。本章将介绍轴流式涡轮机的基本热力学和气体动力学特性。对这些特性进行分析的最简方法是假定平均半径处(也称节线)的流动参数可以代表其他所有半径处的参数。如果叶高与平均半径的比值很小,则使用二维分析即可获得实际流动的合理近似结果。但是对于像航空发动机和蒸汽轮机末级那样的长叶片级,由于叶高/平均半径较大,因此需要采用更为复杂的三维分析。有关小轮毂比(如 $r_h/r_t \approx 0.4$)的轴流式涡轮机内部流动的一些基本三维分析将在第 6 章介绍。要进行中径流线分析,还需要进一步假设流动参数沿周向保持不变(也就是说,相邻叶道的流动不存在显著变化)。

图 4.1 大型低压蒸汽轮机(由西门子公司引用许可)

上述方法在分析涡轮机特性时考虑了流体可压缩性的影响,因此既适用于汽轮机,也适用于燃气轮机。不过对于汽轮机来说,要求全部蒸汽必须为汽相(即处于过热区)。

航空发动机中的现代轴流涡轮处于技术发展的最前沿,燃烧室出口的燃气温度为 1600 ℃左右,而涡轮叶片材料的熔点却只有 1250 ℃。更值得注意的是,涡轮叶片还同时承受着巨大的离心力以及由气流偏转造成的弯曲载荷。要使叶片能承受如此高的温度和应力,唯一的方法是从压气机末级抽取高压空气构成一个合适的冷却系统对叶片进行冷却。本章将简要介绍离心力的基本概念和一些常用的叶片冷却方法。图 4.2 所示为罗尔斯-罗伊斯公司 Trent 涡扇发动机中的三轴轴流涡轮系统。

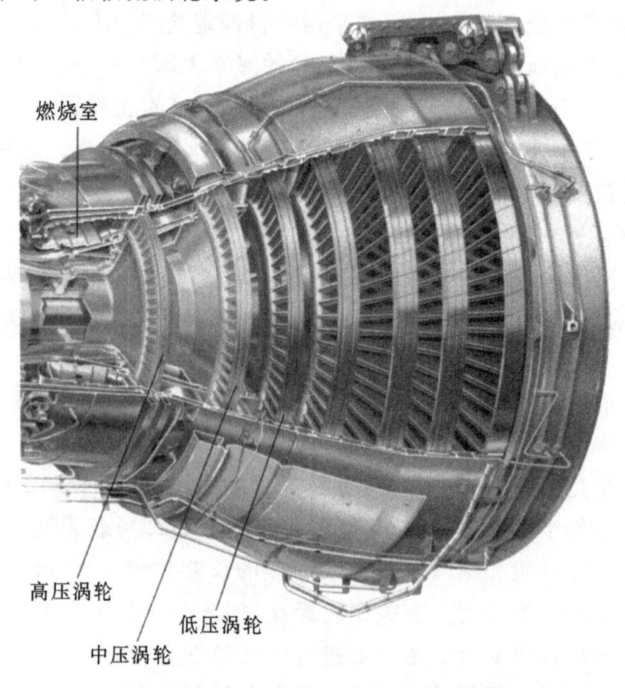

图 4.2 某现代涡扇发动机的涡轮组件(由罗尔斯-罗伊斯公司引用许可)

4.2 轴流式涡轮机级的速度三角形

轴流式涡轮机级由一排固定的导叶或喷嘴(常称为静叶栅)以及一排运动的叶片(即动叶栅)组成。流体以绝对速度 c_1 沿气流角 α_1 方向进入静叶栅,加速到绝对速度 c_2,并沿 α_2 角方向流出(图 4.3)。所有的角度均以轴向(x 向)为基准。本章规定,角度和速度方向如图 4.3 所示时,符号为正。根据速度三角形可知,由绝对速度 c_2 与叶片圆周速度 U 的矢量差可得动叶进口相对速度为 w_2,相对气流角为 β_2。在动叶通道内,相对运动流体继续加速,出口相对速度增大到 w_3,相对气流角为 β_3;而对应的绝对流动参数(c_3,α_3)则可由圆周速度 U 与相对速度 w_3 的矢量和获得。

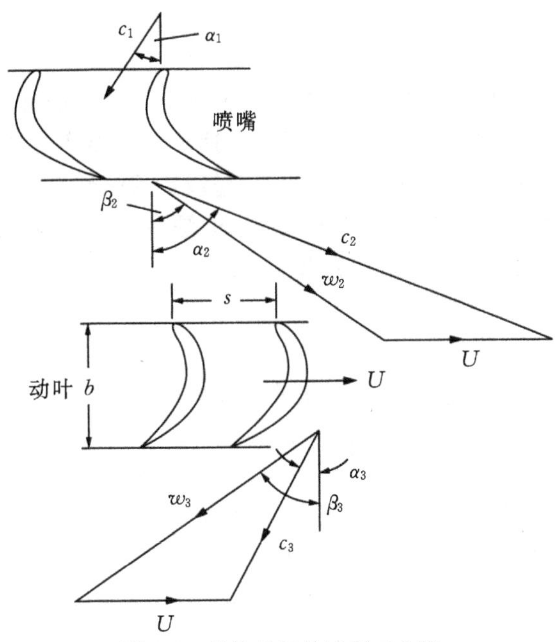

图 4.3 涡轮机级的速度三角形

当绘制速度三角形时,通常在三角形的旁边画出静叶和动叶栅,如图 4.3 所示。因为绝对速度方向大致与静叶栅的进口角和出口角方向一致,而相对速度方向则大致与动叶栅的进口角和出口角方向一致,所以添加动、静叶栅后可以避免发生错误。需要注意的是,在轴流式涡轮机内部,气流折转角度很大,无论在静叶还是动叶通道中,气流方向都会从轴线一侧折转至另一侧。

4.3 涡轮机级的设计参数

在涡轮机级的初步设计中,有三个重要的无量纲参数,这三个参数均与速度三角形的形状有关。

设计流量系数

这个系数在第 2 章已经介绍过,其严格定义是子午面气流速度与叶片圆周速度的比

$\phi = c_m/U$，但在纯轴流式透平机械中，$\phi = c_x/U$。级的 ϕ 值决定了相对气流角的大小。ϕ 值较小的级意味着叶片安装角较大，相对气流的方向接近于切向。而 ϕ 值较大则表明叶片安装角较小，气流方向更接近于轴向。若涡轮机几何参数及转速给定，则根据涡轮机级内定常流动的连续方程可知，随着 ϕ 的增大，通过涡轮机的质量流量也将增加，该方程可写为

$$\dot{m} = \rho_1 A_{x1} c_{x1} = \rho_2 A_{x2} c_{x2} = \rho_3 A_{x3} c_{x3} = \rho A_x \phi U \tag{4.1}$$

级负荷系数(级负荷)

级负荷系数定义为级的滞止焓降与叶片圆周速度平方的比，即 $\psi = \Delta h_0/U^2$。当涡轮机内部流动是绝热流动时，滞止焓降等于比功 ΔW，并且对于一台半径不变的纯轴流式涡轮机，根据欧拉功方程(式(1.19b))可知 $\Delta h_0 = U\Delta c_\theta$。由此，级负荷系数可写为

$$\psi = \frac{\Delta c_\theta}{U} \tag{4.2}$$

式中，Δc_θ 表示动叶栅进、出口流体绝对速度切向分量的变化。因此，高的级负荷系数意味着大的流动偏转，这将使出口速度三角形相对进口速度三角形产生很大的折转。级负荷系数是一个无量纲量，它反映了每一级的输出功，如果级负荷系数较大，意味着采用较少的级数即可获得所需的输出功，这是设计者所希望的。但是，级负荷系数过大对效率会产生不利影响，因而其值受到限制，这将在本章后几节中介绍。

级反动度

级的反动度定义为动叶栅静焓降与整级静焓降的比，于是，

$$R = \frac{h_2 - h_3}{h_1 - h_3} \tag{4.3a}$$

近似地将涡轮机内的流动视为等熵流动，由热力学第二定律 $T\mathrm{d}s = \mathrm{d}h - \mathrm{d}p/\rho$ 可得 $\mathrm{d}h = \mathrm{d}p/\rho$，同时忽略压缩性的影响，则级的反动度可近似表示为

$$R \approx \frac{p_2 - p_3}{p_1 - p_3} \tag{4.3b}$$

因此，级的反动度反映了动叶栅压降与整级压降的比。然而作为一个设计参数，它更重要的作用在于可以表示速度三角形的不对称性，进而反映叶片的几何特性。以后将会说明，当反动度为50%时，级的速度三角形对称，静叶与动叶具有相似的形状。反之，反动度为零的涡轮机级，动叶通道中几乎不存在压力变化。在这种情况下，动叶弯度很大，不能大幅加速相对流动，而静叶弯度较小，可以显著加速气流。

4.4 轴流式涡轮机级的热力学

比功是单位质量流体对动叶所做的功，它等于流体流过整级所产生的滞止焓降(假设是绝热流动)。由欧拉功方程(1.19a)可得

$$\Delta W = \dot{W}/\dot{m} = h_{01} - h_{03} = U(c_{\theta 2} + c_{\theta 3}) \tag{4.4}$$

上式绝对切向速度分量是相加的，以与图 4.3 的符号规则相一致。由于静叶栅内气体不做功，所以通过静叶的滞止焓保持不变，即

$$h_{01} = h_{02} \tag{4.5}$$

在轴流式涡轮机中,径向速度分量很小,因而 $h_0 = h + (1/2)(c_x^2 + c_\theta^2)$ 。将式(4.5)代入式(4.4)可得

$$h_{02} - h_{03} = (h_2 - h_3) + \frac{1}{2}(c_{\theta 2}^2 - c_{\theta 3}^2) + \frac{1}{2}(c_{x2}^2 - c_{x3}^2) = U(c_{\theta 2} + c_{\theta 3})$$

因此有

$$(h_2 - h_3) + \frac{1}{2}(c_{\theta 2} + c_{\theta 3})[(c_{\theta 2} - U) - (c_{\theta 3} + U)] + \frac{1}{2}(c_{x2}^2 - c_{x3}^2) = 0$$

由图 4.3 所示速度三角形可以看出,$c_{\theta 2} - U = w_{\theta 2}$,$c_{\theta 3} + U = w_{\theta 3}$ 以及 $c_{\theta 2} + c_{\theta 3} = w_{\theta 2} + w_{\theta 3}$ 。因此有

$$(h_2 - h_3) + \frac{1}{2}(w_{\theta 2}^2 - w_{\theta 3}^2) + \frac{1}{2}(c_{x2}^2 - c_{x3}^2) = 0$$

上式可简化为

$$h_2 + \frac{1}{2}w_2^2 = h_3 + \frac{1}{2}w_3^2 \quad 或 \quad h_{02,\text{rel}} = h_{03,\text{rel}} \tag{4.6}$$

这样,在纯轴流式透平机械动叶通道中,假定流线不存在径向移动,则相对滞止焓 $h_{0,\text{rel}} = h + 1/2w^2$ 保持不变。但是一些现代轴流式涡轮机的平均流动可能具有径向速度分量,此时必须采用更一般的欧拉功方程表达式(式(1.21a)),以考虑径向速度引起的叶片圆周速度变化。于是在动叶中保持不变的转焓可写为

$$h_2 + \frac{1}{2}w_2^2 - \frac{1}{2}U_2^2 = h_3 + \frac{1}{2}w_3^2 - \frac{1}{2}U_3^2 \quad 或 \quad I_2 = I_3 \tag{4.7}$$

式中,U_2 和 U_3 是动叶栅进、出口圆周速度,$U_2 = r_2\Omega$,$U_3 = r_3\Omega$ 。本章其余部分均针对纯轴流式涡轮机进行分析,平均流动的直径不变,因此叶片圆周速度为常数。

图 4.4 在焓熵图上展示了气体流经一个完整涡轮机级时的状态变化,也反映了流动过程的不可逆效应。

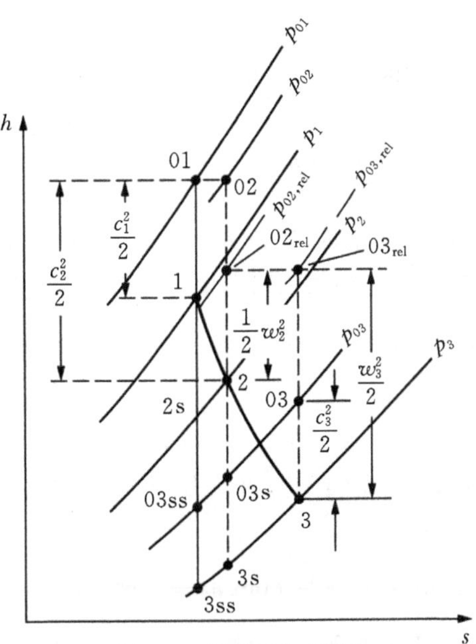

图 4.4 涡轮机级焓熵图

气流通过喷嘴时，状态点由1点移动至2点，静压由 p_1 降至 p_2。而在动叶栅中，绝对静压由 p_2 降至 p_3（通常情况）。重要的是，该图满足式(4.4)—式(4.6)中包含的所有条件。

4.5 重复级涡轮机

用于航空发动机和发电的涡轮机需要具有高效率和大输出功率。为了达到这一目的，通常采用多级轴流式涡轮机。在进行多级轴流式涡轮机设计时，每一级的平均半径处速度三角形一般都设为相同的，或者至少是相似的。要做到这一点，需要整个涡轮机的轴向速度及叶片平均半径都保持不变。由于通过涡轮机的气流是膨胀的，流体密度沿流动方向逐渐减小，因此为了保证质量守恒，叶片高度应逐级增大。图4.5所示为一台航空发动机内多级涡轮机的布置，可以看到叶片高度不断增加但平均半径保持不变。

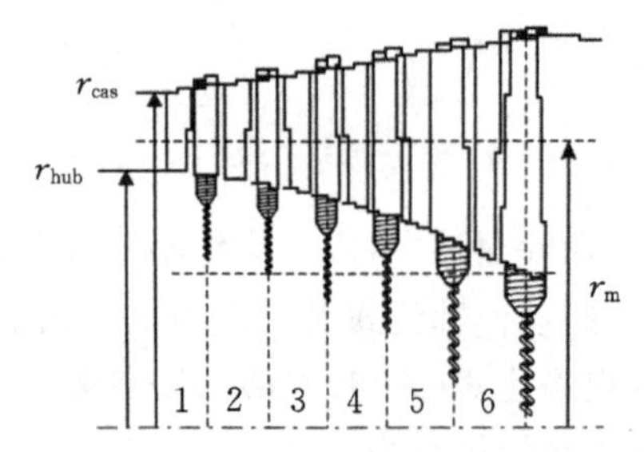

图4.5 具有6个重复级的涡轮机总体布置图

为了使速度三角形相同，涡轮机每一级的出口气流角必须与进口气流角相同。因此对一个重复级的要求可归纳为下列表达式：

$$c_x = 常数,\quad r = 常数,\quad \alpha_1 = \alpha_3$$

需要注意的是，单级涡轮机也可以满足对重复级的要求。满足这些要求的涡轮机级通常称为标准级(normal stage)。

对于这种类型的涡轮机，可将速度三角形的几何参数与流量系数、级负荷系数以及反动度等参数关联起来导出一些有用的关系式。这些关系式对于涡轮机的初步设计很重要。

由反动度的定义可得

$$R = \frac{h_2 - h_3}{h_1 - h_3} = 1 - \frac{h_1 - h_2}{h_{01} - h_{03}} \tag{4.8}$$

由于级的进口速度与出口速度相等，所以 $h_{01} - h_{03} = h_1 - h_3$。气流通过静叶时不做功，因此静叶前后滞止焓保持不变。如使轴向速度也保持不变，则可得

$$h_1 - h_2 = (h_{01} - h_{02}) + \frac{1}{2}(c_2^2 - c_1^2) = \frac{1}{2}c_x^2(\tan^2\alpha_2 - \tan^2\alpha_1) \tag{4.9}$$

根据级负荷系数的定义，得

$$h_{01} - h_{03} = U^2\psi \tag{4.10}$$

将上述关系式代入反动度公式(4.3)，并应用纯轴流式涡轮机流量系数的定义 $\phi = c_x/U$，可得

$$R = 1 - \frac{\phi^2}{2\psi}(\tan^2\alpha_2 - \tan^2\alpha_1) \tag{4.11}$$

无论级的出口角与进口角是否相等，上式都适用。它反映了涡轮机静叶栅进口和出口

气流角与三个无量纲设计参数之间的关系。对于采用重复级的涡轮机，上式可进一步简化，因为级负荷系数可以用下式计算

$$\psi = \frac{\Delta c_\theta}{U} = \frac{c_x(\tan\alpha_2 + \tan\alpha_1)}{U} = \phi(\tan\alpha_2 + \tan\alpha_1) \tag{4.12}$$

将上式代入式(4.11)，可以得到

$$R = 1 - \frac{\phi}{2}(\tan\alpha_2 - \tan\alpha_1) \tag{4.13a}$$

将上式与式(4.12)联立可以消去 α_2，再将 2 ×式(4.13a)代入式(4.12)可以得出级负荷系数、流量系数与反动度的关系式如下：

$$\psi = 2(1 - R + \phi\tan\alpha_1) \tag{4.14}$$

上式是很有用的结论，同时也适合于压气机的重复级。由式可见，当级负荷系数 ψ 较大时，反动度 R 应取较小的值，而级间旋流角 $\alpha_1 = \alpha_3$ 则应尽可能大。式(4.13)和(4.14)还表明，当级负荷系数、流量系数和反动度一定时，所有气流角及速度三角形都将完全确定。即通过式(4.14)得到 α_1，再代入(4.13)就能求出 α_2。对于重复级，由于 $\alpha_1 = \alpha_3$，所以速度三角形中的其他角度也就都可以确定下来，其中绝对角度与相对角度的关系为

$$\tan\beta_2 = \tan\alpha_2 - \frac{1}{\phi}, \quad \tan\beta_3 = \tan\alpha_3 + \frac{1}{\phi} \tag{4.15}$$

整合式(4.15)与(4.13a)可以得到另一个很有用的反动度表达式，即反动度与相对气流角之间的关系式：

$$R = \frac{\phi}{2}(\tan\beta_3 - \tan\beta_2) \tag{4.13b}$$

总之，设计人员可以通过给定 ϕ、ψ、R 或者 ϕ、ψ、α_1 来确定涡轮机重复级的速度三角形(或者实际上，只要是三个角度与参数的任一独立组合即可)。一旦速度三角形确定，所设计涡轮机的关键特征如叶片尺寸和所需级数等也就确定了，在此基础上即可估算涡轮机的预期性能。4.7 节将进一步介绍初步设计的这些内容。

涡轮机速度三角形的选择(也就是选择 ϕ、ψ 和 R)基本上是根据实际运行性能优良的产品及以往经验来确定的。对于一家已经设计和研究过多台相似类型涡轮机的公司来说，要选取与以往 ϕ、ψ 和 R 值差别很大的参数制造一台具有同样良好性能的涡轮机，将是很复杂的工程。

4.6 级损失与级效率

在本书第 1 章中，给出了透平机械整机效率的各种定义。对于单个涡轮机级，总-总效率为

$$\eta_{tt} = \frac{\text{实际输出功}}{\text{背压相同时的理想输出功}} = \frac{h_{01} - h_{03}}{h_{01} - h_{03ss}}$$

由式(1.26b)可知，焓熵图中等压线的斜率为 $(\partial h/\partial s)_p = T$。所以对于定压过程，有限焓降可表示为 $\Delta h \cong T\Delta s$ (及 $\Delta h_0 \cong T_0\Delta s$)。由此，总-总效率可写为

$$\eta_{tt} = \frac{h_{01} - h_{03}}{h_{01} - h_{03ss}} = \frac{h_{01} - h_{03}}{(h_{01} - h_{03}) + (h_{03} - h_{03ss})} = \left[1 + \frac{h_{03} - h_{03ss}}{h_{01} - h_{03}}\right]^{-1} \cong \left[1 + \frac{T_{03}(s_3 - s_{3ss})}{h_{01} - h_{03}}\right]^{-1} \tag{4.16}$$

如图4.4所示,整级熵增 $s_3 - s_{3ss}$ 等于静叶栅熵增 $s_2 - s_{2s} = s_{3s} - s_{3ss}$ 与动叶栅熵增 $s_3 - s_{3s}$ 之和。这些熵增反映了流体通过静叶栅和动叶栅时不可逆过程的累积效应。可利用每排动叶的出口动能定义无量纲焓损失系数(式(3.7))。对于静叶栅而言,有

$$h_2 - h_{2s} = \frac{1}{2}c_2^2\zeta_N$$

因此,静叶栅中的熵增可采用焓损失系数表示为

$$s_2 - s_{2s} \cong \frac{h_2 - h_{2s}}{T_2} = \frac{(1/2)c_2^2\zeta_N}{T_2} \tag{4.17a}$$

对于动叶栅,有

$$h_3 - h_{3s} \cong \frac{1}{2}w_3^2\zeta_R$$

通过动叶栅的熵增则可由焓损失系数表示为

$$s_3 - s_{3s} \cong \frac{h_3 - h_{3s}}{T_3} = \frac{(1/2)w_3^2\zeta_R}{T_3} \tag{4.17b}$$

将式(4.17a)和(4.17b)代入式(4.16)中,可得

$$\eta_{tt} \cong \left[1 + \frac{T_{03}}{T_3}\frac{(\zeta_N c_2^2 T_3/T_2 + w_3^2\zeta_R)}{2(h_{01} - h_{03})}\right]^{-1} \tag{4.18a}$$

若出口速度不能再利用(第1章中给出了这种工况的多个例子),则采用级的总-静效率:

$$\eta_{ts} = \frac{h_{01} - h_{03}}{h_{01} - h_{3ss}} = \frac{h_{01} - h_{03}}{h_{01} - h_{03} + (h_{03} - h_3) + h_3 - h_{3ss}} \cong \left[1 + \frac{0.5c_3^2 + T_3(s_3 - s_{3ss})}{h_{01} - h_{03}}\right]^{-1}$$

$$\Rightarrow \eta_{ts} \cong \left[1 + \frac{\zeta_N c_2^2 T_3/T_2 + w_3^2\zeta_R + c_3^2}{2(h_{01} - h_{03})}\right]^{-1} \tag{4.19a}$$

式(4.18a)和(4.19a)对所有涡轮机级均适用。对于涡轮机的重复级(或标准级),进出口流动参数(绝对速度和气流角)相同,即 $c_1 = c_3$ 和 $\alpha_1 = \alpha_3$,于是可得 $h_{01} - h_{03} = h_1 - h_3$ 。另外,如果级间绝对马赫数很小,$T_{03}/T_3 \cong 1$,则总-总效率与总-静效率可以表示为

$$\eta_{tt} \cong \left[1 + \frac{\zeta_R w_3^2 + \zeta_N c_2^2 T_3/T_2}{2(h_1 - h_3)}\right]^{-1} \tag{4.18b}$$

$$\eta_{ts} \cong \left[1 + \frac{\zeta_R w_3^2 + \zeta_N c_2^2 T_3/T_2 + c_1^2}{2(h_1 - h_3)}\right]^{-1} \tag{4.19b}$$

若涡轮机内部的流动是不可压缩的,或者流体通过动叶栅时静温下降不多,则可认为温度比 T_3/T_2 等于1,由此可以得到更为简洁的近似关系式:

$$\eta_{tt} \cong \left[1 + \frac{\zeta_R w_3^2 + \zeta_N c_2^2}{2(h_1 - h_3)}\right]^{-1} \tag{4.18c}$$

$$\eta_{ts} \cong \left[1 + \frac{\zeta_R w_3^2 + \zeta_N c_2^2 + c_1^2}{2(h_1 - h_3)}\right]^{-1} \tag{4.19c}$$

在进行涡轮机级初步设计时,可以采用上述关系式估算级效率,但还需要一些方法来确定损失系数 ζ_N 和 ζ_R 。有多种预估 ζ_N 和 ζ_R 的方法,复杂程度各不相同。其中,由 Soderberg(1949)提出并由 Horlock(1966)发表的叶片排方法(见式(3.46)),尽管提出时间较早并且形式简单,却仍然很有用。Ainley 和 Mathieson(1951)基于喷嘴叶片(100%膨胀)和冲动式

叶片(无膨胀)的叶型损失系数数据发展了一种半经验方法,见式(3.45)。3.6 节详细介绍了这两种方法。

需要注意的是,基于叶栅试验或者二维计算流体动力学(CFD)得出的损失系数只代表叶型的二维损失,而在实际涡轮机中,三维效应也会造成损失。后文中将详细介绍三维效应,包括叶顶间隙泄漏射流、与可能存在的冷却流体的混合以及端壁处的二次流。这些三维效应甚为显著,所产生的损失占总损失的 50%以上。

Craig 和 Cox(1971)、Kacker 和 Okapuu(1982)以及 Wilson(1987)等还提出了其他预估轴流式涡轮机效率的方法。制造厂也在使用各种各样的专用方法,这些方法都是半经验方法,是基于类似涡轮机级试验结果发展出来的。此外,还可以采用 CFD 方法预估效率。不过,利用 CFD 方法虽然可以准确预测效率的变化趋势,但即便是最新的三维数值分析方法仍然很难精确预测涡轮机的性能。此外,只有当涡轮机转子和静子的详细几何参数已经确定时才能使用 CFD 方法。因此,CFD 方法更适合在设计过程的后期使用,详见第 6 章。到目前为止,初步设计方法仍然没有被先进计算方法取代,这些方法依旧是确定较优结构的基本方法。得到较优结构后,可采用 CFD 方法进行详细的设计改进。

涡轮机的损失来源

如第 1 章所述,在透平机械流道中的流动存在不可逆熵增,因此将产生有用功损失。任何能够形成熵增的流动特征都是损失的来源。熵是由不可逆过程产生的,包括粘性摩擦、不同特性流体间的掺混、有限温差导致的热量传递或像激波那样的非平衡变化等。在涡轮机级中,损失来源众多,但都可以由其产生的熵增来量化。因此,将所有熵增求和即可得到总损失,并可用于确定单列叶栅的损失系数(如中径流线分析法中所用的),还可用于上述的式(4.16)—式(4.19)。不过在许多情况下,确定特定损失源的熵增量是很困难的。通常,损失系数是根据相似透平机械的试验数据并结合相应关联式得出的。

读者可以着重参阅 Denton(1993)给出的透平机械内部不同损失机理的详细描述。本章则只简要介绍涡轮机内部的主要损失来源及其重要程度。

涡轮机内的损失可以分为二维损失和三维损失。二维损失是指在涡轮机叶片排的平面叶栅(无限展长,即无端壁效应)试验中存在的损失。三维损失则是涡轮机级在实际旋转机构中运行时产生的其他损失。

二维损失源主要包括:(a)叶片边界层;(b)叶片尾缘掺混;(c)流动分离及(d)激波。

叶片边界层损失可认为是为了抵抗边界层内粘性剪切所做的功。其大小取决于边界层的发展,尤其是叶片表面的压力分布以及流动从层流向湍流转捩的位置。在亚音速涡轮机中,边界层损失常常占二维损失的 50%以上。对于不可压缩流动,Denton(1993)指出,全部边界层损失可以由下式求得:

$$\zeta_{te}=\frac{\delta_e}{s\cos\alpha_2} \tag{4.20}$$

式中,$\delta_e=\int_{-s/2}^{s/2}c/c_{max}[1-(c/c_{max})^2]dy$ 为叶片尾缘边界层的能量厚度,c_{max} 为边界层外缘处的当地速度。

尾缘掺混损失是由吸力面和压力面边界层与叶片尾缘后主气流掺混造成的。这种损失较大，在亚音速涡轮机中一般占二维总损失的35%左右，而在超音速工况下，则可以增大到约占二维总损失的50%(见图3.26)。需要注意的是，对于不可压缩流动，边界层损失与尾缘掺混损失之和可由尾迹的动量厚度θ_2来计算，如式(3.38)所示。

$$\zeta = \frac{2\theta_2}{s\cos\alpha_2}$$

联立上式与式(4.20)可知，边界层损失与流动掺混后尾迹区内总损失的比值可由$\delta_e/2\theta_2$得到。

当叶片表面边界层分离时会产生流动分离损失，并在分离位置的下游形成大片低动能区。流动分离损失很难量化，但一台设计良好的涡轮机应当不会形成大范围的二维流动分离，因此这种损失常常忽略不计。邻近尾缘的流动分离则包含在尾缘掺混损失中。

当涡轮机叶道内发生阻塞且出口马赫数大于0.9时，将产生激波损失。不过，涡轮机流道中的激波损失并不像预期的那么大。根据美国国家航空咨询委员会(National Advisory Committee for Aeronautics，NACA)1135号报告(1953)所述，对于波前马赫数为M_1的正激波，熵增可由下式计算：

$$\frac{\Delta s}{c_v} = \ln\left[\frac{2\gamma M_1^2 - \gamma + 1}{\gamma + 1}\right] - \gamma\ln\left[\frac{(\gamma + 1)M_1^2}{(\gamma - 1)M_1^2 + 2}\right] \tag{4.21}$$

将上式展开为幂级数，可知熵增的变化近似与$(M_1^2 - 1)$的三次方成比例，因此马赫数大约小于1.4时，该值都相对较小。而在涡轮机流道中形成的激波一般为斜激波，所形成的损失更小。如图3.26所示，当出口马赫数大于1时，激波损失约占二维总损失的30%甚至更少。

三维损失的来源主要包括：(a)叶顶泄漏流动；(b)端壁流动(或二次流)；(c)冷却流体。

所有透平机械的旋转叶片与静止气缸之间都存在间隙。流体通过叶顶间隙从压力面向吸力面流动，就形成了叶顶泄漏流。泄漏使通过叶片通道的质量流量降低，减少了涡轮机转子所做的功，同时还导致涡轮机效率下降。首先，流体流经叶片顶部间隙时，由于粘性效应和掺混作用，泄漏流的熵增大。其次，当泄漏流与主流在吸力面发生掺混时，熵将进一步增大。Bindon(1989)阐释了上述损失，目前存在多种模型用于确定泄漏流体的质量流量以及由泄漏造成的损失。叶顶泄漏损失随着间隙尺寸的增大而迅速增加，一般来说，间隙高度每增加叶高的1%，就会导致效率损失2%～3%。小型涡轮机级的间隙相对较大，因此泄漏流对效率的影响更大。此外，如果静栅也存在间隙流道，同样会形成泄漏损失。

端壁损失是一个很大而且复杂的研究课题，目前在该方面的研究十分活跃。这种损失指轮毂和气缸表面产生的所有损失，既包含叶栅内部损失，也包含外部损失。很难将端壁损失与其他损失分开并单独预测，Denton(1993)认为，端壁损失通常约占涡轮机级总损失的30%。靠近环形壁面的流动特性取决于叶道中的各种二次流，这些二次流是由进口处端壁边界层以及叶道中的流动偏转引起的，详见第6章。

冷却流体带来的损失仅存在于采用冷却的高温燃气涡轮机级(见4.14节)。必须根据整个燃气涡轮机系统的热力学特性考虑冷却的总体效应。采用冷却方法可以提高涡轮机的进气温度，增大循环效率和输出功。然而，冷却过程本身是高度不可逆的。冷却流体与主流的热量交换过程、冷却流体流经迴旋管道以及与主流的掺混，均会产生熵增。其中最后一个过程对涡轮机级效率的影响很大。通常，冷却流体以一定角度通过射流孔或槽道射入叶片通道,并且冷却流体的滞止温度和滞止压力与主流存在很大差别。目前已经发展出多种用于求解掺混损失的模型(Denton,1993),但精确预测损失对效率的影响仍然面临着巨大的挑战。

汽轮机

以上关于效率分析及各种损失来源的讨论也适用于汽轮机。汽轮机与其他涡轮机最主要的区别在于工质不能近似为理想气体,必须采用水蒸气热力性质表或水蒸气焓熵图(附录E)计算热力参数。汽轮机中流体特性参数的变化要远大于燃气轮机中的变化。不过,式(4.18a)和(4.19a)仍然适用于汽轮机。现代汽轮机的总-总效率一般为 $88\% < \eta_{tt} < 93\%$,但是对于多级汽轮机而言,前几级与后几级的损失系数存在很大差别(McCloskey,2003,第8章)。如果只知道多级汽轮机的进口与出口参数,则更适合采用总等熵效率。该效率与重热系数和等效的小级(或多变)效率有关,如式(1.56)所示,

$$\eta_{tt} = \frac{h_{01} - h_{02}}{h_{01} - h_{02s}} = \eta_p R_H$$

式中,h_{01}是蒸汽在汽轮机进口温度与压力条件下的滞止焓,h_{02}是蒸汽在汽轮机出口温度与压力条件下的滞止焓,h_{02s}则是蒸汽在汽轮机出口压力和进口熵条件下的滞止焓。

除了前文所述的损失来源之外,在汽轮机中还存在一种由于工质湿度而导致的额外损失。在附表E的蒸汽图中,当蒸汽越过饱和蒸汽线进入两相区时,就会生成水滴。对于电站汽轮机,一般来说末级湿度每增加1%,总效率将下降1%。这就要求在设计汽轮机时,必须控制排气湿度在10%左右(Hesketh & Walker,2005)。此外,汽轮机也会受到泄漏损失和表面粗糙度的影响。汽轮机中有许多泄漏通道,如转子顶部、静叶上端壁以及各种汽封通道。叶片表面粗糙度是在制造过程中产生的,但在汽轮机运行过程中,叶片会受到水滴侵蚀,同时水滴也会在叶片表面沉积,因此叶片表面的粗糙状况将迅速恶化。不过,由于汽轮机的运行温度低于燃气轮机,无需对叶片进行冷却,因此避免了由于叶片冷却带来的额外附加损失,降低了流动与结构的复杂性。

例题 4.1

一台电站低压汽轮机的进口温度为450℃,进口压力为30 bar。汽轮机出口处凝汽器压力为0.06 bar,并且由于湿度的作用,汽轮机等熵效率为 $\eta_t = 0.9 - y$。式中,y 为汽轮机出口湿度($y = 1 - x$,此处 x 为干度)。

1. 设重热系数为1.02,试确定每千克蒸汽产生的输出功并确定汽轮机的多变效率。

2. 该汽轮机设计为由零反动度的多个重复级组成,蒸汽沿轴向进入各级,流量系数为0.8。如果汽轮机转速为3000 r/min,平均半径为0.9 m,试确定汽轮机级数、静叶出口绝对气流角和动叶进口相对气流角。

水和蒸汽的热力性质见下表：

	比焓(kJ/kg)	比熵(kJ/(kg·K))	温度(℃)
0.06bar饱和水	151.5	0.521	36.16(状态 f)
0.06 bar饱和蒸汽	2566.6	8.329	36.16(状态 g)
30 bar,450 ℃	3344.8	7.086	(状态 1)

解：

1. 对于汽轮机，采用式(1.32)，代入湿度 y_2，

$$\eta_{LPT}=\frac{h_1-h_2}{h_1-h_{2s}}=\frac{h_1-[y_2h_f+(1-y_2)h_g]}{h_1-h_{2s}}=0.9-y_2$$

所以，需要知道 h_{2s} 的值。由于 $s_{2s}=s_1$，于是可得 y_{2s} 如下：

$$y_{2s}=\frac{s_g-s_{2s}}{s_g-s_f}=\frac{s_g-s_1}{s_g-s_f}=\frac{8.329-7.086}{8.329-0.521}=0.1592$$

所以 $h_{2s}=y_{2s}h_f+(1-y_{2s})h_g=0.1592\times151.5+(1-0.1592)\times2566.6=2182.1$ kJ/kg

整理上述 η_{LPT} 公式可得出口湿度为

$$y_2=\frac{0.9(h_1-h_{2s})-(h_1-h_g)}{(h_g-h_f)+(h_1-h_{2s})}=\frac{0.9(3344.8-2182.1)-(3344.8-2566.6)}{(3344.8-2182.1)+(2566.6-151.5)}=0.07497$$

由此可得出口实际焓值为

$$h_2=y_2h_f+(1-y_2)h_g=0.07497\times151.5+(1-0.07497)\times2566.6=2385.5\ \text{kJ/kg}$$

于是，每千克蒸汽提供的净输出功为

$$\Delta W_{LPT}=h_1-h_2=3344.8-2385.5=959.3\ \text{kJ/kg}$$

需要注意的是，采用水蒸气图表得到的结果准确度稍差。

汽轮机的多变效率为

$$\eta_P=\frac{\eta_t}{R_H}=\frac{h_1-h_2}{h_1-h_{2s}}\frac{1}{R_H}=\frac{959.3}{3344.8-2182.1}\times\frac{1}{1.02}=0.809$$

2. 根据式(4.14)，由 R=0 和 $\alpha_1=0$，有

$$\psi=2(1-R+\phi\tan\alpha_1)=2$$

所需的级数为

$$n_{stage}\geqslant\frac{\Delta W_{PLT}}{\psi U^2}=\frac{959.3\times10^3}{2\times(0.9\times100\pi^2)}=5.999\Rightarrow n_{stage}=6$$

采用式(4.12)和(4.15)可得气流角：

$$\phi(\tan\alpha_2+\tan\alpha_1)=\psi\Rightarrow\tan\alpha_2=\psi/\phi=2/0.8=2.5\quad\therefore\alpha_2=68.2^\circ$$

$$\tan\beta_2=\tan\alpha_2-1/\phi\Rightarrow\tan\alpha_2=2.5-1/0.8=1.25\quad\therefore\beta_2=51.3^\circ$$

4.7 轴流式涡轮机的初步设计

针对某种应用而对一台涡轮机进行最优设计的过程涉及到许多重要参数，如转子应力、

重量、外径、效率、噪声、可靠性及成本等，最终设计必须兼顾每个参数，使它们都在可接受的极限范围内。因此，只进行简要介绍的话很难将涡轮机设计中所面临的实际问题完全阐释清楚。不过，讨论一下初步设计参数的选取对涡轮机基本方案和效率的影响，仍然可以为设计人员提供有益的指导。

正如本章前文所述，涡轮机级初步设计的主要目标是通过设置气流角或选取三个无量纲参数 ϕ、ψ 和 R 来确定速度三角形的形状。下面就来建立涡轮机的整体(尺寸)设计要求与速度三角形各参数的相互关系，由这些关系即可确定涡轮机的总体方案。

级数

首先，由涡轮机的设计规范可知，在设计前通常已知工质的质量流量和所需的输出功率。于是根据式 $\Delta W = \dot{W}/\dot{m}$ 可以计算出涡轮机的比功。再由级负荷系数和叶片圆周速度确定每一级的比功，由此可得所需的级数为

$$n_{\text{stage}} \geqslant \frac{\dot{W}}{\dot{m}\psi U^2} \tag{4.22}$$

由于级数必须是整数，所以在式(4.22)中使用了不等号。其结果表明，增大级负荷系数可以减少多级涡轮机所需的级数，此外，选取较高的叶片速度 U 亦可减少级数。但是，随着转子转速的增大，离心载荷与振动也快速增大(见本章后文)，因此叶片圆周速度通常受到应力极限的限制。在某些情况下，气体动力学或噪声等因素也会限制叶片的最大速度。例如，当涡轮机在跨音速条件下运行时，需要限制最大气流马赫数，因此叶片圆周速度将被局限在一定范围内。

叶片高度与平均半径

如果设定每一级的轴向速度保持不变，即 $c_{x1} = c_{x2} = c_{x3} = c_x$，则涡轮机连续方程(4.1)可以简化为

$$\rho A_{x1} = \rho A_{x2} = \rho A_{x3} = \text{常数} \tag{4.23}$$

如果质量流量一定，即根据连续性方程并引入流量系数得出环形流道的面积 A_x：

$$A_x = \frac{\dot{m}}{\rho\phi U} \approx 2\pi \times r_m H \tag{4.24}$$

由于上式假定平均半径位置正好位于轮毂与叶顶间的中点，即 $r_m = (r_t + r_h)/2$，因此是一个近似公式。更准确地说，平均半径的准确定义应为将环形流道分成两个面积相同区域的半径，即 $r_m^2 = (r_t^2 + r_h^2)/2$。不过，对于高轮毂比叶片来说，两种定义是相当的。一般情况下，环形流道面积的精确表达式为

$$A_x = \pi \times r_t^2\left[1 - \left(\frac{r_h}{r_t}\right)^2\right] \tag{4.25}$$

如果涡轮机所需的轮毂比已知，或与涡轮机其他部件相配合的气缸直径已确定，则上式可用于计算环形流道的面积。

有时对转速有特定的需求(如对 Ω=50 Hz=3000 r/min 的供电网)，此时平均半径一般是限定的，根据已知的叶片速度可得 $r_m = U/\Omega$。因此所需的叶片高度可由下式确定：

$$r_t - r_h = H \approx \frac{\dot{m}}{\rho\phi U 2\pi \times r_m} \tag{4.26}$$

对于气流作可压缩流动的透平机械，进口滞止参数和进口马赫数可能已知。于是通过质量流量函数关系就能确定进口环形流道面积：

$$\frac{\dot{m}\sqrt{C_p T_{01}}}{A_x \cos\alpha_1 p_{01}} = Q(M_1) \tag{4.27}$$

获得流道面积后，再代入式(4.24)或(4.25)即可计算叶片高度。随后，可根据下一级的级负荷系数和压比，按照下式求出该级的滞止温度和压比：

$$\frac{T_{03}}{T_{01}} = 1 - \frac{\psi U^2}{C_p T_{01}}, \quad \frac{p_{03}}{p_{01}} = \left(\frac{T_{03}}{T_{01}}\right)^{\eta_p \gamma/(\gamma-1)} \tag{4.28}$$

注意，式中使用了多变效率，这是因为该效率更适于计算单个级中的工质参数变化。然后再由下列可压缩流动关系式(包含在气动函数表中)并代入下一级进口速度即可得到该级进口马赫数：

$$\frac{c_3}{\sqrt{C_p T_{03}}} = M_3 \sqrt{\gamma-1}\left(1+\frac{\gamma-1}{2}M_3^2\right)^{-1/2} \tag{4.29}$$

最后利用式(4.27)可得新的环形流道面积，由于平均半径不变，因此可以计算出叶片高度。在其后的各级中重复上述过程，根据级的尺寸和数量就能确定整个涡轮机的总体方案。

叶片数与轴向弦长

在初步设计阶段，还可估算出涡轮机每一级的叶片数以及静、动叶弦长。叶片的展弦比定义为叶片高度或展长与轴向弦长的比值，即 H/b。合适的 H/b 值需要综合考虑力学及制造因素来确定，并且在不同的实际应用中，展弦比的取值不同。如图 4.1 和 4.2 所示，喷气发动机的核心涡轮的展弦比一般为 1～2，但低压涡轮机与汽轮机的展弦比则要高得多。为了确定叶片节距与轴向弦长的比(s/b)，需要使用表征叶片载荷的 Zweifel 准则，该准则已在第 3 章中进行了详细介绍。式(3.51)和(3.52)表明，当速度三角形已知时，可根据 Zweifel 系数的最优值获得叶片节距与轴向弦长的比。若给定轴向弦长，则根据 s/b 就可以确定叶片数。

4.8 涡轮机的类型

通常，如果已经根据涡轮机总体需求和主要的设计限制因素确定了级负荷系数与流量系数，那么在初步设计阶段，就只剩一个参数可由设计人员自由改变。用反动度来区分不同类型的涡轮机设计是最方便的，这是因为反动度与涡轮机叶片的几何形状有关。有两种典型的反动度：一种是反动度为零，此时动叶和静叶的形状差别很大；另一种是反动度为 50%，即动叶和静叶的形状是对称的。下面将讨论这两种类型涡轮机级的优缺点。

零反动度级

Walker 和 Hesketh(1999)总结了小反动度级的优点，主要包括：级负荷高而级间旋流小，转子承受的推力小，动叶厚实且叶顶泄漏较少(由于动叶前后压降较小)。不过他们也指出，当反动度小时，动叶弯度较大，这可能导致动叶边界层发生分离。此外，他们还解释了当级负荷增加时，为什么效率几乎肯定要下降。小反动度设计通常应用于汽轮机，此时它的优点带来的好处最大，能够有效地减少所需的总级数，但是这种设计目前在燃气轮机中并没有应用。

根据反动度的定义，当 $R=0$ 时，由式(4.3)可知 $h_2=h_3$，因此所有焓降都集中在静叶通道内。由式(4.13b)可得

$$R=\frac{\phi}{2}(\tan\beta_3-\tan\beta_2)\Rightarrow\beta_2=\beta_3$$

由于轴向速度为常数，因此通过转子的气流相对速度不变。图 4.6 给出了这种工况下的焓熵图和速度三角形。从图中可以清晰地看到，当 $R=0$ 时，由于 $h_{02rel}=h_{03rel}$ 且 $h_2=h_3$，所以 $w_2=w_3$。此外图中还显示，由于流动过程不可逆，因此气流通过动叶栅时存在压降。根据定义，在冲动级(impulse stage)中，气流通过转子时不产生压降，因此零反动度级并不等于冲动级。图 4.7 所示为冲动级焓熵图，从图中可以看出，气流通过转子时焓值有所增加。根据式(4.3a)的物理意义可知：如果考虑流动过程的不可逆性，则冲动级的反动度为负值[①]。

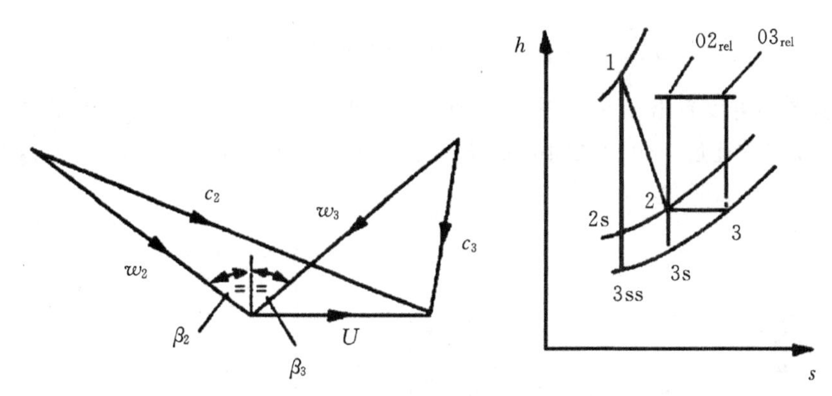

图 4.6 涡轮机零反动度级的速度三角形和焓熵图

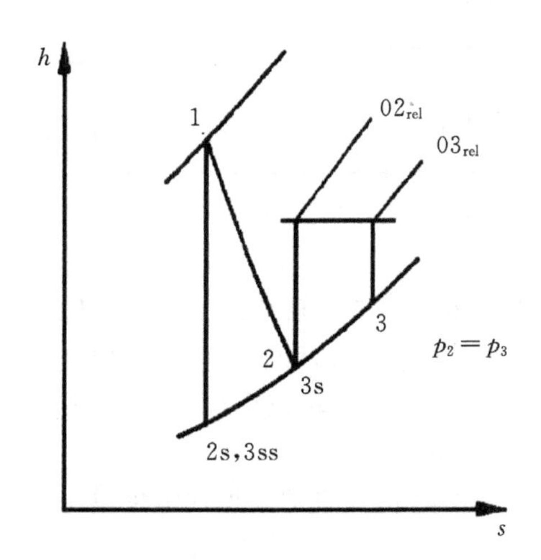

图 4.7 涡轮机冲动级的焓熵图

① 此处冲动级的定义与国内纯冲动级的定义不同。——译者注

50%反动度级

Havakechian 和 Greim(1999)综述了反动度为 50%的设计所具有的优点，主要包括：速度三角形对称所以动叶与静叶的叶型相似，使成本降低；流动偏转较小且流体在动叶通道内也大幅加速，因而损失较小；膨胀过程在静叶和动叶中分两个阶段完成，使流动一直处于亚音速状态；同时，可以在一定的运行工况范围内改善涡轮机性能。不过他们也指出，当设计反动度为 50%时，涡轮机的级数将比采用小反动度时增多约 2 倍。并且，气流在转子中膨胀得更多，转子轴承承受的推力增大，泄漏损失也增大。燃气轮机通常采用 50%反动度设计，这是因为对燃气轮机最重要的要求是寻求最大效率。在燃气轮机中，主要通过增大级间旋流角 α_1 来增大级负荷。而在汽轮机中，50%反动度设计和低反动度设计都有应用，两种方法不相上下。

图 4.8 所示为反动度为 50%的对称速度三角形。当 $R=0.5$ 时，联立式(4.13a)与式(4.15)，可得

$$R = 1-\frac{\phi}{2}(\tan\alpha_2-\tan\alpha_1)\Rightarrow 1=\phi\left(\tan\beta_2+\frac{1}{\phi}-\tan\alpha_1\right)\Rightarrow \beta_2=\alpha_1=\alpha_3$$

同样，从图中可以看出 $\beta_3=\alpha_2$，这表明速度三角形确实是对称的。为了突出零反动度级与 50%反动度级的速度三角形之间的差异，在绘制图 4.8 时，使用了与图 4.6(零反动度工况)相同的 c_x、U 与 ΔW 值。

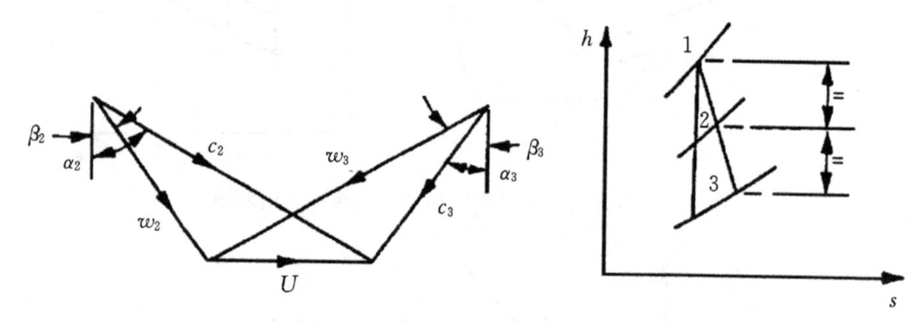

图 4.8 反动度为 50%的涡轮机级的速度三角形和焓熵图

例题 4.2

一台涡扇发动机的低压涡轮机有 5 个重复级。涡轮机进口滞止温度为 1200 K，滞止压力为 213 kPa。质量流量为 15 kg/s 时，可以产生机械功率 6.64 MW。涡轮机每一级的静叶将气流由进口处的 15°气流角偏转至出口处的 70°气流角。涡轮机平均半径为 0.46 m，转轴的转速为 5600 r/min。

1. 计算涡轮机的级负荷系数和流量系数。根据结果说明反动度为 0.5，并画出整级的速度三角形。
2. 计算涡轮机进口环形流道面积。利用这一结果估算涡轮机第 1 级静叶的叶片高度和轮毂-叶顶半径比。

流经涡轮机的燃气特性参数取 $\gamma=1.333$，$R=287.2$ J/(kg·K)及 $C_p=1150$ J/(kg·K)。

解：

1. 叶片平均圆周速度可以通过平均半径和角速度进行计算：

$$U = r_m \Omega = 0.46 \times \frac{5600}{60} \times 2\pi = 269.8 \text{ m/s}$$

然后利用功率和质量流量确定级负荷系数：

$$\psi = \frac{\Delta h_0}{U^2} = \frac{\text{功率} / (\dot{m}/n_{\text{stage}})}{U^2} = \frac{6.64 \times 10^6}{15 \times 5 \times 269.8^2} = 1.217$$

流量系数由式(4.12)计算：

$$\phi = \frac{\psi}{(\tan\alpha_2 + \tan\alpha_1)} = \frac{1.217}{(\tan 70^\circ + \tan 15^\circ)} = 0.403$$

将上述结果代入式(4.14)可得反动度为

$$R = 1 - \frac{\psi}{2} + \phi\tan\alpha_1 = 1 - \frac{1.217}{2} + 0.4\tan 15^\circ = 0.5$$

速度三角形如下(因为 $R=0.5$，所以速度三角形对称)：

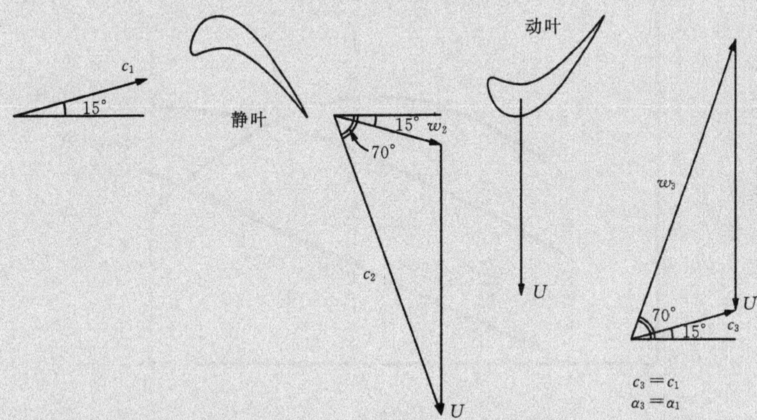

2. 为了计算进口面积，首先要根据进口轴向速度确定轴向马赫数，然后利用可压缩流动质量流量函数关系式进行计算：

$$\frac{c_1}{\sqrt{C_p T_{01}}} = \frac{\phi U/\cos\alpha_1}{\sqrt{C_p T_{01}}} = \frac{0.403 \times 269.8}{\cos 15^\circ \sqrt{1150 \times 1200}} = 0.0958$$

根据可压缩流体气动函数表($\gamma = 1.333$)可得

$$M_1 = 0.166 \quad , \quad (\dot{m}\sqrt{C_p T_{01}})/Ap_{01} = Q(0.166) = 0.3781$$

$$A_x = \frac{A}{\cos\alpha_1} = \frac{\dot{m}\sqrt{C_p T_{01}}}{Q(0.166)p_{01}} \frac{1}{\cos 15^\circ} = \frac{15\sqrt{1150 \times 1200}}{0.3781 \times 213 \times 10^3 \times 0.9659} = 0.227 \text{ m}^2$$

在本例中，由于进口马赫数较小，也可以利用进口滞止压力和温度计算密度，然后应用连续方程(4.24)确定面积。确定面积后，就可以计算叶片高度和轮毂-叶顶半径比。叶片高度为

$$H = \frac{A_x}{2\pi r_m} = \frac{0.227}{2\pi \times 0.46} = 0.0785$$

即 $H = 78.5$ mm，由此可得轮毂-叶顶半径比为

$$\text{HTR} = \frac{r_m - H/2}{r_m + H/2} = \frac{0.46 - 0.0785/2}{0.46 + 0.0785/2} = 0.843$$

4.9　反动度对效率的影响

考虑一个轴流涡轮机的设计，设平均叶片圆周速度 U、级负荷系数 ψ(或 $\Delta W/U^2$)及流量系数 ϕ(或 c_x/U)已定。根据式(4.14)，要完全确定速度三角形，还需要确定的唯一参数就是反动度 R 或级间旋流角 α_1：

$$\psi = 2(1 - R + \phi\tan\alpha_1)$$

根据不同反动度 R 可以建立不同的速度三角形，并确定损失系数，计算 η_{tt} 和 η_{ts}。在文献 Shapirod、Soderberg、Stenning、Taylor 和 Horlock(1957)中，Stenning 研究了一组涡轮机，每台涡轮机的流量系数 $c_x/U = 0.4$，叶片展弦比 $H/b = 3$，雷诺数 $Re = 10^5$，他利用 Soderberg 关联式计算了级负荷系数 $\Delta W/U^2$ 分别为 1、2、3 时对应的 η_{tt}、η_{ts}。计算结果如图 4.9 所示(Shapiro et al.，1957)。

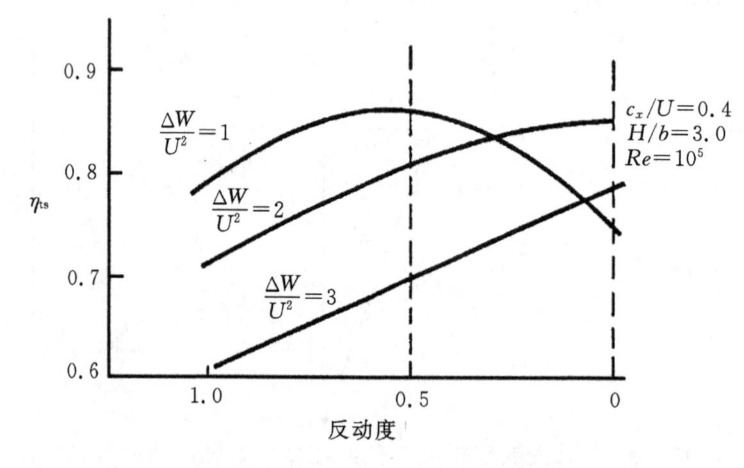

图 4.9　级负荷系数一定时反动度对总-静效率的影响

由图可知，在给定叶片载荷的条件下，通过选择合适的反动度就可以优化涡轮机的总-静效率。当 $\Delta W/U^2 = 2$ 时，η_{ts}在反动度趋于零时取得最大值。随着叶片载荷的减小，η_{ts}的最佳值也逐渐向反动度较大处移动。当 $\Delta W/U^2 > 2$ 时，若动叶通道内的相对流动未发生扩散，则 η_{ts}在 $R=0$ 时达到最大。需要注意的是，上述结果仅根据平面叶栅效率得出，并未考虑由叶顶间隙和端壁流动导致的损失。

例题 4.3

试证明：对于图 4.9 中的 $\Delta W/U^2 = 1$ 曲线，总静效率 η_{ts}在反动度为 50%时达到最大，并采用 Soderberg 关系式计算该值。

解：

根据式(4.19c)可得

$$\frac{1}{\eta_{ts}} = 1 + \frac{\zeta_R w_3^2 + \zeta_N c_2^2 + c_1^2}{2\Delta W}$$

由于 $\Delta W/U^2=1$ 且 $R=0.5$，根据 $\psi=2(1-R+\phi\tan\alpha_1)$，有 $\alpha_1=0$ 再将 ϕ 与 α_1 代入式(4.15)得

$$\tan\beta_3=\frac{1}{\phi}=2.5\text{，于是有 }\beta_3=68.2^\circ$$

因为速度三角形对称，所以 $\alpha_2=\beta_3$ 并且 $\theta_R=\theta_N=\alpha_2=68.2^\circ$，因此

$$\zeta=0.04\times(1+1.5\times0.682^2)=0.0679$$

$$\frac{1}{\eta_{ts}}=1+\frac{2\zeta w_3^2+c_x^2}{2U^2}=1+\zeta\phi^2\sec^2\beta_3+\frac{1}{2}\phi^2=1+\phi^2(\zeta\sec^2\beta_3+0.5)$$

$$=1+0.4^2\times(0.0679\times2.6928^2+0.5)$$

$$=1+0.16\times(0.49235+0.5)$$

于是有

$$\eta_{ts}=0.863$$

这一结果接近于图4.9中 $\Delta W/U^2=1$ 的效率曲线最大值。注意，对于级负荷系数为1的工况，几乎可以预料，总-静效率总是在反动度为50%时达到最大值，这是由于级间不存在旋流，因此当轴向速度一定时，出口动能将减至最低。而反动度的选取对总-总效率的影响则没有这么大。总的来说，随着级负荷系数的增大，η_{tt} 的最大值略有减小(见4.12节)。

4.10 叶栅通道中的流动扩散

在涡轮机中，流体流经叶栅时出现的任何扩散现象都是很不利的，必须在设计阶段就加以排除。这是由于流动扩散导致形成逆压梯度，同时流动偏转很大(在涡轮机叶栅中十分常见)，这就使边界层更容易发生分离，因而产生大量流动损失。而对于压气机叶栅来说，其设计目的就是沿流动方向逐渐增大流体的压力，所以必然存在逆压梯度。在压气机中，主要通过适当限制流动的偏转来严格控制逆压梯度的大小。

在前文中已经提到，反动度为负表示动叶中的相对速度逐渐减小(即当 $R<0$ 时，$w_3<w_2$)。此外，如果 $R>1$，静叶栅中的绝对速度也存在类似的减速现象，$c_2<c_1$。

考虑式(4.13)，反动度可写为

$$R=1+\frac{\phi}{2}(\tan\alpha_3-\tan\alpha_2)$$

因此，当 $\alpha_3=\alpha_2$ 时，反动度等于1(同时 $c_2=c_3$)。图4.10所示为反动度等于1时的速度三角形，其中 c_x、U 和 ΔW 与 $R=0$ 和 $R=1/2$ 时取值相同。显然当 $R>1$ 时，有 $c_2<c_1$(即静叶中的流动减速)。

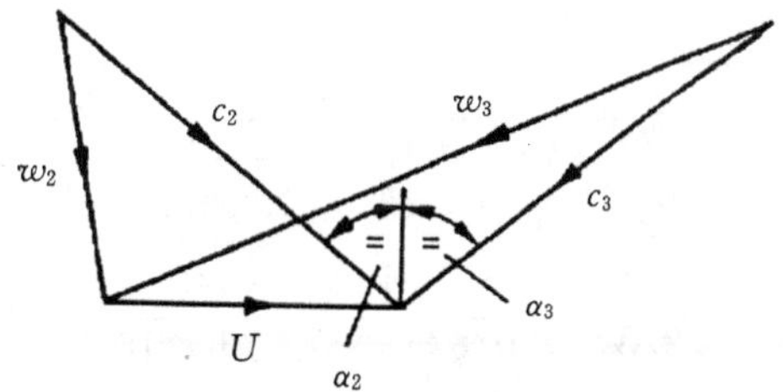

图4.10 反动度为100%的涡轮机级的速度三角形

例题 4.4

一台单级燃气涡轮机在设计工况运行，其进、出口绝对流动均沿轴向。静叶出口绝对气流角为 70°。级的进口总压和总温分别为 311 kPa 及 850 ℃。排气静压为 100 kPa，总-静效率为 0.87，平均叶片圆周速度为 500 m/s。

假定整级的轴向速度均不变，试确定：

1. 比功；

2. 静叶出口马赫数；

3. 轴向速度；

4. 总-总效率；

5. 级反动度。

取燃气的 $C_p=1.148\ \mathrm{kJ/(kg\cdot ℃)}$，$\gamma=1.33$。

解：

1. 由式(4.19a)可知总-静效率为

$$\eta_{ts}=\frac{h_{01}-h_{03}}{h_{01}-h_{3ss}}=\frac{\Delta W}{h_{01}\left[1-(p_3/p_{01})^{(\gamma-1)/\gamma}\right]}$$

因此，比功为

$$\begin{aligned}\Delta W&=\eta_{ts}C_pT_{01}\left[1-(p_3/p_{01})^{(\gamma-1)/\gamma}\right]\\&=0.87\times1148\times1123\times\left[1-(1/3.11)^{0.248}\right]=276\ \mathrm{kJ/kg}\end{aligned}$$

2. 静叶出口马赫数为

$$M_2=c_2/(\gamma RT_2)^{1/2}$$

这里需要根据速度三角形解出 c_2，并由此确定 T_2。由于

$$c_{\theta3}=0,\quad \Delta W=Uc_{\theta2}$$

$$c_{\theta2}=\frac{\Delta W}{U}=\frac{276\times10^3}{500}=552\ \mathrm{m/s}$$

$$c_2=\frac{c_{\theta2}}{\sin\alpha_2}=588\ \mathrm{m/s}$$

参考图 4.4，气流通过静叶时 $h_{01}=h_{02}=h_2+\frac{1}{2}c_2^2$，因此

$$T_2=T_{01}-\frac{1}{2}c_2^2/C_p=973\ \mathrm{K}$$

又因为 $\gamma R=(\gamma-1)C_p$，所以有 $M_2=0.97$。

3. 轴向速度 $c_x=c_2\cos\alpha_2=200\ \mathrm{m/s}$。

4.

$$\eta_{tt}=\frac{\Delta W}{(h_{01}-h_{3ss}-(1/2)c_3^2)}$$

整理后得：

$$\frac{1}{\eta_{tt}}=\frac{1}{\eta_{ts}}-\frac{c_3^2}{2\Delta W}=\frac{1}{0.87}-\frac{200^2}{2\times276\times10^3}=1.0775$$

因此可得 $\eta_{tt}=0.93$。

5. 由式(4.13a)可得反动度为

$$R = 1 - \frac{\phi}{2}(\tan\alpha_2 - \tan\alpha_1)$$

$$R = 1 - \frac{(200/500)}{2}\tan 70° = 0.451$$

4.11 Smith(1965)效率关系式

所有汽轮机与燃气轮机制造商都建立了轴流式涡轮机的级效率测量值与工况参数(流量系数ϕ和级负荷系数ψ)函数关系的大型数据库。在罗尔斯-罗伊斯公司70台航空燃气涡轮所得数据的基础上(如Avon、Dart、Spey、Conway及其他机型,还包括位于英国德比的罗尔斯-罗伊斯公司总部专用4级涡轮机试验台所获得的数据),Smith(1965)提出了一个得到广泛应用的效率关系式。图4.11所示为Smith获得的数据点及效率曲线。需要注意的是,所有试验级的轴向速度均保持不变,反动度为0.2~0.6,叶片展弦比(叶片高度与弦长的比)相对较大,为3~4。另外一个需要注意的重要特点是,为了消除叶顶泄漏损失,所有效率都经过修正,因此在实际运行中,试验获得的效率高于相同条件下真实涡轮机的效率。通过在不同叶顶间隙条件下进行的重复试验可以得到叶顶泄漏损失(这种损失可能很大),然后将所得结果外推至叶顶间隙为零的情况,即可得到修正后的效率。

为了找到涡轮机的最大效率点,就要在一定压比范围内对每台涡轮机进行测试,同时确定最大效率点对应的ψ和ϕ值。图4.11中的每一点仅代表一台被测涡轮机的最大效率点,效率值标于该点附近。Kacker、Okapuu(1982)及其他研究人员都进行了验证性试验,结果表明Smith图在涡轮机的初步设计中具有实用性。

Smith建立了一种解释效率曲线形状的简单理论分析方法。他认为,任何叶栅中的损失都正比于该叶栅通道内气流的平均绝对动能$1/2(c_1^2+c_2^2)$。对于$R=0.5$的工况,Smith将输出的轴功与动、静叶气流平均动能之和的比值定义为动能系数f_s。于是有

$$f_s = \frac{\Delta h_0}{c_1^2+c_2^2} = \frac{\Delta h_0/U^2}{(c_1^2/U^2)+(c_2^2/U^2)} \tag{4.30}$$

根据Smith的论证,对一个完整级的速度三角形进行无量纲化是十分有用的,图4.12所示即为$R=0.5$时涡轮机级的无量纲速度三角形。从图中可以观察到,$\tan\alpha_1 = \tan\beta_2 = (\psi-1)/2\phi$以及$\tan\alpha_2 = \tan\beta_3 = (\psi+1)/2\phi$。求解无量纲速度与$\psi$和$\phi$的关系可得

$$\frac{c_2}{U} = \frac{w_3}{U} = \sqrt{\phi^2 + \left(\frac{\psi+1}{2}\right)^2}$$

及

$$\frac{c_1}{U} = \frac{w_2}{U} = \sqrt{\phi^2 + \left(\frac{\psi-1}{2}\right)^2}$$

代入式(4.30)可得

$$f_s = \frac{\psi}{\phi^2 + ((\psi+1)/2)^2 + \phi^2 + ((\psi-1)/2)^2} = \frac{2\psi}{4\phi^2+\psi^2+1} \tag{4.31}$$

对于给定的流量系数ϕ,令上式对ψ求偏导,可以得到最优级负荷系数:

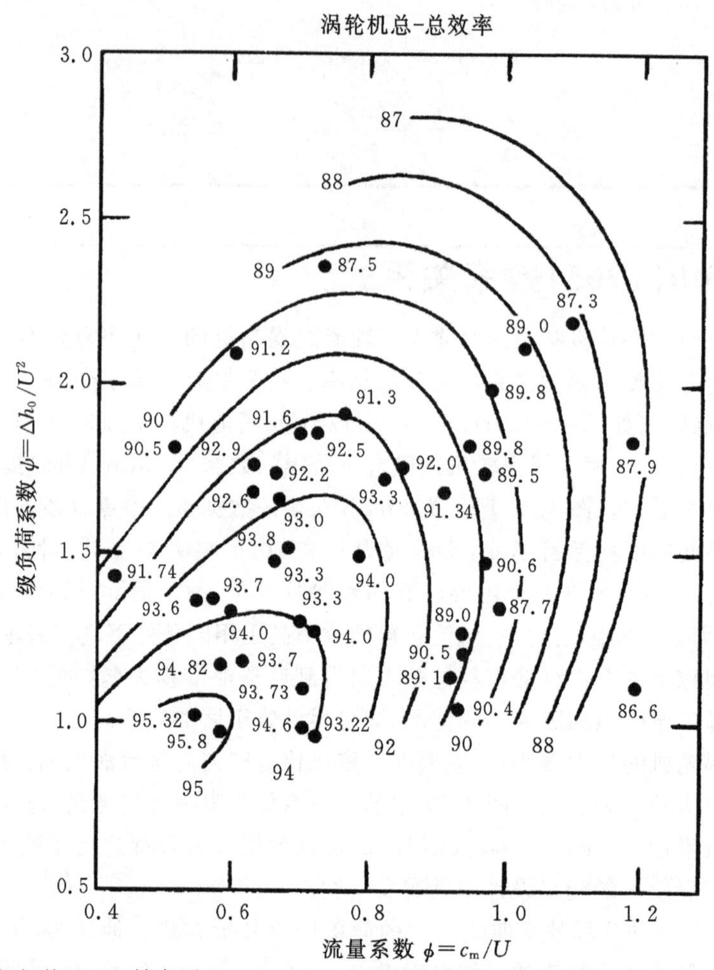

图 4.11 涡轮机级的 Smith 效率图(Smith，1965，由英国皇家航空协会及其期刊 *Aeronautical Journal* 许可引用)

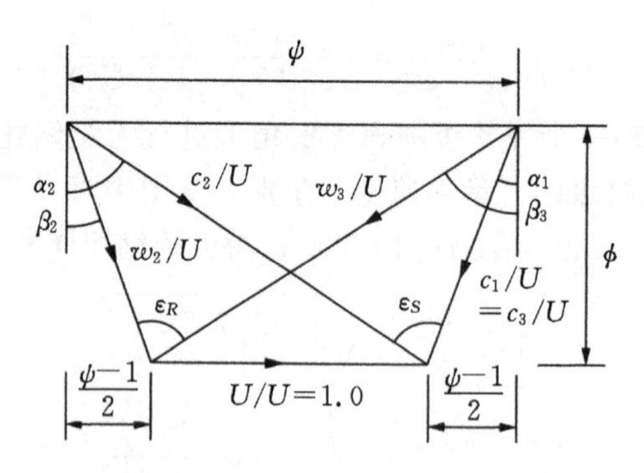

图 4.12 反动度为50%的涡轮机级的无量纲速度三角形

$$\frac{\partial f_s}{\partial \psi} = \frac{2(4\phi^2 - \psi^2 + 1)}{(4\phi^2 + \psi^2 + 1)^2} = 0$$

由上式可以很容易得出最优级负荷系数 ψ_{opt} 的曲线：

$$\psi_{\text{opt}} = \sqrt{4\phi^2 + 1} \tag{4.32}$$

图 4.13 所示为不同 f_s 下，表征 ψ 与 ϕ 之间关系的列线图。图中还给出了由式(4.32)定义的最优 ψ_{opt} 曲线。该曲线与采用罗尔斯-罗伊斯公司效率关系式获得的最优效率变化趋势(图 4.13)一致。Lewis(1996)指出，根据罗尔斯-罗伊斯公司的数据可以得到更精确的最优负荷系数表达式：

$$\psi_{\text{opt exp}} = 0.65\sqrt{4\phi^2 + 1} \tag{4.33}$$

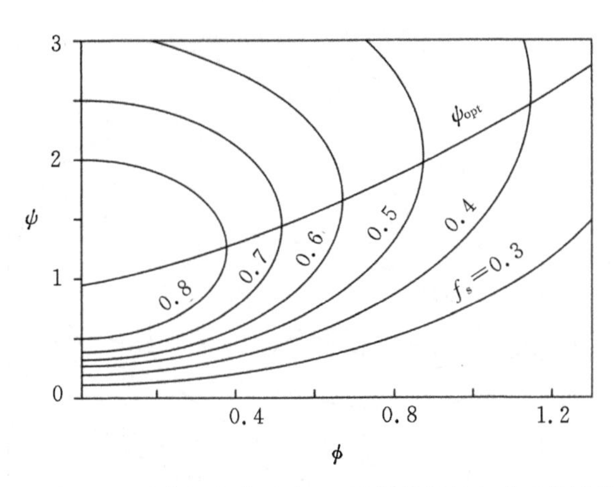

图 4.13 Smith 动能系数 f_s 和最优级负荷系数 ψ_{opt} 随涡轮机级负荷系数及流量系数的变化关系

其后，Lewis(1996)进一步发展了 Smith 的分析方法，考虑了叶片气动特性及叶片损失系数的影响，使该方法更加完善。

4.12 涡轮机级设计工况的效率

在本节中，针对几种不同类型的涡轮机级(反动度为 50%、反动度为 0、出口气流角为 0)，采用前述 Soderberg 损失关系式计算了涡轮机级的效率变化特性。这些特性可通过级负荷系数 ψ 与流量系数 ϕ 的列线图表示，这种表示方法最为有用。

50%反动度级的总-总效率

总-总效率是表示多级涡轮机性能的合适指标，因为级的出口动能可在下一级中利用。在多级涡轮机的最后一级或单级涡轮机之后，出口动能将由扩压器回收或有其他用途(如贡献推力)。

根据式(4.18c)，其中已经假设 $c_1 = c_3$ 且 $T_3 = T_2$，可得

$$\frac{1}{\eta_{\text{tt}}} = 1 + \frac{(\zeta_R w_3^2 + \zeta_N c_2^2)}{2\Delta W}$$

式中，$\Delta W = \psi U^2$，并且当反动度为 50%时，有 $w_3 = c_2$ 及 $\zeta_R = \zeta_N = \zeta$：

$$w_3^2 = c_x^2 \sec^2\beta_3 = c_x^2(1 + \tan^2\beta_3)$$

因此，

$$\frac{1}{\eta_{\text{tt}}} = 1 + \frac{\zeta\phi^2}{\psi}(1 + \tan^2\beta_3) = 1 + \frac{\zeta\phi^2}{\psi}\left[1 + \left(\frac{1+\psi}{2\phi}\right)^2\right]$$

其中，$\tan\beta_3 = (\psi + 1)/2\phi$，$\tan\beta_2 = (\psi - 1)/2\phi$。

将这些表达式与 Soderberg 关系式(式(3.46))相结合，可以作出针对不同 ψ 和 ϕ 值的性能图(图 4.14)。从图中可以看出，总-总效率 η_{tt} 在 ψ 和 ϕ 值非常小的工况下达到最大。Kacker 和 Okapuu(1982)进行的一项调查表明，绝大多数航空发动机的设计流量系数范围是 $0.5 \leqslant \phi \leqslant 1.5$，设计级负荷系数范围是 $0.8 \leqslant \psi \leqslant 2.8$。

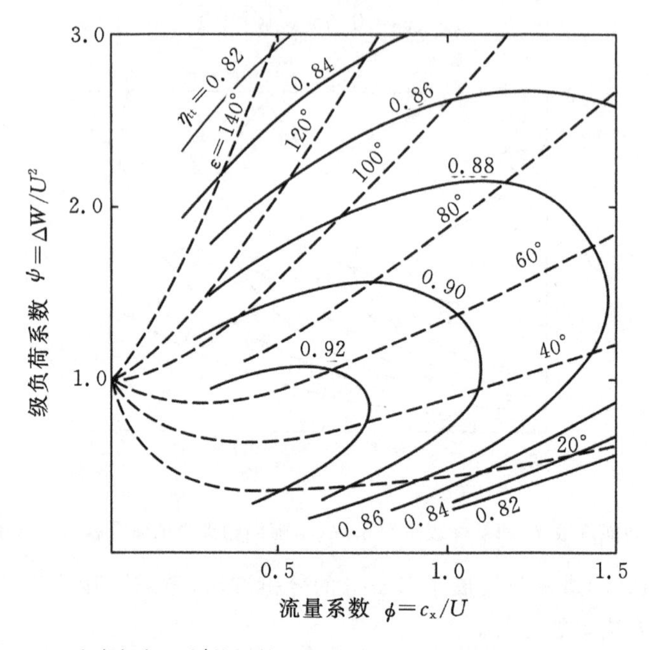

图 4.14 反动度为 50%的涡轮机级设计工况总-总效率及偏转角列线图

零反动度级的总-总效率

通常，反动度会沿叶片高度方向发生变化，变化方式取决于设计时所确定的级的类型。$R=0$ 是反动度变化的一个设计下限，更低的反动度是可能的，但是并不希望出现，因为负反动度会导致效率大幅下降。当 $R<0$ 时，$w_3 < w_2$，也就是气流通过动叶栅时相对速度逐渐减小。

从图 4.6 中可以看出，当反动度为零时，有 $\beta_2 = \beta_3$，并且由式(4.15)可知：

$$\tan\alpha_2 = 1/\phi + \tan\beta_2 \text{ 和 } \tan\alpha_3 = \tan\beta_3 - 1/\phi$$

又因为 $\psi = \Delta W/U^2 = \phi(\tan\alpha_2 + \tan\alpha_3) = \phi(\tan\beta_2 + \tan\beta_3) = 2\phi\tan\beta_2$，因此，

$$\tan\beta_2 = \frac{\psi}{2\phi}$$

利用这些表达式可得

$$\tan\alpha_2 = \frac{(\psi/2)+1}{\phi} \text{ 和 } \tan\alpha_3 = \frac{(\psi/2)-1}{\phi}$$

只要给定 ψ 和 ϕ，即可通过上述表达式计算气流角。由速度三角形可知，

$$c_2 = c_x\sec\alpha_2\text{，因此 } c_2^2 = c_x^2(1+\tan^2\alpha_2) = c_x^2[1+(\psi/2+1)^2/\phi^2]$$

$$w_3 = c_x\sec\beta_3\text{，因此 } w_3^2 = c_x^2(1+\tan^2\beta_3) = c_x^2[1+(\psi/2\phi)^2]$$

将这些表达式代入式(4.18c),得

$$\frac{1}{\eta_{tt}}=1+\frac{\zeta_R w_3^2+\zeta_N c_2^2}{2\psi U^2}$$

$$\frac{1}{\eta_{tt}}=1+\frac{1}{2\psi}\left\{\zeta_R\left[\phi^2+\left(\frac{\psi}{2}\right)^2\right]+\zeta_N\left[\phi^2+\left(1+\frac{\psi}{2}\right)^2\right]\right\}$$

图 4.15 就是根据上述表达式得出的性能图。该图总体上与反动度为 50%的图 4.14 相似,两者都是当 ϕ 和 ψ 最小时效率达到最高。只是在本图中,效率较高的点所对应的级负荷系数较大,而流量系数较小。

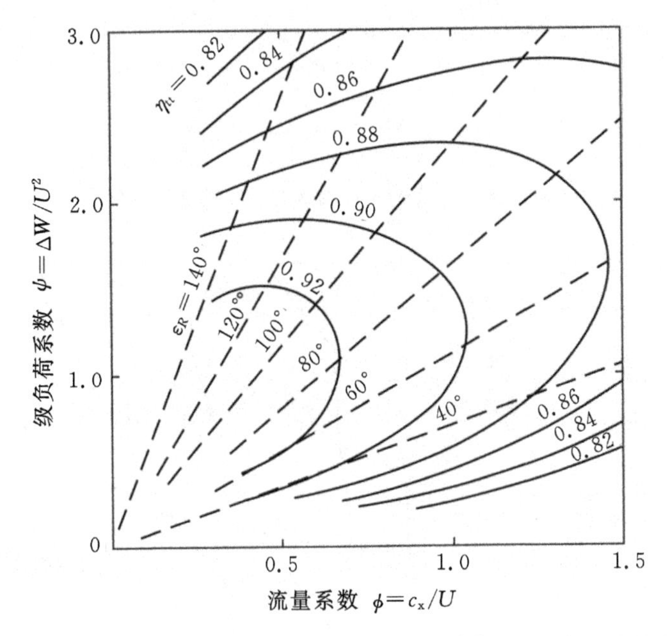

图 4.15 零反动度涡轮机级设计工况总-总效率及动叶气流偏转角

出口速度为轴向的级的总-静效率

单级轴流式涡轮机的出口气流沿轴向流动,因此最适合采用总-静效率来表示性能。为了计算涡轮机特性,由式(4.19c)可得:

$$\frac{1}{\eta_{ts}}=1+\frac{\zeta_R w_3^2+\zeta_N c_2^2+c_1^2}{2\Delta W}=1+\frac{\phi^2}{2\psi}(\zeta_R \sec^2\beta_3+\zeta_N \sec^2\alpha_2+1)$$

因为出口气流为轴向,所以有 $c_1=c_3=c_x$,又由图 4.16 所示速度三角形可知,

$$\tan\beta_3=U/c_x,\quad \tan\beta_2=\tan\alpha_2-\tan\beta_3$$

$$\sec^2\beta_3=1+\tan^2\beta_3=1+1/\phi^2$$

$$\sec^2\alpha_2=1+\tan^2\alpha_2=1+(\psi/\phi)^2$$

因此

$$\frac{1}{\eta_{ts}}=1+\frac{1}{2\varphi}[\zeta_R(1+\phi^2)+\zeta_N(\psi^2+\phi^2)+\phi^2]$$

给定 ψ 和 ϕ 值,即可采用 Soderberg 关系式(3.46)得到未知的损失系数 ζ_R 和 ζ_N,其中:

$\varepsilon_N=\alpha_2=\arctan(\psi/\phi)$ 和 $\varepsilon_R=\beta_2+\beta_3=\arctan(1/\phi)+\arctan[(\psi-1)/\phi]$

根据上述表达式即可得出性能图 4.17。

绘制性能图时，要求反动度必须大于等于零，反动度等于零是极限工况。当级间旋流角为零时，由式(4.14)可知，

$$\psi = 2(1-R)$$

因此，在极限工况 $R=0$ 时，级负荷系数 $\psi=2$。

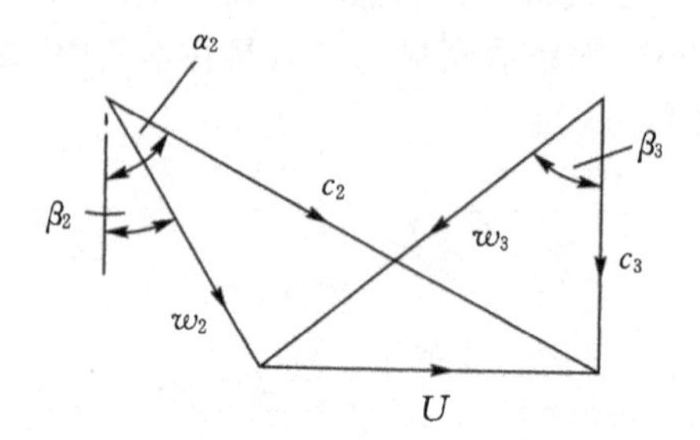

图 4.16 出口速度为轴向的涡轮机级的速度三角形

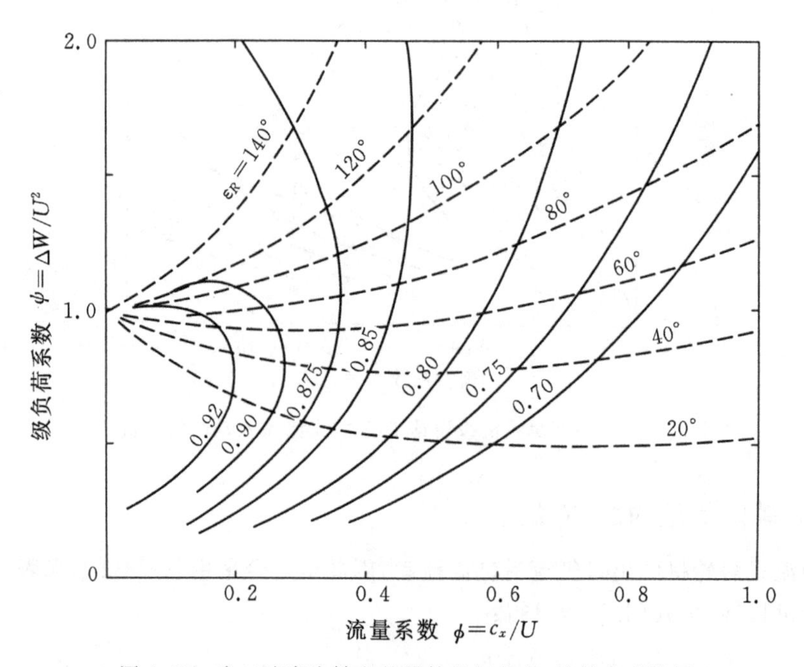

图 4.17 出口速度为轴向的涡轮机级的总-静效率列线图

4.13 涡轮机动叶片的应力

尽管本章主要介绍涡轮机的流体力学和热力学，但由于动叶应力尤其是高温高应力工况下的应力大小限定了许用叶片高度及环形流道面积，因此需要对动叶应力有一定的了解。Horlock(1966)详细综述了动叶应力方面的研究；Den Hartog(1952)及 Timoshenko(1956)编著的固体力学教材讨论了相关问题；Japiske(1986)和 Smith(1986)进行的专题讲座也对动叶强度问题进行了论述，所以本章仅对该问题进行简要介绍。涡轮机叶片的应力来源于离心载荷、气流弯曲载荷以及非定常气流载荷引起的振动效应。虽然离心应力在总应力中

所占比重最大，但是由于振动应力是引起叶片振动疲劳失效的根本原因(Smith，1986)，所以它同样很重要。最直接和简单的防止叶片振动的方法是对叶片"调频"，以使叶片在涡轮机运行工况范围内不发生共振，也就是在设计叶片时要使任一激振频率避开叶片的固有频率。这个问题复杂而有趣，不过超出了本书的研究范围。

离心应力

考虑图 4.18 所示绕 O 轴旋转的一个叶片。设位于半径 r 处长度为 $\mathrm{d}r$ 的叶片微元的旋转速度为 Ω，则离心力 $\mathrm{d}F_c$ 为

$$\mathrm{d}F_c = -\Omega^2 r\,\mathrm{d}m$$

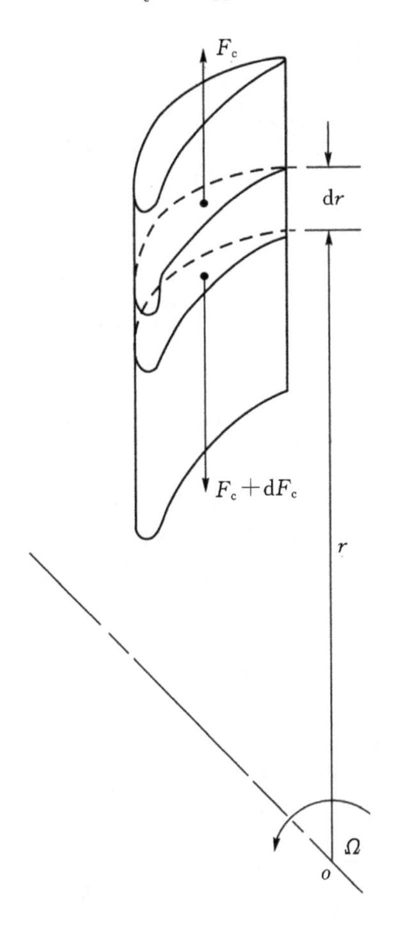

图 4.18 作用在动叶微元上的离心力

式中，$\mathrm{d}m=\rho_m A\mathrm{d}r$，负号表示应力梯度的方向(即叶顶应力为零，叶根应力最大)，则

$$\frac{\mathrm{d}\sigma_c}{\rho_m} = \frac{\mathrm{d}F_c}{\rho_m A} = -\Omega^2 r\mathrm{d}r$$

对于横截面面积不变的叶片，可得

$$\frac{\sigma_c}{\rho_m} = \Omega^2\int_{r_h}^{r_t} r\mathrm{d}r = \frac{U_t^2}{2}\left[1-\left(\frac{r_h}{r_t}\right)^2\right] \tag{4.34a}$$

从动叶叶根到叶顶，叶片的弦长与厚度一般都逐渐减小，叶顶与叶根的面积比 A_t/A_h 约

为 1/3～1/4。通常假设这种锥形叶片的应力可减小至非锥形叶片应力的 2/3。定义叶片应力锥形因子：

$$K=\frac{\text{锥形叶片的叶根应力}}{\text{非锥形叶片的叶根应力}}$$

因此，对于锥形叶片有

$$\frac{\sigma_c}{\rho_m}=\frac{KU_t^2}{2}\left[1-\left(\frac{r_h}{r_t}\right)^2\right] \tag{4.34b}$$

图 4.19 所示为 Emmert(1950)提供的以不同方式缩小的锥形叶片的锥形因子 K。

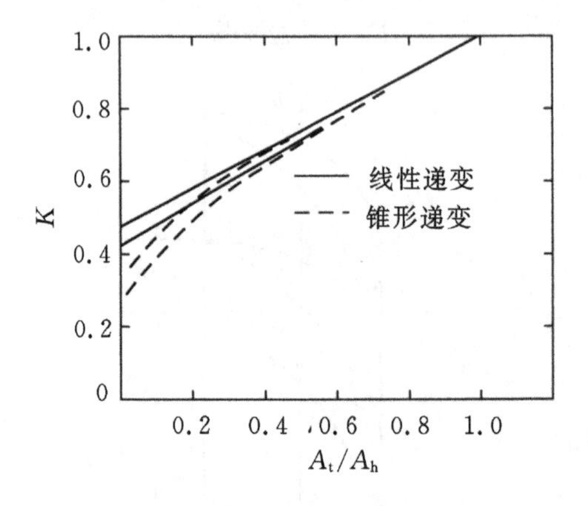

图 4.19　锥形效应对叶根离心应力的影响(引自 Emmert，1950)

图 4.20 所示为满足“1000 小时持久寿命”要求的常用合金许用应力典型数据，图中给出了最大许用应力与叶片温度之间的函数关系曲线。从图中可以看出，当温度在 900～1100 K 之间时，适宜采用镍合金或钴合金作为叶片材料，而当温度升至约 1300 K 时，则需要使用钼合金作为叶片材料。

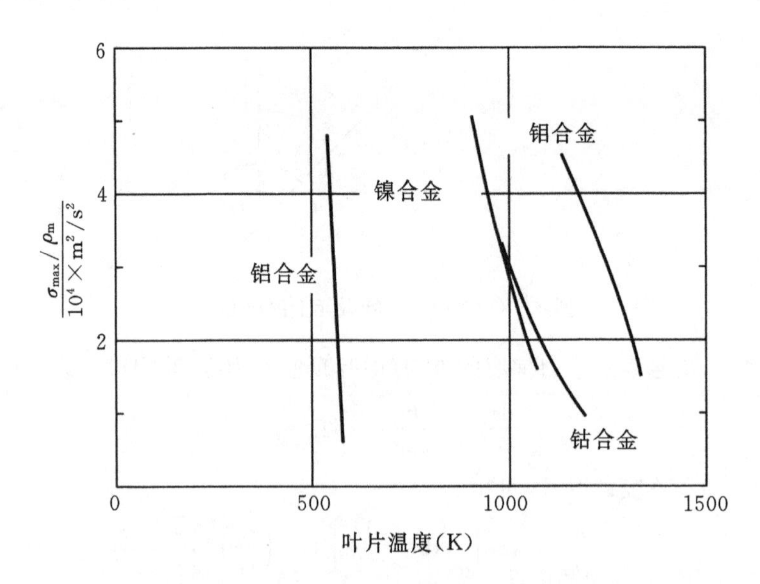

图 4.20　不同合金的最大许用应力(1000 小时持久寿命)(引自 Freeman，1955)

图 4.21 给出了一种燃气轮机叶片常用合金材料的特性详细信息。这种材料为铬镍铁合金(Inconel)，是一种镍基合金，含有铬 13%、铁 6%，以及少量锰、硅和铜。图 4.21 给出了“持久寿命”及“蠕变率”的影响，所谓“蠕变率”是指在许用应力及叶片温度下，叶片产生的拉伸应变。为了确保叶片能够在高温工况运行并具有较长的寿命，设计人员通常需要引入蠕变强度准则。

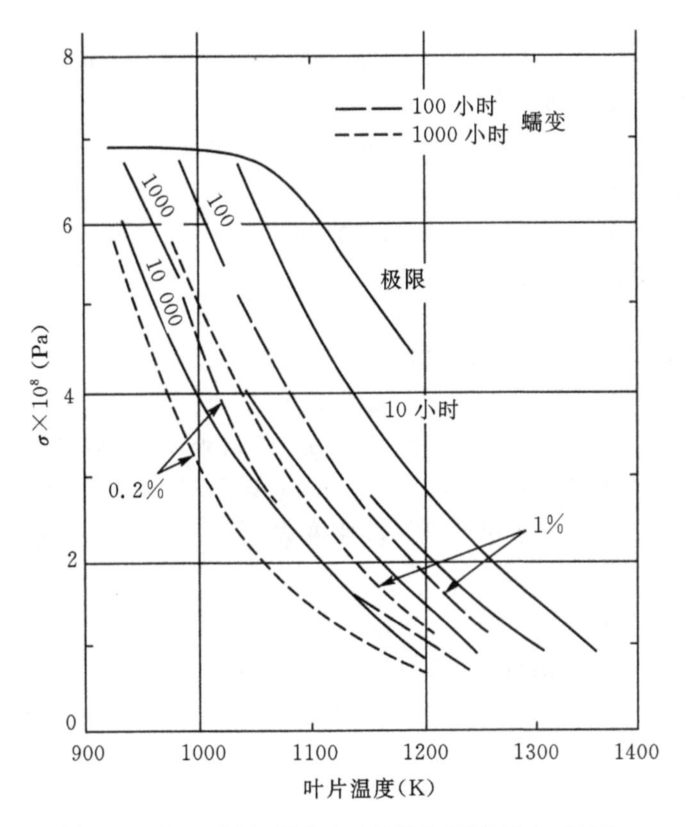

图 4.21 Inconel 713 铸造合金的特性(引自 Balje,1981)

动叶平均温度 T_b 可采用下式近似估算：

$$T_b = T_2 + 0.85 w_2^2/(2C_p) \tag{4.35}$$

即取进口气流相对动能的 85% 计算动叶温升。

例题 4.5

进入燃气轮机第一级的燃气滞止温度为 1200 K，滞止压力为 4.0 bar。动叶叶顶直径为 0.75 m，叶片高度为 0.12 m，轴的转速为 10500 r/min。在级平均半径处，反动度为 50%，流量系数为 0.7，级负荷系数为 2.5。

设燃烧产物为完全气体，$\gamma=1.33$，$R=287.8$ kJ/(kg·K)，试确定：

1. 级的相对气流角和绝对气流角；

2. 静叶出口气流速度；

3. 设静叶效率为 0.96，求静叶出口静压、静温以及质量流量；

4. 设叶片应力锥形因子为 2/3，材料密度为 8000 kg/m^3，求动叶叶根应力；

5. 叶片的近似平均温度；

6. 在只考虑离心应力的情况下，根据所提供的信息，选取一种合适的能持续运行 1000 小时的合金材料。

解：

1. 级负荷系数

$$\psi = \Delta h_0/U^2 = (w_{\theta 3} + w_{\theta 2})/U = \phi(\tan\beta_3 + \tan\beta_2)$$

由式(4.13b)可得反动度

$$R = \phi(\tan\beta_3 - \tan\beta_2)/2$$

加减上述两式，可得：

$$\tan\beta_3 = (\psi/2 + R)/\phi \text{ 和 } \tan\beta_2 = (\psi/2 - R)/\phi$$

将 ψ、ϕ 与 R 值代入以上两式，可得：

$$\beta_3 = 68.2°, \quad \beta_2 = 46.98°$$

由于速度三角形相似(反动度等于 50%)，所以有

$$\alpha_2 = \beta_3 \text{ 和 } \alpha_3 = \beta_2$$

2. 在平均半径 $r_m = (0.75 - 0.12)/2 = 0.315$ m 处，叶片圆周速度为 $U_m = \Omega r_m = (10500/30) \times \pi \times 0.315 = 1099.6 \times 0.315 = 346.36$ m/s 。轴向速度为 $c_x = \phi U_m = 0.5 \times 346.36 = 242.45$ m/s，静叶出口气流速度为 $c_2 = c_x/\cos\alpha_2 = 242.45/\cos 68.2 = 652.86$ m/s。

3. 为了确定静叶出口参数，令

$$T_2 = T_{02} - \frac{1}{2}c_2^2/C_p = 1200 - 652.86^2/(2 \times 1160) = 1016.3 \text{ K}$$

静叶效率

$$\eta_N = \frac{h_{01} - h_2}{h_{01} - h_{2s}} = \frac{1 - (T_2/T_{01})}{1 - (p_2/p_{01})^{(\gamma-1)/\gamma}}$$

因此有，

$$\left(\frac{p_2}{p_{01}}\right)^{(\gamma-1)/\gamma} = 1 - \frac{1 - (T_2/T_{01})}{\eta_N} = 1 - \frac{1 - (1016.3/1200)}{0.96} = 0.84052$$

及

$$p_2 = 4 \times 0.84052^{4.0303} = 1.986 \text{ bar}$$

质量流量可由连续方程获得：

$$\dot{m} = \rho_2 A_2 c_{x2} = \left(\frac{p_2}{RT_2}\right) A_2 c_{x2}$$

于是有，

$$\dot{m} = \left(\frac{1.986 \times 10^5}{287.8 \times 1016.3}\right) \times 0.2375 \times 242.45 = 39.1 \text{ kg/s}$$

4. 对于锥形叶片，由式(4.34b)得

$$\frac{\sigma_c}{\rho_m} = \frac{2}{3} \times \frac{412.3^2}{2}\left[1 - \left(\frac{0.51}{0.75}\right)^2\right] = 30463.5 \text{ m}^2/\text{s}^2$$

式中，$U_t = 1099.6 \times 0.375 = 412.3\ \mathrm{m/s}$。

叶片材料密度为 8000 kg/m³，所以叶根应力

$$\sigma_c = 8000 \times 30463.5 = 2.437 \times 10^8\ \mathrm{N/m^2} = 243.7\ \mathrm{MPa}$$

5. 叶片近似平均温度

$$T_b = 1016.3 + 0.85 \times (242.45/\cos 46.975)^2/(2 \times 1160) = 1016.3 + 46.26 = 1062.6\ \mathrm{K}$$

6. 由图 4.20 可知，当叶根承受这种中等应力时，如果采用钴或镍合金作为叶片材料，则叶片在持续工作时间小于 1000 小时的情况下就可能发生断裂，因此需要使用钼合金。不过，在选取材料时还应考虑弯曲应力和振动应力，然后根据所有结果来确定最为合适的叶片材料。

图 4.21 中 Inconel 713 的数据显示，由于之前计算所得的温度-应力点位于蠕变应变为 0.2%的 1000 小时线左侧，因此 Inconel 713 适用于本题的叶片材料。当然，必须同时考虑由弯曲和振动导致的附加应力。

设计是一个试凑过程，改变某些参数的值有可能得到一个更可行的结果。在本例中(包括弯曲应力和振动应力)，可能需要减小一个或多个参数的取值，例如转速、进口滞止温度及通流面积。

注意：本例中 $R=0.5$ 时，ψ 与 ϕ 值的组合都是从 Wilson(1987)给出的数据中挑选出来的，相应的最佳总-总效率为 91.9%。

4.14 涡轮叶片的冷却

在燃气轮机工业中，不断提高涡轮进口温度是长期以来的发展趋势，其目的是增大比推力(单位空气质量流量的推力)和减少比燃耗。如果不进行叶片冷却，那么涡轮进口最大许用燃气温度就只能达到 1000 ℃。采用复杂的叶片冷却系统后，根据冷却系统的特性，涡轮机进气许用温度最大可增至约 1800 ℃。铸造叶片的材料通常为先进的镍基合金，这么高的温度已经大大超过了镍基合金的熔点。

研究人员研发了各种类型的燃气轮机冷却系统，很多系统目前都在使用。罗尔斯-罗伊斯公司制造的 Trent 系列发动机(Rolls-Royce，2005)都采用从高压压气机末级引来的冷却空气对高压涡轮叶片、喷嘴导叶及气封进行内部和外部冷却。冷却空气的温度为 700 ℃，压力为 3.8 MPa。涡轮进口高温燃气的压力大于 3.6 MPa，因此冷热气流压差非常小，而保持该压差对于延长发动机寿命十分关键。图 4.22 所示为高压涡轮的动叶，图中截出的剖面显示了通流冷却空气的迷宫式复杂通道，一般会在叶片上最热的区域开设成排小孔，冷却空气流经迷宫式通道时，部分通过成排小孔流到叶片表面进行冷却。理想情况下，以低速流出的冷却空气将在叶片表面形成一层冷空气膜(因此称为气膜冷却)，使叶片与高温燃气隔离。采用这种类型的冷却系统，涡轮进口许用温度可以提高至 1800 K。图 4.23 所示为一台现代喷气发动机中用于冷却高压喷嘴导叶的冷却空气通道。

冷却系统的性能可采用冷却效率进行评估，其定义为

$$\varepsilon = \frac{T_{0g} - T_b}{T_{0g} - T_{0c}} \tag{4.36}$$

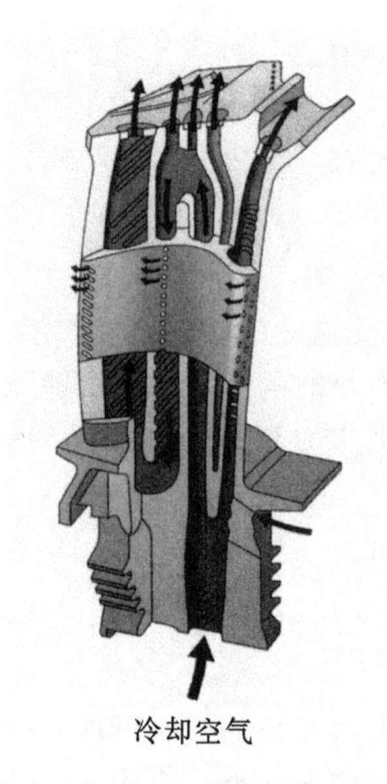

图 4.22 高压涡轮动叶内部冷却通道（由罗尔斯-罗伊斯公司提供）

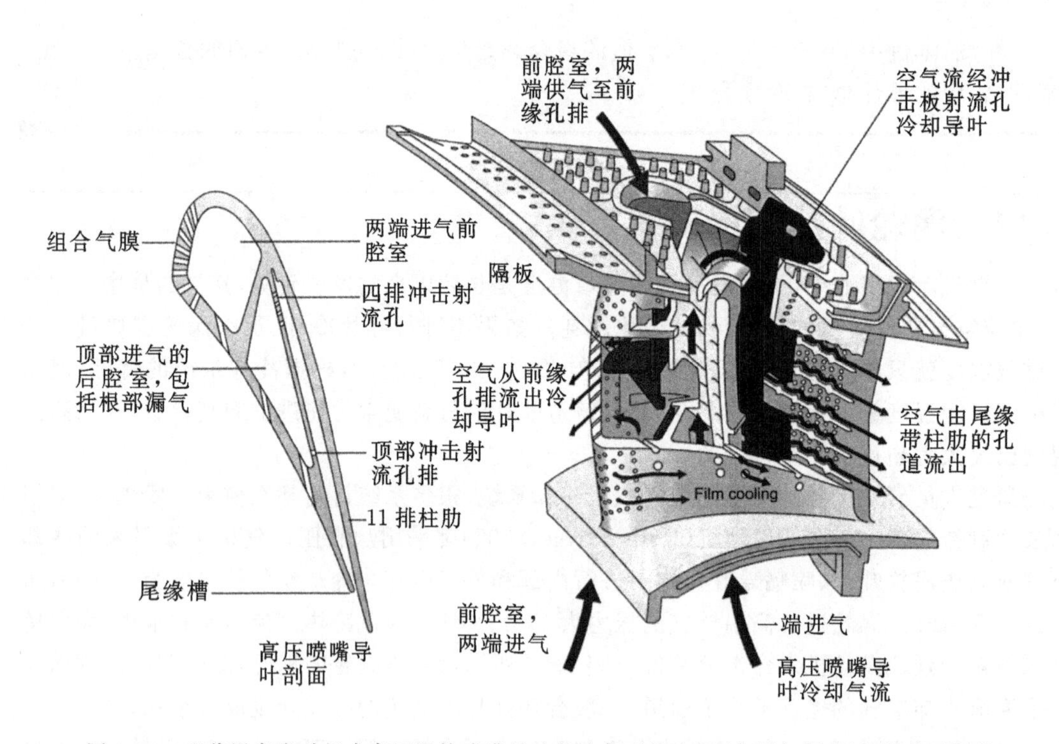

图 4.23 现代涡扇发动机中高压涡轮喷嘴导叶的冷却系统布置（由罗尔斯-罗伊斯公司提供）

式中，T_{0g}为热气流滞止温度，T_b为叶片金属温度，T_{0c}表示冷却气流滞止温度。冷却效率 ε 一般为 0.6 左右。式(4.36)可用来考察冷却系统的变化对叶片材料温度的影响。如图 4.21 所示，即便叶片材料温度的变化相当小，也会导致部件蠕变寿命大幅改变。

随着涡轮进口温度的上升，叶片冷却系统引起的热力损失将不断增大，例如必须提供能量用于对压气机抽出的空气进行加压，如图 4.24 所示，Wilde(1977)给出了涡轮净效率随涡轮进口温度的升高而降低的变化规律。图中包括了那个时期服役的一些燃气轮机。Wilde还提出一个疑问，由于发动机气动效率和比燃耗受到冷却系统的影响，涡扇发动机进口温度超过600K是否合理。然而涡轮进口燃气温度仍在继续提高，并且经验表明，使用叶片冷却系统具有重要的实用优势。

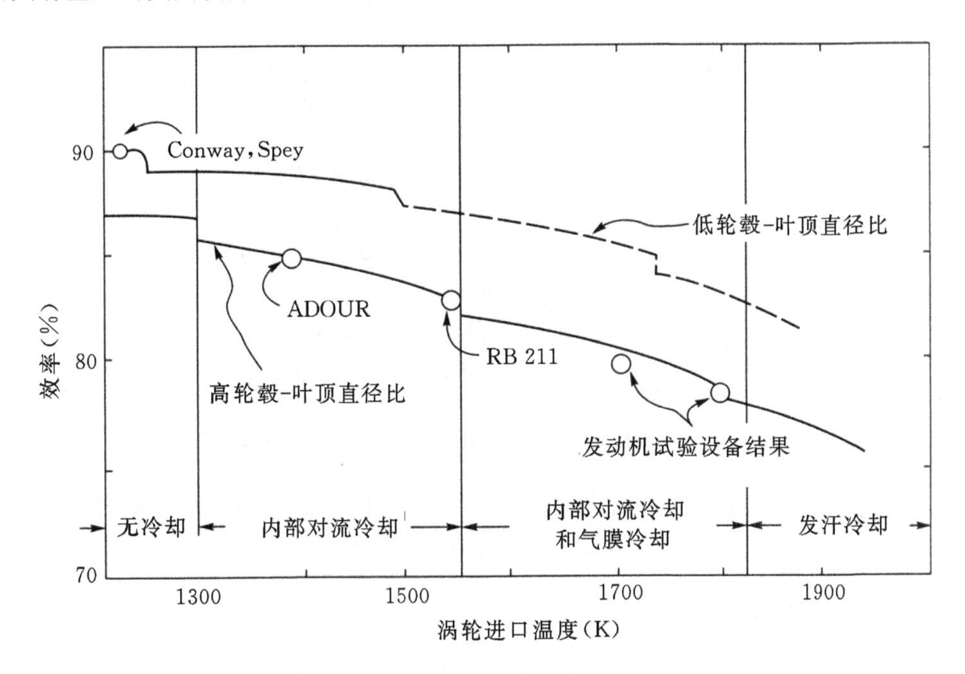

图 4.24 涡轮热效率与进口燃气温度的关系(引自 Wilde，1977)

4.15 涡轮机的流量特性

准确掌握涡轮机的流量特性具有十分重要的实际意义，例如，可以用流量特性来匹配喷气发动机中压气机与涡轮机之间的流动参数。Mallinson 和 Lewis(1948)对比了单级、两级和三级涡轮机的典型流量特性，图 4.25 给出了涡轮机总压比 p_{01}/p_{0e} 与质量流量系数 $\dot{m}(\sqrt{T_{01}})/p_{01}$ 之间的关系。可以明显看出，随着级数的增多，涡轮机特性曲线越来越趋近于椭圆曲线。若压比一定，则级数越多，质量流量系数(或“临界流量”)越小。最早试图估计多级涡轮机流量变化规律的研究人员是 Stodola(1945)，他提出的“椭圆定律”得到了广泛使用。在图 4.25 中，标记为“多级”的曲线即与“椭圆定律”的结果相吻合，该定律的表达式为

$$\dot{m}(\sqrt{T_{01}})/p_{01} = k\left[1-(p_{0e}/p_{01})^2\right]^{1/2} \tag{4.37}$$

式中，k 为常数。

上式在汽轮机行业已使用多年，但对于燃气轮机来说，准确估计临界流量随压比的变化关系更为重要。一般来说，凝汽式汽轮机总是在高压比下运行，即使部分负荷工况也不例外，而某些燃气涡轮机则可能在较低压比下运行，这就使其与压气机的流动匹配成为一个比较困难的问题。

需要注意的是，当单级涡轮机的压比超过 2 时，涡轮机静叶通道内的流动将发生阻塞，

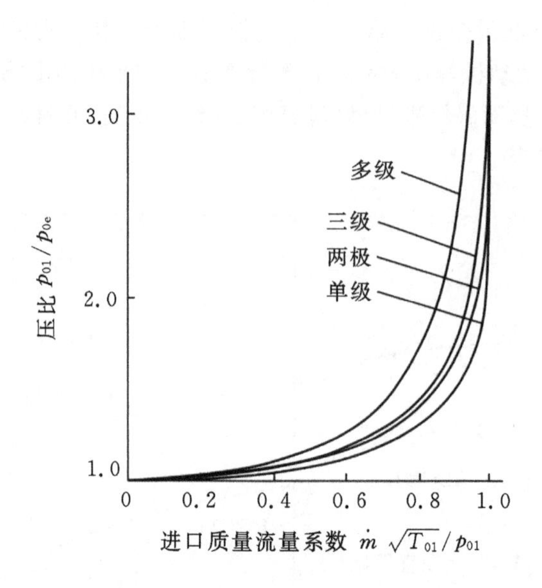

图 4.25 涡轮机流量特性(引自 Mallinson 和 Lewis,1948)

流量随即保持不变。此时,涡轮机的流量特性与阻塞静叶大致相同,将不再受转速变化的影响。对于多级涡轮机而言,级数越多,发生阻塞时的压比越大。

多级涡轮机的流量特性

椭圆定律的几种推导方法可以查阅文献,此处给出的推导过程是对 Horlock(1958)方法略微详细的描述。Egli(1936)还考虑叶栅在正常的低损失区之外运行时对流量特性的影响,提出了一种更为通用的方法。

考虑一台由大量标准级组成的涡轮机,每一级的反动度为50%,然后参阅图 4.26(a)中的速度三角形,可知 $c_1=c_3=w_2$ 以及 $c_2=w_3$。若叶片圆周速度保持不变且质量流量减少,则动叶出口气流角(β_3)和静叶出口气流角(α_2)将保持为常数,可以假定速度三角形如图 4.26(b)所示。如果涡轮机以这种方式运行,那么由于每排叶片进口气流方向改变,就有可能使冲角变为负值而导致失速,效率大幅降低。为了保持高效率,气流进口角应非常接近设计值。因此,如果假定涡轮机的效率在所有非设计工况下都保持最高值,就意味着必须使叶片圆周速度的变化正比于气流轴向速度。此时,非设计工况的速度三角形都是相似的,只是速度有所不同。

通过一级的单位质量流体所做的功为 $U(c_{\theta2}+c_{\theta3})$,设燃气为完全气体,则

$$C_p\Delta T_0=C_p\Delta T=Uc_x(\tan\alpha_2+\tan\alpha_3)$$

因此

$$\Delta T\propto c_x^2$$

用下标 d 表示设计工况,若两个工况的 c_x/U 相同,则

$$\frac{\Delta T}{\Delta T_d}=\left(\frac{c_x}{c_{xd}}\right)^2 \tag{4.38}$$

根据连续方程,在非设计工况下,$\dot{m}=\rho A_x c_x=\rho_1 A_{x1}c_{x1}$;而在设计工况下,$\dot{m}_d=\rho_d A_x c_{xd}=\rho_1 A_{x1}c_{x1}$。因此,

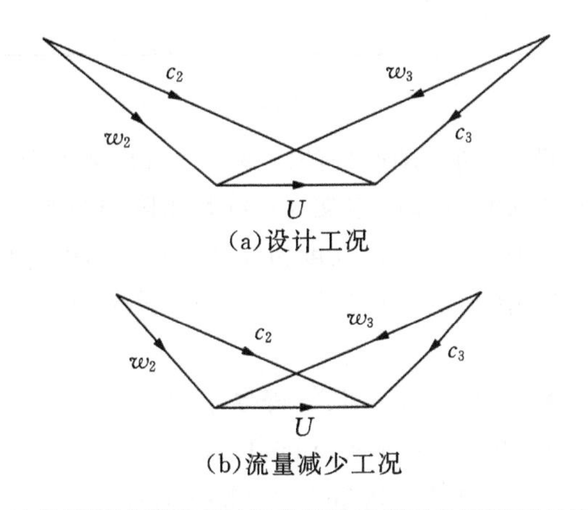

图 4.26 叶片圆周速度不变时涡轮机级速度三角形随质量流量的变化

$$\frac{c_x}{c_{xd}}=\frac{\rho_d}{\rho}\frac{\dot{m}}{\dot{m}_d} \tag{4.39}$$

同假定的涡轮机运行模式一致，多变效率在非设计工况下取为常数，因此由式(1.50)可得温度与压力之间的关系为

$$T/p^{\eta_p(\gamma-1)/\gamma}=\text{常数}$$

将上式与 $p/\rho=RT$ 联立并消去 p，得到 $\rho/T^n=$ 常数，因此，

$$\frac{\rho}{\rho_d}=\left(\frac{T}{T_d}\right)^n \tag{4.40}$$

式中，$n=\gamma/[\eta_p(\gamma-1)]-1$。

对于一个微小温差，联立式(4.38)、(4.39)和(4.40)可以给出下式，该式基本没有误差：

$$\frac{dT}{dT_d}=\left(\frac{c_x}{c_{xd}}\right)^2=\left(\frac{T_d}{T}\right)^{2n}\left(\frac{\dot{m}}{\dot{m}_d}\right)^2 \tag{4.41}$$

积分式(4.41)得

$$T^{2n+1}=\left(\frac{\dot{m}}{\dot{m}_d}\right)^2 T_d{}^{2n+1}+K$$

式中，K 为任一常数。

为了确定 K 值，设涡轮机进口温度为常数，则 $T_d=T_1$，且 $T=T_1$。于是有 $K=[1-(\dot{m}/\dot{m}_d)^2]T_1{}^{2n+1}$，及

$$\left(\frac{T}{T_1}\right)^{2n+1}-1=\left(\frac{\dot{m}}{\dot{m}_d}\right)^2\left[\left(\frac{T_d}{T_1}\right)^{2n+1}-1\right] \tag{4.42}$$

因为 $T/T_1=(p/p_1)^{\eta_p(\gamma-1)/\gamma}$，所以式(4.42)可重新整理为以压比表示的形式。由于 $2n+1=2\gamma/[\eta_p(\gamma-1)]-1$，因而

$$\frac{\dot{m}}{\dot{m}_d}=\left\{\frac{1-(p/p_1)^{2-\eta_p(\gamma-1)/\gamma}}{1-(p_d/p_1)^{2-\eta_p(\gamma-1)/\gamma}}\right\}^{1/2} \tag{4.43a}$$

若 $\eta_p=0.9$，$\gamma=1.3$，则压比指数约为 1.8，因而常使用如下近似公式：

$$\frac{\dot{m}}{\dot{m}_d}=\left\{\frac{1-(p/p_1)^2}{1-(p_d/p_1)^2}\right\}^{1/2} \tag{4.43b}$$

这就是多级涡轮机的椭圆定律。

习题

1. 对于轴流式涡轮机的一级，设通过动叶栅的流体相对滞止焓不变。试绘制级的焓熵图，并标记所有特征点。涡轮机级反动度的定义为动叶静焓降与整级静焓降的比。导出以气流角表示的反动度表达式，并分别绘制反动度为0、0.5和1时的速度三角形。
2. **a.** 一台轴流式涡轮机的进、出口滞止压比为8∶1，多变效率为0.85。试确定涡轮机的总-总效率。

   b. 若涡轮机的排气马赫数为0.3，确定其总-静效率。

   c. 若涡轮机的排气速度为160 m/s，确定其进口总温。

   设燃气 $C_p=1.175\ \text{kJ/(kg·K)}$，$R=0.287\ \text{kJ/(kg·K)}$。
3. 一台混流式涡轮机的动叶进口平均半径为0.3 m，出口平均半径为0.1 m。转子以20000 r/min旋转，涡轮机需要输出的功率为430 kW。静叶出口流速为700 m/s，气流方向与子午面间的夹角为70°。设燃气的质量流量为1 kg/s，并且通过转子的气流速度保持不变。试确定绝对气流角、相对气流角及出口绝对速度。
4. 帕森斯反动式汽轮机的动叶与静叶形状相似，但安装的方向相反。每一排叶片的出流方向与轴向的夹角为70°，静叶出口蒸汽流速为160 m/s，动叶圆周速度为152.5 m/s，并且轴向速度保持不变。试确定每一级蒸汽所做的比功。若一台内效率为80%的汽轮机包含10个上述级，并且从截止阀来流的蒸汽压力为1.5 MPa，温度为300 ℃。试根据焓熵图确定末级出口蒸汽的流动参数。
5. 在一台反动度为0的燃气涡轮机级不同位置处测得的压力值(kPa)如下表所示：

滞止压力	静压
静叶进口 414	静叶出口 207
静叶出口 400	动叶出口 200

   叶片圆周速度为291 m/s，进口滞止温度为1100 K，静叶出口气流方向与轴向的夹角为70°。若级的进、出口速度大小及方向相同，试确定级的总-总效率。设燃气为完全气体，$C_p=1.148\ \text{kJ/(kg·℃)}$，$\gamma=1.333$。
6. 某轴流式涡轮机级的轴向速度 c_x 为常数。级的进、出口绝对速度方向均为轴向。若流量系数 c_x/U 为0.6，静叶出口气流方向与轴向的夹角为68.2°，试计算：

   a. 级负荷系数 $\Delta W/U^2$；

   b. 动叶相对气流角；

   c. 反动度；

   d. 总-总效率及总-静效率。

   请使用Soderberg损失关联式(3.46)。
7. **a.** 绘制反动度为50%的涡轮机重复级速度三角形。说明静叶出口速度 c_2 与动叶圆周速度 U 的比值可由下式给出：

$$\frac{c_2}{U}=\sqrt{\phi^2+\left(\frac{\psi+1}{2}\right)^2}$$

式中，ϕ 为流量系数，ψ 为级负荷系数。

b. 轴流式涡轮机级的总-总效率如下式所示：

$$\eta_{tt}=1-\frac{0.04}{\psi}\left[\left(\frac{c_2}{U}\right)^2+\left(\frac{w_3}{U}\right)^2\right]$$

式中，w_3 为动叶出口相对速度。利用(a)中的结果说明，对于反动度为 50% 的涡轮机重复级，当流量系数为 0.5，级负荷系数为 $\sqrt{2}$ 时，效率达到最大。对于上述设计，试确定涡轮机级的总-总效率及总-静效率，并计算涡轮机静叶的进、出口气流角。

c. 将(b)中重复级设计参数应用于一台 4 级空气涡轮机。该涡轮机的质量流量为 25 kg/s，输出功率为 3.5 MW，转速为 3000 r/min，进口空气密度为 1.65 kg/m^3。试确定涡轮机的平均半径、进口速度以及第 1 级静叶高度。

8. 一台高轮毂-叶顶直径比涡轮机级的蒸汽进口滞止压力和温度分别为 1.5 MPa 及 325 ℃。该涡轮机动叶设计圆周速度为 200 m/s，叶片几何参数见下表：

	静叶	动叶
进口角(°)	0	48
出口角(°)	70.0	56.25
节弦比(s/l)	0.42	—
叶片长度/轴向弦长(H/b)	2.0	2.1
最大厚度/轴向弦长	0.2	0.2

在设计工况下进行的叶栅试验表明，动叶栅的落后角为 3°。由于缺乏静叶栅试验数据，所以设计人员采用 $0.19\theta s/l$ 近似估算静叶落后角，其中 θ 是以弧度表示的叶片弯度。设静叶进口冲角为 0，动叶进口冲角为 1.04°，整级轴向速度保持不变，试确定：

a. 轴向速度；

b. 级反动度和负荷系数；

c. 基于 Soderberg 损失关系式近似计算总-总效率，设雷诺数的影响可以忽略；

d. 采用蒸汽焓熵图确定级的出口滞止温度和压力。

9. a. 一台单级轴流式涡轮机的设计反动度为 0，动叶出口绝对速度无旋流。静叶进口气体滞止压力和温度分别为 424 kPa 和 1100 K。在静叶出口与动叶进口之间平均半径处的静压为 217 kPa，静叶出口气流角为 70°。考虑损失的影响，绘制该级的近似焓熵图（或 T-S 图）以及相应的速度三角形。然后，利用 Soderberg 关系式计算叶栅损失，确定平均半径处：

i. 静叶出口气流速度；

ii. 叶片圆周速度；

iii. 总-静效率。

b. 证明该涡轮机级的总-总效率可由下式计算：

$$\frac{1}{\eta_{tt}}=\frac{1}{\eta_{ts}}-\left(\frac{\phi}{2}\right)^2$$

式中，$\phi=c_x/U$。由此确定总-总效率。设燃气 C_p=1.15 kJ/(kg·K)，γ=1.333。

10. a. 证明安装于轴流式透平机械转鼓上的无锥度叶片的叶根离心应力可由下式计算：

$$\sigma_c = \pi\rho_m N^2 A_x/1800$$

式中，ρ_m为叶片材料密度；N 为转鼓转速，单位 r/min；A_x为环形流道的面积。

b. 设一轴流式燃气涡轮机级进口滞止参数 $p_{01}=400$ kPa，$T_{01}=850$ K，其初步设计基于下列平均半径处的参数：

i. 静叶出口气流角 $\alpha_2=63.8°$；

ii. 反动度 $R=0.5$；

iii. 流量系数 $c_x/U_m=0.6$；

iv. 级的出口静压 $p_3=200$ kPa；

v. 总静效率 $\eta_{ts}=0.85$。

vi. 设整级的气流轴向速度保持不变，试确定：

燃气所做的比功；

叶片圆周速度；

级的出口静温。

c. 叶片材料密度为 7850 kg/m³，动叶最大许用压力为 120 MPa。仅考虑离心应力，设叶片无锥度，所有半径处轴向速度均相同，气流平均质量流量为 15 kg/s，试确定：

i. 转速(r/min)；

ii. 平均直径；

iii. 轮毂-叶顶半径比。

设燃气 $C_p=1050$ J/(kg·K)，$R=287$ J/(kg·K)。

11. 某单级轴流式涡轮机的设计轴向速度保持不变，且气流通过动叶后沿轴向直接排向大气。下表列出了各参数的设计值：

质量流量	16.0 kg/s
初始滞止温度 T_{01}	1100 K
初始滞止压力 p_{01}	230 kN/m²
叶片材料密度 ρ_m	7850 kg/m³
叶根最大许用离心应力	1.7×10^8 N/m²
静叶叶型损失系数 $Y_p=(p_{01}-p_{02})/(p_{02}-p_2)$	0.06
叶片应力锥形因子 K	0.75

此外，还设定：

大气压力 p_3	102 kPa
比热比 γ	1.333
定压比热 C_p	1150 J/(kg·K)

在设计计算中，平均半径处的参数值如下表所示：

级负荷系数 $\psi=\Delta W/U^2$	1.2
流量系数 $\phi=c_x/U$	0.35
等熵速比 U/c_0	0.61

式中，$c_0=\sqrt{2(h_{01}-h_{3ss})}$。试确定：

i. 平均半径处的速度三角形；

ii. 所需的环形流道面积(基于平均半径处的气流密度);

iii. 最大许用转速;

iv. 叶顶圆周速度与轮毂-叶顶半径比。

12. 某轴流式涡轮机重复级的叶片圆周速度为 200 m/s,整级轴向速度保持不变,为 100 m/s,静叶出口角为 65°,且无级间旋流。试绘制该级的速度三角形。设该级工质为空气,试计算级的负荷系数及反动度。

13. 一低速轴流式涡轮机级在设计工况下的静叶出口气流角为 70°,进口及出口均无旋流且轴向速度保持不变,级的反动度为 50%,动叶与静叶的动能损失系数均为 0.09,试确定其总-总效率。

参考文献

Ainley,D. G., & Mathieson, G. C. R. (1951). A method of performance estimation for axial flow turbines. *ARC Reports and Memoranda, 2974.*

Balje, O. E. (1981). *Turbomachines: A guide to design, selection and theory* New York: Wiley.

Bindon, J. P. (1989). The measurement and formation of tip clearance loss. *ASME Journal of Turbomachinery, 111*, 257–263.

Craig, H. R. M., & Cox, H. J. A. (1971). Performance estimation of axial flow turbines. *Proceedings of the Institution of Mechanical Engineers, 185*, 407–424.

Den Hartog, J. P. (1952). *Advanced strength of materials* New York: McGraw-Hill.

Denton, J. D. (1993). Loss mechanisms in turbomachines. 1993 IGTI scholar lecture. *Journal of Turbomachinery, 115*, 621–656.

Egli, A. (1936). The flow characteristics of variable-speed reaction steam turbines. *Transactions of the American Society of Mechanical Engineers, 58.*

Emmert, H. D. (1950). Current design practices for gas turbine power elements. *Transactions of the American Society of Mechanical Engineers, 72* (Part 2).

Freeman, J. A. W. (1955). High temperature materials. *Gas turbines and free piston engines*, Lecture 5, University of Michigan, Summer Session.

Havakechian, S., & Greim, R. (1999). Aerodynamic design of 50 per cent reaction steam turbines. *Proceedings of the Institution of Mechanical Engineers, Part C, 213.*

Hesketh, J. A., & Walker, P. J. (2005). Effects of wetness in steam turbines. *Proceedings of the Institution of Mechanical Engineers, Part C, 219.*

Horlock, J. H. (1958). A rapid method for calculating the "off-design" performance of compressors and turbines. *Aeronautics Quarterly, 9.*

Horlock, J. H. (1966). *Axial flow turbines* London: Butterworth, (1973 reprint with corrections, Huntington, New York: Krieger).

Japikse, D. (1986). Life evaluation of high temperature turbomachinery. In D. Japikse (Ed.), Advanced topics in turbomachine technology. *Principal Lecture Series, No. 2* (pp. 51–547). White River Junction, VT: Concepts ETI.

Kacker, S. C., & Okapuu, U. (1982). A mean line prediction method for axial flow turbine efficiency. *Journal of Engineering Power. Transactions of the American Society of Mechanical Engineers, 104*, 111–119.

Lewis, R. I. (1996). *Turbomachinery performance analysis.* London: Arnold.

Mallinson, D. H., & Lewis, W. G. E. (1948). The part-load performance of various gas-turbine engine schemes. *Proceedings of the Institution of Mechanical Engineers, 159.*

McCloskey, T. H. (2003). Steam turbines. In E. Logan, & R. Roy (Eds.), *Handbook of turbomachinery* (2nd ed.). New York: Marcel Dekker, Inc..

National Advisory Committee for Aeronautics (1953). *Equations, tables and charts for compressible flow. NACA Report 1135* CA, USA: Ames Aero Lab.

Rolls-Royce (2005). *The jet engine* (5th ed.). Stamford, UK: Key Publishing.

Shapiro, A. H., Soderberg, C. R., Stenning, A. H., Taylor, E. S., & Horlock, J. H. (1957). *Notes on turbomachinery*. Department of Mechanical Engineering, Massachusetts Institute of Technology (Unpublished).

Smith, G. E. (1986). Vibratory stress problems in turbomachinery. In D. Japikse (Ed.), Advanced topics in turbomachine technology, *Principal Lecture Series No. 2* (pp. 8.1–8.23). White River Junction, VT: Concepts ETI.

Smith, S. F. (1965). A simple correlation of turbine efficiency. *Journal of the Royal Aeronautical Society, 69*, 467–470.

Soderberg C. R. (1949). Unpublished note. Gas Turbine Laboratory, Massachusetts Institute of Technology.

Stodola, A. (1945). *Steam and gas turbines* (6th ed.). New York: Peter Smith.

Timoshenko, S. (1956). *Strength of materials*. New York: Van Nostrand.

Walker, P. J., & Hesketh, J. A. (1999). Design of low-reaction steam turbine blades. *Proceedings of the Institution of Mechanical Engineers, Part C, 213*.

Wilde, G. L. (1977). The design and performance of high temperature turbines in turbofan engines. *Tokyo joint gas turbine congress*, co-sponsored by Gas Turbine Society of Japan, the Japan Society of Mechanical Engineers, and the American Society of Mechanical Engineers, pp. 194–205.

Wilson, D. G. (1987). New guidelines for the preliminary design and performance prediction of axial-flow turbines. *Proceedings of the Institution of Mechanical Engineers, 201*, 279–290.

轴流压气机与涵道风扇

5

这是一曲庄严而奇特的集锦，一时粗犷，一时显得悲伤。

——威廉·柯林斯《激情》

5.1 引言

在提出反动式涡轮机的同时，就有人提出了将涡轮机反转作为轴流压气机的设想。据Stoney(1937)记载，1884年，Charles Parsons 爵士已获得了这种结构的专利权。然而当压比较高时，简单地将涡轮机反转作为压气机使用，效率将小于40%(Howell,1945)。实际上Parsons 制造了许多这种类型的压气机(1900年前后)，叶片型线由螺旋桨型线改进而成。这些压气机用于排气压力比大气压高出10～100 kPa 的高炉设备。早期的低压比压气机效率约为55%，现在看来，效率较低的原因是由于叶片失速。Parsons 也制造了高压比压气机(排气压力为550 kPa)，但 Stoney 认为该机器的运行问题很多。经过多次失败，人们最终放弃了这种将两台轴流压气机串联起来的设计。因为通过实际运行发现，这种压气机中的流动很不稳定，可能是由压气机喘振引起的。正是由于轴流压气机效率较低，因此逐渐被效率高达70%～80%的多级离心压气机取代。

1926年，Griffith 提出了压气机和涡轮机设计的翼型理论基本原理，轴流压气机才得到了进一步发展。据 Cox(1946)和 Constant(1950)记载，轴流压气机的后续发展与航空发动机密切相关。在范堡罗(Farnborough)的皇家航空研究院，Griffth 领导的一个科研团队通过大量研究指出："小"级(即低压比级)的效率至少可达90%(该结论随后被试验证实)。

轴流压气机发展初期遇到的困难主要是其内部流动过程的性质与轴流涡轮机相比存在根本性的差别。在轴流涡轮机中，流体流经叶栅通道时相对于叶片加速，但在轴流压气机中则相反，流体相对于叶片减速。众所周知，可以在只产生较小或中等总压损失的情况下使流体快速加速，但将流体快速减速时，情况则完全不同。这是因为流体在快速减速时，逆压梯度很大，这将导致严重失速，因而产生大的总压损失。为了限制扩压流动过程中的总压损失，必须严格限制叶栅通道中流体的减速(以及转向)速率。(具体限制要求由第3章的Lieblein 和 Howell 关系式给出。)由于上述限制，在给定的压比下，轴流压气机的级数要比轴流涡轮机多很多。因此，Parsons 的反转涡轮机试验必然只能获得较低的运行效率。

轴流压气机的性能取决于其应用类型。Carchedi 和 Wood(1982)介绍了一台6 MW 工业燃气轮机的单轴、15级轴流压气机的设计与发展过程，该压气机压比为12：1，质量流量为27.3 kg/s。其设计基于亚音速流动，内装可调静叶以控制低速喘振线的位置。不过在航空发动机领域，设计人员更关心的则是如何使每一级的负荷最大化，同时又能将总效率控制在合理范围内。级负荷的增大必然受到一些气动特性方面的制约。当马赫数增大时，这种气动制约更加严重，此时由于气流扩散状态的恶化，很可能出现激波，并导致边界层分离或总压损失增大。Wennerstrom(1990)概述了高负荷轴流压气机的发展历史，并强调了减少压气机级数的重要性以及改善压气机性能的方法。大约从1970年开始，轴流压气机的一个设计特征发生了重要且特殊的变革，即采用小展弦比叶片。当时的趋势是试图采用大展弦比叶片以将发动机制造得更为紧凑和轻便，但并不清楚为什么使用大弦长叶片会改善性能。Wennerstrom(1989)回顾了小展弦比叶片在航空轴流压气机中得到越来越广泛的应用，指出这种叶片具有高负荷、高效率及运行范围大的优点。早期应用的一个实例是一台轴流压气机，该压气机只有5级，压比就已达到12.1，等熵效率为81.9%，失速裕度为11%。其叶顶速度为457 m/s，单位迎风面积的流量为192.5 kg/(s·m²)。第一级平均展弦比较"高"，为1.2，到末三级则小于1.0。美国空军随后对该压气机进行了改进，进口级采用展弦比为1.32的动叶，设计压比为1.912，等熵效率为85.4%，失速裕度为11%。当压比为1.804且转速较低时，效率达到最大，为90.9%。

轴流压气机的内部流动非常复杂，这是多年来对压气机的研究和改进激增的原因之一。为了使同学们掌握问题的本质，后续各节将采用一种简化分析方法。

5.2 压气机级的中径流线分析

如上一章分析轴流涡轮机那样，本章的绝大部分分析采用考虑气流参数沿整个压气机平均半径变化的简化方法。分析时忽略气动参数沿展向的变化，采用这种方法确定的气动参数表征的是平均状态。该方法适用于压气机初始设计和性能计算，当叶片高度相对于平均半径较小时，结果较为准确。此外，与轴流涡轮机的分析一样，假定气流参数沿周向不发生变化，同时忽略展向(径向)速度。轴流式透平机械的三维流动效应将在第6章中讨论。

为了阐明轴流压气机的总体结构，图5.1给出了罗尔斯-罗伊斯公司Trent系列(Rolls-

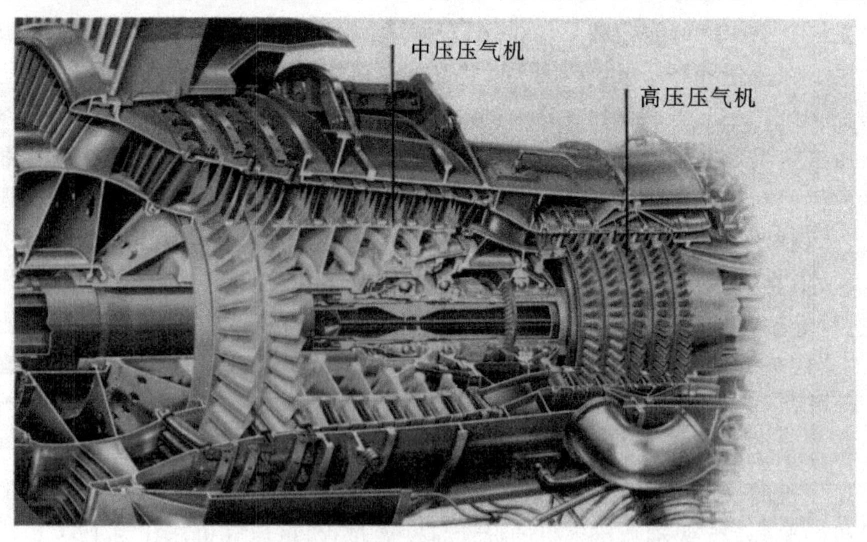

图5.1 燃气轮机的压气机系统剖面图(由罗尔斯-罗伊斯公司提供)

Royce Trent family)燃气轮机发动机的核心压缩系统剖面图。该压气机由 8 级中压压气机和 6 级高压压气机组成。每一级由一排动叶及随后的一排静叶构成。动叶安装在转鼓上，静叶安装在外气缸上。在第一级动叶栅前设置了一排进口导叶，导叶不属于第一级，需要单独进行分析。导叶的功能与其他叶栅不同，它引导气流偏离轴向以使气流加速，但并不使气流扩散。值得注意的是，中压压气机的前三排静叶装有调节机构，用于调整动叶进气角，从而扩大低转速工况的运行范围(见 5.9 节)。

5.3 压气机级的速度三角形

图 5.2 所示为压气机级的速度三角形。在本章的讨论中，按照习惯用法，认为图 5.2 所示的所有角度和周向速度均为正值。与轴流涡轮机级一样，轴流压气机常规级的出口绝对速度和流动方向与进口绝对速度及流动方向相同。来自前一级(或来自导叶)的流体速度为 c_1，气流角为 α_1；与动叶圆周速度 U 矢量相减可得进口相对速度 w_1 和相对气流角 β_1(所有角度的基准方向均为轴向)。气流相对于动叶转向后，出口相对气流角为 β_2，相对速度为 w_2。将相对速度 w_2 与动叶圆周速度 U 矢量相加可得动叶出口绝对速度 c_2 和绝对气流角 α_2。静叶使气流向轴向偏转，出口绝对速度为 c_3，绝对气流角为 α_3。对于多级压气机的标准后继级，有 $c_3=c_1$，$\alpha_3=\alpha_1$。根据图 5.2 可知，动叶栅中的气流相对速度以及静叶栅中的气流绝对速度都逐渐减小。本章的后续讨论将表明，动叶栅和静叶栅中的动能损失将对级效率产生显著影响。

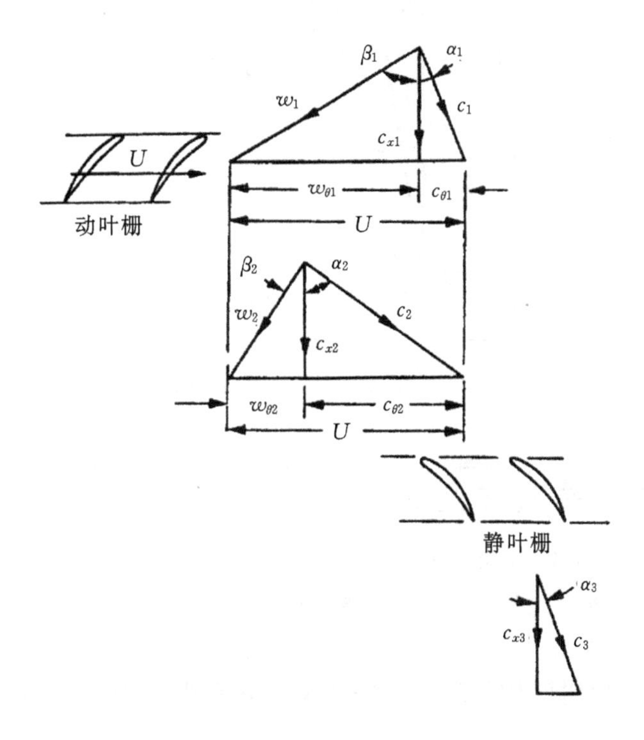

图 5.2 压气机级的速度三角形

5.4 压气机级的热力学特性

根据定常能量方程和动量方程(假设流动是绝热的),动叶对流体所做的比功为

$$\Delta W = \dot{W}_{p}/\dot{m} = h_{02} - h_{01} = U(c_{\theta 2} - c_{\theta 1}) \tag{5.1}$$

在第1章中,已知欧拉功方程可以写为 $h_{0,\mathrm{rel}} - U^2 =$ 常数 。对于轴流式透平机械,通过动叶栅的流线无径向偏移(即 $U_1 = U_2$),因此在动叶栅中有 $h_{0,\mathrm{rel}} = h + 1/2w^2$ 。即

$$h_1 + \frac{1}{2}w_1^2 = h_2 + \frac{1}{2}w_2^2 \tag{5.2}$$

流体经过静叶栅时,h_0保持不变,有

$$h_2 + \frac{1}{2}c_2^2 = h_3 + \frac{1}{2}c_3^2 \tag{5.3}$$

图5.3在焓熵图上给出了压气机整级的压缩过程,并且大致反映了过程的不可逆效应。

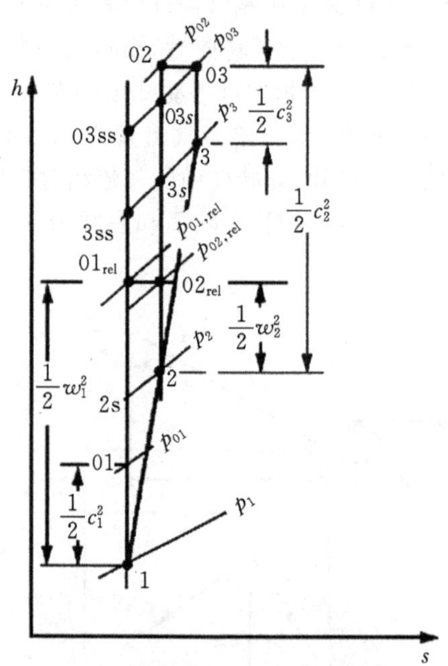

图5.3 轴流压气机级的焓熵图

5.5 级的损失关系式及效率

由式(5.1)和(5.3)可知,动叶栅对单位质量流体的实际做功为 $\Delta W = h_{03} - h_{01}$ 。根据图5.3可知,为达到与实际过程相同的终态滞止压力,所需的可逆功或最小功为

$$\Delta W_{\min} = h_{03\mathrm{ss}} - h_{01} = (h_{03} - h_{01}) - (h_{03} - h_{03\mathrm{ss}})$$

沿等压线 $p = p_{03}$ 应用热力学第二定律关系式 $T\mathrm{d}s = \mathrm{d}h - \mathrm{d}p/\rho$,并采用近似关系式 $\Delta h = T\Delta s$,可得

$$\Delta W_{\min} \cong \Delta W - T_{03}\Delta s_{\mathrm{stage}}$$

式中,$\Delta s_{\mathrm{stage}}$ 为整级的总熵变化,可写为 $\Delta s_{\mathrm{stage}} = \Delta s_{\mathrm{rotor}} + \Delta s_{\mathrm{sator}}$ 。因此,压气机级的总-总效

率为

$$\eta_{tt}=\frac{\Delta W_{min}}{\Delta W}\cong 1-\frac{T_{03}\Delta s_{stage}}{h_{03}-h_{01}} \tag{5.4}$$

由于在第 1 章中定义的总-静效率为

$$\eta_{ts}=\frac{h_{3ss}-h_{01}}{h_{03}-h_{01}}\cong\frac{h_{03}-h_{01}-(h_{03}-h_{3ss})}{h_{03}-h_{01}}\cong 1-\frac{0.5c_3^2+T_3\Delta s_{stage}}{h_{03}-h_{01}} \tag{5.5}$$

因此，要确定级效率，就需要确定气体流经静叶栅和动叶栅产生的熵变。可使用损失系数 $Y_{p,rotor}$ 和 $Y_{p,stator}$ 进行计算，两系数分别定义为

$$Y_{p,rotor}=\frac{p_{01,rel}-p_{02,rel}}{p_{01,rel}-p_1}$$

和

$$Y_{p,stator}=\frac{p_{02}-p_{03}}{p_{02}-p_2} \tag{5.6}$$

考虑到理想气体通过动叶栅时的相对滞止焓 $h_{01,rel}$ 保持不变（即 $U_1=U_2$），则用于这一过程的热力学第二定律 $T\mathrm{d}s=\mathrm{d}h-\mathrm{d}p/\rho$ 可写为

$$T_{01,rel}\Delta s_{rotor}\cong\frac{\Delta p_{0,rotor}}{\rho_{01,rel}}$$

式中

$$\Delta p_{0,rotor}=p_{01,rel}-p_{02,rel} \tag{5.7}$$

利用状态方程 $p=\rho RT$，上式可写为

$$\Delta s_{rotor}\cong\frac{R\Delta p_{0,rotor}}{p_{01,rel}}=RY_{p,rotor}(1-p_1/p_{01,rel}) \tag{5.8}$$

由于气体流经动叶栅时，相对滞止压力减小导致熵增，所以 $T\mathrm{d}s$ 方程中负号消失。此处采用熵进行分析的一个重要优点在于其值与所用坐标系无关。通过静叶栅的熵增计算方法与动叶栅类似，于是整级的总熵增为二者之和，可以用损失系数表示为

$$\Delta s_{stage}=\Delta s_{rotor}+\Delta s_{stator}\cong R[Y_{p,rotor}(1-p_1/p_{01,rel})+Y_{p,stator}(1-p_2/p_{02})] \tag{5.9}$$

由此可得总-总效率为

$$\eta_{tt}\cong 1-\frac{(\gamma-1)}{\gamma}\frac{[Y_{p,rotor}(1-p_1/p_{01,rel})+Y_{p,stator}(1-p_2/p_{02})]}{1-T_{01}/T_{03}} \tag{5.10}$$

对于低转速透平机械，流体是不可压缩的，密度不变，可以忽略整级的温度变化。对经过动叶栅与静叶栅的气流应用热力学第二定律 $T\mathrm{d}s=\mathrm{d}h-\mathrm{d}p/\rho$，可得

$$T\Delta s_{rotor}\cong\frac{\Delta p_{0,rotor}}{\rho}=\frac{1}{2}w_1^2Y_{p,rotor}$$

和

$$T\Delta s_{stator}\cong\frac{\Delta p_{0,stator}}{\rho}=\frac{1}{2}c_2^2Y_{p,stator} \tag{5.11}$$

因此，由式(5.4)及(5.11)可得低转速透平机械的效率为

$$\eta_{tt}\cong 1-\frac{T\Delta s_{stage}}{h_{03}-h_{01}}=1-\frac{\Delta p_{0,rotor}+\Delta p_{0,stator}}{\rho(h_{03}-h_{01})} \tag{5.12a}$$

或

$$\eta_{tt}\cong 1-\frac{0.5(w_1^2Y_{p,rotor}+c_2^2Y_{p,stator})}{h_{03}-h_{01}} \tag{5.12b}$$

压气机损失的来源

在压气机级内存在多种可导致熵增的损失来源。叶栅通道内的总熵增决定了损失系数 $Y_{p,rotor}$ 和 $Y_{p,stator}$，在中径流线分析中，这两个损失系数用于确定式(5.10)和(5.12b)中的效率。4.6 节对涡轮机各种损失源的讨论一般也适用于压气机，但是二者存在一些重要差别，这将在后文中讨论。

压气机中的损失可分为二维损失和三维损失两类。与涡轮机相同，在压气机中可能产生二维损失的来源包括：(i)叶片边界层，(ii)尾缘气流掺混，(iii)流动分离及(iv)激波。压气机中总的二维损失可通过叶栅试验或二维计算获得(见第 3 章)，但目前为止还没有适用于所有工况的通用关系式。所有压气机叶片都存在边界层损失和尾缘气流掺混损失，在 3.5 节中我们已经了解到，这些损失与叶片表面的压力分布密切相关。设计良好的压气机叶片在设计工况下应该不存在流动分离损失。但在非设计工况下，当叶片表面的逆压梯度过大时，流动会发生分离并导致损失大幅增加，并有可能引起失速或喘振(见 5.11 节)。激波损失仅在进口气流为超音速的压气机级中出现，该损失将在 5.10 节中详细讨论。

压气机中主要的三维损失包括(i)端壁损失和(ii)叶顶泄漏损失。然而在实际中，由于这些损失源之间存在强烈的相互作用，因此很难将它们区分开来，通常将总的三维损失称为二次流损失。

在压气机的轮毂和气缸壁面上会快速形成环形边界层。正如后面 5.9 节所述，由于逆压梯度的作用，这些环形边界层比涡轮机中的更厚。而在压力面和吸力面之间压差的作用下，边界层气流将横向流过叶片通道，形成大面积复杂三维流场。这些端壁气流通过粘性剪切作用以及与叶栅中的主流掺混而产生流动损失。此外，它们还与叶片表面边界层相互作用，造成更多损失。目前已采用多种方法建模预测压气机端壁流动产生的损失，其中 Koch 和 Smith(1976)的方法是一个比较成功的例子。不过由于端壁边界层较厚，并且不同压气机级的边界层特性有所不同，因此现在通常采用试验数据和三维计算方法确定端壁损失。

流经压气机动叶叶顶间隙的气流通过剪切和掺混与端壁气流及通道内气流相互作用产生损失。泄漏气流还会导致流动阻塞，降低压气机级的通流能力，较严重时会减小压气机稳定运行的范围(Freeman，1985)。目前的设计目标是尽可能减小顶部间隙以提高稳定运行裕度同时减少损失，但顶部间隙的最小值通常受制于工艺和力学因素。

除了动叶顶部间隙存在泄漏流动外，为减小重量，压气机静叶通常安装在气缸上，这就使静叶内径处也存在间隙。此处的泄漏流动虽然能减小静叶内径处较高的逆压梯度，但也会使阻塞及损失增大。此外，在压气机任何部件的间隙或气封处都会产生一定程度的泄漏流动。

上述三维流动损失占压气机总损失的 50%或者更多(另外 50%来自于二维损失)。这些损失会导致流量降低(由于增加了额外的阻塞)、输入功减小并进一步缩小压气机运行范围。因此在压气机的初步设计中，需要恰当地使用整个流场的平均损失系数以及速度三角形的速度系数来考虑上述损失，从而准确给出平均流动的参数。

在本书第 6 章中将详细阐述三维效应和二次流。关于压气机损失来源的更多资料参见 Koch 和 Smith(1976)及 Denton(1993)。

5.6 压气机动叶栅的中径流线计算

动叶栅中的流动计算与第 3 章中给出的静叶栅流动计算类似。为了使计算简便，动叶栅计算中将不使用绝对流动参数，而使用相对流动参数。

可压缩工况

考虑图 5.4 所示的跨音速压气机动叶栅。进口速度三角形是以马赫数为尺度绘制的，所以是一个马赫数三角形，这种方法常用于高转速级的分析。

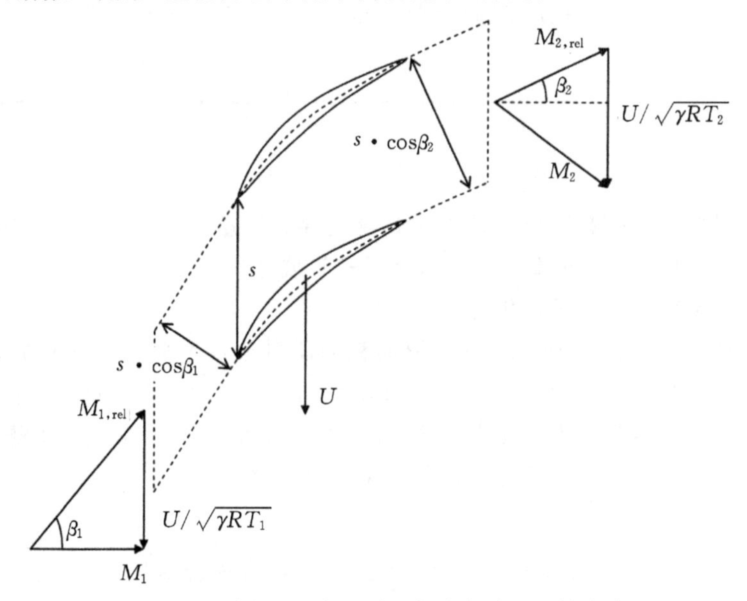

图 5.4　高转速压气机动叶栅中径流面上的流动

如果动叶进口气流状态已知，则进口无量纲质量流量可以通过可压缩流体气动函数表来确定：

$$\frac{\dot{m}\sqrt{C_p T_{01,\mathrm{rel}}}}{A_{1n} p_{01,\mathrm{rel}}} = \frac{\dot{m}\sqrt{C_p T_{01,\mathrm{rel}}}}{Hs\cos\beta_1\, p_{01,\mathrm{rel}}} = Q(M_{1,\mathrm{rel}})$$

式中，A_{1n} 为进口处与流速垂直的截面积；动叶迎风面积（或环形面积）为 Hs，该值沿动叶通道保持不变。为了确定出口参数，考虑到沿动叶栅的平均半径不变，有 $T_{01,\mathrm{rel}} = T_{02,\mathrm{rel}}$，则无量纲出口质量流量可参照上式写为

$$Q(M_{2,\mathrm{rel}}) = \frac{\dot{m}\sqrt{C_p T_{02,\mathrm{rel}}}}{Hs\cos\beta_2\, p_{02,\mathrm{rel}}} = Q(M_{1,\mathrm{rel}}) \times \frac{p_{01,\mathrm{rel}}}{p_{02,\mathrm{rel}}} \times \frac{\cos\beta_1}{\cos\beta_2} \tag{5.13}$$

相对总压比可以利用式(5.6)的定义由动叶损失系数确定：

$$\frac{p_{02,\mathrm{rel}}}{p_{01,\mathrm{rel}}} = 1 - Y_{p,\mathrm{rotor}}(1 - p_1/p_{01,\mathrm{rel}}) \tag{5.14}$$

只要动叶出口的相对马赫数及气流角已知，其它出口参数就都可以确定（利用可压缩流动关系式和速度三角形），从而可以完整确定静叶进口的流动参数。这一计算将通过例题 5.1 来说明。

不可压缩工况

对于低速流动，由于流体不可压缩，因此等效计算更为简便，此时连续方程可简化为

$$\rho H s\cos\beta_1 w_1 = \rho H s\cos\beta_2 w_2 \Rightarrow \frac{w_2}{w_1} = \frac{\cos\beta_1}{\cos\beta_2} \tag{5.15}$$

由于 $p_{01,\mathrm{rel}} = p_{02,\mathrm{rel}} + (1/2)\rho w_1^2 Y_{\mathrm{p,rotor}}$，动叶栅相对总压损失可以利用损失系数得出，因此动叶出口静压可写为

$$p_2 = p_{02,\mathrm{rel}} - \frac{1}{2}\rho w_2^2 = p_{01,\mathrm{rel}} - \frac{1}{2}\rho(w_1^2 Y_{\mathrm{p,rotor}} + w_2^2) \tag{5.16}$$

由于密度不变并且速度已知，因此只要获得了出口静压，就可以求得动叶出口的其他参数。

例题 5.1

一台轴向进气单级跨音速压气机的进口绝对滞止温度为 288 K，进口绝对滞止压力为 101 kPa。动叶进口相对气流角为 45°，相对马赫数为 0.9。

a. 计算动叶旋转速度和进口相对滞止压力。

b. 设动叶栅平均半径及通过单位环形面积的质量流量不变。若动叶栅损失系数为 0.068，出口相对马赫数为 0.5，求动叶出口相对气流角及动叶前后的静压比。

c. 证明静叶进口绝对滞止温度为 322 K，滞止压力为 145 kPa，若静叶栅的滞止压力损失系数为 0.04，求此压气机级的总-总等熵效率。

解：

a. $T_{01} = 288$ K，$p_{01} = 101$ kPa，由于是轴向进汽，进口绝对马赫数为(采用图 5.4 所示的马赫数三角形进行计算)：

$$M_1 = M_{1,\mathrm{rel}}\cos 45° = 0.9/\sqrt{2} = 0.6364$$

根据进口马赫数和滞止温度可以求得进口静温为

$$T_1 = T_{01}\,(1 + (\gamma - 1)M_1^2/2)^{-1} = 266.4 \text{ K}$$

由进口马赫数三角形和相对进口角 45°可求得动叶圆周速度为

$$U = M\sqrt{\gamma R T_1} = 0.634 \times \sqrt{1.4 \times 287.15 \times 266.4} = 208.3 \text{ m/s}$$

动叶栅相对滞止压力可通过可压缩流体气动函数表求得：

$$p_{01,\mathrm{rel}} = \frac{p_{01} \times p_1/p_{01}}{p_1/p_{01,\mathrm{rel}}} = \frac{101 \times 0.7614}{0.5913} = 130 \text{ kPa}$$

其中，$p_1 = 101 \times 0.7614 = 76.9$ kPa

b. 为了求出动叶栅前后的参数关系，首先要计算相对滞止压力比：

$$Y_{\mathrm{p}} = \frac{1 - p_{02,\mathrm{rel}}/p_{01,\mathrm{rel}}}{1 - p_1/p_{01,\mathrm{rel}}}\text{，即}\ \frac{p_{02,\mathrm{rel}}}{p_{01,\mathrm{rel}}} = 1 - Y_{\mathrm{p}}(1 - p_1/p_{01,\mathrm{rel}})$$

因此有

$$\frac{p_{02,\mathrm{rel}}}{p_{01,\mathrm{rel}}} = 1 - 0.068 \times (1 - 0.5913) = 0.9722$$

对动叶进出口列连续方程，得

$$\frac{\dot{m}\sqrt{C_p T_{01,\mathrm{rel}}}}{A_x \cos\beta_1 p_{01,\mathrm{rel}}} = Q(M_{1,\mathrm{rel}}) = \frac{\dot{m}\sqrt{C_p T_{02,\mathrm{rel}}}}{A_x \cos\beta_2 p_{02,\mathrm{rel}}} \times \frac{\cos\beta_2}{\cos\beta_1} \times \frac{p_{02,\mathrm{rel}}}{p_{01,\mathrm{rel}}}$$

则

$$\cos\beta_2 = \frac{Q(M_{1,\mathrm{rel}})}{Q(M_{2,\mathrm{rel}})} \times \cos\beta_1 \times \frac{p_{01,\mathrm{rel}}}{p_{02,\mathrm{rel}}}$$

由于 $T_{02,\mathrm{rel}} = T_{01,\mathrm{rel}}$(半径不变)及 $\dot{m}/A_x$ 为常数，因此上式成立。代入题中给出的数值并利用可压缩流体气动函数表，得

$$\cos\beta_2 = \frac{Q(0.9)}{Q(0.5)} \times \cos 45^\circ \times \frac{1}{0.9722} = \frac{1.2698}{0.9561} \times \frac{1}{\sqrt{2}} \times \frac{1}{0.9722} = 0.9659$$

即 $\beta_2 = 15^\circ$。

由前面计算出的各个压力比值可求出静压比为

$$\frac{p_2}{p_1} = \frac{p_2/p_{02,\mathrm{rel}} \times p_{02,\mathrm{rel}}/p_{01,\mathrm{rel}}}{p_1/p_{01,\mathrm{rel}}} = \frac{0.8430 \times 0.9722}{0.5913} = 1.386$$

因而，$p_2 = 0.8430 \times 0.9722 \times 130 = 106.6\ \mathrm{kPa}$。

c. 为了求出静叶进口参数，需要利用动叶出口马赫数三角形(如图 5.4 所示)将相对参数转化为绝对参数。由可压缩流体气动函数表可得动叶出口静温和相对速度为

$$T_2 = \frac{T_1 \times T_2/T_{02,\mathrm{rel}}}{T_1/T_{01,\mathrm{rel}}} = \frac{266.4 \times 0.9524}{0.8606} = 294.8\ \mathrm{K}(\text{因为 } T_{02,\mathrm{rel}} = T_{01,\mathrm{rel}})$$

$$w_2 = M_{2,\mathrm{rel}}\sqrt{\gamma R T_2} = 0.5 \times \sqrt{1.4 \times 287.15 \times 294.8} = 172.1\ \mathrm{m/s}$$

由速度三角形可以求出绝对马赫数，

$$M_2 = \frac{c_2}{\sqrt{\gamma R T_2}} = \frac{\sqrt{(w_2 \cos 15^\circ)^2 + (U - w_2 \sin 15^\circ)^2}}{\sqrt{\gamma R T_2}} = 0.6778$$

利用该马赫数可求出绝对滞止参数如下：

$$T_{02} = T_2[1 + (\gamma - 1)M_2^2/2] = 321.9\ \mathrm{K}$$

$$p_{02} = p_2[1 + (\gamma - 1)M_2^2/2]^{\gamma/(\gamma-1)} = 145\ \mathrm{kPa}$$

由式(5.4)及(5.8)可得级的总效率为

$$\eta_{\mathrm{tt}} = \frac{T_{02s} - T_{01}}{T_{02} - T_{01}} = 1 - \frac{T_{02} - T_{02s}}{T_{02} - T_{01}} = 1 - \frac{T_{02}(\Delta s_{0,\mathrm{rotor}} + \Delta s_{0,\mathrm{stator}})/C_p}{T_{02} - T_{01}}$$

其中，

$$\Delta s_{\mathrm{rotor}} = R Y_p\left(1 - \frac{p_1}{p_{01,\mathrm{rel}}}\right) = 287.15 \times 0.068 \times (1 - 76.9/130) = 7.98\ \mathrm{J/(kg \cdot K)}$$

和

$$\Delta s_{\mathrm{stator}} = R Y_p\left(1 - \frac{p_2}{p_{02}}\right) = 287.15 \times 0.04 \times (1 - 106.6/145) = 3.04\ \mathrm{J/(kg \cdot K)}$$

因此

$$\eta_{\mathrm{tt}} = 1 - \frac{321.9 \times (7.98 + 3.04)/1005}{321.9 - 288} = 0.896$$

这就是单级跨音速压气机的实际效率。

5.7 压气机级的初步设计

给定级负荷系数 ψ、流量系数 ϕ 和反动度 R 后，即可确定设计工况下的速度三角形。这个速度三角形一方面应使压气机在达到所需增压比的同时保持高效率，另一方面还应保证压气机运行具有足够的稳定阈度。在本章的后面将提到，如果所需增压比过大，压气机运行将不稳定并进入危险状态(如失速或喘振)。因此选择速度三角形的参数时，要同时兼顾设计工况下的最佳性能和足够的运行范围。

许多轴流压气机是多级的，为简化设计，在初步设计中常采用“重复级”，即各级的速度三角形相似，平均半径为常数，轴向速度不变。在这种压气机中，各级的流量系数、负荷系数及反动度均相同。

需要注意的是，本节只简要讨论初步设计的主要问题及相关的中径流线分析方法。如果需要了解更多细节，可参见 Gallimore(1999)、Calvert 和 Ginder(1999)对压气机设计过程的全面阐述。

级负荷系数

压气机叶栅的功能类似于扩压器，气流通过每一列动叶栅和静叶栅时，当地相对速度都会减小(见第 3 章)。当所需增压较大时，叶片表面会发生流动分离，可能引起压气机失速或喘振，因此每一级能达到的扩压程度是受限的。Dehaller(1953)提出，要获得良好的气动性能，叶栅出口相对速度至少应为进口相对速度的 72%。这就等于限制了每一列叶栅的增压值以及可能的级最大负荷。

常规级或重复级的负荷系数 ψ 可表示为

$$\psi = \frac{h_{03} - h_{01}}{U^2} = \frac{\Delta c_\theta}{U} = \frac{c_{\theta 2} - c_{\theta 1}}{U} = \phi(\tan\alpha_2 - \tan\alpha_1) \tag{5.17a}$$

根据图 5.2 所示的速度三角形可知，$c_{\theta 1} = U - w_{\theta 1}$ ，$c_{\theta 2} = U - w_{\theta 2}$ 。因此，上式可写为

$$\psi = \phi(\tan\beta_1 - \tan\beta_2) \tag{5.17b}$$

或

$$\psi = 1 - \phi(\tan\alpha_1 + \tan\beta_2) \tag{5.17c}$$

式中，$\phi = c_x/U$ 为流量系数。

压气机设计工况点的级负荷选择非常关键。对于确定的压比需求，如果选取过低的级负荷会使压气机级数过多，而过高的级负荷又会限制压气机运行范围，还会使防止流动分离所需的叶片数增多。如第 3 章所述，Lieblein 扩散因子 DF 可用于确定叶栅节弦比，以保证叶栅性能良好。对于压气机动叶栅，由式(3.32)可得 DF 的表达式为

$$DF = \left(1 - \frac{w_2}{w_1}\right) + \frac{\Delta c_\theta}{2w_1}\frac{s}{l} \tag{5.18}$$

级负荷越大，流体折转 Δc_θ 也越大，为了将扩压程度限制在可接受的范围内，就必须降低叶栅节弦比，这会导致叶片数增多。叶片数增多将增大摩擦面积，使叶型损失变大，同时还会增加叶栅流动阻塞的可能性，使压气机在高马赫数下运行时出现问题。鉴于上述原因，节弦比一般取为 0.8～1.2，级负荷系数则限制在 0.4 左右。然而在设计更为先进的压气机

（用于航空发动机）时，由于最迫切的需求是减小级数，所以可能选取更大的级负荷系数。Dickens 和 Day(2011)在近期的研究中指出，高负荷轴流压气机的级负荷系数已经达到0.75，这表明可以采用较高的级负荷，但负荷高必然导致更大的叶型损失，尤其是叶片压力面边界层将产生明显的额外损失。

流量系数

根据式(5.17b)，$\psi = \phi(\tan\beta_1 - \tan\beta_2)$，当级负荷一定时，随着流量系数的增大，所需的流动折转将减小。因此，扩压程度将随着流量系数的增大而减小。同理，当扩压程度一定时，级负荷将随着流量系数的增大而增大。这表明流量系数较高时更为有益。另外，流量系数高意味着进口单位面积的质量流量大，即对于给定的质量流量，压气机可以采用较小的直径，这是采用高流量系数的重要优点。

然而在轴流压气机中，级的气动性能通常受到马赫数效应的限制，当叶片圆周速度一定时，流量系数越高，相对马赫数越大，很可能发生流动阻塞或形成激波，从而引起更大的流动损失。采用高流量系数的另一个缺点在于降低了压气机对进口气流不均匀度的适应性。当进口气流出现扰动时，压气机需要保持稳定运行。与高流量系数的压气机相比，低流量系数压气机更容易缓冲流体的脉动，详细原因见 Smith(1958)。

考虑到以上因素，设计中采用的流量系数 ϕ 一般为 0.4～0.8，而在初步设计中常取为0.5。

反动度

压气机级反动度 R 定义为动叶栅静焓增量与级静焓增量的比：

$$R = (h_2 - h_1)/(h_3 - h_1) \tag{5.19}$$

由式(5.2)可知，$h_2 - h_1 = (1/2)(w_1^2 - w_2^2)$，对于常规级有 $c_1 = c_3$，$h_3 - h_1 = h_{03} - h_{01} = U(c_{\theta 2} - c_{\theta 1})$。将其代入式(5.19)，得

$$R = \frac{{w_1}^2 - {w_2}^2}{2U(c_{\theta 2} - c_{\theta 1})} = \frac{(w_{\theta 1} + w_{\theta 2})(w_{\theta 1} - w_{\theta 2})}{2U(c_{\theta 2} - c_{\theta 1})} \tag{5.20}$$

此处已假设同一级中 c_x 不变。根据图 5.2 有，$c_{\theta 2} = U - w_{\theta 2}$，$c_{\theta 1} = U - w_{\theta 1}$，可得 $c_{\theta 2} - c_{\theta 1} = w_{\theta 1} - w_{\theta 2}$，因此

$$R = (w_{\theta 1} + w_{\theta 2})/(2U) = \frac{1}{2}\phi(\tan\beta_1 + \tan\beta_2) \tag{5.21}$$

利用级内每列叶栅的气流出口角可以获得另一种有用的反动度表达式。由 $w_{\theta 1} = U - c_{\theta 1}$，式(5.21)为

$$R = \frac{1}{2} + (\tan\beta_2 - \tan\alpha_1)\phi/2 \tag{5.22}$$

由式(5.22)及(5.17c)消去 β_2，得到 ψ、ϕ、R 与级间旋流角 α_1 的关系式如下：

$$\psi = 2(1 - R - \phi\tan\alpha_1) \tag{5.23}$$

式(5.23)与针对涡轮机导出的式(4.14)是相同的，只是符号规则有所不同。此式表明随着反动度的增大，级负荷相应减小，这对于压气机是有益的。不过，级反动度通常取为50%，此时动叶栅和静叶栅承担的逆压梯度相等。另外，反动度为50%还意味着动叶和静叶形状相同。Cumpsty(1989)对压气机参数设计进行的研究表明，反动度并不是决定压气

机效率的关键参数。Dickens 和 Day(2011)则认为,对于高负荷级,要实现最佳效率就需要采用较高的反动度。由于静叶栅比动叶栅更容易产生大范围流动分离,因此有必要通过提高反动度来减小静叶栅的压升。不过在许多工况下,反动度是一个需要由其他参数确定的非独立设计变量。例如,对于给定了级负荷和流量系数的设计,只要根据轴向进汽的要求或进口导叶的出口气流角确定了动叶进口气流角 α_1,那么反动度也就确定了(如式(5.23)所示)。

如果 $R=0.5$,由式(5.22)可得 $\alpha_1=\beta_2$,此时速度三角形对称,级的焓升平均分配在动叶栅和静叶栅中。

如果 $R>0.5$,则 $\beta_2>\alpha_1$,如图 5.5(a)所示,速度三角形偏向右侧,动叶栅的静焓升大于静叶栅(该结论也适用于静压升)。

如果 $R<0.5$,则 $\beta_2<\alpha_1$,如图 5.5(b)所示,速度三角形偏向左侧,静叶栅的静焓升大于动叶栅。

在先进压气机尤其是航空发动机压气机设计中,高反动度更为常见,其值一般在 0.5～0.8 之间。

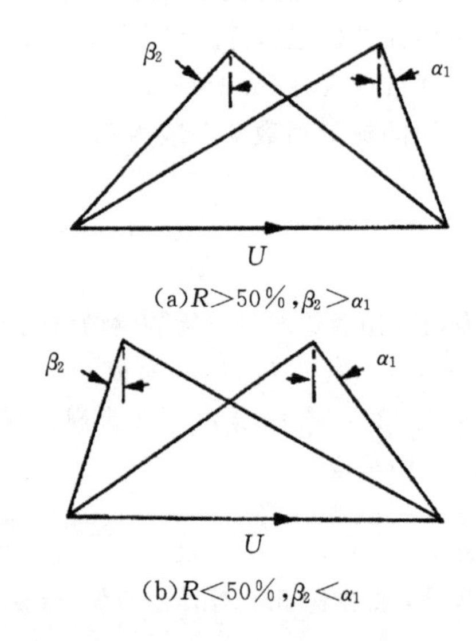

图 5.5 速度三角形的非对称性:(a)反动度大于 50%;(b)反动度小于 50%

级间旋流

由式(5.23)可知,采用级间正旋流角可以减小级负荷,还可以减小动叶进口相对马赫数。因此,在先进的多级压气机设计中,尤其在设计燃气轮机的压气机时,级间旋流角通常取为 20°～30°。

叶片展弦比

在进行设计时,一旦确定了 ψ,ϕ,R,即可确定多级压气机的级数(见例题 5.3)。给定质量流量及叶片圆周速度,利用第 4 章所述的方法可以计算出压气机平均半径和叶片高度。随后,可通过适当选取每列叶片的展弦比 H/l 来估算压气机总长及叶片数。

由于展弦比对叶片损失和级稳定裕度都有影响，因此其值的选取很重要。当展弦比较小时，由于摩擦面积增大且边界层增厚，因此损失增大。然而 Koch(1997)指出，采用小展弦比可加大喘振裕度。正是由于这一原因，现代多级压气机的展弦比通常小于预期值，一般为1～2。

选定展弦比及叶片高度后，就确定了叶片弦长 l。此后，选定适当的扩散因子 DF，即可通过式(5.18)得出节弦比 s/l。由于叶片弦长已知，于是可以根据节弦比确定每一列叶栅的叶片数。例题 5.2 给出了在实际中如何确定低转速压气机级的相关参数。

压气机整体长度还与叶片排之间的轴向间隙有关。合适的间隙可以减小由动-静叶栅相互作用而产生的振动和噪声，通常该间隙约为轴向弦长的一半。

例题 5.2

设有一台模拟空气压缩机重复级的低速单级试验装置，流量系数为 0.5，级负荷系数为 0.45，级进口预旋角为 25°。驱动该装置的发动机转速为 500 r/min。动叶展弦比为 1.3，叶片底部与叶片顶部的半径比为 0.8。

a. 当雷诺数为 3×10^5 时，求该装置的平均半径、动叶高度及所需的发动机功率。采用以叶片中部弦长为特征长度而定义的雷诺数：

$$Re=\frac{\rho c_x l}{\mu}，其中\ \mu=1.8\times10^{-5}\ \mathrm{kg/ms},\ \rho=1.2\ \mathrm{kg/m^3}$$

b. 计算级反动度、动叶相对气流角、静叶进口气流角。若在设计工况下，动叶栅的 Lieblein 扩散因子不超过 0.55，静叶栅不超过 0.5，试确定所需的动叶及静叶数量。设静叶展弦比为 1.5。

c. 通过计算动叶顶部相对马赫数证明试验装置为低流速装置。

解：

a. 利用叶片底部和顶部的半径比计算平均半径与叶片高度的关系：

$$\frac{r_h}{r_t}=\frac{r_m-H/2}{r_m+H/2}=0.8 \qquad 所以\ 0.2r_m=0.9H\Rightarrow r_m=4.5H$$

用 H 表示雷诺数 Re：

$$Re=\frac{\rho c_x l}{\mu}=\frac{\rho\phi r_m\Omega l}{\mu}=\frac{\rho\phi r_m\Omega H}{\mu(H/l)}=\frac{4.5\rho\phi\Omega H^2}{\mu(H/l)}$$

$$即\ H=\sqrt{\frac{\mu(H/l)Re}{4.5\rho\phi\Omega}}=\sqrt{\frac{1.8\times10^{-5}\times1.3\times3\times10^5}{4.5\times1.2\times0.5\times100\times\pi/6}}=0.223\ \mathrm{m}$$

$$\Rightarrow r_m=4.5H=4.5\times0.223=1.003\ \mathrm{m}$$

利用级负荷系数及试验装置的质量流量可求得驱动功率：

$$\dot{W}=\dot{m}\Delta h_0=\dot{m}\psi U^2$$

$$所以\ \dot{W}=(2\pi r_m H\rho c_x)\psi(r_m\Omega)^2=(2\pi\rho r_m H\phi r_m\Omega)\psi(r_m\Omega)^2=2\pi\rho\phi\psi H r_m^4\Omega^3$$

$$\dot{W}=2\pi\times1.2\times0.5\times0.45\times0.223\times1.003^4\times(100\pi/6)^3=54.96\ \mathrm{kW}$$

对于大型低速装置来说，所得功率比较合理，而且叶片长度较大（展向长度为0.223 m），能够保证在适当的雷诺数下进行高分辨率测量。

b. 由式(5.23)可得

$$\psi = 2(1 - R - \phi\tan\alpha_1) \Rightarrow R = 1 - \psi/2 - \phi\tan\alpha_1 = 1 - 0.45/2 - 0.5\tan 25^\circ = 0.542$$

$$\tan\beta_1 = \frac{1}{\phi} - \tan\alpha_1 = \frac{1}{0.5} - \tan 25^\circ \Rightarrow \beta_1 = 56.9^\circ$$

由式(5.17b)可得

$$\tan\beta_2 = \tan\beta_1 - \frac{\psi}{\phi} = 1.5337 - \frac{0.45}{0.5} \Rightarrow \beta_2 = 32.4^\circ$$

$$\tan\alpha_2 = \frac{1}{\phi} - \tan\beta_2 = \frac{1}{0.5} - \tan 32.4^\circ \Rightarrow \alpha_2 = 53.8^\circ$$

对于动叶栅，可由式(3.36)求出节弦比，该式是式(5.18)的不可压缩流动表达式：

$$DF = (1 - \frac{\cos\alpha_1}{\cos\alpha_2}) + \frac{s}{l}\frac{\cos\alpha_1}{2}(\tan\alpha_1 - \tan\alpha_2)$$

将动叶栅相对气流角应用于上式，则

$$\frac{s}{l} = 2(\frac{\cos\beta_1}{\cos\beta_2} - 1 + DF)/[\cos\beta_1(\tan\beta_1 - \tan\beta_2)]$$

$$\frac{s}{l} \leqslant 2(\frac{\cos 56.9}{\cos 32.4} - 1 + 0.55)/[\cos 56.9(\tan 56.9 - \tan 32.4)] = 0.801$$

使用不等式是为了确保DF为最大值。则动叶片数量为

$$Z_{\text{rotor}} = \frac{2\pi r_{\text{m}}}{s} = \frac{2\pi(H/l)r_{\text{m}}/H}{s/l} \Rightarrow Z_{\text{rotor}} \geqslant \frac{2\pi \times 1.3 \times 4.5}{0.801} = 45.87 \quad \text{所以 } Z_{\text{rotor}} = 46$$

对于静叶栅，有

$$\frac{s}{l} = 2(\frac{\cos\alpha_2}{\cos\alpha_3} - 1 + DF)/[\cos\alpha_2(\tan\alpha_2 - \tan\alpha_3)]$$

$$\frac{s}{l} \leqslant 2(\frac{\cos 53.8}{\cos 25} - 1 + 0.5)/[\cos 53.8(\tan 53.8 - \tan 25)] = 0.571$$

则静叶片数量为

$$Z_{\text{stator}} = \frac{2\pi r_{\text{m}}}{s} = \frac{2\pi(H/l)r_{\text{m}}/H}{s/l} \Rightarrow Z_{\text{stator}} \geqslant \frac{2\pi \times 1.5 \times 4.5}{0.571} = 74.3 \quad \text{所以 } Z_{\text{stator}} = 75$$

c. 动叶栅相对马赫数可表示为

$$M_{1,\text{rel}} = \frac{w_1}{\sqrt{\gamma R T_1}} = \frac{c_x/\cos\beta_1}{\sqrt{\gamma R T_1}} = \frac{\phi r \Omega}{\cos\beta_1\sqrt{\gamma R T_1}}$$

假设叶顶气流角与叶片其他截面处相同，则相对马赫数与半径成比例，由此可得叶顶相对马赫数为

$$M_{1\text{t},\text{rel}} = \frac{\phi r_{\text{m}}\Omega}{\cos\beta_1\sqrt{\gamma R T_1}}\frac{r_{\text{t}}}{r_{\text{m}}} = \frac{0.5 \times 1.003 \times (100\pi/6)}{\cos 56.9\sqrt{1.4 \times 287 \times 288}}\frac{5}{4.5} = 0.16$$

这一马赫数接近该装置的最高马赫数，因此整个流动过程可认为是不可压缩的。

5.8 非设计工况的性能

如前文所述，具有足够的稳定运行范围对于压气机级来说十分重要。图 2.4 为一台单级高速压气机的特性曲线。设计工况点通常是在 100%转速线上达到设计压比，并且离不稳定(或喘振)线仍有充分裕度的点。当转速不变而压气机运行偏离设计工况时，无量纲质量流量会大于或小于设计值。如果质量流量减小，则叶片冲角增大，级的运行趋向于不稳定。如果质量流量增加，则叶片冲角会减小至负值，可能造成叶栅通道阻塞。冲角对压气机叶片气动特性的影响已在 3.5 节中阐述。

对于低速压气机，运行工况与转速无关并且不存在流动阻塞。如第 2 章所述，其性能特性可采用级负荷系数 ψ 与流量系数 ϕ 的简单关系曲线来表示。Horlock(1958)研究了一个低速压气机重复级的非设计工况性能随设计参数的变化规律，研究基于叶栅数据进行了如下简化：当级冲角在一定范围内变化时，动叶栅出口气流角 β_2 和静叶栅出口气流角 $\alpha_3(=\alpha_1)$ 基本保持不变。由于出口气流角大致与叶栅安装角一致，因此上述假设是适用的，但该假设并未考虑气流偏转的可能变化。

对于给定的压气机级，上述简化可表述为

$$\tan\alpha_1 + \tan\beta_2 = t = \text{常数} \tag{5.24}$$

将上式代入式(5.17c)中，得

$$\psi = 1 - \phi t \tag{5.25a}$$

观察式(5.24)和(5.25a)可知，当 t 为正值并且转速不变时，随着流量系数 ϕ 的减小，级滞止焓升 ψ 增大。

在设计工况点，$\psi = \psi_d$，$\phi = \phi_d$，因此

$$\psi_d = 1 - \phi_d t \tag{5.25b}$$

因此对于一个特定级的设计，所选取的 ψ_d 和 ϕ_d 决定了 t 值。了解压气机级非设计工况的性能测试结果与这一简化性能模型的差异具有指导意义。Howell(1945)给出了一个早期设计的低速压气机级非设计工况的测试结果，这些结果用于上述比较仍具有参考价值。图 5.6 所示为级负荷系数 ψ 相对于流量系数 ϕ 的变化规律。该级的设计工况流量系数约为 0.8，这也是最大效率工况。在这一流量系数下，相对气流角为 $\beta_1=45.8°$，$\beta_2=12.2°$。由以上数据可求得 $t = \tan\alpha_1 + \tan\beta_2$，此时

$$\tan\alpha_1 = 1/\phi - \tan\beta_1 = 1/0.8 - \tan 45.8° = 0.2217$$

因此

$$t = \tan\alpha_1 + \tan\beta_2 = 0.2217 + 0.2166 = 0.4383$$

将 t 代入式(5.25b)，可得级性能的简化分析关系式如下：

$$\psi = 1 - 0.438\phi$$

图 5.6 给出了上式所得的计算结果。测试结果与简化分析结果存在明显差异，说明最初假设出口气流角不变是错误的。

图 5.7 为某压气机级在设计工况以及流量系数减小时的非设计工况下的速度三角形。图中反映了气流偏转的影响。由图可见，动叶气流偏转使动叶出口切向速度 $c_{\theta2}$ 减小，上游静叶气流偏转则使动叶进口切向速度 $c_{\theta1}$ 增大。因此，由于气流偏转的影响，根据 $\psi=(c_{\theta2}-$

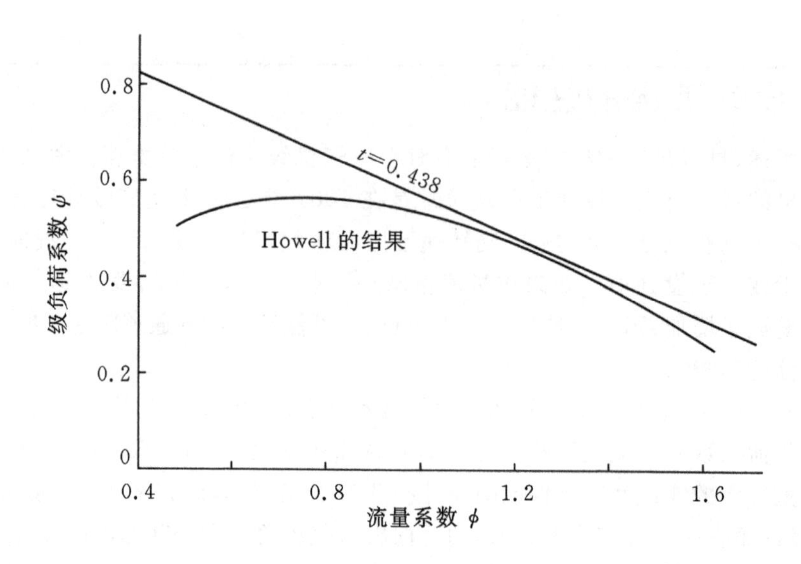

图 5.6 压气机级性能:简化分析结果与测试结果的对比

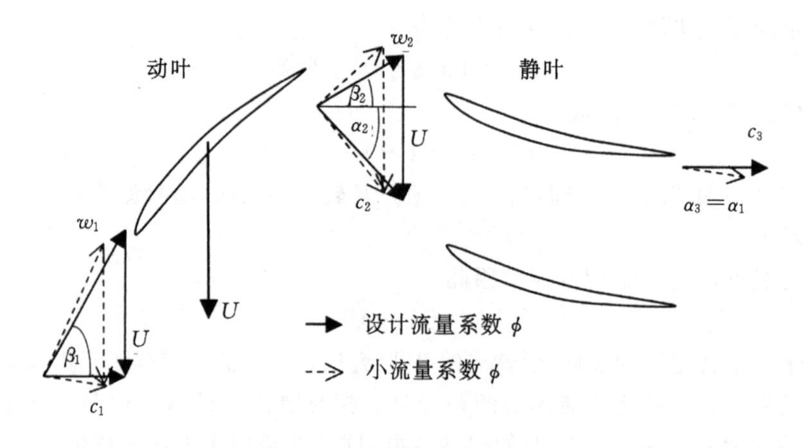

图 5.7 非设计工况下压气机级的速度三角形

$c_{\theta1}$)/U (式(5.17a))所得的级负荷系数将大幅减小,如图 5.6 所示。而当流量系数很低时,大冲角将引起流动分离,并使气流偏转的三维效应增大,此时压气机级的性能变化更为显著。

5.9 多级压气机的性能

对多级压气机进行初步设计及分析时,可将其看作由多个单级压气机串联而成的机组,每个单级压气机的性能与其孤立运行时相同。然而要想获得真实机组的性能,则必须更加详细地考虑整个系统的特性。这一点在研究非设计工况的运行时尤为重要。

总压比和效率

前文中的一些分析可用于确定多级压气机的总压比。一个可行的计算方法是：先计算第一级的压力和温度变化，得出该级出口气流参数来确定下一级进口气体密度。依次对每一级重复上述计算，直到所得的终态满足要求。然而在分析由重复级构成的压气机设计工况时，则可采用一种简单的可压缩流动分析方法同时计算所有的级，这一方法将通过例题5.3予以说明。

例题 5.3

采用一台多级轴流压气机压缩初温为 293 K 的空气，所需压比为 5∶1。为简化起见，各级反动度均为 50%，叶片平均圆周速度为 275 m/s，流量系数为 0.5，级负荷系数为 0.3。求多变效率为 88.8%时，压气机各级气流角和所需级数。取空气的 $C_p=1.005$ kJ/(kg·℃)，$\gamma=1.4$。

解：

根据式(5.17b)可知，级负荷系数为

$$\psi=\phi(\tan\beta_1-\tan\beta_2)$$

由式(5.21)得反动度为

$$R=\frac{\phi}{2}(\tan\beta_1+\tan\beta_2)$$

由上两式可求得 $\tan\beta_1$ 和 $\tan\beta_2$ 为

$$\tan\beta_1=\left(R+\frac{\psi}{2}\right)/\phi$$

及

$$\tan\beta_2=\left(R-\frac{\psi}{2}\right)/\phi$$

计算出 β_1 和 β_2，并考虑到 $R=0.5$ 时速度三角形对称，于是有

$$\beta_1=\alpha_2=52.45^\circ$$

及

$$\beta_2=\alpha_1=35^\circ$$

因级负荷系数为 $\psi=C_P\Delta T_0/U^2$，可得级的滞止温升为

$$\Delta T_0=\psi U^2/C_P=0.3\times 275^2/1005=22.5^\circ\mathrm{C}$$

由于轴流压气机级的温升较小，因此可认为级效率等于多变效率。采用下标 1 和 e 分别表示压气机的进口和出口状态，由式(1.50)可得

$$\frac{T_{0e}}{T_{01}}=1+\frac{n\Delta T_0}{T_{01}}=\left(\frac{p_{0e}}{p_{01}}\right)^{(\gamma-1)/\eta_p\gamma}$$

式中，n 为所需级数，则

$$n=\frac{T_{01}}{\Delta T_0}\left[\left(\frac{p_{0e}}{p_{01}}\right)^{(\gamma-1)/\eta_p\gamma}-1\right]=\frac{293}{22.5}[5^{1/3.11}-1]=8.86$$

取整后，级数应为 9。

由式(1.53)可得总-总效率为

$$\eta_{tt}=\left[\left(\frac{p_{0e}}{p_{01}}\right)^{(\gamma-1)/\gamma}-1\right]\Big/\left[\left(\frac{p_{0e}}{p_{01}}\right)^{(\gamma-1)/\eta_p\gamma}-1\right]=[5^{1/3.5}-1]/[5^{1/3.11}-1]=86.3\%$$

由上述结果可知，总-总效率显著低于多变(或小级)效率，这种差别如第 1 章所述，是在预料之中的。由于多变效率不受多级压气机压比的影响，用来进行损失对比更为合理，因此在压气机设计和分析中通常采用这一效率。

非设计工况运行和级的匹配

多级压气机的运行线描述了在给定的出口管道配置结构下，变工况时压比与无量纲流量之间的变化关系。例如，绝大多数压气机在测试时下游会连接一个节流阀，该节流阀的尺寸决定了压气机的测试运行线。压气机正常工作时的运行线称为工作线，工作线应经过压气机特性图上的设计点。只要出口的管道配置结构已知，就可能确定压气机的工作线。

考虑一台多级压气机，其下游连接一内部流动达到阻塞状态的喷嘴(或节流阀)。此时，通过喷嘴的无量纲质量流量是确定的，即

$$\frac{\dot{m}\sqrt{C_p T_{0e}}}{A_N p_{0e}}=Q(1)=\text{常数}$$

式中，e 表示压气机出口气流状态，A_N为达到阻塞状态的喷嘴截面积。压气机进口无量纲质量流量可利用出口无量纲质量流量表示如下：

$$\frac{\dot{m}\sqrt{C_p T_{01}}}{D^2 p_{01}}=\frac{\dot{m}\sqrt{C_p T_{0e}}}{A_N p_{0e}}\frac{A_N}{D^2}\frac{p_{0e}}{p_{01}}\sqrt{\frac{T_{01}}{T_{0e}}} \tag{5.26a}$$

根据多变效率的定义可以得到滞止温度比与滞止压比的关系，因此上式可简化为

$$\frac{\dot{m}\sqrt{C_p T_{01}}}{D^2 p_{01}}=C\left(\frac{p_{0e}}{p_{01}}\right)^{1-(\gamma-1)/2\gamma\eta_p} \tag{5.26b}$$

这就是压气机特性图上的工作线方程。常数 C 由出口喷嘴面积比 A_N/D^2 确定。由于要求工作线通过特性曲线上的设计点，所以可由此确定压气机工作线的常数 C。在例题5.4中，根据式(5.26b)求出了一台 10 级高速压气机的工作线，结果如图 5.8 所示。

多级压气机在启动或小功率等工况下，低(部分)转速运行时的安全可靠性非常重要。此时由于不同的级处于不同的工作状态，使压气机的运行工况变得甚为复杂。压气机前几级在部分转速下工作时，由于质量流量减小使动叶气流冲角增大(如例题 5.4 所示)，所以这些级可能失速。而后几级的流动则可能阻塞，因为压气机环形面积的逐级减小是按设计压比确定的，在部分转速下，当压比降低时，后几级气体的密度也减小，因此轴向速度比设计工况高，使流动发生阻塞。压气机前几级与后几级运行工况的改变称为级的匹配问题。要改善级的匹配情况，可以从中间级抽吸部分空气，并采用可调静叶调整前几级动叶的冲角(见图 5.1)。

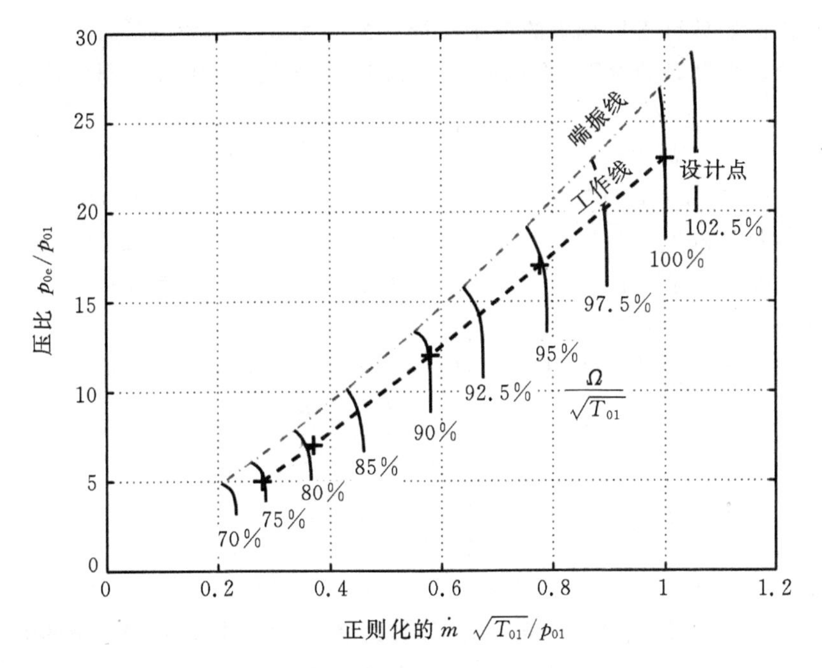

图 5.8 高速 10 级压气机特性图上的工作线(由例题 5.4 得出)

例题 5.4

特性曲线如图 2.5 所示的一台 10 级压气机，在设计工况下以 100%转速运行，滞止压比为 23。压气机运行时，下游节流阀面积不变且始终处于阻塞状态。

a. 利用压气机特性曲线确定设计工况的多变效率。设多变效率为常数(这一简化在本题中已相当精确)，试确定压气机工作线并绘制在特性图上。

b. 若压气机第一级在设计工况的流量系数为 0.6，计算压气机在 80%转速工作时第一级的流量系数。分析流量系数变化对动叶气流冲角的影响。

解：

a. 压气机设计工况的等熵效率为 81%(见图 2.5)

$$\frac{T_{0e}}{T_{01}}=1+\frac{1}{\eta_c}\left[\left(\frac{p_{0e}}{p_{01}}\right)^{(\gamma-1)/\gamma}-1\right]=1+\frac{1}{0.81}[23^{0.4/1.4}-1]=2.789$$

由式(1.50)可得

$$\eta_p=\frac{\gamma-1}{\gamma}\frac{\ln(p_{0e}/p_{01})}{\ln(T_{0e}/T_{01})}=\frac{0.4}{1.4}\frac{\ln 23}{\ln 2.789}=0.873$$

对于设计工况应用式(5.26b)并取无量纲质量流量为 1，得

$$\frac{\dot{m}\sqrt{C_p T_{01}}}{D^2 p_{01}}=C\left(\frac{p_{0e}}{p_{01}}\right)^{1-\frac{\gamma-1}{2\gamma\eta_p}}=C\times 23^{1-0.4/(2\times 1.4\times 0.873)}\Rightarrow C=1/23^{0.8363}=0.07263$$

现在可以开始计算工作线上的各个运行工况。例如取95%、90%、80%和75%[①]转速线上压比分别约为17、12、7和5的各个工况点。则对应的无量纲质量流量为

$$\frac{\dot{m}\sqrt{C_p T_{01}}}{D^2 p_{01}} = C\left(\frac{p_{0e}}{p_{01}}\right)^{1-\frac{\gamma-1}{2\gamma\eta_p}} = 0.07263\left(\frac{p_{0e}}{p_{01}}\right)^{0.8363}$$

$$0.07263\times 17^{0.8363} = 0.7765\,,\quad 0.07263\times 12^{0.8363} = 0.5803$$

$$0.07263\times 7^{0.8363} = 0.3697\,,\quad 0.07263\times 5^{0.8363} = 0.2790$$

上述各工况点均标注于图5.8中。注意，由于式(5.26b)的指数 $1-(\gamma-1)/2\gamma\eta_p$ 约等于1，因此图中的工作线接近于直线。

b. 在工作线上80%转速处，正则化的无量纲质量流量为0.36。如第2章所述，

$$\phi = \frac{c_x}{U} \propto \frac{\dot{m}\sqrt{T_{01}}}{p_{01}} \Big/ \frac{\Omega}{\sqrt{T_{01}}}$$

$$\therefore \frac{\phi_{80\%}}{\phi_{100\%}} = \left[\frac{\dot{m}\sqrt{T_{01}}}{p_{01}} \Big/ \frac{\Omega}{\sqrt{T_{01}}}\right]_{80\%} \Big/ \left[\frac{\dot{m}\sqrt{T_{01}}}{p_{01}} \Big/ \frac{\Omega}{\sqrt{T_{01}}}\right]_{100\%} = \frac{0.36}{80} \Big/ \frac{1}{100} = 0.45$$

$$\Rightarrow \phi_{80\%} = 0.45\phi_{100\%} = 0.45\times 0.6 = 0.27$$

因此，当压气机工作点沿工作线从100%转速降至80%转速时，第一级的流量系数从0.6降为0.27。流量系数减小将使前几级动叶冲角增大，可能导致流动分离和失速。在前几级中，需要采用可调静叶来限制由于转速减小导致的冲角增大，从而保证足够的运行范围。

级的叠加

假设我们现在需要了解一台多级压气机的性能，但以往对该压气机并没有进行实验，因此无法掌握其总体性能。此时，可以给定叶片转速及进口气流参数，利用它的单级性能曲线确定第一级的参数。随后，根据第一级特性得出第二级进口参数，再由进口参数确定该级的运行工况及性能。对随后各级重复此过程，即可获得多级压气机的总体特性。这种方法称为级的叠加法，并已开发出多种自动计算方法，如Howell与Calvert(1978)提出的方法。利用该方法时需要知道每一级的单级特性曲线，这些特性曲线可以根据单级的试验特性得出，也可以基于压气机级的中径流线分析经验关系式得出(Wright & Miller,1991)。

压气机喘振裕度的计算甚为重要，然而众所周知，预测多级压气机在什么工况下转为不稳定状态有许多困难。在初步设计阶段，可以采用相似压气机的性能进行校准。例如，一个相似压气机级当扩散因子超过0.6时发生失速，则在新设计中，可利用该扩散因子预估失速将在何处发生。采用级的叠加法时，可以根据个别级的失速工况来确定整机的失速裕度。但在实际中，即使压气机整机运行稳定，但仍有可能在局部区域存在失速，因此使用上述方法会面临一定问题。

环形壁面边界层

在多级轴流压气机中，环形壁面边界层经过前几级时快速增厚，于是轴向速度分布的不

① 原书为70%，从图中看应该是75%，疑原书有误。——译者注

均匀性逐渐增大。图 5.9 给出了由 Howell(1945)的实验结果给出的边界层对速度分布的影响,图中所示为一台 4 级压气机导叶及级后气流轴向速度沿叶高的分布。由图可见,叶片中心区域的轴向速度高于通流平均速度。如果采用根据平均轴向速度作出的速度三角形来计算压气机级的做功量,则平均截面处(以及沿叶高的大部分区域)叶片的实际做功量低于计算值。理论上来说,叶片顶部和根部的轴向速度较低,可以补偿部分做功量。但由于端壁和顶部存在泄漏流动,实际做功并未增大,所以整个叶片实际所做的功将低于设计值。Howell(1945)提出,级的滞止焓升可表示为

$$h_{03}-h_{01}=\lambda U(c_{\theta 2}-c_{\theta 1})$$

式中,λ 为做功因子。对于多级压气机,Howell 建议 λ 取 0.86。而其他研究人员则认为入口处环形边界层较薄,所以 λ 值可取得高一些(为 0.96),随后 λ 逐级减小,在最后几级中可取为 0.85。

对于图 5.9 所示的压气机性能显著恶化,Smith(1970)认为真实情况并没有那么差。图 5.10(a)为一台 12 级轴流压气机的轴向速度分布。由图可见,在前几级中速度分布变化仍然很快,但随后速度分布变化逐渐减弱直至基本不变。这种现象称为“终端稳定流动”,Horlock(2000)称其为“在压气机尾部达到轴向平衡状态的级”。

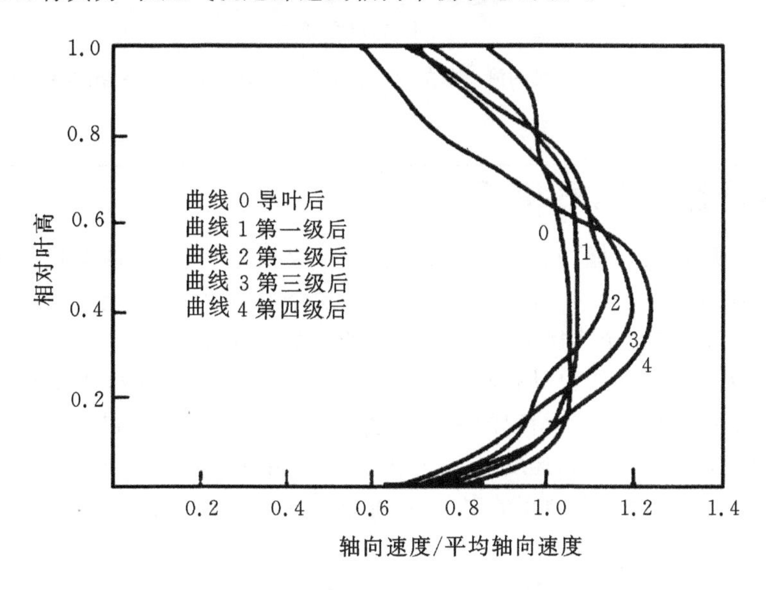

图 5.9 压气机的轴向速度沿叶高的分布(引自 Howell,1965,由英国机械工程师学会提供)

Smith 还给出了总温的展向分布(图 5.10(b))。由图可见从通道中部至环形壁面损失增大的方式。此外还可看出,随着气体流经各级,端壁附近高温区总温的值与范围均逐渐增大。目前,已有多国研究人员积极研究了透平机械环形壁面边界层及其对机组性能影响的预测方法。Horlock(2000)综述了轴流压气机端壁堵塞的几种分析方法(Khalid 等(1999)、Smith(1970)及 Horlock 与 Perkins(1974))。值得注意的是,尽管上述方法可以估算一列叶栅通道的堵塞及损失的增大,但它们现在已被先进的计算方法所取代,该方法可以模拟包括端壁边界层、叶顶间隙泄漏及其他泄漏流动的多级压气机的流场。

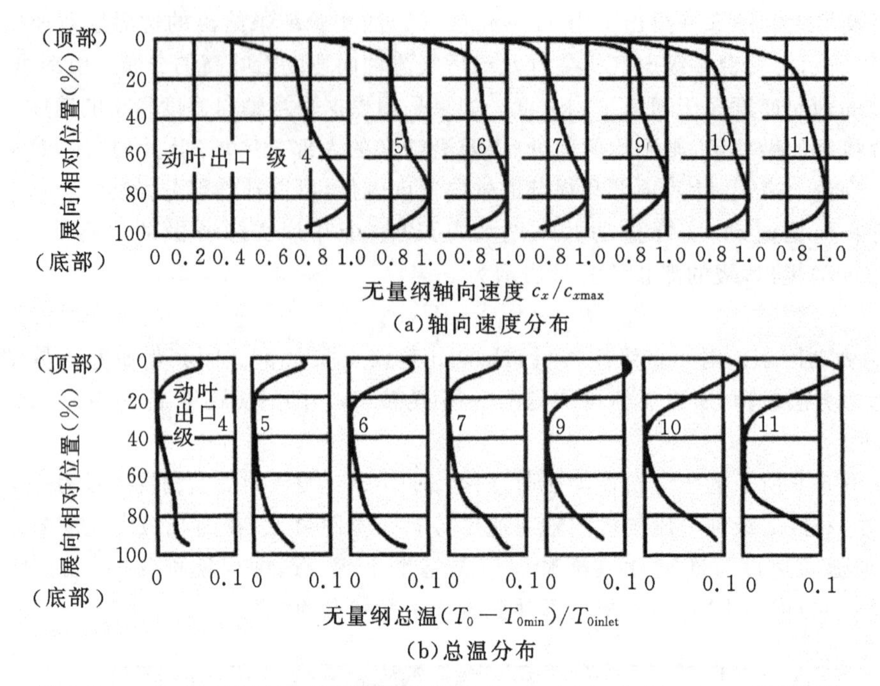

图 5.10 一台 12 级压气机的测试数据(引自 Smith,1970,由 Elsevier 出版社提供)

5.10 高马赫数压气机级

正如第 3 章所述,当叶栅相对进口马赫数大于 0.7 时,压气机性能恶化,这是由于叶栅通道内相对马赫数大于 1.0,形成激波并引起边界层增厚,产生额外损失。此外,由于高马赫数气流对进口角的变化更为敏感,所以压气机的运行范围将变小。

不过,高马赫数压气机级也具有两个重要优点。第一,压气机的相对马赫数高意味着通过单位面积的质量流量大,对于给定的质量流量,压气机就可以设计得更紧凑(直径更小);其次,高马赫数是由于叶片的高速度引起的,因此叶片能对气流做出更大的功,产生更高的压比。根据级负荷系数和多变效率的定义,可得压气机级的压比为

$$\frac{p_{03}}{p_{01}}=\left[\frac{\psi U^2}{C_{\mathrm{p}}T_{01}}+1\right]^{\gamma\eta_{\mathrm{p}}/(\gamma-1)} \tag{5.27}$$

上式表明,提高叶片圆周速度、级负荷和效率可以增大级的压比。在现代跨音速压气机中,动叶进口相对马赫数高达 1.7,单级压比可大于 2。

Calvert 和 Ginder(1999)详细阐述了跨音速压气机级的设计方法,以及现代跨音速压气机的发展及主要优点。目前,跨音速压气机级主要用于高旁通比喷气式发动机的单级风扇、低旁通比发动机的多级风扇以及多级压气机的前几级。民用喷气式发动机的风扇是发动机的一个重要部件,其产生的推力占现代民用航空发动机推力的 80%以上。为了减小发动机尺寸,需要尽可能提高单位面积的质量流量,此时叶顶相对马赫数约为 1.4,多变效率通常大于 90%,设计压比在 1.6 到 1.8 之间。

为了降低跨音速压气机中高相对马赫数带来的影响,常采用很薄的叶片以减少阻塞,通常叶片的厚度-弦长比仅为百分之几。此外,为了减小叶片表面的马赫数峰值,叶片弯度也

很小，折转角仅为几度。因此，高速压气机叶片顶部截面近似为又尖又薄的平板。

图 5.11 给出了进口相对马赫数大于 1 的高速压气机动叶通道内的流动结构。当压气机运行工况发生变化时，通道激波位置随之改变。在流动完全阻塞时，激波位置向后移动，并完全进入叶栅通道内。对于以质量流量工况，当压气机接近失速时，激波则会脱离叶片通道前端。效率达到峰值的运行工况通常在激波接近叶片前缘时出现。

图 5.11 中的激波结构可以使流经压气机的气流获得很高的输入功，掌握这一过程的机理十分重要。根据图 5.11 所示的压气机动叶进口和出口的速度三角形，气流经过通道激波时并没有显著转向，但密度却急剧增大。因此，激波下游的相对速度比上游低很多。由速度三角形还可以观察到在绝对参照系下流动发生转向，假如动叶进、出口的圆周速度及相对气流角相同，那么这一转向就完全是由相对参照系下流动减速造成的。相反，对于低速压气机而言，动叶则是通过相对参照系和绝对参照系下的流动转向对流体做功的。

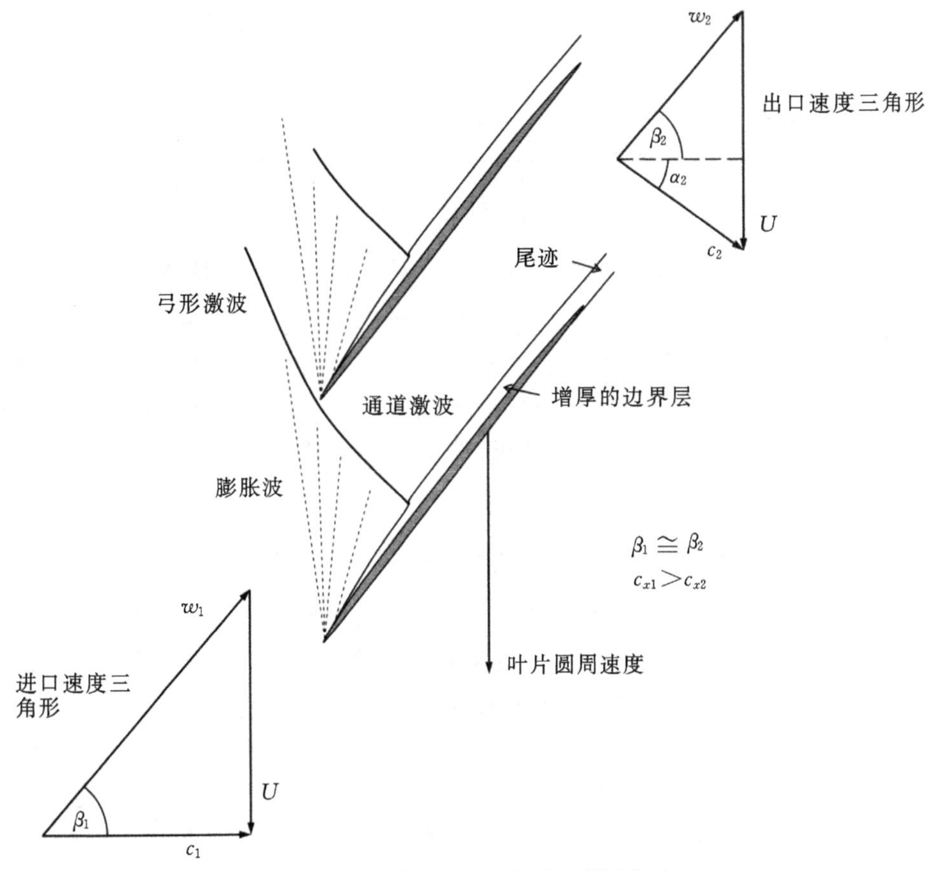

图 5.11 通过超音速压气机动叶栅的气流

在超音速压气机动叶通道中，正激波会导致流体熵增，并可用式(4.21)计算。根据式(5.8)，熵增可表示为损失系数：

$$Y_{p,\text{shock}} = \frac{1-\exp(-\Delta s_{\text{shock}}/R)}{(1-p_1/p_{01,\text{rel}})} \cong \frac{\Delta s_{\text{shock}}}{R(1-p_1/p_{01,\text{rel}})} \tag{5.28a}$$

$Y_{p,\text{shock}}$可表示为进口相对马赫数$M_{1,\text{rel}}$和γ的函数。图 5.12 给出了空气的$Y_{p,\text{shock}}$函数曲线以及相应的激波静压比变化曲线，静压比表达式为

$$\frac{p_2}{p_1} = 1 + \frac{2\gamma}{\gamma + 1}(M_{1,\mathrm{rel}}^2 - 1) \tag{5.28b}$$

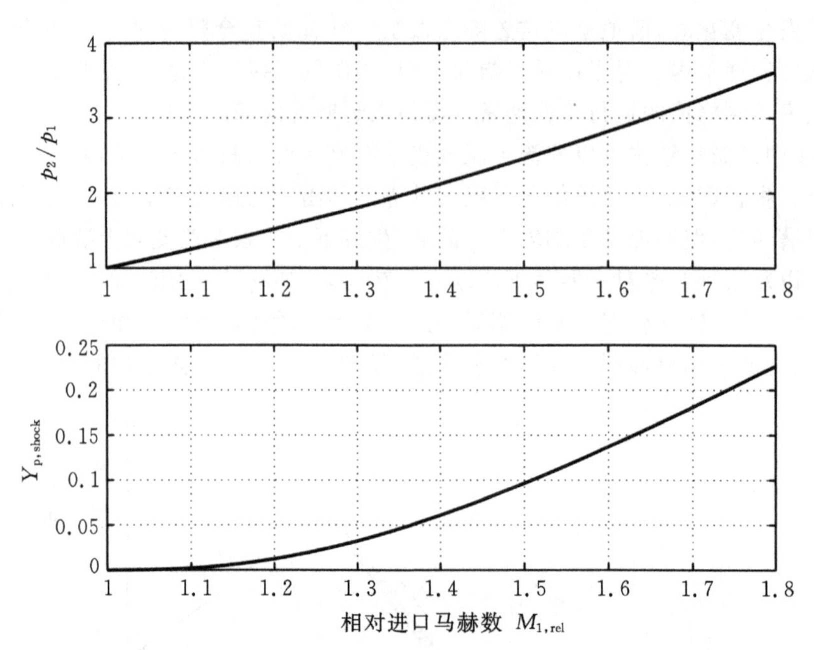

图5.12　正激波静压比及损失系数相对于进口马赫数的变化关系

该图表明，正激波导致的压升很高，不过直到进口相对马赫数达到1.5时，正激波损失仍然很低。但是激波与叶片边界层的相互作用会产生间接损失，此时激波导致静压升高，因而叶片边界层增厚，在某些情况下还会出现流动分离。如果能够避免流动分离，那么激波将是一种压缩气体的高效方法，现代跨音速压气机的高效率即证实了这一想法。

5.11　压气机中的失速和喘振现象

如图5.8所示，任一压气机的性能图中都有一条典型的特征线——喘振线。该线表示稳定运行的极限，尽管不稳定状态可能是喘振或失速，但该线通常称为喘振线。在保持转速恒定的情况下，通过减小质量流量(使用节流阀)可以达到这一状态。

当压气机进入喘振状态时，效应一般十分明显。通常噪声等级会增大，表明存在气流脉动和机组振动。一般是有几个主频叠加到高背景噪声中，其中，最低频率通常与机组内气流的"亥姆霍兹共振"以及进口和/或出口的空间体积有关；较高的频率则来源于旋转失速，其量级与叶轮转速相同。

旋转失速是轴流压气机中的一种流动现象，也是很多详尽的实验和理论研究的重要课题。Emmons、Kronauer和Rocket早在1959年就对该现象进行了详细综述。简单地说，当一列叶栅(通常为压气机动叶栅)达到"失速点"时，并不是所有叶片一起失速，而是在多个分离的区域出现失速，这些失速区将沿着压气机环形空间运动(即旋转)。

失速区域必定会从一个叶片传播到相邻叶片，这种现象可以采用简单的物理原理来解释。如图5.13所示的一组叶片受到一个失速区的影响，这个失速区必将引起气流部分阻塞，并使气流向失速区两侧发生偏转。因此，失速区右侧叶片的冲角减小，而左侧叶片的冲角增大。由于这些叶片已接近失速，因此上述影响的净效应为失速区向左侧移动，然后这一运动会自我维持。

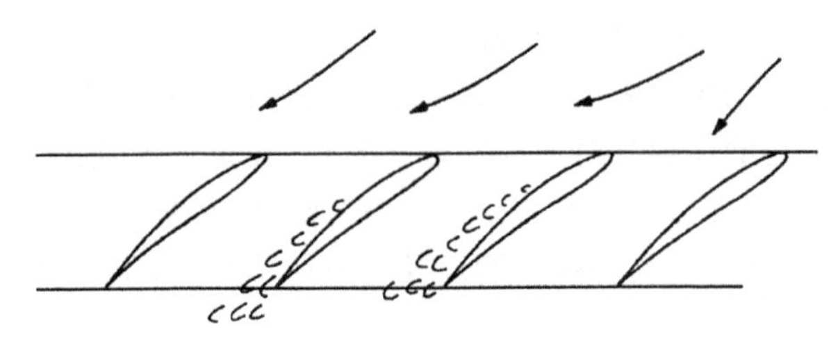

图 5.13 失速区传播机理的模型：失速区引起的部分阻塞使气流偏转，增大了左侧叶片冲角，降低了右侧叶片冲角

旋转失速引起广泛关注有一个很重要的实际原因。绕着叶栅传播的失速区以一定频率对每个叶片加载和卸载，该频率与失速区的移动速度及数量有关。由于这一频率可能与叶片自振频率接近，因此需要准确预测产生这种振动的条件。旋转失速引起的共振可能导致叶片损坏，通常会给整台压气机带来严重后果，目前已有过几例相关报道。

可以根据气流的非定常性或总质量流量来区别喘振和旋转失速。失速传播的特征是流体穿过环形通道，充满整个通道面积且不随时间变化，失速区只改变环形通道内的流动分布。而喘振则是全部质量流量的轴向振荡现象，是一种对压气机高效运行极为有害的工况。

目前，即使采用最先进的计算方法，也无法可靠预测引起压气机失速或喘振的工况。然而通过大量研究已极大地完善了对失速和喘振机理的理解。

早期，Horlock(1958)曾提出了压气机内流动失稳的一种物理解释。图 5.14 给出了转速为常数时压气机的压比下降幅度-流量系数特性曲线(C)。图中叠加的另一组曲线(T_1、T_2等)表示节流阀在不同开度下的压损特性。曲线 T 和压气机曲线 C 的交点表示两者联合工作时的各个运行工况。在两条曲线的交点处，当节流阀曲线斜率(正斜率)大于压气机曲线斜率时，流动处于稳定状态。其原因可以解释如下：考虑在曲线 T_2 与 C 的交点对应的工况下，如果流量瞬间小幅减少，则压气机的压升增大并且节流阀阻力下降，此时流量必然增大从而恢复到初始工况点。流量瞬间增大时，根据类似的分析，流动也会恢复到初始工况点，因此在该运行工况下的流动可以完全稳定。

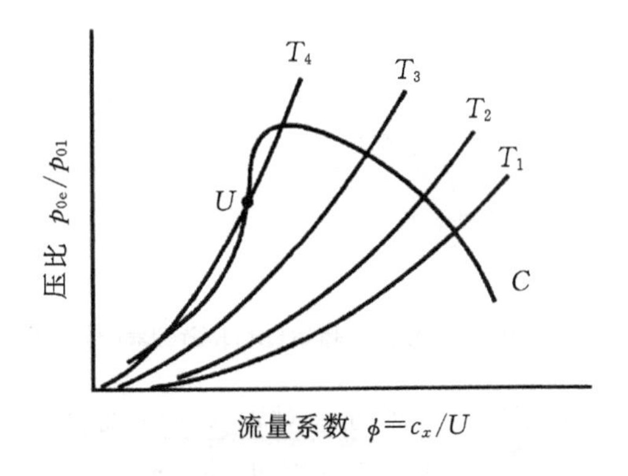

图 5.14 压气机运行的稳定性(引自 Horlock，1958)

如果现在工作点位于 U 点，就可能出现不稳定工况。流量小幅减少引起的整机压比下降幅度将大于对应的节流阀压比下降幅度。其结果是节流阀压损大于压气机压升，流量将进一步减少，因此工作点 U 必然不稳定。通过推论可知，在节流阀压损曲线斜率等于压气机压升曲线斜率处，流动处于中性稳定状态。

低压比压气机的试验结果看来证实了这一不稳定性的解释。但是，上述解释并不能充分描述高转速多级压气机的喘振。对于高转速压气机，在定速曲线的正斜率段不存在稳定工作点，在斜率为零甚至稍许有点负值的曲线段，则会产生喘振。要想更为完整地理解多级压气机的喘振，只有通过详细研究各级性能以及它们与其他级的相互作用才有可能实现。

气缸处理

20 世纪 60 年代后期，研究人员发现，可以通过对压气机气缸进行适当处理来推迟压气机失速，使之在更小的质量流量下才出现。只要条件适当，该方法就可以有效地扩大压气机的无失速工作范围。自此，研究人员针对大范围变工况，对不同类型的气缸结构进行了大量研究，以验证气缸处理的有效范围。

Greitzer、Nikkanen、Haddad、Mazzawy 和 Joslyn(1979)观察到压气机叶栅内存在两种形式的失速，即“叶片失速”和“壁面失速”。简单说来，叶片失速是一种二维失速，此时在叶片的很大一部分区域内存在一个从吸力面分离的大尾迹流。壁面失速则是外部气缸壁面上的边界层引起的失速。图 5.15 展示了两种失速。Greitzer 等人发现，气缸处理的效果与所针对的失速类型密切相关。

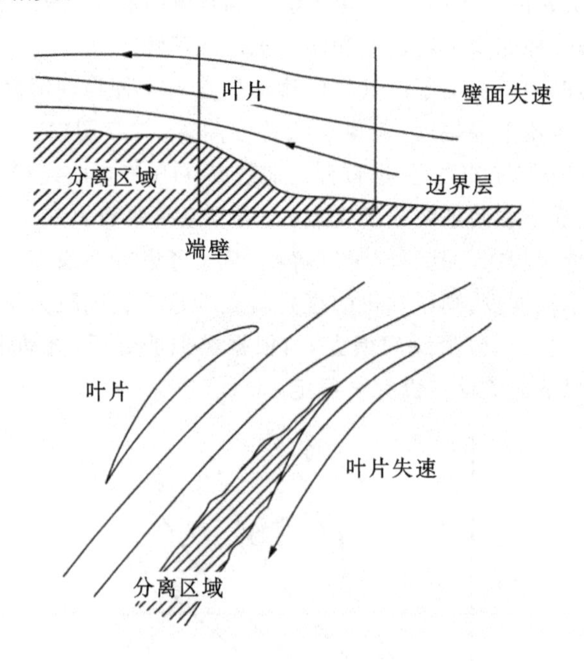

图 5.15 压气机失速的起始(引自 Greitzer 等，1979)

Greitzer 等人还实验研究了气缸开槽处理对轴流压气机模型动叶栅失速裕度的影响，对两列稠度(弦长-节距比)不同，但其他参数相同的动叶栅内的流动状况进行了测试。他们着重指出，气缸处理的效果与叶栅稠度无关，之所以采用不同稠度的叶栅，是为了便于将失速形式从叶片失速转变为壁面失速。气缸处理嵌装件相对于动叶栅的位置如图 5.16(a)所示,图 5.16(b)则给出了槽的表面外形示意。这些凹槽相对于叶片是“轴向斜交的”,所覆盖叶片中部的宽度占叶片的 44%。这种凹槽广泛应用于多种压气机中。

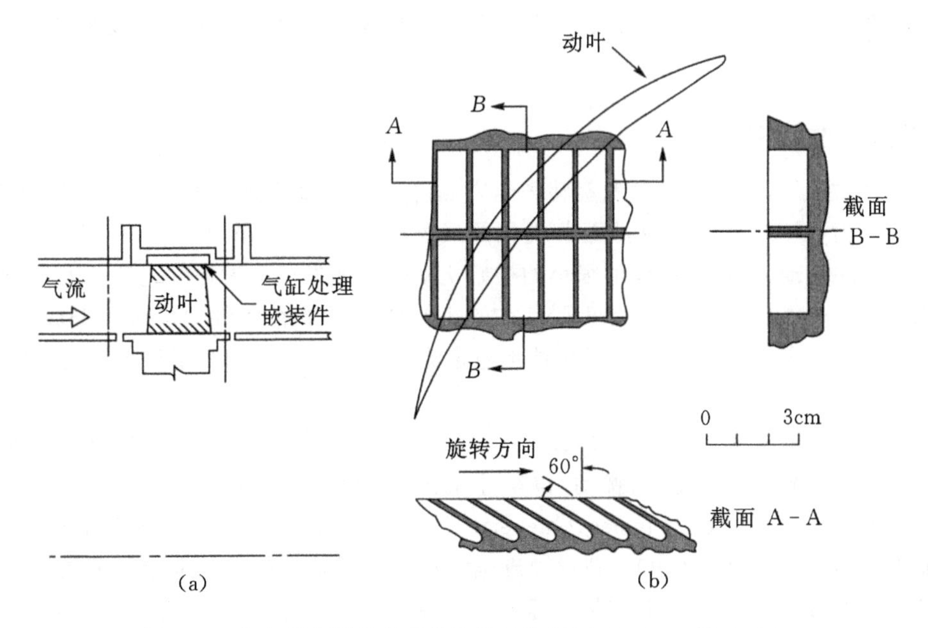

图 5.16 气缸处理嵌装件的位置及结构(引自 Greitzer 等,1979)

正如 Greitzer 等人规划试验时所预计的那样,在高稠度叶栅($\sigma=1$)中则产生了叶片失速。图 5.17 给出了四种工况的测试结果。由图可知,无气缸处理与有气缸处理的压气机性能的最重要区别在于失速点位置的变化。对于高稠度叶栅,在气缸开槽后,ϕ 的范围发生了很大变化。但对于低稠度叶栅,ϕ 的范围则变化很小。高稠度动叶栅的性能曲线形状也有很大变化,气缸开槽后,压升峰值显著提高。

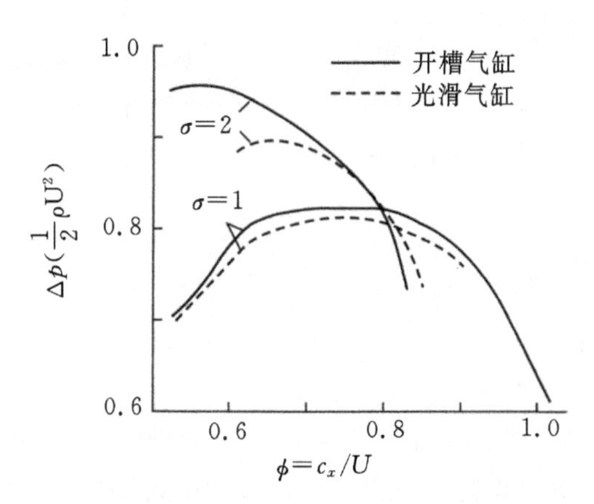

图 5.17 气缸处理和叶栅稠度对压气机性能的影响(引自 Greitzer 等,1979,为了显示清晰,移除了图中的数据点)

由于气缸处理经常造成效率损失,因此在航空发动机领域并未广泛采用。Smith 和 Cumpsty(1984)进行了大量的系列实验,研究气缸处理导致压气机效率下降的原因。目前至少已经认识到，气流可以通过槽孔从压力面流向吸力面，使小部分气流回流。另外，来流的边界层内流体的绝对旋流速度较高，因此会以适当角度进入槽孔。通常，强旋流流经光滑壁面时会导致能量耗散，但在气缸开槽处理后，进入槽道的流体将转弯，并以反向的绝对周向速度重新汇入叶片进气边附近的主流。实际上，回流的流体是沿着槽道逆向进入了一个压力较低的区域。

流动不稳定性的控制

近年来，在了解和控制喘振及旋转失速方面已取得了重要且显著的进展。如今这两种现象均被认为是压缩系统中自然振荡现象的成熟形式(Moore & Greitzer，1986)。Moore 和 Greitzer 的流动分析表明，幅值很小的初始扰动会快速发展为大幅度扰动。因此，压气机的稳定性等同于在失速或喘振前已经存在的小幅值波动的稳定性(Haynes，Hendricks & Epstein，1994)。许多文献阐述了对这些不稳定流动的认识以及抑制不稳定性的控制方法，以下只列举其中一部分。

Epstein、Ffowcs Williams 和 Greitzer(1989)最先提出了当流体动力扰动幅值较小时，可以通过主动反馈控制来阻尼扰动，以防止喘振和旋转失速的发生。随后，Ffowcs Williams 和 Huang(1989)以及 Pinsley、Guenette、Epstein 和 Greitzer(1991)在离心压气机上实现了喘振的主动抑制，Day(1993)则对轴流压气机实现了喘振的主动抑制。不久之后，Paduano 等人(1993)在一台单级低速轴流压气机中采用主动控制方式抑制了旋转失速。他们通过对失速前圆周方向旋转的小幅波动进行阻尼，将压气机的稳定流动范围增大了 25%。所采用的控制装置包含一组位于压气机上游的环状布置热线以及位于动叶上游的 12 个可单独操控的导叶，用以产生控制所需的旋转扰动结构。Haynes 等(1994)采用与 Paduano 等人相同的控制装置主动稳定了一台 3 级低速轴流压气机，使其运行范围增大了 8%。Gysling 和 Greitzer(1995)采用另一种策略，利用空气动力学反馈方法抑制了低速轴流压气机中旋转失速的发生。

对于其他防止失速和喘振的主动及被动控制方法，各国研究人员一直在开展广泛的研究，目前正在试用一些新技术，如微型装置。但实际商用压气机却很少采用这类控制技术，甚至气缸处理也只应用于某些喷气发动机的压气机设计。将来，只有在此类技术的鲁棒性和可靠性能与现有压气机部件相匹配时，它们才能得到进一步应用。

5.12 低速涵道风扇

这种广泛使用的风扇其实就是一种压升(温升)较低的低速单级压气机，因此本章前面阐述的大部分理论均适用于此类透平机械。然而，由于该类风扇大多采用高节弦比叶栅，因此经常使用基于孤立翼型理论的简化理论方法进行分析。对于可忽略相邻叶片气动干扰的排气风扇，可以使用该方法进行设计。研究人员曾试图引入干扰因子 k(叶栅中单个叶片升力与单个孤立叶片升力的比)来扩大孤立翼型理论的适用范围，使其能够应用于节距不太大的叶栅。干扰因子可以衡量叶片间相互干扰的程度。Weinig(1935)求出了比较有价值的 k 值精确解，随后 Wislicenus(1947)将其应用于薄平板叶栅，见图 5.18。图中表示了几种不同的安装角下，k 与节弦比的关系。值得注意的是，当节弦比较高时，k 逐渐收敛至 1，并且在中等节弦比下，干扰效应相当显著。

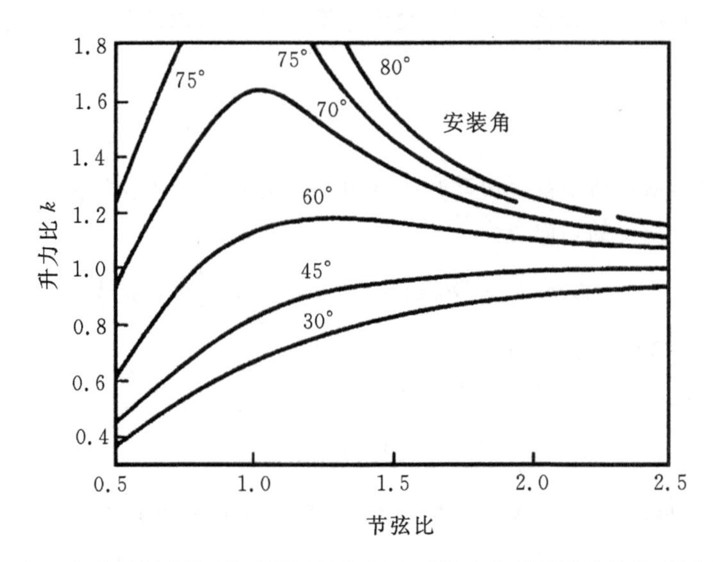

图 5.18　Weinig 得出的薄平板叶栅干扰因子(升力比)与安装角及节弦比的关系(引自 Wislicenus,1947)

图 5.19 所示为两种简单的轴流风扇，进、出口均为纯轴向流动。在第一种风扇(a)中，采用一列导叶使气流形成一个反向旋流，气流通过动叶栅后又恢复为轴向流动；在第二种风扇(b)中，由于动叶的作用使气流产生叶片运动方向的旋流，再经出口导向器(或出口导叶)的作用，气流又恢复到轴向。Van Niekerk(1958)研究了这两种风扇的原理和设计，并采用

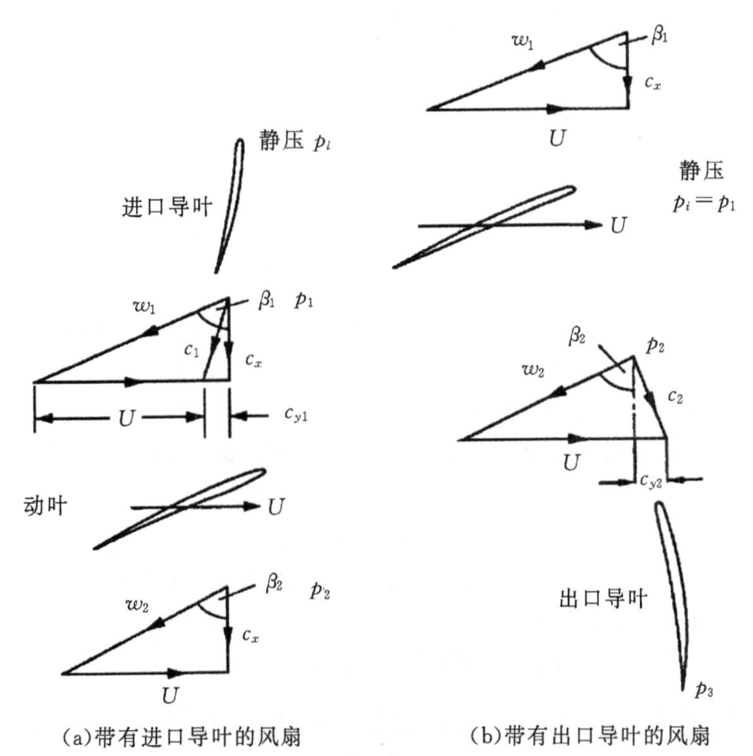

(a)带有进口导叶的风扇　　(b)带有出口导叶的风扇

图 5.19　两种简单的轴流风扇及其速度三角形(引自 Van Niekerk,1958)

叶片基元理论给出了计算最优尺寸及风扇转速的表达式。

需要指出的是，本节的分析均采用直角坐标系（x 和 y），以便与 3.4 节的低速叶栅分析相符。

升力和阻力系数

对于低速风扇，级负荷系数可用动叶的升力和阻力系数表示。根据图 3.12，用 β_m 代替 α_m，则单位展长动叶所受的切向力为

$$Y = L\cos\beta_m + D\sin\beta_m = L\cos\beta_m\left(1+\frac{C_D}{C_L}\tan\beta_m\right)$$

式中，$\tan\beta_m = (1/2)(\tan\beta_1 + \tan\beta_2)$。

由于 $C_L = L/((1/2)\rho w_m^2 l)$，因此消去 L 得

$$Y = \frac{1}{2}\rho c_x^2 l C_L \sec\beta_m (1 + \tan\beta_m C_D/C_L) \tag{5.29}$$

假设每个动叶每秒做功为 YU，并且所做的功将传递给在此期间经过一个叶片通道的流体。于是有 $YU = \rho s c_x (h_{03} - h_{01})$。

因此，级的负荷系数可写为

$$\psi = \frac{h_{03} - h_{01}}{U^2} = \frac{Y}{\rho s c_x U} \tag{5.30a}$$

将式(5.29)代入式(5.30a)，最终得到

$$\psi = (\phi/2)\sec\beta_m (l/s)(C_L + C_D\tan\beta_m) \tag{5.30b}$$

第 3 章的近似分析表明，当平均气流角为 45°时效率最大。与 $\beta_m = 45°$ 对应的最优级负荷系数为

$$\psi_{opt} = (\phi/\sqrt{2})(l/s)(C_L + C_D) \tag{5.31}$$

对于处在正常的低损失运行范围的工况，由于 $C_D \ll C_L$，所以采用式(5.31)计算时可以忽略 C_D。

叶片基元理论

给定半径下的叶片基元定义为展长趋近于零的翼型。在风扇设计理论中，通常将这样的叶片基元视作二维翼型，并假定其气动特性与其他半径处的流动状态完全无关。单位展长静叶施加给气流的作用力已在第 3 章中详细讨论。现在我们来考虑一个在半径 r 处的动叶基元 dr，该基元作用于流体的轴向和切向力分别为 dX 和 dY，根据图 3.12 有

$$dX = (L\sin\beta_m - D\cos\beta_m)dr \tag{5.32}$$

$$dY = (L\cos\beta_m + D\sin\beta_m)dr \tag{5.33}$$

式中，$\tan\beta_m = (1/2)(\tan\beta_1 + \tan\beta_2)$，$L$ 和 D 分别为单位展长叶片的升力和阻力。

由 $\tan\gamma = D/L = C_D/C_L$，可得

$$dX = L(\sin\beta_m - \tan\gamma\cos\beta_m)dr$$

将动叶的升力系数 $C_L = L/((1/2)\rho w_m^2 l)$（参照式(3.23)）代入上式，整理得

$$dX = \frac{\rho c_x^2 l C_L dr}{2\cos^2\beta_m} \times \frac{\sin(\beta_m - \gamma)}{\cos\gamma} \tag{5.34}$$

式中，$c_x = w_m \cos\beta_m$ 。

半径 r 处一个叶片基元施加的扭矩为 $r\mathrm{d}Y$。设有 Z 个叶片，则基元上扭矩为

$$\mathrm{d}\tau = rZ\mathrm{d}Y = rZL(\cos\beta_m + \tan\gamma\sin\beta_m)\mathrm{d}r$$

利用式(5.33)消去 L，整理后得

$$\mathrm{d}\tau = \frac{\rho c_x^2 lZC_L r\mathrm{d}r}{2\cos^2\beta_m} \times \frac{\cos(\beta_m - \gamma)}{\cos\gamma} \tag{5.35}$$

动叶在单位时间内所做的功等于滞止焓升与质量流量的乘积。对于面积为 $2\pi r\mathrm{d}r$ 的基元环，有

$$\Omega\mathrm{d}\tau = (C_p\Delta T_0)\mathrm{d}\dot{m} \tag{5.36}$$

式中，Ω 为动叶旋转角速度，基元质量流量为 $\mathrm{d}\dot{m} = \rho c_x 2\pi r\mathrm{d}r$ 。

将式(5.35)代入式(5.36)，得

$$C_p\Delta T_0 = C_p\Delta T = C_L \frac{Uc_x l\cos(\beta_m - \gamma)}{2s\cos^2\beta_m\cos\gamma} \tag{5.37}$$

式中，$s = 2\pi r/Z$ 。如果通过风扇的气流速度不变，静温升就等于滞止温升，这一结果实际上对图 5.19 中的两类风扇都适用。

由于作用于半径 r 处所有叶片基元的总轴向力等于静压升与基元面积 $2\pi r\mathrm{d}r$ 的乘积，因而可由下式获得流体经过动叶栅后总的静压升。

$$Z\mathrm{d}X = (p_2 - p_1)2\pi r\mathrm{d}r$$

将式(5.34)代入上式，整理后得

$$p_2 - p_1 = C_L \frac{\rho c_x^2 l\sin(\beta_m - \gamma)}{2s\cos^2\beta_m\cos\gamma} \tag{5.38}$$

需要指出，上述所有公式均适用于图 5.19 中的两类风扇。

叶片基元效率

考虑图 5.19(a)中带有进口导叶的风扇。经过该风扇的压升等于动叶栅压升 $p_2 - p_1$ 与导叶栅压降 $p_i - p_1$ 的差。风扇的理想压升为密度与 $C_p\Delta T_0$ 的乘积。风扇设计人员将叶片基元效率定义为

$$\eta_b = \{(p_2 - p_1) - (p_i - p_1)\}/(\rho C_p\Delta T_0) \tag{5.39}$$

为简化起见，假设流动是无摩擦的，则经过导叶栅的静压降为

$$p_i - p_1 = \frac{1}{2}\rho(c_1^2 - c_x^2) = \frac{1}{2}\rho c_{y1}^2 \tag{5.40}$$

由于流体经过动叶栅和导叶栅的周向速度变化大小相等、方向相反，因此对单位质量流体所做的功 $C_p\Delta T_0$ 等于 Uc_{y1}。则式(5.39)的第二项为

$$(p_i - p_1)/(\rho C_p\Delta T_0) = c_{y1}/(2U) \tag{5.41}$$

将式(5.39)与式(5.37)、(5.38)及(5.41)相结合，可得

$$\eta_b = (c_x/U)\tan(\beta_m - \gamma) - c_{y1}/(2U) \tag{5.42a}$$

上述推导也可应用于带有出口导叶的第二类风扇，假设经过导叶栅的流动是无摩擦的，则动叶基元的效率为

$$\eta_b = (c_x/U)\tan(\beta_m - \gamma) + c_{y2}/(2U) \tag{5.42b}$$

观察发现，通风机的导叶栅压力变化与动叶栅压升之比通常较小，因此可以忽略导叶损

失。例如，在第一类风扇中，

$$(p_i - p_1)/(p_2 - p_1) = \left(\frac{1}{2}\rho c_{y1}^2\right)/(\rho U c_{y1}) = c_{y1}/2(U)$$

周向速度 c_{y1} 远小于动叶圆周速度 U。

风扇翼型的升力系数

对于特定的叶片基元结构、动叶速度和升阻比，只要升力系数已知，即可确定温升和压升。采用二维翼型势流理论，可以很容易地确定升力系数。Glauert(1959)指出，对于弯度和厚度较小的孤立翼型，有

$$C_L = 2\pi\sin\alpha \tag{5.43a}$$

式中，α 为气流方向与翼型零升力线之间的夹角。Wislicenus(1947)建议，对于图 5.20(a)所示的孤立弯曲翼型，可用叶片尾缘点与最大弧高点的连线作为零升力线。假设 Weinig 给出的平板升力比结果(图 5.18)适用于小弯度、有限厚度叶片，则对于相邻叶片之间存在干扰影响的风扇叶片，修正后的升力系数可由下式计算：

$$C_L = 2\pi k\sin\alpha \tag{5.43b}$$

当叶片重叠时(接近轮毂的叶片截面)，Wislicenus 认为可以用叶片尾缘点与未重叠叶片部分的最大弧高点之间的连线作为零升力线，如图 5.20(b)所示。

Wallis(1961)详细探讨了叶片基元理论及叶栅数据在整个风扇设计中的应用。

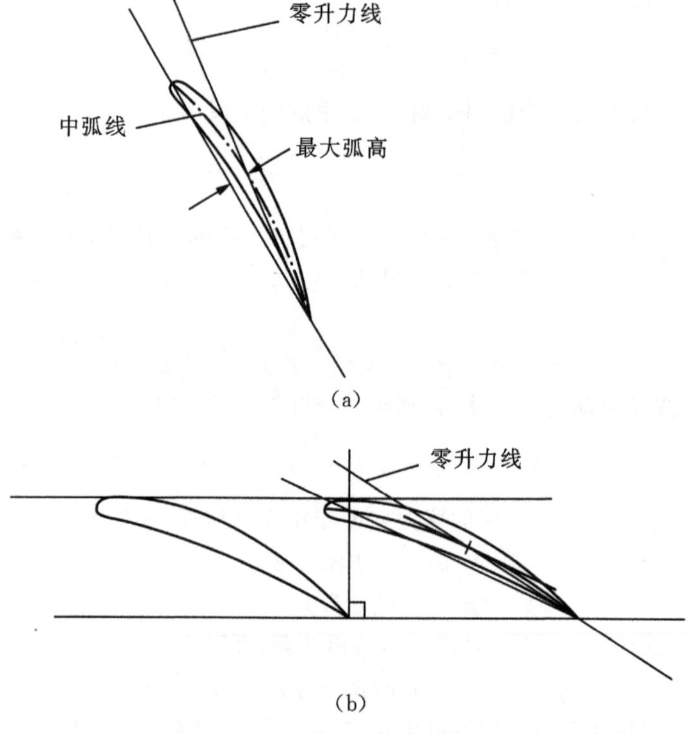

图 5.20　Wislicenus(1947)提出的确定弯曲翼型零升力线的方法

习题

（注意：1～4 及 6、8 题中，$R=287$ J/(kg·℃)、$\gamma=1.4$）

1. 要求一台轴流压气机在滞止压力为 500 kPa 时输运质量流量为 50 kg/s 的空气。第一级进口的滞止压力为 100 kPa，滞止温度为 23 ℃。轮毂和叶顶直径分别为 0.436 m 和 0.728 m。各级平均半径处（压气机各级的平均半径相同）的反动度为 0.50，静叶出口绝对气流角均为 28.8°。转子转速为 8000 r/min。若多变效率为 0.89，经过各级平均半径处的气流轴向速度为常数且等于平均轴向速度的 1.05 倍，试确定所需的相似级级数。

2. 利用动叶栅相对气流角和流量系数导出轴流压气机级反动度的表达式。早期的叶栅试验数据表明，当动叶相对马赫数为 0.7 时，轴流压气机级达到有效工作的极限点；流量系数为 0.5；以轴向为基准测量的动叶出口相对气流角为 30°；级反动度为 50%。

试确定在上述条件下，轴流压气机第一级的极限滞止温升，已知进口空气滞止温度为 289 K。假设级的轴向速度保持不变。

3. 某压气机每一级的反动度均为 0.5，动叶平均圆周速度相同，动叶栅出口相对气流角均为 30°。各级平均流量系数保持不变，均为 0.5。第一级进口滞止温度为 278 K，滞止压力为 101.3 kPa，静压为 87.3 kPa，通流面积为 0.372 m^2。设工质为可压缩流体，试确定气流轴向速度和质量流量。若该压气机有 6 级并且机械效率为 0.99，求驱动该压气机所需的轴功率。

4. 设有一台压比为 6.3 的 16 级轴流压气机。试验表明，前 6 级的级总-总效率为 0.9，后 10 级的级总-总效率为 0.89。假定各级所做的功相同，且各级为相似级，试计算压气机的总-总效率。当流量为 40 kg/s 时，试确定压气机所需的功率。已知进口总温为 288 K。

5. 一台轴流压气机某工况的级反动度为 0.6，流量系数为 0.5，定义为 $\Delta h_0/U^2$ 的级负荷系数为 0.35。设压气机出口气流受到节流时，各列叶栅出口气流角保持不变，试确定当空气的质量流量减小 10%并且动叶速度不变时，级的反动度和级负荷系数。绘制两种工况的速度三角形，并简述当空气质量流量进一步减小时可能出现的流动状况。

6. 某喷气发动机的高压轴流压气机转速为 15000 r/min，总滞止压比为 8.5。通过压气机的空气质量流量为 16 kg/s，进口滞止参数为 200 kPa 和 450 K。多变效率为 91%。

a. 设整台压气机各级的平均半径均为 0.24 m，计算压气机的总-总等熵效率，并证明如果每一级的负荷系数均小于 0.4，则该压气机需要 8 级。

b. 该压气机采用重复级设计，进口气流的周向分速为零。若进口轴向马赫数为 0.52，计算平均流量系数，并绘制一级的速度三角形。证明压气机出口处叶片高度约为 7.8 mm。

7. 一台低转速压气机设计工况的级特性参数如下：

反动度	0.5
流量系数	0.4
级负荷系数	0.4

设流体通过该级时轴向速度保持不变，且进口与出口的绝对速度相等，试确定动叶栅出口相对气流角和静叶栅出口绝对气流角。在某一非设计工况下，流量系数减小为 0.3，设动叶栅和静叶栅出口气流角与设计工况相同，试确定此工况的级负荷系数。如果动叶栅和

静叶栅出口气流角增大3°，试确定非设计工况下新的级负荷系数。

8. 一台轴流压气机进口空气滞止压力和温度分别为100 kPa和293 K，出口滞止压力为600 kPa。第一级进口轮毂和叶顶直径分别为0.3 m和0.5 m。进口导叶后平均直径(0.4 m)处的气流马赫数为0.7。假设压气机各级平均直径不变，此直径处的反动度为50%，轴向速度与平均叶片圆周速度的比值为0.6，各级静叶栅出口绝对气流角均为30°。压气机叶片采用"自由涡"设计，且每一级的轴向速度相等。假设进口导叶栅中的流动为等熵流动，各级等熵效率为0.88，试求：

a. 进口导叶栅出口平均半径处的空气速度；

b. 空气质量流量和压气机转速；

c. 每一级的比功；

d. 压气机的总效率；

e. 压气机所需的级数及驱动功率；

f. 若压比必须保持为6且叶片圆周速度及流量系数不变，则将级数圆整为整数意味着什么？

9. 图5.8所示的压气机在设计工况下的叶片平均圆周速度为350 m/s。该工况下，压气机的10级均可视作重复级，流量系数和反动度分别为0.5和0.6。

取进口滞止温度为300 K，$\gamma=1.4$，$C_p=1005$ J/(kg·K)。

a. 求设计工况下级的负荷系数和级间旋流角(各级均相同)；

b. 当压气机在90%转速工作线运行时，计算第一级和最后一级的流量系数(设最后一级的无量纲质量流量与压气机出口处相同)。假设级间旋流角与设计工况相同，求该工况下第一级和最后一级动叶的相对进口气流角。由此确定第一级及最后一级动叶冲角相对于设计工况的变化；

c. 采用可调导叶可以调节第一级进口旋流角。若要使90%转速工况的第一级动叶冲角与设计工况相同，其进口旋流角应为何值？

10. 一台喷气发动机的跨音速风扇沿轴向进气，流量系数为0.5。动叶进口相对马赫数为1.6，该值等于通道正激波波前马赫数。动叶进、出口相对气流角相等并且流动半径保持不变。

a. 如果只存在激波损失，试根据式(4.21)及(5.28a)确定动叶损失系数，并利用图5.12进行校核。

b. 下式为通道激波的波前与波后相对马赫数之间的关系：

$$M_{2,\mathrm{rel}}=\left[\frac{1+((\gamma-1)/2)M_{1,\mathrm{rel}}^2}{\gamma M_{1,\mathrm{rel}}^2-((\gamma-1)/2)}\right]^{1/2}$$

参考图5.11所示速度三角形，利用上式确定风扇的级负荷系数。

c. 风扇级进、出口滞止温度比为

$$\frac{T_{02}}{T_{01}}=\frac{U^2\psi}{C_p T_{01}}+1=\frac{2(\gamma-1)M_{1,\mathrm{rel}}^2\sin^2\beta_1}{2+(\gamma-1)M_{1,\mathrm{rel}}^2}\psi+1$$

试利用上一问题的答案和动叶损失系数，确定动叶栅总-总效率以及动叶前后滞止压比。

注意：在以下的低转速轴流风扇问题中，介质均为空气，密度等于1.2 kg/m³。

11. a. 一台带有进口导叶的轴流风扇，体积流量为2.5 m³/s，转速为2604 r/min。动叶顶部

半径为 23 cm，根部半径为 10 cm。假设级静压升为 325 Pa，叶片基元效率为 0.80，分别确定导叶顶部、平均半径位置及根部的出口气流角。

b. 风扇出口装有面积比为 2.5、效率为 0.82 的扩压器，确定扩压器出口总的静压升及空气速度。

12. 一台轴流风扇有 4 个叶片，转速为 2900 r/min。在平均半径(16.5 cm)处，动叶升力系数和阻力系数分别为 $C_L=0.8$，$C_D=0.045$。气流经过导叶后，流动方向与轴向夹角为 20°，整级的轴向速度不变，为 20 m/s。试确定平均半径处的

a. 动叶栅相对气流角；

b. 级效率；

c. 动叶栅静压升；

d. 动叶弦长。

13. 若第 12 题中的轴流风扇后装有效率为 70%、面积比为 2.4 的扩压器。设扩压器进口气流是均匀且沿轴向的，进口段和导叶损失可以忽略，试确定

a. 扩压器的静压升和压力恢复系数；

b. 扩压器的总压损失；

c. 风扇和扩压器的总效率。

参考文献

Calvert, W. J., & Ginder, R. B. (1999). Transonic fan and compressor design. *Proceedings of the Institution of Mechanical Engineers, Part C: Journal of Mechanical Engineering Science, 213*(5), 419–436.

Carchedi, F., & Wood, G. R. (1982). Design and development of a 12:1 pressure ratio compressor for the Ruston 6-MW gas turbine. *Journal of Engineering for Power, Transactions of the American Society of Mechanical Engineers, 104*, 823–831.

Constant, H. (1950). The gas turbine in perspective. *Proc. Inst. Mech. Eng., 163*(1), 185–192.

Cox, H. R. (2012). British aircraft gas turbines. *Journal of the Aeronautical Sciences (Institute of the Aeronautical Sciences), 13*(2), 53–83.

Cumpsty, N. A. (1989). *Compressor aerodynamics.* New York, NY: Longman.

Day, I. J. (1993). Stall inception in axial flow compressors. *Journal of Turbomachinery, Transactions of the American Society of Mechanical Engineers, 115*, 1–9.

Denton, J. D. (1993). Loss mechanisms in turbomachines. 1993 IGTI scholar lecture. *Journal of Turbomachinery, 115*, 621–656.

Dickens, T., & Day, I. J. (2011). The design of highly loaded axial compressors. *Journal of Turbomachinery, Transactions of the American Society of Mechanical Engineers, 133*, 1–10.

Emmons, H. W., Kronauer, R. E., & Rocket, J. A. (1959). A survey of stall propagation—Experiment and theory. *Transactions of the American Society of Mechanical Engineers, Series D, 81*, 409–416.

Epstein, A. H., Ffowcs Williams, J. E., & Greitzer, E. M. (1989). Active suppression of aerodynamic instabilities in turbomachines. *Journal of Propulsion and Power, 5*, 204–211.

Ffowcs Williams, J. E., & Huang, X. Y. (1989). Active stabilization of compressor surge. *Journal of Fluid Mechanics, 204*, 204–262.

Freeman, C. (1985). Effect of tip clearance flow on compressor stability and engine performance. Von Karman Institute for Fluid Dynamics, Lecture Series 1985-0.

Gallimore, S. J. (1999). Axial flow compressor design. *Proceedings of the Institution of Mechanical Engineers, Part C: Journal of Mechanical Engineering Science, 213*(5), 437–449.

Glauert, H. (1959). *The elements of aerofoil and airscrew theory.* Cambridge, UK: Cambridge University Press.

Greitzer, E. M., Nikkanen, J. P., Haddad, D. E., Mazzawy, R. S., & Joslyn, H. D. (1979). A fundamental criterion for the application of rotor casing treatment. *Journal of Fluid Engineering, Transactions of the American Society of Mechanical Engineers, 101*, 237–243.

Gysling, D. L., & Greitzer, E. M. (1995). Dynamic control of rotating stall in axial flow compressors using aeromechanical feedback. *Journal of Turbomachinery, Transactions of the American Society of Mechanical Engineers, 117*, 307–319.

de Haller, P. (1953). Das verhalten von tragflügelgittern in axialverdichtern und im windkanal. *Brennstoff-Wärme-Kraft, Band 5(Heft 10)*.

Haynes, J. M., Hendricks, G. J., & Epstein, A. H. (1994). Active stabilization of rotating stall in a three-stage axial compressor. *Journal of Turbomachinery, Transactions of the American Society of Mechanical Engineers, 116*, 226–237.

Horlock, J. H. (1958). *Axial flow compressors.* London: Butterworth-Heinemann, (1973). (Reprint with supplemental material, Huntington, NY: Kreiger.).

Horlock, J. H. (2000). The determination of end-wall blockage in axial compressors: A comparison between various approaches. *Journal of Turbomachinery, Transactions of the American Society of Mechanical Engineers, 122*, 218–224.

Horlock, J. H., & Perkins, H. J. (1974). Annulus wall boundary layers in turbomachines. *AGARDograph AG-185*.

Howell, A. R. (1945). Fluid dynamics of axial compressors. *Proc. Inst. Mech. Eng., 153*(1), 441–452.

Howell, A. R., & Calvert, W. J. (1978). A new stage stacking technique for axial flow compressor performance prediction. Transactions of the American Society of Mechanical Engineers, *Journal of Engineering for Power, 100*, 698–703.

Khalid, S. A., Khalsa, A. S., Waitz, I. A., Tan, C. S., Greitzer, E. M., Cumpsty, N. A., et al. (1999). Endwall blockage in axial compressors. *Journal of Turbomachinery, Transactions of the American Society of Mechanical Engineers, 121*, 499–509.

Koch, C. C. (1997). Stalling pressure rise capability of axial flow compressors. *Transactions of the American Society of Mechanical Engineer*, paper 97-GT-535.

Koch, C. C., & Smith, L. H. (1976). Loss sources and magnitudes in axial flow compressors. *Journal of Engineering for Power, Transactions of the American Society of Mechanical Engineers, 98*, 411–424.

Moore, F. K., & Greitzer, E. M. (1986). A theory of post stall transients in axial compression systems: Parts I and II. *Journal of Engine Gas Turbines Power, Transactions of the American Society of Mechanical Engineers, 108*, 68–76.

Paduano, J. D., Epstein, A. H., Valavani, L., Longley, J. P., Greitzer, E., & Guenette, G. R. (1993). Active control of rotating stall in a low-speed axial compressor. *Journal of Turbomachinery, Transactions of the American Society of Mechanical Engineers, 115*(1), 48–56.

Pinsley, J. E., Guenette, G. R., Epstein, A. H., & Greitzer, E. M. (1991). Active stabilization of centrifugal compressor surge. *Journal of Turbomachinery, Transactions of the American Society of Mechanical Engineers, 113*, 723–732.

Smith, G. D. J., & Cumpsty, N. A. (1984). Flow phenomena in compressor casing treatment. *Journal of* Engineering *Gas Turbines and Power, Transactions of the American Society of Mechanical Engineers, 106*, 532–541.

Smith, L. H. (1958). Recovery ratio—A measure of the loss recovery potential of compressor stages. *Transactions of the American Society of Mechanical Engineers, 80*, 3.

Smith, L. H., Jr. (1970). Casing boundary layers in multistage compressors. In L. S. Dzung (Ed.), *Proceedings of symposium on flow research on blading*. Burlington, MA: Elsevier.

Stoney, G. (1937). Scientific activities of the late Hon. Sir Charles Parsons, F.R.S. *Engineering, 144*, 632–695.

Van Niekerk, C. G. (1958). Ducted fan design theory. *Journal of Applied Mechanics, 25*, 325.

Wallis, R. A. (1961). *Axial flow fans, design and practice.* London: Newnes.

Weinig, F. (1935). *Die stroemung um die schaufeln von turbomaschinen.* Leipzig, Germany: J. A. Barth.

Wennerstrom, A. J. (1989). Low aspect ratio axial flow compressors: Why and what it means. *Journal of Turbomachinery, Transactions of the American Society of Mechanical Engineers, 111*, 357–365.

Wennerstrom, A. J. (1990). Highly loaded axial flow compressors: History and current development. *Journal of Turbomachinery, Transactions of the American Society of Mechanical Engineers, 112*, 567–578.

Wislicenus, G. F. (1947). *Fluid mechanics of turbomachinery.* New York, NY: McGraw-Hill.

Wright, P. I., & Miller, D. C. (1991). An improved compressor performance prediction model. *Institution of Mechanical Engineers Conference Proceedings*, CP1991-3, paper C423/028.

轴流式透平机械的三维流动

6

我费了很多的劳力和许多天的功夫，才把这件事情做完。
——笛福《鲁滨逊漂流记》

6.1 引言

在第 4 章和第 5 章中，都假设通过轴流式透平机械叶栅的流体作二维流动，也就是说，不存在径向（展向）速度。对于高轮毂比的轴流式透平机械，这一假设仍是合理的。然而当轮毂比约小于 4/5 时，通过叶栅的流体径向速度就比较可观，其所导致的质量流量沿径向的再分布将显著影响出口速度分布（及气流角分布）。径向流动是由于流体承受的高离心力与正在恢复平衡的径向压力之间的瞬态不平衡所引起的。所以，对于跟随流体质点运动的观察者来说，径向运动将会一直持续到沿径向输运了足够多的流体，从而使压力分布改变到恢复平衡的状态。环形通道中的流动没有径向速度分量，其流线位于圆柱体表面并呈轴对称分布，通常称这种流动为径向平衡流动。

径向平衡法广泛应用于轴流式压气机和涡轮机的设计计算。该方法假设可能发生的径向流动都发生于叶栅内，叶栅外的流体则处于径向平衡状态。图 6.1 展示了该假设下的流线特点。另一个假设是轴对称流动，即叶片离散分布所产生的影响不会传递给流体。

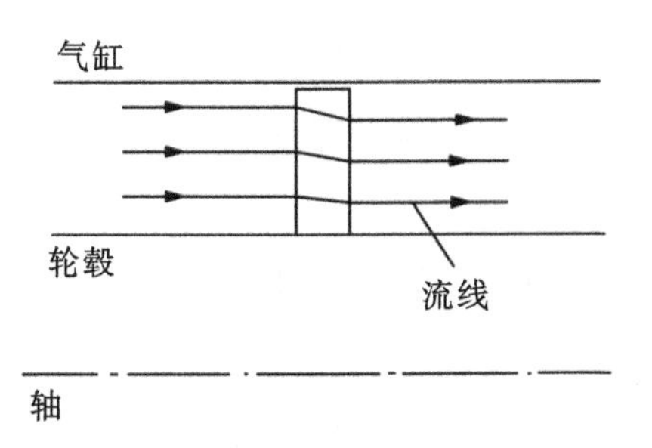

图 6.1　通过动叶栅的径向平衡流动

6.2 径向平衡理论

如图 6.2 所示，考虑一个具有单位轴向长度、质量为 dm 的流体微元，圆心角为 $d\theta$，以切向速度 c_θ（半径 r 处）绕轴线旋转。由于该单元处于径向力学平衡状态，因此压力与离心力平衡：

$$(p+\mathrm{d}p)(r+\mathrm{d}r)\mathrm{d}\theta - pr\mathrm{d}\theta - \left(p+\frac{1}{2}\mathrm{d}p\right)\mathrm{d}r\mathrm{d}\theta = \mathrm{d}mc_\theta^2/r$$

由于 $\mathrm{d}m=\rho r\mathrm{d}\theta\mathrm{d}r$，忽略二阶小量，则上式可简化为

$$\frac{1}{\rho}\frac{\mathrm{d}p}{\mathrm{d}r}=\frac{c_\theta^2}{r} \tag{6.1}$$

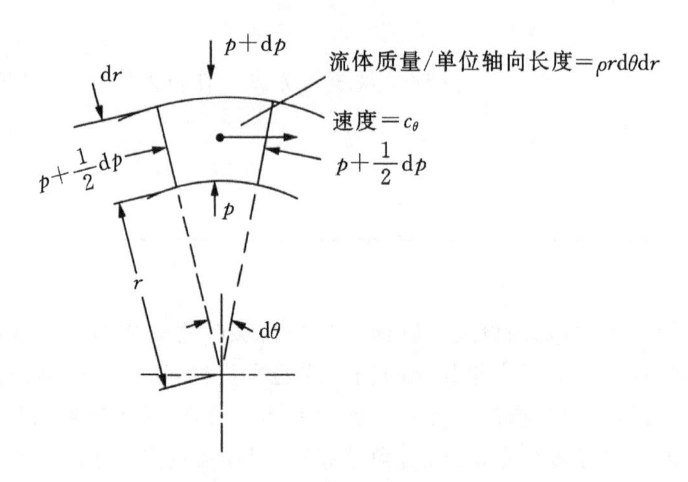

图 6.2 径向平衡的流体微元($c_r=0$)

若切向速度 c_θ和密度为半径的已知函数，则径向压力沿叶高的变化可表示为

$$p_{\mathrm{tip}}-p_{\mathrm{root}}=\int_{\mathrm{root}}^{\mathrm{tip}}\rho c_\theta^2\frac{\mathrm{d}r}{r} \tag{6.2a}$$

对于不可压缩流体，

$$p_{\mathrm{tip}}-p_{\mathrm{root}}=\rho\int_{\mathrm{root}}^{\mathrm{tip}}c_\theta^2\frac{\mathrm{d}r}{r} \tag{6.2b}$$

滞止焓可表示为($c_r=0$)

$$h_0=h+\frac{1}{2}(c_x^2+c_\theta^2) \tag{6.3}$$

因此有，

$$\frac{\mathrm{d}h_0}{\mathrm{d}r}=\frac{\mathrm{d}h}{\mathrm{d}r}+c_x\frac{\mathrm{d}c_x}{\mathrm{d}r}+c_\theta\frac{\mathrm{d}c_\theta}{\mathrm{d}r} \tag{6.4}$$

同样，热力学关系 $T\mathrm{d}s=\mathrm{d}h-(1/\rho)\mathrm{d}p$ 可表示为

$$T\frac{\mathrm{d}s}{\mathrm{d}r}=\frac{\mathrm{d}h}{\mathrm{d}r}-\frac{1}{\rho}\frac{\mathrm{d}p}{\mathrm{d}r} \tag{6.5}$$

组合式(6.1)、(6.4)及(6.5)，消去 $\mathrm{d}p/\mathrm{d}r$ 和 $\mathrm{d}h/\mathrm{d}r$，可得径向平衡方程为

$$\frac{\mathrm{d}h_0}{\mathrm{d}r}-T\frac{\mathrm{d}s}{\mathrm{d}r}=c_x\frac{\mathrm{d}c_x}{\mathrm{d}r}+\frac{c_\theta}{r}\frac{\mathrm{d}}{\mathrm{d}r}(rc_\theta) \tag{6.6a}$$

如果滞止焓 h_0 和熵 s 沿半径保持不变，即 $\mathrm{d}h_0/\mathrm{d}r=\mathrm{d}s/\mathrm{d}r=0$，则式(6.6a)转化为

$$c_x\frac{\mathrm{d}c_x}{\mathrm{d}r}+\frac{c_\theta}{r}\frac{\mathrm{d}}{\mathrm{d}r}(rc_\theta)=0 \tag{6.6b}$$

式(6.6b)适用于绝热可逆(理想)的透平机械叶栅间的流动，在此类透平机械中，动叶输出或输入的功沿半径保持不变。若流体不可压缩，则可用 $p_0=p+(1/2)\rho(c_x^2+c_\theta^2)$ 代

替式(6.3)，于是有

$$\frac{1}{\rho}\frac{dp_0}{dr}=\frac{1}{\rho}\frac{dp}{dr}+c_x\frac{dc_x}{dr}+c_\theta\frac{dc_\theta}{dr} \tag{6.7}$$

联立式(6.1)和(6.7)可得，

$$\frac{1}{\rho}\frac{dp_0}{dr}=c_x\frac{dc_x}{dr}+\frac{c_\theta}{r}\frac{d}{dr}(rc_\theta) \tag{6.8}$$

若在透平机械中，动叶传输的功以及通过叶栅的总压损失沿半径保持不变，则式(6.8)显然可以简化为式(6.6)。

式(6.6b)可应用于两类问题：设计(或间接)问题，在这类问题中，给定切向速度分布，求解轴向速度的变化；或直接问题，这类问题则给定旋流角分布，求解轴向和切向速度。

6.3 间接问题

自由涡流型

这是一种半径与切向速度的乘积保持不变的流型(即 $rc_\theta=K$，K 为常数)。使用“无涡”这个词可能更为合适，因为在这种流动中涡量(确切地说是涡量的轴向分量)为零。

考虑如图 6.3 所示的一个绕某固定轴旋转的理想无粘流体微元。速度环量 Γ 定义为速度沿一条包围面积 A 的封闭曲线的线积分，或 $\Gamma=\oint c\,ds$ 。一点处的涡量定义为环量 $\delta\Gamma$ 除以面积 δA 并令 δA 趋近于零时的极限值。因此，涡量 $\omega=d\Gamma/dA$。

对于图 6.3 所示的微元，有 $c_r=0$ 以及

$$d\Gamma=(c_\theta+dc_\theta)(r+dr)d\theta-c_\theta r\,d\theta=\left(\frac{dc_\theta}{dr}+\frac{c_\theta}{r}\right)r\,d\theta dr$$

上式的推导过程中忽略了小量的乘积。因此，$\omega=d\Gamma/dA=(1/r)d(rc_\theta)/dr$ 。若涡量为零，$d(rc_\theta)/dr$ 也就为零，于是 rc_θ沿径向保持不变。

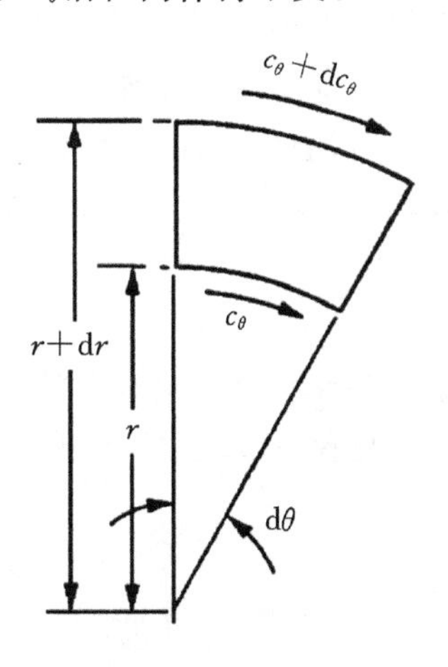

图 6.3 流体微元的环量

将 $rc_\theta=$ 常数 代入式(6.6b)，可得 $dc_x/dr=0$ ，于是有 $c_x=$ 常数 。这一结果可应用于

流过自由涡压气机级或涡轮机级的不可压缩流动，由此可求解出气流角、反动度及做功沿径向的变化。

压气机级

考虑一压气机级，动叶前有 $rc_{\theta 1}=K_1$，动叶后有 $rc_{\theta 2}=K_2$，其中 K_1 和 K_2 均为常数。动叶对单位质量流体所做的功为

$$\Delta W = U(c_{\theta 2} - c_{\theta 1}) = \Omega r(K_2/r - K_1/r) = \text{常数}$$

由此可见，动叶所做的功沿径向保持为常数。

动叶进、出口相对气流角(图 5.2)为

$$\tan\beta_1 = \frac{U}{c_x} - \tan\alpha_1 = \frac{\Omega r - K_1/r}{c_x}$$

$$\tan\beta_2 = \frac{U}{c_x} - \tan\alpha_2 = \frac{\Omega r - K_2/r}{c_x}$$

对于不可压缩流体，$c_{x1} = c_{x2} = c_x$ 。

第 5 章中，轴流压气机的反动度定义为

$$R = \frac{\text{动叶静焓升}}{\text{整级静焓升}}$$

对于 c_x 为常数的常规级($\alpha_1=\alpha_3$)，由式(5.21)可知反动度为

$$R = \frac{c_x}{2U}(\tan\beta_1 + \tan\beta_2)$$

将 $\tan\beta_1$ 和 $\tan\beta_2$ 的值代入式(5.21)，可得反动度为

$$R = 1 - \frac{k}{r^2} \tag{6.9}$$

式中，

$$k = (K_1 + K_2)/(2\Omega)$$

显然，若 k 值为正，反动度从叶片根部到顶部逐渐增大。同样，由式(6.1)可知，由于 c_θ^2/r 始终为正($c_\theta=0$ 除外)，所以静压力也是从叶片根部到顶部逐渐增大。对于自由涡流型，有 $rc_\theta=K$，所以积分式(6.1)即可得静压力的变化为 $p/\rho = \text{常数} - K^2/(2r^2)$ 。

例题 6.1

一台轴流压气机级的动叶栅前后切向速度沿径向的分布均为自由涡流型设计。叶顶直径为 1.0 m，轮毂直径为 0.9 m，两者在整级中均保持不变。动叶顶部气流角如下：

进口绝对气流角，$\alpha_1=30°$；

进口相对气流角，$\beta_1=60°$；

出口绝对气流角，$\alpha_2=60°$；

出口相对气流角，$\beta_2=30°$。

试确定：

a. 轴向速度；

b. 质量流量；

c. 整级吸收的功；

d. 轮毂处的气流角；

e. 轮毂处级的反动度；

给定转子转速为 6000 r/min，空气密度为 1.5 kg/m^3，并假设在级内保持不变。为了简化计算，进一步假设级前与级后的滞止焓和熵均为常数。

解：

a. 转速 $\Omega = 2\pi N/60 = 628.4$ rad/s 。因此，叶顶圆周速度为 $U_t = \Omega r_t = 314.2$ m/s，轮毂处叶片圆周速度为 $U_h = \Omega r_h = 282.5$ m/s 。根据级的速度三角形(如图 5.2)，叶顶圆周速度

$$U_t = c_x(\tan 60° + \tan 30°) = 2.309c_x$$

于是可得 $c_x = 136$ m/s，由于流动是自由涡流型，因此该值沿径向保持不变。

b. 质量流量 $\dot{m} = \pi(r_t^2 - r_h^2)\rho c_x = \pi(0.5^2 - 0.45^2)1.5 \times 136 = 30.4$ kg/s 。

c. 整级吸收的功

$$\begin{aligned}\dot{W}_c &= \dot{m}U_t(c_{\theta 2t} - c_{\theta 1t}) \\ &= \dot{m}U_t c_x(\tan\alpha_{2t} - \tan\alpha_{1t}) \\ &= 30.4 \times 314.2 \times 136(\sqrt{3} - 1/\sqrt{3}) \\ &= 1.5\ \text{MW}\end{aligned}$$

d. 在动叶顶部进口处，

$$c_{\theta 1t} = c_x \tan\alpha_1 = 136/\sqrt{3} = 78.6\ \text{m/s}$$

因为绝对流动属于自由涡流型，$rc_\theta =$ 常数。所以 $c_{\theta 1h} = c_{\theta 1t}(r_t/r_h) = 78.6 \times 0.5/0.45 = 87.3$ m/s 。而在叶顶出口处，有

$$c_{\theta 2t} = c_x \tan\alpha_2 = 136 \times \sqrt{3} = 235.6\ \text{m/s}$$

因此有，$c_{\theta 2h} = c_{\theta 2t}(r_t/r_h) = 235.6 \times 0.5/0.45 = 262$ m/s 。轮毂处的气流角可由下列各式求出：

$$\begin{aligned}\tan\alpha_1 &= c_{\theta 1h}/c_x = 87.3/136 = 0.642 \\ \tan\beta_1 &= U_h/c_x - \tan\alpha_1 = 1.436 \\ \tan\alpha_2 &= c_{\theta 2h}/c_x = 262/136 = 1.928 \\ \tan\beta_2 &= U_h/c_x - \tan\alpha_2 = 0.152\end{aligned}$$

因此，在轮毂处 $\alpha_1 = 32.75°$，$\beta_1 = 55.15°$，$\alpha_2 = 62.6°$，$\beta_2 = 8.64°$。

e. 轮毂处的反动度可以采用几种方法进行计算。由式(6.9)

$$R = 1 - k/r^2$$

由于速度三角形对称，

$$\text{在 } r = r_t \text{ 处}, R = 0.5, \text{有 } k = 0.5r_t^2$$

因此在轮毂处，

$$R_h = 1 - 0.5\ (0.5/0.45)^2 = 0.382$$

可见速度三角形不再对称，与图 5.5(b)所示类似。

在自由涡条件下,流动规律比较简单,这对设计人员很有吸引力,许多压气机设计都采用这一流型。然而,从图6.4所示采用自由涡流型设计的典型压气机级的气流角与马赫数变化规律可以看出,这种流型的特点是在轮毂附近流动偏转较大,在叶顶附近马赫数较大,两者都会对效率造成不利影响。更为严重的缺陷是,动叶从叶根到叶顶的扭曲很大,这将增加叶片的制造难度。

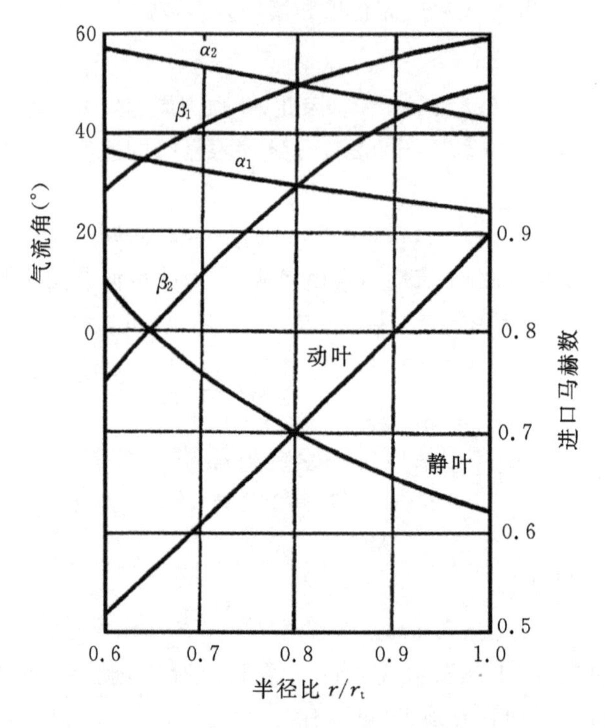

图6.4 自由涡压气机级的气流角和马赫数随半径的变化关系(引自 Howell,1945)

为了避免自由涡流型设计的缺陷,研究人员提出了许多类型的涡流流型,Horlock(1958)对其中几种进行了比较。下面介绍轴流压气机级几种改进流型的功与轴向速度分布的径向平衡解。

强制涡流型

这种流型的 c_θ 与 r 成正比,因此强制涡流有时也称为刚体旋转。假设动叶进口气流的 h_{01} 为常数且 $c_{\theta 1}=K_1 r$。

由式(6.6b),

$$\frac{\mathrm{d}}{\mathrm{d}r}\left(\frac{c_{x1}^2}{2}\right)=-K_1\frac{\mathrm{d}}{\mathrm{d}r}(K_1 r^2)$$

积分上式,得

$$c_{x1}^2=常数-2K_1^2 r^2 \tag{6.10}$$

在动叶之后,有 $c_{\theta 2}=K_2 r$ 及 $h_{02}-h_{01}=U(c_{\theta 2}-c_{\theta 1})=\Omega(K_2-K_1)r^2$。由此可知,因为功沿径向不是均匀分布,就需要对动叶之后的气流使用径向平衡方程(6.6a):

$$\frac{\mathrm{d}h_{02}}{\mathrm{d}r}=2\Omega(K_2-K_1)r=\frac{\mathrm{d}}{\mathrm{d}r}\left(\frac{c_{x2}^2}{2}\right)+K_2\frac{\mathrm{d}}{\mathrm{d}r}(K_2 r^2)$$

整理并积分后，得

$$c_{x2}^2 = \text{常数} - 2[K_2^2 - \Omega(K_2 - K_1)]r^2 \tag{6.11}$$

式(6.10)和(6.11)中的积分常数可以通过连续方程求得，即，

$$\frac{\dot{m}}{2\pi\rho} = \int_{r_h}^{r_2} c_{x1} r \mathrm{d}r = \int_{r_h}^{r_2} c_{x2} r \mathrm{d}r \tag{6.12}$$

上式适用于不可压缩流动。

可变涡流型设计

在这种设计下，切向速度分布由下式给出：

$$c_{\theta 1} = ar^n - b/r(\text{动叶前}) \tag{6.13a}$$

$$c_{\theta 2} = ar^n + b/r(\text{动叶后}) \tag{6.13b}$$

对于所有的 n 值，功都不随半径变化，因此，如果 h_{01} 沿径向均匀分布，则 h_{02} 也均匀分布。由式(6.13a)和(6.13b)可得

$$\Delta W = h_{02} - h_{01} = U(c_{\theta 2} - c_{\theta 1}) = 2b\Omega \tag{6.14}$$

选择不同的 n 值可以给出压气机设计中常用的几种切向速度分布。若 $n=0$，或零次方叶栅，将设计出所谓“指数型”级(见本章末习题)。而当 $n=1$ 时，或一次方叶栅，则称为等反动度级(并不正确，见稍后对这种级的分析)。

混合涡流型设计

使用自由涡流型进行设计，特别是将其应用于轮毂比较小的级时，气流角、反动度及切向速度的变化都很大。这就要求叶片高度扭曲，不仅大幅增加叶片的制造难度及成本，而且可能导致较大的总压损失。透平机械设计人员已经意识到了这一困难，并尝试各种对策以降低上述流动参数的过大变化。其中之一是采用所谓的“混合涡”，即将一个自由涡与一个强制涡或刚体旋转相结合。对于动叶栅之后的流动，组合流动的切向速度分布为

$$c_{\theta 2} = \frac{a}{r} + br \tag{6.15}$$

一次方级涡流型设计

根据第 5 章的讨论可知，若给定级的温升，为了获得最大级效率，所有半径处的反动度均应选为 50%。动叶前、后切向速度分布分别为

$$c_{\theta 1} = ar - b/r, \quad c_{\theta 2} = ar + b/r \tag{6.16}$$

改写反动度表达式(5.21)如下：

$$R = 1 - \frac{c_x}{2U}(\tan\alpha_1 + \tan\alpha_2)$$

然后利用式(6.16)，得

$$R = 1 - a/\Omega = \text{常数} \tag{6.17}$$

式(6.17)隐含了一个假设，即通过动叶的流体轴向速度保持不变，当然也就相当于忽略了径向平衡。实际上，通过动叶的流体轴向速度必须沿径向变化，所以式(6.17)只是粗略的近似公式。

假设级的进口滞止焓为常数，积分式(6.6b)，可得动叶前、后轴向速度分布为

$$c_{x1}^2 = 常数 - 4a\left(\frac{1}{2}ar^2 - b\ln r\right) \tag{6.18a}$$

$$c_{x2}^2 = 常数 - 4a\left(\frac{1}{2}ar^2 + b\ln r\right) \tag{6.18b}$$

将上述表达式转换为无量纲形式，使用起来更为方便：

$$\left(\frac{c_{x1}}{U_t}\right)^2 = A_1 - \left(\frac{2a}{\Omega}\right)^2\left[\frac{1}{2}\left(\frac{r}{r_t}\right)^2 - \frac{b}{ar_t^2}\ln\left(\frac{r}{r_t}\right)\right] \tag{6.19a}$$

$$\left(\frac{c_{x2}}{U_t}\right)^2 = A_2 - \left(\frac{2a}{\Omega}\right)^2\left[\frac{1}{2}\left(\frac{r}{r_t}\right)^2 + \frac{b}{ar_t^2}\ln\left(\frac{r}{r_t}\right)\right] \tag{6.19b}$$

式中，$U_t = \Omega r_t$ 为叶顶圆周速度。常数 A_1 和 A_2 必须满足连续方程(6.12)，因此不能任取。

例题 6.2

级的设计问题

对于一个混合涡级的设计，可以通过仔细选取式(6.15)中常数 a 和 b 的值来优化叶片负荷的径向分布。不过，Lewis(1996)提出了一个更好的设计方案来替代优化负荷系数 ψ 的方法，并使负荷分布得更为均匀。考虑一单列压气机动叶栅，其上游来流为不可压缩流体的完全轴向流动，即 $c_{\theta1}=0$。在这种工况下，负荷系数的变化可由下式求解：

$$\psi = \frac{\Delta p_0}{\rho U^2} = \frac{c_{\theta2}}{U} = \frac{1}{\Omega}\left(\frac{a}{r^2} + b\right)$$

选取两个不同半径处的负荷系数，可以确定 a 和 b 值。令均方根半径 $r = r_m = \sqrt{(1/2)(r_h^2 + r_t^2)}$ 处，$\psi=\psi_m=0.3$，以及 $r=r_h$ 处，$\psi=\psi_h=0.6$。轮毂-叶顶半径比为 $r_h/r_t=0.4$，$r_m/r_t=0.7616$，且 $r_t=0.5$ m。r_h、r_t 及负荷系数的选取都是任意的，其他参数则可根据转速 $\Omega=500$ rad/s 进行选取。代入上述负荷系数表达式，可得 a 和 b 的值为

$$a=8.286 \text{ 及 } b=92.86$$

此时，将自由涡设计所得的特性值与混合涡设计所得的值进行对比是十分有益的，对比结果见表 6.1。注意，由式(5.23)显然可以得到，当 $c_{\theta1}=0$ 时，反动度 $R=1-\psi/2$。根据表 6.1 可以看出，采用自由涡设计时，负荷系数 ψ 和反动度 R 的变化相当大，而采用混合涡设计时，两个参数则变化适中。

表 6.1　两种设计下的切向速度比、负荷系数及反动度分布

r/r_t	自由涡流型			混合涡流型		
	$c_{\theta2}/\bar{c}_x$	ψ	R	$c_{\theta2}/\bar{c}_x$	ψ	R
0.4	1.142	1.088	0.456	0.630	0.600	0.700
0.5	0.913	0.696	0.652	0.592	0.451	0.775
0.6	0.761	0.483	0.758	0.583	0.370	0.815
0.7	0.653	0.355	0.822	0.590	0.321	0.840
0.8	0.571	0.272	0.864	0.608	0.289	0.855
0.9	0.508	0.215	0.893	0.632	0.268	0.866
1.0	0.457	0.174	0.913	0.662	0.252	0.874

轴向速度的求解

对于混合涡流型，轴向速度（h_0＝常数和 s＝常数）可用下式求解：

$$c_x\frac{\mathrm{d}c_x}{\mathrm{d}r}+\frac{c_\theta}{r}\frac{\mathrm{d}(rc_\theta)}{\mathrm{d}r}=0 \text{ 或 } \frac{\mathrm{d}}{\mathrm{d}r}(c_x^2)=-2\frac{c_\theta}{r}\frac{\mathrm{d}}{\mathrm{d}r}(rc_\theta)$$

又由 $c_{\theta 2}=(a/r)+br$，可得

$$c_{x2}^2=-4b\int\left(\frac{a}{r}+br\right)\mathrm{d}r=C-4b\left[a\ln r+\frac{b}{2}r^2\right]$$

式中，C 为任意常数，可由连续方程确定。轴向速度的平均值为 $\bar{c}_x=\phi_\mathrm{m}U_\mathrm{m}=95.2\ \mathrm{m/s}$。动叶上游体积流量 Q 为

$$Q/\pi=\bar{c}_x(r_\mathrm{t}^2-r_\mathrm{h}^2)=20.0\ \mathrm{m^3/s}$$

下游体积流量为

$$Q/\pi=\int_{r_\mathrm{h}}^{r_\mathrm{t}}c_{x2}r\mathrm{d}r=\int_{r_\mathrm{h}}^{r_\mathrm{t}}\sqrt{C-4b[a\ln r+br^2/2]}\times r\mathrm{d}r$$

为了求解 C，需要进行迭代计算。首选“纵坐标中值法”，表 6.2 所示为迭代（C＝8500）的最终结果。利用表中结果，可以计算出叶片下游体积流量为 $Q/\pi=\sum c_{x2}r_{\mathrm{mid}}\times 0.1=19.98\ \mathrm{m^3/s}$。

表 6.2 混合涡流型计算结果

半径 r(m)	0.20	0.25	0.30	0.35	0.40	0.45	0.50
$4b[a\ln r+br^2/2]$	−4264	−3190	−2153	−1119	−60.5	1035	2178
$C-4b[a\ln r+br^2/2]$	12764	11690	10653	9619	8560	7465	6322
c_{x2} (m/s)	113.0	108.1	103.2	98.08	92.52	86.4	79.5
纵坐标中值处 c_{x2}	110.5	105.6	100.64	95.3	89.46	82.95	
纵坐标中值处的半径(m)	0.225	0.275	0.325	0.375	0.425	0.475	

这一结果与动叶上游的 Q/π 值几乎相等。表 6.3 详细给出了绝对气流角与相对气流角 α_2、β_1、β_2 以及流动偏转角 ε 的计算结果。表中使用的气流角符号与图 5.2（$c_{\theta 1}=0°$）给出的通用符号一致。各角度由下述表达式确定：

$$\tan\beta_1=\frac{U}{c_{x2}},\quad \tan\beta_2=\frac{U}{c_{x2}}(1-\psi),\quad \tan\alpha_2=\psi\frac{U}{c_{x2}},\quad \text{以及 } \varepsilon=\beta_1-\beta_2$$

图 6.5 所示为半径 r/r_t＝0.4、0.7 及 1.0 时的速度三角形。为了简便起见，绘制时设进、出口轴向速度相等。实际上，由于动叶上游不存在旋流，所以该处流体轴向速度不随半径变化。

表 6.3 采用混合涡流型设计的气流角

r/r_t	0.40	0.50	0.60	0.70	0.80	0.90	1.00
β_1 (°)	41.5	49.15	55.47	60.73	65.17	70.0	72.36
β_2 (°)	19.49	32.4	42.47	50.46	56.95	62.32	66.97
ε (°)	22.01	16.75	13.0	10.27	8.22	7.68	5.39
α_2 (°)	27.97	27.53	28.26	29.8	32.0	34.91	38.4
$\phi=c_{x2}/U_\mathrm{t}$	1.13	0.865	0.688	0.561	0.463	0.384	0.318

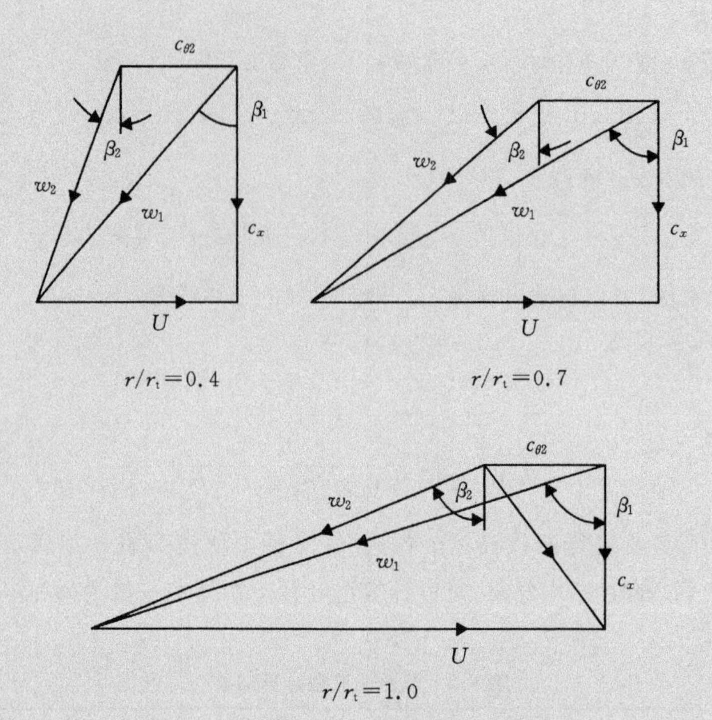

图 6.5 采用混合涡流型设计的速度三角形

过大旋流导致的子午面回流

下游流速分布的显著特征是，随着 $r\to r_t$，轴向速度迅速减小。而旋流速度的增大将使轴向速度进一步减小，最终可能产生回流。这是一个实际的物理极限，并且从数学上由上述方程并不能给出真实的解答。如果要求解这一问题，就需要规定功的传递沿径向是相当均匀的。若增大出口旋流的能量(通过增加因子 b 来实现)，则能量对轴向速度分量的贡献将减小，这可能导致流动失稳。Lewis(1996)认为，为避免产生上述流动问题，设计人员有两种解决方案：

1. 设定一个强度不太大的涡流流型，或者

2. 增大轮毂/叶顶半径比。

6.4 直接问题

在直接问题中，通常给定气流角的变化，然后通过径向平衡方程确定 c_x 和 c_θ。

径向平衡方程为

$$c_x\frac{\mathrm{d}c_x}{\mathrm{d}r}+\frac{c_\theta}{r}\frac{\mathrm{d}}{\mathrm{d}r}(rc_\theta)=\frac{\mathrm{d}h_0}{\mathrm{d}r}-T\frac{\mathrm{d}s}{\mathrm{d}r} \tag{6.20a}$$

代入 $c_\theta=c\sin\alpha$ 和 $c_x=c\cos\alpha$，可得

$$c_x\frac{\mathrm{d}c_x}{\mathrm{d}r}+\frac{c\sin\alpha}{r}\frac{\mathrm{d}}{\mathrm{d}r}(rc\sin\alpha)=\frac{\mathrm{d}h_0}{\mathrm{d}r}-T\frac{\mathrm{d}s}{\mathrm{d}r}$$

$$\frac{c\sin\alpha}{r}\frac{\mathrm{d}}{\mathrm{d}r}(rc\sin\alpha)+c\cos\alpha\frac{\mathrm{d}}{\mathrm{d}r}(c\cos\alpha)=\frac{\mathrm{d}h_0}{\mathrm{d}r}-T\frac{\mathrm{d}s}{\mathrm{d}r}$$

所以，$\frac{c\sin\alpha}{r}\left[c\sin\alpha+r\sin\alpha\frac{\mathrm{d}c}{\mathrm{d}r}+rc\cos\alpha\frac{\mathrm{d}\alpha}{\mathrm{d}r}\right]+c\cos\alpha\left[\frac{\mathrm{d}c}{\mathrm{d}r}\cos\alpha-c\sin\alpha\frac{\mathrm{d}\alpha}{\mathrm{d}r}\right]=\frac{\mathrm{d}h_0}{\mathrm{d}r}-T\frac{\mathrm{d}s}{\mathrm{d}r}$

将各项相乘并简化，可得

$$c\frac{\mathrm{d}c}{\mathrm{d}r}+\frac{c^2}{r}\sin^2\alpha=\frac{\mathrm{d}h_0}{\mathrm{d}r}-T\frac{\mathrm{d}s}{\mathrm{d}r} \tag{6.20b}$$

注意式(6.20a)和(6.20b)的相似性。

一些特殊的流型

1. 若 $\mathrm{d}h_0/\mathrm{d}r$ 与 $\mathrm{d}s/\mathrm{d}r$ 均为零，则积分式(6.20b)可得

$$\ln c=-\int\sin^2\alpha\frac{\mathrm{d}r}{r}+a\ (a\ 为常数)$$

如 $r=r_{\mathrm{m}}$ 时，$c=c_{\mathrm{m}}$，则

$$\frac{c}{c_{\mathrm{m}}}=\exp\left(-\int\sin^2\alpha\frac{\mathrm{d}r}{r}\right) \tag{6.21}$$

2. 若气流角为常数，则上式可简化为

$$\frac{c}{c_{\mathrm{m}}}=\frac{c_x}{c_{x\mathrm{m}}}=\frac{c_\theta}{c_{\theta\mathrm{m}}}=\left(\frac{r}{r_{\mathrm{m}}}\right)^{-\sin^2\alpha} \tag{6.22}$$

由于制造无扭曲叶片更为简单，所以实际中常采用式(6.22)表示的旋流分布。

径向平衡方程的通解

更一般的情况是，当 $h_0=h_0(r)$ 时，$\alpha=\alpha(r)$ 及 $s=a$，a 为常数。这一规定使设计人员的选择范围更大。可以按如下方法求解径向平衡方程，此时，式(6.20b)可表示为

$$c\frac{\mathrm{d}c}{\mathrm{d}r}+\frac{c^2}{r}\sin^2\alpha=\frac{\mathrm{d}h_0}{\mathrm{d}r}$$

可以引入一个积分因子求解该式。令上式各项乘以

$$\exp\left[2\int\sin^2\alpha\frac{\mathrm{d}r}{r}\right]$$

可得，
$$\frac{\mathrm{d}}{\mathrm{d}r}\left\{c^2\exp\left[2\int\sin^2\alpha\frac{\mathrm{d}r}{r}\right]\right\}=2\left(\frac{\mathrm{d}h_0}{\mathrm{d}r}\right)\exp\left[2\int\sin^2\alpha\frac{\mathrm{d}r}{r}\right]$$

解得速度为

$$c^2=\frac{2\int\{e^{\mathrm{D}}\}(\mathrm{d}h_0/\mathrm{d}r)+K}{\{e^{\mathrm{D}}\}}$$

式中，$e^{\mathrm{D}}=\exp\left(2\int(\sin^2\alpha/r)\mathrm{d}r\right)$，$K$ 为常数。

令 $r=r_{\mathrm{m}}$ 处，$c=c_{\mathrm{m}}$，可解出 K。最终的速度表达式为

$$\frac{c^2}{c_{\mathrm{m}}^2}=\frac{2\int_{r_{\mathrm{m}}}^{r}\left[\exp\left(2\int_{r_{\mathrm{m}}}^{r}(\sin^2\alpha/r)\mathrm{d}r\right)\right](\mathrm{d}h_0/\mathrm{d}r)\mathrm{d}r}{\exp\left(2\int_{r_{\mathrm{m}}}^{r}(\sin^2\alpha/r)\mathrm{d}r\right)}+\exp\left(-2\int_{r_{\mathrm{m}}}^{r}(\sin^2\alpha/r)\mathrm{d}r\right)$$

或简化为

$$\frac{c^2}{c_m^2} = \frac{2\int_{r_m}^{r} e^D (dh_0/dr)dr + 1}{e^D} \tag{6.23a}$$

一个特殊的流型

令 $2dh_0/dr = kc_m^2/r_m$ 及 $a = 2\sin^2\alpha$，则 $\exp\left(2\int_{r_m}^{r} \sin^2\alpha dr/r\right) = r^a$，因此有

$$\left(\frac{c}{c_m}\right)^2 \left(\frac{r}{r_m}\right)^a = 1 + \frac{k}{1+k}\left[\left(\frac{r}{r_m}\right)^{1+a} - 1\right] \tag{6.23b}$$

如果 α 的变化设定为 $b(r/r_m) = 2\sin^2\alpha$，其中 b 为常数，则可得

$$\left(\frac{c}{c_m}\right)^2 = \frac{k}{b} + \left(1 - \frac{k}{b}\right)\exp\left[b\left(1 - \frac{r}{r_m}\right)\right] \tag{6.23c}$$

式中，k 为积分常数。

上述分析结果可用于叶片的初步设计，此外，有一些计算方法用其设定边界条件，参见 Lakshminarayana(1996)。

6.5 通过静叶栅的可压缩流动

在高性能燃气轮机的叶栅中，流体速度通常接近甚至超过音速，因此可压缩效应不能忽略。本节只对无粘完全气体在静叶栅中的流动进行简要分析，类似分析也可以应用于动叶栅。

径向平衡方程(6.6a)既适用于不可压缩流动，也适用于可压缩流动。当滞止焓和熵为常数时，自由涡流型意味着无论流体通过叶栅时密度是否发生变化，叶栅下游流体的轴向速度分布都是均匀的。实际上对于高速流动来说，叶栅中的流体密度必然会发生变化，这意味着流线将如图 6.1 所示那样发生偏移。这一点可通过下面介绍的完全气体自由涡流型来说明。根据径向平衡，有

$$\frac{1}{\rho}\frac{dp}{dr} = \frac{c_\theta^2}{r} = \frac{K^2}{r^3}，其中\ c_\theta = \frac{K}{r}$$

对于完全气体的可逆绝热流动，$\rho = Ep^{1/\gamma}$（见式(1.35)），其中 E 为常数。于是有，

$$\int p^{-1/\gamma} dp = EK^2 \int r^{-3} dr + 常数$$

因此，

$$p = \left[常数 - \left(\frac{\gamma - 1}{\gamma}\right)\frac{EK^2}{r^2}\right]^{\gamma/(\gamma-1)} \tag{6.24}$$

对于该自由涡流型，气缸处的流体压力和密度必须大于轮毂处的相应参数。而对于高速、高旋流角的流动来说，从轮毂到叶顶的流体密度变化可能非常明显。如果流体在进入叶栅时切向速度为零，那么密度就是均匀分布的。因此，根据质量守恒可知，叶栅通道内的流体必然会重新分布以抵消密度的变化。对于该叶栅，连续方程为

$$\dot{m} = \rho_1 A_1 c_{x1} = 2\pi c_{x2} \int_{r_h}^{r_t} \rho_2 r dr \tag{6.25}$$

式中，ρ_2 为旋流流体密度，可由式(6.24)得出。

6.6 比质量流量为常数的流型

尽管并没有证据表明通过叶栅后流动参数分布的改变会使效率降低，但 Horlock (1966)还是提出，对每一列叶栅，选取 c_θ 径向的分布时都应保证轴向速度与密度的乘积不随半径变化，即

$$\mathrm{d}\dot{m}/\mathrm{d}A = \rho c_x = \rho c \cos\alpha = \rho_\mathrm{m} c_\mathrm{m} \cos\alpha_\mathrm{m} = \text{常数} \tag{6.26}$$

式中，下标 m 表示 $r=r_\mathrm{m}$ 处的参数。将径向平衡理论应用于可压缩流动时，比质量流量为常数的设计是合理的选择，因为此时 $c_r=0$ 的假设看来可以实现。

这种流型可以利用简单的计算程序进行求解，此处为了说明求解方法，将对一个涡轮机级进行分析。为方便起见，设静叶进口滞止焓均匀分布，熵在该级中不发生变化，流体为完全气体。在上述条件下，静叶出口的径向平衡方程(6.20)可写为

$$\mathrm{d}c/c = -\sin^2\alpha \mathrm{d}r/r \tag{6.27}$$

由式(6.1)，并注意到等熵条件下音速 $a = \sqrt{\mathrm{d}p/\mathrm{d}\rho}$，

$$\frac{1}{\rho}\frac{\mathrm{d}p}{\mathrm{d}r} = \frac{1}{\rho}\left(\frac{\mathrm{d}p}{\mathrm{d}\rho}\right)\left(\frac{\mathrm{d}\rho}{\mathrm{d}r}\right) = \frac{a^2}{\rho}\frac{\mathrm{d}\rho}{\mathrm{d}r} = \frac{c^2}{r}\sin^2\alpha$$

可得

$$\mathrm{d}\rho/\rho = M^2 \sin^2\alpha \mathrm{d}r/r \tag{6.28a}$$

其中，气流马赫数为

$$M = c/a = c/\sqrt{\gamma RT} \tag{6.28b}$$

完全气体温度和密度之间的等熵关系为

$$T/T_\mathrm{m} = (\rho/\rho_\mathrm{m})^{\gamma-1}$$

对上式求对数并微分，得

$$\mathrm{d}T/T = (\gamma-1)\mathrm{d}\rho/\rho \tag{6.29}$$

利用这组方程，可按如下程序确定静叶出口的流动参数。从 $r=r_\mathrm{m}$ 处开始，设 c_m、α_m、T_m 及 ρ_m 已知。选取一有限的间距 Δr，然后分别采用式(6.27)、(6.28)及(6.29)计算相应的速度变化 Δc、密度变化 $\Delta\rho$ 及温度变化 ΔT，可以获得新半径 $r=r_\mathrm{m}+\Delta r$ 处的速度 $c=c_\mathrm{m}+\Delta c$、密度 $\rho=\rho_\mathrm{m}+\Delta\rho$ 及温度 $T=T_\mathrm{m}+\Delta T$。再由式(6.26)和(6.28b)解得相应的气流角 α 和马赫数 M。如此就获得了半径 $r=r_\mathrm{m}+\Delta r$ 处该问题的所有参数。进一步增大半径并重复此过程直至汽缸，再从平均半径处逐步减小半径直到轮毂，就可以获得所有半径处的流动参数。

图 6.6 所示为采用此程序计算出的一个涡轮机静叶栅气流角及马赫数分布。静叶栅轮毂-叶顶半径比为 0.6，平均半径处的输入数据为 $\alpha_\mathrm{m}=70.4°$ 和 $M=0.907$。假定空气滞止压力为 859 kPa，滞止温度为 465 K。其结果的一个显著特征是旋流角几乎为均匀分布。

当静叶出口流动参数完全确定后，就可通过类似程序求解动叶出口的流动参数。由于动叶所做比功沿径向是非均匀分布的，所以动叶计算程序比静叶复杂一些。根据第 4 章定义的符号规则，通过动叶的滞止焓降为

$$h_{02} - h_{03} = U(c_{\theta 2} + c_{\theta 3}) \tag{6.30a}$$

因此动叶后的滞止焓梯度为

$$\mathrm{d}h_{03}/\mathrm{d}r = -\mathrm{d}[U(c_{\theta 2}+c_{\theta 3})]/\mathrm{d}r = -\mathrm{d}(Uc_{\theta 2})/\mathrm{d}r - \mathrm{d}(Uc_3\sin\alpha_3)/\mathrm{d}r$$

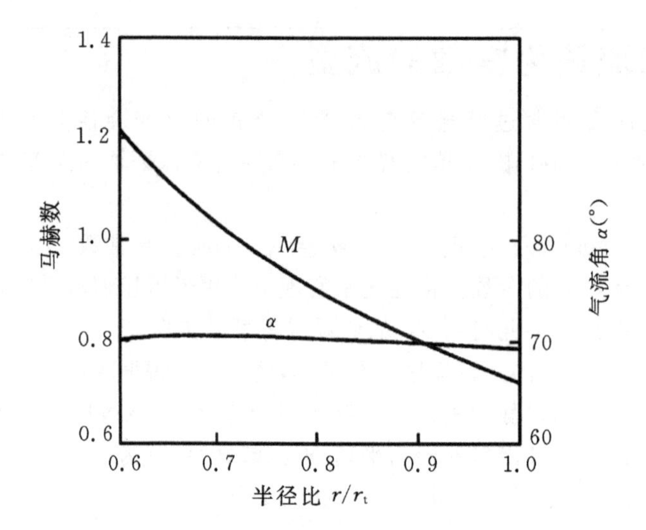

图 6.6 比质量流量为常数时静叶栅气流角及马赫数随半径的变化

将最后一项微分后，得

$$-\mathrm{d}h_0 = \mathrm{d}(Uc_{\theta 2}) + U(c\sin\alpha\mathrm{d}r/r + \sin\alpha\mathrm{d}c + c\cos\alpha\mathrm{d}\alpha) \tag{6.30b}$$

式中，下标 3 已略去。

由式(6.20b)，对动叶出口流动应用径向平衡方程，得

$$\mathrm{d}h_0 = c^2\sin^2\alpha\mathrm{d}r/r + c\mathrm{d}c \tag{6.30c}$$

对 $\rho c\cos\alpha$=常数求对数，然后微分得

$$\mathrm{d}\rho/\rho + \mathrm{d}c/c = \tan\alpha\mathrm{d}\alpha \tag{6.31}$$

由式(6.30b)和(6.30c)消去 $\mathrm{d}h_0$，并由式(6.29)和(6.31)消去 $\mathrm{d}\rho/\rho$，再由所得的两个方程消去 $\mathrm{d}\alpha$，可得

$$\frac{\mathrm{d}c}{c}\left(1+\frac{c_\theta}{U}\right) = -\sin^2\alpha\left[\frac{\mathrm{d}(rc_\theta)}{rc_\theta} + \left(1+\frac{c_\theta}{U}+M_x^2\right)\frac{\mathrm{d}r}{r}\right] \tag{6.32}$$

式中，$M_x = M\cos\alpha = c\cos\alpha/\sqrt{\gamma RT}$。静温则为

$$T = T_3 = T_{03} - c_3^2/(2C_\mathrm{p}) = T_{02} - [U(c_{\theta 2}+c_{\theta 3}) + (1/2)c_3^2]/C_\mathrm{p} \tag{6.33}$$

式(6.32)的证明留给勤奋的学生作为练习。

若给定 $r=r_\mathrm{m}$ 处的出口气流角 α_3 以及动叶平均圆周速度，则利用这些公式可以很容易地计算出动叶出口速度等参数的分布。

6.7 级的非设计工况性能

本节以涡轮机级为例介绍级的非设计工况性能分析方法，只要做些小改动，这一分析也适用于压气机级。

设流动是等熵的，对动叶前后的流动应用径向平衡方程(6.6a)：

$$\frac{\mathrm{d}h_{03}}{\mathrm{d}r} = \frac{\mathrm{d}h_{02}}{\mathrm{d}r} - \Omega\frac{\mathrm{d}}{\mathrm{d}r}(rc_{\theta 2}+rc_{\theta 3}) = c_{x3}\frac{\mathrm{d}c_{x3}}{\mathrm{d}r} + \frac{c_{\theta 3}}{r}\frac{\mathrm{d}}{\mathrm{d}r}(rc_{\theta 3})$$

因此有

$$c_{x2}\frac{\mathrm{d}c_{x2}}{\mathrm{d}r}+\left(\frac{c_{\theta2}}{r}-\Omega\right)\frac{\mathrm{d}}{\mathrm{d}r}(rc_{\theta2})=c_{x3}\frac{\mathrm{d}c_{x3}}{\mathrm{d}r}+\left(\frac{c_{\theta3}}{r}+\Omega\right)\frac{\mathrm{d}}{\mathrm{d}r}(rc_{\theta3})$$

将 $c_{\theta3}=c_{x3}\tan\beta_3-\Omega r$ 代入上式，化简后得

$$c_{x2}\frac{\mathrm{d}c_{x2}}{\mathrm{d}r}+\left(\frac{c_{\theta2}}{r}-\Omega\right)\frac{\mathrm{d}}{\mathrm{d}r}(rc_{\theta2})=c_{x3}\frac{\mathrm{d}c_{x3}}{\mathrm{d}r}+\frac{c_{x3}}{r}\tan\beta_3\frac{\mathrm{d}}{\mathrm{d}r}(rc_{x3}\tan\beta_3)-2\Omega c_{x3}\tan\beta_3 \tag{6.34}$$

在一个特定问题中，c_{x2}、$c_{\theta2}$ 和 β_3 是半径的已知函数且 Ω 可以给定。则式(6.34)为一阶微分方程，其中 c_{x3} 未知，一般情况下最适合采用数值迭代方法进行求解。首先假定轮毂处的 c_{x3}，然后将式(6.34)应用于一个小的半径增量 Δr，可以求出 $r_h+\Delta r$ 处新的 c_{x3}。对相继的半径增量重复上述计算，即可求出完整的速度 c_{x3} 分布。利用连续方程，

$$\int_{r_h}^{r_t}c_{x3}r\mathrm{d}r=\int_{r_h}^{r_t}c_{x2}r\mathrm{d}r$$

对所得的初始速度分布进行积分，可以得到一个新的、更为准确的轮毂处 c_{x3} 的估值。利用新得到的 c_{x3} 逐步重复上述计算过程，再次用连续方程核查轮毂处的 c_{x3} 是否满足要求。通常，这一迭代过程会迅速收敛，并且在大多数情况下，仅需 3 个循环即可获得足够精确的出口速度分布。

在质量流量变化的情况下，通过假设某特定半径处动叶出口相对气流角 β_3 及静叶出口绝对气流角 α_2 保持不变，可以获得非设计工况的性能。因为根据叶栅数据(见第 3 章)，直到失速前，叶栅出口气流角几乎不随冲角变化，所以这一假设是符合实际的。

尽管用上述方法可以成功求解级的任何类型流动问题，但对于一些特殊流动，则可用更为精确的封闭形式求解方法。其中一种流动就是下文将要介绍的采用自由涡流型的涡轮机级，而其他流型可由式(6.21)—(6.23)进行求解。

6.8 采用自由涡流型的涡轮机级

为了简便起见，假设有一在设计工况运行的自由涡级，动叶出口为纯轴向流动(即不存在旋流)。同时，设级的进口流动也沿轴向，且滞止焓 h_{01} 为常数。在动叶进口，按自由涡流动规律有，$rc_{\theta2}=rc_{x2}\tan\alpha_2=$ 常数。现在需要研究的问题是当质量流量偏离设计值时，动叶出口轴向速度分布是如何变化的。

假定非设计工况下，动叶出口相对气流角 β_3 等于质量流量为设计值时的 β^* (* 表示设计工况)。因此，参照图 6.7 所示的速度三角形可知，非设计工况下的旋流速度 $c_{\theta3}$ 必然不为零：

$$c_{\theta3}=c_{x3}\tan\beta_3-U=c_{x3}\tan\beta_3^*-\Omega r \tag{6.35}$$

由于设计工况 $c_{\theta3}^*=0$，所以

$$c_{x3}^*\tan\beta_3^*=\Omega r \tag{6.36}$$

组合式(6.35)和(6.36)得

$$c_{\theta3}=\Omega r\left(\frac{c_{x3}}{c_{x3}^*}-1\right) \tag{6.37}$$

对动叶出口列径向平衡方程，得

$$\frac{\mathrm{d}h_{03}}{\mathrm{d}r}=c_{x3}\frac{\mathrm{d}c_{x3}}{\mathrm{d}r}+\frac{c_{\theta3}}{r}\frac{\mathrm{d}}{\mathrm{d}r}(rc_{\theta3})=-\Omega\frac{\mathrm{d}}{\mathrm{d}r}(rc_{\theta3}) \tag{6.38}$$

结合式(6.33)，并注意到无论质量流量如何变化，都有 $\mathrm{d}h_{02}/\mathrm{d}r=0$ 及 $(\mathrm{d}/\mathrm{d}r)(rc_{\theta2})=0$。于是由式(6.37)可得

$$\Omega+\frac{c_{\theta3}}{r}=\Omega\frac{c_{x3}}{c_{x3}^{*}}\quad,\quad rc_{\theta3}=\Omega r^{2}\left(\frac{c_{x3}}{c_{x3}^{*}}-1\right)$$

将上式代入式(6.38)得

$$\frac{\mathrm{d}c_{x3}}{\mathrm{d}r}=\frac{\Omega^{2}}{c_{x3}^{*}}\left[2r\left(\frac{c_{x3}}{c_{x3}^{*}}-1\right)+\frac{r^{2}}{c_{x3}^{*}}\frac{\mathrm{d}c_{x3}}{\mathrm{d}r}\right]$$

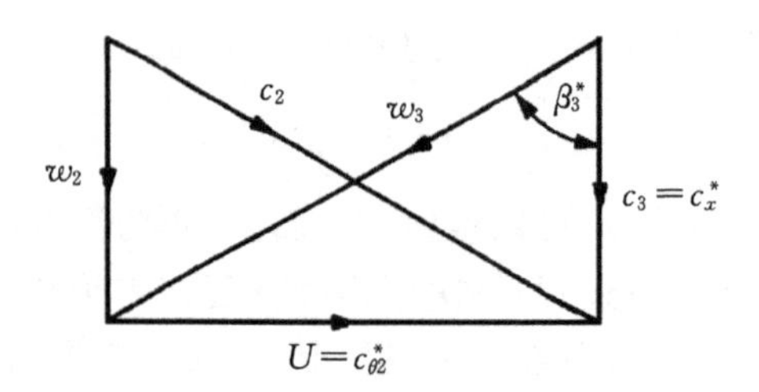

(a)设计工况

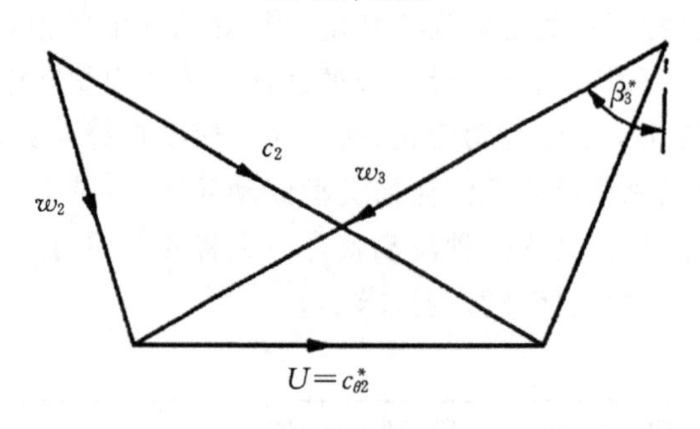

(b)非设计工况

图6.7 采用自由涡流型的涡轮机级设计工况和非设计工况速度三角形

整理上式得

$$\frac{\mathrm{d}c_{x3}}{c_{x3}-c_{x3}^{*}}=\frac{-\mathrm{d}(\Omega^{2}r^{2})}{(c_{x3}^{*2}+\Omega^{2}r^{2})} \tag{6.39}$$

积分式(6.39)可得

$$\frac{c_{x3}-c_{x3}^{*}}{c_{x3\mathrm{m}}-c_{x3}^{*}}=\frac{c_{x3}^{*2}+\Omega^{2}r_{\mathrm{m}}^{2}}{c_{x3}^{*2}+\Omega^{2}r^{2}} \tag{6.40a}$$

式中，在 $r=r_{\mathrm{m}}$ 处，$c_{x3}=c_{x3\mathrm{m}}$。将流量系数 $\phi=c_{x3}/U_{\mathrm{m}}$、$\phi^{*}=c_{x3}^{*}/U_{\mathrm{m}}$ 和 $\phi_{\mathrm{m}}=c_{x3\mathrm{m}}/U_{\mathrm{m}}$ 引入式(6.40a)，可以得到更便于使用的无量纲方程，

$$\frac{\phi/\phi^{*}-1}{\phi_{\mathrm{m}}/\phi^{*}-1}=\frac{\phi^{*2}+1}{\phi^{*2}+(r/r_{\mathrm{m}})^{2}} \tag{6.40b}$$

若 r_{m} 为平均直径，则 $c_{x3\mathrm{m}}\cong c_{x1}$，于是 ϕ_{m} 可作为涡轮机整体流量系数的近似值(注意：c_{x1}是均匀的)。

图 6.8 所示为设计流量系数 $\phi^* = 0.8$ 时，几个非设计工况流量系数 ϕ_m 的分析结果，转子轮毂处 $r/r_m = 0.8$，动叶叶顶处 $r/r_m = 1.2$。当 $\phi_m < \phi^*$，c_{x3}从轮毂到叶顶逐渐增大；反之若 $\phi_m > \phi^*$，c_{x3}从轮毂到叶顶逐渐减小。

对于采用自由涡流型的涡轮机和压气机内的流动，上述分析只是通用分析(Horlock & Dixon，1966)的一个特例，其动叶出口 $rc_{\theta 3}^*$ 为常数(设计工况)。然而 Horlock 和 Dixon 指出，当其他系数保持不变时，即使 α_{3m}^* 相当大，ϕ 值与 $\alpha_3^* = 0$ 时的区别也不大。图 6.8 给出了 $\alpha_{3m}^* = 31.4°$，$\phi_m = 0.4$ ($\phi^* = 0.8$)时的 ϕ 值，可与 $\alpha_3^* = 0$ 时的 ϕ 值进行比较。

需要指出的是，非设计工况下的动叶出口流动并不是自由涡流动。

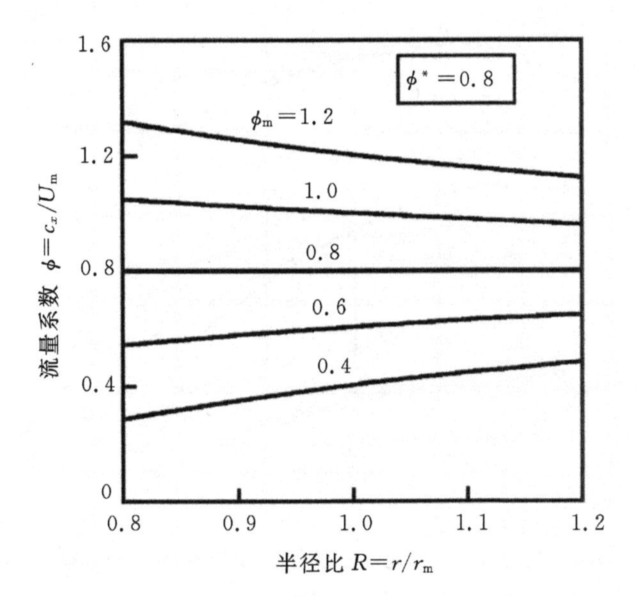

图 6.8 非设计工况下动叶出口流量系数

6.9 激盘法

在径向平衡设计法中，假设所有径向运动均在叶栅内发生。然而，对于大多数低轮毂比的透平机械，在叶栅之外也能观测到明显的径向速度。图 6.9 引自 Hawthorne 和 Horlock (1962)的一篇综述，该图给出了一列进口孤立静止导叶的上、下游不同轴向距离处的流体轴向速度分布。图中明确显示了叶栅外区域流动的重新分布，因此位于这些区域的流体必然具有径向速度。如图 6.10 所示(Hawthorne & Horlock，1962)，对于通过单列动叶栅的流动，压力(轮毂和叶顶附近)及轴向速度(轮毂附近)的变化都是轴向位置的函数。显然，径向平衡没有在叶栅内完全形成。

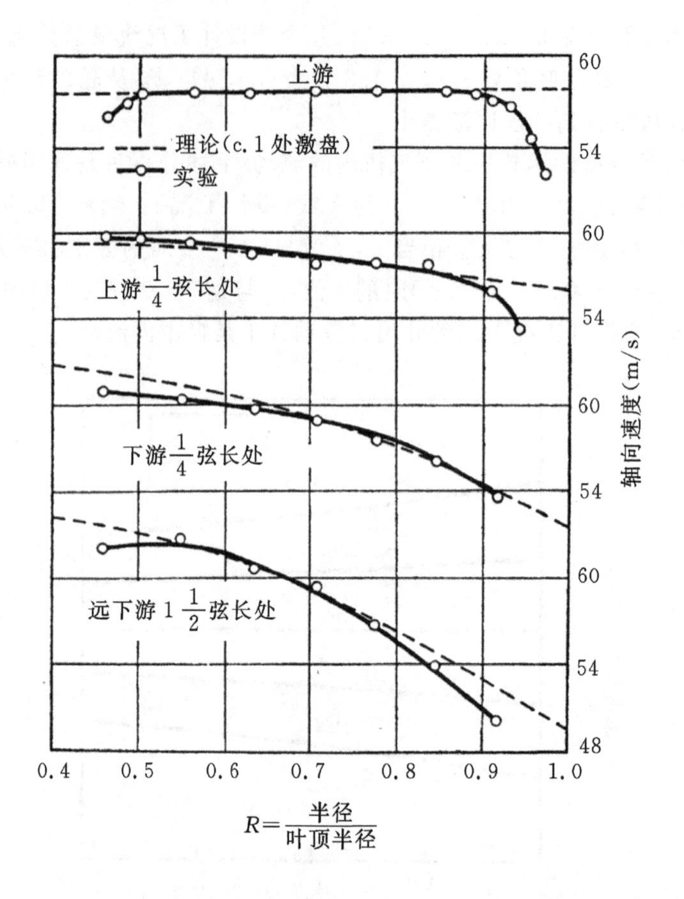

图 6.9 通过导叶栅的流体轴向速度分布变化(引自 Hawthorne 和 Horlock,1962)

基于激盘(actuator disk)概念可以得到一种比径向平衡理论更为准确的流动分析方法。激盘法很早就出现了,并在螺旋桨理论中首次得到应用,现在已经发展为一种相当先进的透平机械流动问题分析方法。为了理解激盘的概念,设想有这样一台透平机械,每一列叶栅的轴向宽度逐渐收缩,但同时展弦比、叶片角和级的总长却保持不变。当冲角一定时,每列叶栅的流动偏转与雷诺数和马赫数无关(参见第3章),仅由叶栅几何特性决定,因此,宽度减小后的叶栅对流动的影响方式与原始叶栅完全相同。在极限情况下,轴向宽度等于零,理论上来说,叶栅变成一个切向速度不连续的平面——即激盘。注意,尽管激盘前后切向速度的方向突变,但轴向速度和径向速度却是连续的。

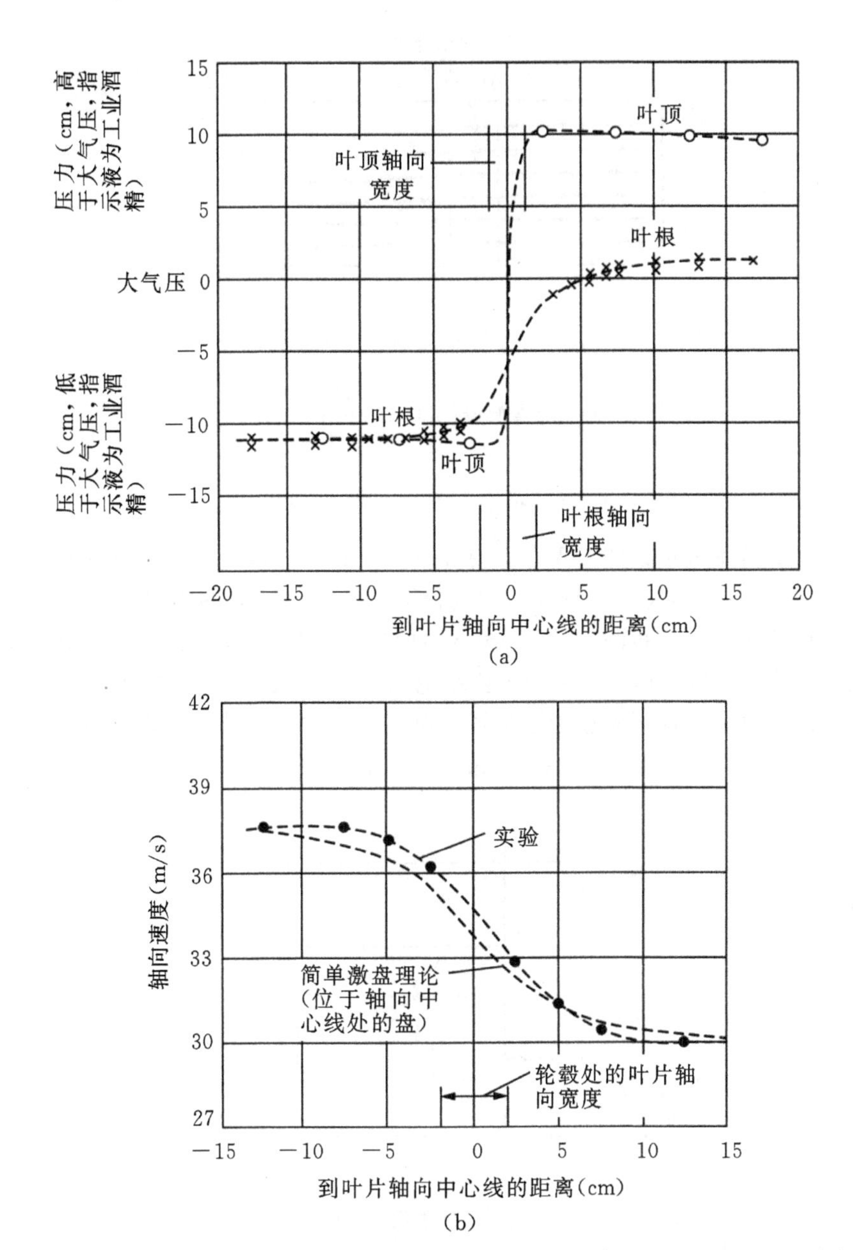

图 6.10 (a)旋转动叶栅附近区域的压力变化；(b)旋转动叶栅附近轮毂处的轴向速度变化（引自 Hawthorne 和 Horlock，1962）

图 6.11 所示为一孤立激盘，在与激盘具有较大轴向距离的位置处建立径向平衡。激盘上、下游的速度场可根据激盘上游远处和下游远处的轴向速度分布近似求解。详细的分析涉及运动方程组和连续方程的求解，以及如何满足壁面及激盘边界条件，相关内容已超出本书范围。此处仅关心近似解的形式，所以给出如下。

为了方便起见，采用下标$\infty 1$ 和$\infty 2$ 分别表示激盘的上游远处和下游远处的状态（图 6.11）。激盘理论表明，在激盘($x=0$)所在位置，任意给定半径处的轴向速度都等于相同半径的$\infty 1$ 和$\infty 2$ 处轴向速度的代数平均，或

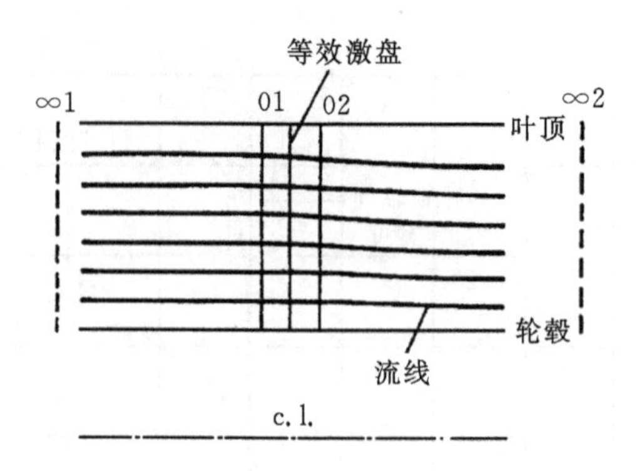

图 6.11 激盘假设(引自 Horlock,1958)

$$c_{x01} = c_{x02} = \frac{1}{2}(c_{x\infty1} + c_{x\infty2}) \tag{6.41}$$

下标 01 和 02 分别表示紧邻激盘的上游和下游位置。式(6.41)称为均值定理。

在流场下游($x \geqslant 0$),将某位置(x, r_A)与位置$(x=\infty, r_A)$处的轴向速度之差视为一个速度扰动。如图 6.12 所示,将激盘处$(x=0, r_A)$的轴向速度扰动表示为Δ_0,(x, r_A)处的轴向速度扰动表示为Δ。激盘理论的一个重要结论是,随着到激盘距离的逐渐增大,速度扰动呈指数规律衰减。这一结论同样适用于流场上游($x \leqslant 0$)。衰减率可表示为

$$\Delta/\Delta_0 = 1 - \exp[\mp \pi x/(r_t - r_h)] \tag{6.42}$$

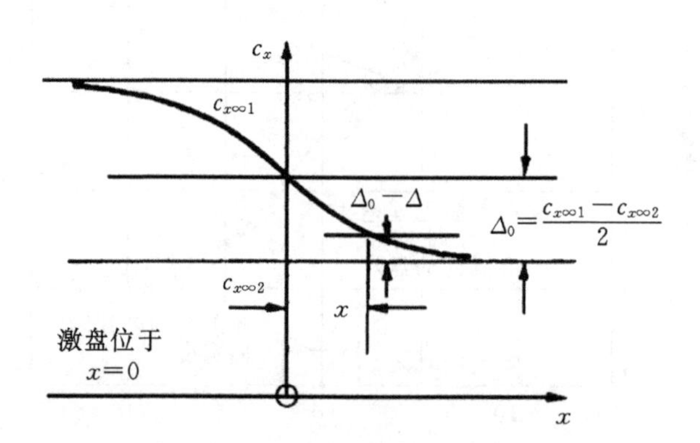

图 6.12 轴向速度变化与到激盘轴向距离之间的关系

式中,负号和正号分别适用于$x \geqslant 0$区域和$x \leqslant 0$区域。式(6.42)通常称为沉降率法则。由于$c_{x1} = c_{x01} + \Delta$,$c_{x2} = c_{x02} - \Delta$,并且$\Delta_0 = (1/2)(c_{x\infty1} - c_{x\infty2})$,所以结合式(6.41)和(6.42)可得

$$c_{x1} = c_{x\infty1} - \frac{1}{2}(c_{x\infty1} - c_{x\infty2})\exp[\pi x/(r_t - r_h)] \tag{6.43a}$$

$$c_{x2} = c_{x\infty2} + \frac{1}{2}(c_{x\infty1} - c_{x\infty2})\exp[-\pi x/(r_t - r_h)] \tag{6.4b}$$

由于激盘所在位置$x=0$,因此式(6.43a)和(6.43b)简化为式(6.41)。尤其令人感兴趣的是,通过图 6.9 和 6.10 可以观察到,采用孤立激盘理论得出的结果与实验结果十分接近。

叶栅相互作用的影响

一般来说，轴流式透平机械相邻两列叶栅之间的距离都很小，因此叶栅之间的流动会相互作用。可以通过分析孤立激盘理论所得结果来计算这种流动干涉。下面以两个相距为 δ 的激盘进行说明，这是一种最简工况。Hawthorne 和 Horlock(1962)则分析了有许多激盘时的流动干涉。

依次考虑每个激盘并将其视为孤立盘。由图 6.13 可知，位于 $x=0$ 处的盘 A 使上游远处的速度 $c_{x\infty1}$ 变为下游远处的速度 $c_{x\infty2}$。为简单起见，设位于 $x=\delta$ 的盘 B 的影响正好抵消盘 A 的影响(即盘 B 将上游远处速度 $c_{x\infty2}$ 变为下游远处的速度 $c_{x\infty1}$)。于是，对于孤立盘 A，

$$c_x = c_{x\infty1} - \frac{1}{2}(c_{x\infty1} - c_{x\infty2})\exp\left[\frac{-\pi|x|}{H}\right], x \leqslant 0 \tag{6.44}$$

$$c_x = c_{x\infty2} + \frac{1}{2}(c_{x\infty1} - c_{x\infty2})\exp\left[\frac{-\pi|x|}{H}\right], x \geqslant 0 \tag{6.45}$$

式中，$|x|$ 表示 x 的模，$H = r_t - r_h$ 。

对于孤立盘 B，有

$$c_x = c_{x\infty2} - \frac{1}{2}(c_{x\infty2} - c_{x\infty1})\exp\left[\frac{-\pi|x-\delta|}{H}\right], x \leqslant \delta \tag{6.46}$$

$$c_x = c_{x\infty1} + \frac{1}{2}(c_{x\infty2} - c_{x\infty1})\exp\left[\frac{-\pi|x-\delta|}{H}\right], x \geqslant \delta \tag{6.47}$$

现在，从上述四个方程中提取出某给定区域的速度扰动，然后将其与 $x \leqslant 0$ 区域相关的径向平衡速度以及由式(6.44)和(6.46)获得的扰动速度 $c_{x\infty1}$ 相加，即可获得两个盘对 $x \leqslant 0$ 区域的综合影响：

$$c_x = c_{x\infty1} - \frac{1}{2}(c_{x\infty1} - c_{x\infty2})\left\{\exp\left[\frac{-\pi|x|}{H}\right] - \exp\left[\frac{-\pi|x-\delta|}{H}\right]\right\} \tag{6.48}$$

对于区域 $0 \leqslant x \leqslant \delta$，有

$$c_x = c_{x\infty2} + \frac{1}{2}(c_{x\infty1} - c_{x\infty2})\left\{\exp\left[\frac{-\pi|x|}{H}\right] + \exp\left[\frac{-\pi|x-\delta|}{H}\right]\right\} \tag{6.49}$$

对于区域 $x \geqslant \delta$，则有

$$c_x = c_{x\infty1} + \frac{1}{2}(c_{x\infty1} - c_{x\infty2})\left\{\exp\left[\frac{-\pi|x|}{H}\right] - \exp\left[\frac{-\pi|x-\delta|}{H}\right]\right\} \tag{6.50}$$

图 6.13 所示为两盘孤立时及两盘组合时的轴向速度变化。从上述方程中可以看出，当两盘间隙增大时，扰动趋于消失。因此，当透平机械的 δ/r 相当小时(如飞行器中轴流压气机的前几级或冷凝式汽轮机的后几级)，叶栅之间的干涉剧烈，并不适合采用简单径向平衡分析方法。

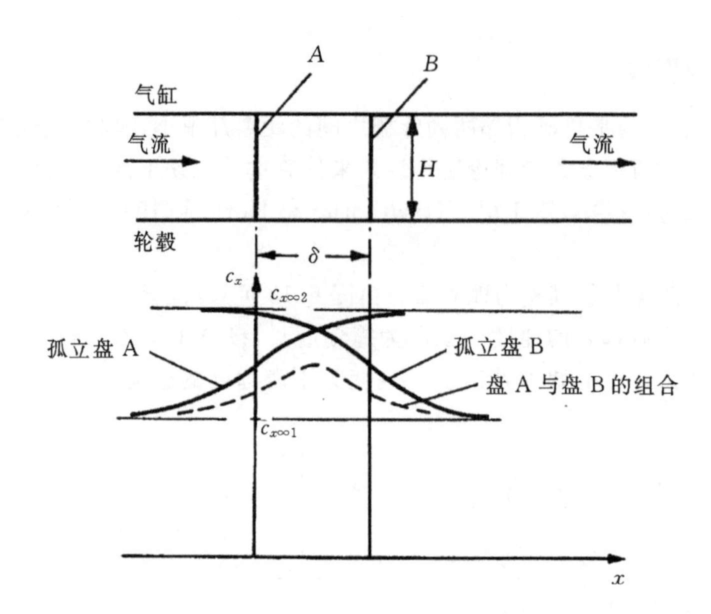

图 6.13 间距较小的两激盘之间的相互作用

在可压缩流动中的应用

Lewis(1995)针对多级透平机械中的可压缩流动问题,创新地使用激盘理论发展出一种简明(巧妙)的分析方法,建立了密度梯度对透平机械子午面流动影响的模型。这种分析方法利用了源激盘诱导流动的解以及有源分布的可压缩流动和不可压缩流动的类似性,得出以下结论:

1. 涡旋激盘理论可以考虑压缩性效应,该效应可以线性叠加在旋转效应上。密度梯度对自由涡轴流式涡轮机级子午面流动的影响很大。
2. 可以简单地采用在各个叶片排前缘面与后缘面之间均匀分布的离散激盘代替平面激盘。
3. 采用圆柱可压缩激盘理论对具有扩张环形通道的轴流式涡轮机进行的简单分析,已应用于多级涡轮机。
4. 这一方法是十分理想的快速分析方法。

图 6.14 所示为采用轴向离散激盘代替叶栅所预测的一个模型涡轮机级轮毂及叶顶处的轴向速度分布(表 6.4 给出了级的主要信息)。采用离散激盘的结果相当真实地模拟了叶片进气边和出气边之间的密度梯度。由图可以观察到轴向速度大幅变化,这是总的密度差所引起的(所选的级为圆柱形)。常规设计的做法是增大环形通道面积,以使轴向速度大致保持为常数。

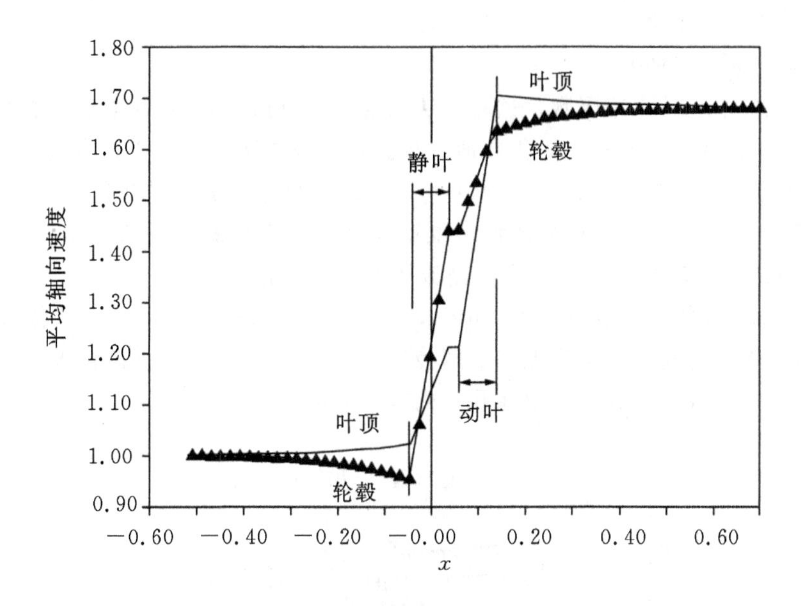

图 6.14 采用离散激盘代替叶栅得出的涡轮机级圆柱形环形通道内的流动
(引自 Lewis,1995,由 Elsevier Science 公司许可引用)

表 6.4 模型涡轮机级的技术参数

轮毂比 r_h/r_t	0.6
均方根半径处流量系数	0.5
均方根半径处负荷系数	1.0
叶根半径处出口马赫数	1.0
总-总效率	0.92
静叶上游无旋流	
静叶下游为自由涡流型	
完全气体(空气)假设	

6.10 通流计算方法

对于几何形状和流动条件都比较简单的透平机械,可用激盘理论分析子午面通流特性,但该理论目前在设计和分析中的应用都十分有限。而对于具有非轴向环形通道、可压缩流动及叶片损失的单级和多级透平机械,目前已开发出大量预测通流特性的计算方法。这些方法称为通流方法,将在本节讨论。

任意一种通流方法都会对需要求解的运动方程进行简化。首先,绝对参照系和相对参照系内的流动都设为定常流动。其次,假设流动为轴对称。在列叶栅后,假定上游叶栅尾迹的影响已因充分掺混而消失,因此可认为流动参数在周向均匀分布。在叶栅内部,利用通道平均体积力及损失系数来模拟叶片自身对流动的影响。显然,因为采用了上述主要假设,所以使用通流方法获得的结果只是实际流动的一种近似解,但如果使用得当,仍然能够精确地反映子午流面的参数变化。

求解通流问题有三种方法：

1. 流函数法，主变量为流函数。这种方法的优点是，可以通过使轮毂和气缸处流函数的边界条件满足连续方程来简化数值运算。不过该方法不适用于跨音速流动。

2. 矩阵通流方法或有限差分方法(Marsh，1968)。两种方法都是在每一叶栅内(包括进气边和出气边)，以及叶栅外的许多位置处进行径向平衡流场的计算。图 6.15 所示为 Macchi(1985)用于计算单列叶栅流场的典型计算网格。

3. 流线曲率方程的时间推进法(Denton，1985)。应用该方法时，从一些假设的流场开始计算，随着时间向前推进逐步求解控制方程。这种方法需要进行大量迭代才能收敛，不过使用现代计算机可以在几秒内求出结果。

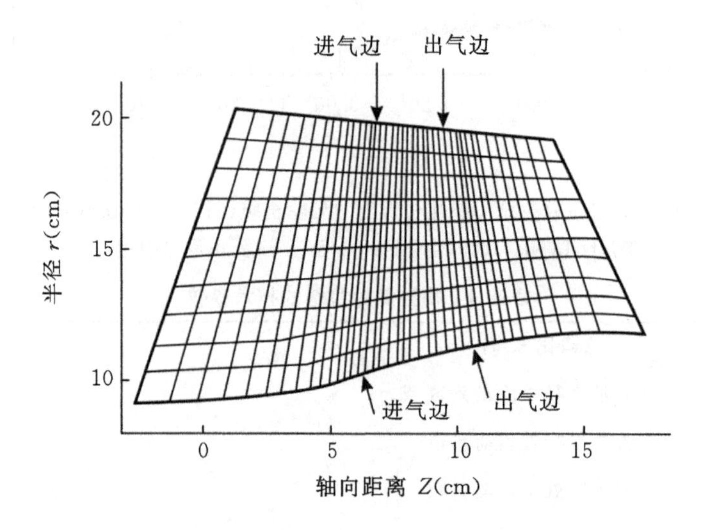

图 6.15 单列叶栅的典型计算网格(引自 Macci，1985)

正如 Denton 和 Dawes(1999)指出的那样，由于时间推进流线曲率法简单并且能够处理既有亚音速、也有超音速的混合流动，所以是最具优势的数值求解方法。对于轮毂半径和叶顶半径不断变化的透平机械的轴对称流动问题，上述三种方法都需要求解相同的动量方程、能量方程、连续方程以及状态方程。

可以使用 6.2 节给出的方法推导出流线曲率方程的一种表达式。考虑如图 6.16 所示的轴对称流面及各个加速度分量，此时不能忽略径向速度分量，因此滞止焓可以写为

$$h_0 = h + \frac{1}{2}(c_m^2 + c_\theta^2), \quad 式中\ c_m^2 = c_x^2 + c_r^2 \tag{6.51a}$$

注意在本节中，c_m表示子午面速度，是一个变化量，不再表示本章前文中定义的平均速度。应用径向动量方程(图 6.16)，得

$$-\frac{1}{\rho}\frac{\partial p}{\partial r} = -\frac{c_\theta^2}{r} + \frac{c_m^2}{R_c}\cos\phi + c_m\frac{\partial c_m}{\partial m}\sin\phi \tag{6.51b}$$

利用热力学第二定律，

$$\frac{\partial h}{\partial r} = T\frac{\partial s}{\partial r} + \frac{1}{\rho}\frac{\partial p}{\partial r} \tag{6.51c}$$

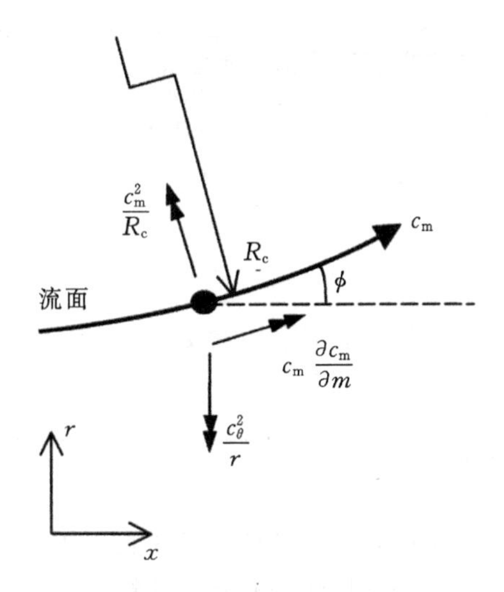

图 6.16 轴对称流面上一点的加速度分量

组合式(6.51a)、(6.51b)及(6.51c)可得

$$\frac{\partial h_0}{\partial r}-T\frac{\partial s}{\partial r}=c_m\frac{\partial c_m}{\partial r}+c_\theta\frac{\partial c_\theta}{\partial r}+\frac{c_\theta^2}{r}-\frac{c_m^2}{R_c}\cos\phi-c_m\frac{\partial c_m}{\partial m}\sin\phi \tag{6.52a}$$

上式可改写为

$$\frac{\partial h_0}{\partial r}-T\frac{\partial s}{\partial r}=c_m\frac{\partial c_m}{\partial r}+\frac{c_\theta}{r}\frac{\partial(rc_\theta)}{\partial r}-\frac{c_m^2}{R_c}\cos\phi-c_m\frac{\partial c_m}{\partial m}\sin\phi \tag{6.52b}$$

当径向速度为零时，由于$\phi\to0$、$R_c\to\infty$、$c_m\to c_x$，因此上述流线曲率方程简化为简单径向平衡方程(6.6a)。式(6.52b)右侧最后一项表示沿流面的加速度的径向分量，前一项表示由于子午流线曲率导致的向心加速度径向分量。给定滞止焓及熵的变化，即可采用数值方法求解式(6.52b)，获得c_θ及c_m的变化规律。根据所得的解利用连续方程可以求出与总质量流量相匹配的速度，总质量流量公式如下：

$$\dot{m}=\int_h^t\rho c_m\mathrm{d}A_n \tag{6.53}$$

根据叶栅内部给定的气流角以及叶栅外角动量守恒关系式$rc_\theta=$常数，可以获得沿流线的切向速度c_θ。而叶栅内部滞止焓的变化则可采用欧拉方程$h_0-r\Omega c_\theta=$常数求解。叶栅外的熵沿流线的变化为零，叶栅内熵的变化通过损失系数给定。

因为最初计算时流线方向未知，所以实际求解过程要复杂得多，需要反复迭代获得每一位置处的倾斜角ϕ，以使流线曲率方程达到平衡。通常，假设一些初始流线路径，然后随着求解过程进行调整。图 6.17 所示为一台单级风扇的求解实例，计算程序是基于 Denton (1978)方法编制的。

通流方法既可用于设计模式，也可用于分析模式。在分析模式中，给定叶栅的气流角和损失系数，采用通流方法确定速度场及动叶做功沿展向的变化。设计模式与分析模式的主要区别则在于需要给定功的分布，然后再确定气流角和速度场。

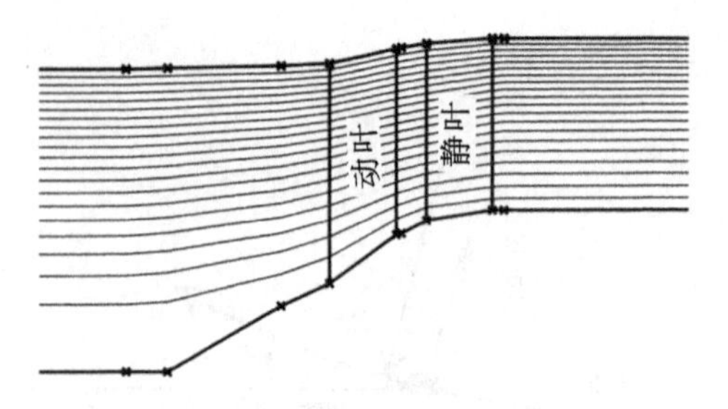

图6.17　采用时间推进通流计算方法获得的风扇试验装置的流线

6.11　三维流场特征

采用径向平衡法和通流法可以确定速度场在子午面上的变化，但是两种方法都假设透平机械内的流场是轴对称的。叶栅分析法和跨叶片计算方法考虑流动参数沿叶片通道的变化，但却忽略了参数的展向变化以及径向流动(见第3章)。这两类方法对于透平机械来说都非常有用，在设计过程中都是必不可少的，但轴流式透平机械的实际流场在一定程度上沿轴向、径向和切向都会发生变化。下面将讨论导致流场发生全三维变化的流动特征。

二次流

当一个旋转的流体微团运动方向发生折转(如由叶栅导向引起)，其旋转轴会向着垂直于折转方向的方向偏转。流体微团的旋度称为涡量，是一个沿着转轴的向量。一旦转轴方向发生变化，就会出现沿流线方向的涡量分量，并因此形成二次流。

设压气机导叶进口气流是完全轴向的，速度分布如图6.18所示。由于流体和固体壁面间存在摩擦，因此进口速度分布不均匀，边界层中流体涡量方向垂直于进口速度c_1，大小为

$$\omega_1 = \frac{\partial c_1}{\partial z} \tag{6.54}$$

式中，z为到壁面的距离。

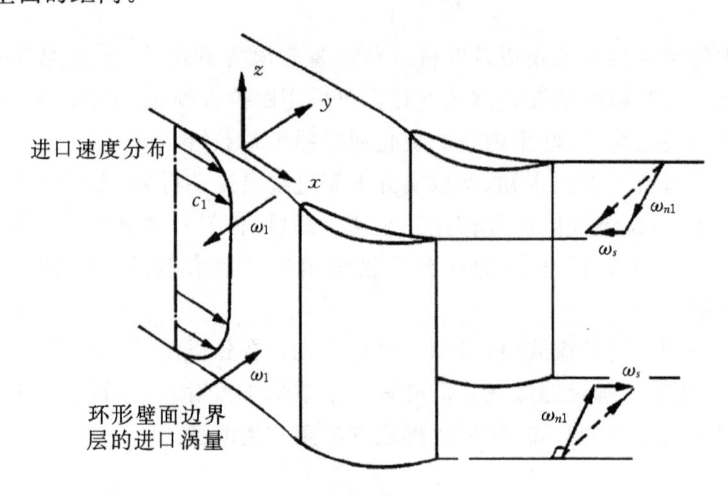

图6.18　导叶栅产生的二次涡量

ω_1的方向遵循右手螺旋定则，并且两个环形壁面上 ω_1的方向是相反的。在叶栅的导向作用下，该矢量发生偏转，并由此产生平行于出口流线方向的二次涡量。如果偏转角 ε 不大，二次涡量 ω_s的大小约为

$$\omega_s = -2\varepsilon \frac{\partial c_1}{\partial z} \tag{6.55}$$

叶栅出口流体的涡旋运动与涡量 ω_s有关，且两壁面边界层中的涡量方向相反。这将导致展向和切向速度同时发生变化，而采用二维流场模型是无法捕捉这一变化的(参见 Dixon,1974)。

如图 6.19 所示，叶片前缘周围的流动使叶栅内的二次流结构更为复杂。随着流体在前缘处滞止，环形壁面边界层内的旋涡分解为两个。其中一个旋涡进入靠近压力面侧的叶栅通道，另一个旋涡则进入吸力面侧。起始于压力面侧的旋涡在横跨通道的压力梯度作用下迅速扫掠至吸力面，形成所谓的通道涡。另一个旋涡称为反向涡，粘附于吸力面轮毂处。除了这些旋涡以外，端壁边界层内的流体也在压力梯度作用下从压力面扫掠至吸力面。其结果是在轮毂和气缸端壁附近的吸力面上聚集了大量高旋度流体。这些流体的存在增大了由于粘性剪切和掺混造成的损失，并在叶片下游形成三维尾迹结构。

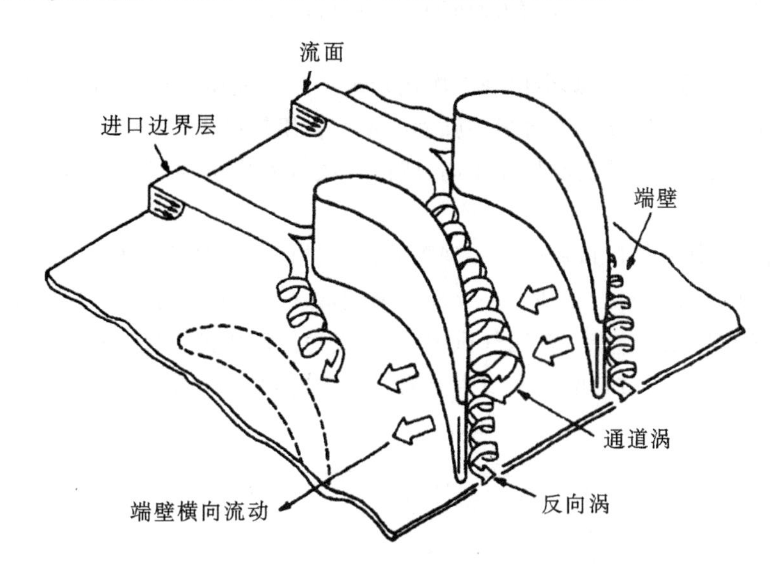

图 6.19 叶栅内的二次流结构(引自 Langston,1980)

二次流不但增大流动损失，而且会影响叶栅出口气流角的变化。因为端壁附近边界层内流体在通道横向压力梯度的作用下发生强烈偏转，所以此处流体会产生过度偏转，而离端壁稍远一些的流体因为更多地受到通道涡的影响，可能出现偏转不足。Hawthorne(1955)发展了一些透平机械早期的二次流模型，并展示了如何采用理论分析计算出口气流角的分布。图 6.20 给出了 Horlock(1963)采用这种分析方法得出的出口气流角修正值与实验结果的对比。虽然 Horlock 得出的气流角相对于设计值的变化幅度与测量值有所区别，但还是预测出了流体过度偏转与偏转不足的区域。

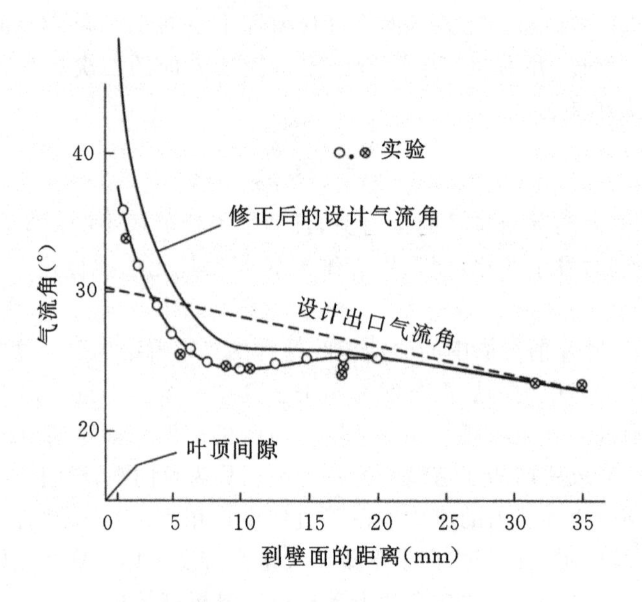

图 6.20 进口导叶的出口气流角(引自 Horlock,1963)

在各种轴流式透平机械中都会出现二次流现象。因为涡轮机内的流动偏转很大,并且通道横向压力梯度较高,因此二次流更为强烈。不过在压气机中,由于环形通道壁面上的边界层较厚,并且沿流动方向的逆压梯度很高,所以二次流效应更加明显,产生的不利影响也更大。

图 6.21 所示为某压气机试验台中一列静叶栅下游的滞止压力等值线测量结果。图中显示静叶吸力面侧的端壁附近出现了一个损失增大的区域。由于试验叶片的展弦比较大,所以大部分尾迹区很接近二维。在压气机中,因为吸力面流体扩压程度很大,所以从端壁边界层流过来的低能流体经常在吸力面发生分离,这种分离称为角隅分离,在图 6.21 中也可以观察到。

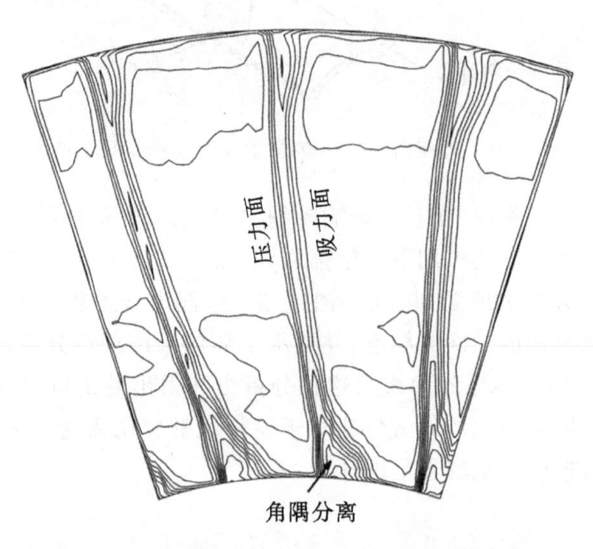

图 6.21 试验压气机级下游滞止压力等值线测量结果

图 6.22 所示为 Pullan 和 Harvey(2008)得出的涡轮机叶栅出气边下游的正则化总压损失系数等值线。如图 6.22(a)所示，紧邻出气边下游，在 $z/b=0.2$ 附近有一个比较明显的径向尾迹，其中存在一个高损失区域，这是通道涡，它将进气边上游的进口端壁边界层流体携带至此。该涡使其下侧流体过度偏转，又使其上侧流体偏转不足。在下游较远处(图 6.22(b))，该涡又与其他二次流结合，并使整个尾迹区变形扭曲。

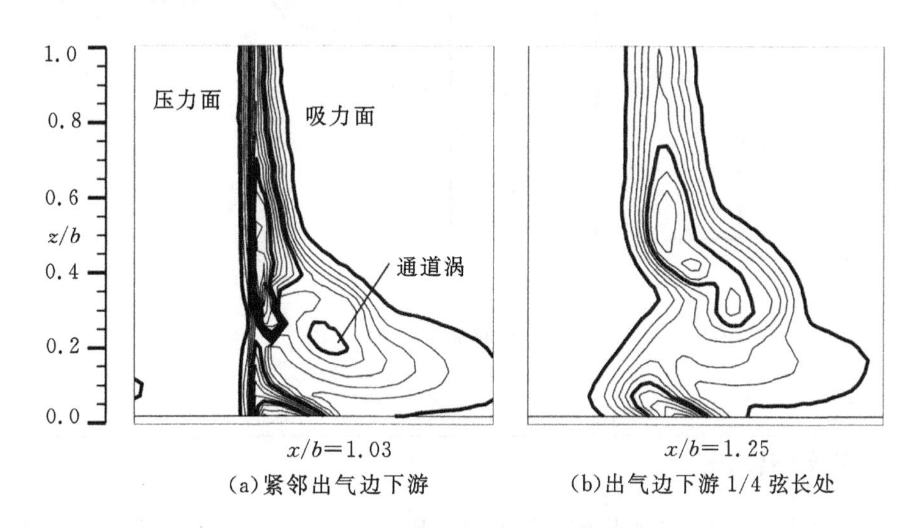

(a)紧邻出气边下游　(b)出气边下游 1/4 弦长处

图 6.22　涡轮机叶栅下游滞止压力等值线测量结果

泄漏流

在透平机械的旋转与静止部件之间需要留有一定的间隙，因此形成了流体泄漏的通路。图 6.23 所示为动叶顶部上方的流场，安装在气缸上的悬臂式静叶与轮毂之间的间隙流动与此相似。泄漏流是由压力面与吸力面之间的压差驱动的。流动通常在叶顶压力面角区发生分离，这会导致间隙通流面积收缩。如果叶片厚度相对于叶顶间隙较小，泄漏流可能不会再附(许多压气机中都是这样)，而叶片较厚时则会形成分离泡。然后，泄漏流在叶顶处以高速射流形式流出，流动方向几乎垂直于自由流的方向。泄漏射流与自由流之间的剪切作用将产生一个叶顶泄漏涡，其旋转轴与泄漏流动方向一致。由于间隙通道中存在粘性剪切，并且泄漏射流与自由流之间存在剪切与混合作用，因而泄漏流会导致损失。通常，顶部泄漏损失约占透平机械内总损失的 1/3 左右(Denton，1993)。此外，泄漏流还形成堵塞，使总质量流量及传递的功减少。在压气机中，泄漏量的增大将会显著降低稳定裕度。

需要注意的是，一些透平机械，尤其是轴流式涡轮机通常使用围带。围带是覆盖并连接叶片顶部的带状薄板(图 4.22 给出了一个例子)，可以有效防止上述叶顶泄漏流动。但在围带之上，仍然存在由高压端向低压端的泄漏流动通道(在涡轮机内，由上游到下游)。有围带叶片的重量显著增加，并承受更大的离心应力。

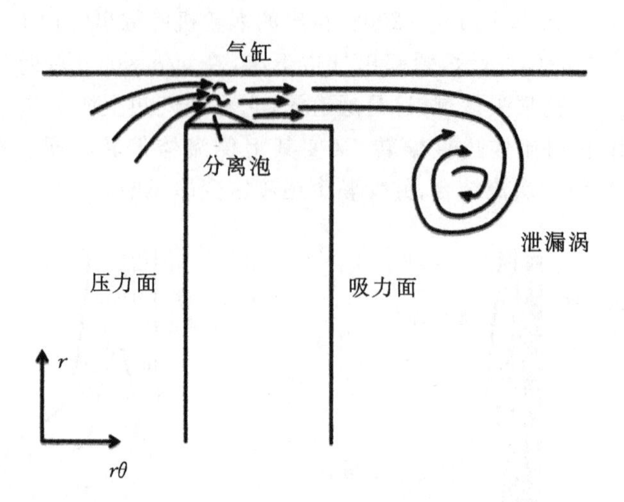

图 6.23 叶顶泄漏流动示意图

6.12 三维设计

直到20世纪80年代，透平机械的设计仍然基本采用二维设计方法，即先利用中径流线分析法进行初步设计，然后用通流计算方法设定参数沿展向的变化，再根据叶栅试验结果及跨叶片分析方法确定合适的叶片型线。许多透平机械的设计目前仍然采用上述方法，并未从根本上考虑三维影响。然而，随着三维计算分析的发展(参见下一节)以及对三维流动理解的深入，三维设计越来越得到广泛应用。一般来说，三维设计多用于调整流场参数的展向变化以及减弱二次流效应。

Denton 和 Xu(1999)详细阐释了三维设计的成效。在本节中，只简要介绍不同的三维设计方法如何对流场产生影响以及如何利用这些方法改善设计。

掠叶片

如图 6.24(a)所示，掠叶片是指叶栅的进气边(或出气边)不与当地子午面速度垂直的叶片。掠叶片的作用之一是减小垂直于叶片表面的有效速度，从而降低叶片局部载荷及表面马赫数，这与在飞行器上使用掠翼以减少激波造成的跨音速损失相类似。设 λ 为叶片进气边掠角，则法向速度将由 c_m减小至 $c_m\cos\lambda$ 。对于跨音速压气机动叶，可以采用掠叶片来控制激波的强度及位置。然而这是一个相当复杂的问题，因为一方面需要生成特定强度的激波为动叶提供压升(参见第5章)，另一方面激波相对于叶片进气边的位置会影响动叶流场的稳定性。Wadia、Szucs 与 Crall(1997)通过研究发现，压气机采用跨音速后掠叶片时，由于激波更接近进气边，所以稳定裕度降低；而采用前掠叶片则一般来说稳定性更好，并且可以达到很高的设计效率。在现代大型喷气式发动机风扇叶片的翼展中点以上部分通常采用后掠式与前掠式组合的设计。

确定端壁附近掠叶片的影响时，可以认为在垂直于轮毂和气缸的方向上压力梯度很小(图 6.24(a))。实际中确实如此，这是由于不存在垂直于端壁方向的加速流动。由于法向压力梯度很小，所以若叶片扫掠方向与端面垂直且离开端壁，相当于向着低载荷区（或无叶片区）扫掠，则端壁处的载荷必然很小。反之，若垂直地离开端壁的扫掠是使叶片向后朝着高载荷区扫掠，则端壁处的载荷必然很大。因此，朝着轮毂和气缸前掠的叶片将减小进气边载荷，有利于降低损失。

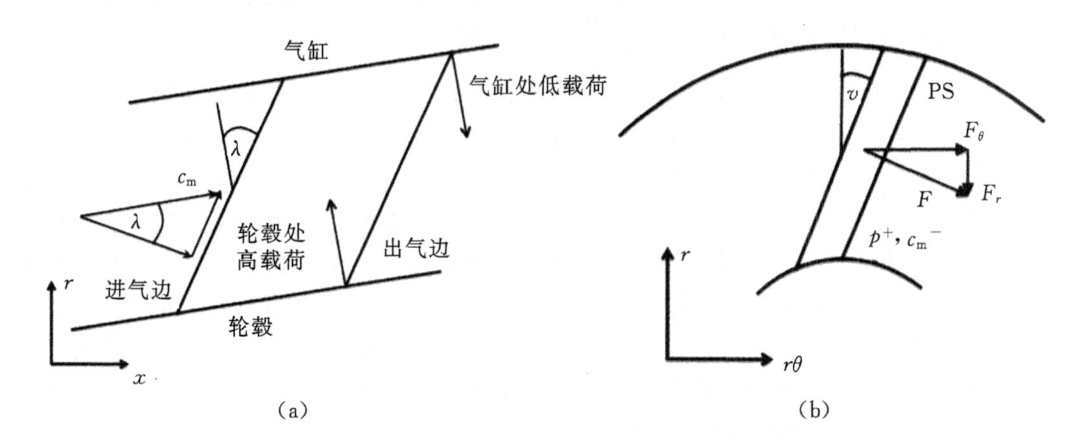

图 6.24 三维设计的应用：(a)掠叶片和(b)倾斜叶片

倾斜叶片

如图 6.24(b)所示，倾斜叶片是指叶片基元不是径向叠置的叶片。倾斜叶片常用于静叶而不是动叶，这是由于动叶要承受离心力载荷，因此需要采用径向叠置。倾斜的作用是形成一个叶片力的径向分量，它与径向压力梯度一起作用于流体，可以改善流场的展向速度分布。例如，若一列静叶栅的压力面向轮毂倾斜，则轮毂处的静压将会增大，子午面速度则会减小。这种方法应用于高展弦比蒸汽轮机取得了很好的效果(Grant & Borthwick,1987)。在这类汽轮机中，轮毂处的反动度很小，若采用倾斜叶片减小轮毂处的流速，可以增大反动度，从而显著提高效率。

端壁成型

通过改变透平机械轮毂及气缸环形壁面的形状，就可以改变当地环形通道面积以及端壁子午型线的曲率，由此可以控制叶片速度分布。严格来说，这是一种二维效应，因为可以采用通流方法预测这种效应，并且仍然可以使用轴对称流面来描述流场。不过，子午面内的端壁型线设计也会影响到三维流动特性，可用于减小二次流的不利影响。

要减小二次流的影响，还可以采用非轴对称的端壁成型。通过沿周向改变端壁形状可以改善端壁压力分布，从而减弱二次流或减少静、动端壁之间的泄漏流动(Rose,1994)。

泄漏通路、密封与缝隙

近年来，研究人员越来越关注透平机械整体的实际几何结构，其中包括凸台和凸环、圆角、密封及缝隙等。这些结构缺陷对透平机械的效率影响很大，特别是当它们处于对二次流、泄漏损失或流动分离产生影响的区域时，其影响更大。许多现代三维计算方法都能够考虑上述几何特征，通过对所得流场的分析，提出适当调整具体几何结构位置及形状的建议，并已取得了减小流动损失的成效。这是一个活跃的研究领域，由于在目前的透平机械设计中，其他绝大部分类型的损失都已最小化，因此可以预计，这一研究的重要性会不断提高。

6.13 三维计算流体动力学的应用

三维计算流体动力学(CFD)是从20世纪70年代及80年代初开始发展起来的。早期的数值方法是针对无粘流体的，采用的网格十分粗糙，每个叶片通道只有几千个节点。这些方法通常是基于第3章所述欧拉跨叶片方法的三维拓展。随着计算机的高速发展，在20世纪80年代，粘性三维CFD方法也开始得到应用。为了了解粘性流动特征如叶片表面附近的边界层，需要使用十万节点等级的更多网格。应用更为强大的计算机，可对这样的网格求解带有粘性项的完整运动方程。如今，三维CFD方法已成为分析和设计透平机械的常规方法，对于节点数约为一百万的网格，采用一台现代工作站只需几个小时就可完成求解。图6.25所示为一个低速风扇的粘性CFD算例，动叶网格节点数为100万，静叶网格节点数为64万。请注意叶片和端壁表面附近的网格是如何加密的。

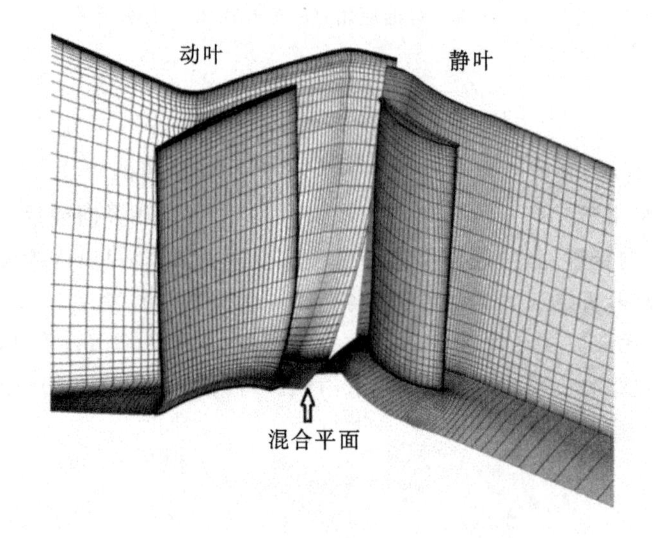

图6.25 某试验风扇级的三维CFD网格

应用于透平机械的绝大多数流场计算方法都采用时间推进算法，通过迭代获得收敛的解。但这些方法都需要建立湍流模型才能使运动方程组封闭，即使采用的网格非常精细，也会给流场预测的准确度加入不确定因素。那些对湍流不太敏感的流动特性一般可以获得良好的预测结果，但一些粘性和三维流动特征则很难被准确复现(Denton & Dawes，1999)。仔细运用现代三维CFD方法，应能可靠地预测叶片表面压力分布、主要的流场、跨音速效应、叶片倾斜、扫掠以及泄漏流动的影响。但是由于二次流和表面边界层与进口边界层参数及湍流模型有关，所以计算结果有可能不准确。例如，采用三维CFD方法很难预测压气机中角隅分离的程度，所以经常需要引入一些经验校正。图6.26所示为图6.25中风扇级的下游流场计算结果。图6.26(a)为静叶与轮毂间无间隙的流场计算结果，图6.26(b)则是静叶与轮毂的间隙为0.2%叶高的流场计算结果。可以将图6.26(a)给出的计算结果与前文中图6.21所示的测量结果进行对比。尽管计算所得的流场显示出具有可比性的特征,但仍然与实验结果有重大区别:计算所得的角隅分离区比较大,尾迹损失也较大,并且气缸附近的流场结构与实验结果不同。图6.26(b)表明,小股泄漏流动有利于减小角隅分离的范围。

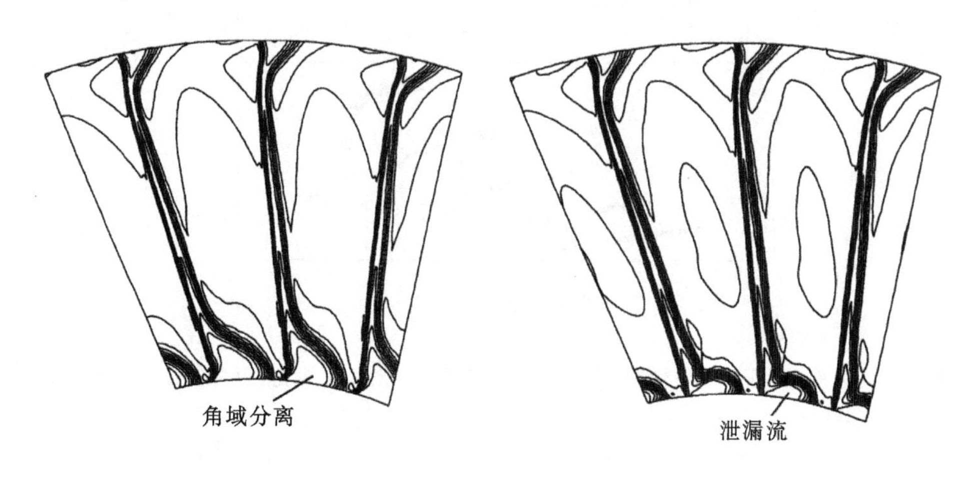

图6.26 图6.25中的风扇级下游滞止压力等值线计算结果:(a)静叶与轮毂的间隙为零;(b)静叶与轮毂的间隙为0.2%叶高

Denton(2010)全面阐释了CFD方法的局限性,并指出边界层转捩、粘性剪切和掺混、尾缘处流动以及压气机失速等现象很难准确预测。尽管存在上述问题,但只要全面掌握CFD方法的功能而且运用得当,该方法仍然是透平机械设计和分析的重要工具。

单通道定常流动计算

直到现在,透平机械的设计和分析仍然采用许多单通道计算方法。在采用多个叶栅计算之前,CFD方法只能应用于孤立的单个叶栅计算。对于这类计算,必须准确设置边界条件。边界条件可由整机通流计算获得,这也是设计中常用的方法,当然,也可以采用进出口流场的实验测量结果作为边界条件。

图6.27所示为一跨音速风扇转子的单通道定常流动CFD计算的部分结果,由Jerez-Fidalgo、Hall和Colin(2012)给出。CFD计算结果与试验数据吻合程度优于平均水平。所有特征曲线的形状吻合良好,总压比及阻塞质量流量的预测也比较准确。但是失速点预测不准,这也符合预期,因为失速本身是非定常的,并且受到整个环形流场的影响。此外,在某些转速下,效率的计算结果明显小于测量结果。

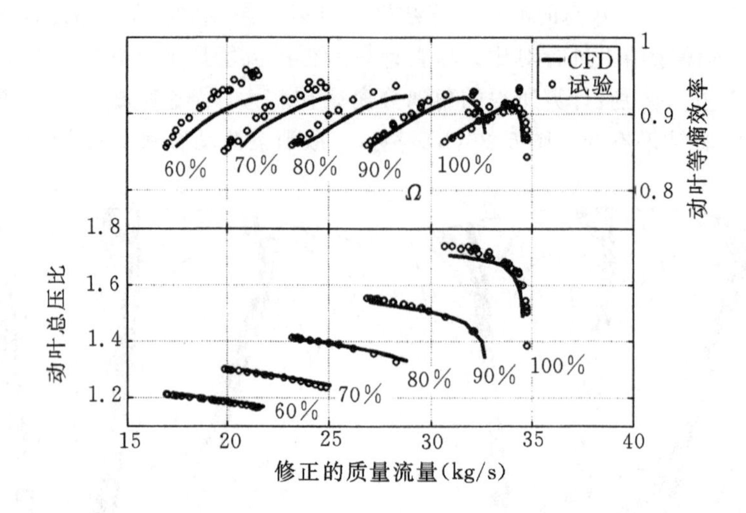

图 6.27 跨音速风扇转子特性图:单叶栅 CFD 结果与试验结果对比(引自 Jerez-Fidalgo 等,2012)

多叶栅定常流动计算

一般来说,绕动叶的流动在相对参照系中是定常的,绕静叶的流动在绝对参照系中是定常的。不过,动叶产生的尾迹和压力扰动会影响下游邻近静叶的流动,使其发生非定常波动。所以,部件之间的非定常相互作用总是存在。但是从实用的角度来讲,对于多级透平机械,并不需要花费很高代价去求解完整的时间-精确的非定常流场,而是只需利用一些技术采用定常流动计算来预测时间平均的非定常流场。

最直接并且常用的方法是对每列叶栅的出口流场进行简单的周向平均。这样在两种参照系中流动参数都是定常的,而且可以作为下游叶栅的边界条件。平均过程相当于流动混合,因此,动叶与静叶之间的交界面称为混合平面(如图 6.25 所示)。混合平面的问题在于混合或平均需要在交界面处引入额外损失。一般来说,这种损失不同于周向非均匀流动在下游叶栅中产生不稳定交互作用及掺混所形成的损失。

Adamczyk(1985)提出了另外一种方法,即采用能够表征所有不稳定效应(与透平机械的转速有关)的确定性应力来进行分析。这种方法允许使用定常计算,但需要在动量方程中添加附加项以捕捉与上游叶栅来流的掺混过程。计算结果已经表明,此方法给出的结果优于混合平面法,但应用此方法时计算流程更为复杂,而且需要给出一个确定性应力的模型,或者需要使用数量较大的重叠网格来计算每一叶栅下游的确定性应力变化规律。

非定常计算

目前,三维非定常计算的费用较高且比较费时,并不适用于常规的透平机械设计。但是对于那些非定常现象很重要的流动来说,则必须采用三维非定常计算,此外该计算方法还广泛应用于研究与开发。例如,非定常 CFD 方法可用于研究叶栅的相互作用、压气机失速和喘振、噪声的产生、不一致的装配造成的影响以及非定常二次流特性等。这些都是热点研究领域，远超出本书的范围。需要指出的是，先进的非定常 CFD 计算方法与巨大的计算资源相结合，能够持续推进我们对复杂透平机械空气动力学问题的深入理解。

CFD 方法在透平机械中的应用及未来前景

在过去的 20 年中，三维 CFD 计算在透平机械设计中的应用越来越广泛，并且这一趋势仍在持续。本书所介绍的通过引入经验数据来确定透平机械性能的简单方法，仍然适用于中径设计和通流计算。有经验的设计人员经常强调，如果初步的一维设计不正确，例如叶片扩散因子和级负荷不合适，那么即使进行再多的 CFD 计算也无法给出一个良好设计！不过，CFD 方法确实可以帮助设计人员利用流动的三维属性来抑制有害的流动现象，例如压气机角隅失速或涡轮机内强烈的二次流等。此外，通过 CFD 计算还可以快速、全面地了解所设计透平机械的流场。

正如 Horlock 和 Denton(2003)指出的那样，CFD 方法对损失的预测目前仍然不太准确，并且对计算结果进行阐释也需要相当丰富的技能和经验。Denton(2010)认为，CFD 方法存在许多局限性，使用者应当对此有清楚的认识，并对这些问题开展进一步的研究。

展望 CFD 的未来，可以预知其处理流动问题的能力将会继续提升，并将更普遍地用于更为复杂的透平机械设计及问题分析。实际上这一趋势已经延续了一段时间，在世纪之交，Adamczyk(2000)指出，研究工作正在向考虑更多具体几何特征并采用更多网格数的多级和非定常流动计算方面转移。而集群运算的高速及有效性也已经使大型计算所需的时间越来越短。图 6.28 给出了在一台实验设备中运行，进口为非均匀流场的高转速风扇级的计算域(Jerez-Fidalgo et al.，2012)。网格节点超过 4 千万个，采用全粘性非定常 CFD 计算方法。在过去几年中，这种类型的计算起初需要运行几个月才能收敛，后来降至几周，现在某些情况下只需几天就能完成计算。以往勉强适用于进行研究的数值模拟在未来很可能成为透平机械设计所采用的常规方法。而如何处理计算得出的大量数据以及如何准确地阐释计算结果就成了亟待解决的问题。同时，随着计算能力的增强，费用昂贵的实验设备数量必然会减少，实验验证也相应减少。因此，未来的 CFD 使用人员应该对其计算结果保持适度的怀疑！

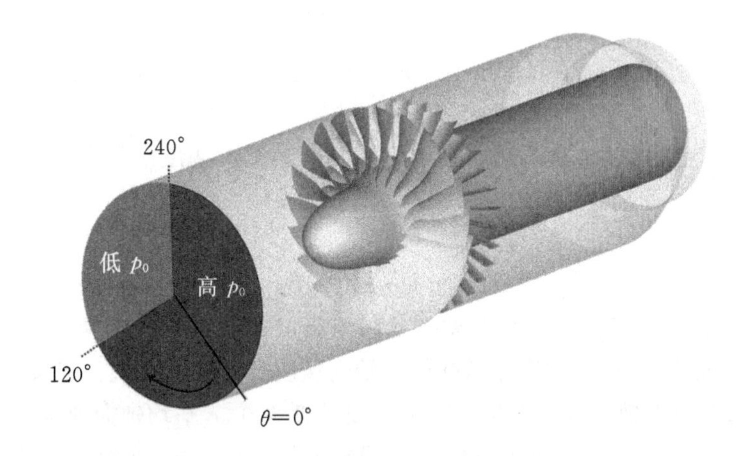

图 6.28 进口滞止压力非均匀分布的跨音速风扇整体环形通道非定常 CFD 计算域(引自 Jerez-Fidalgo 等，2012)

习题

1. 试推导环形通道内具有轴对称旋流的不可压缩流动径向平衡方程。已知轴流压气机进口导叶出口的空气流动处于径向平衡状态，切向速度分布符合自由涡流型。轮毂半径为0.3 m，该处绝对静压和静温分别为94.5 kPa及293 K。气缸半径为0.4 m，该处绝对静压为96.5 kPa。当进口绝对滞止压力为101.3 kPa时，试计算轮毂和气缸处导叶的出口气流角。假设空气为无粘不可压缩流体。取$R=0.287$ kJ/(kg·℃)。
2. 某燃气涡轮级，进口绝对压力为350 kPa，温度为565 ℃，进口气流初速可以忽略。平均半径为0.36 m，此处各参数如下表所示：

静叶出口气流角	68°
静叶出口绝对压力	207 kPa
级反动度	0.2

该级设计转速为8000 r/min，轮毂半径为0.31 m，假定级内流动符合自由涡流型，试确定平均半径处的流量系数、级负荷系数以及轮毂处的反动度。忽略流动损失。请评价所得结果。取$C_p=1.148$ kJ/(kg·℃)，$\gamma=1.33$。
3. 轴流式涡轮机级的静叶进口燃气总压及速度为均匀分布，流向沿轴向，出口气流与轴向的夹角α_2为常数。动叶出口气流绝对速度c_3的方向在任意半径处均为轴向。设总压损失为零，试采用径向平衡理论推导下列表达式：

$$(c_3^2-c_1^2)/2=U_m c_{\theta m2}\left[1-\left(\frac{r}{r_m}\right)^{\cos^2\alpha_2}\right]$$

式中，U_m为叶片平均圆周速度，$c_{\theta m2}$为平均半径$r=r_m$处静叶出口切向速度分量。（注意：为了推导上式，设$r=r_m$处，$c_3=c_1$。）
4. 涡轮机非扭转静叶的出口燃气流动方向与轴向夹角为α，且满足径向平衡。设总压为常数，证明轴向速度从叶根到叶顶的变化满足下列关系式：

$$c_x r^{\sin^2\alpha}=\text{常数}$$

若半径为0.3 m处的气流轴向速度为100 m/s，试求半径为0.6 m处的气流轴向速度。出口气流角α为45°。
5. 轴流压气机动叶进、出口流动均满足径向平衡条件。绝对速度的切向分量沿半径的变化关系为

$$c_{\theta 1}=ar-b/r,\quad \text{动叶前}$$
$$c_{\theta 2}=ar+b/r,\quad \text{动叶后}$$

式中，a和b为常数。试求压气机所做的功随半径的变化关系。设满足不可压缩理论且滞止压力的径向梯度为零，试推导动叶前后轴向速度分布的表达式。已知平均半径$r_m=0.3$ m处的级负荷系数$\psi=\Delta W/U_t^2$为0.3，反动度为0.5，平均轴向速度为150 m/s。转子转速为7640 r/min。若轮毂比为0.5，试确定半径为0.24 m处的动叶进、出口气流角。设平均半径处，轴向速度分布保持不变（$r=0.3$ m时，$c_{x1}=c_{x2}$）。（注意：ΔW为比功，U_t为叶顶圆周速度。）

6. 一轴流涡轮机级，静叶出口设计为自由涡流型，动叶出口设计为零涡流。级的进口燃气滞止温度为1000 K，质量流量为32 kg/s，叶根和叶顶直径分别为0.56 m及0.76 m，转子转速为8000 r/min。在动叶顶部，级反动度为50%，轴向速度保持不变，为183 m/s。级的进口速度与出口速度相同。试确定：

a. 静叶出口最大速度；

b. 级的最大绝对马赫数；

c. 叶根处的反动度；

d. 级的输出功率；

e. 级的出口滞止温度和静温。

取 $R=0.287$ kJ/(kg·K)，$C_p=1.147$ kJ/(kg·K)。

7. 一轴流涡轮机级，动叶高100 mm，进口来流的设计冲角为3°。静叶出口及动叶进口均满足自由涡流型。动叶出口绝对速度沿轴向，大小为150 m/s，且不随半径变化。在所有半径处，动叶落后角均为5°，静叶落后角均为0°。轮毂半径为200 mm，此处各参数如下：

静叶出口气流角	70°
动叶圆周速度	180 m/s
静叶出口气流速度	450 m/s

设通过级的气流轴向速度为常数，试确定：

a. 静叶叶顶出口气流角；

b. 动叶叶根及叶顶进口气流角；

c. 动叶叶根及叶顶出口气流角；

d. 叶根及叶顶反动度。

为什么使涡轮机级的反动度为正值很重要？

8. 采用轴向位置分别位于 $x=0$ 和 $x=\delta$ 的两个激盘来表征轴流式透平机械中某孤立级的动叶和静叶。级的轮毂直径与叶顶直径不变，且轮毂比 $r_h/r_t=0.5$。在动叶盘半径 $r=0.75r_t$ 位置，上游远处轴向速度为100 m/s，下游轴向速度为150 m/s。静叶盘 $r=0.75r_t$ 位置，上游远处轴向速度为150 m/s，下游轴向速度为100 m/s。试计算并绘制该半径处，每个孤立激盘的轴向速度在 $-0.5\leqslant x/r_t\leqslant 0.6$ 之间的变化规律，以及当(a)$\delta=0.1r_t$，(b)$\delta=0.25r_t$，(c)$\delta=r_t$时，组合盘轴向速度在 $-0.5\leqslant x/r_t\leqslant 0.6$ 之间的变化规律。

9. a. 若处于径向平衡的流体微元绕透平机械转轴旋转(图6.2)，试证明其广义径向平衡方程为

$$\frac{dh_0}{dr}-T\frac{ds}{dr}=c_x\frac{dc_x}{dr}+\frac{c_\theta}{r}\frac{d}{dr}(rc_\theta)$$

b. 在轴流式水轮机进口，流体流经一列进口导叶，使流体在进入动叶栅前形成自由涡流型。动叶根部半径为0.5 m，叶顶半径为1.2 m，水的体积流量为45 m^3/s。在动叶平均半径处的上游径向插入一压力探针，测得水流与轴向之间的夹角为26.1°。

设滞止压力为常数，试确定使用立式水银压力计测得的动叶上游轮毂与叶顶之间的静压差。取水的密度为1000 kg/m^3，水银的密度为 13.6×10^3 kg/m^3。

10. 某单级轴流式燃气轮机级的轮毂比为0.85，动叶栅后的流动设计为自由涡流型，燃气质

量流量为 30 kg/s,可产生 2.6 MW 功率。进口燃气滞止温度和滞止压力分别为 1100 K 和 430 kPa(abs),相应的燃气物性为 $C_p=1.15$ kJ/kg,$\gamma=1.333$。在平均半径处,叶片圆周速度为 250 m/s,流量系数 $\phi=0.5$,绝对气流角 $\alpha_2=67°$,反动度为 0.5。出口静压为 1.02 kPa。

试绘制级的速度三角形并确定:

a. 叶片的负荷系数,$\psi=\Delta W/U^2$;

b. 通流面积、轮毂半径及叶顶半径;

c. 在静叶栅中膨胀后的燃气绝对切向速度分量 $c_{\theta 2}$ 以及动叶栅后的 $c_{\theta 3}$;

d. 轮毂及叶顶处的反动度。

11. a. 一台轴流风扇由一列导叶栅以及其后的一列动叶栅组成,切向速度分布满足下列关系式:

$$c_{\theta 1}=ar-b/r,\quad \text{导叶栅下游}$$
$$c_{\theta 2}=ar+b/r,\quad \text{动叶栅下游}$$

试证明:

i. 任意半径处的比功 ΔW 为常数且等于 $2b\Omega$,其中 Ω 为旋转角速度,单位 rad/s;

ii. 平均半径处的负荷系数为 $\psi_m=(\Delta h_0/U_m{}^2)=(2b/c_x)\times\psi_m/\phi_m$;

iii. 反动度 $R=1-(a/\Omega)$(此式是否始终正确?);

iv. 在平均半径处,有 $(a/c_x)=(c_{\theta 1}+c_{\theta 2})/2c_xr_m=(1-R_m)/\phi_m r_m$。

b. 设流动不可压缩,并且焓和熵均为常数,证明动叶栅上游和下游的轴向速度分布可由下列两式给出:

$$\left(\frac{c_{x_1}}{U_t}\right)^2=A_1-\left(\frac{2a}{\Omega}\right)^2\left[\frac{1}{2}\left(\frac{r}{r_t}\right)^2-\frac{b}{ar^2}\ln\left(\frac{r}{r_t}\right)\right]$$

$$\left(\frac{c_{x_2}}{U_t}\right)^2=A_2-\left(\frac{2a}{\Omega}\right)^2\left[\frac{1}{2}\left(\frac{r}{r_t}\right)^2+\frac{b}{ar^2}\ln\left(\frac{r}{r_t}\right)\right]$$

其中,A_1 和 A_2 为常数。

c. 上述风扇的轮毂比为 0.6,转速为 4010 r/min,动叶栅直径为 1.0 m,平均反动度为 0.5,转子上游平均半处的流量系数 $\phi=c_{x_1}/U_t=0.5$,滞止温升为 10 ℃。试确定:

i. $0.6\leqslant r/r_t\leqslant 1.0$ 区域的 A_1 及 c_{x1}/U_t 值,并由此利用纵坐标中值法确定体积流量;

ii. 对速度分布进行反复迭代直至获得正确的体积流量,并由此确定 A_2。

由所得数据绘制上游和下游的最终轴向速度分布。

12. a. 设绝对气流角 α 为常数,给定滞止焓的径向梯度 $(dh_0/dr)=(k/2)(c_m{}^2/r_m)$(式中,$k$ 为常数),然后利用径向平衡方程可以得出一台轴流式透平机械内流动的"直接问题"的解。若 α 的变化满足 $a=2\sin^2\alpha$,试证明通道内截面上速度的变化规律为

$$\left(\frac{c}{c_m}\right)^2\left(\frac{r}{r_m}\right)^a=1+\frac{k}{1+a}\left[\left(\frac{r}{r_m}\right)^{a+1}-1\right]$$

式中,c_m 为半径 $r=r_m$ 处的速度。

b. 采用一台轴流风扇压缩常温常压的空气,风扇轮毂比为 0.4,叶顶直径为 1 m,转速为 500 rad/s。从轮毂到叶顶的滞止焓径向梯度可由下列数据计算:

$r/r_t=0.4$ 时，负荷系数 $\psi_h=0.6$。$r=r_t$ 时，负荷系数 $\psi_t=0.25$。

设熵为常数。

试确定空气速度随半径的变化关系，并绘制由下列数据计算所得的结果：

i. $k=0.6$，$\alpha=30°$、$45°$、$60°$；

ii. $k=-1$、0、1.0，$\alpha=45°$。

试对选择上述变量的取值所造成的变化趋势进行分析。

13. a. 利用进口导叶生成切向速度分布为 $c_\theta=kr$ 的流动并进行试验，其中 k 和 K 为任意常数。试证明轴向速度分布为

$$c_x=\sqrt{K-2k^2r^2}$$

b. 利用连续方程导出下列轴向速度的解：

$$c_x({r_t}^2-{r_h}^2)=\frac{1}{3k^2}\left[(K-2k^2{r_h}^2)^{\frac{3}{2}}-(K-2k^2{r_t}^2)^{\frac{3}{2}}\right]$$

c. 可以采用几种算术方法求解上面这个复杂方程，其中之一是首先求出均方根半径 $r_{rms}=((1/2)(r_h^2+r_t^2))^{0.5}$ 处的轴向速度近似解，然后将这一特定的轴向速度标记为 X，可得

$$K=X^2+2(c_{\theta rms})^2=X^2+c_{\theta t}^2(1+\nu^2)$$

其中，$1+\nu=2(r_{rms}/r_t)^2$。最后，经过一系列整理和推导得到

$$\frac{c_x}{X}=\left[1+\left(1+\nu^2-2\left(\frac{r}{r_t}\right)^2\right)\left(\frac{c_{\theta t}}{X}\right)^2\right]^{0.5}$$

d. 对于一实际的进口导叶设计，叶栅轮毂比为 0.5，叶顶半径为 0.7 m，X 值为 50 m/s 且 $k=25$。试利用上述近似分析方法计算轮毂和叶顶处的气流角以及体积流量。

14. 一台轴流压气机的轮毂比为 0.5。在算术平均半径 $r_m=0.15$ m 处，给定以下参数：

级进口总温 $T_{01}=580$ K；

转轴转速 $N=20000$ r/min；

绝对速度 $c=c_m=250$ m/s；

绝对气流角 $\alpha=\alpha_{2m}=30°$；

静密度 $\rho=\rho_{2m}=5.0$ kg/m^3；

动叶进口气流冲角 $\beta=\beta_m=0°$。

静叶后气流切向速度分布满足径向平衡，变化规律为 $rc_\theta{}^2=A$（A 为常数）。滞止焓保持不变；

动叶进口角：$r=r_h$ 处，β_1' 为 $5°$；$r=r_t$ 处，β_1' 为 $50°$；

平均比热 C_p 为 1.157kJ/(kg・K)，$\gamma=1.33$。

试计算：

a. 在动叶轮毂半径、平均半径及叶顶半径处的气流冲角。

b. 为简便起见，设不同半径处的气流静密度都等于平均半径处的静密度，求动叶进口轮毂与叶顶处的滞止压差（$p_{0hub}-p_{0tip}$）。

15. a. 径向平衡方程的通解由下式给出：

$$\frac{d}{dr}\left\{c^2\exp\left[2\int\sin^2\alpha\frac{dr}{r}\right]\right\}-c_m^2\exp\left[2\int^{r_m}\sin^2\alpha\frac{dr}{r}\right]=2\left(\frac{dh_0}{dr}-T\frac{ds}{dr}\right)\exp\left[2\int\sin^2\alpha\frac{dr}{r}\right]$$

若 α 的变化满足式 $b(r/r_m)=2\sin^2\alpha$，且滞止焓梯度为

$$\frac{dh_0}{dr}=\frac{k}{2}\frac{c_m{}^2}{r_m}$$

试证明速度变化规律如下式所示：

$$\left(\frac{c}{c_m}\right)^2=\frac{k}{b}+\left(1-\frac{k}{b}\right)\exp\left[b\left(1-\frac{r}{r_m}\right)\right]$$

式中，k 为积分常数。

b. 利用题 12 中给出的数据及尺寸，试确定 $\alpha=30°$、$45°$、$60°$及 $k=0.6$ 时，轴流风扇速度 c/c_m 的变化。绘制所得 (c/c_m) 随 (r/r_t) 的变化规律，并与题 6.12 进行对比。

代入 $k=1.2$ 和 $\alpha=45°$进行重新计算。根据所得结果判断滞止焓梯度的增大将如何影响展向速度分布？

参考文献

Adamczyk, J. J. (1985). Model equation for simulating flows in multistage turbomachinery. *ASME Paper 85-GT-22*.

Adamczyk, J. J. (2000). Aerodynamic analysis of multistage turbomachinery flows in support of aerodynamic design. *Journal of Turbomachinery*, *122*(2), 189–217.

Denton, J. D. (1978). Through flow calculations for axial flow turbines. *Journal of Engineering for Power, Transactions of ASME*, *100*.

Denton, J. D. (1985). Solution of the Euler equations for turbomachinery flows. Part 2. Three-dimensional flows. In: A. S. Ücer, P. Stow, & C. Hirsch (Eds.), Thermodynamics and fluid mechanics of turbomachinery, *NATO Science Series E*. (Vol. 1, pp. 313–347). Leiden, the Netherlands: Springer.

Denton, J. D. (1993). Loss mechanisms in turbomachines. 1993 IGTI scholar lecture. *Journal of Turbomachinery*, *115*, 621–656.

Denton, J. D. (2010). Some limitations of turbomachinery CFD. *ASME Paper GT2010-22540*.

Denton, J. D., & Dawes, W. N. (1999). Computational fluid dynamics for turbomachinery design. Proceedings of the Institution of Mechanical Engineers, *Part C*, *213*.

Denton, J. D., & Xu, L. (1999). The exploitation of three-dimensional flow in turbomachinery design. Proceedings of the Institution of Mechanical Engineers, *Part C*, *213*.

Dixon, S.L.(1974). Secondary vorticity in axial compressor blade rows. *NASA SP 304*, Vol. 1.

Grant, J. & Borthwick, D. (1987). Fully three dimensional inviscid flow calculations for the final stage of a large low pressure steam turbine. *IMechE Paper C281/87*.

Hawthorne, W. R. (1955). Some formulae for the calculation of secondary flow in cascades. *ARC Report*, *17*, 519.

Hawthorne, W. R., & Horlock, J. H. (1962). Actuator disc theory of the incompressible flow in axial compressors. *Proceedings of the Institution of Mechanical Engineers*, *176*, 789.

Horlock, J. H. (1958). *Axial flow compressors* London: Butterworths.

Horlock, J. H. (1963). Annulus wall boundary layers in axial compressor stages. Transactions of the American Society of Mechanical Engineers, *Series D*, *85*.

Horlock, J. H. (1966). *Axial flow turbines* London: Butterworths.

Horlock, J. H., & Denton, J. D. (2003). A review of some early design practice using CFD and a current perspective. *Proceedings of the American Society of Mechanical Engineers Turbo Expo, 2003*.

Horlock, J. H., & Dixon, S. L. (1966). The off-design performance of free vortex turbine and compressor stages. *ARC Report*, *27*, 612.

Howell, A. R. (1945). Fluid dynamics of axial compressors. *Proceedings of the Institution of Mechanical Engineers*, *153*.

Jerez-Fidalgo, V., Hall, C. A., & Colin, Y. (2012). A study of fan-distortion interaction within the NASA Rotor 67 transonic stage. *ASME Journal of Turbomachinery, 134, 1–12.*

Lakshminarayana, B. (1996). Fluid dynamicsand heat transfer of turbomachines. Hoboken, NJ: Wiley.

Langston, L. S. (1980). Crossflows in a turbine cascade passage. *Journal of Engineering for Power, Transactions of ASME, 102*, 866–874.

Lewis, R. I. (1996). *Turbomachinery performance analysis.* London: Arnold.

Lewis, R. I. (1995). Developments of actuator disc theory for compressible flow through turbomachines. *International Journal of Mechanical Sciences, 37*, 1051–1066.

Macchi, E. (1985). The use of radial equilibrium and streamline curvature methods for turbomachinery design and prediction. In: A. S. Üςer, P. Stow, & C. Hirsch (Eds.), Thermodynamics and fluid mechanics of turbomachinery, *NATO Science Series E* (Vol. 1, pp. 133–166). Leiden, the Netherlands: Springer.

Marsh, H. (1968). A digital computer program for the through-flow fluid mechanics on an arbitrary turbomachine using a matrix method. *ARC, R&M 3509.*

Pullan, G., & Harvey, N. W. (2008). The influence of sweep on axial flow turbine aerodynamics in the endwall region. *ASME Journal of Turbomachinery, 130041011*

Rose, M. G. (1994). Non-axisymmetric endwall profiling in the HP NGV's of an axial flow gas turbine. *ASME Paper 94-GT-249.*

Smith, L. H., Jr. (1966). The radial-equilibrium equation of turbomachinery. Transactions of the American Society of Mechanical Engineers, *Series A, 88.*

Wadia, A. R., Szucs, P. N. & Crall, W.W. (1997). Inner workings of aerodynamic sweep. *ASME Paper 97-GT-401.*

离心泵、风机和压气机

7

展开双翼，赶快飞走吧。

——弥尔顿《失乐园》

7.1 引言

本章主要介绍离心泵、低速风机和压气机等离心式透平机械的基本流动分析和初步设计方法。由于这几种设备的基本工作原理在许多方面具有相似性，以下分析以压气机为主要对象。

利用离心效应来增加流体压力的透平机械的应用已经超过一个世纪，最早基于该原理设计的透平机械包括泵以及后来的通风风扇和鼓风机。Cheshire(1945)指出惠特尔(Whittle)涡轮喷气发动机中就采用了离心压气机，如图 7.1 所示，当时的空气流道设计得相当复杂。作为比较，图 7.2 给出了一台喷气式发动机采用的现代离心压气机，它是发动机中复合式压气机的一个部件。

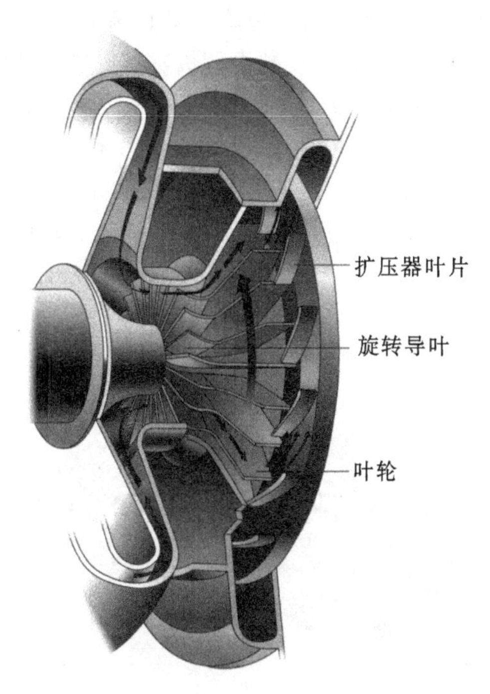

图 7.1　Frank Whittle 使用的离心压气机(由罗尔斯-罗伊斯公司许可引用)

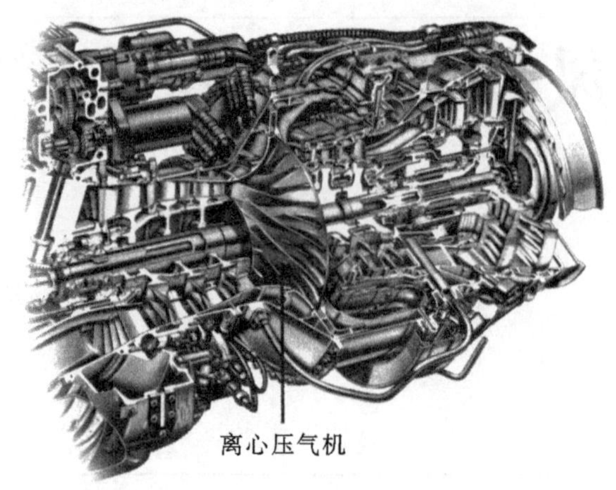

7.2 RTM322发动机采用的 Turbomeca 公司的离心压气机
(由罗尔斯-罗伊斯公司许可引用)

将离心压气机用于飞机推进的研究一直持续到20世纪50年代。不过人们早就认识到轴流压气机能够更好地满足大功率发动机的需求,这是因为采用轴流压气机时,不仅发动机的迎风面积和阻力变小,而且效率也提高了3%~4%。但是对于低流量的小功率压气机来说,采用轴流压气机会使效率急剧下降,由于叶片很小并且很难精准制造,因此更适合使用离心压气机。离心压气机广泛应用于小型车用发动机以及商用直升机发动机,一些大型设备也会采用离心压气机,如内燃机涡轮增压器、化工厂工艺设备、工厂通风设备和大型空调。

离心压气机还用于制冷设备以及地区集中供热压缩型热泵(Hess,1985)。功率从1 MW到30 MW的离心压气机,经济性高、可靠性好且维护成本低,因此成为优选设备。

Palmer 和 Waterman(1995)给出了一种直升机发动机中先进的两级离心压气机的一些设计数据,其中压比为14,质量流量为3.3 kg/s,整机的总-总效率达到80%。两级均采用后弯静叶(约47°),并且由于叶片数量较多(19个全叶片和19个分流叶片),因此叶片的气动载荷较小。本章介绍了带有后弯叶片的离心压气机性能的基本计算方法。图7.3所示为一种高性能离心压气机,叶轮有15个后弯主叶片(和15个分流叶片),外围的楔形扩压器采用24个静叶。

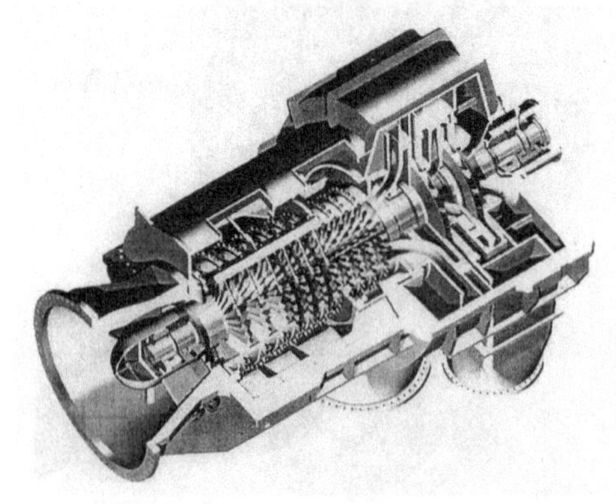

图7.3 一种采用中间冷却的高压比轴流-径流式压气机
(由西门子公司许可引用)

7.2 一些定义

除了第 5 章中介绍的轴流压气机和风扇以外，大多数增压透平机械都采用径流式，包括产生相当于几毫米水柱压升的风扇以及几百米水柱压头的泵。其中，泵用于增加流动液体的压力；风扇用于使流动气体的压力少量提升，由于气体压力变化很小，因此可视为不可压缩流体；压气机则大幅提高流动气体的压力。为了区分风扇和压气机，压气机定义为气体密度比大于 1.05 及以上的增压机械。

离心压气机或泵基本上由叶轮和扩压器组成。图 7.4 为离心压气机各个部件的示意图。流体从机壳进气端进入叶轮。叶轮的作用是使流体旋转并向外甩出以增大其能量，同时增大角动量。在叶轮内，流体的静压和速度都增大。扩压器的作用是将流体动能转化为压力能，这一过程可以在叶轮周围的环形通道内完成，或者如图 7.4 中的那样采用带有一列导叶的扩压器来实现，这样可大大减小扩压器的尺寸。扩压器外围是蜗壳，用以收集从扩压器来的流体并将其排入出口管道。通常，对于低速压气机和泵，结构简单和成本低要比效率更为重要，因此蜗壳布置得很靠近叶轮(如图 7.21 和 7.22 所示)。

轮毂面是叶轮曲线 a-b 的回转面，流道外沿边界面由机壳(轮盖)曲面 c-d 形成。流体以相对速度 w_1 及气流角 β_1 进入叶轮，通过导向段(有时称为旋转导向叶栅)，流动方向变为轴向。导向叶栅一般位于叶轮进口和叶轮内流体转为径向时所对应的位置之间。在一些先进的压气机中，导向叶栅则会一直延伸到径向流动区域，从而显著减小相对速度的扩散程度。

为了降低加工难度和制造成本，许多风扇和泵的叶轮采用二维径向截面设计，如图 7.5 所示。可以预计，使用这种结构会引起一些损失。为了获得最大效率，本章按照图 7.4 所示的三维压气机结构推导关系式。

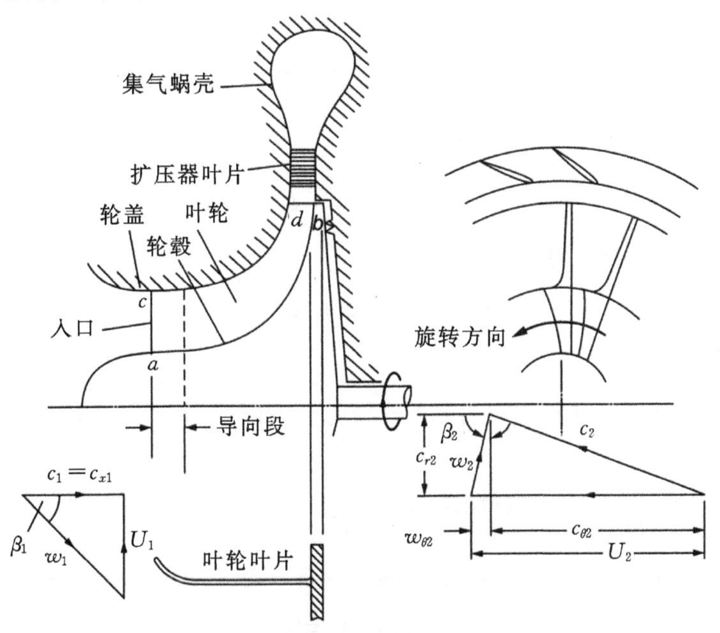

图 7.4　离心压气机级和叶轮进出口速度三角形

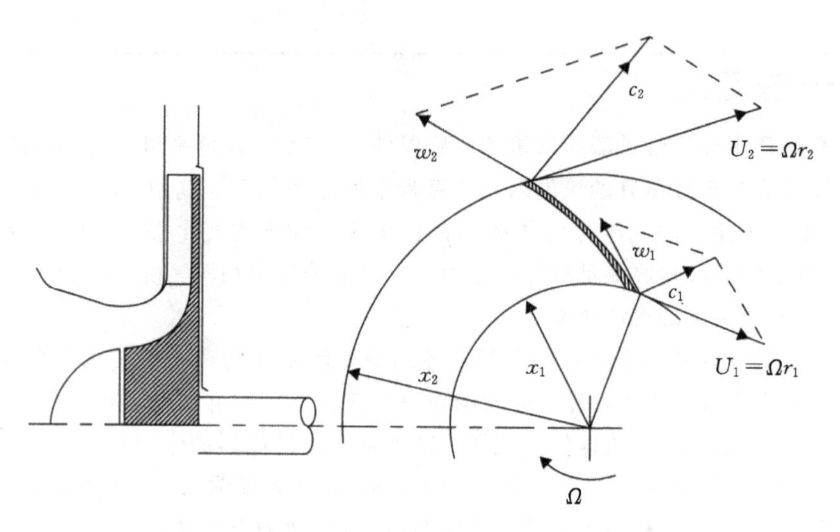

图 7.5 离心泵及其速度三角形

7.3 离心压气机的热力学分析

离心压气机级内的流动是很复杂的三维流动，对其进行详细分析时会遇到很多问题。幸运的是，我们可以通过简化流动模型得到其近似解，例如采用所谓的一维方法，即假设在某些横截面上流动参数是均匀分布的。这些截面可以取在叶轮的进、出口以及压气机进、出口处。进口导叶用来使叶轮进口流体产生预旋，此时一维处理方法不适用，需要采取详细的分析方法(三维分析的例子在第 6 章中给出)。

叶轮

一般的三维运动具有速度分量 c_r、c_θ和 c_x，分别表示径向速度、周向速度和轴向速度，三者满足关系式：$c^2=c_r^2+c_\theta^2+c_x^2$ 。

根据式(1.20a)，转焓可用下式表示：

$$I=h+\frac{1}{2}(c_r^2+c_\theta^2+c_x^2-2Uc_\theta)$$

令上式加减 $(1/2)U^2$ ，可得

$$I=h+\frac{1}{2}(U^2-2Uc_\theta+c_\theta^2)+\frac{1}{2}(c_r^2+c_x^2-U^2)=h+\frac{1}{2}(U-c_\theta)^2+\frac{1}{2}(c_r^2+c_x^2-U^2) \tag{7.1}$$

由图 7.4 中的速度三角形可以得到 $U-c_\theta=w_\theta$ ，因为 $w^2=c_r^2+w_\theta^2+c_x^2$ ，式(7.1)可以写为

$$I=h+\frac{1}{2}(w^2-U^2)$$

或

$$I=h_{0\text{rel}}-\frac{1}{2}U^2$$

由于 $h_{0\text{rel}} = h + (1/2)w^2$，并且在叶轮内 $I_1 = I_2$，所以

$$h_2 - h_1 = \frac{1}{2}(U_2^2 - U_1^2) + \frac{1}{2}(w_1^2 - w_2^2) \tag{7.2}$$

上式说明了离心压气机内的静焓升大于单级轴流压气机的原因。式(7.2)右端的第二项 $(1/2)(w_1^2 - w_2^2)$ 是由于扩压而使相对速度减小造成的，轴流压气机也可以得到这一项。第一项 $(1/2)(U_2^2 - U_1^2)$ 则是由于半径变化导致的离心效应所引起的。利用式(7.2)可以获得图 7.6 中状态点 1 和 2 之间焓的变化。

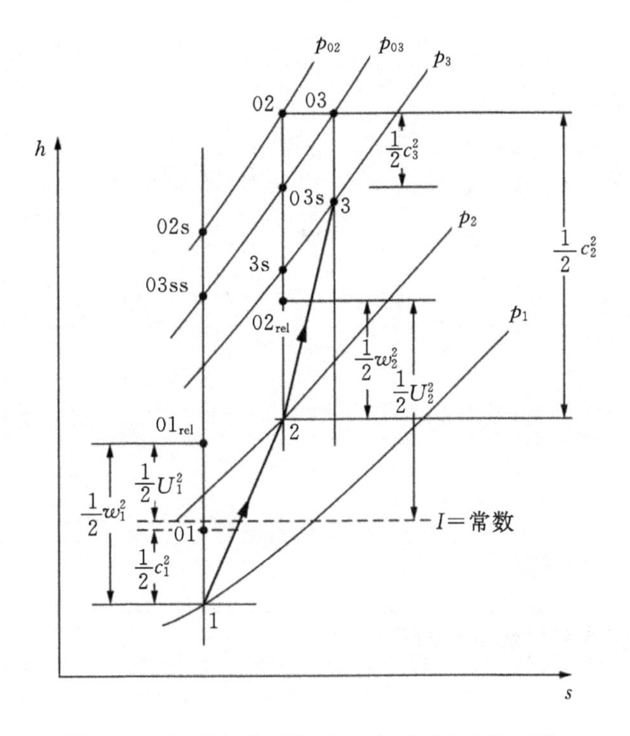

图 7.6 压气机级的焓熵图(只包括叶轮和扩压器)

根据图 7.4，特别是进口速度三角形，可以发现绝对速度没有周向分量，$c_{\theta 1} = 0$。对于离心压气机和泵，一般情况下流体可以沿轴向自由进入。对于这种流动工况，流体的比功方程(1.18b)可写为

$$\Delta W = U_2 c_{\theta 2} = h_{02} - h_{01} \tag{7.3}$$

上式适用于压气机。

$$\Delta W = U_2 c_{\theta 2} = gH_{\text{i}} \tag{7.4}$$

上式适用于泵，式中 H_{i}(理想压头)是不计所有内部损失情况下的总压头升高量。对于高压比压气机，有必要对进入叶轮的流体进行预旋来降低相对速度。相对速度高会导致压气机的马赫数效应和泵的空化效应。常用的预旋方法是在叶轮前加一排导向叶栅，具体位置根据进口类型而定。在没有明确说明时，本章以下的分析均假设未对流动施加预旋(即 $c_{\theta 1}=0$)。

扩压器

扩压器是压气机和泵的重要组成部件，其作用是减小离开叶轮的流体速度，增大流体压

力。扩压器可以看作是一条横截面积沿流动方向逐渐增大的静止通道(图 7.7)。

常见的扩压器虽然看起来结构很简单,但却存在两个比较严重的流体力学问题。首要问题是当局部扩压率较高时,边界层会从扩压器壁面分离,造成流体掺混并带来较大的滞止压力损失。另一个问题是,当扩压率较低时,需要使用较长的扩压段,这会导致流体摩擦损失过高。显然,在这两种情况之间存在一个合适的扩压率使总损失最小。试验结果表明,对于二维扩压器和锥形扩散器,夹角 θ 为 7°或 8°时效果最佳。根据 Sovran 和 Klomp(1967)的研究结果,本章将在稍后介绍平直扩压器的一些特性。

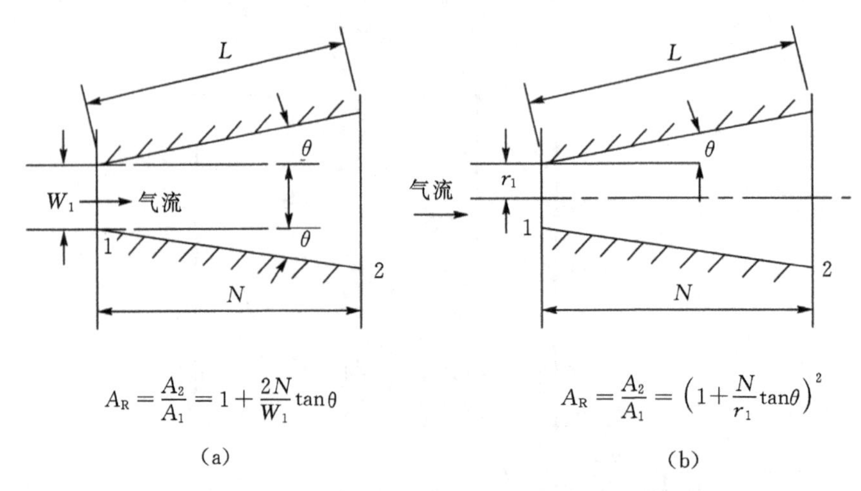

图 7.7 几种扩压器结构示意图:(a)二维扩压器;(b)锥形扩压器

7.4 压气机进口速度的限制

对于离心泵和离心压气机,进口是非常关键的区域,在设计阶段要仔细考虑。如果泵的进口流体相对速度太大,汽蚀(下一节将详细说明)可能导致叶片侵蚀甚至整机性能降低。在压气机中,相对速度大将导致叶轮总压损失增加。而在高速离心压气机中,由于进口气流相对速度很高,因此马赫数的影响很大。通过选择合适的进口尺寸,可以使最大相对速度或其他相关参数(如最大相对马赫数)最小化,从而得到最佳进口条件。下面的分析以低速压气机为例来说明基于不可压缩理论的一个简单的优化程序。

对于图 7.4 所示的进口几何结构,假设进口绝对速度是均匀的并且沿轴向。进口相对速度为 $w_1 = (c_{x1}^2 + U^2)^{1/2}$,其最大值位于导流器顶部。体积流量为

$$Q = c_{x1}A_1 = \pi(r_{s1}^2 - r_{h1}^2)(w_{s1}^2 - \Omega^2 r_{s1}^2)^{1/2} \tag{7.5}$$

需要指出的是,在 Q 和 r_{h1} 给定的情况下:

i. 由连续性方程可知,如果 r_{s1} 取值大,则轴向速度小,叶片圆周速度大。

ii. 如果 r_{s1} 取值小,则叶片圆周速度小,轴向速度大。

两种极端情况下相对速度都很大,这说明存在一个最佳半径 r_{s1} 使相对速度达到最小。为了得到最大的体积流量,令式(7.5)对 r_{s1} 求导(保持 w_{s1} 不变)并使其值等于零,则

$$\frac{1}{\pi}\frac{\partial Q}{\partial r_{s1}} = 0 = 2r_{s1}(w_{s1}^2 - \Omega^2 r_{s1}^2)^{1/2} - (r_{s1}^2 - r_{h1}^2)\Omega^2 r_{s1}^2/(w_{s1}^2 - \Omega^2 r_{s1}^2)^{1/2}$$

简化该方程得

$$2(w_{s1}^2 - \Omega^2 r_{s1}^2) = (r_{s1}^2 - r_{h1}^2)\Omega^2$$

因此有

$$2c_{x1}^2 = kU_{s1}^2 \tag{7.6}$$

式中，$k = 1 - (r_{h1}/r_{s1})^2$，$U_{s1} = \Omega r_{s1}$。因此，最佳进口流量系数为

$$\phi = c_{x1}/U_{s1} = \cot\beta_{s1} = (k/2)^{1/2} \tag{7.7}$$

式(7.7)给出了由轮毂比表示的最佳进口速度三角形参数。对于典型的轮毂比(即 $0.3 \leqslant r_{h1}/r_{s1} \leqslant 0.6$)，导流器顶部最佳相对气流角 β_{s1} 在 56°和 60°之间。

7.5 泵的进口设计

设计泵的关键要素是避免发生汽蚀，从而获得较高的效率并防止叶轮叶片损坏。第 2 章中对汽蚀现象进行了描述，并给出了如下净正吸头(NPSH)的定义(译者注：国内称为汽蚀余量)：

$$H_S = (p_0 - p_v)/pg$$

式中，p_0 为液体绝对滞止压力，p_v 为蒸汽绝对汽化压力。

设下文中泵的速度三角形如图 7.4 所示。当流体通过叶轮时，压力会发生变化。在叶片吸力面前缘附近，速度迅速增大，压力相应降低。如果流体绝对压力降低到汽化压力之下，就会生成汽泡。流体进入叶轮之后，在叶轮动力作用下压力增大，引起汽泡溃灭，形成的冲击波将造成叶轮叶片点蚀，最终导致结构破坏。

汽蚀还常常发生在径流式叶轮和混流式叶轮出口附近速度最大的位置。对于轴流泵来说，叶顶最容易发生汽蚀。当泵的表面上一些点开始发生汽蚀时，压力等于汽化压力，即

$$p = p_v = p_1 - \sigma_b\left(\frac{1}{2}\rho w_1^2\right)$$

式中，σ_b 是与汽蚀点对应的叶片汽蚀系数。

图 9.20 展示了混流式水轮机转轮上发生的严重汽蚀破坏，泵的叶轮也会发生类似破坏。Pearsall(1972)发现汽蚀系数的范围为

$$0.2 \leqslant \sigma_b \leqslant 0.4$$

因此，在开始发生汽蚀的叶轮进口上游，可以得到

$$p_1 = p_{01} - \frac{1}{2}\rho C_1^2$$

参照速度三角形(图 7.4)，

$$gH_s = (p_{01} - p_v)/\rho = \frac{1}{2}c_{x1}^2 + \sigma_b\left(\frac{1}{2}w_1^2\right) = \frac{1}{2}c_{x1}^2(1+\sigma_b) + \frac{1}{2}\sigma_b U_{s1}^2$$

式中，H_s 为在轮盖半径 $r = r_{s1}$ 处测量得到的汽蚀余量。

为了获得最佳进口设计，定义吸入比转速为 $\Omega_{ss} = \Omega Q^{1/2}/(gH_s)^{3/4}$，其中 $\Omega = U_{s1}/r_{s1}$，$Q = c_{x1}A_1 = \pi k r_{s1}^2 c_{x1}$，因此

$$\frac{\Omega_{ss}^2}{\pi k} = \frac{U_{s1}^2 c_{x1}}{[(1/2)c_{x1}^2(1+\sigma_b) + (1/2)\sigma_b U_{s1}^2]^{3/2}} = \frac{\phi}{[(1/2)(1+\sigma_b)\phi^2 + (1/2)\sigma_b]^{3/2}} \tag{7.8}$$

式中，$\phi = c_{x1}/U_{s1}$ 。为了得到 Ω_{ss} 的最大值，令式(7.8)对 ϕ 求导并使其值等于零。由此可以得到最优参数：

$$\phi = \left\{\frac{\sigma_b}{2(1+\sigma_b)}\right\}^{1/2} \tag{7.9a}$$

$$gH_s = \frac{3}{2}\sigma_b\left(\frac{1}{2}U_{s1}^2\right) \tag{7.9b}$$

$$\Omega_{ss}^2 = \frac{2\pi k\ (2/3)^{1.5}}{\sigma_b\ (1+\sigma_b)^{0.5}} = \frac{3.420k}{\sigma_b\ (1+\sigma_b)^{0.5}} \tag{7.9c}$$

例题 7.1

如图 7.4 所示的一台离心泵，进口最佳设计参数下的流量为 25 dm^3/s，叶轮转速为 1450 r/min。最大吸入比转速 $\Omega_{ss}=3.0$(rad)，进口半径比为 0.3。试确定：

a. 叶片汽蚀系数；

b. 进口轮盖直径；

c. 进口轴向速度；

d. 汽蚀余量(NPSH)。

解：

a. 令式(7.9c)两边同时平方，得

$$\sigma_b^2(1+\sigma_b) = (3.42k)^2/\Omega_{ss}^4 = 0.1196$$

其中，$k = 1-(r_{h1}/r_{s1})^2 = 1-0.3^2 = 0.91$ 。通过迭代(如应用 Newton-Raphson 近似)，可以得到 $\sigma_b = 0.3030$ 。

b. 由 $Q = \pi k r_{s1}^2 c_{x1}$ ，$c_{x1} = \phi r_{s1}\Omega$，可得 $r_{s1}^3 = Q/(\pi k\Omega\phi)$ 。其中，$\Omega = 1450\ \pi/30 = 151.84$ rad/s 。又由式(7.9a)可得 $\phi = [0.303/(2\times1.303)]^{0.5} = 0.3410$，于是有

$$r_{s1}^3 = 0.025/(\pi\times0.91\times151.84\times0.341) = 1.689\times10^{-4}$$

$$r_{s1} = 0.05528\ \text{m}$$

所需进口直径为 110.6 mm。

c. $c_{x1} = \phi\Omega r_{s1} = 0.341\times151.84\times0.05528 = 2.862$ m/s

d. 由式(7.9b)可得汽蚀余量(NPSH)为

$$H_s = \frac{0.75\sigma_b c_{x1}^2}{g\phi^2} = \frac{0.75\times0.303\times2.862^2}{9.81\times0.341^2} = 1.632\ \text{m}$$

7.6 离心压气机进口设计[①]

为了使高压比压气机具有高效率，必须限制进口相对马赫数。以下给出两个分析示例，第一个示例为进口流体沿轴向流动，$\alpha_1=0°$；第二个示例使用了进口预旋导叶，且 $\alpha_1>0°$。分析针对的是进口轮盖半径 r_{s1} 处的流动。

① 本节难度较大，可留作稍后阅读。

示例 A($\alpha_1=0°$)

进口面积为

$$A_1 = \pi r_{s1}^2 k$$

式中，$k = 1-(r_{h1}/r_{s1})^2$ 。因此有，

$$A_1 = \pi k U_{s1}^2/\Omega^2 \tag{7.10}$$

式中，$U_{s1} = \Omega r_{s1}$ 。假设轴向速度均匀分布，连续方程可以写为 $\dot{m} = \rho_1 A_1 c_{x1}$ 。

由进口速度三角形(图 7.4)知，$c_{x1} = w_{s1}\cos\beta_{s1}$ ，$U_{s1} = w_{s1}\sin\beta_{s1}$ 。再引入式(7.10)可得

$$\frac{\dot{m}\Omega^2}{\rho_1 k\pi} = w_{s1}^3 \sin^2\beta_{s1}\cos\beta_{s1} \tag{7.11}$$

对于完全气体，静密度 ρ 为

$$\rho = \rho_0\left(\frac{p}{p_0}\right)\left(\frac{T_0}{T}\right)$$

由于 $C_p T_0 = C_p T + (1/2)c^2$ ，并且 $C_p = \gamma R/(\gamma-1)$ ，可得

$$\frac{T_0}{T} = 1+\frac{\gamma-1}{2}M^2 = \frac{a_0^2}{a^2}$$

式中，马赫数 $M = c/(\gamma RT)^{1/2} = c/a$ ，a_0 和 a 分别为滞止音速及当地音速。对于等熵流动，

$$\frac{p}{p_0} = \left(\frac{T}{T_0}\right)^{\gamma/(\gamma-1)}$$

因此，

$$\frac{\rho_1}{\rho_0} = \left(\frac{T_1}{T_0}\right)^{1/(\gamma-1)} = \left(1+\frac{\gamma-1}{2}M_1^2\right)^{-1/(\gamma-1)}$$

式中，$\rho_0 = p_0/(RT_0)$ 。

绝对马赫数 M_1 和相对马赫数 $M_{1,\mathrm{rel}}$ 分别定义为

$$M_1 = c_{x1}/a_1 = M_{1,\mathrm{rel}}\cos\beta_{s1}\ ,\ w_{s1} = M_{1,\mathrm{rel}}a_1$$

将以上两式代入式(7.11)，可得

$$\frac{\dot{m}\Omega^2 RT_{01}}{k\pi p_{01}} = \frac{M_{1,\mathrm{rel}}^3 a_1^3}{[1+(1/2)(\gamma-1)M_1^2]^{1/(\gamma-1)}}\sin^2\beta_{s1}\cos\beta_{s1}$$

因为 $a_{01}/a_1 = [1+(1/2)(\gamma-1)M_1^2]^{1/2}$ 以及 $a_{01} = (\gamma RT_{01})^{1/2}$ ，所以上式可写为

$$\frac{\dot{m}\Omega^2}{\gamma\pi k p_{01}(\gamma RT_{01})^{1/2}} = \frac{M_{1,\mathrm{rel}}^3\sin^2\beta_{s1}\cos\beta_{s1}}{[1+(1/2)(\gamma-1)M_{1,\mathrm{rel}}^2\cos^2\beta_{s1}]^{1/(\gamma-1)+3/2}} \tag{7.12a}$$

虽然上式看上去很复杂，但是却相当有用。对于某一特定气体，通过给定 γ、R、p_{01} 和 T_{01}，就可以将 $\dot{m}\Omega^2/k$ 表示为 $M_{1,\mathrm{rel}}$ 和 β_{s1} 的函数。选定 $M_{1,\mathrm{rel}}$ 的极限值后，即可得到最大质量流量下 β_{s1} 的最优值。

以空气为例，取 $\gamma=1.4$，式(7.12a)可以写为

$$f(M_{1,\mathrm{rel}},\beta_{s1}) = \dot{m}\Omega^2/(1.4\pi k p_{01}a_{01}) = \frac{M_{1,\mathrm{rel}}^3\sin^2\beta_{s1}\cos\beta_{s1}}{(1+(1/5)M_{1,\mathrm{rel}}^2\cos^2\beta_{s1})^4} \tag{7.13a}$$

图 7.8 给出了 $M_{1,\mathrm{rel}}=0.8$ 和 0.9 时，式(7.13a)右侧随 β_{s1} 的变化曲线。这些曲线在满足下式时达到最大值：

$$\cos^2\beta_{s1} = A - \sqrt{A^2 - 1/M_{1,\mathrm{rel}}^2}$$

式中，$A = 0.7 + 1.5/M_{1,\mathrm{rel}}^2$。

示例 B($\alpha_1 > 0°$)

通过相似的分析可以确定预旋对质量流量函数的影响。由图 7.4 的速度三角形可得

$$c_1 = c_x/\cos\alpha_1 = w_1\cos\beta_1/\cos\alpha_1$$

并且，$U_1 = w_1\sin\beta_1 + c_1\sin\alpha_1 = w_1\cos\beta_1(\tan\beta_1 + \tan\alpha_1)$，

$$\dot{m} = \rho_1 A_1 c_{x1}$$

从现在起，采用轮盖半径 r_{s1} 处的参数为变量，按照前面的分析过程，可得

$$\dot{m} = \frac{\pi k}{\Omega^2}\rho_1 U_{s1}^2 w_{s1}\cos\beta_{s1} = \left(\frac{\pi k\rho_1}{\Omega^2}\right) w_{s1}^3\cos^3\beta_{s1}(\tan\beta_{s1} + \tan\alpha_{s1})^2$$

利用前面导出的 T_{01}/T_1，p_{01}/p_1 和 ρ_{01}/ρ_1 关系式，可得

$$f(M_{1,\mathrm{rel}},\beta_{s1}) = \frac{\dot{m}\Omega^2}{\pi k\rho_{01}a_{01}^3} = \frac{M_{1,\mathrm{rel}}^3\cos^3\beta_{s1}(\tan\beta_{s1} + \tan\alpha_{s1})^2}{(1 + (\gamma - 1)/2M_{1,\mathrm{rel}}^2\cos^2\beta_{s1}/\cos^2\alpha_{s1})^{(1/\gamma-1)+(3/2)}} \tag{7.12b}$$

将空气的 $\gamma = 1.4$ 代入式(7.12b)，可得

$$f(M_{1,\mathrm{rel}}) = \frac{\Omega^2\dot{m}}{\pi k\rho_{01}a_{01}^3} = \frac{M_{1,\mathrm{rel}}^3\cos^3\beta_{s1}(\tan\beta_{s1} + \tan\alpha_{s1})^2}{(1 + (1/5)M_{1,\mathrm{rel}}^2\cos^2\beta_{s1}/\cos^2\alpha_{s1})^4} \tag{7.13b}$$

取 $\alpha_1 = 30°$，$M_{1,\mathrm{rel}} = 0.8$ 和 0.9，将式(7.13b)右侧与 β_{s1} 的关系绘制于图 7.8，可以看出，相比无预旋情况，$\dot{m}\Omega^2/k$ 的峰值增大较为明显，但是峰值出现在较小的 β_{s1} 处。

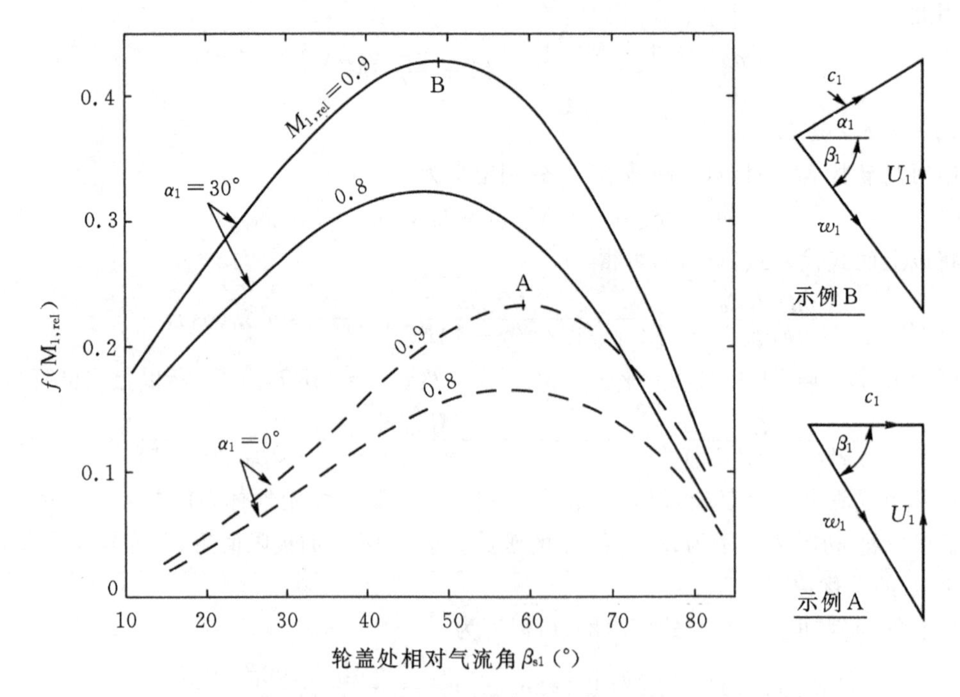

图 7.8 离心压气机质量流量函数 $f(M_{1,\mathrm{rel}})$ 随 β_{s1} 的变化关系：示例 A，无导叶，$\alpha_1 = 0°$；示例 B，有导叶，$\alpha_1 > 0°$

例题 7.2

在离心压气机进口安装自由涡导叶，以使进口气流在轮盖处产生 30°的正向预旋。进口轮毂比为 0.4，要求设计进口马赫数 $M_{1,\mathrm{rel}}$不超过 0.9。空气质量流量为 1 kg/s，滞止压力和温度分别为 101.3 kPa 和 288 K。取空气的 $R=287$ J/(kg·K)，$\gamma=1.4$。

假定轮盖处为最佳工况，求：

a. 叶轮旋转速度；

b. 导叶下游轮盖处叶轮进口静密度和轴向速度；

c. 导叶叶顶直径及速度。

解：

a. 由图 7.8 可知，当相对进口气流角 $\beta_1=49.4°$时，$f(M_{1,\mathrm{rel}})$的峰值等于 0.4307。常量 $\alpha_{01}=\sqrt{\gamma RT_{01}}=340.2\mathrm{m/s}$，$\rho_{01}=p_{01}/RT_{01}=1.2255\ \mathrm{kg/m^3}$，$k=1-0.4^2=0.84$。由式(7.13b)可得 $\Omega^2=\pi fk\rho_{01}\alpha_{01}^3=5.4843\times10^7$。因此，

$$\Omega=7405.6\ \mathrm{rad/s}\ 和\ N=70718\ \mathrm{r/min}$$

b. $$\rho_{s1}=\frac{\rho_{01}}{\left[1+(1/5)\left(M_{s1,\mathrm{rel}}\dfrac{\cos\beta_{s1}}{\cos\alpha_{s1}}\right)^2\right]^{2.5}}=\frac{1.2255}{1.09148^{2.5}}=0.98464\ \mathrm{kg/m^3}$$

轴向速度可由下式计算：

$$(w_{s1}\cos\beta_{s1})^3=c_{x1}^3=\frac{\Omega^2\dot{m}}{\pi k\rho_{s1}\ (\tan\beta_{s1}+\tan\alpha_{s1})^2}=\frac{5.4843\times10^7}{\pi\times0.84\times0.98464\times3.0418}$$

$$=6.9388\times10^6$$

由此可得

$$c_{x1}=190.73\ \mathrm{m/s}$$

c. $$A_1=\frac{\dot{m}}{\rho_{s1}c_{x1}}=\pi kr_{s1}^2$$

因此得

$$r_{s1}^2=\frac{\dot{m}}{\pi\rho_1c_xk}=\frac{1}{\pi\times0.98464\times190.73\times0.84}=2.0178\times10^{-3}$$

$$r_{s1}=0.04492\ \mathrm{m}\quad 和\quad d_{s1}=8.984\ \mathrm{cm}$$

$$U=\Omega r_{s1}=7405.6\times0.04492=332.7\ \mathrm{m/s}$$

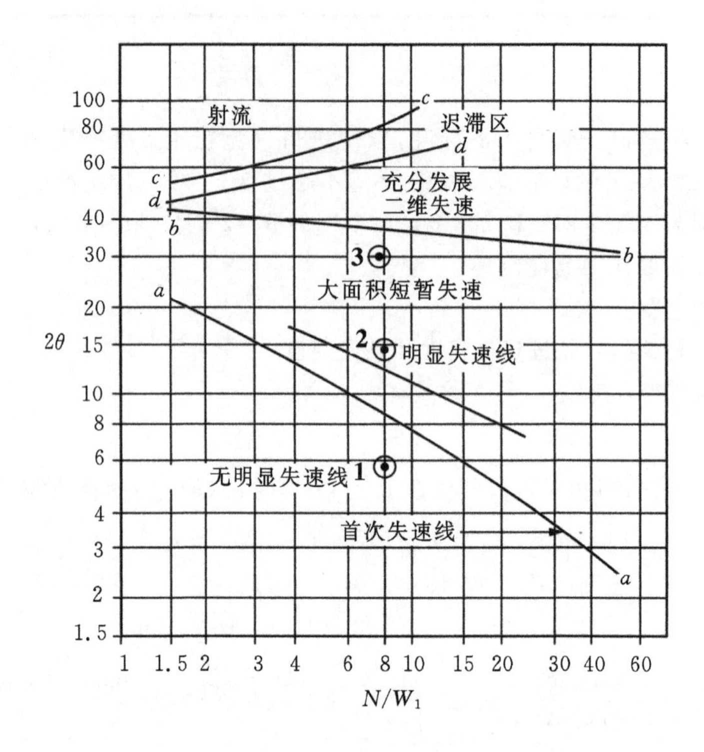

图 7.9 二维扩压器的流态区(引自 Sovran 和 Klomp,1967)

关于在叶轮进口使用预旋叶片的一些讨论

采用正向预旋(沿叶轮旋转方向)将使 w_1 和进口马赫数 $M_{1,\mathrm{rel}}$ 明显减小,但是由泵的欧拉方程(1.18b)可知,这会减小作用于气体的比功。因此,有必要增加叶顶速度,以使叶轮压比与没有预旋时相同。

可以通过在叶轮前端安装导叶实现气流预旋,图 7.10(a)给出了导叶的一种布置方式。由 7.10(b)和(c)所示的速度三角形可以看出导叶是如何减小相对进口速度的。导叶设计成可以产生自由涡或某种形式强制涡的速度分布。在第 6 章中已经指出,对于自由涡流型(rc_θ=常数),轴向速度 c_x 是常数(在理想流动状况下)。Wallace、Whitfield 及 Atkey(1975)的研究表明,使用自由涡导叶会使导叶半径较小处的冲角显著增大,采用某种形式的强制涡速度分布则可以减轻这一效应。Whitfield 和 Baines(1990)分析了各种形式强制涡所产生的效应,

$$c_\theta = A\left(\frac{r}{r_{\mathrm{s1}}}\right)^n \tag{7.14}$$

式中,n 为介于−1 到 2 之间的整数。

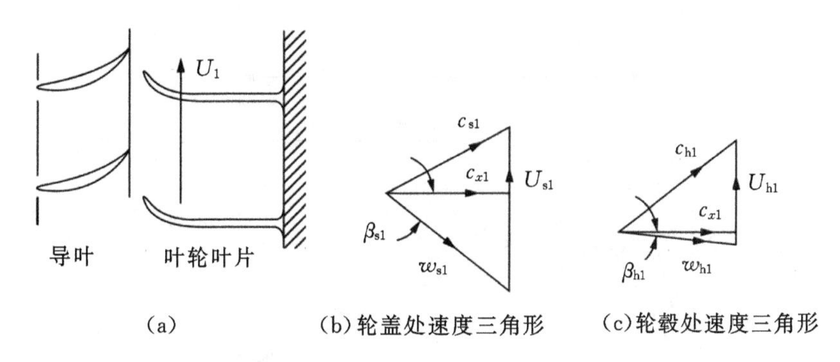

(a) (b)轮盖处速度三角形 (c)轮毂处速度三角形

图 7.10 自由涡预旋导叶对叶轮进口相对速度的影响

图 7.11(a)给出了(特定工况 $\alpha_{s1}=30°$,$\beta_{s1}=60°$)采用不同旋流速度分布时,预旋对冲角 $i=\beta_1-\beta'_1$ 随半径比 r/r_{s1} 变化趋势的影响。图 7.11(b)给出了相应的绝对进口气流角 α_1 的变化曲线。显而易见,无论是自由涡设计还是二次方($n=2$)设计,预旋导叶的扭转程度都很大。二次方设计的优点在于冲角随半径的变化小,而自由涡设计的冲角变化幅度较大。Wallace 等人(1975)采用了简单的无扭叶片($n=0$),并证明这是一种合理的折衷方法。

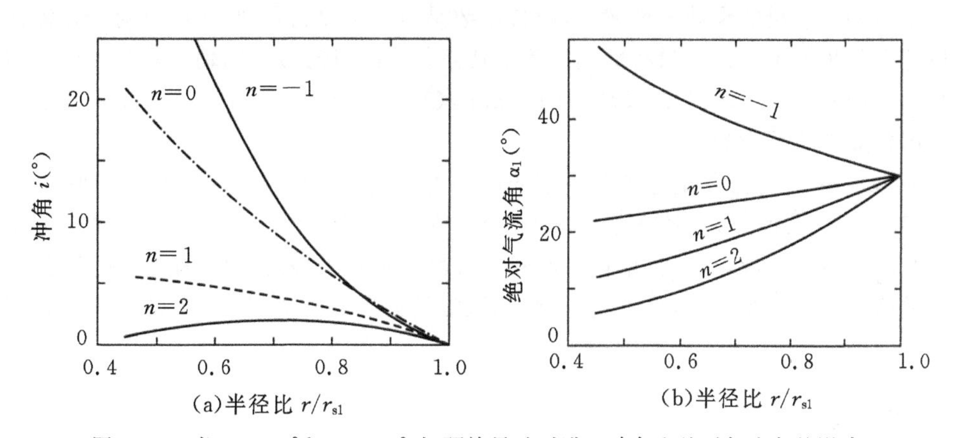

图 7.11 当 $\alpha_{s1}=30°$和 $\beta_{s1}=60°$时,预旋导叶对进口冲角和绝对气流角的影响

7.7 滑移系数

引言

即使在理想状况下(如无摩擦),压气机或泵的叶轮出口相对流动也不可能在叶片作用下实现理想的导向,实际流动会产生滑移。假定叶轮是由无限多个无限薄叶片组成,那么流体就可以完美地被叶片引导,并且以叶片角流出叶轮。图 7.12 对比了在有限叶片数下得到的相对气流角 β_2 和叶片角 β'_2 。

滑移系数可以定义为[①]

$$\sigma = c_{\theta 2}/c_{\theta 2'} \tag{7.15a}$$

① 这是欧洲的定义,美国的定义为 $\sigma=1-c_{\theta s}/U_2$。

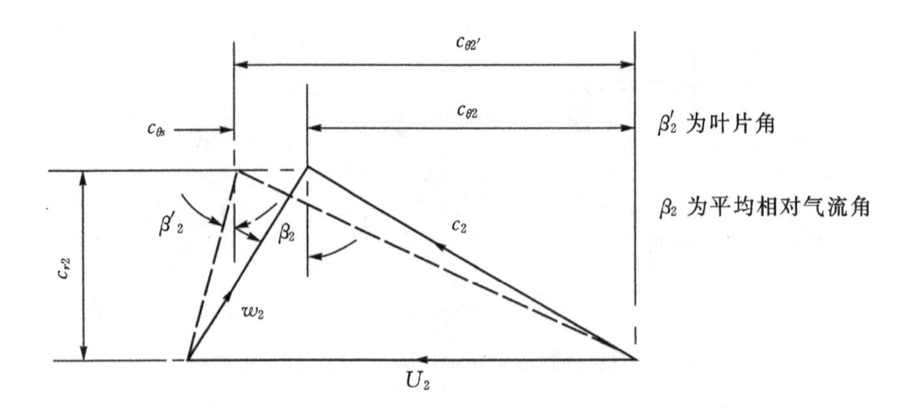

图 7.12 叶片角为 β'_2 的叶轮后弯叶片出口处滑移对相对气流角 β_2 产生的影响(在速度三角形中)

式中,$c_{\theta 2}$为绝对速度的切向分量,与相对气流角 β_2 有关。假设的切向速度分量与叶片角 β'_2 有关。滑移速度由式 $c_{\theta s} = c_{\theta 2'} - c_{\theta 2}$ 给出,因此滑移系数也可写为

$$\sigma = 1 - c_{\theta s}/c_{\theta 2'} \tag{7.15b}$$

对于泵和压气机的设计人员来说,滑移系数是至关重要的参数(实际上对于径流式涡轮机的设计人员来说也一样),只有准确计算滑移系数,才能确定压升、输入功和叶轮出口的速度三角形。Busemann(1928)以及随后的 Stanitz(1952)、Wiesner(1967)等许多其他研究人员都试图建立滑移系数的关联式。

Wiesner(1967)评述了确定滑移系数的各种关联式。大部分关联式与径向叶轮($\beta'_2 = 0$)或混流式叶轮设计有关,但也有一些针对的是后弯叶片设计。大多数关联式仅适用于一种形式叶轮的设计工况,对于其他形式叶轮设计则不适用。最近,Qiu 等人(2011)提出了一种统一的滑移系数模型,该模型适用于轴流式、混流式和径流式叶轮,对设计工况和非设计工况也都适用。

相对涡旋的概念

假设一种无旋、无摩擦的流体流过叶轮。如果进口绝对流动无旋,则出口绝对流动也无旋。若叶轮角速度为 Ω,则相对于叶轮,流体有一角速度,其值为 $-\Omega$,称为相对涡旋(图 7.13(a),即轴向涡)。采用相对涡旋的概念可以简明地解释叶轮内的相对滑移效应。

叶轮出口的相对流动可以理解为是无旋流动与轴向涡的叠加。如图 7.13(b)所示,这两种运动的叠加效应导致流体相对于叶片以一定角度流出,而且偏转方向与叶片运动方向相反。以往各种滑移理论都是根据这种解释得出的。

滑移系数关联式

Stodola(1945)最早提出了一种最简单的滑移系数关联式。参见图 7.13(c),滑移速度 $c_{\theta s} = c_{\theta 2'} - c_{\theta 2}$ 是轴向涡与一个通道内切圆半径 $d/2$ 的乘积。

因此,$c_{\theta s} = \Omega d/2$ 。当叶片数量 Z 不太少时,可得近似关联式为 $d \cong (2\pi r_2/Z)\cos\beta'_2$ 。由 $\Omega = U_2/r_2$,可得:

$$c_{\theta s} = \frac{\pi U_2 \cos\beta'_2}{Z} \tag{7.15c}$$

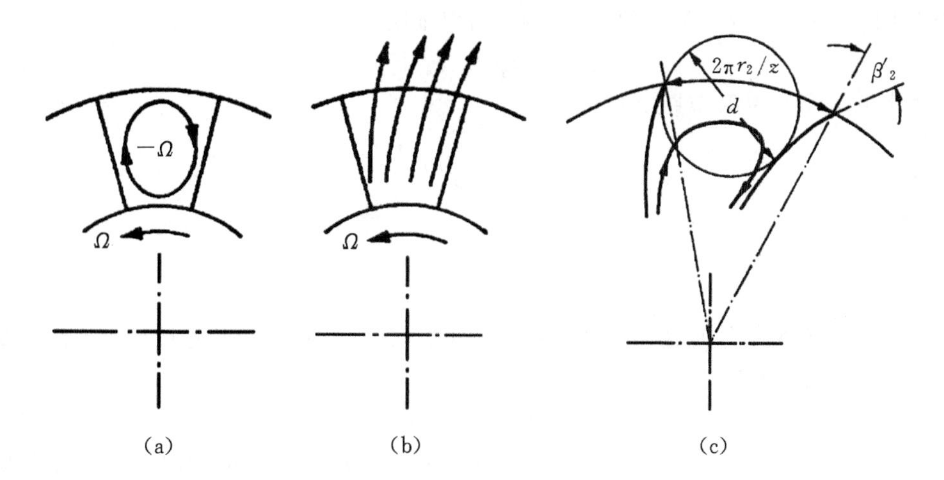

图 7.13 (a)无通流的轴向涡；(b)叶轮出口相对流动(通流和轴向涡叠加)；(c)Stodola 流动模型

由 $c_{\theta 2'} = U_2 - c_{r2}\tan\beta'_2$ ，Stodola 滑移系数可表示为

$$\sigma = \frac{c_{\theta 2}}{c_{\theta 2'}} = 1 - \frac{c_{\theta s}}{U_2 - c_{r2}\tan\beta'_2} \tag{7.16}$$

或

$$\sigma = 1 - \frac{(\pi/Z)\cos\beta'_2}{1 - \phi_2\tan\beta'_2} \tag{7.17}$$

式中，$\phi_2 = c_{r2}/U_2$ 。

目前已经得出了滑移系数的许多“数学精确”解，其中最著名的是 Busemann(1928)模型的解。将该模型应用于形状为对数螺线的二维叶片时，所得 σ 的结果如图 7.14 所示。

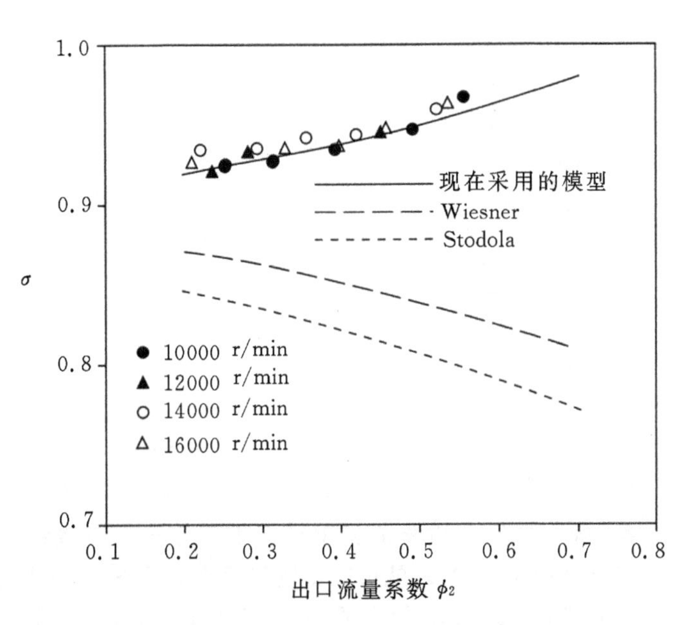

图 7.14 根据试验数据计算出的 Eckardt A 叶轮滑移系数与由 Wiesner 和 Stodola 理论计算所得的滑移系数对比

根据图 7.15 所示叶片基元的几何形状，可以证明

$$\kappa = \tan\beta' \ln(r_2/r_1) \tag{7.18}$$

叶片长度和等效叶片节距之比为

$$\frac{l}{s} = \frac{Z}{2\pi\cos\beta'}\ln\left(\frac{r_2}{r_1}\right) \tag{7.19}$$

所以等效节距为

$$s = \frac{2\pi(r_2 - r_1)}{Z\ln(r_2/r_1)} \tag{7.20}$$

等角螺线或对数螺线是径向叶片的最简单形状，以往常在泵的叶轮设计中使用。此时，Busemann 滑移系数可写为

$$\sigma = (A - B\phi_2\tan\beta'_2)/(1 - \phi_2\tan\beta'_2) \tag{7.21}$$

式中，A 和 B 是 r_2/r_1、β'_2 及 Z 的函数。对于一般的泵和压气机叶轮，当 l/s 的等效值大于 1 时，A 和 B 与 r_2/r_1 几乎没有关联性。由式(7.19)可知，要满足 $l/s \geqslant 1$，半径比就必须足够大，即

$$r_2/r_1 \geqslant \exp(2\pi\cos\beta'/Z) \tag{7.22}$$

这一准则也常用于非对数螺旋线叶片，并用 β'_2 代替 β'。典型离心泵叶轮的叶片半径比一般都会超过前面的限制。例如，叶轮叶片出口角通常在 $50° \leqslant \beta'_2 \leqslant 70°$ 范围内，叶片数量在 5～12 个之间。取典型值 $\beta'_2 = 60°$ 和 $Z=8$，则式(7.22)右侧等于 1.48，该值对于泵来说不是很大。

只要满足这些准则，B 就为常数，并且实际上在所有情况下都等于 1。同样，A 值和半径比 r_2/r_1 无关，只与 β'_2 和 Z 有关。Csanady(1960)给出的 A 值如图 7.15 所示，A 值也可视为无通流时($\phi_2=0$)σ_B 的值。

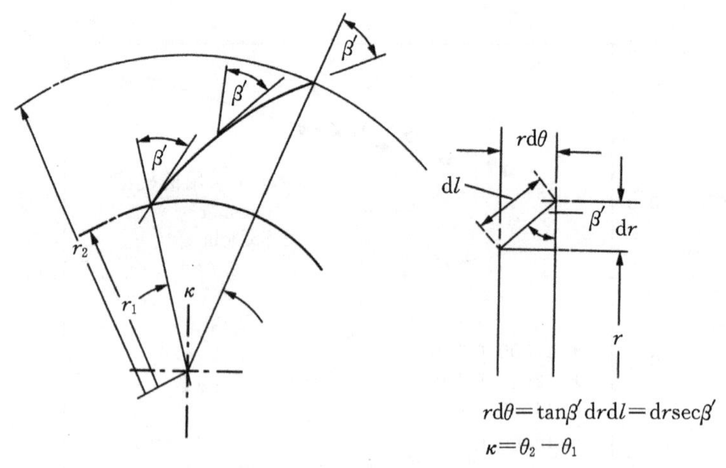

图 7.15 对数螺线叶片；叶片角 β' 在所有半径处均为常数

Busemann 的数学精确解可用于检验前文中近似求解方法的有效性，如 Stodola 关联式。将 $\phi_2=0$ 代入式(7.17)和式(7.21)，就可以比较零通流情况下 Stodola 和 Busemann 得出的滑移系数。当叶片角满足 $50° \leqslant \beta'_2 \leqslant 70°$、叶片数大于 6 时，Stodola 的滑移系数接近于精确解。

Stanitz(1952)将松弛方法用于求解 8 个叶轮的叶片间势流流场，叶尖叶片角 β'_2 变化范

围为 0°～45°，其结论是计算所得的滑移速度 $c_{\theta s}$ 与叶尖叶片角 β'_2 无关，只与叶片间距(叶片数)有关，此外还发现可压缩性对滑移系数没有影响。Stanitz 的滑移速度表达式为

$$c_{\theta s} = 0.63U_2\pi/Z \tag{7.23a}$$

利用式(7.16)可以很容易得到对应的滑移系数表达式为

$$\sigma = 1 - \frac{0.63\pi/Z}{1-\phi_2\tan\beta'_2} \tag{7.23b}$$

对于采用径向叶片的叶轮，有 $\sigma = 1-0.63\pi/Z$，但在初步估算时常简化为 $\sigma = 1-2/Z$。

Wiesner(1967)综述了所有计算滑移系数的方法，并认为 Busemann 计算方法仍然是最适用的向心叶轮滑移系数计算方法。Wiesner 还提出一个简单的滑移速度经验关系式：

$$c_{\theta s} = \frac{U_2\sqrt{\cos\beta'_2}}{Z^{0.7}} \tag{7.24a}$$

对应的滑移系数为

$$\sigma = 1 - \frac{\sqrt{\cos\beta'_2}}{Z^{0.7}(1-\phi_2\tan\beta'_2)} \tag{7.24b}$$

Wiesner 认为，在实际应用的叶片角和叶片数范围内，上式均能与 Busemann 结果吻合良好。

上式只适用于半径比小于极限半径比的情况，该极限值的半经验表达式为

$$\varepsilon = \left(\frac{r_1}{r_2}\right)_{\lim} = \exp\left(\frac{-8.16\cos\beta'_2}{Z}\right) \tag{7.24c}$$

在 $r_1/r_2 > \varepsilon$ 时，可采用下述半经验公式：

$$\sigma'_w = \sigma_w\left[1-\left(\frac{r_1/r_2-\varepsilon}{1-\varepsilon}\right)^3\right] \tag{7.24d}$$

7.8 统一的滑移系数关联式[①]

前文中已经指出，当叶轮几何结构给定时(如叶片出口角、叶片数和(可能的)叶片进口角)，就可以采用前述滑移系数关联式来确定滑移系数。Qiu 等人(2011)定义了一个新的统一的滑移系数表达式，它适用于轴流式、径流式和混流式叶轮，更重要的是它考虑了流量系数的影响。这是滑移系数理论最重要和有意义的发展。文献作者认为，滑移系数还受叶轮旋转和叶轮出口处曲率的影响。

对于轴向叶轮(如压气机叶栅)，由于没有径向效应，此时的滑移系数与 Howell、Carter 和其他人定义的落后角类似(见式(3.34)和(3.35))。然而，对于许多径向叶轮来说，叶片的扭转效应很大，并且在非设计工况下，这种效应实际上已成为影响滑移系数的关键因素。

Eck(1973)扩展了 Stodola 最早提出的理论，该理论指出离心叶轮的流动产生滑移是由轴向涡引起的。流道中的流速分布不均匀，压力面侧速度低于吸力面侧。在图 7.13 和 7.16 中，通道右侧为压力面侧，如果假设轴向涡是直径为 d 的圆(如图 7.16 中的 AC 所示)，而且像刚体一样以角速度 Ω 旋转，则滑移速度可由下式确定：

① "统一"一词表示文献作者试图采用一个理论描述多种压气机，本书作者只讨论离心压气机，并不打算将讨论范围扩大至轴流与混流式压气机。

$$c_{\theta s}=\frac{d}{2}\omega=\frac{\omega s_2\cos\beta_{2b}}{2} \tag{7.25}$$

式中,Stodola 流动模型的角速度和叶轮角速度大小相同,但是方向相反。

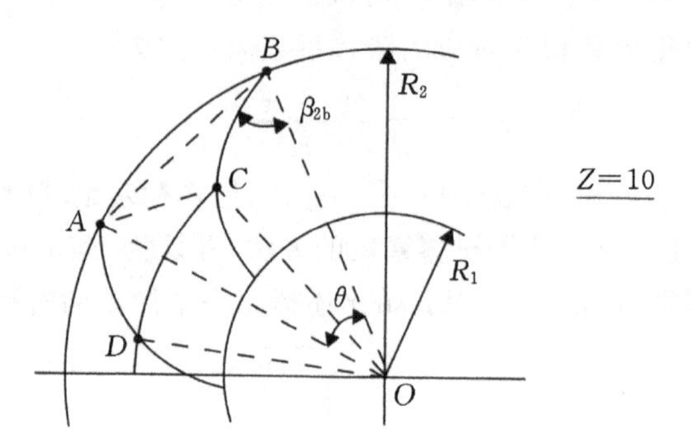

图 7.16 Qiu 使用的流动模型

压力不平衡是由叶片旋转以及折转效应引起的。Eck 在他的著作中指出,“线性速度梯度与通过流道的全部流体的旋转等效”,因此他采用下式重新计算旋转角速度:

$$\omega^1=\frac{w_s-w_p}{2a} \tag{7.26}$$

这样,滑移速度就可与叶片负荷相关,即叶轮出口处压力面和吸力面的速度差如下式所示:

$$c_{\theta s}=\frac{a}{2}\omega^1=\frac{w_s-w_p}{4} \tag{7.27}$$

在叶轮流道内,流体受到科氏力、离心力和叶片折转力。Qiu 的论据是,当流体到达线 AC 时,流动即偏离预期路径,这些力就会消失。这是 Qiu 理论的关键点。

下一步是确定流体到达 AC 时的叶片负荷,从而计算式(7.27)的右侧。

Qiu 假设 D 和 A 之间的速度差较小,因而可以通过曲线 DC 上的负荷(近似)确定 AC 上的叶片负荷。根据 Johnson(1986)和 Cumpsty(1989)的研究,Qiu 发现弧段 DC 上的负荷可用下式表示:

$$\frac{w_s-w_p}{DC}=2\omega\sin\gamma\cos\beta-w\left(\frac{d\beta}{dm}-\frac{\cos\beta\sin\beta}{\rho b}\left(\frac{d\langle\rho b\rangle}{dm}\right)\right) \tag{7.28}$$

弧线 DC 的长度与叶轮叶片出口节距 s_2 及形状系数 F 有关,即

$$DC=F\times s_2 \tag{7.28a}$$

式中的形状系数 F 可以采用下式计算:

$$F=1-\sin\left(\frac{\pi}{Z}\right)\sin\left(\frac{\pi}{Z}+\beta_{2b}\right)\cos\beta_{2b}\sin\gamma_2-\frac{t_2}{s_2\cos\beta_{2b}} \tag{7.29}$$

该式的详细推导将在本节后文中给出。

结合式(7.27)、(7.28)和(7.28a),可以得到滑移速度的最终计算式为

$$c_{\theta s}=F\left\{\frac{\omega s_2\cos\beta_{2b}\sin\gamma}{2}+\frac{w_2 s_2}{4}\left(\frac{d\beta}{dm}\right)_2-\frac{w_2 s_2\sin2\beta_{2b}}{8\rho_2 b_2}\left(\frac{d}{dm}\langle\rho b\rangle\right)_2\right\} \tag{7.30}$$

令式(7.30)除以圆周速度即可得到滑移系数的最终表达式,即

$$\sigma=1-\frac{c_{\theta s}}{U_2}=1-\frac{F\pi\cos\beta_{2b}\sin\gamma_2}{Z}-\frac{Fs_2\phi_2}{4\cos\beta_{2b}}\left(\frac{d\beta}{dm}\right)_2+\frac{F\phi_2 s_2\sin\beta_{2b}}{4\rho_2 b_2}\left(\frac{d\langle\rho b\rangle}{dm}\right)_2 \tag{7.31}$$

为了更好地理解上式，下面将每一项用符号表示后，予以说明。

式(7.31)可以写为

$$\sigma = 1 - \Delta\sigma_{\text{radial}} - \Delta\sigma_{\text{turn}} - \Delta\sigma_{\text{passage}} \tag{7.32}$$

式中，

$$\Delta\sigma_{\text{radial}} = \frac{F\pi\cos\beta_{2b}\sin\gamma_2}{Z} \tag{7.32a}$$

是由径向旋转造成的滑移减小量，

$$\Delta\sigma_{\text{turn}} = \frac{Fs_2\phi_2}{4\cos\beta_{2b}}\left(\frac{\mathrm{d}\beta}{\mathrm{d}m}\right)_2 \tag{7.32b}$$

是由叶片折转造成的滑移减小量，而

$$\Delta\sigma_{\text{passage}} = -\frac{F\phi_2 s_2\sin\beta_{2b}}{4\rho_2 b_2}\left(\frac{\mathrm{d}\langle\rho b\rangle}{\mathrm{d}m}\right)_2 \tag{7.32c}$$

则是由通道宽度和流体密度变化造成的滑移减小量。

Qiu 指出，与其他项相比，式(7.32c)中的径向项对滑移系数的影响很小。因此，在以下计算中将忽略此项的影响。

新滑移系数理论与试验结果的比较

计算形状系数 F 的方法

参见图 7.16，从点 A 开始绘制线段 AC，该线段与相邻叶片垂直，是出口喉部。下面介绍计算弧线 DC 长度的方法。

两相邻叶片之间的角度为 $\Delta\theta = 2\pi/Z$，其中 Z 为叶片数量。

弦长 AB 可以采用下式计算：

$$\overline{AB} = 2R_2\sin\left(\frac{\Delta\theta}{2}\right)$$

因为

$$\angle OBA = (\pi - \Delta\theta)/2\text{，所以}\ \angle ABC = \angle OBA - \beta_{2b} = \frac{\pi}{2} - \frac{\Delta\theta}{2} - \beta_{2b}$$

现在可以计算线段 BC 的长度

$$BC = AB\cos(\angle ABC) = AB\sin\left(\frac{\Delta\theta}{2} + \beta_{2b}\right)$$

叶轮顶端(B 点)到 C 点间的半径减小量可用下式近似计算：

$$BE = BC\cos(\beta_{2b})\sin(\gamma_2) = 2R_2\sin\left(\frac{\Delta\theta}{2}\right)\sin\left(\frac{\Delta\theta}{2} + \beta_{2b}\right)\cos(\beta_{2b})\sin(\gamma_2)$$

由于整个计算都在径向平面内进行，可以通过引入角度 γ_2 来确定半径的减小量。因此，弧线 DC 的半径为

$$OC \approx OB - BE = R_2\left[1 - 2\sin\left(\frac{\pi}{Z}\right)\sin\left(\frac{\pi}{Z} + \beta_{2b}\right)\cos(\beta_{2b})\sin(\gamma_2)\right]$$

对于有限厚度叶片，弧线 DC 的长度为

$$DC = OC \times \Delta\theta - \frac{t_2}{\cos\beta_{2b}}$$

形状系数 F 为 DC 与 AB 的长度之比，即

$$F = 1 - 2\sin\left(\frac{\pi}{Z}\right)\sin\left(\frac{\pi}{Z}+\beta_{2b}\right)\cos(\beta_{2b})\sin(\gamma_2) - \frac{t_2}{s_2\cos\beta_{2b}}$$

解释性练习(计算 F 的值)

Eckardt(1980)叶轮 A 的参数如下：

$R_2=0.2$ m，$\beta_{2b}=30°$(后弯)，$\gamma_2=90°$，$Z=20$，$d\beta/dm=-9/m$（相当于半径增大1 mm，$d\beta=-0.5°$）。

根据图 7.16，

$AB = 2\pi R_2/Z = 0.0626$ m，$\angle OBA = (\pi - \Delta\theta)/2 = 81°$

$\angle ABC = \angle OBA - \beta_{2b} = 81 - 30 = 51°$ $\therefore BC = AB\cos(\angle ABC) = 0.0626\cos 51°$

$BC=0.0394$ m。

$\therefore BE = BC\cos 30° = 0.03412$ m，$OE = OB - EB = 0.2 - 0.03412 = 0.1659$ m

最后，由于没有叶片尾缘厚度 t_2 的数据，假设厚度为 2 mm，则

$$\therefore t_2/s_2 = \frac{0.002}{2\times\pi\times0.2\times0.866} = 1.838\times10^{-3}$$

$$\therefore F = \frac{0.1659 - 0.001838}{0.2} = 0.82$$

该结果可以通过按比例仔细绘制叶轮几何形状来近似证实。

结果

图 7.14 所示为 Qiu 对 Eckardt 叶轮 A 滑移系数的计算结果，并与 Stodola 公式和 Wiesner 公式计算得到的滑移系数进行了对比，图中滑移系数为出口流量系数 ϕ_2 的函数。可以看出，在所有转速下，采用 Qiu 的模型得到的叶轮滑移系数均与试验结果吻合良好，但是 Stodola 公式和 Wiesner 公式的计算结果与试验结果则有明显偏差，这表明作者的研究成果显著，值得祝贺。应该指出，Qiu 及其同事的模型还被许多其他类型叶轮与泵的大量试验结果所证实。

Qiu 还认为，出口滑移系数随着流量系数增大而增大主要是因为叶片的反向弯曲。最后，Qiu 还强调了四个转速下的数据点与一根曲线相吻合。这也证实，滑移系数仅与出口流量系数有关。

需要指出的是，本章参考文献中的许多作者在对滑移系数进行预测时还试图考虑流量变化所带来的影响。

7.9 离心泵的压头

通过测量泵的出口法兰及进口之间的压差可以获得实际供水压头 H，通常称为测量压头，其值小于由式(7.4)定义的理想压头 H_i，二者之差为泵的内部损失。泵的水力效率定义为

$$\eta_h = \frac{H}{H_i} = \frac{gH}{U_2 c_{\theta2}} \tag{7.33a}$$

由图 7.5 所示的速度三角形可得

$$c_{\theta 2} = U_2 - c_{r2}\tan\beta_2$$

因此

$$H = \eta_h U_2^2 (1 - \phi_2 \tan\beta_2)/g \tag{7.33b}$$

式中，$\phi_2 = c_{r2}/U_2$，β_2为叶轮出口平均相对流动角。

利用滑移系数的定义 $\sigma = c_{\theta 2}/c'_{\theta 2}$，可得 H 与叶轮叶片出口角之间更有用的关系式：

$$H = \eta_h \sigma U_2^2 (1 - \phi_2 \tan\beta'_2)/g \tag{7.33c}$$

离心泵的叶轮一般有 5 到 12 个叶片，并且逆旋转方向弯曲，如图 7.5 所示，叶尖处叶片角 β'_2 介于 50°～70°。在已知叶片数量之后，可根据 β'_2 和 ϕ_2（通常较小，大约为 0.1）并采用 Busemann 公式得出 σ。值得注意的是，滑移效应使相对流动角 β_2 大于叶尖叶片角 β'_2。

例题 7.3

离心泵的供水量为 0.1 m³/s，转速为 1200 r/min。叶轮有 7 个后弯叶片，叶尖处的叶片角 $\beta'_2 = 50°$。叶轮外径为 0.4 m，内径为 0.2 m，轴向宽度为 31.7 mm。假定扩压器效率为 51.5%，叶轮的压头损失为理想压头的 10%，扩压器出口直径为 0.15 m。求滑移系数、测量压头和水力效率。

解：

在计算滑移系数之前，先利用式(7.24c)给出的准则来确定 Busemann 公式中的系数 A 和 B。由于 $\exp(2\pi\cos\beta'_2/Z) = \exp(2\pi \times 0.643/7) = 1.78$（小于 $r_2/r_1 = 2$），所以有 $B = 1$，$A \approx 0.77$。注：A 值是在 $\beta'_2 = 50°$ 时，通过重新绘制图 7.17 的 A 曲线得到的。

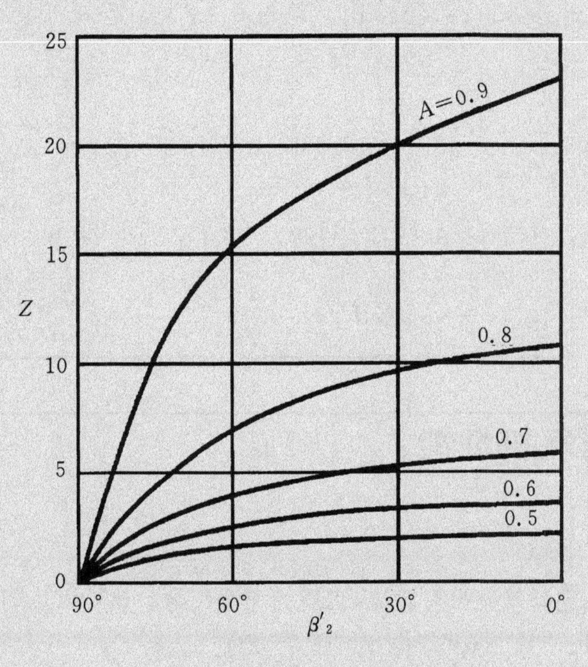

图 7.17 离心叶轮压头修正系数

叶尖速度为

$$U_2 = \pi N D_2/60 = \pi \times 1200 \times 0.4/60 = 25.13 \text{ m/s}$$

径向速度为

$$c_{r2} = Q/(\pi D_2 b_2) = 0.1/(\pi \times 0.4 \times 0.0317) = 2.51 \text{ m/s}$$

因此，Busemann 滑移系数为

$$\sigma = (0.77 - 0.1 \times 1.192)/(1 - 0.1 \times 1.192) = 0.739$$

在叶轮、扩压器和蜗壳内均产生了水力损失。扩压器内的压头损失为

$$\Delta H_D = (p_{02} - p_{03})/(\rho g) = (p_2 - p_3)/(\rho g) + (c_2^2 - c_3^2)/(2g)$$

对于不可压缩流体，式(7.52)为

$$p_3 - p_2 = \frac{1}{2}\eta_D \rho (c_2^2 - c_3^2)$$

将其代入前式可得

$$\Delta H_D = (1 - \eta_D)(c_2^2 - c_3^2)/(2g)$$

流出扩压器的流体动能只有部分能够被回收。Watson 和 Janota(1982)认为蜗壳内的总损失约为流出扩压器的流体动压头的一半，本计算也进行了如此假设。出口压头损失为 $0.5 \times c_3^2/(2g)$，叶轮内的压头损失为 $0.1 \times U_2 c_{\theta 2}/g$。

所有损失之和为

$$H_L = 0.485 \times (c_2^2 - c_3^2)/(2g) + 0.1 \times U_2 c_{\theta 2}/g + 0.5 \times c_3^2/(2g)$$

求解需要的速度和压头，

$$c_{\theta 2} = \sigma U_2 (1 - \phi_2 \tan\beta_2') = 0.739 \times 25.13 \times 0.881 = 16.35 \text{ m/s}$$

$$H_i = U_2 c_{\theta 2}/g = 25.13 \times 16.35/9.81 = 41.8 \text{ m}$$

$$c_2^2/(2g) = (16.35^2 + 2.51^2)/19.62 = 13.96 \text{ m}$$

$$c_3 = 4Q/(\pi d^2) = 0.4/(\pi \times 0.15^2) = 5.65 \text{ m/s}$$

$$c_3^2/(2g) = 1.63 \text{ m}$$

因此

$$H_L = 4.18 + 0.485 \times (13.96 - 1.63) + 1.63/2 = 10.98 \text{ m}$$

测量压头为

$$H = H_i - H_L = 41.8 - 10.98 = 30.82 \text{ m}$$

水力效率为

$$\eta_h = H/H_i = 73.7\%$$

7.10 离心压气机性能

确定压比

假设离心压气机进口气流没有旋流，工质为完全气体。比功可以写为

$$\Delta W = \dot{W}_c/\dot{m} = h_{02} - h_{01} = U_2 c_{\theta 2}$$

总效率或总-总效率 η_c 为

$$\eta_c = \frac{h_{03ss} - h_{01}}{h_{03} - h_{01}} = \frac{C_p T_{01}(T_{03ss}/T_{01} - 1)}{h_{02} - h_{01}} = C_p T_{01}(T_{03ss}/T_{01} - 1)/(U_2 c_{\theta 2}) \quad (7.34)$$

总压比为

$$\frac{p_{03}}{p_{01}} = \left(\frac{T_{03ss}}{T_{01}}\right)^{\gamma/(\gamma-1)} \quad (7.35)$$

将式(7.34)代入式(7.35)，由于 $C_p T_{01} = \gamma R T_{01}/(\gamma - 1) = a_{01}^2/(\gamma - 1)$，则压比可以表示为

$$\frac{p_{03}}{p_{01}} = \left[1 + \frac{(\gamma - 1)\eta_c U_2 c_{r2} \tan\alpha_2}{a_{01}^2}\right]^{\gamma/(\gamma-1)} \quad (7.36)$$

由叶轮出口速度三角形(图 7.4)可得

$$\phi_2 = c_{r2}/U_2 = (\tan\alpha_2 + \tan\beta_2)^{-1}$$

因此，

$$\frac{p_{03}}{p_{01}} = \left[1 + \frac{(\gamma - 1)\eta_c U_2^2 \tan\alpha_2}{a_{01}^2(\tan\alpha_2 + \tan\beta_2)}\right]^{\gamma/(\gamma-1)} \quad (7.37a)$$

如果气流角确定，则该式将很实用。由 $c_{\theta 2} = \sigma c_{\theta 2'} = \sigma(U_2 - c_{r2}\tan\beta'_2)$，可得

$$\frac{p_{03}}{p_{01}} = [1 + (\gamma - 1)\eta_c \sigma(1 - \phi_2 \tan\beta'_2) M_u^2]^{\gamma/(\gamma-1)} \quad (7.37b)$$

式中，$M_u = U_2/a_{01}$，定义为叶片马赫数。

通过计算具有径向叶片($\beta'_2 = 0$)的离心式空气压缩机的压比变化，来说明叶片圆周速度和效率对压气机性能的影响是很有意义的。取 $\gamma = 1.4$，$\sigma = 0.9$(采用 Stanitz 滑移系数，$\sigma = 1 - 1.98/Z$)，并假设 $Z = 20$，计算结果如图 7.18 所示。由图可知，效率和叶片圆周速度对压比影响显著。

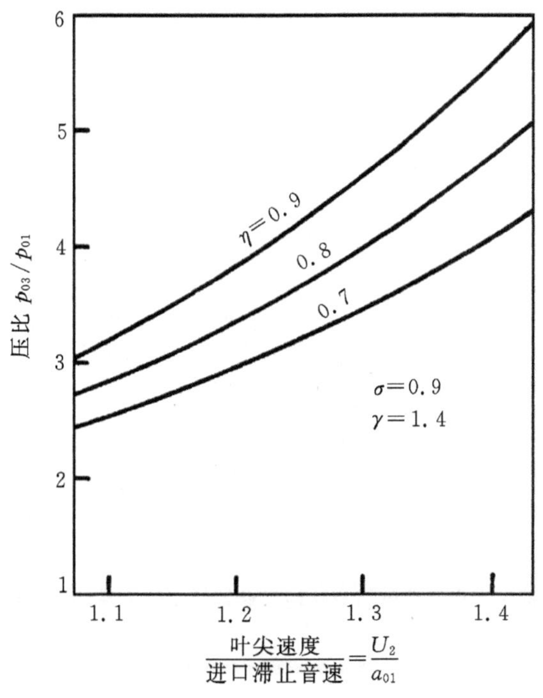

图 7.18 不同效率下径向叶片压气机($\beta'_2 = 0$)的压比随叶片圆周速度的变化

在20世纪70年代，由于离心应力的限制，叶片速度被限制在约500 m/s以下，压气机效率很少超过80%。对于滑移系数为0.9、叶轮采用径向叶片、入口温度为288 K的压气机，压比很少能超过5。最近，由于引入计算机辅助设计和分析，离心压气机的改进取得了很大进展。Whitfield和Baines(1990)在研究中使用了经验关系式和流动物理模型所组成的混合模型，仅用电脑软件就达到了设计要求，不需要进行相关的实际流动分析。在各类压气机中，存在问题较多的为扩压器，其边界层很容易发生分离，并且分离流尾迹与叶轮下游的不稳定流使得流动非常复杂。这里需要强调的是，对离心压气机内流动过程的全面了解仍然是高年级大学生和发展压气机新设计方法所不可缺少的。

各种高性能压气机的一个共同特性是，不断增高的设计压比使得喘振和阻塞流工况之间的流量变化范围缩小。在离心压气机中，阻塞会在扩压器通道内的马赫数刚超过1时发生。这将产生严重的问题，因为激波诱发的叶片边界层分离会使流动阻塞问题恶化。

后弯叶片效应

Came(1978)、Whitfield和Baines(1990)指出，提高单级压气机压比的趋势会导致叶轮产生更高的应力。采用后弯叶片和高叶尖转速将使叶轮产生更大的正应力，非径向叶片则产生更大的弯曲应力。现有的叶轮应力计算方法已经可以确定叶轮旋转产生的正应力和弯曲应力。

图7.19给出了在一定叶片马赫数范围内采用后弯叶片对压比的影响。转速一定时，采用后弯叶片会造成压比损失。为了保证压比，需要更高的设计转速，这会导致叶片应力增大。

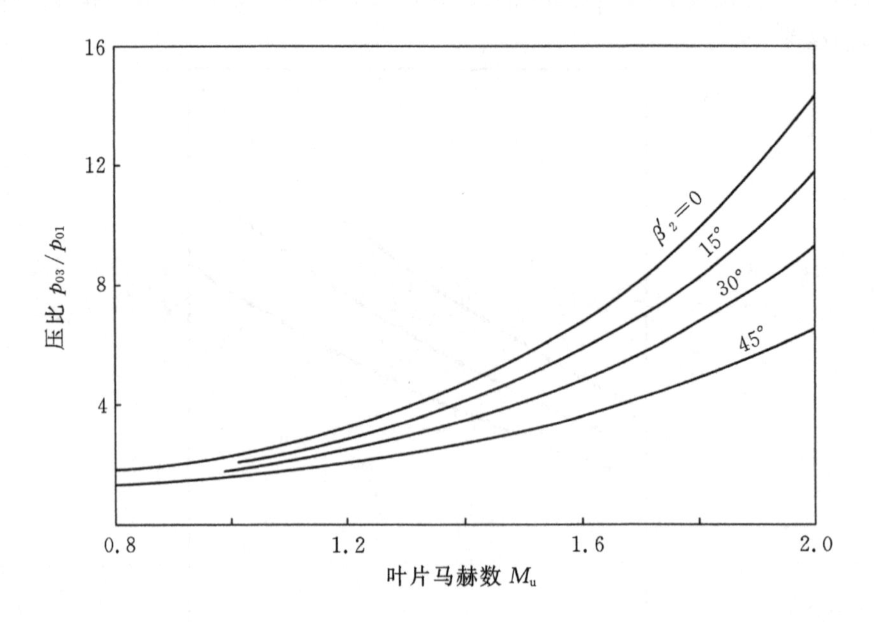

图7.19 在给定的后掠角下离心压气机压比随马赫数的变化关系($\gamma=1.4, \sigma=0.9, \phi_2=0.375, \eta_c=0.8$)

由于叶尖速度提高，气流离开叶轮的绝对马赫数可能超过1。由于该马赫数和进入扩压器叶栅的马赫数有关，因此能够对其进行计算具有一定的优势。

假设一完全气体，由于 $a_{01}^2 = \gamma RT_{01}$，$a_2^2 = \gamma RT_2$，则叶轮出口马赫数 M_2 可以写为

$$M_2^2 = \frac{c_2^2}{a_2^2} = \frac{c_2^2}{T_{01}} \times \frac{T_{01}}{T_2} \times \frac{T_2}{a_2^2} = \frac{c_2^2}{a_{01}^2} \frac{T_{01}}{T_2} \tag{7.38}$$

参照图 7.12 的出口速度三角形(叶轮采用后弯叶片)

$$c_2^2 = c_{r2}^2 + c_{\theta 2}^2 = c_{r2}^2 + (\sigma c_{\theta 2'})^2$$

式中，

$$c_{\theta 2'} = U_2 - c_{r2}\tan\beta_2{}'$$

$$\left(\frac{c_2}{U_2}\right)^2 = \phi_2^2 + \sigma^2\ (1 - \phi_2 \tan\beta_2{}')^2 \tag{7.39}$$

假设转焓为定值，式(7.2)可以写为

$$h_2 = \left(h_1 + \frac{1}{2}w_1^2 - \frac{1}{2}U_1^2\right) + \frac{1}{2}(U_2^2 - w_2^2) = h_{01} + \frac{1}{2}(U_2^2 - w_2^2)$$

由于 $h_{01} = C_p T_{01} = a_{01}^2/(\gamma - 1)$，可得

$$\frac{T_2}{T_{01}} = 1 + \frac{(U_2^2 - w_2^2)}{2\alpha_{01}^2/(\gamma - 1)} = 1 + \frac{1}{2}(\gamma - 1)M_u^2\left(1 - \frac{w_2^2}{U_2^2}\right) \tag{7.40}$$

由图 7.12 的出口速度三角形可得

$$w_2^2 = c_{r2}^2 + (U_2 - c_{\theta 2})^2 = c_{r2}^2 + (U_2 - \sigma c_{\theta 2'})^2 = c_{r2}^2 + [U_2 - \sigma(U_2 - c_{r2}\tan\beta'_2)]^2 \tag{7.41}$$

$$1 - \left(\frac{w_2}{U_2}\right)^2 = 1 - \phi_2^2 - [1 - \sigma(1 - \phi_2 \tan\beta'_2)]^2 \tag{7.42}$$

将式(7.39)、(7.40)和(7.42)代入式(7.38)，可得

$$M_2^2 = \frac{M_u^2[\sigma^2\ (1 - \phi_2 \tan\beta_2{}')^2 + \phi_2^2]}{1 + (1/2)(\gamma - 1)M_u^2\{1 - \phi_2^2 - [1 - \sigma(1 - \phi_2\tan\beta_2{}')]^2\}} \tag{7.43a}$$

虽然式(7.43a)看上去很复杂，但给定一些常数值后就会变得相对简单。仍然假设 $\gamma = 1.4$，$\sigma = 0.9$，$\phi_2 = 0.375$，$\beta'_2 = 0°$、$15°$、$30°$ 和 $45°$，求解 M_2 的公式可以简化为

$$M_2 = \frac{AM_u}{\sqrt{1 + BM_u^2}} \tag{7.43b}$$

式中，A 和 B 的值由表 7.1 给出，图 7.19 所示的 M_2 和 M_u 关系曲线即由上式得出。

表 7.1 用于计算 M_2 的常数

	β'_2			
常数	0°	15°	30°	45°
A	0.975	0.8922	0.7986	0.676
B	0.1699	0.1646	0.1545	0.1336

Whitfield 和 Baines(1990)指出，叶轮出口最重要的两个气动参数是绝对马赫数 M_2 及流动方向。如果 M_2 太大，扩压器内减速流动易产生较大的摩擦损失而使流动效率降低，同时也会增大产生激波的可能性。如果气流角 α_2 过大，无叶扩压器的通流路径就会很长，也会产生较大的摩擦损失，并可能导致失速和流动不稳定。Rodgers 和 Sapiro(1972)等研究人员给出的最佳气流角范围为 $60° < \alpha_2 < 70°$。

在给定的叶尖速度下，采用后弯叶片可减小叶轮出口马赫数 M_2。设计人员将径向叶片改为后弯叶片且维持原有叶片速度会导致压比降低。为了达到原有压比，就需要增大叶尖速度，这样又会增大出口马赫数。幸而此时 M_2 的增量明显小于采用后弯叶片所造成的 M_2 减小量。

解释性练习

假设一台离心压气机采用图 7.19 和 7.20 的设计参数，同时取 $\beta'_2 = 0°$，叶片马赫数 $M_u = 1.6$。由图 7.19 可知对应的压比为 6.9，由图 7.20 可知 $M_2 = 1.3$。选用另一叶轮并取后掠角 $\beta'_2 = 30°$，由图 7.19 可知在相同的 M_u 下压比为 5.0。因此，为了使压比增大到 6.9，叶片马赫数必须增大到 $M_u = 1.81$。在新的条件下，由图 7.20 可得 $M_2 = 1.178$，相对于原值明显减小。采用更大的后掠角可能会得利更多！

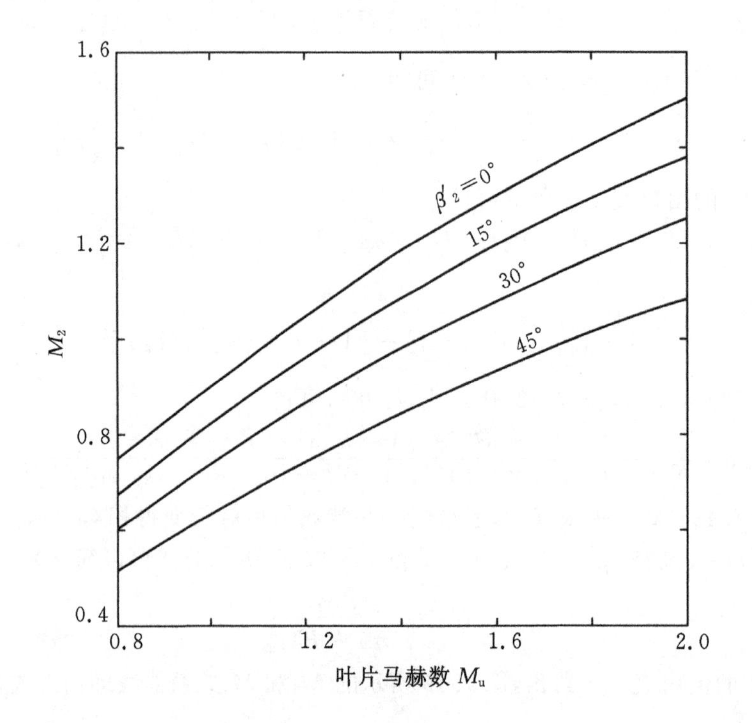

图 7.20 在给定后掠角下，离心压气机叶轮出口马赫数随叶片马赫数的变化

($\gamma=1.4, \sigma=0.9, \phi_2=0.375$)

利用图 7.12 的出口速度三角形可得出口绝对气流角：

$$\tan\alpha_2 = \frac{c_{\theta 2}}{c_{r2}} = \frac{\sigma(U_2 - c_{r2}\tan\beta_2{}')}{c_{r2}} = \sigma\left(\frac{1}{\phi_2} - \tan\beta_2{}'\right)$$

重新假设 $\sigma = 0.9$、$\phi_2 = 0.375$，取 $\beta'_2 = 0$，则 $\alpha_2 = 67.38°$。同样，取 $\beta'_2 = 30°$ 时，$\alpha_2 = 62°$。两个 α_2 均在前述可以接受的范围之内。

叶轮出口气流动能

van den Braembussche(1985)认为，扩压器进口流体的动能可以达到叶轮做功的 50%

以上。采用前面的分析可以验证这种表述是否正确。如果动能这么大，则动能转化成为压力能的效率就十分重要。动能转化为压力能的过程将会在后文中扩压器这一节进行介绍。

定义叶轮出口动能与叶轮做功的比值为

$$f_{KE} = \frac{1}{2}c_2^2/\Delta W \tag{7.44}$$

式中，

$$\Delta W = \sigma U_2^2(1-\phi_2\tan\beta'_2) \quad 及 \quad \left(\frac{c_2}{U_2}\right)^2 = \left(\frac{c_2}{a_2}\times\frac{a_2}{a_{01}}\times\frac{a_{01}}{U_2}\right)^2 = \left(\frac{M_2}{M_u}\right)^2\left(\frac{a_2}{a_{02}}\times\frac{a_{02}}{a_{01}}\right)^2 \tag{7.45}$$

定义叶轮总-总效率为

$$\eta_1 = \frac{h_{02s}-h_{01}}{h_{02}-h_{01}} = \frac{h_{01}((T_{02s}/T_{01})-1)}{h_{02}-h_{01}} = \frac{h_{01}(p_R{}^{(\gamma-1)/\gamma}-1)}{\Delta W}$$

式中，p_R为叶轮的总-总压比，则

$$\left(\frac{a_{02}}{a_{01}}\right)^2 = \frac{T_{02}}{T_{01}} = 1+\frac{\Delta T_0}{T_{01}} = 1+\frac{\Delta W}{C_p T_{01}} = 1+\frac{1}{\eta_1}(p_R{}^{(\gamma-1)/\gamma}-1) \tag{7.46}$$

$$\left(\frac{a_{02}}{a_2}\right)^2 = \frac{T_{02}}{T_2} = 1+\frac{1}{2}(\gamma-1)M_2^2 \tag{7.47}$$

将式(7.45)、(7.46)和(7.47)代入式(7.44)，可得

$$f_{KE} = \frac{c_2^2/U_2^2}{2\sigma(1-\phi_2\tan\beta'_2)} = \frac{(M_2/M_u)^2[1+(1/\eta_1)(p_R{}^{(\gamma-1)/\gamma}-1)]}{2\sigma(1-\phi_2\tan\beta'_2)[1+(1/2)(\gamma-1)M_2^2]} \tag{7.48}$$

解释性练习

假设$\beta'_2=0$，$\sigma=0.9$，$\eta_1=0.8$，$p_R=4$，$\gamma=1.4$，计算f_{KE}。

利用图7.19和7.20很容易确定马赫数M_u和M_2。由图7.19可得$M_u=1.32$，由图7.20可得$M_2=1.113$。将这些结果代入式(7.48)，可得

$$f_{KE} = \frac{1}{2\times 0.9}\left(\frac{1.13}{1.32}\right)^2\frac{[1+(1/0.8)(4^{1/3.5}-1)]}{1+(1/5)\times 1.13^2} = 0.5213$$

该计算证实了 van den Braembussche 的推断，即扩压器进口的流体动能达到叶轮做功的50%以上，这说明开发性能优良的扩压器系统是十分必要的。

其他压比和后掠角下的f_{KE}计算值表明，在σ和η_1不变时，f_{KE}约为0.52左右。

例题 7.4

滞止温度为22 ℃的空气沿轴向进入离心压气机叶轮。叶轮有17个叶片，转速为15000 r/min。扩压器出口和叶轮进口之间的滞止压比为4.2，总效率(总-总效率)为83%，质量流量为2 kg/s，机械效率为97%，试确定叶轮顶端半径和驱动压气机所需的功率。叶轮出口空气密度为2 kg/m^3，扩压器进口轴向宽度为11 mm，试求此处的绝对马赫数。假定滑移系数为$\sigma=1-2/Z$，这里Z为叶片数(空气的$\gamma=1.4$，$R=0.287$ kJ/(kg·K))。

解：

由式(7.3)可知，$c_{\theta 1}=0$ 时所需的功率为

$$\Delta W = h_{02} - h_{01} = U_2 c_{\theta 2}$$

对于径向叶轮，$\beta'_2 = 0$，所以 $c_{\theta 2}=\sigma U_2$。式(7.34)可改写为

$$U_2^2 = \frac{C_p T_{01}\left(p_{03}/p_{01}{}^{(\gamma-1)/\gamma} - 1\right)}{\sigma \eta_c}$$

式中，$p_{03}/p_{01} = 4.2$，$C_p = \gamma R/(\gamma - 1) = 1.005\ \mathrm{kJ/(kg \cdot K)}$，$\sigma_s = 1 - 2/17 = 0.8824$。因此，

$$U_2^2 = \frac{1005 \times 295(4.2^{0.286} - 1)}{0.8824 \times 0.83} = 20.5 \times 10^4$$

$$U_2 = 452\ \mathrm{m/s}$$

由旋转速度 $\Omega = 15000 \times 2\pi/60 = 1570\ \mathrm{rad/s}$，则叶轮顶端半径为 $r_t = U_2/\Omega = 452/1570 = 0.288\ \mathrm{m}$。

实际的轴功率为

$$\dot{W}_{act} = \dot{W}_c/\eta_m = \dot{m}\Delta W/\eta_m = 2 \times 0.8824 \times 452^2/0.97 = 373\ \mathrm{kW}$$

虽然叶轮顶端绝对马赫数可由式(7.43a)直接得出，但是根据定义来计算则更有意义：

$$M_2 = \frac{c_2}{a_2} = \frac{c_2}{(\gamma R T_2)^{1/2}}$$

式中，

$$c_2 = (c_{\theta 2}^2 + c_{r2}^2)^{1/2}$$

$$c_{r2} = \dot{m}/(\rho_2 2\pi r_t b_2) = 2/(2 \times 2\pi \times 0.288 \times 0.011) = 50.3\ \mathrm{m/s}$$

$$c_{\theta 2} = \sigma U_2 = 400\ \mathrm{m/s}$$

因此

$$c_2 = \sqrt{400^2 + 50.3^2} = 402.5\ \mathrm{m/s}$$

由于

$$h_{02} = h_{01} + \Delta W$$

$$h_2 = h_{01} + \Delta W - \frac{1}{2}c_2^2$$

因此

$$T_2 = T_{01} + \left(\Delta W - \frac{1}{2}c_2^2\right)/C_p = 295 + (18.1 - 8.1) \times 10^4/1005 = 394.5\ \mathrm{K}$$

可得

$$M_2 = \frac{402.5}{\sqrt{402 \times 394.5}} = 1.01$$

7.11 扩压器系统

一般来说,离心压气机和泵均会配置有导叶或者无导叶的扩压器,以将叶轮出口气流的动能转化成为静压。蜗壳是位于离心压气机或泵最后面的一个部件(图 7.21)。它是一条螺旋形通道,通道横截面积逐渐增大,其作用是将扩压器(或叶轮)流出的流体输送到出口管道。压气机蜗壳几乎都是悬臂式的,其选取受到空间限制,图 7.22 展示了两种蜗壳的截面。

Whitfield 和 Johnoson(2002)指出,在包括设计工况在内的所有流量工况下,离心压气机蜗壳都会导致叶轮周向压力发生畸变。

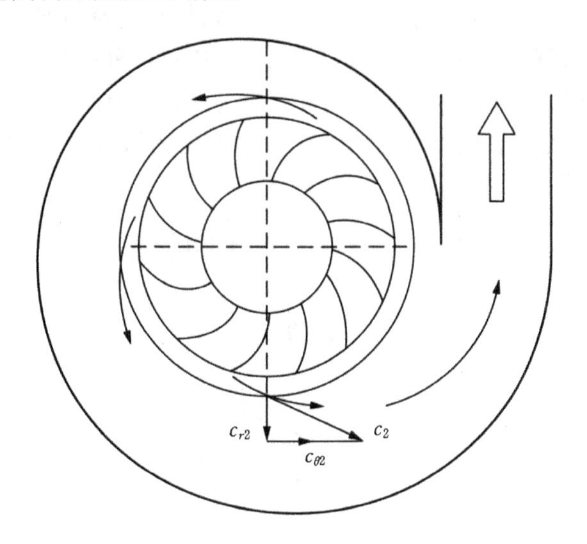

图 7.21 离心压气机或泵的蜗壳

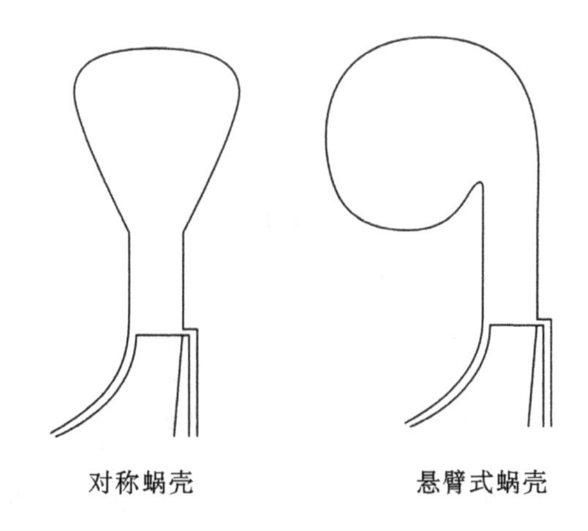

图 7.22 两种形式的蜗壳

无叶扩压器或蜗壳

径流式流体机械最简单的扩压方式是通过增大半径来减小旋流速度(角动量守恒),径向速度分量则通过径向流动面积来控制。由连续方程 $\dot{m} = \rho A c_r = 2\pi r b \rho c_r$（式中，$b$ 为通道宽度）得半径 r 处的径向速度 c_r 为

$$c_r = \frac{r_2 b_2 \rho_2 c_{r2}}{r b \rho} \tag{7.49}$$

假设扩压器内为无摩擦流动，角动量守恒并且 $c_\theta = c_{\theta 2} r_2 / r$，此时切向速度分量 c_θ 通常远大于径向速度分量 c_r。因此，扩压器进口和出口速度之比 c_2/c_3 约为 r_3/r_2。显然，为了使速度减小并达到实用要求，蜗壳尺寸必须很大。从工业应用来说，这可能并不是缺点，因为重量和尺寸所造成的花费与有叶扩压器相比低得多。蜗壳的另一个优点是运行范围宽，而有叶扩压器则由于冲角的影响，对流动变化的敏感性较高。

当流动为不可压缩时，对于平行壳壁径向扩压器，根据连续方程可知 rc_r 应为常数。假设 rc_θ 保持不变，则绝对流动角 $\alpha_2 = \arctan(c_\theta/c_r)$ 在流体向外扩散时也保持不变。在这些条件下，流体沿对数螺旋线流动。考虑一如图 7.23 所示的流体微元的运动，可以确定圆周角的变化 $\Delta\theta$ 与扩压器流动半径比之间的关系。取半径的增量为 $\mathrm{d}r$，可得 $r\mathrm{d}\theta = \mathrm{d}r\tan\alpha_2$。在半径 r_2 与 r_3 之间积分上式，可得

$$\Delta\theta = \theta_3 - \theta_2 = \tan\alpha_2 \ln\left(\frac{r_3}{r_2}\right) \tag{7.50}$$

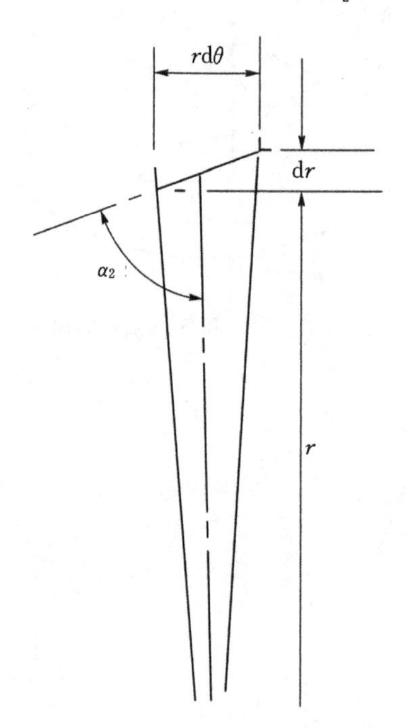

图 7.23 径向扩压器内的流动微元

不同 α_2 下 $\Delta\theta$ 随 r_3/r_2 的变化关系如图 7.24 所示。可以看出，当 $\alpha_2 > 70°$ 时，流道过长，摩擦损失变大，扩压器效率降低。关于蜗壳设计和试验研究的更多信息参见文献 Whitfield 和 Johnson(2002)。

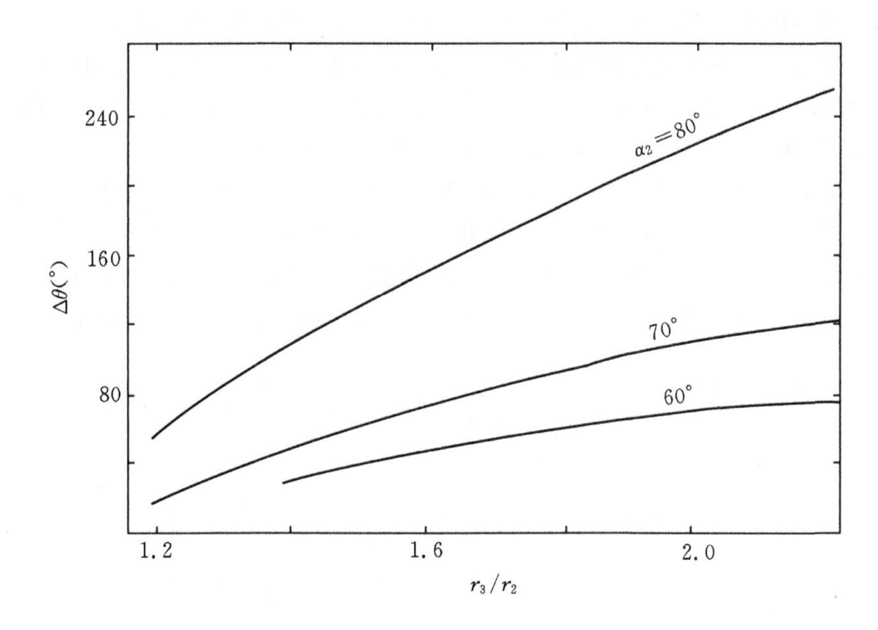

图 7.24　平行壳壁径向扩压器内流动参数的变化(不可压缩流动)

有叶扩压器

与一般只依靠增大半径的扩压器不同,有叶扩压器可以利用导叶更快地消除旋流,因此可以减小流道长度和直径。在空间受限时,采用有叶扩压器的优势很明显。

叶轮和扩压器导叶前缘之间存在一定间隙,泵的间隙为 $0.04D_2$,压气机的间隙则在 $0.1D_2$ 到 $0.2D_2$ 之间。间隙空间构成了一个无叶扩压器,其作用为:(i)减小叶轮顶端周向压力梯度;(ii)使叶轮和扩压器导叶之间的出口速度场均匀化;(iii)可以减小扩压器导叶进口马赫数。该空间内的流动规律可以采用无叶扩压器的计算方法来确定。

在这个空间内,流体大致沿着对数螺线运动,其后受到扩压器流道的限制。流体在有叶扩压器内快速扩压时,通道轴线为直线并与对数螺线相切。扩压器通道的设计通常基于简单通道理论,扩张角取 8°～10°,以避免发生流动分离。

在许多应用场合,离心压气机的尺寸很重要,外径必须尽可能小。有叶扩压器的通道长度对压气机的最终尺寸具有决定性作用。Clements 和 Artt(1988)进行了一系列试验来确定最佳的扩压器通道长宽比 L/W。他们发现,在试验压气机上,当 $L/W>3.7$ 时,继续增大 L/W 不能再改善压气机的性能,在该点处压力梯度为 0。他们还发现,当 $L/W>2.13$ 时,扩压器通道内的压力梯度并不比采用无叶扩压器时更大。因此,即使将扩压器 $L/W>2.13$ 之后的部分全部移除,其压力恢复情况也与采用完整扩压器时相同。

扩压器导叶数量会直接影响压气机效率和喘振裕度。与采用无叶扩压器的压气机相比,采用有叶扩压器的压气机发生喘振时的流量较高。为了获得较大的喘振裕度,最好使扩压器导叶数少于叶轮叶片数(约为一半)。

当一个叶轮通道的气体进入多个相邻的扩压器通道内时,叶轮通道出口的速度分布不均匀会导致扩压器通道内交替地产生流量不足或阻塞,这种不稳定流动将使通道内发生回流并导致压气机喘振。若扩压器通道数少于叶轮通道数，流动则更为均匀。

图 7.9 展示了二维扩压器出口流动的不均匀及不稳定状况。对于透平机械扩压器的应用来说，图中的 a-a 曲线最为重要。请注意图中这一用实线明确表示的过渡线不一定是真实和准确的，因为对发生“首次失速”的确定有一定的随意性和主观性。

Kline、Abbott 和 Fox(1959)给出了一个侧壁长宽比 $L/W_1=8.0$ 的矩形扩压器的典型性能曲线，如图 7.25 所示。在 C_p 曲线上标出了 1、2 和 3 点。这几个点对应于图 7.9 所示的不同流动状态。与点 2 对应的位置表明，固定长度扩压器的最佳压力恢复点位于无明显失速曲线的上方。图 7.9 中点 2 和 3 之间的扩压器性能急剧恶化，并且流动很不稳定。

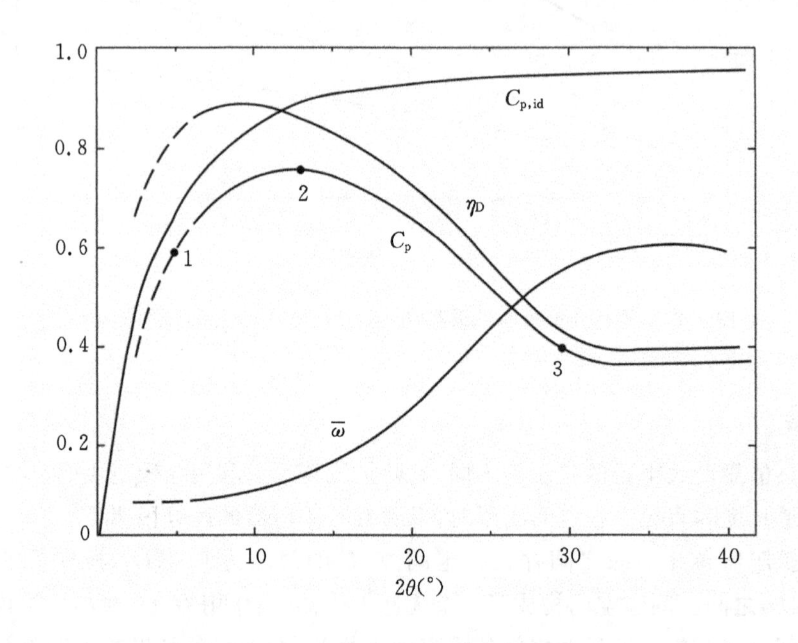

图 7.25 长宽比 $L/W_1=8.0$ 的二维扩压器典型性能曲线(引自 Kline 等，1959)

7.12 扩压器性能参数

扩压过程可以在焓熵图上表示，图 7.26 给出了状态点 1 变化到状态点 2 的过程曲线，压力对应地由 p_1 变化为 p_2，速度 c_1 变化为 c_2。

对于可压缩流动，扩压器的性能可以用两种表达式来表示：

i. 扩压器效率 η_D 等于实际焓升与等熵焓升之比。对于静止通道内的稳定绝热流动，$h_{01}=h_{02}$。因此

$$h_2-h_1=\frac{1}{2}(c_1^2-c_2^2) \tag{7.51a}$$

对于从状态点 1 到状态点 2s 的等效可逆绝热过程，有

$$h_{2s}-h_1=\frac{1}{2}(c_1^2-c_{2s}^2) \tag{7.51b}$$

因此

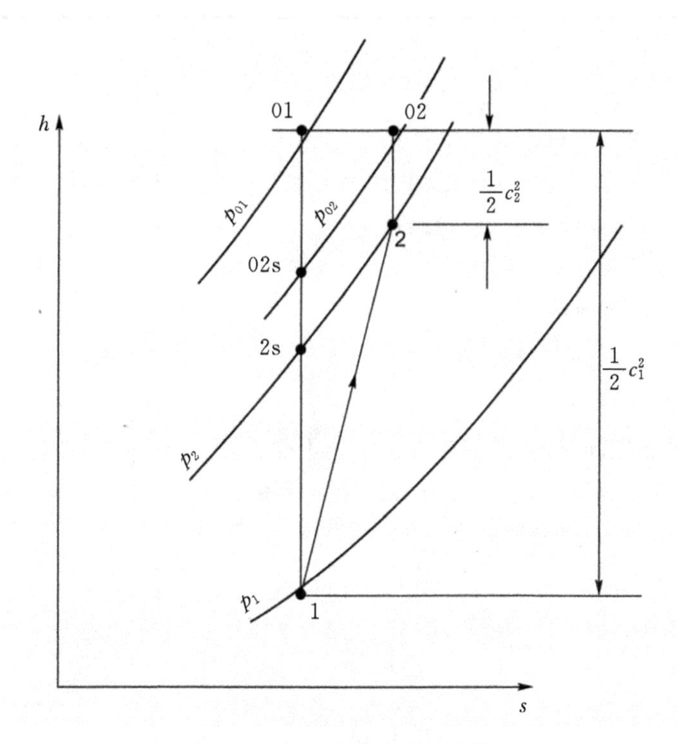

图 7.26 扩压器内流动的焓熵图

$$\eta_D = (h_{2s} - h_1)/(h_2 - h_1) = (c_1^2 - c_{2s}^2)/(c_1^2 - c_2^2) \tag{7.52}$$

ii. 总压恢复系数 p_{02}/p_{01}，可用于衡量扩压器性能。扩压器效率为

$$\eta_D = (T_{2s}/T_1 - 1)/(T_2/T_1 - 1) \tag{7.53}$$

采用压比来表示效率更加方便，对于等熵过程 1—2s，

$$\frac{T_{2s}}{T_1} = \left(\frac{p_2}{p_1}\right)^{(\gamma-1)/\gamma}$$

对于等温过程 01—02，有 $T\mathrm{d}s = -\mathrm{d}p/\rho$，再利用气体状态方程 $p/\rho = RT$ 可得 $\mathrm{d}s = -R\mathrm{d}p/p$。对整个过程积分上式，可得

$$\Delta s = R\ln\left(\frac{p_{01}}{p_{02}}\right)$$

对于等压过程 2s—2，有 $T\mathrm{d}s = \mathrm{d}h = C_p\mathrm{d}T$，因此

$$\Delta s = C_p\ln\left(\frac{T_2}{T_{2s}}\right)$$

列出上述两个熵增的等式后，代入 $R/C_p = (\gamma - 1)/\gamma$，可得

$$\frac{T_2}{T_{2s}} = \left(\frac{p_{01}}{p_{02}}\right)^{(\gamma-1)/\gamma}$$

因此，

$$\frac{T_2}{T_1} = \left(\frac{T_2}{T_{2s}}\right)\left(\frac{T_{2s}}{T_1}\right) = \left[\left(\frac{p_{01}}{p_{02}}\right)\left(\frac{p_2}{p_1}\right)\right]^{(\gamma-1)/\gamma}$$

将以上各式代入式(7.53)，可得

$$\eta_D = \frac{(p_2/p_1)^{(\gamma-1)/\gamma} - 1}{[(p_{01}/p_{02})(p_2/p_1)]^{(\gamma-1)/\gamma} - 1} \tag{7.54}$$

例题 7.5

压气机扩压器进口空气流速为 300 m/s、滞止压力为 200 kPa、滞止温度为 200 ℃,出口空气流速为 50 m/s。假设扩压器效率 $\eta_D=0.9$,试采用可压缩流动方程求解:

a. 扩压器进、出口静温及进口马赫数;

b. 扩压器进口静压;

c. 扩压过程引起的熵增。

取 $\gamma=1.4, C_p=1005\ \mathrm{J/(kg\cdot K)}$。

解:

注:在求解扩压器问题时,建议先在焓熵图上作出如图 7.26 的扩压过程曲线。

本题求解扩压器效率时,采用式(7.53)最为有用

$$\eta_D = (T_{2s}/T_1 - 1)/(T_2/T_1 - 1)$$

由能量方程 $h_{01} - h_1 = (1/2)c_1^2$,可得

$$\frac{T_1}{T_{01}} = 1 - \frac{c_1^2}{2C_pT_{01}} = 1 - \frac{300^2}{2\times 1005\times 473} = 0.90533$$

因此,

$$由\ T_{01} = 473\ \mathrm{K}\ 可得\ T_1 = 428.2\ \mathrm{K}$$

扩压器进口马赫数为 $M_1 = c_1/a_1$,

式中, $a_1 = \sqrt{\gamma RT_1} = \sqrt{1.4\times 287\times 428.2} = 414.8\ \mathrm{m/s}$

因此,

$$M_1 = 0.7233$$

再次利用能量方程 $h_{02} - h_2 = (1/2)c_2^2$,可得

$$\frac{T_2}{T_{02}} = 1 - \frac{c_2^2}{2C_pT_{02}} = 1 - \frac{50^2}{2\times 1005\times 473} = 0.9974$$

因此

$$T_2 = 471.7\ \mathrm{K}$$

由扩压器效率的定义可知

$$\frac{T_{2s}}{T_1} = \eta_D\left(\frac{T_2}{T_1} - 1\right) + 1 = 1 + 0.9\left(\frac{471.7}{428.2} - 1\right) = 1.0915$$

$$\frac{p_2}{p_1} = \left(\frac{T_{2s}}{T_1}\right)^{\gamma/(\gamma-1)} = 1.0915^{3.5} = 1.3588$$

$$\frac{p_{01}}{p_1} = \left(\frac{T_{01}}{T_1}\right)^{\gamma/(\gamma-1)} = \left(\frac{473}{428.2}\right)^{3.5} = 1.4166$$

因此

$$p_1 = 141.2\ \mathrm{kPa}$$

以及

$$p_2 = 1.3588 \times 141.2 = 191.8\ \text{kPa}$$

由热力学关系式 $T\mathrm{d}s = \mathrm{d}h - (1/\rho)\mathrm{d}p$ 可得

$$s_2 - s_1 = C_p \ln \frac{T_2}{T_1} - R\ln \frac{p_2}{p_1} = 1005\ln \frac{471.7}{428.2} - 287\ln 1.3588 = 97.2 - 88.0 = 9.2\ \text{J/(kg} \cdot \text{K)}$$

扩压器设计计算

以圆锥型扩压器为例，采用 Sovran 和 Klomp(1967)给出的参数计算其性能。图 7.27 给出了以扩压器无量纲长度 N/R_1 和面积比 $A_R(=A_2/A_1)$ 为坐标轴的 C_p 等值线。他们还增加了对设计人员有用的两条最佳扩压器线。第一条是曲线 C_p^*，这条线定义了给定无量纲长度 N/R_1 下，产生最大压力恢复时的扩压器面积比 A_R。第二条曲线 C_p^{**} 给出了给定面积比下，产生最大压力恢复时的扩压器无量纲长度。(注：这里因为缺少可压缩流动的数据，所以采用了不可压缩流动的数据。)

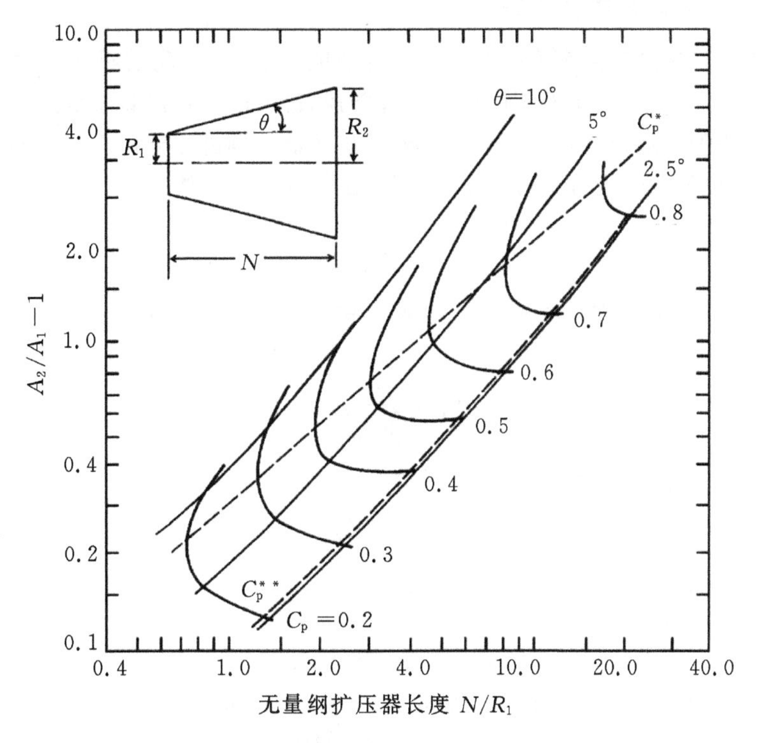

图 7.27 圆锥扩压器性能曲线(引自 Sovran 和 Klomp,1967)

例题 7.6

试应用 Sovran 和 Klomp 给出的性能曲线(图 7.27)，确定无量纲长度等于 8.0 的圆锥形低速扩压器在最大压力恢复工况下的效率及圆锥角。

解：

由图7.27可知，当 $N/R_1=8.0$ 时，$C_p=0.7$，$A_R=2.8$。扩压器效率为

$$\eta_D = C_p/C_{p,id}$$

式中，

$$C_{p,id} = 1-[1/A_R^2]=0.872$$

因此

$$\eta_D = 0.802$$

根据图7.7(b)中的扩压器几何尺寸关系，扩压器夹角为

$$2\theta = 2\arctan\left[\frac{R_1}{N}(A_R^{\frac{1}{2}}-1)\right]=2\arctan\left[\frac{1}{8}(\sqrt{2.8}-1)\right]=9.6^\circ$$

注：这个角度可能稍微偏高，所以建议对面积比进行小幅修正。

7.13 压气机级的阻塞

当通道内流体速度在某个横截面上达到音速时，就会发生流动阻塞。对于静止的进口通道来说，这意味着无论是降低背压还是增大转速，都无法继续提高质量流量。旋转通道的阻塞特性不同于静止通道，需要对进口、叶轮和扩压器分别进行分析。每个部件都可用简单一维模型进行分析，并假设流动过程是绝热的，工质为完全气体。

进口

当 $c^2=a^2=\gamma RT$ 时，就会发生阻塞。由于 $h_0=h+(1/2)c^2$，$C_pT_0=C_pT+(1/2)\gamma RT$ 及

$$\frac{T}{T_0}=\left(1+\frac{\gamma R}{2C_p}\right)^{-1}=\frac{2}{\gamma+1} \tag{7.55}$$

假设进口为等熵流动，则

$$\frac{\rho}{\rho_0}=\frac{p}{p_0}\frac{T_0}{T}=\left[1+\frac{1}{2}(\gamma-1)M^2\right]^{-1/(\gamma-1)}$$

当 $c=a$，$M=1$ 时，可得

$$\frac{\rho}{\rho_0}=\left(\frac{2}{\gamma+1}\right)^{1/(\gamma-1)} \tag{7.56}$$

将式(7.55)和(7.56)代入连续方程 $\dot{m}/A=\rho c=\rho(\gamma RT)^{1/2}$，得

$$\frac{\dot{m}}{A}=\rho_0 a_0\left(\frac{2}{\gamma+1}\right)^{(\gamma+1)/2(\gamma-1)} \tag{7.57}$$

因为 $\rho_0 a_0$ 与保持不变的进口滞止参数有关，所以发生阻塞时质量流量也保持不变。

叶轮

在旋转叶轮通道内，流动状态与转焓 $I=h+(1/2)(w^2-U^2)$ 有关，根据式(7.2)可以知转焓为定值。对于特定工况 $c_{\theta 1}=0$，在叶轮进口有 $I_1=h_1+(1/2)c_1^2=h_{01}$。当叶轮通道内发生阻塞时，某一截面的相对速度 w 等于音速。此时，$w^2=a^2=\gamma RT$ 且 $T_{01}=T+$

$(\gamma RT/2C_p)-(U^2/2C_p)$，因此

$$\frac{T}{T_{01}}=\left(\frac{2}{\gamma+1}\right)\left(1+\frac{U^2}{2C_pT_{01}}\right) \tag{7.58}$$

假设为等熵流动，$\rho/\rho_{01}=(T/T_{01})^{1/(\gamma-1)}$。代入连续方程，可得

$$\begin{aligned}\frac{\dot{m}}{A}&=\rho_{01}a_{01}\left(\frac{T}{T_{01}}\right)^{(\gamma+1)/2(\gamma-1)}=\rho_{01}a_{01}\left[\frac{2}{\gamma+1}\left(1+\frac{U^2}{2C_pT_{01}}\right)\right]^{(\gamma+1)/2(\gamma-1)}\\&=\rho_{01}a_{01}\left[\frac{2+(\gamma-1)U^2/a_{01}^2}{\gamma+1}\right]^{(\gamma+1)/2(\gamma-1)}\end{aligned} \tag{7.59}$$

由式(7.59)可知，如果旋转通道内发生阻塞，质量流量与叶片旋转速度有关。当转速增大时，只要压气机的其他部件未发生阻塞，就可以通过更大的质量流量。事实上，叶轮阻塞流量可以随叶轮转速的变化而改变，这初看起来令人有些意外，以上分析则给出了阻塞极限的变化原因。

扩压器

阻塞流动关系式(7.57)对扩压器通道也适用，需要注意的是，需采用扩压器进口滞止参数而不是压气机进口滞止参数。因此有

$$\frac{\dot{m}}{A_2}=\rho_{02}a_{02}\left(\frac{2}{\gamma+1}\right)^{(\gamma+1)/2(\gamma-1)} \tag{7.60}$$

显然，扩压器进口滞止参数与叶轮内的流动过程有关。为了说明叶片圆周速度如何影响阻塞极限质量流量，必须考虑压气机进口滞止参数。

假设径向叶轮效率为 η_i，则

$$T_{02s}-T_{01}=\eta_i(T_{02}-T_{01})=\eta_i\sigma U_2^2/C_p$$

因此有，

$$p_{02}/p_{01}=(T_{02s}/T_{01})^{\gamma/(\gamma-1)}=[1+\eta_i\sigma U_2^2/C_pT_{01}]^{\gamma/(\gamma-1)}$$

可得

$$\frac{\dot{m}}{A_2}=\rho_{01}a_{01}\frac{[1+(\gamma-1)\eta_i\sigma U_2^2/a_{01}^2]^{\gamma/(\gamma-1)}}{[1+(\gamma-1)\sigma U_2^2/a_{01}]^{1/2}}\left(\frac{2}{\gamma+1}\right)^{(\gamma+1)/2(\gamma-1)} \tag{7.61}$$

值得注意的是，上述分析中假设扩压器内的流动是等熵的，而叶轮内的流动则是非等熵的。式(7.61)表明，可以通过调整叶轮转速来改变阻塞质量流量。

注：附录 B 给出了一台涡轮增压器中离心压气机的初步设计。

习题

注：在习题 1～6 中，设 $\gamma=1.4$，$R=287$ J/(kg·K)。在习题 2～6 中，设压气机进口滞止压力和滞止温度分别为 101.3 kPa 及 288 K。

1. 使用径向叶片式离心风扇为熔炉提供压缩空气。要求风扇提供的总压升为 7.5 cm 水柱，体积流量为 0.2 m^3/s。风扇叶轮有 30 个薄板金属叶片，叶轮通道宽度与叶轮出口周向节距之比为 0.5，径向速度与叶尖圆周速度之比为 0.1。设风扇的总等熵效率为 0.75，滑移系数可采用 Stanitz 公式(7.23b)求取，试确定：

a. 风扇叶尖速度；

b. 叶轮转速和直径；

c. 当机械效率为 0.95 时，驱动风扇所需的功率；

d. 比转速。设空气压力为 10^5 Pa，温度为 20 ℃。

2. 进入离心压气机叶轮的空气轴向绝对速度为 100 m/s。在叶轮出口测得相对气流角为 26°36′(以径向为基准)，气流径向速度分量为 120 m/s，径向叶片的叶尖速度为 500 m/s。当机械效率为 95%，质量流量为 2.5 kg/s 时，试确定驱动压气机所需的功率。如果叶轮进口半径比为 0.3，设进口为不可压缩流动，试计算合适的进口直径。设扩压器出口速度可以忽略不计，整机总-总效率为 80%，求压气机总压比。

3. 离心压气机叶尖速度为 366 m/s。若叶轮出口径向速度分量为 30.5 m/s，滑移系数为 0.90，试确定气流离开径向叶轮的绝对马赫数。给定叶轮出口流动面积为 0.1 m^2，叶轮总-总效率为 90%，试计算质量流量。

4. 离心压气机叶轮进口轮毂比为 0.4，最高相对马赫数为 0.9，绝对流动均匀且完全沿轴向。当质量流量为 4.536 kg/s 时，试确定最大质量流量下的最佳转速。同时，确定叶轮进口外径，轴向速度与叶尖速度之比。可以利用图 7.12 来辅助计算。

5. 一台实验离心压气机配有自由涡导叶以减小叶轮进口相对速度。在叶轮进口外径处，导叶出口气流与轴向的夹角为 20°，速度为 91.5 m/s。试确定进口相对马赫数，设导叶内的流动无摩擦，试求叶轮的总-总效率。压气机其他信息及运行参数如下：

叶轮出口为径向叶片；

叶轮进口顶部直径为 0.457 m；

叶轮出口顶部直径为 0.762 m；

叶轮出口处径向叶片滑移系数为 0.9；

叶轮出口径向速度分量为 53.4 m/s；

叶轮转速为 11000 r/min；

叶轮出口绝对静压为 223 kPa。

6. 离心压气机叶轮有 21 个叶片，出口叶片为径向，采用无叶扩压器，并且没有进口导叶。叶轮进口绝对滞止压力为 100 kPa，滞止温度为 300 K。

a. 给定质量流量为 2.3 kg/s，叶尖速度为 500 m/s，机械效率为 96%，试确定转轴所需驱动功率。采用式(7.23b)求解滑移系数。

b. 设总-总效率为 82%，扩压器出口速度为 100 m/s，试确定扩压器出口总压和静压。

c. 式(5.19)定义的轴流式压气机的反动度为 0.5，叶轮进口绝对速度为 150 m/s，扩压器效率为 84%。试求解叶轮出口总压和静压、绝对马赫数及径向速度分量。

d. 试确定叶轮总-总效率。

e. 设角动量守恒，试计算扩压器进出口半径比。

f. 给定叶轮顶端宽度为 6 mm，试确定合适的叶轮转速。

7. 一台离心泵需要将水的静压头提高 18 m。吸水和输水管道直径均为 0.15 m，摩擦压头损失分别为动压头的 2.25 倍和 7.5 倍。叶轮转速 1450 r/min，直径 0.25 m，有 8 个叶片，半径比 0.45，后掠角 $\beta'_2 = 60°$ 。叶轮轴向宽度设计成使所有半径处的径向速度保持不变，叶轮出口处轴向宽度 20 mm。设水力效率为 0.82，总效率为 0.72，试确定：

a. 体积流量；

b. 采用 Busemann 方法求解滑移系数；

c. 冲角为 0 时的叶轮叶片进口角；

d. 驱动泵所需的功率。

8. 离心泵供水量为 50 dm^3/s，转速 1450 r/min。叶轮有 8 个后弯叶片，叶尖角度为 $\beta'_2 = 60°$。叶轮直径是进口处外径的 2 倍，出口径向速度分量等于进口轴向速度分量。叶轮进口按最佳流动参数设计以抑制汽蚀（见式(7.9)），半径比为 0.35，叶型设计优良，汽蚀系数 $\sigma_b = 0.3$。设水力效率为 70%，机械效率为 90%，试确定：

a. 进口直径；

b. 汽蚀余量（NPSH）；

c. 用 Wiesner 公式确定滑移系数；

d. 泵的扬程；

e. 输入功率。

同时，采用 Stodola 和 Busemann 公式计算滑移系数，并与前面用 Wiesner 公式得到的结果进行对比。

9. a. 在高压比离心压气机叶轮前使用自由涡导叶有何优缺点？还可以采用何种导叶，它们与自由涡导叶相比有何优缺点？

b. 离心空气压气机进口轮盖直径为 0.2 m，轮毂直径为 0.105 m。叶轮上游管道设置了自由涡导叶，以使叶轮进口轮盖处相对马赫数为 $M_{1,\mathrm{rel}} = 1.0$，绝对气流角 $\alpha_1 = 20°$，相对气流角 $\beta_1 = 55°$。叶轮进口滞止温度和压力分别为 288 K 及 10^5 Pa，设进口流动无摩擦，试确定：

i. 叶轮转速；

ii. 空气的质量流量。

c. 在径向叶片式叶轮出口处，叶片半径为 0.16 m，设计点的滑移系数为 0.9。设叶轮效率为 0.9，试确定：

i. 输入的轴功率；

ii. 叶轮压比。

10. 在焓熵图上绘制扩压器内整个流动过程，标出所有滞止点和静态点，并推导以下扩压器效率表达式：

$$\eta_D = \frac{T_{2s}/T_1 - 1}{T_2/T_1 - 1}$$

已知扩压器进口空气平均速度为 360 m/s，滞止压力和温度分别为 340 kPa 和 420 K，出口滞止压力 300 kPa，平均速度 120 m/s，静压 285 kPa，试确定：

a. 进口空气的静压和马赫数；

b. 扩压器效率；

c. 出口马赫数和总熵增。

取 $\gamma = 1.4$，$R = 287$ J/(kg · K)。

11. 轴向扩压器进口空气流速为 420 m/s，滞止压力 300 kPa，滞止温度 600 K。出口滞止压力和静压分别为 285 kPa 和 270 kPa。试采用可压缩流动分析确定：

a. 扩压器进口静温、静压、马赫数和扩压器效率；

b. 进、出口马赫数。取空气 $\gamma=1.376$，$R=287$ J/(kg·K)。

12. 一台离心压气机配有 21 个径向叶片，叶轮外径为 40 cm，转速为 17400 r/min。设来流空气压力为 101.3 kPa，温度 15 ℃，试确定：

a. 叶轮顶部气流的绝对马赫数，给定该处径向速度为 30 m/s；

b. 当叶轮总-总效率为 92%时，试确定空气离开叶轮时的滞止压力；

c. 设叶轮出口通道轴向宽度为 2.0 cm，试确定通过压气机的空气质量流量。

滑移系数采用 Stanitz 公式计算，取 $C_p=1005$ J/(kg·K)，$\gamma=1.4$。

13. a. 一台实验用模型低速离心压气机(鼓风机)转速为 430 r/min，空气流量 10 m^3/s，压头 60 mmH_2O。设水力效率为 80%，需要多大的功率来驱动压气机？

b. 现有一台压气机与上述模型压气机几何相似，直径为模型机的 1.8 倍，需要的压头为 80 mmH_2O。设两台压气机符合动力相似，试确定压气机转速及驱动压气机所需的功率。

14. 一台离心泵的背压为 100 kPa，供水量 0.09 m^3/s。叶轮转速为 1250 r/min、直径 0.35 m，有 9 个后弯叶片，后掠角为 45°。叶轮顶部轴向宽度为 40 mm。试采用 Wiesner 滑移系数关系式(假设式(7.24d)中 $r_1/r_2=\varepsilon$)确定叶轮的输出比功。设泵的效率为 70%，试计算驱动泵所需的功率。确定泵的比转速和比直径，并将所得结果与第 2 章给出的数据进行对比。

15. 飞机在固定高度飞行，马赫数为 0.9，进入喷气式飞机进气扩压器的大气静压和温度分别为 25 kPa 和 220 K。进气口的面积为 0.5 m^2，压气机进口面积为 0.8 m^2。空气进入压气机时滞止压力损失为 10%。设进气扩压器中的流动为绝热流动，采用可压缩理论求解压气机进口的空气马赫数及速度。

16. 一台离心压气机原型机的叶轮有 19 个叶片，叶片后掠角为 $\beta'_2=30°$，转速为 12000 r/min，出口空气压力为 385 kPa。根据以前的可靠设计数据所得压气机总-总效率为 0.82。设叶轮出口空气径向速度分量为叶轮顶部圆周速度的 0.2 倍。空气轴向进入叶轮进口，滞止温度和压力分别为 288 K 和 100 kPa。试确定：

a. 采用 Wiesner 滑移系数计算叶尖速度和直径；

b. 设叶轮出口径向速度分量与进口轴向速度相同，求压气机比转速。判断前面选择的效率是否合适。

与图 2.7 给出的比转速相比，计算得到的比转速是否合适？

17. 对于上一问题，在空气质量流量为 8 kg/s，半径比 $r_{h1}/r_{s1}=0.4$ 时，确定压气机的进口尺寸及绝对马赫数 M_1。

18. 一台径向叶片式压气机的设计转速为 2400 r/min，压缩流量为 8 kg/s 的空气所需功率为 1 MW。空气轴向进入进气口，滞止压力和温度分别为 103 kPa 和 288 K。设滑移系数为 0.9，比转速为

$$N_s=\phi^{0.5}/\psi^{0.75}=0.7$$

式中，$\phi=c_{x1}/U_2$，$\psi=\Delta W/U_2^2$，试确定：

a. 叶尖速度；

b. 进口气流轴向速度 c_{x1}；

c. 进口气流马赫数 M_1；

d. 进口面积。

19. 一台高压轴流式压气机的末级为纯径向离心式(见图 7.5),级内任何一点的流速均没有轴向分量。设计工况采用以下参数:

叶轮转速 Ω=65000 r/min

叶轮进口总压 p_{01}=4.5 bar

叶轮进口总温 T_{01}=520 K

叶轮出口总温 T_{02}=650 K

级的等熵效率 η_c=75%

叶轮出口马赫数 M_2=0.85

叶轮进口叶片半径 r_1=0.08 m

叶轮出口叶片半径 r_2=0.11 m

叶轮进口叶片轴向宽度 b_1=0.035 m

叶轮出口叶片轴向宽度 b_2=0.018 m

假设级内为绝热流动,定压比热 C_p=1.005 kJ/(kg·K),比热比 γ=1.4。

试确定:

a. 空气的质量流量 $\dot{m}$;

b. 驱动该级所需的功率 P;

c. 叶轮进口马赫数 M_1;

d. 比转速(将计算结果与图 2.7 所示数据进行对比)。

参考文献

Busemann, A. (1928). Lift ratio of radial-flow centrifugal pumps with logarithmic spiral blades. *Zeitschrift für Angewandte Mathematik und Mechanik*, *8*, 372 DSIR translation 621.671.22, Reg.file Ref. DSIR/8082/CT, Feb. 1952

Came, P. (1978). The development, application and experimental evaluation of a design procedure for centrifugal compressors. *Proceedings of the Institution of Mechanical Engineers*, *192*(5), 49–67.

Cheshire, L. J. (1945). The design and development of centrifugal compressors for aircraft gas turbines. *Proceedings of the Institution of Mechanical Engineers, London*, *153*; reprinted by American Society of Mechanical Engineers (1947), *Lectures on the Development of the British Gas Turbine Jet.*

Clements, W. W., & Artt, D. W. (1988). The influence of diffuser channel length to width ratio on the efficiency of a centrifugal compressor. *Proceedings of the Institution of Mechanical Engineers*, *202*(A3), 163–169.

Csanady, G. T. (1960). Head correction factors for radial impellers. *Engineering*, *190*.

Cumpsty, N. A. (1989). *Compressor aerodynamics.* England: Addison-Wesley/Longman.

Eck, B. (1973). *Fans: Design and operation of centrifugal* (First English Edition). *Axial-flow and cross-flow fans* Oxford: Pergamon Press, First English Edition.

Eckardt, D. (1980). Flow field analysis of radial and backswept centrifugal compressor impellers, Part 1: Flow measurement using a laser velocimeter. In *Twenty-fifth ASME Gas turbine conference and twenty-second annual fluids engineering conference*, New Orleans.

Hess, H. (1985). Centrifugal compressors in heat pumps and refrigerating plants. *Sulzer Technical Review*, 27–30.

Johnson, J. P. (1986). *Radial flow turbomachinery. Lecture in series on fluid dynamics of turbomachinery* Ames, IA: ASME Turbomachinery Institute.

Kline, S. J., Abbott, D. E., & Fox, R. W. (1959). Optimum design of straight-walled diffusers. Transactions of the American Society of Mechanical Engineers, *Series D*, *81*, 321–331.

Palmer, D. L., & Waterman, W. F. (1995). Design and development of an advanced two-stage centrifugal compressor. *Journal Turbomachinery, Transactions of the American Society of Mechanical Engineers*, *117*, 205–212.

Pearsall, I. S. (1972). *Cavitation*. M&B Monograph ME/10.

Qiu, X., Japiske, D., Zhao, J., & Anderson, M. R. (2011). Analysis and validation of a unified slip factor model for impellers at design and off-design conditions. *Journal of Turbomachinery, Transactions of the American Society of Mechanical Engineers*, *133* (041018), 1–9.

Rodgers, C., & Sapiro, L. (1972). Design considerations for high pressure ratio centrifugal compressors. *American Society of Mechanical Engineers*, Paper 72-GT-91

Sovran, G., & Klomp, E. (1967). *Experimentally determined optimum geometries for rectilinear diffusers with rectangular, conical and annular cross-sections* (pp. 270–319). *Fluid mechanics of internal flow* Burlingtin, MA: Elsevier Science.

Stanitz, J. D. (1952). Some theoretical aerodynamic investigations of impellers in radial and mixed flow centrifugal compressors. *Transactions of the American Society of Mechanical Engineers*, *74*, 4.

Stodola, A. (1945). *Steam and gas turbines* (Vols. I–II). New York, NY: McGraw-Hill.

Van Den Braembussche, R. (1985). Discussion: "Rotating Stall Induced in Vaneless Diffusers of Very Low Specific Speed Centrifugal Blowers". *Journal of Engineering for Gas Turbines and Power*, *107*(2), 519–520.

Wallace, F. J., Whitfield, A., & Atkey, R. C. (1975). Experimental and theoretical performance of a radial flow turbocharger compressor with inlet prewhirl. *Proceedings of the Institution of Mechanical Engineers*, *189*, 177–186.

Watson, N., & Janota, M. S. (1982). *Turbocharging the internal combustion engine*. London, UK: Macmillan.

Whitfield, A., & Baines, N. C. (1990). *Design of radial turbomachines*. New York, NY: Longman.

Whitfield, A. & Johnson, M. A. (2002). The effect of volute design on the performance of a turbocharger compressor. *International compressor engineering conference*, paper, 1501.

Wiesner, F. J. (1967). A review of slip factors for centrifugal compressors. *Journal of Engineering Power, Transactions of the American Society of Mechanical Engineers*, *89*, 558–572.

径流式燃气涡轮机

8

我喜欢工作，它让我着迷，我可以坐在那里，凝视它好几个小时。
——杰罗姆·K. 杰罗姆《三人同舟》

8.1 引言

径流式涡轮机具有悠久的发展历史，早在180多年前就用于水力发电。大约在1830年，法国工程师Fourneyron成功研制出第一台商业运营的径流式水轮机。其后，Francis和Boyden在美国制造了第一台径流式水轮机（约1847年），该水轮机性能优良，得到了高度认可。这种类型的水轮机现在称为混流式水轮机，其结构简图见图1.1。从图中可以看出，流道从径向大致转到轴向。对于单级涡轮机，反向通流（离心式）会带来一些问题，其中之一是比功较低（在后文中讨论）。不过，Shepherd（1956）指出，欧洲曾经广泛使用过多级离心式汽轮机。图8.1（Kearton，1951）给出了容克式汽轮机（Ljungström steam turbine，辐流式汽轮机）的简图，由于蒸汽比容大幅度增加，因此必须采用离心式流道。容克式汽轮机的一大特性是没有静叶栅。组成每一级的两列叶栅以相反方向旋转，所以都可视为叶轮。

向心式（IFR）涡轮机的功率、质量流量和转速的使用范围都非常广。从功率达数百兆瓦用于水力发电的大型混流式水轮机（见图9.12和9.13）到用于空间发电的几千瓦微型闭式循环燃气轮机，都可采用向心式涡轮机。

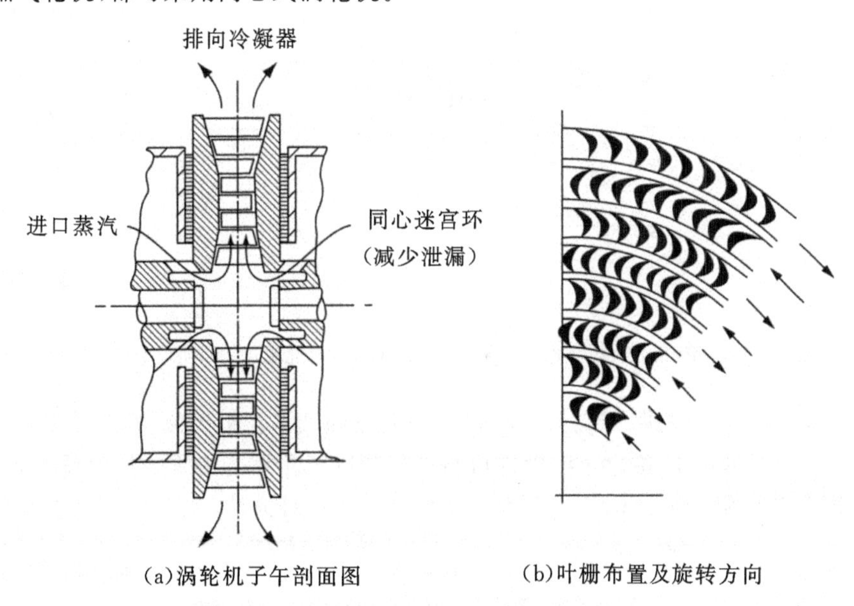

（a）涡轮机子午剖面图　　（b）叶栅布置及旋转方向

图8.1　容克式离心涡轮机（引自Kearton，1951）

向心式燃气涡轮机广泛应用于车用涡轮增压器、飞行器辅助动力装置、气体液化膨胀装置及其他制冷系统。此外,它还是空间发电用小型(10 kW)燃气轮机的一个部件(Anon,1971),并被考虑用作车辆和直升机的主动力装置。Huntsman、Hudson 和 Hill(1992)报道,罗尔斯-罗伊斯公司(Rolls-Royce)的研究表明,采用一台冷却式高效向心涡轮作为高技术涡轮轴发动机的燃气发生器涡轮,可以明显改善发动机性能。将该类发动机付诸应用只需要将现有技术水平进行小幅提升。但设计人员在开发这种新一代向心涡轮时仍面临很多问题,尤其是研发先进的叶轮冷却技术或抗冲击陶瓷叶轮。

本章稍后将会指出,如果比转速在某一限定范围,向心涡轮的效率可与最好的轴流涡轮相当。与轴流涡轮相比,向心涡轮的最大优势是单级功率大,制造简易且坚固耐用。

8.2 向心式涡轮机的类型

在向心涡轮中,流体从较大半径处流到较小半径处,并将能量传递给叶轮。为了产生正功,叶轮进口的 Uc_θ 乘积必须大于出口 Uc_θ(式(1.18c))。达到这一要求的方法主要有:增大叶轮进口周向速度分量;使用单个或多个喷嘴,减小出口绝对速度的周向分量或使其为零。

悬臂式涡轮机

图 8.2(a)所示为一悬臂式向心涡轮,其动叶安装在叶轮顶部区域,从叶轮处沿轴向向外延伸。实际中,悬臂动叶通常采用冲动式叶片(即低反动度叶片),也就是说动叶栅进、出口相对速度的差别很小。其实不采用反动式叶片并没有什么重要理由。不过,采用反动式叶片会使流体通过动叶栅时产生膨胀,这就要求增大通流面积。对于向心涡轮来说,要在很小的径向距离内使通流面积大幅度增加是非常困难的,特别是流体通过动叶栅时,半径将逐渐减小,这种情况下增大通流面积将会更加困难。

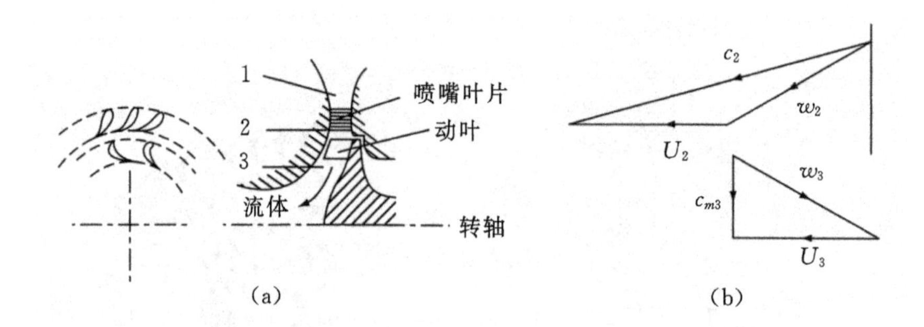

图 8.2 悬臂式涡轮机的结构和设计工况速度三角形

从空气动力学角度来讲,悬臂式涡轮机和轴流冲动式涡轮机类似,甚至可以采用相似的方法进行设计。图 8.2(b)给出了叶轮进口与出口速度三角形。由于叶片半径比 r_2/r_3 总是接近于 1,因此流体沿径向向内的流动方式几乎不影响设计方法。

90°向心式涡轮机

与悬臂式涡轮机相比,90°向心涡轮的结构强度更高,因此是工业应用的首选类型。图8.3给出了90°向心涡轮的典型结构;考虑到材料强度及高燃气温度,通常将叶片进口角设置为零。由于离心力的作用,并且高温燃气流动通常是脉动和非定常的,因此动叶承受着很高的应力。使用非径向叶片(后弯式叶片)可能提高涡轮性能,但由于叶片弯曲会造成附加应力,所以一般并不采用。尽管存在上述困难,Meitner 和 Glassman(1983)还是提出了几个采用后弯叶片的设计方案来评估向心涡轮输出功的增加程度。

从截面2开始,叶轮叶片沿径向向内延伸并引导气流转至轴向。叶片出口部分称为出口导流器,通道是弯曲的,用于去除全部或绝大部分绝对速度的周向分量。从表面上看,90°向心涡轮与第7章的离心压气机非常相似,但两者的气流方向及叶片旋转方向是相反的。

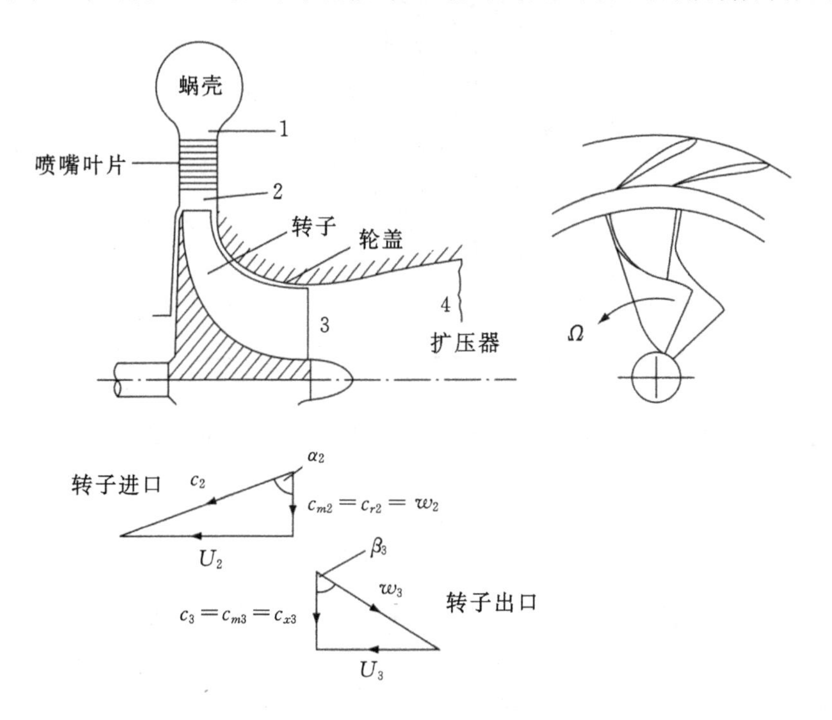

图8.3 90°向心涡轮的结构及名义设计工况速度三角形

从涡轮叶轮流出的流体速度 c_3 相当大,通常会配置一轴向扩压器(见第7章)回收大部分动能 $(1/2)c_3^2$,否则这些动能将损失掉。对于水轮机(第9章)则必须使用扩压器,此时扩压器称作尾水管。

图8.3中速度三角形表明动叶栅进口相对速度 w_2 沿径向向内,即气流冲角为零,出口绝对速度 c_3 沿轴向。这种速度三角形多年来广受设计人员喜爱,称为名义设计工况,下文将详细讨论。其后再介绍所谓最佳效率设计。

8.3 90°向心式涡轮机的热力学分析

图 8.3 中的向心涡轮由蜗壳、喷嘴叶栅、径向叶轮及扩压器组成，其完整绝热膨胀过程的焓熵图如图 8.4 所示，涡轮机中由摩擦引起的各部件气体熵增及其不可逆性也表示在图中。

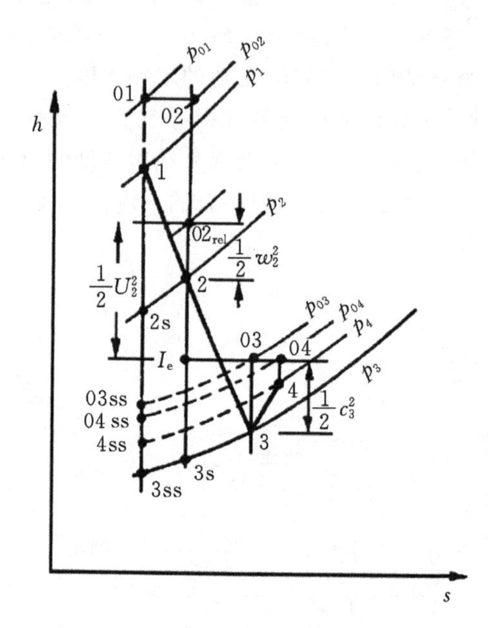

图 8.4 90°向心涡轮和扩压器的热力过程焓熵图(设计工况)

设流体通过蜗壳和喷嘴的滞止焓不变，即 $h_{01}=h_{02}$，则静焓降为

$$h_1 - h_2 = \frac{1}{2}(c_2^2 - c_1^2) \tag{8.1}$$

这一焓降与 p_1 至 p_2 的静压降相对应。理想焓降 $(h_1 - h_{2s})$ 也发生在这两个压力之间，但为等熵过程。

第 7 章已经指出，对于绝热不可逆过程，相对于旋转部件的转焓 $I = h_{0,\mathrm{rel}} - (1/2)U^2$ 保持不变。因此，对于 90°向心涡轮的叶轮，有

$$h_{02,\mathrm{rel}} - \frac{1}{2}U_2^2 = h_{03,\mathrm{rel}} - \frac{1}{2}U_3^2$$

由于 $h = h_{0,\mathrm{rel}} - (1/2)w^2$，则

$$h_2 - h_3 = \frac{1}{2}[(U_2^2 - U_3^2) - (w_2^2 - w_3^2)] \tag{8.2a}$$

在此分析中，参考点 2(图 8.3)位于叶轮进口处(半径 r_2，此处圆周速度 $U_2 = \Omega r_2$)。这意味着喷嘴的不可逆性包含了从喷嘴出口到叶轮进口的环形间隙中的摩擦损失(通常还包括蜗壳损失)。

扩压器内滞止焓保持不变，即 $h_{03}=h_{04}$，但由于扩压作用使静焓增大，因此

$$h_4 - h_3 = \frac{1}{2}(c_3^2 - c_4^2) \tag{8.3}$$

流体作用在叶轮上的比功为

$$\Delta W = h_{01} - h_{03} = U_2 c_{\theta 2} - U_3 c_{\theta 3} \tag{8.4a}$$

由于 $h_{01} = h_{02}$，代入式(8.2)得

$$\Delta W = h_{02} - h_{03} = h_2 - h_3 + \frac{1}{2}(c_2^2 - c_3^2) = \frac{1}{2}[(U_2^2 - U_3^2) - (w_2^2 - w_3^2) + (c_2^2 - c_3^2)] \tag{8.4b}$$

8.4 叶轮的基本设计

式(8.4b)中每一项都对流体作用于叶轮的比功有影响。其中，第一项 $1/2(U_2^2 - U_3^2)$ 的影响最大，该项在离心式涡轮机中为负，这也是向心涡轮优于离心涡轮的主要原因。而轴流涡轮的 $U_2 = U_3$，因此该项就不起作用。对于式(8.4b)中的第二项，当 $w_3 > w_2$ 时，该项可使比功增大。实际上，流体流经叶轮时的相对速度增大有利于降低流动损失，这是设计人员最希望的。式(8.4b)中第三项表明，为了增加输入叶轮的功，叶轮进口绝对流速应大于出口绝对流速。基于以上考虑，速度三角形的一般形状应如图 8.3 所示。

名义设计

名义设计是指叶轮进口相对流动冲角为零(即 $w_2 = c_{r2}$)，且叶轮出口绝对流动为轴向流动(即 $c_3 = c_{x3}$)①的设计。因此使式(8.4a)中 $c_{\theta 3} = 0$ 及 $c_{\theta 2} = U_2$，可将名义设计的比功公式简化为

$$\Delta W = U_2^2 \tag{8.4c}$$

例题 8.1

一台向心涡轮的叶轮按名义设计的要求运行，直径为 23.76 cm，转速为 38140 r/min。设计工况下，叶轮进口绝对气流角为 72°，出口平均直径为叶轮直径的一半，且出口相对速度为进口相对速度的 2 倍。

试确定式(8.4b)的三项中每一项对比功的相对贡献。

解：

叶轮进口处圆周速度为 $U_2 = \pi \Omega D_2/60 = \pi \times 38140 \times 0.2376/60 = 474.5\ \mathrm{m/s}$

参照图 8.3 可知 $w_2 = U_2 \cot\alpha_2 = 154.17\ \mathrm{m/s}$ 及 $c_2 = U_2/\sin\alpha_2 = 498.9\ \mathrm{m/s}$，则

$$c_3^2 = w_3^2 - U_3^2 = (2 \times 154.17)^2 - \left(\frac{1}{2} \times 474.5\right)^2 = 38786\ \mathrm{m^2/s^2}$$

因此，

$$U_2^2 - U_3^2 = U_2^2(1 - 1/4) = 168863\ \mathrm{m^2/s^2}$$

$$w_3^2 - w_2^2 = 3 \times w_2^2 = 71305\ \mathrm{m^2/s^2}$$

① 这种布置($c_{\theta 3} = 0$)使出口动能损失达到最小。但有些设计人员可能会选择在出口流动中带有一些旋流以利于后续的扩压过程。

及

$$c_2^2 - c_3^2 = 210115\text{m}^2/\text{s}^2$$

对这三项求和并除以 2，可得 $\Delta W = 225142\ \text{m}^2/\text{s}^2$。

则三项中每一项所占比例分别为：U^2 项，0.375；w^2 项，0.158；c^2 项，0.467。

最后，对比功进行数值验证：$\Delta W = U_2^2 = 474.5^2 = 225150\ \text{m}^2/\text{s}^2$，除去舍入误差，这一结果与之前的计算吻合。

喷射速度

喷射速度 c_0 的定义是气流由涡轮机进口滞止压力 p_{01} 等熵膨胀到排气压力所得的焓降转换成动能后对应的速度。此处，排气压力值有几种确定方式，取决于效率定义中使用的是总参数还是静参数，还取决于涡轮机是否带有扩压器。不使用扩压器时，由总参数或静参数定义的喷射速度分别为

$$\frac{1}{2}c_0^2 = h_{01} - h_{03ss} \tag{8.5a}$$

或

$$\frac{1}{2}c_0^2 = h_{01} - h_{3ss} \tag{8.5b}$$

对于理想(无摩擦)的径流式涡轮机，排气动能被完全回收，并且 $c_{\theta 2} = U_2$，则

$$\Delta W = U_2^2 = \frac{1}{2}c_0^2$$

因此有

$$\frac{U_2}{c_0} = 0.707$$

而对于实际(有摩擦)的 90°向心涡轮，在最佳效率工况下，速比一般为 $0.68 < U_2/c_0 < 0.71$。

8.5 名义设计工况效率

根据图 8.4，在无扩压器时，总-静效率定义为

$$\eta_{ts} = \frac{h_{01} - h_{03}}{h_{01} - h_{3ss}} = \frac{\Delta W}{\Delta W + (1/2)c_3^2 + (h_3 - h_{3s}) + (h_{3s} - h_{3ss})} \tag{8.6}$$

通道内的焓损失可用相对于喷嘴和叶轮的出口动能与对应损失系数(ζ)的乘积来表示，对于叶轮和喷嘴叶栅，分别有

$$h_3 - h_{3s} = \frac{1}{2}w_3^2\zeta_R \tag{8.7a}$$

$$h_{3s} - h_{3ss} = \frac{1}{2}c_2^2\zeta_N(T_3/T_2) \tag{8.7b}$$

由于定压过程，$\text{d}s = \text{d}h/T$，因此可近似认为

$$h_{3s} - h_{3ss} = (h_2 - h_{2s})(T_3/T_2)$$

将式(8.7a)及(8.7b)代入式(8.6)，得

$$\eta_{ts} = \left[1 + \frac{1}{2}(c_3^2 + w_3^3\zeta_R + c_2^2\zeta_N T_3/T_2)/\Delta W\right]^{-1} \tag{8.8}$$

根据图 8.3 中设计工况的速度三角形，得

$$c_2 = U_2\operatorname{cosec}\alpha_2, w_3 = U_3\operatorname{cosec}\beta_3, c_3 = U_3\cot\beta_3, \Delta W = U_2^2$$

将以上各式代入式(8.8)，并根据 $U_3 = U_2 r_3/r_2$ ，可得

$$\eta_{ts} = \left\{1 + \frac{1}{2}\left[\zeta_N \frac{T_3}{T_2}\operatorname{cosec}^2\alpha_2 + \left(\frac{r_3}{r_2}\right)^2(\zeta_R\operatorname{cosec}^2\beta_3 + \cot^2\beta_3)\right]\right\}^{-1} \tag{8.9a}$$

式中，r_3 和 β_3 均取代术平均半径处的值，即 $r_3 = (1/2)(r_{3s} + r_{3h})$ ，其中 r_{3s} 为叶轮出口处轮盖半径，r_{3h} 为叶轮出口处轮毂半径。式(8.9a)中，温比 (T_3/T_2) 的计算方法如下。

在名义设计工况下，根据图 8.3 中的速度三角形可得 $w_3^2 - U_3^2 = c_3^2$ ，则式(8.2a)可改写为

$$h_2 - h_3 = \frac{1}{2}(U_2^2 - w_2^2 + c_3^2) \tag{8.2b}$$

上式很容易在图 8.4 中利用转焓关系式 $I = h_{02,rel} - (1/2)U_2^2 = h_{03}$ 予以证明。

同理，根据速度三角形可知 $w_2 = U_2\cot\alpha_2$ ，$c_3 = U_3\cot\beta_3$ ，因此可以得到一个很有用的式(8.2b)的替代公式：

$$h_2 - h_3 = \frac{1}{2}U_2^2[(1 - \cot^2\alpha_2) + (r_3/r_2)^2\cot^2\beta_3] \tag{8.2c}$$

式中，U_3 表示为 $U_2 r_3/r_2$ 。对于完全气体，温比 T_3/T_2 可按以下方法确定。将 $h = C_p T = \gamma RT/(\gamma - 1)$ 代入式(8.2c)，得

$$1 - \frac{T_3}{T_2} = \frac{1}{2}U_2^2\frac{(\gamma - 1)}{\gamma RT_2}\left[1 - \cot^2\alpha_2 + \left(\frac{r_3}{r_2}\right)^2\cot^2\beta_3\right]$$

因此

$$\frac{T_3}{T_2} = 1 - \frac{1}{2}(\gamma - 1)\left(\frac{U_2}{a_2}\right)^2\left[1 - \cot^2\alpha_2 + \left(\frac{r_3}{r_2}\right)^2\cot^2\beta_3\right] \tag{8.2d}$$

式中，$a_2 = (\gamma RT_2)^{1/2}$ 是温度为 T_2 时的音速。

一般来说，这一温比对 η_{ts} 的影响很小，计算时通常忽略不计，因此

$$\eta_{ts} \simeq \left\{1 + \frac{1}{2}\left[\zeta_N\operatorname{cosec}^2\alpha_2 + \left(\frac{r_3}{r_2}\right)^2(\zeta_R\operatorname{cosec}^2\beta_3 + \cos^2\beta_3)\right]\right\}^{-1} \tag{8.9b}$$

上式为总-静效率的常用表达式。由式(8.6)可获得 η_{ts} 的另一替代公式为

$$\eta_{ts} = \frac{h_{01} - h_{03}}{h_{01} - h_{3ss}} = \frac{(h_{01} - h_{3ss}) - (h_{03} - h_3) - (h_3 - h_{3s}) - (h_{3s} - h_{3ss})}{h_{01} - h_{3ss}}$$

$$= 1 - (c_3^2 + \zeta_N c_2^2 + \zeta_R w_3^2)/c_0^2 \tag{8.10}$$

式中，喷射速度 c_0 定义为

$$h_{01} - h_{3ss} = \frac{1}{2}c_0^2 = C_p T_{01}[1 - (p_3/p_{01})^{(\gamma-1)/\gamma}] \tag{8.11}$$

总-总效率与总-静效率之间存在简单关系式，可推导如下。由于，

$$\Delta W = \eta_{ts}\Delta W_{ts} - \eta_{ts}(h_{01} - h_{3ss})$$

可得

$$\eta_{tt} = \frac{\Delta W}{\Delta W_{ts} - (1/2)c_3^2} = \frac{1}{(1/\eta_{ts}) - (c_3^2/2\Delta W)}$$

因此

$$\frac{1}{\eta_{tt}}=\frac{1}{\eta_{ts}}-\frac{c_3^2}{2\Delta W}=\frac{1}{\eta_{ts}}-\frac{1}{2}\left(\frac{r_3}{r_2}\cot\beta_3\right)^2 \tag{8.12}$$

例题 8.2

一台 CAV01 型径流式涡轮机(Benson, Cartwright & Das, 1968)的工作压比 p_{01}/p_3 为 1.5,叶轮进口相对流动冲角为零,各性能参数如下:

$$\dot{m}\sqrt{T_{01}}/p_{01}=1.44\times10^{-5}\,\mathrm{ms}\,(K)^{1/2}$$
$$\Omega/\sqrt{T_{01}}=2410\ (\mathrm{r/min})/K^{1/2}$$
$$\tau/p_{01}=4.59\times10^{-6}\ \mathrm{m}^3$$

其中,τ 为扭矩(考虑了轴承摩擦损失)。涡轮机主要几何尺寸和叶片角度如下:

叶轮进口直径,72.5 mm;
叶轮进口宽度,7.14 mm;
叶轮出口平均直径,34.4 mm;
叶轮出口环形通道高度,20.1 mm;
叶轮进口角,0°;
叶轮出口角,53°;
动叶片数,10;
喷嘴出口直径,74.1 mm;
喷嘴出口角,80°;
喷嘴叶片数,15。

该涡轮机采用加热至 400 K 的气体(避免叶片被水汽冷凝侵蚀)进行"冷态试验"。已知喷嘴出口气流角为 71°,对应的焓损失系数为 0.065。若叶轮出口绝对流动均匀、无旋流,且气流离开动叶时相对流动无滑移。试确定涡轮机的总-静效率、总效率、叶轮焓损失系数及叶轮相对速比。

解:

已知参数来自实际的涡轮机试验,虽然已经考虑了轴承摩擦损失修正,但转盘摩擦损失及叶顶泄漏损失等仍将导致比功减小。由已知参数可得,叶轮转速 $\Omega=2410\sqrt{400}=48200\ \mathrm{r/min}$,叶轮进口处圆周速度 $U_2=\pi\Omega D_2/60=183\ \mathrm{m/s}$,因此,叶轮所做的比功 $\Delta W=U_2^2=33.48\ \mathrm{kJ/kg}$ 。由此可得等熵总-静焓降

$$h_{01}-h_{3ss}=C_pT_{01}[1-(p_3/p_{01})^{(\gamma-1)/\gamma}]=1.005\times400[1-(1/1.5)^{1/3.5}]=43.97\ \mathrm{kJ/kg}$$

继而可得总-静效率

$$\eta_{ts}=\Delta W/(h_{01}-h_{3ss})=76.14\%$$

考虑轴承摩擦损失后,转轴的实际输出比功

$$\Delta W_{act} = \tau\Omega/\dot{m} = \left(\frac{\tau}{p_{01}}\right)\frac{\Omega}{\sqrt{T_{01}}}\left(\frac{p_{01}}{\dot{m}\sqrt{T_{01}}}\right)\frac{\pi}{30}T_{01}$$

$$= 4.59 \times 10^{-6} \times 2410 \times \pi \times 400/(30 \times 1.44 \times 10^{-5})$$

$$= 32.18\ \text{kJ/kg}$$

因此,涡轮机整体总-静效率

$$\eta_0 = \Delta W_{act}/(h_{01} - h_{3ss}) = 73.18\%$$

根据式(8.9b)可得叶轮焓损失系数

$$\zeta_R = [2(1/\eta_{ts} - 1) - \zeta_N \operatorname{cosec}^2\alpha_2](r_2/r_3)^2 \sin^2\beta_3 - \cos^2\beta_3$$

$$= [2(1/0.7613 - 1) - 0.065 \times 1.1186] \times 4.442 \times 0.6378 - 0.3622$$

$$= 1.208$$

在叶轮出口,绝对速度均匀分布且沿轴向。因此,根据图 8.3 的速度三角形可得

$$w_3^2(r) = U_3^2 + c_3^2 = U_3^2\left[\left(\frac{r}{r_3}\right)^2 + \cot^2\beta_3\right]$$

$$w_2 = U_2\cot\alpha_2$$

忽略叶片间的速度变化,于是有

$$\frac{w_3(r)}{w_2} = \frac{r_3}{r_2}\tan\alpha_2\left[\left(\frac{r}{r_3}\right)^2 + \cot^2\beta_3\right]^{1/2} \tag{8.13}$$

当 $r = r_{3h} = (34.4 - 20.1)/2 = 7.15$ mm 时,相对速比最小,

$$\frac{w_{3h}}{w_2} = 0.475 \times 2.904\,[0.415^2 + 0.7536^2]^{1/2} = 1.19$$

出口平均半径处的相对速比为

$$\frac{w_3}{w_2} = 0.475 \times 2.904\,[1 + 0.7536^2]^{1/2} = 1.73$$

值得指出的是,压比更高的其他小型径流式涡轮机具有更大的总-静效率。Rodgers (1969)指出,当压比达到 5∶1 时,总-静效率可超过 90%。据 Nusbaum 和 Kofskey (1969)报道,一台小型径流式涡轮机,当压比 p_{01}/p_4 为 1.763 时,总-静效率的试验值达到 88.8%(肯定配有出口扩压器)。本例题作为设计工况的计算练习,所得叶轮的焓损失系数较高,相应的总-静效率较低,这很可能与轮毂处的相对速比较低有关。本例中的计算仅基于简单的一维模型,实际情况可能更差。如果需要确定叶轮横截面上的速比变化,需要考虑叶片间速度变化(本章已概述)和粘性的影响。根据本章后文将介绍的 Jamieson 理论(1955),叶轮叶片数(10)可能不足,按照该理论应使用 18 个叶片(即 $Z_{min} = 2\pi\tan\alpha_2$)。在本例中,如果降低涡轮机喷嘴的出口气流角,尽管叶片间距可能更接近 Jamieson 的叶片间距确定准则(当 $Z=10$ 时,α_2 的最佳值为 58°左右),但根据式(8.13),相对速比却会偏离最佳值。

8.6 一些马赫数关系式

设流体为完全气体,可导出涡轮机中一些重要马赫数的表达式。在名义设计工况下,喷

嘴出口绝对马赫数为

$$M_2 = \frac{c_2}{a_2} = \frac{U_2}{a_2}\operatorname{cosec}\alpha_2$$

此时，

$$T_2 = T_{01} - c_2^2/(2C_p) = T_{01} - \frac{1}{2}U_2^2\operatorname{cosec}^2\alpha_2/C_p$$

因此，

$$\frac{T_2}{T_{01}} = 1 - \frac{1}{2}(\gamma - 1)(U_2/a_{01})^2\operatorname{cosec}^2\alpha_2$$

式中，$a_2 = a_{01}(T_2/T_{01})^{1/2}$，因此，

$$M_2 = \frac{U_2/a_{01}}{\sin\alpha_2[1-(1/2)(\gamma-1)(U_2/a_{01})^2\operatorname{cosec}^2\alpha_2]^{1/2}} \tag{8.14}$$

设计工况下，叶轮出口相对马赫数定义为

$$M_{3,\mathrm{rel}} = \frac{w_3}{a_3} = \frac{r_3U_2}{r_2a_3}\operatorname{cosec}\beta_3$$

此时，

$$h_3 = h_{01} - \left(U_2^2 + \frac{1}{2}c_3^2\right) = h_{01} - \left(U_2^2 + \frac{1}{2}U_3^2\cot^2\beta_3\right) = h_{01} - U_2^2\left[1 + \frac{1}{2}\left(\frac{r_3}{r_2}\cot\beta_3\right)^2\right]$$

$$a_3^2 = a_{01}^2 - (\gamma - 1)U_2^2\left[1 + \frac{1}{2}\left(\frac{r_3}{r_2}\cot\beta_3\right)^2\right]$$

因此，

$$M_{3,\mathrm{rel}} = \frac{(U_2/a_{01})(r_3/r_2)}{\sin\beta_3\{1-(\gamma-1)(U_2/a_{01})^2[1+(1/2)((r_3/r_2)\cot\beta_3)^2]\}^{1/2}} \tag{8.15}$$

8.7 涡壳与静叶

Artt 和 Spence(1998)指出，区分向心涡轮的各种损失是建立简易的性能预测方法的重要步骤，利用这种方法可以得出有用的结果。常用方法是简单地测量叶轮进口处的静压。但是如果不知道静叶栅的损失大小，则无法确定平均速度。

Rohlik(1968)、Benson(1970)、Benson 等(1968)，Spence 和 Artt(1997)以及 Whitfield(1990)等研究人员提出了许多用一维方法预测性能的不同损失模型。这些模型既包括由试验数据确定的简易损失系数模型，也包括能够更为可靠地估算叶栅通道摩擦损失的模型。大多数损失模型都缺乏可靠的试验数据验证，这一问题至今仍未解决。Spence 和 Artt(1997)发表了一个 99 mm 涡轮机叶轮的试验性能数据，试验中使用了 7 种不同直径的静子，叶轮速度和压比的试验范围较大。尽管试验方案已经考虑得比较全面，但所得结果仍不能解决存在的问题。

我们先来了解一下这些试验过程。首先在叶轮与静子间隙处测得静压 p_2，然后采用如下等熵分析方法根据静压 p_2 确定静子损失。设气流在喷嘴喉部前为等熵加速流动，则根据连续方程可以确定喉部气流速度、理想静压及静温。设从喷嘴喉部到动叶进口，流动满足角动量守恒，则在叶轮进口应用柱坐标系连续方程可得叶轮进口径向速度，然后通过迭代求解可获得叶轮进口理想速度、静温及静压。静压测量值应小于通过上述方法计算出的理想值，

两者之差即为静子的通流损失。上述过程看似简单明了，但是得出的压力损失却是所假设喉部气流角的强函数。若气流垂直于喷嘴喉部，则预估的损失将超过涡轮机整级损失的测量值。如果采用 Hiett 和 Johnston(1964)提出的用 arccos (o/s)来确定气流角，计算所得损失则较为可信。当喷嘴直径为 5.5 mm 时，垂直于喉部的气流与径向之间的夹角测量值为 62.7°，而由余定理则计算的结果则为 75.2°。由于除了垂直于喉部的气流角之外，很难验证其他方法预测的气流角的可靠性，因此笔者决定放弃这种分析方法。

静子损失模型

显然，需要采用理论方法来估算静子损失，由此可以获得叶轮进口速度三角形，从而确定叶轮损失。目前，已经提出了许多损失模型可以根据性能试验数据来确定涡壳和喷嘴损失，但奇怪的是，几乎没有一种模型能只根据几何参数成功预测损失。简单损失模型的主要缺点之一是为了确定损失系数而过分依赖现有试验数据，此外，也没有考虑叶片几何参数的影响。Rohlik(1968)在其提出的一种向心涡轮的设计方法中使用了一个较复杂的静子损失模型，只需要少量经验数据。该模型将轴流式涡轮机叶栅通道的边界层动量厚度、叶片几何尺寸、能量大小及摩擦损失关联在一起，得出了计算叶栅总损失的关系式(Stewart，Witney & Wong，1960)：

$$H_f = E\left[\frac{(\theta/l)(l_c/l)(l/s)}{\cos\alpha_1 - t/s - \delta/s}\right]\left(1 + \frac{A_{endwall}}{A_{vane}}\right) \tag{8.16}$$

式中，

H_f =在涡壳和喷嘴通道中损失的理想动能；

A_{vane} =喷嘴通道一个叶片的壁面面积；

$A_{endwall}$ =一个喷嘴通道端壁面的面积；

l =喷嘴叶片弦长；

l_c =喷嘴叶片中弧线长度；

s =栅距；

σ =叶片稠度= l/s ；

α_1 =喷嘴出口平均气流角(与径向线的夹角)；

E =能量因子；由试验得出，E=1.8；

t =出气边厚度；

θ/l =动量厚度比，根据轴向叶栅数据确定为 0.03；

δ/θ =形状因子，由试验数据关联式确定。

Stewart 等人指出，动量厚度损失参数与雷诺数的 0.2 次方成反比。因此可将某已知雷诺数下的动量厚度作为参考值，按下式确定任一雷诺数下的动量厚度。

$$\frac{(\theta/l_c)}{(\theta/l_c)_{ref}} = \left(\frac{Re}{Re_{ref}}\right)^{-0.2} \tag{8.17}$$

这种分析方法的优点在于几乎不需要经验数据，并且所有数据都无需由被测涡轮机性能数据的测量值导出。虽然也检验了一些其他的分析模型，但是只有 Rohlik 提出的模型具有牢固的基础。该模型是众多模型中唯一能正确预测不同尺寸喷嘴损失差别的模型。

动静间隙及叶片稠度变化的影响

Simpson、Spence 和 Watterson(2013)对一台直径为 135 mm 的径流式涡轮机进行了大量试验，涡轮静叶采用了多种不同的设计方案。试验目的是为了确定 R_{te}/R_{le} [①]和叶片稠度对级效率的影响。研究人员使用计算流体动力学方法进行了分析，并指出该方法是预测级效率和质量流量变化趋势的可靠工具。为了测量效率随 R_{te}/R_{le} 和稠度 l/s 的变化规律，该涡轮机采用了两个系列的静叶设计，并分别进行了性能测试。试验发现，两个参数的气动最佳值分别为 1.175 和 1.25。同时增大这两个参数，叶轮进口静压变化的测量值和预测值均会减小。

设计人员关心的另一个发现是：从空气动力学角度来说，要使叶轮进口的流动在周向更加均匀，增大动静间隙是更加有效的方法。

90°向心式涡轮机的损失系数

许多方法都可用于描述 90°向心式涡轮通道内的损失，Benson(1970)列出了这些方法并指出了它们之间的联系。如果是非设计工况，除了在喷嘴和叶轮通道内有损失以外，叶轮进口也存在一定损失。若叶轮进口相对流动相对于径向叶片存在冲角，就会在进口处产生能量损失，因此称为冲角损失，有时也称为激波损失。后一术语会导致误解，因为一般情况下，叶轮进口并不存在激波。

喷嘴(静子)损失系数

焓损失系数(一般包括进口涡壳和喷嘴叶片损失)的定义为

$$\zeta_N = \frac{h_2 - h_{2s}}{(1/2)c_2^2} \tag{8.18}$$

滞止压力损失系数为

$$Y_N = (p_{01} - p_{02})/(p_{02} - p_2) \tag{8.18a}$$

其与 ζ_N 的近似关系式为

$$Y_N \simeq \zeta_N\left(1 + \frac{1}{2}\gamma M_2^2\right) \tag{8.18b}$$

由于

$$h_{01} = h_2 + \frac{1}{2}c_2^2 = h_{2s} + \frac{1}{2}c_{2s}^2 \quad , \quad h_2 - h_{2s} = \frac{1}{2}(c_{2s}^2 - c_2^2)$$

并且

$$\zeta_N = \frac{1}{\phi_N^2} - 1 \tag{8.19}$$

正常运行工况下，设计良好的喷嘴叶栅实际速度系数范围通常为 $0.90 < \phi_N < 0.97$[②]，所以有 $0.23 < \zeta_N < 0.063$ 。

Artt 和 Spence(1998)详细综述了自 20 世纪 60 年代早期开始进行的大量向心涡轮喷

① R_{le}为动叶前缘半径，R_{te}为静叶尾缘半径。

② $\phi_N = c_2/c_{2s}$。——译者注

嘴损失试验。此外，他们自己也对一台 99 mm 直径的向心涡轮进行了大量试验，试验使用的喷嘴有 7 种不同的喉部面积，叶轮以 2 种不同的转速运行。根据试验结果，他们用线图给出了 2 种转速、7 种喷嘴喉部面积工况下，涡轮各部件的通流损失。

Spence 和 Artt 在以往的一份报告中指出，静叶栅-动叶栅喉部面积比为 0.5 时可获得较高的效率。他们认为，这一面积比必定与最佳叶片角，尤其是膨胀压降在静子和叶轮中的分配相关。

叶轮损失系数

无论是设计工况（图 8.4）还是稍后将要介绍的非设计工况（图 8.5），叶轮通道的摩擦损失都可以用下述系数表示：

焓损失系数

$$\zeta_R = \frac{h_3 - h_{3s}}{(1/2)w_3^2} \tag{8.20}$$

速度系数

$$\phi_R = w_3/w_{3s} \tag{8.21}$$

ϕ_R 和 ζ_R 的关系为

$$\zeta_R = \frac{1}{\phi_R^2} - 1 \tag{8.22}$$

对于设计良好的叶轮，两系数的通常范围大致是 $0.70 < \phi_R < 0.85$，$1.04 < \zeta_R < 0.38$。

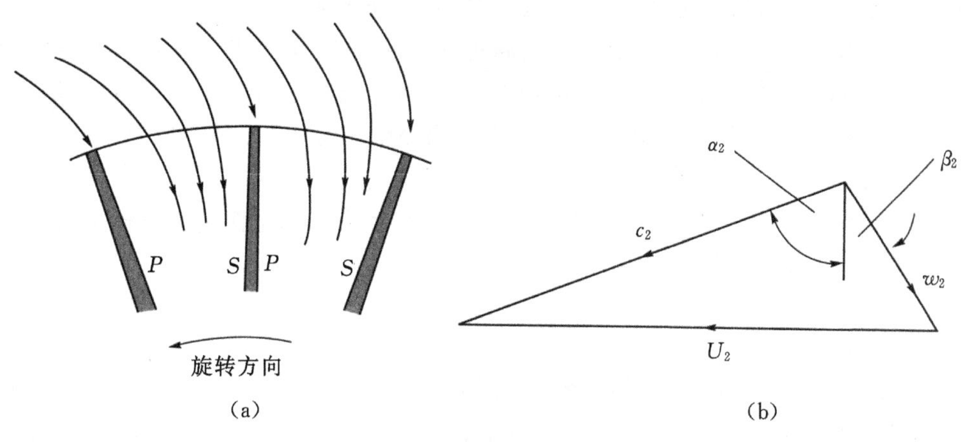

图 8.5　叶轮进口最佳流动工况：(a)叶轮进口流线，P 表示压力面，S 表示吸力面；(b)节距方向平均流动的速度三角形

8.8　关于最佳效率的一些讨论

Abidat、Chen、Baines 和 Firth 指出，在冲角对径流式和混流式涡轮机叶轮性能的影响方面，人们的认识非常有限。向心涡轮通常采用径向叶片以减小弯曲应力。已发表的（包括本书所有以往版本）关于向心涡轮流动的绝大多数分析都假设叶轮进口的平均相对流动沿径向进入流道，即流向径向叶片的相对流动的冲角为零。以下对流动模型的讨论表明这种

零冲角假设过于简化，实际上最佳效率工况的气流角与零冲角的差别很大。Rohlik(1975)认为，“当叶轮叶片前缘附近的流动达到最佳流动状态时，气流具有一定的冲角。对于径向叶片，其值有时可高达 40°。”

假定流体沿径向流向叶轮，其速度 c_2 及气流角 α_2 可以根据喷嘴和涡壳的几何参数确定。一旦流体进入叶轮，随着流动半径的减小，周向速度分量和叶片圆周速度减小，做功过程开始快速进行。与这些速度变化相对应的是叶片承受高负荷，并且在叶栅通道横截面上从压力面到吸力面存在较大的压力梯度(图 8.5(a))。

设叶轮旋转角速度为 Ω 并且进入叶轮的气流是无旋的，则相对流动中将产生一个反向旋转的旋涡(或相对涡)，角速度为 $-\Omega$，它使流动保持无旋状态。其效果实质上与前一章所述从离心压气机叶轮流出的气流相同，只是方向相反而已(见 7.8 节“滑移系数”)。无旋来流与相对涡的组合，将使叶片压力面上的相对速度减小，吸力面上的相对速度增大。因此在叶栅通道中存在静压梯度，这与前面的推理结果一致。

图 8.5(b)表明流体以平均相对速度 w_2、气流角 β_2 进入叶轮，并在叶栅进气边达到最佳流动状态。如果向心涡轮叶轮的叶片是径向叶片，则 β_2 即为冲角，如图所示 β_2 为正值。其值在 20°到 40°之间，具体数值与叶轮的叶片数有关。通道内的横向静压梯度使流线向吸力面偏转。对该流动状态进行流函数分析所得的流线图表明，进口滞止点恰好位于叶片前缘，所以流线大致是沿径向的(见图 8.5(a))。这说明只有在此流动状态下，流体才能平滑地进入叶轮通道。因此，平均相对流动以冲角 β_2 进入叶栅通道。Whitfield 和 Baines(1990，第 8 章)全面综述了透平机械内流动的数值分析方法，包括流函数法。

大概是 Wilson 和 Jansen 首次指出，当涡轮机叶轮与离心压气机叶轮的叶片数相同时，涡轮机叶轮的最佳冲角实际上等于具有径向叶片的离心压气机叶轮出口气流的“滑移”角。Whitfield 和 Baines(1990，第 8 章)定义了一个与离心压气机滑移系数类似的冲角系数 λ：

$$\lambda = c_{\theta 2}/U_2$$

常用 Stanitz(1952)[①]建议的径向叶片叶轮的滑移系数来确定涡轮机叶轮进口气流角。此时，冲角系数的表达式为

$$\lambda = 1 - 0.63\pi/Z \approx 1 - 2/Z$$

于是，由图 8.5(b)的速度三角形可得

$$\tan\beta_2 = (2/Z)U_2/c_{m2} \tag{8.23}$$

为了求解相对气流角 β_2，至少要已知流量系数 $\phi_2 = c_{m2}/U_2$ 和叶片数 Z。本章稍后将介绍由 Jamieson(1955，第 9 章)提出的确定叶轮所需最少叶片数的简单方法。不过下一节我们先介绍 Whitfield(1990)提出的最佳效率设计方法，该方法提供了确定 β_2 的另一种途径。

最佳效率设计

Whitfield(1990)提出了一种向心式涡轮机的通用一维设计方法，在设计前只需要给出所需的输出功率。输出比功率为

---

① 第 7 章给出了一个近期修正并改进的离心压气机滑移系数，可用于径流式涡轮机的分析。

$$\Delta W = \dot{W}/\dot{m} = h_{01} - h_{03} = \frac{\gamma R}{\gamma - 1}(T_{01} - T_{03}) \tag{8.24}$$

由上式可定义无量纲功率比 S：

$$S = \Delta W/h_{01} = 1 - T_{03}/T_{01} \tag{8.25}$$

功率比 S 可通过总-静效率表达式与总压比关联：

$$\eta_{ts} = \frac{S}{[1 - (p_3/p_{01})^{(\gamma-1)/\gamma}]} \tag{8.26}$$

如果输出功率、质量流量和进口滞止温度给定，则可直接根据上式求解 S。但如果只有输出功率已知，则需要使用上式进行迭代求解。

Whitfield 借助功率比 S 来开发他的设计方法，并发展出一个新的无量纲设计方法。在设计的后一阶段，当质量流量和进口滞止温度确定后，就能求出实际气流速度和涡轮机尺寸。本章只介绍 Whitfield 方法中与叶轮设计有关的第一部分。

Whitfield 设计问题的求解

在设计工况下，通常假定流体沿轴向从叶轮流出，因此 $c_{\theta 3} = 0$，比功为

$$\Delta W = U_2 c_{\theta 2}$$

将上式与式(8.24)和式(8.25)组合，可得

$$U_2 c_{\theta 2}/a_{01}^2 = S/(\gamma - 1) \tag{8.27}$$

式中，$a_{01} = (\gamma R T_{01})^{1/2}$ 是与温度 T_{01} 对应的音速。

根据图 8.5(b)所示的叶轮进口速度三角形，可知

$$U_2 - c_{\theta 2} = c_{m2}\tan\beta_2 = c_{\theta 2}\tan\beta_2/\tan\alpha_2 \tag{8.28}$$

令式(8.28)等号两侧分别乘以 $c_{\theta 2}/c_{m2}^2$，得

$$U_2 c_{\theta 2}/c_{m2}^2 - c_{\theta 2}^2/c_{m2}^2 - \tan\alpha_2 \tan\beta_2 = 0$$

由

$$U_2 c_{\theta 2}/c_{m2}^2 = (U_2 c_{\theta 2}/c_2^2)\sec^2\alpha_2 = c(1 + \tan^2\alpha_2)$$

前式可以写为 $\tan\alpha_2$ 的二次方程：

$$(c-1)\tan^2\alpha_2 - b\tan\alpha_2 + c = 0$$

上式中为书写方便，令 $c = U_2 c_{\theta 2}/c_2^2$，$b = \tan\beta_2$。求解 $\tan\alpha_2$ 得

$$\tan\alpha_2 = \frac{b \pm \sqrt{b^2 + 4c(1-c)}}{2(c-1)} \tag{8.29}$$

若上式的实数解存在，根式就必须大于或等于 0，即 $b^2 + 4c(1-c) \geqslant 0$。若根式等于零，整理后可得另一个二次方程，即

$$c^2 - c - b^2/4 = 0$$

求解 c 得

$$c = (1 \pm \sqrt{1 + b^2})/2 = \frac{1}{2}(1 \pm \sec\beta_2) = U_2 c_{\theta 2}/c_2^2 \tag{8.30}$$

由式(8.29)和式(8.30)可得 $\tan\alpha_2$ 的解为

$$\tan\alpha_2 = b/[2(c-1)] = \tan\beta_2/(-1 \pm \sec\beta_2)$$

其中，$\alpha_2 > 0$ 的解才是合理的，所以

$$\tan\alpha_2 = \frac{\sin\beta_2}{1-\cos\beta_2} \tag{8.31a}$$

从表 8.1 中容易看出，两个角度之间存在简单的数值关系，即

$$\alpha_2 = 90 - \beta_2/2 \tag{8.31b}$$

整理式(8.27)和式(8.30)，可得叶轮进口最小滞止马赫数为

$$M_{02}^2 = c_2^2/a_{01}^2 = \left(\frac{S}{\gamma-1}\right)\frac{2\cos\beta_2}{1+\cos\beta_2} \tag{8.32}$$

设通过静子的流动为绝热过程，则 $T_{02} = T_{01}$，于是可由下式计算进口马赫数：

$$M_2^2 = \left(\frac{c_2}{a_2}\right)^2 = \frac{M_{02}^2}{1-(1/2)(\gamma-1)M_{02}^2} \tag{8.33}$$

表 8.1 几个不同的 β_2 对应的 α_2

	角度(°)			
β_2	10	20	30	40
α_2	85	80	75	70

然后，根据式(8.28)得

$$\frac{c_{\theta 2}}{U_2} = \frac{1}{1+\tan\beta_2/\tan\alpha_2}$$

整理式(8.31a)得

$$\tan\beta_2/\tan\alpha_2 = \sec\beta_2 - 1 \tag{8.34}$$

组合这些方程及式(8.23)，可得

$$c_{\theta 2}/U_2 = \cos\beta_2 = 1 - 2/Z \tag{8.35}$$

式(8.35)直接关联了动叶数和叶轮进口相对气流角。同理，由式(8.31b)可得

$$\cos 2\alpha_2 = \cos(180-\beta_2) = -\cos\beta_2$$

又由于 $\cos 2\alpha_2 = 2\cos^2\alpha_2 - 1$，因此有

$$\cos^2\alpha_2 = (1-\cos\beta_2)/2 = 1/Z \tag{8.31c}$$

例题 8.3

一台叶片数为 12 的向心式涡轮机，工质是滞止温度为 1050 K 的干空气，流量为1 kg/s，所需的输出功率为 230 kW。设总-静效率为 0.81，试采用最佳效率设计方法确定：

a. 叶轮进口绝对气流角和相对气流角；

b. 总压比 p_{01}/p_3；

c. 叶轮进口圆周速度和绝对马赫数。

解：

a. 根据燃气性质表，如由 Rogers 和 Mayhew(1995)给出的表格或 NIST 流体性质表，可知当 $T_{01} = 1050$ K 时，$C_p = 1.1502$ kJ/(kg·K) 及 $\gamma = 1.333$。利用式(8.25)可得

$$S = \Delta W/(C_p T_{01}) = 230/(1.15\times 1050) = 0.2$$

由 Whitfield 公式(8.31c)得

$$\cos^2\alpha_2 = 1/Z = 0.083333$$

因此 $\alpha_2 = 73.22^\circ$，再由式(8.31b)得 $\beta_2 = 2(90 - \alpha_2) = 33.56^\circ$。

b. 式(8.26)可以写为

$$\frac{p_3}{p_{01}} = \left(1 - \frac{s}{\eta_{ts}}\right)^{\gamma/\gamma-1} = \left(1 - \frac{0.2}{0.81}\right)^4 = 0.32165$$

所以有 $p_{01}/p_3 = 3.109$。

c. 由式(8.32)得

$$M_{02}^2 = \left(\frac{S}{\gamma - 1}\right)\frac{2\cos\beta_2}{1 + \cos\beta_2} = \frac{0.2}{0.333} \times \frac{2 \times 0.8333}{1 + 0.8333} = 0.5460$$

所以 $M_{02} = 0.7389$。由式(8.33)，

$$M_2^2 = \frac{M_{02}^2}{1 - (1/2)(\gamma - 1)M_{02}^2} = \frac{0.546}{1 - (0.333/2) \times 0.546} = 0.6006$$

于是，$M_2 = 0.775$。将式(8.35)代入式(8.27)，可求出叶轮进口圆周速度为

$$\left(\frac{U_2^2}{a_{01}^2}\right)\cos\beta_2 = \frac{S}{\gamma - 1}$$

设 $T_{02} = T_{01}$，因此

$$U_2 = a_{01}\sqrt{\frac{S}{(\gamma - 1)\cos\beta_2}} = 633.8\sqrt{\frac{0.2}{0.333 \times 0.8333}} = 538.1\ \mathrm{m/s}$$

式中，

$$a_{01} = \sqrt{\gamma R T_{01}} = \sqrt{1.333 \times 287 \times 1050} = 633.8\ \mathrm{m/s}$$

8.9 最小叶片数准则

下面简要分析采用径向叶片的叶轮中的相对流动，由于它说明了关于叶片间距的一个重要的基本问题，因此很有意义。根据基础力学，若一点在径向平面内移动，则其径向和切向加速度分量 f_r 和 f_t 应分别为

$$f_r = \dot{w} - \Omega^2 r \tag{8.36a}$$

$$f_t = r\dot{\Omega} + 2\Omega w \tag{8.36b}$$

式中，w 为径向速度，$\dot{w} = \mathrm{d}w/\mathrm{d}t = w\partial w/\partial r$（定常流动）；$\Omega$ 为角速度，而且 $\dot{\Omega} = \mathrm{d}\Omega/\mathrm{d}t = 0$。

对单位厚度流体微元（见图 6.2）应用牛顿第二定律，忽略粘性力，并令 $c_r = w$，可得径向运动方程为

$$(p + \mathrm{d}p)(r + \mathrm{d}r)\mathrm{d}\theta - pr\mathrm{d}\theta - p\mathrm{d}r\mathrm{d}\theta = -f_r\mathrm{d}m$$

式中，微元质量 $\mathrm{d}m = \rho r\mathrm{d}\theta\mathrm{d}r$。将式(8.36a)中的 f_r 代入上式并简化，得

$$\frac{1}{\rho}\frac{\partial p}{\partial r} + w\frac{\partial w}{\partial r} = \Omega^2 r \tag{8.37}$$

令式(8.37)对 r 积分，得

$$p/\rho + \frac{1}{2}w^2 - \frac{1}{2}U^2 = \text{常数} \tag{8.38}$$

这是式(8.2a)的无粘形式。

流体传递给叶轮的转矩表现在每个径向叶片两侧的压力差。因此叶片之间的流道中一定存在切向压力梯度。对上述流体微元沿切向应用牛顿第二定律：

$$\mathrm{d}p \times \mathrm{d}r = f_{\mathrm{t}}\mathrm{d}m = 2\Omega w(\rho r\,\mathrm{d}\theta\mathrm{d}r)$$

因而

$$\frac{1}{\rho}\frac{\partial p}{\partial \theta} = 2\Omega r w \tag{8.39}$$

由上式可得切向压力梯度。令式(8.38)对 θ 求导，得

$$\frac{1}{\rho}\frac{\partial p}{\partial \theta} = -w\frac{\partial w}{\partial \theta} \tag{8.40}$$

然后组合式(8.39)和式(8.40)，可得

$$\frac{\partial w}{\partial \theta} = -2\Omega r \tag{8.41}$$

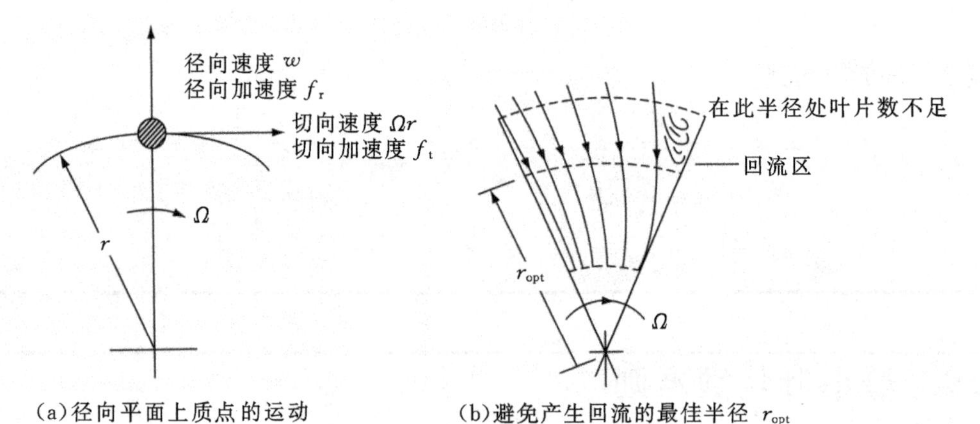

图 8.6 最小叶片数的流动分析模型

上述结果说明了一个重要的流动特性，即通道内流体的径向速度沿切向是非均匀分布的，这与通常的假设不一致。因此，通道一侧的径向速度小于另一侧。Jamieson(1955，第9章)正是基于这些速度分布特性，构思出了求解最小叶片数的方法。

令平均径向速度为 $\overline{w}$，相邻两叶片之间的夹角为 $\Delta\theta = 2\pi/Z$，其中，Z 是叶片数。根据式(8.41)，最大和最小径向速度分别为

$$w_{\max} = \overline{w} + \frac{1}{2}\Delta w = \overline{w} + \Omega r\Delta\theta \tag{8.42a}$$

$$w_{\min} = \overline{w} - \frac{1}{2}\Delta w = \overline{w} - \Omega r\Delta\theta \tag{8.42b}$$

此处可以合理地假设径向速度不能小于零(见图 8.6b)，等于零的极限状态发生在叶轮顶部，即 $r = r_2$ 时，$w_{\min} = 0$ 。根据式(8.42b)以及 $U_2 = \Omega r_2$ ，可得最小动叶数为

$$Z_{\min} = 2\pi U_2/\overline{w}_2 \tag{8.43a}$$

在设计工况下，因为 $U_2 = \overline{w}_2\tan\alpha_2$ ，所以有

$$Z_{\min} = 2\pi\tan\alpha_2 \tag{8.43b}$$

图 8.7 给出了 Jameson 公式(8.43b)的变量关系曲线，由图可知，按照这一公式需要采

用较多的动叶，尤其是叶轮进口绝对气流角较大的工况。但实际中使用的叶片数并不太多，这主要是因为叶片数过多会引起叶轮出口流动过度阻塞、“湿润”表面积过大导致摩擦损失大幅提升以及叶轮重量和惯性相对偏大等不利后果。

Hiett 和 Johnston(1964)进行了一些与前文分析有关的试验。试验涡轮机的喷嘴出口角 $\alpha_2 = 77°$，动叶数为 12，达到最佳速度比 U_2/c_0 时，测得的总-静效率 $\eta_{ts} = 0.84$。式(8.43b)表明，在该气流角下，为了避免叶轮顶部产生回流，需要有 27 个动叶。但是在第二次试验中将叶片数增加到 24，效率却只提高了 1%。Hiett 和 Johnston 认为，定义最佳叶片数准则不能只考虑避免局部回流。除了局部回流引起的总压损失之外，还应充分考虑与叶轮叶片表面积有关的摩擦损失。

Glassman 更倾向于使用 Z 与 α_2 之间的经验关系式，即

$$Z = \frac{\pi}{30}(110 - \alpha_2)\tan\alpha_2 \tag{8.44}$$

他认为由 Jamieson 公式(8.43b)得出的叶轮叶片数太多。图 8.7 表明，Glassman 公式所得叶片数较 Jamieson 公式少很多。图中还给出了 Whitfield 公式(8.31c)所得结果，它与 Glassman 公式的差别不太大，至少叶片数也较少。

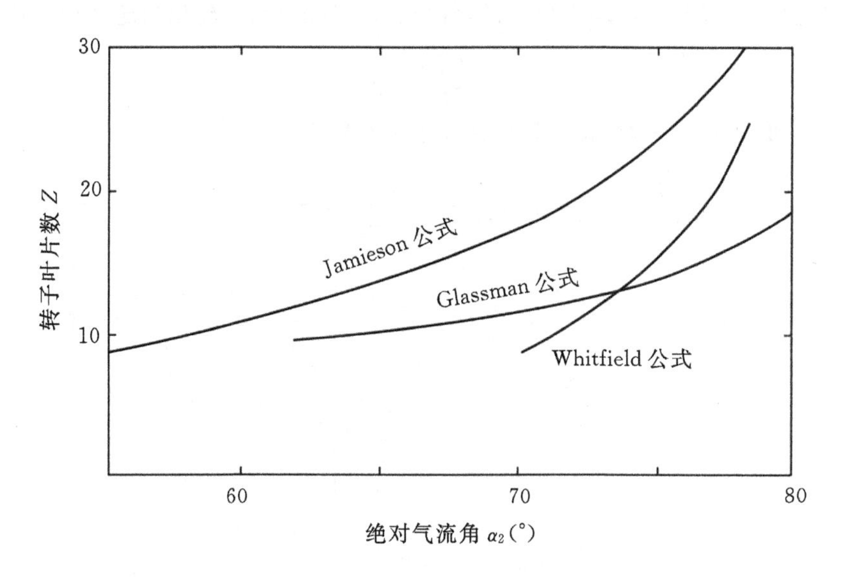

图 8.7 叶轮进口气流角与叶轮叶片数之间的关系

8.10 叶轮出口的设计依据

设计叶轮出口时需要确定一些参数，包括气流角 β_3、子午面速度与叶顶速度比 c_{m3}/U_2，叶轮出口轮盖半径与叶轮进口半径比 r_{3s}/r_2，叶轮出口轮毂比 $v = r_{3h}/r_{3s}$。设计时假设叶轮出口绝对流动是纯轴向的，则相对速度可写为

$$w_3^2 = c_{m3}^2 + U_3^2$$

如果可以选择 c_{m3}/U_2 和 r_{3s}/r_2 的值，就能确定出口气流角沿半径的变化。根据图 8.3 所示的叶轮出口速度三角形，可得

$$\cot\beta_3(r) = \frac{c_{m3} r_2}{U_2 r} \tag{8.45}$$

若涡轮机没有安装排气扩压器，为了减小排气能量损失，子午面速度 c_{m3} 应设计得很小。

如图 8.8 所示，Rodgers 和 Geiser(1987)给出了向心式涡轮机的效率与叶尖速度相对喷射速度的比值 U_2/c_0 以及轴向出口流量系数 c_{m3}/U_2 的关系。从图中可以看出，当速比接近于 0.7，出口流量系数在 0.2 和 0.3 之间时，效率接近峰值。

Rohlik 指出，为了避免轮盖曲率过大，叶轮出口平均半径与进口半径之比 r_3/r_2 应小于等于 0.7。此外，当叶片间距过小，流动可能发生阻塞，因此出口轮毂比 r_{3h}/r_{3s} 应大于等于 0.4。由叶片厚度即可很容易地得出

$$(2\pi r_{3h}/Z)\cos\beta_{3h} > t_{3h}$$

式中，t_{3h} 是轮毂处叶片厚度。由于叶片表面存在边界层，所以上式左侧的计算值应比叶片厚度大得多。Rodgers 和 Geiser(1987)给出了在叶轮出口设计过程中获得的一些有限的试验数据，这些数据反映了叶轮半径比及叶片稠度对涡轮机效率的影响(见图 8.9)。对于不同叶片稠度 ZL/D_2(其中，L 是叶片沿中径子午线的长度)，相对效率 η/η_{opt} 可表示为 r_2/r_{3rms} 的函数(叶轮进口半径与出口均方根半径之比)。该半径比与叶轮出口轮毂比 ν 有关，

$$\frac{r_{3rms}}{r_2} = \frac{r_{3s}}{r_2}\left(\frac{1+\nu^2}{2}\right)^{1/2}$$

由图 8.9 可以看出，r_2/r_{3rms} 的最佳值介于 1.6 到 1.8 之间。

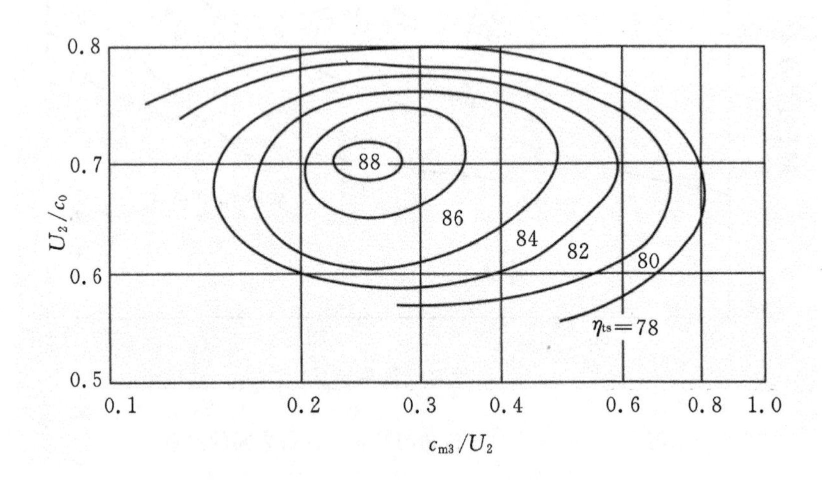

图 8.8 向心式涡轮机的效率与速比的关系(引自 Rodgers 和 Geiser，1987)

Rohlik(1968)认为，为了使总压损失较小，出口平均半径处的相对速度与进口相对速度之比 w_3/w_2 必须足够大。他建议取 w_3/w_2 的值为 2.0。轮盖处相对速度应大于平均半径处相对速度，其值取决于叶轮出口半径比。

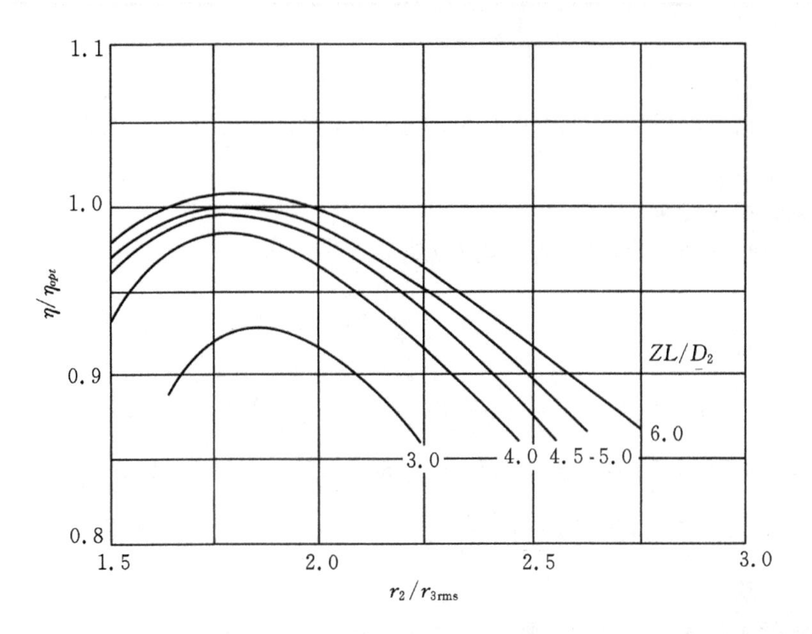

图 8.9 叶片稠度和叶轮半径比对向心式涡轮机效率比的影响(引自 Rodgers 和 Geiser,1987)

例题 8.4

给定一台向心式涡轮机的各参数如下:

$$c_{m3}/U_2 = 0.25\ ,\ v = 0.4\ ,\ r_{3s}/r_2 = 0.7\ \text{及}\ w_3/w_2 = 2.0$$

求轮盖处的相对速度比 w_{3s}/w_2。

解:

由于 $w_{3s}/c_{m3} = \sec\beta_{3s}$, $w_3/c_{m3} = \sec\beta_3$,则

$$\frac{w_{3s}}{w_3} = \frac{\sec\beta_{3s}}{\sec\beta_3}$$

$$\frac{r_3}{r_{3s}} = \frac{1}{2}(1+v) = 0.7\ \text{及}\ \frac{r_3}{r_2} = \frac{r_3}{r_{3s}}\frac{r_{3s}}{r_2} = 0.7 \times 0.7 = 0.49$$

由式(8.45)可得,平均半径处的气流角

$$\cot\beta_3 = \frac{c_{m3}}{U_2}\frac{r_2}{r_3} = \frac{0.25}{0.49} = 0.5102$$

所以,$\beta_3 = 62.97°$

$$\cot\beta_{3s} = \frac{c_{m3}}{U_2}\frac{r_2}{r_{3s}} = \frac{0.25}{0.7} = 0.3571$$

因此,$\beta_{3s} = 70.35°$,由此可得

$$\frac{w_{3s}}{w_2} = \frac{w_{3s}}{w_3}\frac{w_3}{w_2} = \frac{\sec\beta_{3s}}{\sec\beta_3} \times 2 = \frac{0.4544}{0.3363} \times 2 = 2.702$$

从轮毂到轮盖,相对速度比逐渐增大。

例题 8.5

已知叶轮出口静压为 100 kPa，喷嘴焓损失系数 $\zeta_N = 0.06$，利用例 8.3 和例 8.4 中的数据及结果，求：

a. 叶轮直径和转速；

b. 叶轮进口处的叶片宽度-直径比 b_2/D_2。

解：

a. 质量流量为

$$\dot{m} = \rho_3 c_{m3} A_3 = \left(\frac{p_3}{RT_3}\right)\left(\frac{c_{m3}}{U_2}\right)U_2 \pi \left(\frac{r_{3s}}{r_2}\right)^2 (1-v^2) r_2^2$$

由式(8.25)可得 $T_{03} = T_{01}(1-S) = 1050 \times 0.8 = 840\ \text{K}$，则

$$T_3 = T_{03} - c_{m3}^2/(2C_p) = T_{03} - \left(\frac{c_{m3}}{U_2}\right)^2 \frac{U_2^2}{2C_p} = 840 - 0.25^2 \times 538.1^2/(2 \times 1150.2)$$

因而，$T_3 = 832.1\ \text{K}$。

将所得结果代入质量流量方程，

$$1 = [10^5/(287 \times 832.1)] \times 0.25 \times 538.1 \times 0.7^2 \times \pi \times (1-0.4^2) r_2^2$$

可得

$$r_2^2 = 0.01373,\ r_2 = 0.01172\ \text{m}$$

$$D_2 = 0.2343\ \text{m}$$

$$\Omega = U_2/r_2 = 4591.3\ \text{rad/s}\ (43843\ \text{r/min})$$

b. 质量流量方程可写为

$$\dot{m} = \rho_2 c_{m2} A_2,\ \text{其中}\ A_2 = 2\pi r_2 b_2 = 4\pi r_2^2 (b_2/D_2)$$

求解可得叶轮进口绝对速度及各分速度

$$c_{\theta 2} = SC_p T_{01}/U_2 = 0.2 \times 1150.2 \times 1050/538.1 = 448.9\ \text{m/s}$$

$$c_{m2} = c_{\theta 2}/\tan\alpha_2 = 448.9/3.3163 = 135.4\ \text{m/s}$$

$$c_2 = c_{\theta 2}/\sin\alpha_2 = 448.9/0.9574 = 468.8\ \text{m/s}$$

为了求解密度 ρ_2，需要先计算 T_2 和 p_2：

$$T_2 = T_{02} - c_2^2/(2C_p) = 1050 - 468.8^2/(2 \times 1150.2) = 954.5\ \text{K}$$

$$h_{02} - h_2 = \frac{1}{2}c_2^2$$

由于 $\zeta_N = (h_2 - h_{2s})/\left(\frac{1}{2}c_2^2\right)$，$h_{01} - h_{2s} = \frac{1}{2}c_2^2(1+\zeta_N)$

则

$$\frac{T_{02} - T_{2s}}{T_{02}} = \frac{c_2^2(1+\zeta_N)}{2C_p T_{02}} = \frac{468.8^2 \times 1.06}{2 \times 1150.2 \times 1050} = 0.096447$$

$$\frac{T_{2s}}{T_{01}} = \left(\frac{p_2}{p_{01}}\right)^{(\gamma-1)/\gamma} = 1 - 0.09645 = 0.90355$$

因此有

$$\frac{p_2}{p_{01}} = \left(\frac{T_{2s}}{T_{01}}\right)^{\gamma/(\gamma-1)} = 0.90355^4 = 0.66652$$

$$p_2 = 3.109 \times 10^5 \times 0.66652 = 2.0722 \times 10^5 \text{ Pa}$$

$$\frac{b_2}{D_2} = \frac{1}{4\pi}\left(\frac{RT_2}{p_2}\right)\frac{\dot{m}}{(c_{m2}r_2^2)} = \frac{1}{4\times\pi}\left(\frac{287\times 954.5}{2.0722\times 10^5}\right)\frac{1}{135.4\times 0.01373} = 0.0566$$

例题 8.6

对于例 8.3 中的向心式涡轮机，采用例 8.4 和 8.5 所得数据及结果，导出在最佳效率工况下，该涡轮机叶轮的焓损失系数 ζ_R 。

解：

由式(8.10)可求出 ζ_R ，

$$\zeta_R = [(1-\eta_{ts})c_0^2 - c_3^2 - \zeta_N c_2^2]/w_3^2$$

进一步计算需要确定 c_0 、c_3 、w_3 和 c_2 的值。

由两例中所得数据可知

$$c_3 = c_{m3} = 0.25 \times 538.1 = 134.5 \text{ m/s}$$

$$w_3 = 2w_2 = 2c_{m2}/\cos\beta_2 = 2\times 135.4/\cos 33.560 = 324.97 \text{ m/s}$$

$$\frac{1}{2}c_0^2 = \Delta W/\eta_{ts} = 230\times 10^3/0.81 = 283.95\times 10^3$$

$$c_2 = 468.8 \text{ m/s}$$

所以有，

$$\zeta_R = (2\times 283.95\times 10^3 \times 0.19 - 134.5^2 - 0.06\times 468.8^2)/324.97^2$$
$$= 76624/105605 = 0.7256$$

8.11 比转速的意义及应用

在第 2 章中已经介绍过比速转 Ω_s 的概念，并对其进行了应用。比转速广泛用于描述透平机械在转速、体积流量和理想比功(也可使用功率替代比功)方面的运行要求。最初，比转速几乎只用于不可压缩流体机械，通过它来选择机组的最佳类型和尺寸。在可压缩流体机械中使用比转速受到一些阻力，主要是因为流体通过透平机械时体积流量会发生变化，所以在比转速的定义中用哪一个流量就成为一个难以处理的问题。Balje(1981)建议，对于涡轮机，应采用叶轮出口流量 Q_3。目前，这一建议已被许多学术权威广泛接受。

Wood(1963)根据向心涡轮的几何参数和流动参数对比转速公式(2.14)进行了因式分解，得到一个很有用的表达式。为了避免产生歧义，采用比转速的无量纲形式，

$$\Omega_s = \frac{\Omega Q_3^{1/2}}{\Delta h_{0s}^{3/4}} \tag{8.46}$$

式中，Ω 的单位为 rad/s，Q_3 的单位为 m^3/s，等熵总-静焓降 Δh_{0s}（从涡轮机进口到出口）的单位为 J/kg(即 m^2/s^2)。

对于 90°向心涡轮，$U_2 = 0.5\Omega D_2$，$\Delta h_{0s} = \frac{1}{2}c_0^2$，因此式(8.46)可以分解为

$$\Omega_s = \frac{Q_3^{1/2}}{((1/2)c_0^2)^{3/4}}\left(\frac{2U_2}{D_2}\right)\left(\frac{2U_2}{\Omega D_2}\right)^{1/2} = (2\sqrt{2})^{3/2}\left(\frac{U_2}{c_0}\right)^{3/2}\left(\frac{Q_3}{\Omega D_2^3}\right)^{1/2} \tag{8.47a}$$

对于理想的 90°向心涡轮有 $c_{\theta 2} = U_2$，在前文中已经得到叶片圆周速度与射流速度之比 $U_2/c_0 = 0.707$。将该值代入式(8.47a)，得

$$\Omega_s = 2.828\left(\frac{Q_3}{\Omega D_2^3}\right)^{1/2} \tag{8.47b}$$

也就是说，比转速正比于体积流量系数的平方根。

为了解释式(8.46)和式(8.47b)的物理意义，定义叶轮面积为 $A_d = \pi D_2^2/4$，设叶轮出口轴向速度均匀分布且为 c_3，则 $Q_3 = A_3 c_3$，由

$$\Omega = 2U_2/D_2 = \frac{c_0\sqrt{2}}{D_2}$$

$$\frac{Q_3}{\Omega D_2^3} = \frac{A_3 c_3 D_2}{\sqrt{2}c_0 D_2^3} = \frac{A_3 c_3 \pi}{A_d c_0 4\sqrt{2}}$$

因此得

$$\Omega_s = 2.11\left(\frac{c_3}{c_0}\right)^{1/2}\left(\frac{A_3}{A_d}\right)^{1/2}(\text{rad}) \tag{8.47c}$$

Rohlik(1968)较早前研究 90°向心式涡轮机的最大效率设计时指出，为了避免轮盖曲率过大，叶轮出口轮盖直径与叶轮进口直径之比的最大值不宜超过 0.7；此外，为了避免轮毂处叶片阻塞及产生的损失，出口处轮毂直径与轮盖直径的比不宜超过 0.4。用这些参数作为已知数据，可以求出 A_3/A_d 的上限值：

$$\frac{A_3}{A_d} = \left(\frac{D_{3s}}{D_2}\right)^2\left[1-\left(\frac{D_{3h}}{D_{3s}}\right)^2\right] = 0.7^2 \times (1-0.16) = 0.41$$

图 8.10 给出了 Ω_s、排气能量系数 $(c_3/c_0)^2$ 以及由式(8.47c)确定的面积比 A_3/A_d 之间的关系。Wood(1963)指出，实际运行的燃气轮机排气能量系数为 $0.04 < (c_3/c_0)^2 < 0.30$，其中最小值是流动稳定极限。

比转速可作为表征与输出功相对应的通流能力的指标。较小的 Ω_s，对应的流道面积相对较小；Ω_s 较大，则流道面积相对较大。比转速还常用于表征可得效率的大小。图 8.11 给出了水轮机和可压缩流体涡轮机的最大效率与比转速的关系曲线。这些效率值适用于具有高雷诺数和高效扩压器以及叶片顶部泄漏损失较低的良好设计工况。从图中可以观察到，当比转速处在某一有限范围时，最佳径流式涡轮机的效率与最佳轴流式涡轮机的效率相当，但当 $\Omega_s = 0.03-10$ 且工质为可压缩流体时，轴流式涡轮机的性能优于其他类型的涡轮机。

向心式涡轮机仅在比较有限的比转速范围内($0.3 < \Omega_s < 1.0$)效率较高，而在此范围内，无论轴流式涡轮机还是径流式涡轮机在性能上都不具有决定性优势。采用新的制造方法可以将小型轴流涡轮机的叶片和叶轮整体铸造在一起，这样两类涡轮机都可以在相同的叶尖速度下运行。Wood(1963)曾详细地比较过轴流式燃气涡轮机和径流式燃气涡轮机的优缺点。一般来说，尽管径流式涡轮机的重量、体积和直径都比轴流式涡轮机大，但都大得

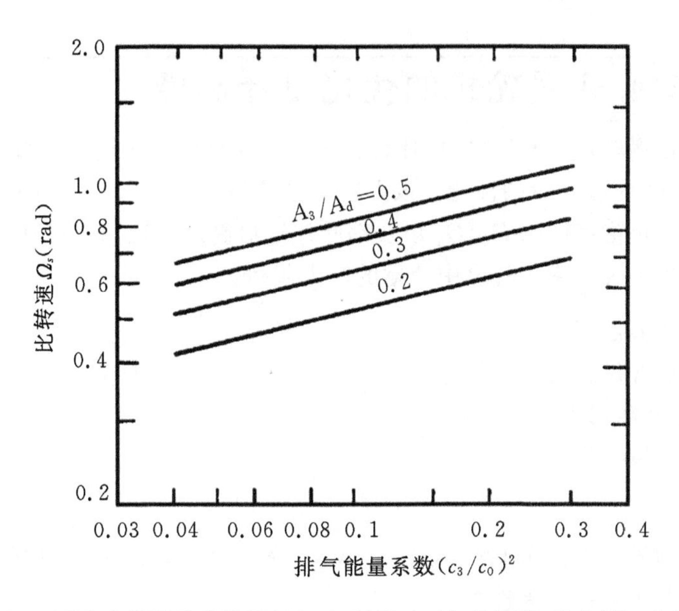

图 8.10 90°向心涡轮的比转速与$(c_3/c_0)^2$及A_3/A_d的关系(引自 Wood,1963)

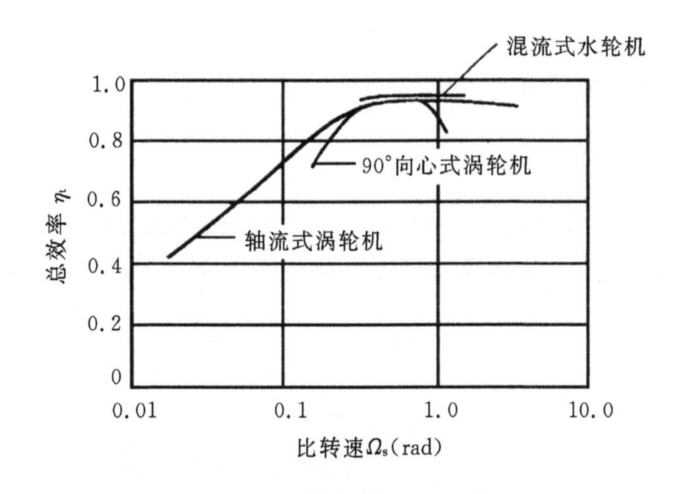

图 8.11 各种涡轮机的比转速-效率特性曲线(引自 Wood,1963)

不多,并且,对于一个完整的燃气轮机电站,机械设计的兼容性可使差异逆转。NASA 在其采用布雷顿循环的核动力空间站中,都使用了 90°向心涡轮,而非轴流涡轮。

Dunham 和 Panton(1973)探讨了小型轴流式涡轮机的一些设计问题,他们研究了一台直径为 13 cm 的单轴轴流式涡轮机的冷态性能测试结果,这台涡轮机的尺寸与 NASA 试验的向心涡轮相同。试验采用 4 个叶轮来确定展弦比、出气边厚度、雷诺数和叶顶间隙的影响。其中一个涡轮的总-总效率达到 90%,这个效率基本上与最好的向心涡轮相当。不过,由于出口速度太大,轴流式涡轮机的总-静效率低于向心涡轮,只有 84%,在某些应用中这一缺点可能是决定性因素。此外,他们还证实了轴流式涡轮机的叶顶间隙相对较大,当间隙增大 1%时,效率将减小 2%。通过试验还发现,小型轴流式涡轮机要达到上述效率,叶片出气边厚度必须非常薄,这是该类涡轮机的一个主要设计问题。

8.12 90°向心式涡轮机的优化设计选择

对于不同用途涡轮机，为了确定以比转速为特征的最佳几何结构参数，Rohlik(1968)采用解析法研究了90°向心涡轮的性能。该方法发展了Wood(1963)使用的方法，根据不同喷嘴出口气流角 α_2 、叶轮直径比 D_2/D_3 以及动叶片进口高度与出口直径比 b_2/D_3 的组合，来确定设计工况的损失及效率。计算中考虑的损失包括：

1. 喷嘴叶栅边界层损失；
2. 叶轮流道边界层损失；
3. 叶轮-叶顶间隙损失；
4. 叶轮背面鼓风损失；
5. 出口动能损失。

计算采用平均流道方法分析并基于Stewart等人(1960)提供的数据确定通道内的损失。分析中设置的主要约束条件为

1. $w_3/w_2 = 2.0$ ；
2. $c_{\theta 3} = 0$ ；
3. $\beta_2 = \beta_{2,\mathrm{opt}}$ ，即零冲角；
4. $r_{3s}/r_2 = 0.7$ ；
5. $r_{3h}/r_{3s} = 0.4$ 。

图8.12所示为不同喷嘴出口气流角 α_2 下，总-静效率随比转速（Ω_s）的变化关系。图中对每个 α_2 都绘制了一个阴影面积，在阴影区域，直径比是变化的。图中，最大 η_{ts} 包络线由

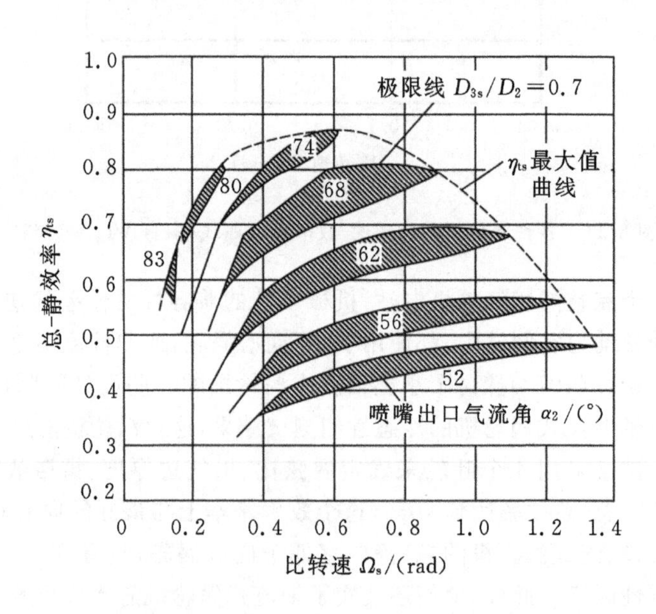

图8.12 90°向心式涡轮机性能的计算结果(引自Rohlik,1968)

这些阴影区的几条约束曲线界定，即全部方案的 $D_{3h}/D_{3s}=0.4$ 曲线以及 $\Omega_s \geqslant 0.58$ 方案的 $D_{3s}/D_2=0.7$ 曲线。这条包络线就是涡轮机最佳几何结构曲线，当 $\Omega_s=0.58$ 时，最大 η_{ts} 为 0.87。Kofskey 和 Wasserbauer(1966)得出了一个 90°向心涡轮叶轮与几种喷嘴叶栅分别组合后的实验结果，Rohlik 将它们与计算结果进行了比较。实验结果显示，最大 η_{ts} 仍然等于 0.87，但此时的比转速 Ω_s 稍高，为 0.64 rad 。

图 8.13 给出了不同比转速下，最佳几何结构涡轮机的各种损失分布。由于流量与比功的比值发生变化，损失分布随之变化。当 Ω_s 较小时，流道表面积与通流面积的比值较大，因此摩擦损失总和相对较大。而当 Ω_s 较大时，因为涡轮机出口流速较高，所以主要损失为出口动能损失。

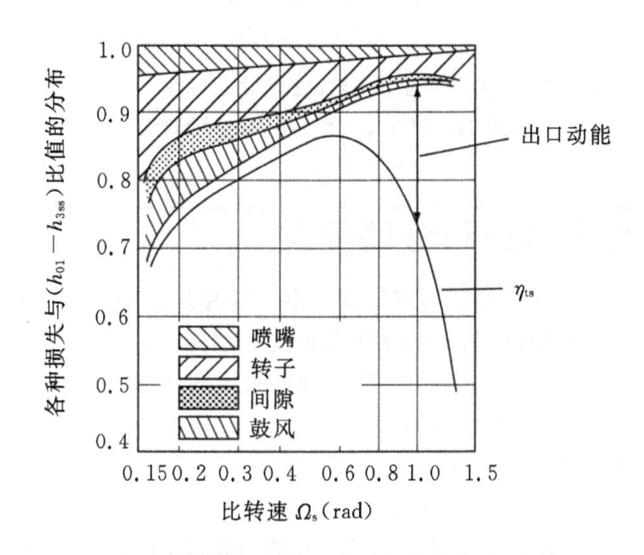

图 8.13　沿最大总-静效率包络线的各种损失分布(引自 Rohlik,1968)

图 8.14 给出了按最大总-静效率设计的三个不同比转速的涡轮机子午面。图 8.15 表明，喷嘴出口高度与叶轮直径之比 b_2/D_2 随着 Ω_s 增大而增大，这是因为比转速增大时，涡轮机的设计流量增大，通流面积也就较大。图 8.15 还表示了总-静效率最大时 U_2/c_0 随 Ω_s 的变化。

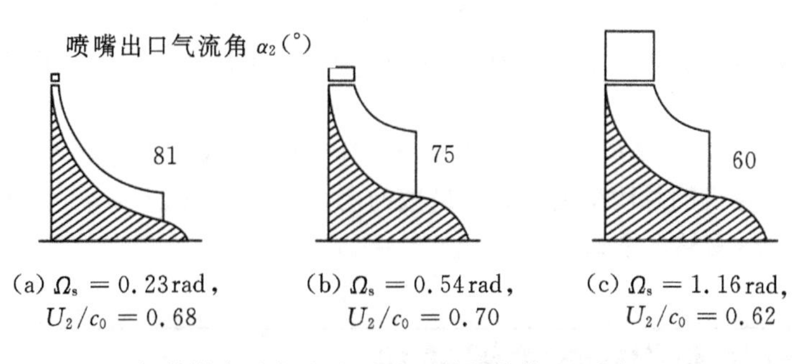

(a) $\Omega_s=0.23$rad, $U_2/c_0=0.68$　(b) $\Omega_s=0.54$rad, $U_2/c_0=0.70$　(c) $\Omega_s=1.16$rad, $U_2/c_0=0.62$

图 8.14　总-静效率最大时，径流式涡轮机的截面(引自 Rohlik,1968)

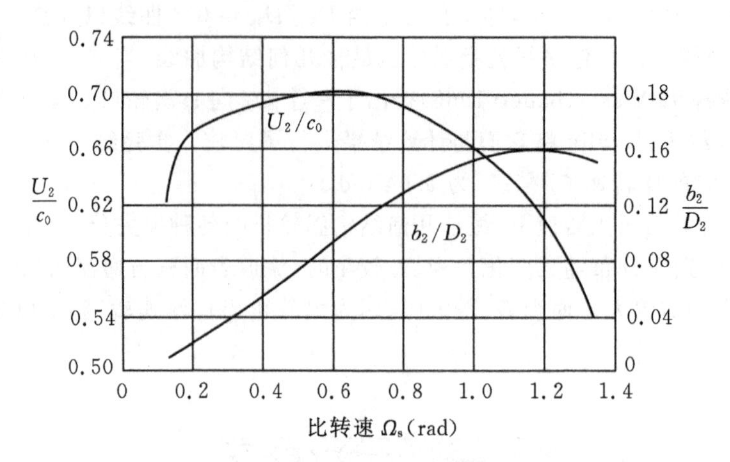

图 8.15 总-静效率最大时叶片圆周速度与射流速度之比(U_2/c_0)及喷嘴叶高与叶轮进口直径之比(b_2/D_2)随比转速的变化关系(引自 Rohlik,1968)

8.13 间隙泄漏损失和鼓风损失

在叶轮叶片和轮盖之间必然有一定间隙。由于叶片压力面和吸力面之间存在压差,因此会有一部分流体通过间隙泄漏,从而导致涡轮机效率降低。最小间隙的确定要兼顾制造难度与气动设计要求。通常,根据瞬态工况下部件胀差和冷却的要求来确定最小间隙,这样选取的间隙可以同时保证稳定工况的正常运行。Rohlik(1968)指出,由间隙泄漏导致的比功损失可以采用简单的比例关系确定,

$$\Delta h_c = \Delta h_0 (c/b_m) \tag{8.48}$$

式中,Δh_0 是未经间隙泄漏或鼓风损失修正的涡轮机比功,c/b_m 是间隙高度与平均叶高之比(即 $b_m = (1/2)(b_2 + b_3)$)。Rohlik 在早期的研究中取轴向间隙和径向间隙尺寸为常数,即 $c=0.25$ mm。Rodgers(1969)则提出,小型燃气涡轮的广泛应用表明,将间隙维持在 0.4 mm 以下甚为困难。于是,随着小型燃气涡轮尺寸的减小,间隙损失的相对值必然增大。

Shepherd(1956)给出了由叶轮背面鼓风损失导致的无量纲功率损失公式如下:

$$\Delta P_w/(\rho_2 \Omega^3 D_2^2) = 常数 \times Re^{-1/5}$$

式中,Ω 为叶轮转速,Re 为雷诺数。Rohlik(1968)采用以下公式计算由鼓风损失导致的比功损失:

$$\Delta h_w = 0.56\rho_2 D_2^2 \ (U_2/100)^3/(\dot{m}Re) \tag{8.49}$$

式中,$\dot{m}$ 为进入涡轮机的总质量流量。雷诺数的定义为 $Re = U_2 D_2/\nu_2$,ν_2 表示喷嘴出口燃气静温为 T_2 时的运动粘性系数。

8.14 冷却式 90°向心式涡轮机

众所周知,为了增加循环效率和输出比功,需要提高基本布雷顿燃气轮机循环中的涡轮前温。因而在设计高效率燃气涡轮时,就要在希望达到的涡轮进口温度和涡轮材料所能承

受的温度之间选取一个折衷温度。如果对暴露在高温燃气中的涡轮机高应力部件供应辅助的冷却空气进行冷却，则可大大缓解上述温度方面的矛盾。随着叶片冷却技术在轴流式涡轮机中的成功应用，小型径流式燃气涡轮的冷却方法也取得了进展。

Rodgers(1969)认为，对于小型径流式燃气涡轮，最实用的冷却方法是气膜冷却(或屏蔽冷却)。如图8.16所示，冷却空气冲击叶轮和叶尖。这种冷却方法的主要问题是冷却效率相对较低，其定义为

$$\varepsilon = \frac{T_{01} - (T_m + \Delta T_0)}{T_{01} - (T_{0c} + \Delta T_0)} \tag{8.50}$$

式中，T_m为叶轮金属的温度，

$$\Delta T_0 = \frac{1}{2}U_2^2/C_p$$

Rodgers根据试验结果指出，当冷却空气的流量约为燃气主流流量的10%时，有可能在叶轮顶部截面达到$\varepsilon = 0.30$。由于冷却气流与热燃气流快速混合，因此从冲击位置开始，冷却效率将随着距离的增加而逐渐减小。Metzger和Mitchell(1966)对径流式燃气涡轮气膜冷却的传热问题进行了模型研究。

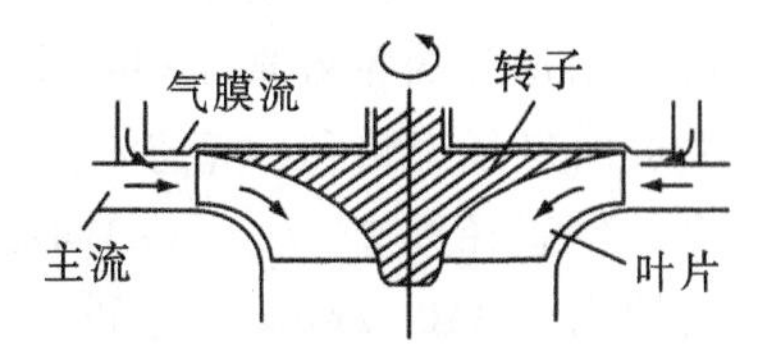

图8.16 采用气膜冷却的径流式涡轮机横截面

习题

1. 一台小型向心式燃气涡轮由喷嘴环、具有径向叶片的叶轮和轴向扩压器组成，在名义设计工况下运行的总-总效率为0.90。涡轮机进口燃气滞止压力为400 kPa，滞止温度为1140 K。涡轮机的排气扩压至100 kPa，最终余速可忽略不计。已知气流在喷嘴出口恰好达到阻塞状态，求叶轮圆周速度及喷嘴出口气流角。设燃气$\gamma=1.333$，$R=287$ J/(kg·℃)。

2. 设题1中通过涡轮机的燃气质量流量为3.1 kg/s，叶轮轴向宽度与叶轮进口半径之比(b_2/r_2)为0.1，喷嘴等熵速比ϕ_2为0.96。喷嘴出口和叶轮进口之间的间隙影响可以忽略，不考虑叶片阻塞的影响，试确定：

a. 喷嘴出口的静压和静温；

b. 叶轮进口直径和叶轮转速；

c. 当机械效率为93.5%时的输出功率。

3. 采用一台径流式涡轮机作为核动力布雷顿循环空间站动力系统的气体膨胀设备。设计工况下，压力和温度条件如下所示：

喷嘴上游，$p_{01}=699$ kPa，$T_{01}=1145$ K；

喷嘴出口，$p_2=527.2$ kPa，$T_2=1029$ K；

叶轮出口，$p_3=384.7$ kPa，$T_3=914.5$ K；$T_{03}=924.7$ K。

叶轮出口平均直径和进口直径之比为0.49，所需转速为24000 r/min。设叶轮进口相对流动沿径向，出口绝对流动沿轴向，试确定：

a. 涡轮机总-静效率；

b. 叶轮直径；

c. 喷嘴和叶轮叶栅的焓损失系数。

循环中使用的气体为氦气和氙气的混合物，分子量为 39.94，比热比为 5/3。通用气体常数 $R_0=8.314$ kJ/(kgmol·K)。

4. 高性能开式布雷顿循环燃气轮机使用一台气膜冷却的向心式涡轮机。当叶轮进口处圆周速度达到 600 m/s 时，叶轮材料短期可承受的温度为 1145 K。冷却空气由压气机供给，进入压气机的空气滞止温度为 288 K，压气机的滞止压比达 4∶1，等熵效率为 80%。设气膜冷却效率为 0.30，进入涡轮机的冷却空气温度与压气机出口的空气温度相同，试求涡轮机进口的燃气最大许用温度。设空气比热比 $\gamma=1.4$，燃气比热比 $\gamma=1.333$，两者的气体常数 $R=287$ J/(kg·K)。

5. 若题 3 中向心式涡轮机的比转速 Ω_s 为 0.55 rad，试求：

a. 体积流量和涡轮机输出功率；

b. 叶轮出口处的轮毂直径和轮盖直径；

c. 喷嘴出口气流角和叶轮进口处通道宽度与直径的比 b_2/D_2。

6. 一台叶轮直径为 23.76 cm 的向心式燃气涡轮，设计工况的燃气质量流量为 1.0 kg/s，叶轮转速为 38140 r/min，叶轮进口滞止压力和滞止温度分别为 300 kPa 及 727 ℃。在实验室中对该涡轮进行冷态实验，工质为空气，滞止压力为 200 kPa，滞止温度为 102 ℃。

a. 若实验室中的冷态试验工况与设计工况动力相似，试确定冷态试验时所需的空气质量流量和叶轮转速。设燃气的物性与空气相同。

b. 利用空气物性表求热态及冷态运行工况的雷诺数。雷诺数的定义为

$$Re=\rho_{01}\Omega D^2/\mu_1$$

式中，ρ_{01} 和 μ_1 分别为空气的滞止密度和粘性系数，Ω 为转速(r/s)，D 为叶轮直径。

7. 设上一题中的向心式涡轮机在上述热态设计工况下运行，燃气离开出口导流器后直接排入大气，排气压力为 100 kPa 且无旋流。叶轮进口绝对速度与径向的夹角为 72°。出口导流器平均半径处(等于叶轮进口半径 r_2 的一半)的相对速度 w_3 是叶轮进口相对速度 w_2 的两倍。喷嘴焓损失系数 $\zeta_N=0.06$。设燃气物性和空气相同，γ 在上述工作温度范围的平均值为 1.34，$R=287$ J/(kg·K)，试求：

a. 涡轮机总-静效率；

b. 叶轮进口静温和静压；

c. 叶轮进口通道轴向宽度；

d. 导流器出口的气流绝对速度；

e. 叶轮的焓损失系数；

f. 导流器出口截面的内径与外径，设该处半径比为 0.4。

8. NASA 早期建造并测试的一个空间站动力系统是基于布雷顿循环的，采用一台向心式涡轮机作为气体膨胀器。涡轮机的一些已知参数如下所示：

总-总压比(从涡轮机进口到出口) $p_{01}/p_{03}=1.560$；

总-静压比 $p_{01}/p_3=1.613$；

进口总温 $T_{01}=1083$ K；

进口总压 $p_{01}=91$ kPa；

输出轴功率(由测功机测得) $P_{net}=22.03$ kW；

轴承和密封的摩擦力矩(单独测试)$\tau_f=0.0794$ Nm;

叶轮直径 $D_2=15.29$ cm;

叶轮进口绝对气流角 $\alpha_2=72°$;

叶轮出口绝对气流角 $\alpha_3=0°$;

叶轮出口轮毂与轮盖半径比 $r_{3h}/r_{3s}=0.35$;

叶片圆周速度和射流速度比 $v=U_2/c_0=0.6958$(c_0 基于总-静压比)。

考虑到乘务人员的安全,在循环中使用了惰性气体氩($R=208.2$ J/(kg·K),比热比 $\gamma=1.667$)。涡轮机按最佳效率方案设计。试求设计工况下:

a. 叶轮进口处圆周速度;

b. 叶轮出口静压和静温;

c. 燃气出口速度和质量流量;

d. 叶轮出口轮盖半径;

e. 叶轮进口相对气流角;

f. 比转速。

注意:在比转速定义中使用的体积流量为叶轮出口体积流量。

9. 什么是径流式燃气涡轮机叶轮的名义设计?绘制 90°向心涡轮在名义设计工况下的速度三角形。在 90°向心涡轮入口,燃气离开喷嘴叶片的绝对气流角 α_2 为 73°。动叶叶尖圆周速度为 460 m/s,叶轮出口燃气相对速度是进口的 2 倍。叶轮出口平均直径为进口直径的 45%,试求:

a. 叶轮出口燃气速度;

b. 喷嘴出口与叶轮出口气流的静温差 T_2-T_3。假设涡轮机在名义设计工况下运行,$C_p=1.33$ kJ/(kg·K)。

10. 采用 Whitfield 方法进行向心涡轮的初步设计,目的是达到最佳效率。提供给涡轮的空气质量流量为 2.2 kg/s,滞止压力为 250 kPa,滞止温度为 800 ℃,涡轮输出功率为 450 kW,出口静压为 105 kPa。设空气 $\gamma=1.33$,$R=287$ J/(kg·K),求 Whitfield 功率比 S 和涡轮的总-静效率。

11. 试通过 Whitfield 设计问题的进一步理论分析证明,在向心式涡轮机达到最佳效率时,可用下式正确选择叶轮的进口气流角:

$$\tan\alpha_2=\frac{\sin\beta_2}{1-\cos\beta_2}$$

叶轮进口最小滞止马赫数为

$$M_{02}^2=\left(\frac{S}{\gamma-1}\right)\frac{2\cos\beta_2}{1+\cos\beta_2}$$

12. 现设计了一台向心式涡轮机具有 13 个叶片,所供燃气的滞止温度为 1100 K,流量为 1.2 kg/s,预期输出功率为 400 kW。设 $\eta_{ts}=0.85$,利用 Whitfield 最佳效率设计方法确定:

a. 总体滞止压力与静压之比;

b. 叶轮叶尖速度和气流进口马赫数 M_2。设 $C_p=1.187$kJ/(kg·K) 和 $\gamma=1.33$。

13. 需制造另一台流量为 1.1 kg/s、输出功率为 250 kW 的向心涡轮,进口滞止温度 T_{01} 为

1050 K，动叶片数为 13，出口静压 p_3 等于 102 kPa。叶轮出口面积比 $v = r_{3h}/r_{3s} = 0.4$，速比 $c_{m3}/U_2 = 0.25$。叶轮出口轮盖半径与进口半径之比 r_{3s}/r_2 为 0.4。利用最佳效率设计方法求：

a. 功率比 S、叶轮进口相对气流角和绝对气流角；

b. 动叶片叶尖速度；

c. 叶轮出口静温；

d. 叶轮转速及直径。

计算比转速 Ω_s，并与根据图 8.15 得到的最佳比转速进行比较。

14. 使用与第 5 题相同的向心涡轮所给定的设计数据，并设总-静效率为 0.8，试求：

a. 进口燃气滞止压力；

b. 涡轮机总-总效率。

15. 一台向心式涡轮机的输出功率为 300 kW，燃气滞止压力为 222 kPa，滞止温度为 1100 K，质量流量为 1.5 kg/s。涡轮机有 13 个动叶，经过初步试验测得总-静效率达到 0.86。请根据最佳效率设计方法绘制涡轮机的速度三角形，并求：

a. 叶轮进口绝对气流角和相对气流角；

b. 总压比；

c. 叶轮叶尖速度。

16. 对上一题的向心式涡轮机给定以下数据：

$$c_{m3}/U_2 = 0.25, w_3/w_2 = 2.0, r_{3s}/r_2 = 0.7 \text{ 及 } v = 0.4$$

试根据最佳效率设计准则确定：

a. 叶轮直径和转速；

b. 叶轮和喷嘴的焓损失系数（假定喷嘴焓损失系数为叶轮焓损失系数的 1/4）。

参考文献

Abidat, M., Chen, H., Baines, N. C., & Firth, M. R. (1992). Design of a highly loaded mixed flow turbine. *Journal of Power and Energy, Proceedings of the Institution Mechanical Engineers, 206*, 95–107.

Artt, D. W., & Spence, S. W. T. (1998). A loss analysis based on experimental data for a 99 mm radial inflow nozzled turbine with different stator throat areas. Proceedings of the Institution of Mechanical Engineers, London, *Part A, 212*, 27–42.

Anon. (1971). Conceptual design study of a nuclear Brayton turboalternator compressor. Contractor Report, General Electric Company. *NASA CR-113925*.

Balje, O. E. (1981). *Turbomachines—A guide to design, selection and theory* New York: Wiley.

Benson, R. S. (1970). A review of methods for assessing loss coefficients in radial gas turbines. *International Journal of Mechanical Science, 12*.

Benson, R. S., Cartwright, W. G., & Das, S. K. (1968). An investigation of the losses in the rotor of a radial flow gas turbine at zero incidence under conditions of steady flow. Proceedings of the Institution Mechanical Engineers London, *Part 3H, 182*.

Dunham, J., & Panton, J. (1973). Experiments on the design of a small axial turbine. *Conference Publication 3, Institution of Mechanical Engineers*.

Glassman, A. J. (1976). Computer program for design and analysis of radial inflow turbines. *NASA TN 8164*.

Hiett, G. F., & Johnston, I. H. (1964). Experiments concerning the aerodynamic performance of inward radial flow turbines. Proceedings of the Institution Mechanical Engineers, *Part 31, 178*.

Huntsman, I., Hodson, H. P., & Hill, S. H. (1992). The design and testing of a radial flow turbine for aerodynamic research. *Journal of Turbomachinery, Transactions of the American Society of Mechanical Engineers, 114*, 4.

Jamieson, A. W. H. (1955). The radial turbine. In: H. Roxbee-Cox (Ed.), *Gas turbine principles and practice*. London: Newnes.

Kearton, W. J. (1951). *Steam turbine theory and practice* (6th ed.). New York: Pitman.

Kofskey, M. G., & Wasserbauer, C. A. (1966). Experimental performance evaluation of a radial inflow turbine over a range of specific speeds. *NASA TN D-3742*.

Meitner, P. L., & Glassman, J. W. (1983). Computer code for off-design performance analysis of radial-inflow turbines with rotor blade sweep. *NASA TP 2199*, AVRADCOM Technical Report 83-C-4.

Metzger, D. E., & Mitchell, J. W. (1966). Heat transfer from a shrouded rotating disc with film cooling. *Journal of Heat Transfer, Transactions of the American Society of Mechanical Engineers, 88*.

Nusbaum, W. J., & Kofskey, M. G. (1969). Cold performance evaluation of 4.97 inch radial-inflow turbine designed for single-shaft Brayton cycle space-power system. *NASA TN D-5090*.

Rodgers, C. (1969). A cycle analysis technique for small gas turbines.Technical advances in gas turbine design. *Proceedings of the Institution Mechanical Engineers London, Part 3N, 183*.

Rodgers, C., & Geiser, R. (1987). Performance of a high-efficiency radial/axial turbine. *Journal of Turbomachinery, Transactions of the American Society of Mechanical Engineers, 109*.

Rogers, G. F. C., & Mayhew, Y. R. (1995). *Thermodynamic and transport properties of fluids* (5th ed.Malden, MA: Blackwell.

Rohlik, H. E. (1968). Analytical determination of radial-inflow turbine design geometry for maximum efficiency. *NASA TN D-4384*.

Rohlik, H. E. (1975). Radial-inflow turbines. In: A. J. Glassman (Ed.), *Turbine design and applications. NASA SP 290*, Vol. 3.

Shepherd, D. G. (1956). *Principles of turbomachinery* New York: Macmillan.

Simpson, A. T., Spence, S. W. T., & Watterson, J. K. (2013). Numerical and experimental study of the performance effects of varying vaneless space and vane solidity in radial turbine stators. *Journal of Turbomachinery, Transactions of the American Society of Mechanical Engineers, 135*.

Spence, S. W. T., & Artt, D. W. (1997). Experimental performance evaluation of a 99 mm radial inflow inflow-turbine nozzled turbine with different stator throat areas. *Proceedings of the Institution of Mechanical Engineers, Part A, Journal of Power and Energy, 211*(A6), 477–488.

Stanitz, J. D. (1952). Some theoretical aerodynamic investigations of impellers in radial and mixed flow centrifugal compressors. *Transactions of the American Society of Mechanical Engineers, 74*, 4.

Stewart, W. L., Witney, W. J., & Wong, R. Y. (1960). A study of boundary layer characteristics of turbomachine blade rows and their relation to overall blade loss. *Journal of Basic Engineering, Transactions of the American Society of Mechanical Engineers, 82*.

Whitfield, A. (1990). The preliminary design of radial inflow turbines. *Journal of Turbomachinery, Transactions of the American Society of Mechanical Engineers, 112*, 50–57.

Whitfield, A., & Baines, N. C. (1990). Computation of internal flows. In: A. Whitfield, & N. C. Baines (Eds.), *Design of radial turbomachines*. New York: Longman.

Wilson, D. G., & Jansen, W. (1965). The aerodynamic and thermodynamic design of cryogenic radial-inflow expanders. *ASME Paper 65-WA/PID-6*, pp. 1–13.

Wood, H. J. (1963). Current technology of radial-inflow turbines for compressible fluids. *Journal of Engineering and Power, Transactions of the American Society of Mechanical Engineers, 85*.

水轮机

9

你们难道没听见人间市场上大声的嘈杂喧嚷？

——约翰·济慈《十四行诗》

水比帝王更有力量，它使这个世界改变良多。

——莱昂纳多·达·芬奇

9.1 引言

为了全面认识本章内容，在深入研究水轮机的复杂特性之前，需要对全球水力发电的发展规模有所了解。1985 年，Raabe 对水力发电进行了详细综述，有一定的权威性，本节只介绍其中的几个方面。

水力发电是历史最悠久的发电方式。1880 年，位于美国威斯康辛州的一座小型直流发电厂开始发电，这是世界上第一座水力发电厂。1891 年，在法兰克福展览会上展示了采用高压交流电输电的经济性，随后水力发电厂得到长足发展，逐渐具备工业规模。过去曾经预计全球范围内水力发电的年增长率为 5%(每 15 年容量翻一番)，但以目前的发展形势来看，这种增长率过于乐观。来自联合国的数据表明，1980 年，全球水电装机容量为 460 GW，而 2007 年，装机容量刚刚超过 700 GW，年增长率约为 1.6%。增长率较低的主要原因是土木工程建设成本很高，同时电力生产和相关电气设备的成本也较高。此外，由于大量人口迁移对新建筑的需求导致人力成本增加，也在一定程度上影响了增长率。

根据环境资源集团有限公司(Environmental Resources Group Ltd.)的统计，2007 年水力发电占全球总发电容量的 21%。理论上讲，全球水力发电的资源为 2800 GW。在水能利用方面，中国、拉丁美洲和非洲是增长潜力较高的主要地区。

表 9.1 列出了可用水电资源最大的几个国家已利用和可利用资源的分布数据，这些数据引自 Raabe 在 1985 年发表的文献。由表可知，中国的可利用水电资源最大，但在 1974 年仅使用了其中的 4.22%。不过，坐落在长江上的三峡大坝目前已成为世界最大的水力发电厂，包括 32 台 700 MW 混流式水轮机(Francis turbine)，总装机容量为 22500 MW。

表 9.1 已用和可用水力发电资源分布

	国家	可用资源(TWh)	已用资源(TWh)	占比(%)
1	中国	1320	55.6	4.22
2	前苏联	1095	180	16.45
3	美国	701.5	277.7	39.6
4	扎伊尔	660	4.3	0.65
5	加拿大	535.2	251	46.9
6	巴西	519.3	126.9	24.45
7	马来西亚	320	1.25	0.39
8	哥伦比亚	300	13.8	4.6
9	印度	280	46.87	16.7
1～9	合计	5731	907.4	15.83
	其他国家	4071	843	20.7
总计		9802.4	1750.5	17.8

数据来自于(Raabe,1985)。

潮汐能发电

潮汐能发电是一种很有发展前途的较新型技术,目前其应用主要是采用潮汐流发电机进行发电,相关研究正积极开展。利用潮汐流发电机能够在每天可预知的时间获得大量能量,这与风能发电和太阳能发电有很大不同。当然,效率最高的发电机类型仍有待确定。2008 年,在北爱尔兰的斯特兰福特湾(Strangford Lough)安装了世界上第一台商业运营的潮汐流发电机 SeaGen。其原型机包括两台 600 kW、直径 16 m 的轴流式水轮机。关于该潮汐能水轮机的详细介绍见 9.11 节。

波浪能发电

目前已经开发出数套从海浪中获取电力的能量转换系统。其中比较突出的例子是 Wells 水轮机,这种特殊类型的轴流式水轮机利用波浪产生的振荡水柱来驱动。苏格兰和印度已安装了几台这种水轮机,本章将详细阐述其流体力学设计。

水力发电厂的特点

水力发电厂的初始投资可能远高于火力发电厂,但一般来说其总成本(包含燃料成本)却相对较低。Raabe(1985)列出了水力发电厂的优缺点,此处简要汇总于表 9.2。

表 9.2 水力发电厂的特点

优点	缺点
技术简单可靠，效率高	适宜建造的场地受限，只能在某些国家建造。存在空化和水锤问题
寿命长。除了轴承和发电机，不存在热现象	相对于火力发电厂，水力发电厂初始投资较高，特别是低水头水电厂
运行、维修以及更换成本低	水库洪水泛滥，人口迁移，耕地损失
无空气污染，不会造成水体热污染	拦河坝上游容易沉积，下游易受侵蚀

数据来自于(Raabe,1985)。

9.2 水轮机

水轮机的早期历史

水轮机经历了长期的发展过程，其最早且最简单的形式就是水车。古希腊人首先使用水车研磨谷物，随后水车传至中世纪的整个欧洲。大约 1830 年，法国工程师 Benoit Fourneyron 开发出了世界上第一台成功商业运营的水轮机。之后，Fourneyron 又制造了若干工业用水轮机，转速达到 2300 r/min，功率约为 50 kW，效率超过 80%。

美国工程师 James B. Francis 设计了世界上第一台从径向进水的水轮机，该水轮机随后被广泛应用，运行效果很好，备受好评。其原型机适用的水头在 10～100 m 之间。图 1.1(d)给出了这种混流式水轮机的简图。可以看出，流道基本上从径向转为轴向。

佩尔顿水轮机(Pelton wheel turbine)以其美国发明者 Lester A. Pelton 命名，于 19 世纪下半叶投入使用。这是一种冲击式水轮机，高压水通过管道送入喷嘴，然后在喷嘴中将水完全膨胀至大气压强。形成的射流作用在叶片(或水斗)上，产生所需扭矩及输出功率。图 1.1(f)所示为佩尔顿水轮机简图。最初使用的水头大约在 90～900 m 之间(现代机组的工作水头则接近 2000 m)。

20 世纪初期，对电力的需求日益增加，因此又开发出适用于低水头的水轮机，水头大致在 3～9 m，这样就可以在河流的适当位置建造水坝并利用水轮机发电。1913 年，Viktor Kaplan 提出了转桨式水轮机(或 Kaplan 水轮机)的构思，其结构见图 1.1(e)，这种水轮机运行起来很像轮船的螺旋桨，但旋转方向相反。其后，Kaplan 利用旋转叶片改进了他的水轮机，提高了这种水轮机在可用流量和水头下的效率。

最大效率的工况范围

水轮机的效率定义为单位时间动叶做功与水轮机进出口水流能量差之比。图 9.1 给出了上述三类主要水轮机的效率随功率比转速 Ω_{sp} 的变化关系。根据式(2.15)，Ω_{sp} 定义为

$$\Omega_{sp} = \frac{\Omega\sqrt{P/\rho}}{(gH_E)^{5/4}} \tag{9.1}$$

式中，P 为轴功率，ρ 为水的密度，H_E 为水轮机进口有效水头，Ω 为转速(rad/s)。需要指出

的是,现代多级冲击式水轮机在 $\Omega_{sp}\cong0.2$ 时效率可达 92.5%;而混流式水轮机,当 $\Omega_{sp}\cong1.0\sim2.0$时,效率则高达 95%~96%。

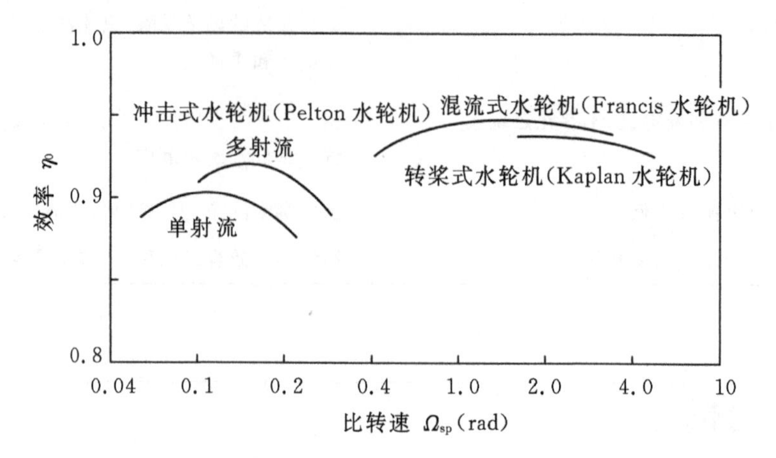

图 9.1 冲击式水轮机、混流式水轮机和转桨式水轮机的典型设计工况效率

在实际应用中,设计人员将根据比转速选取最合适的水轮机类型,因此不同类型水轮机的比转速范围对于设计人员来说非常重要。总的来说,小比转速水轮机对应小容积流量和高水头,反之,大比转速水轮机对应大容积流量和低水头。表 9.3 列出了每种类型水轮机正常工作范围所对应的比转速、有效水头、最大出力和最佳效率。

表 9.3 水轮机工作范围

	冲击式水轮机	混流式水轮机	转桨式水轮机
比转速(rad)	0.05~0.4	0.4~2.2	1.8~5.0
水头(m)	100~1770	20~900	6~70
最大功率(MW)	500	800	300
最大效率(%)	90	95	94
调节方法	针阀和导流板	导叶安装角	转轮叶片安装角

注意:表中所列数值为大致的参考值,有可能变动。

根据位于苏黎世的苏尔寿公司(Sulzer Hydro Ltd.)的经验数据,图 9.2 给出了不同类型水轮机以及涡轮泵的应用范围(包括前文中没有提到的机型)。这是一张 $\ln Q$ 与 $\ln H_E$之间的关系图,反映了水力透平机械设计的现状。图中还给出了等输出功率线,输出功率由 $\eta\rho gQH_E$ 计算,效率 η 取为 0.8。

大型混流式水轮机的容量

近年来生产的混流式水轮机的大小和容量令人惊讶,它们看起来是如此巨大!转轮大小和重量也导致了一些特殊问题,特别是需要穿越河流和桥梁不适合运输的地方。

北美最大的水电工程(1998 年左右)位于东加拿大詹姆斯湾(James Bay)的拉格蓝德(La Grande),总计有 22 台机组,每台机组功率为 333 MW,总容量为 7326 MW。与三峡水电工程比较接近的是位于巴拉那河(巴西和巴拉圭之间)的伊泰普(Itaipu)水电站,该水电

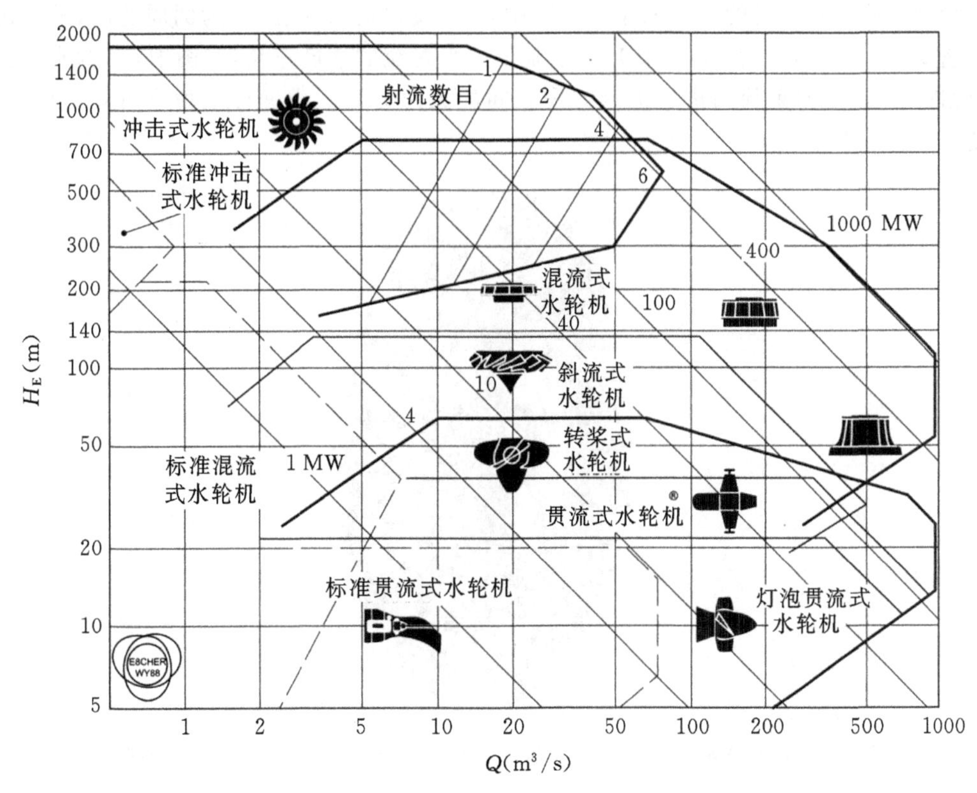

图 9.2 不同类型水轮机的应用范围，给出了 Q 和 H 之间的关系曲线以及效率为 0.8 时的等功率线(由苏尔寿公司(Sulzer Hydro Ltd.)提供，苏黎世)

站拥有 18 台混流式水轮机组，每台机组容量为 700 MW，全负荷运行时总容量为 12600 MW。

大型混流式水轮机的效率逐年增加，目前已高达 95%。5%的损失主要来自于摩擦阻力、叶顶泄漏、扩压器出口动能损失等，要进一步提高效率比较困难。Raabe(1985)统计了世界上最大水轮机组的相关数据。位于美国华盛顿州哥伦比亚河的大古力水电站第三电厂(Grand Coulee III)拥有 3 台垂直轴混流式水轮机，这是目前世界上最大的混流式水轮机。每一台庞然大物的出力都达到 800 MW，有效水头 $H_E=87$ m，转速 $\Omega=85.7$ r/min，转轮直径 $D=9.26$ m，重 450 t。将这些数据代入式(9.1)，可以很容易地计算出功率比转速 $\Omega_{sp}=1.74$ rad。

9.3 冲击式水轮机

佩尔顿(Pelton)水轮机是目前唯一常用的冲击式水轮机。这种水轮机不仅效率高，而且特别适用于高水头水力发电厂。其转轮由一个圆盘以及在其外围圆周等距安装的多个叶片(又称水斗)组成。喷嘴可有一个或多个，安装时要求喷嘴引导射流沿转轮节圆的切线方向流出。采用“分流器”或水斗内表面突起的脊将来流分成两股流量相等的水流，并使两股水流沿着水斗内表面流出，方向几乎与来流方向相反。

图 9.3 所示为冲击式水轮机转轮，图 9.4 为 6 喷嘴垂直轴冲击式水轮机。图 9.5 给出

了单股射流冲击水斗时的速度三角形。图中，c_1为进口射流速度，U为圆周速度，所以进口相对速度 $w_1=c_1-U$。在水斗出口，只绘制了一半射流的速度三角形，图中，w_2为水斗出口射流相对速度，出口射流与进口流动方向之间的夹角为 β_2。由速度三角形可知，出口绝对速度 c_2 比 c_1 小很多[①]。

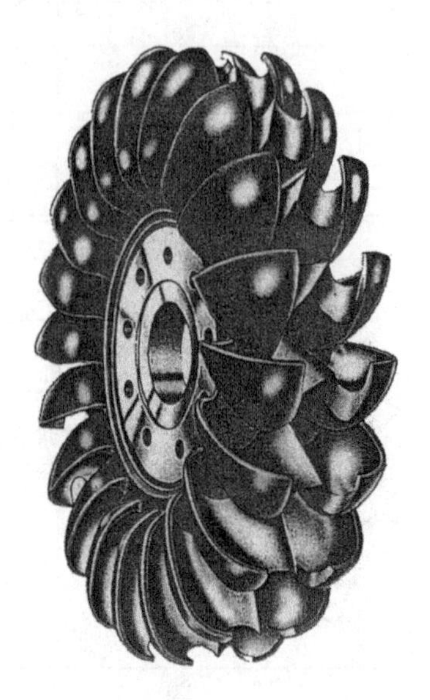

图 9.3 冲击式水轮机转轮(由苏尔寿公司(Sulzer Hydro Ltd.)提供，苏黎世)

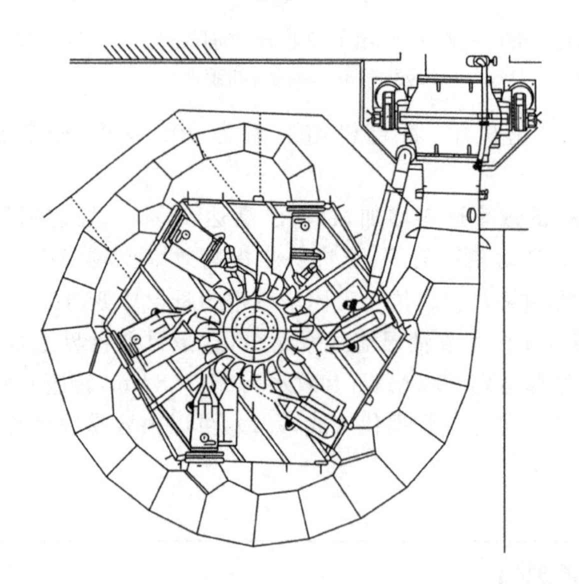

图 9.4 6 喷嘴垂直轴冲击式水轮机，水平截面；功率为 174.4 MW，转轮直径为 4.1 m，转速 300 r/min，水头 587 m(由苏尔寿公司(Sulzer Hydro Ltd.)提供，苏黎世)

① 根据 Franzini 和 Finnemore(1997)提出的冲击式水轮机的设计实例。为了得到较高的效率，水斗宽度应该是射流直径的 3～4 倍。转轮直径，也就是节圆直径，通常为射流直径的 15～20 倍。射流中心线与节圆相切。当射流通过水斗后相对速度完全反向时，水轮机就可以达到最大效率。然而这很难实现，因为要避免水流与后一水斗发生撞击，水流必须向两侧偏转，所以不可能获得最佳效率。水斗角度 β_2 一般约为 165°。

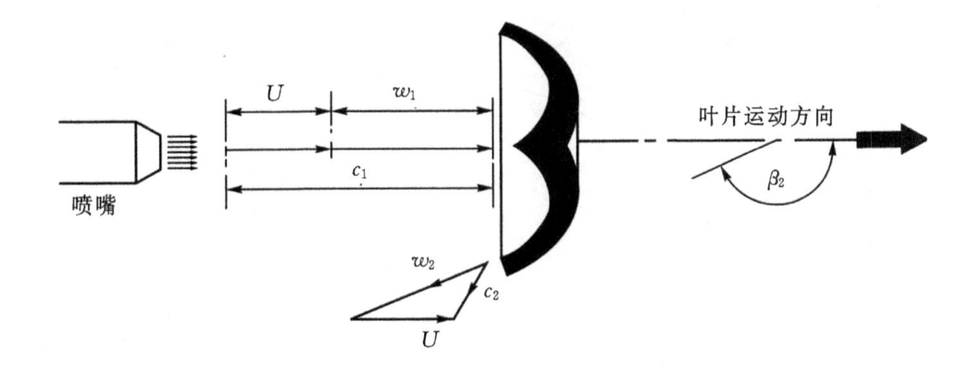

图 9.5 冲击式水轮机中冲击水斗的射流及其相对和绝对速度(图中只给出了一半射流的出口速度三角形)

根据涡轮机欧拉方程(1.18c)可知,水的比功为

$$\Delta W = U_1 c_{\theta 1} - U_2 c_{\theta 2}$$

对于冲击式水轮机,$U_1 = U_2 = U$,$c_{\theta 1} = c_1$,由此可得

$$\Delta W = U[U + w_1 - (U + w_2 \cos\beta_2)] = U(w_1 - w_2 \cos\beta_2)$$

式中,$c_{\theta 2} = U + w_2 \cos\beta_2$,如图 9.5 所示 $c_{\theta 2} < 0$。

由于水斗内部存在摩擦损失,因此水流出口相对速度小于进口相对速度。取 $w_2 = k w_1$,其中 $0.8 \leqslant k \leqslant 0.9$ 。

$$\Delta W = U w_1 (1 - k\cos\beta_2) = U(c_1 - U)(1 - k\cos\beta_2) \tag{9.2}$$

转轮效率 η_R 可定义为比功 ΔW 与进口动能的比,

$$\eta_R = \Delta W \Big/ \left(\frac{1}{2} c_1^2\right) = 2U(c_1 - U)(1 - k\cos\beta_2)/c_1^2 \tag{9.3}$$

因此,

$$\eta_R = 2\nu(1 - \nu)(1 - k\cos\beta_2) \tag{9.4}$$

式中,圆周速度与射流速度之比 $\nu = U/c_1$。

为了得到最佳效率,令式(9.4)对速比的导数为零,可得

$$\frac{d\eta_R}{d\nu} = 2\frac{d}{d\nu}(\nu - \nu^2)(1 - k\cos\beta_2) = 2(1 - 2\nu)(1 - k\cos\beta_2) = 0$$

因此当 $\nu = 0.5$,即 $U = c_1/2$ 时,可以得到转轮最大效率

$$\eta_{Rmax} = (1 - k\cos\beta_2) \tag{9.5}$$

图 9.6 给出了 $k = 0.8, 0.9$ 和 1.0 以及 $\beta_2 = 165°$ 时,转轮效率与叶片速比的理论变化关系曲线。实际的 k 值通常为 0.8~0.9。

水力发电设备布置简图

采用冲击式水轮机进行水力发电的设备布置如图 9.7 所示。水库水面高度不变,海拔为 z_R,水库中的水通过压力隧道流至进水管头部,并沿着进水管进入水轮机喷嘴,形成高速射流冲击水斗。为了降低由较大压力波动带来的有害影响,在靠近进水管头部连接了一个稳压箱,以抑制瞬态波动。喷嘴海拔为 z_N,总水头为 $H_G = z_R - z_N$。

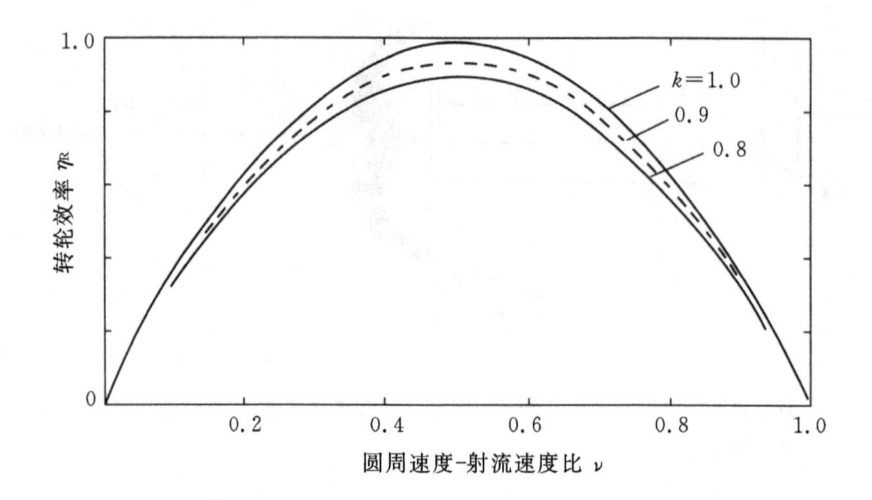

图 9.6 不同摩擦系数 k 下，冲击式水轮机转轮效率与速比的理论关系曲线

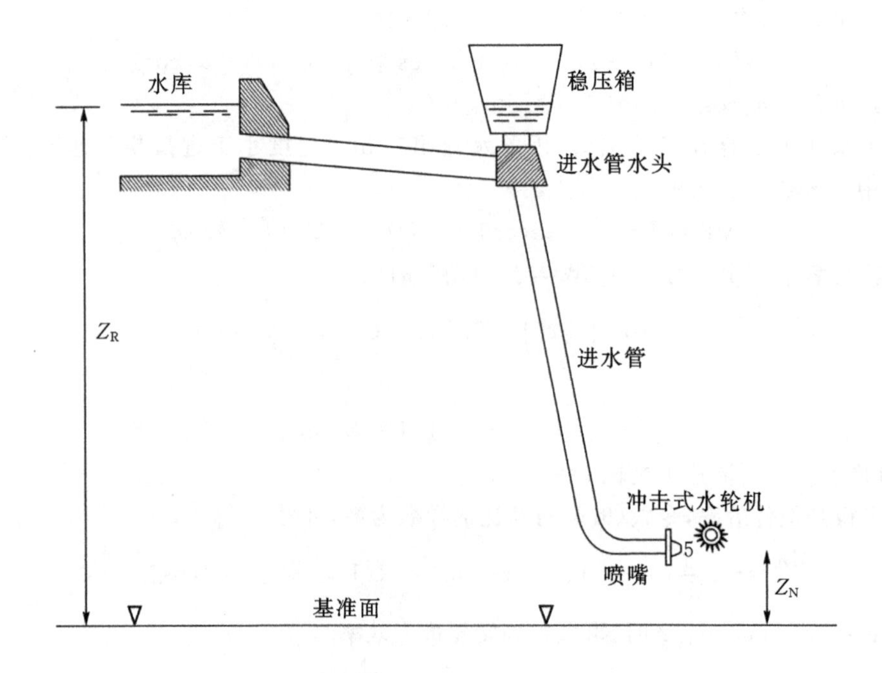

图 9.7 冲击式水轮机水力发电设备布置简图

冲击式水轮机的速度控制

冲击式水轮机通常直接与发电机相连，两者必须以同步转速运行。为国家电网供电的大型水力发电厂的电压及频率都应与电网匹配。在电网负荷变化时，为了保证水轮机以恒定转速运行，需要不断调整流量 Q。在图 9.8(a)中，由伺服机构控制的针阀可在喷嘴内沿轴向移动来改变开度，从而调节射流直径。针阀适用于负荷变化缓慢的工况。但当水轮机负荷急剧变化时，就需要更快速的响应。此时，可以采用折流板快速改变射流方向以使水流

不进入水斗(图 9.8(b))。折流板可以防止超速,并为移动缓慢的针阀到达新位置提供时间。

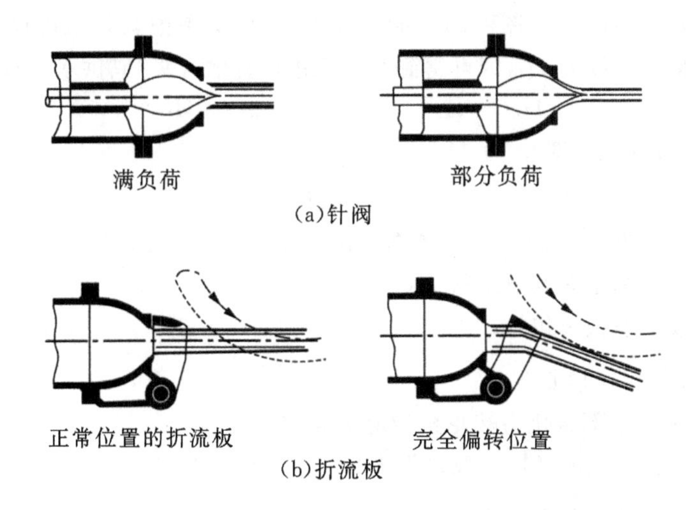

图 9.8 调节冲击式水轮机转速的方法

由流量突然降低引起的压力波动(水锤)会对系统造成严重损害,因此必须确保针阀是缓慢移动的。如果针阀关闭太快,进水管中水流的所有动能将被进水管和水的弹性吸收,这会产生很大应力,并可能在水轮机进口处达到最大,而此处的管道应力本来就很大。图 9.7 所示的稳压箱可以吸收和耗散由针阀关闭过快导致的部分压力及能量波动。

进水管直径

在流体力学基础教材中(如 Franzini & Finnemore,1997;White,2011),圆管内定常不可压缩湍流的水力损失可由达西-魏斯巴赫公式(Darcy-Weisbach equation,简称达西公式)求取:

$$H_f = \frac{flV^2}{2gd} \tag{9.6}$$

式中,f 为摩擦系数,l 为圆管长度,d 为圆管直径,V 为圆管内流体质量平均速度(假定流体充满圆管)。摩擦系数可根据各种流动参数和管道表面粗糙度 e 求得,其结果常由莫迪图(Moody diagram)给出。进水管(将水引入水轮机)长度大,直径也大,会显著增加水力发电设备的总成本。如果摩擦系数已知,并且能够估算出许用水头损失,就可以用达西公式(9.6)求出合适的管道直径。合理的确定水头损失的方法应该是从经济性的角度考量大直径管道所需的材料等成本,并同时对此采用小直径管道导致的有用能损失来综合确定。通常,取供水管水头损失许用值 $H_f \leqslant 0.1H_G$。

Raabe(1985)还给出了确定管道"经济直径"所需的一系列其他参数。

将 $V = 4Q/\pi d^2$ 代入式(9.6)可得

$$H_f = \left(\frac{8fl}{\pi^2 g}\right)\frac{Q^2}{d^5} \tag{9.7}$$

冲击式水轮机的能量损失

除了考虑进水管中由于摩擦引起的能量损失，还应该考虑其他水电设备的能量损失。用总水头减去摩擦水头损失 H_f，即可得到水轮机进口有效水头(或供水头)H_E，

$$H_E = H_G - H_f = z_R - z_N - H_f$$

则喷嘴喷射速度(或理想速度)c_o为

$$c_o = \sqrt{2gH_E}$$

一般认为管道摩擦损失 H_f是外部损失，不计入水轮机自身损失。在实际应用中，水轮机的性能和效率也是基于有效总水头 H_E来考量的。

水轮机的主要能量损失包括：

i. 流体摩擦引起的喷嘴损失；

ii. 射流动能无法全部转化为转轮机械能引起的损失；

iii. 外部机械损失(轴承摩擦和鼓风损失)。

下面将逐一介绍这些能量损失。

对于第(i)项损失，设喷嘴内的水头损失为 ΔH_N，则有效水头为

$$H_E - \Delta H_N = c_1^2/(2g) \tag{9.8}$$

式中，c_1为喷嘴出口实际速度。喷嘴效率定义为

$$\eta_N = \frac{\text{喷嘴出口能量}}{\text{喷嘴进口能量}} = \frac{c_1^2}{2gH_E} \tag{9.9a}$$

常用喷嘴速度系数 K_N代替 η_N，其定义为

$$K_N = \frac{\text{喷嘴出口实际速度}}{\text{喷射速度}} = \frac{c_1}{c_0}$$

即

$$\eta_N = K_N^2 = \frac{c_1^2}{c_0^2} \tag{9.9b}$$

最佳射流直径

对于任一给定的进水管，都有一个可使射流获得最大功率的最佳射流直径。射流的可用功率为

$$P = \dot{m}c_1^2/(2g) = \rho Q c_1^2/(2g)$$

式中，c_1为射流速度。

为了进一步说明上述最大功率，考虑逐渐增加流量 Q。起初，利用上式得出的功率也会逐渐增大；随后，由于摩擦损失增大，射流速度将逐渐降低。从上式可以看出，必定有一个使功率达到最大值的流量，下面将用例题 9.1 说明这一结论。

例题 9.1

使用一内径为 0.3 m、长度为 300 m 的进水管将水库中的水输送至冲击式水轮机喷嘴，水库水面与喷嘴中心线的高度差为 180 m。进水管摩擦系数 $f=0.04$，喷嘴水头损失为 $0.04c_1^2/(2g)$。试确定射流功率达到最大时的射流直径。

解：

管道流动的能量方程为

$$H_G - \frac{flc_p^2}{2gd_p} - \frac{0.04c_1^2}{2g} = \frac{c_1^2}{2g}$$

式中，d_p 为进水管道直径，c_p 为进水管流速。

代入已知数据，可得

$$180 - \frac{0.04 \times 300 \times c_p^2}{2 \times 9.81 \times 0.3} = \frac{1.04 \times c_1^2}{2 \times 9.81} \qquad \therefore 180 - 2.039 \times c_p^2 = 0.053 \times c_1^2 \tag{i}$$

由连续方程

$$\therefore d^2 c_1 = d_p^2 c_p \qquad 得\ c_p = c_1 \left(\frac{d}{d_p}\right)^2 \tag{ii}$$

将式(ii)代入式(i)并简化得

$$180 = c_1^2(0.053 + 251.7d^4) \tag{iii}$$

选取不同的 d 值代入式(iii)可计算出对应的 c_1，由此得出的 Q 和 P 如下表所示：

d(m)	$0.053+251.7d^4$	c_1(m/s)	Q(m^3/s)	P(kW)
0.06	0.05625	56.56	0.1599	26.08
0.08	0.06331	53.41	0.2685	39.04
0.10	0.07817	47.99	0.3769	44.24
0.12	0.1052	41.36	0.4677	40.78
0.14	0.1497	34.68	0.5339	32.73
0.16	0.2180	28.73	0.5777	24.30

射流最大功率为 44.24 kW，对应的直径 $d=0.10$ m。

当然，在建立功率的函数关系式后，令其对直径求导，也可以获得最大功率和最优直径。此处用表格计算的优点是，可以了解各参数与射流直径之间的关系。

下面练习一下用式(9.9a)来确定喷嘴效率 η_N。首先需要计算 $H_E = H_g - H_f$，其中

$$H_f = \left(\frac{8fl}{\pi^2 g}\right)\frac{Q^2}{d_p^5} = 57.94\ \text{m}$$

$$\therefore H_E = 180 - 57.94 = 122.06\ \text{m}$$

$$\therefore \eta_N = \frac{c_1^2}{2gH_E} = \frac{47.99^2}{2 \times 9.81 \times 122.06} = 0.9617$$

第(ii)项损失可利用式(9.2)计算,再由式(9.3)和式(9.4)可得转轮效率 η_R。水轮机的水力效率定义为动叶所做比功 ΔW 与喷嘴进口有用比能 gH_E之比,由式(9.9a)可得

$$\eta_h = \frac{\Delta W}{gH_E} = \left(\frac{\Delta W}{(1/2)c_1^2}\right)\left(\frac{(1/2)c_1^2}{gH_E}\right) = \eta_R \eta_N \tag{9.10}$$

对于第(iii)项损失,转轮与轴输出能量的差别主要由外部损失造成。采用下述简化流动模型可以比较准确地估算外部损失。假设比能量损失与圆周速度的平方成正比,即

$$\text{外部损失} / \text{质量流量} = KU^2$$

式中,K 为无量纲比例常数,称为外部损失系数。因此,单位质量流量的轴功(比轴功)为

$$\Delta W - KU^2$$

所以,考虑外部损失的水轮机总效率 η_o为

$$\eta_o = (\Delta W - KU^2)/(gH_E)$$

即,水轮机比轴功/喷嘴进口有用比能

$$= \eta_R \eta_N - 2K\left(\frac{U}{c_1^2}\right)^2\left(\frac{c_1^2}{2gH_E}\right)$$

代入圆周速度与射流速度比 $\nu = U/c_1$ 以及喷嘴效率 $\eta_N = c_1^2/c_0^2$ 可得

$$\eta_o = \eta_N(\eta_R - 2K\nu^2) = \eta_m \eta_R \eta_N \tag{9.11}$$

式中,机械效率 $\eta_m = 1 - \text{单位质量流量的外部损失} / gH_E$,即

$$\eta_m = 1 - 2K\nu^2/\eta_R \tag{9.12}$$

图 9.9 给出了不同外部损失系数 K 下,由式(9.9)得出的水轮机总效率随速比 ν 的变化关系。从图中可以看出,最大效率随着 K 的增加而减小,且对应的速比 ν 小于转轮最佳速比。对冲击式水轮机进行试验时,最大效率总是在 $\nu < 0.5$ 时获得,研究人员经常对此感到困惑,而图中所示的冲击式水轮机理论性能计算结果则给出了一个可能的原因。

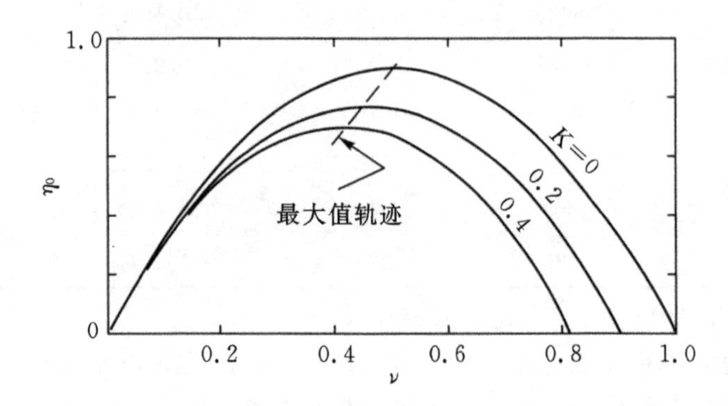

图 9.9 不同外部损失系数 K 下,冲击式水轮机总效率随速比的变化关系

对式(9.11)进行微分可得 ν 的最佳值为

$$\nu_{opt} = \frac{A}{2(A+K)}$$

式中,$A = 1 - k\cos\beta_2$ 。

练习

令 $k=0.9$，$\beta_2=165°$，$K=0.1$，则 $A=1.869$，$\nu=0.475$。

图 9.10 所示为恒定水头和转速下冲击式水轮机的典型性能曲线，图中给出了总效率与负荷比的变化关系。随着负荷的变化，需要改变针阀位置来调节水轮机输出功率，以保证水轮机以恒定转速运行。从图中可以观察到，在绝大部分负荷区域，效率基本不变，这主要是由于随着输出功率的减小，水头损失按比例减小的结果。不过，当负荷比降低至较小数值时，由于鼓风损失和轴承摩擦损失仍然存在，而且对效率的影响更大，因此总效率很快降低并趋近于至零。

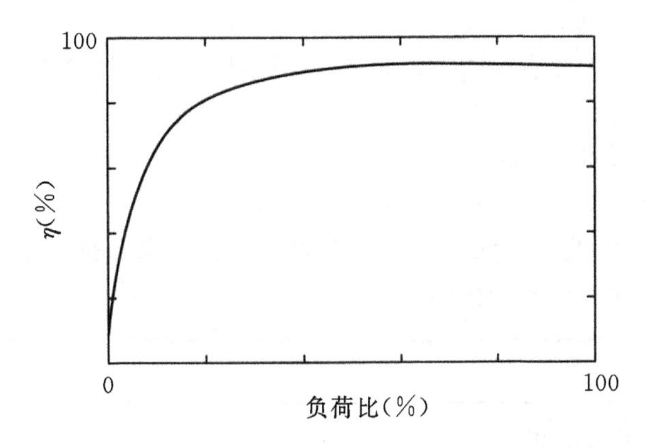

图 9.10　水头和转速恒定时冲击式水轮机总效率随负荷比的变化关系

例题 9.2

一台冲击式水轮机由两股射流驱动，转速为 375 r/min，功率为 1.4 MW。喷嘴处有效水头为 200 m，速度系数 $K_N=0.98$。射流中心与直径为 1.5 m 的节圆相切。流经水斗的流体相对速度减小了 15%，水流折转角为 165°。

忽略轴承和鼓风损失，试确定：

a. 转轮效率；

b. 每股射流的直径；

c. 功率比转速。

解：

a. 圆周速度为

$$U=\Omega r=(375\times\pi/30)\times 1.5/2=39.27\times 1.5/2=29.45\ \text{m/s}$$

射流速度为

$$c_1=K_N\sqrt{2gH_E}=0.98\times\sqrt{2\times 9.81\times 200}=61.39\ \text{m/s}$$

因此，$\nu=U/c_1=0.4798$。

由式(9.4)可得转轮效率为

$$\eta_R = 2\times 0.4798\times(1-0.4798)(1-0.85\times\cos 165°) = 0.9090$$

b. 理论功率为 $P_{th} = P/\eta_R = 1.4/0.909 = 1.54\ \text{MW}$，式中 $P_{th} = \rho g Q H_E$。

因此，

$$Q = P_{th}/\rho g H_E = 1.54\times 10^6/(9810\times 200) = 0.785\ \text{m}^3/\text{s}$$

每股射流所需的通流面积为

$$A_j = \frac{Q}{2c_1} = 0.785/(2\times 61.39) = 0.00639\ \text{m}^2$$

由此可得 $d_j=0.0902$ m。

注意：轮盘直径是射流直径的16.63倍，以前给出的直径比合理范围是15～20，本题结果在该范围内。

c. 代入式(9.1)可得功率比转速为

$$\Omega_{sp} = 39.27\times(1.4\times 10^3)^{1/2}/(9.81\times 200)^{5/4} = 0.1125$$

注意：在图9.1中，当 $\Omega_{sp}=0.1125$ 时，单射流冲击式水轮机的效率为89%。而在相同的功率比转速下，多射流水轮机的效率可达92%。

9.4 反动式水轮机

反动式水轮机的主要特征包括：

i. 在水轮机转轮进口之前只产生部分总压降，其余压降在水轮机转轮内产生；

ii. 水流完全充满整个转轮通道。而冲击式水轮机则不同，对于每股射流，同一时刻只有一个或两个水斗与水流接触；

iii. 采用可绕枢轴转动的导叶控制和引导流动；

iv. 通常在水轮机出口设置尾水管，这是反动式水轮机的一个必备部件。

当水流通过转轮时，压力逐渐降低。通过压力变化产生反作用力，因此这种水轮机称为反动式水轮机。

9.5 混流式水轮机

大多数混流式水轮机的转轴都采用立式布置(一些小型水轮机可以采用卧式布置)。图9.11给出了一台转轮直径为5 m、水头为110 m、功率约为200 MW的立式混流式水轮机的剖面图。水通过围绕转轮的螺旋状壳体(称为蜗壳)进入水轮机。蜗壳横截面积沿流动方向逐渐减小，以使水流速度保持不变。水流通过蜗壳后进入静止导叶环，这些导叶引导水流以最佳角度进入转轮。

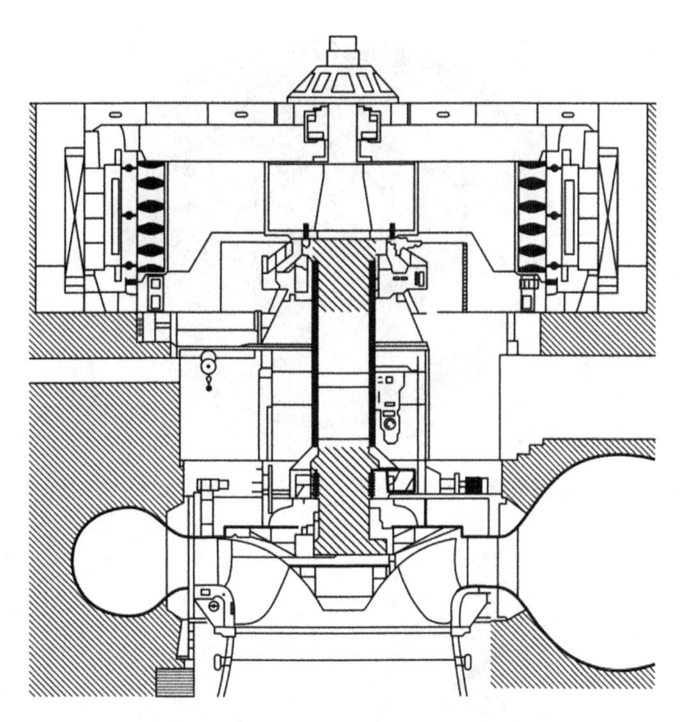

图 9.11 立式混流式水轮机,转轮直径为 5 m,水头为 110 m,功率为 200 MW
(由苏尔寿公司(Sulzer Hydro Ltd.)提供,苏黎世)

水流经过转轮时角动量降低,将功传递给转轴。在设计工况下,水流沿轴向(绝对速度)离开转轮进入尾水管(也有人建议出口水流带有少量周向分速),并最终进入尾水渠。尾水管出口应浸没在尾水渠水面之下,以保证水轮机内部充满水。此外,经过仔细设计的尾水管可作为扩压器,能够明显降低水流出口动能,从而保证水轮机最大程度回收能量。

图 9.12 所示为一台小型混流式水轮机的转轮,图 9.13 为该水轮机剖视图,图中还给出了叶片中截面处转轮进、出口速度三角形。在导叶进口,水流仅在径向/周向平面流动,绝对速度为 c_1,绝对水流角为 α_1,因此:

$$\alpha_1 = \arctan(c_{\theta 1}/c_{r1}) \tag{9.13}$$

在转轮进口,绝对水流角为 α_2,绝对速度为 c_2。利用矢量相减可得转轮进口相对速度 $\boldsymbol{w}_2=\boldsymbol{c}_2-\boldsymbol{U}_2$。转轮进口相对水流角定义为

$$\beta_2 = \arctan[(c_{\theta 2}-U_2)/c_{r2}] \tag{9.14}$$

图 9.13 中的速度三角形还表明,水流在接近导叶和转轮叶片时,速度矢量与每一列叶片前缘中弧线都相切。这是理想的"无冲击"低损失进口流动状况,虽然进口水流有几度的冲角,但不会产生显著的额外损失,而且还能提高输出功率。在导叶出口,可以预计水流将少许偏离叶片出口角(见第 3 章)。正是由于上述原因,当处理涉及流动方向的所有问题时,重要的是确定水流角,而不是其他文献中经常提及的导叶角度。

在转轮出口,将流动平面简化成垂直于轴线的平面。这种简化并不影响随后的流动分析,但必须承认,转轮出口的实际流动确实存在轴向速度分量。

转轮出口相对水流角为 β_3,相对速度为 w_3。根据矢量求和可得转轮出口绝对速度,即,$\boldsymbol{c}_3=\boldsymbol{w}_3+\boldsymbol{U}_3$。而相对水流角 β_3 为

图 9.12 小型混流式水轮机转轮(获 GNU 免费文档许可条款许可)

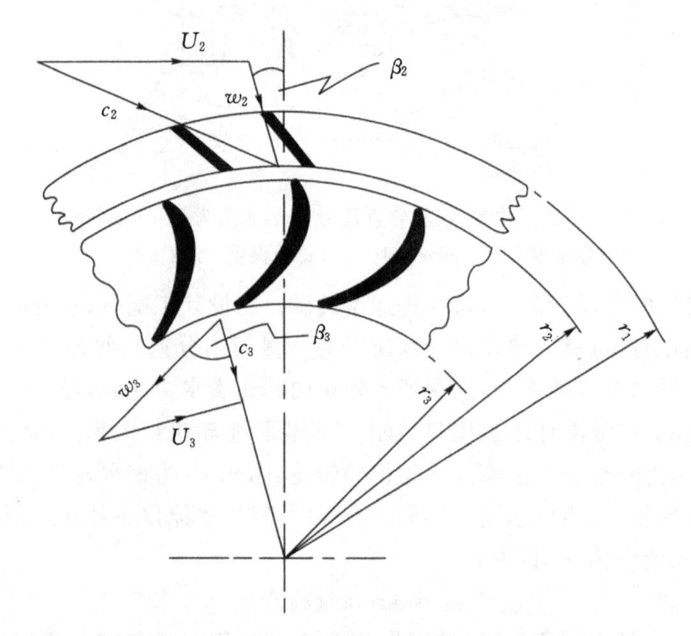

图 9.13 混流式水轮机叶片剖面及转轮进、出口速度三角形

$$\beta_3 = \arctan[(c_{\theta 3} + U_3)/c_{r3}] \tag{9.15}$$

上式中,假设存在少许旋流速度 $c_{\theta 3}$(c_{r3} 为转轮出口径向速度)。而很多混流式水轮机的简化分析则假设出口没有涡旋。详细的研究结果表明,转轮出口的额外反向旋流(其作用是增加 Δc_θ)可使流体做功增大,但不会导致水轮机效率大幅降低。

当混流式水轮机在部分负荷下运行时,需要调整可转导叶来限制流量,即减小 Q,同时保持圆周速度不变。图 9.14 对比了全负荷和部分负荷下的速度三角形,由图可见,转轮进口相对流动的冲角较大,转轮出口的水流绝对速度存在较大的周向分量。这两种流动状态都会使水头损失增大。图 9.15 给出了转速和水头恒定时,各个全负荷工况下,不同类型水轮机(包括混流式水轮机)的水力效率随负荷的变化关系。

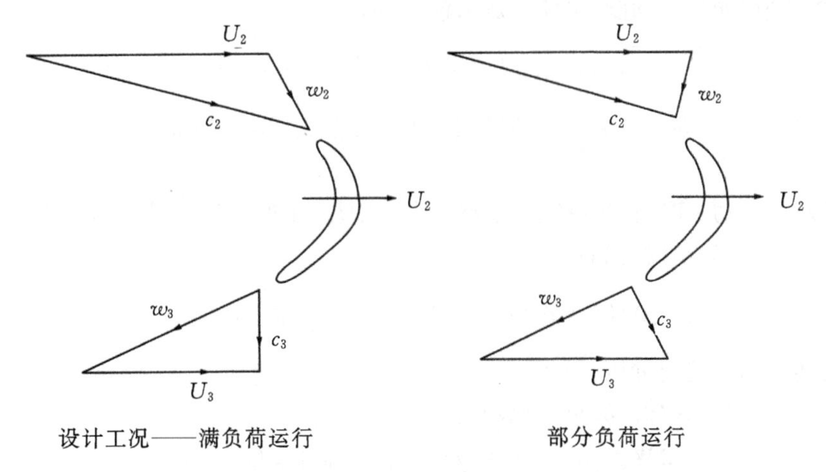

图 9.14 满负荷和部分负荷工况混流式水轮机速度三角形的对比

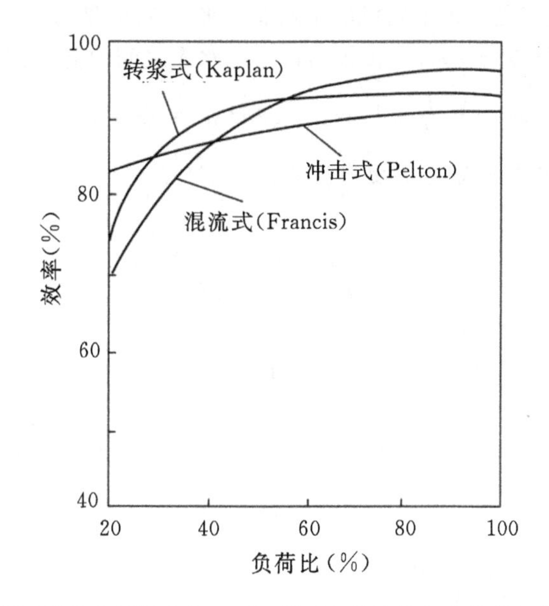

图 9.15 恒定转速和恒定水头下不同类型水轮机的水力效率与负荷的关系

令人感兴趣的是旋流对下游扩压器性能的影响。MaDonald、Fox 和 van Dewoestine (1971)进行了大量实验研究,结果显示,对于设计良好、流体沿轴向流动且无流动分离或只有轻微流动分离的锥形扩压器,进口旋流并不影响其工作性能。因此,即使水轮机在部分负荷工况下运行,也不会对扩压器性能产生负面影响。

基本方程组

按照本章的符号约定,涡轮机欧拉方程(1.18c)可写为

$$\Delta W = U_2 c_{\theta 2} - U_3 c_{\theta 3} \tag{9.16a}$$

设转轮出口无旋流,则上式简化为

$$\Delta W = U_2 c_{\theta 2} \tag{9.16b}$$

所有反动式水轮机的有效水头 H_E 都是水轮机进口相对于尾水渠水面的有用总水头。

在转轮进口，可用能等于动能、势能与压力能之和，

$$g(H_E-\Delta H_N)=\frac{p_2-p_a}{\rho}+\frac{1}{2}c_2^2+gz_2 \tag{9.17}$$

式中，ΔH_N是蜗壳和导叶内由于摩擦引起的水头损失，p_2是转轮进口绝对静压，p_a为大气压。

由于做功（比功 ΔW）和存在转轮摩擦损失 $g\Delta H_R$，水的能量在转轮出口进一步降低，剩余能量等于压力能和动能之和：

$$g(H_E-\Delta H_N-\Delta H_R)-\Delta W=\frac{1}{2}c_3^2+p_3/\rho-p_a/\rho+gz_3 \tag{9.18}$$

式中，p_3是转轮出口绝对静压。

令式(9.17)减去式(9.18)可得比功为

$$\Delta W=(p_{02}-p_{03})/\rho-g\Delta H_R+g(z_2-z_3) \tag{9.19}$$

式中，p_{02}和 p_{03}是转轮进、出口的绝对总压。

图 9.16 所示为立式混流式水轮机的尾水管。图中最重要的参数是转轮出口截面与尾水渠水面之间的垂直距离($z=z_3$)。转轮出口与尾水渠之间的能量方程可写为

$$p_3/\rho+\frac{1}{2}c_3^2+gz_3-g\Delta H_{DT}=\frac{1}{2}c_4^2+p_a/\rho \tag{9.20}$$

式中，ΔH_{DT}为尾水管水头损失，c_4为出口流速。

水力效率定义为

$$\eta_h=\frac{\Delta W}{gH_E}=\frac{U_2c_{\theta2}-U_3c_{\theta3}}{gH_E} \tag{9.21a}$$

当 $c_{\theta3}=0$ 时，

$$\eta_h=\frac{U_2c_{\theta2}}{gH_E} \tag{9.21b}$$

总效率为 $\eta_o=\eta_m\eta_h$。对于特大型水轮机(如 500～1000 MW)，机械损失相对较小，$\eta_m\to$ 100%，因此 $\eta_o\approx\eta_h$。

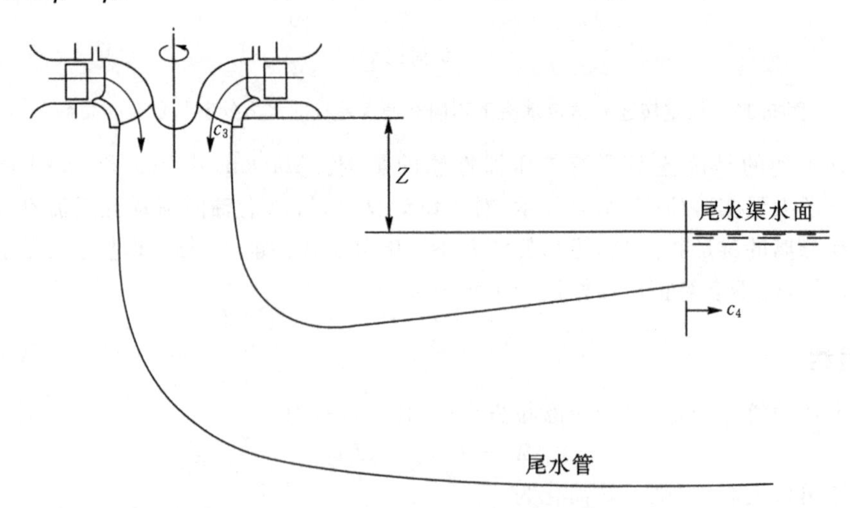

图 9.16 立式混流式水轮机尾水管

转轮叶尖速度与射流速度之比 $\nu=U_2/c_1$ 对冲击式水轮机的高效运行具有重要影响，但其对混流式水轮机效率的影响则较小。混流式水轮机的速比可在较宽的范围内选取，通常为 $0.6\leqslant\nu\leqslant0.95$。这种水轮机主要用于驱动转速为 50 周/s 或 60 周/s 的同步发电机，且转速必须保持不变。

通过调节导叶角度可使水轮机在部分负荷工况下运行。采用齿轮机构使导叶转动，确保其处于最佳角度。然而在部分负荷工况下，在转轮下游形成涡旋，出现周向速度分量，引起效率下降。如果涡旋强度较大，则会沿尾水管轴线形成空泡(见 9.8 节)。

例题 9.3

一台立式混流式水轮机进口法兰处的有效水头为 150 m，转轮和尾水渠之间的垂直距离等于 2.0 m。转轮叶尖圆周速度为 35 m/s，水流通过转轮的子午面速度为 10.5 m/s 且保持不变，转轮出口没有旋流，尾水管出口速度为 3.5 m/s。

水轮机的各项水力损失为

$$\Delta H_{\mathrm{N}} = 6.0\ \mathrm{m}, \Delta H_{\mathrm{R}} = 10\ \mathrm{m}, \Delta H_{\mathrm{DT}} = 1.0\ \mathrm{m}$$

试求：

a. 水轮机的比功 ΔW 和水力效率 η_{h}；

b. 转轮进口绝对速度 c_2；

c. 转轮进、出口(相对于尾水渠)压头；

d. 转轮进口绝对水流角和相对水流角；若水轮机出水流量为 20m³/s，功率比转速为 0.8(rad)，求转轮转速和直径。

解：

a. 由式(9.18)和(9.20)可得比功为

$$\Delta W = g(H_{\mathrm{E}} - \Delta H_{\mathrm{N}} - \Delta H_{\mathrm{R}} - \Delta H_{\mathrm{DT}}) - \frac{1}{2}c_4^2$$

$$= 9.81 \times (150 - 6 - 10 - 1) - 3.5^2/2 = 1298.6\ \mathrm{m}^2/\mathrm{s}^2$$

水力效率 $\eta_{\mathrm{h}} = \Delta W/(gH_{\mathrm{E}}) = 0.8825$。

b. 当 $c_{\theta 3}=0$ 时，$\Delta W=U_2 c_{\theta 2}$，$c_{\theta 2}=\Delta W/U_2=1298.6/35=37.1\ \mathrm{m/s}$，因此

$$c_2 = \sqrt{c_{\theta 2}^2 + c_{\mathrm{m}}^2} = \sqrt{37.2^2 + 10.5^2} = 38.56\ \mathrm{m/s}$$

c. 根据式(9.17)可得转轮进口压头为

$$H_2 = H_{\mathrm{E}} - \Delta H_{\mathrm{N}} - c_2^2/(2g) = 150 - 6 - 38.56^2/(2 \times 9.81) = 68.22\ \mathrm{m}$$

再利用式(9.20)可得转轮出口压头(相对于尾水渠水面)为

$$H_3 = (p_3 - p_{\mathrm{a}})/(\rho g) = (c_4^2 - c_3^2)/(2g) + \Delta H_{\mathrm{DT}} - z_3$$

$$= (3.5^2 - 10.5^2)/(2 \times 9.81) + 1 - 2 = -6.0\ \mathrm{m}$$

注意：H_3 为负表明压力低于当地大气压力。这是水力透平机械设计和运行中相当重要的问题，将在本章 9.8 节中详细讨论。

d. 下面求解转轮进口水流角：

$$\alpha_2 = \arctan(c_{\theta 2}/c_{m2}) = \arctan(37.1/10.5) = 74.2^\circ$$

$$\beta_2 = \arctan[(c_{\theta 2} - U_2)/c_{m2}] = \arctan[(37.1 - 35)/10.5] = 11.31°$$

根据式(9.1)中功率比转速的定义，并利用 $P/\rho = Q\Delta W$，可得

$$\Omega = \frac{\Omega_{SP}\ (gH_E)^{5/4}}{\sqrt{Q\Delta W}} = \frac{0.8 \times 9114}{\sqrt{20 \times 1298.7}} = 45.24\ \text{rad/s}$$

因此，转速 Ω=432 r/min，转轮直径为

$$D_2 = 2U_2/\Omega = 70/45.24 = 1.547\ \text{m}$$

水泵水轮机

水泵水轮机是一种可以快速启动且能提供大规模能量存贮的系统，通常基于混流式水轮机进行设计。这是一种使用两个大型水库的可逆式透平机械系统，一个水库的水位高，用于水轮机做功以满足白天用电高峰时的电量需求；另一个水库的水位低，用于蓄水，在夜间电量需求较低时用泵将水抽至高水位水库。这种电站通常称为抽水蓄能电站(如需了解更多的技术细节，可参阅 Stelzer 和 Walters(1977)，或浏览网址 www. usbr. gov/pmts/hydraulics _lab/pubs/EM/EM39. pdf)。

例题 9.4

位于北威尔士兰贝里斯(Llanberis)的 Gwynedd 电站使用一套抽水蓄能机组，包括 6 台混流式水轮机，总输出功率 P=1728 MW。每台水轮机的体积流量 Q=60 m^3/s，满负荷工况下，水头 H=600 m，转速 Ω=500 r/min。抽水到高水位水库所需电功率较水轮机工况高 33%。

试求：

a. 水轮机的效率和比转速，并将所得结果与图 2.8 中的数据相比较，评估这些水轮机是否适用于本题中的任务；

b. 水轮机的直径(设水轮机的周速系数 ϕ 为 0.75)；

c. 系统在水泵工况下的效率。

解：

a. 每台水轮机的效率为

$$\eta = \frac{P}{\rho g H Q} = \frac{(1728/6) \times 10^6}{9810 \times 600 \times 60} = 0.8155$$

由 $\Omega = N\pi/30 = 52.36$ rad，则比转速为

$$\Omega_S = \frac{\Omega Q^{1/2}}{(gH)^{3/4}} = \frac{52.36 \times 60^{1/2}}{(9.81 \times 600)^{3/4}} = 0.604$$

由图 2.8 可知，所得比转速处在混流式水轮机适用范围的中间，说明题中各工作参数的取值是合适的。

b.

$$D = \frac{2}{\Omega}\phi\ \sqrt{2gH} = \frac{2}{52.36} \times 0.75 \times \sqrt{2 \times 9.81 \times 600} = 3.11\ \text{m}$$

c. 水泵工况下的系统效率为

$$\eta_P = \frac{\text{抽水功率}}{\text{输入功率}} = \frac{\rho g Q H}{1.33 \times 288}$$
$$= \frac{9810 \times 600 \times 60}{1.33 \times 288 \times 10^6} = 92.2\%$$

9.6 转桨式水轮机(Kaplan 水轮机)

相比混流式水轮机,转桨式水轮机可以利用低得多的水头来发电。为了满足大功率需求,转桨式水轮机的体积流量非常大,即 QH_E很大。流道的整体结构设计成从径向转为轴向。图 9.17(a)为转桨式水轮机的部分剖面图,流体从蜗壳进入进口导叶环,导叶根据转轮工作需要使流体产生一定的旋流。离开导叶的流体受通道形状影响转为轴向流动,旋流实质上变成自由涡,即:

$$rc_\theta = \mathrm{a} \quad (\mathrm{a}\text{ 为常数})$$

水轮机的转轮叶片与轴流涡轮机类似,但采用一定的扭转设计以适应进口自由涡流动和出口轴向流动的要求。图 9.17(b)给出了这种(转桨式)水轮机的转轮。由于需要传递很高的转矩并且叶片较长,因此根据强度需求,叶片的弦长也应较大。制造厂采用的节弦比一般为 1.0~1.5,所以叶片数目很少,通常为 4、5 或 6 片。转桨式水轮机转轮有一个其他水轮机都不具备的基本特征,即叶片安装角可调。在部分负荷工况下,转轮叶片的角度可以通过伺服机构自动调整,以保持最佳效率。这需要通过调整进口导叶安装角来配合调节,以使转轮出口的绝对流动为轴向流动。

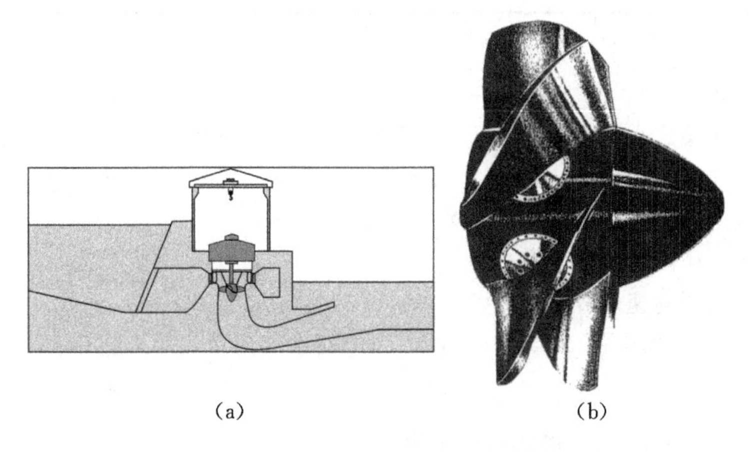

(a) (b)

图 9.17 (a)转桨式水轮机局部剖面图;(b)转桨式水轮机转轮
(由苏尔寿公司(Sulzer Hydro Ltd.)提供,苏黎世)

基本方程

对转桨式水轮机进行分析可以采用混流式水轮机的大部分关系式,只是在处理转轮时有所不同。图 9.18 所示为叶片中间截面速度三角形和水轮机局部剖面图。在转轮出口,流体周向速度为零($c_{\theta 3}=0$),轴向速度为常值。第 6 章中已经详细阐述了自由涡流的相关理论，这里只给出将其应用于不可压缩流动的主要结果。转轮叶片的扭转程度相当大，扭转角的大小取决于环量函数 K 的强度以及轴向速度的大小。在转轮上游，设流动为自由涡，各速度分量分别为

$$c_{\theta 2}=K/r, c_x=\mathrm{a} \quad (\mathrm{a}\text{为常数})$$

各水流角之间的关系为

$$\tan\beta_2=U/c_x-\tan\alpha_2=\Omega r/c_x-K/(rc_x) \tag{9.22a}$$

$$\tan\beta_3=U/c_x=\Omega r/c_x \tag{9.22b}$$

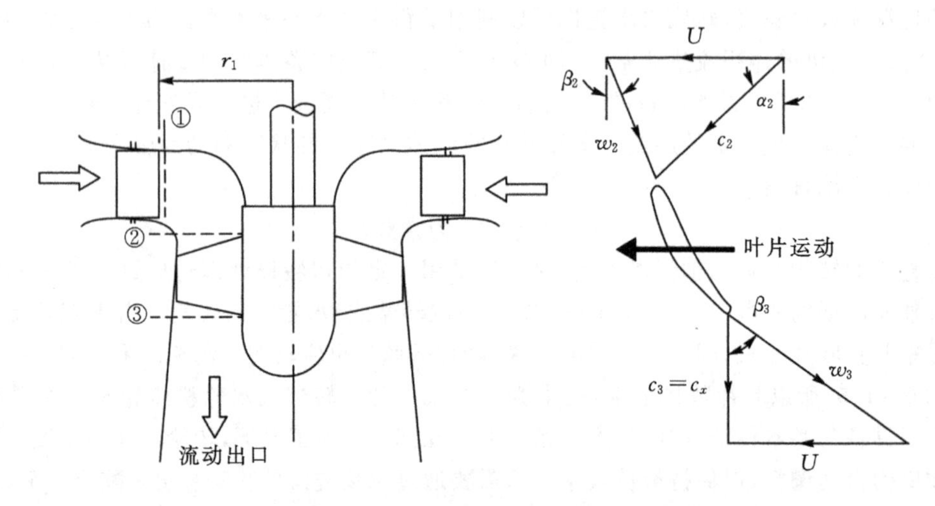

图 9.18 转桨式水轮机剖面图及转轮进、出口速度三角形

例题 9.5

一台小型转桨式水轮机，功率为 8 MW，转速 200 r/min。进口有效水头 13.4 m，进口导叶长度 1.6 m，平均直径 3.1 m。转轮直径为 2.9 m，轮毂比 ν 为 0.4。

设水力效率为 92%，转轮按自由涡流型设计，试求：

a. 导叶出口径向和轴向速度分量；

b. 转轮进口周向速度分量；

c. 转轮轮毂，平均半径，叶尖处的进、出口绝对水流角及相对水流角。

解：

a. 由 $P=\eta_h\rho gQH_E$，可得体积流量为

$$Q=P/(\eta_h\rho gH_E)=8\times10^6/(0.92\times9810\times13.4)=66.15\ \mathrm{m^3/s}$$

因此，

$$c_{r1}=Q/(2\pi r_1 L)=66.15/(2\pi\times1.55\times1.6)=4.245\ \mathrm{m/s}$$

$$c_{x2}=\frac{4Q}{\pi D_{2t}^2(1-\nu^2)}=4\times66.15/(\pi\times2.9^2\times0.84)=11.922\ \mathrm{m/s}$$

b. 由于比功 $\Delta W=U_2c_{\theta 2}$ 和 $\eta_h=\Delta W/(gH_E)$，因此在叶尖处有

$$c_{\theta 2}=\frac{\eta_{\mathrm{h}} g H_{\mathrm{E}}}{U_{2}}=\frac{0.92 \times 9.81 \times 13.4}{30.37}=3.982 \mathrm{~m/s}$$

式中,叶尖速度 $U_2=\Omega D_2/2=(200\times\pi/30)\times 2.9/2=30.37 \mathrm{~m/s}$,

$$c_{\theta 1}=c_{\theta 2} r_{2} / r_{1}=3.982 \times 1.45 / 1.55=3.725 \mathrm{~m/s}$$

$$\alpha_{1}=\arctan \left(\frac{c_{\theta 1}}{c_{r 1}}\right)=\arctan \left(\frac{3.725}{4.245}\right)=41.26^{\circ}$$

c. 表9.4给出了根据以下三式计算出的 α_2、β_2 和 β_3:

$$\alpha_{2}=\arctan \left(\frac{c_{\theta 2}}{c_{x 2}}\right)=\arctan \left(\frac{c_{\theta 2 \mathrm{t}} r_{\mathrm{t}}}{c_{x 2} r}\right)$$

$$\beta_{2}=\arctan \left(\frac{\Omega r}{c_{x 2}}-\tan \alpha_{2}\right)=\arctan \left(\frac{U_{2 \mathrm{t}}}{c_{x 2}} \frac{r}{r_{\mathrm{t}}}-\tan \alpha_{2}\right)$$

$$\beta_{3}=\arctan \left(\frac{U}{c_{x 2}}\right)=\arctan \left(\frac{U_{2 \mathrm{t}}}{c_{x 2}} \frac{r}{r_{\mathrm{t}}}\right)$$

表9.4 例9.5的水流角计算值

参数	半径比 r/r_t		
	0.4	0.7	1.0
c_{θ_2} (m/s)	9.955	5.687	3.982
$\tan\alpha_2$	0.835	0.4772	0.334
α_2 (°)	39.86	25.51	18.47
U/c_{x2}	1.019	1.7832	2.547
β_2 (°)	10.43	52.56	65.69
β_3 (°)	45.54	60.72	68.57

图9.19绘出了水流角的变化规律,由图可知,如前文所述,叶片扭转程度较大。

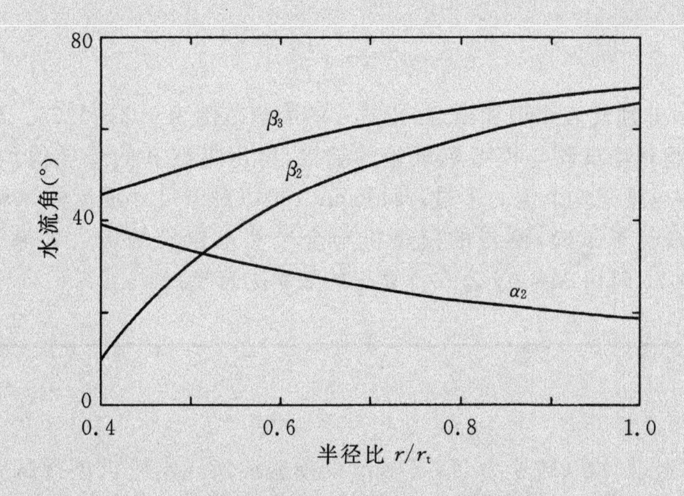

图9.19 计算所得的转桨式水轮机水流角变化规律(例题9.5)

9.7 尺寸对透平机械效率的影响

尽管在设计和制造小型透平机械时对细节已经非常关注，但其实际效率仍低于与之几何相似的大型透平机械。其原因主要是不同尺寸的透平机械很难实现完全的动力相似。各种尺寸的透平机械要达到完全相似，式(2.2)中对应的各个无量纲项都必须相等。

为了说明上述问题，考虑属于同一系列、尺寸各不相同的透平机械。其负荷系数 $\psi=gH/\Omega^2D^2$ 及雷诺数 $Re=\Omega D^2/\nu$ 均对应相等，则对于整个系列的透平机械，下面这个无量纲参数必须相等，

$$\psi Re^2=\frac{gH}{\Omega^2D^2}\times\frac{\Omega^2D^4}{\nu^2}=\frac{gHD^2}{\nu^2}$$

所以对于给定的流体(ν 为常数)，D 减小，H 必然增加。若某透平机械模型机尺寸为原型机的 1/8，则试验时的水头将是原型机的 64 倍！好在雷诺数对模型机效率的影响不大。实际中通常在适当的低水头下对模型机进行试验，然后采用经验方法修正效率。

模型试验中的其他参数也会影响结果。由于以下原因，模型机与原型机很难做到精确的几何相似：

a. 模型机叶片的相对厚度可能比原型机大；

b. 模型机叶片的相对表面粗糙度较大；

c. 由于模型机叶片相对顶部间隙较大，因此模型机叶片的叶尖泄漏损失相对较大。

研究人员(见 Addison，1964)提出了许多简单的修正方法来考虑尺寸(或缩尺比)对效率影响。其中最简单且最著名的方法是由 Moody 和 Zowski(1969)提出的，Addison(1964)和 Massey(1979)也对这种方法进行了介绍。该方法应用于反动式透平机械时，效率的修正公式为

$$\frac{1-\eta_p}{1-\eta_m}=\left(\frac{D_m}{D_p}\right)^n \tag{9.23}$$

式中，下标 p 和 m 分别代表原型和模型，指数 n 的取值范围为 0.2～0.25。Moody 和 Zowski 对比了大型机组现场试验与模型机试验的结果，得出指数 n 的最佳值约为 0.2，而不是 0.25，通常使用的也就是这个值。不过，Addison(1964)对全尺寸混流式水轮机和缩尺比为 1/4.54的模型机进行了试验，测得的模型机与全尺寸水轮机的最大效率分别为 0.85 和 0.90，这与 n 取 0.25 时由 Moody 公式计算出的效率吻合良好！

例题 9.6

对一台缩尺比为 1/5、转速为 360 r/min 的模型混流式水轮机进行试验，所得输出功率为 3 kW，水头为 1.8 m，体积流量为 0.215 m³/s。试计算水头为 60 m 时，满足动力相似的全尺寸水轮机的转速、流量及功率。

通过考虑尺寸影响进行合适的修正，确定全尺寸水轮机的效率和功率。采用 Moody 公式，假设 $n=0.25$。

解：

由无量纲参数 $\psi = gH/(ND)^2$ 可得

$$N_p = N_m(D_m/D_p)(H_p/H_m)^{0.5} = (360/5)(60/1.8)^{0.5} = 415.7\ \text{r/min}$$

而由无量纲参数 $\phi = Q/(ND^3)$ 又可得

$$Q_p = Q_m(N_p/N_m)(D_p/D_m)^3 = 0.215 \times (415.7/360) \times 5^3 = 31.03\ \text{m}^3/\text{s}$$

最后，由 $\hat{P} = P/(\rho N^3 D^5)$ 可得

$$P_p = P_m(N_p/N_m)^3(D_p/D_m)^5 = 3 \times (415.7/360)^3 \times 5^5 = 14430\ \text{kW} = 14.43\ \text{MW}$$

这一结果需要进行修正以考虑尺寸影响。首先，计算模型水轮机的效率为

$$\eta_m = P/(\rho QgH) = 3 \times 10^3/(10^3 \times 0.215 \times 9.81 \times 1.8) = 0.79$$

利用 Moody 公式可得原型机效率为

$$(1-\eta_p) = (1-\eta_m) \times 0.2^{0.25} = 0.21 \times 0.6687$$

因此有

$$\eta_p = 0.8596$$

根据所得效率修正按照动力相似获得的原型机功率，可得原型机实际功率为

$$\text{修正后}\ P_p = 14.43 \times 0.8596/0.79 = 15.7\ \text{MW}$$

9.8 水轮机的汽蚀

在第 7 章中已经阐述了泵内的汽蚀现象。水轮机的可靠性、寿命及效率都非常重要，因此必须考虑汽蚀影响。水轮机中的汽蚀有以下两种类型：

a. 转轮出口处叶片吸力面汽蚀，这种汽蚀可能导致严重的叶片侵蚀；

b. 非设计工况下尾水管内出现的扭曲的“带状”空穴。

水轮机的汽蚀现象发生在转轮叶片吸力面侧静压较低的区域，叶片对流体的动力作用导致该处出现低压区。水轮机的设计目标是要在平时维护不多的条件下能正常运行很多年。但如果发生汽蚀，叶片表面就可能出现凹坑、疲劳裂纹，甚至可能导致部分叶片断裂，从而使水轮机性能严重恶化。图 9.20 所示为一台混流式水轮机转轮发生汽蚀后的大范围损伤状况。

图 9.20 混流式水轮机叶片的汽蚀损伤(由 GNU 免费文档许可条款许可引用)

当局部静压低于水的蒸汽压力，即该处水头过低、速度过高并且水轮机相对于尾水渠的高度差 z 过大时，就可能发生汽蚀。对于卧式水轮机，最低静压出现在转轮上部，这对于大型水轮机很不利。因此，大型水轮机的转轮通常采用立轴布置，以减少汽蚀的发生。

水轮机的汽蚀性能通常由汽蚀系数（又称托马系数，thoma coefficient）σ 表示，σ 的定义为

$$\sigma=\frac{H_{\mathrm{S}}}{H_{\mathrm{E}}}=\frac{(p_{\mathrm{a}}-p_{\mathrm{v}})/(\rho g)-z}{H_{\mathrm{E}}} \tag{9.24}$$

式中，H_{S}为汽蚀余量（净正吸头 NPSH），即不发生汽蚀所需的水头，高度差 z 的定义见图 9.16，p_{v}为水的汽化压力。严格来讲，汽蚀系数最初是针对水轮机汽蚀来定义的，并不适用于泵的汽蚀（见 Yedidiah，1981）。由 σ 的定义可以看出，它表示有效水头 H_{E}中不能用来做功的部分。σ 值越大，有效水头的可用部分越小。顺便提一下，对于泵来说，如果没有发生汽蚀，则扬程和吸入能力之间没有直接联系，这也是汽蚀系数不适用于泵的原因。

能量方程(9.20)可改写为

$$\frac{p_{\mathrm{a}}-p_{3}}{\rho g}-z=\frac{1}{2g}(c_{3}^{2}-c_{4}^{2})-\Delta H_{\mathrm{DT}} \tag{9.25}$$

所以如果 $p_{3}=p_{\mathrm{v}}$，则 H_{S}等于式(9.25)右侧的项。

图 9.21 所示为广泛用于混流式水轮机和转桨式水轮机性能的汽蚀系数与功率比转速关系曲线，该曲线大致给出了无汽蚀区域与严重汽蚀区域之间的边界。事实上，对于每个比转速和每种水轮机，临界汽蚀系数都有一个比较大的变动范围，这是由转轮设计不同导致的不同汽蚀特性引起的。图中所绘曲线适用于初步的方案比较。防止汽蚀的另外一种方法是对特定水轮机的模型机进行试验，逐渐减小 p_{3}直到发生汽蚀，或者效率明显下降。水轮机性能恶化是因为生成了大尺度空泡。因此，汽蚀发生时的压力实际上要稍大于水轮机性能

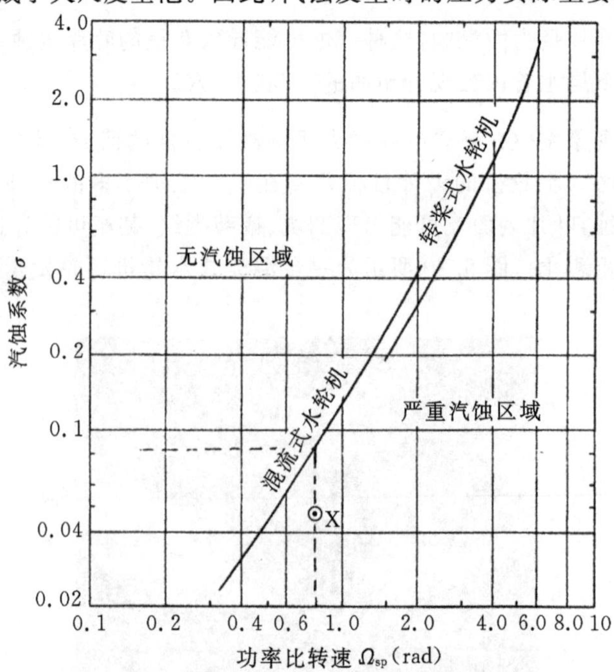

图 9.21 混流式和转桨式水轮机临界汽蚀系数随无量纲功率比转速的变化关系（引自 Moody 和 Zowski，1969）

开始下降时的压力。

在非设计工况下，转轮下游中心线处会发生空化，空穴振荡有可能引起尾水管剧烈振动。Young(1989)介绍了旋转频率为 4 Hz 的“螺旋”状空穴的一些研究结果。研究人员发现，如果在发生空化时将空气注入水流，不仅能够稳定流动，还能缓解振动。

例题 9.7

设大气压力为 1.013 bar，水温 25 ℃，使用例题 9.3 中混流式水轮机的数据确定水轮机的汽蚀余量。利用汽蚀系数及图 9.21 判断是否会发生汽蚀。根据 Wislicenus 的汽蚀准则(式(2.23b))验证所得结论。

解：

查水的物性参数表(如 Rogers & Mayhew，1995)，或根据图 9.22 可得温度为 25 ℃时，水的饱和蒸汽压为 0.03166 bar。由 NPSH 的定义式(9.24)得

$$H_S=\frac{p_a-p_v}{\rho g}-z=(1.013-0.03166)\times10^5/(9810)-2=8.003\ \text{m}$$

因此，将 $H_E=150$ m 代入式(9.24)，可得汽蚀系数 $\sigma=H_S/H_E=8.003/150=0.05336$。

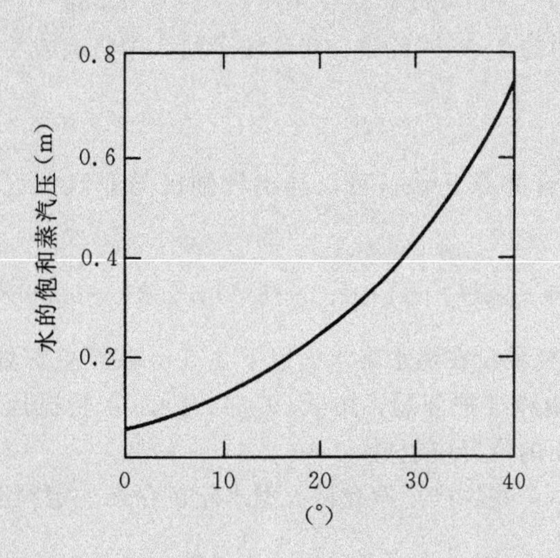

图 9.22 水的饱和蒸汽压(以压头表示，单位 m)随温度的变化关系

已知 $\Omega_{sp}=0.8$，从图 9.21 中可以查取对应的临界汽蚀系数 σ_c 为 0.083。由于 $\sigma<\sigma_c$，所以水轮机会发生汽蚀，图 9.21 中点 X 给出了本题比转速下对应的汽蚀系数 σ_c，该点处在严重汽蚀区。

由吸入比转速的定义得

$$\Omega_{SS}=\frac{\Omega Q^{1/2}}{(gH_S)^{3/4}}=\frac{44.9\times20^{1/2}}{(9.81\times8.003)^{3/4}}=200.8/26.375=7.613$$

根据式(2.23b)，当 $\Omega_{SS}>4.0$(rad)时就会发生汽蚀，这进一步证实了上述结论。

汽蚀系数、吸入比转速和比转速之间的关系

吸入比转速Ω_{SS}和比转速Ω_S的定义为

$$\Omega_{SS} = \frac{\Omega Q^{1/2}}{(gH_S)^{3/4}} \text{ 和 } \Omega_S = \frac{\Omega Q^{1/2}}{(gH_E)^{3/4}}$$

结合上述表达式并由式(9.24)可得

$$\frac{\Omega_S}{\Omega_{SS}} = \left(\frac{gH_S}{gH_E}\right)^{3/4} = \sigma^{3/4}$$

因此,汽蚀系数为

$$\sigma = \left(\frac{\Omega_S}{\Omega_{SS}}\right)^{4/3} \tag{9.26}$$

练习

采用例题 9.3 中给定或导出的比转速、效率及吸入比转速校验汽蚀系数。

例题 9.3 中,$\Omega_{SS}=7.613$,$\Omega_{SP}=0.8$,$\eta_h=0.896$,由式(2.16)可得

$$\Omega_S = \Omega_{sp}/\sqrt{\eta_h} = 0.8/\sqrt{0.896} = 0.8452$$

因此,根据式(9.26),

$$\sigma = (0.8452/7.613)^{4/3} = 0.05336$$

该值对应图 9.21 中的点 X,因此进一步证实了前文中将会发生汽蚀的结论。

避免发生汽蚀

将式(9.24)重新组合并令$\sigma=\sigma_c$,可以导出汽蚀区与非汽蚀区边界线上 z 的临界值。因此

$$z = z_c = \frac{p_a - p_v}{\rho g} - \sigma_c H_E = (101.3 - 3.17)/9.81 - 0.09 \times 150 = -3.5 \text{ m}$$

这意味着水轮机需要浸没在尾水渠水面以下 3.5 m 甚至更深处,对于混流式水轮机来说,这将造成一系列建造和维护问题。由式(9.24)可知,水轮机运行时的有效水头 H_E越大,其相对于尾水渠水面的位置应越低。

为了降低其他成本,一些生产厂家允许大型水轮机存在一定程度的汽蚀损伤,这真是一个困难的抉择!

圆周速度系数

这一概念对于验证(和计算)泵与水轮机的尺寸十分有用。对于水泵叶轮或水轮机转轮,圆周速度系数(peripheral velocity factor,PVF)定义为

$$\phi = U_2/\sqrt{2gH}$$

式中,U_2为圆周速度或者叶尖速度($\Omega D_2/2$),H 是泵的净扬程或水轮机的有效水头。根据这些表达式可得

$$D_2 = 2U_2/\Omega = 2\phi\sqrt{2gH}/\Omega \tag{9.27}$$

设式中所有参数都是与最大效率工况参数(BEP)。

则各主要类型水轮机的 PVF 值范围如下：

冲击式水轮机	0.43～0.48
混流式水轮机	0.7～0.8
转桨式水轮机	1.4～2.0

水轮机类型的选择

对于给定的功率，通常认为式(2.15)中的功率比转速是合理选择水轮机类型的最佳准则。从图 9.1 中可以看到，对于高水头和低 Ω_{sp} 的给定参数，如果设计人员追求高效率，则选择冲击式水轮机最为合适。但实际情况可能比当初的设想复杂得多，因为这种选择有可能导致最终设计出一台又大又贵的水轮机。

如果厂址给定，设计方案不但要考虑水轮机的类型，还要考虑机组数量。根据经验，应至少安装两台水轮机，这样当其中一台水轮机大修时，电厂仍可以继续运行。除此之外，另一个需要考虑的因素是如何避免发生汽蚀。例题 9.8 说明了如何选择合适的水轮机类型。

例题 9.8

若水电厂安装了两台(或两台以上)相同的水轮机，净有效水头为 108 m，总流量为 18 m^3/s。设水轮机效率为 90%，试选择合适的水轮机类型。

总可用功率为

$$P = \eta\rho gQH = 0.9\times 9810\times 18\times 108 = 17.16\ \text{MW}$$

a. 设两台水轮机工作转速 $\Omega=75$ r/min，即，$\Omega=75\times\pi/30=7.854$ rad/s，则功率比转速为

$$\Omega_{sp} = \frac{\Omega\sqrt{P/\rho}}{(gH)^{5/4}} = 7.854\times\frac{\sqrt{(17.16\times 10^6/2\times 10^3)}}{(9.81\times 108)^{5/4}} = 0.1204$$

由图 9.1 可知，适合上述功率比转速的水轮机类型为单射流或多射流冲击式水轮机。

根据 PVF(ϕ)的定义，由式(9.27)可得直径为

$$D = \frac{2}{\Omega}\phi\sqrt{2gH}$$

式中，冲击式水轮机的 $\phi\approx 0.47$，则

$$\therefore D = \frac{2}{7.854}\times 0.47\times\sqrt{2\times 9.81\times 108} = 5.55\ \text{m}$$

对于冲击式水轮机来说，这个直径偏大，所以需要寻找更合适的替代方案。

b. 另一个方案是采用 4 台冲击式水轮机，转速均为 180 r/min(这需要 1 台具有 20 极对、供电频率为 60 Hz 的发电机与之匹配)，则 $\Omega=(180/30)\times\pi=18.85$ rad/s。

$$\Omega_{sp} = \frac{18.85\times\sqrt{17.16\times 10^3/4}}{(9.81\times 108)^{5/4}} = 0.204$$

和

$$D_2 = \frac{2\phi\sqrt{2gH}}{\Omega} = \frac{2\times 0.45\sqrt{2\times 9.81\times 108}}{18.85} = 2.198\ \text{m}$$

因此，根据比转速，适合采用多射流冲击式水轮机(见图 9.1)。

每一台水轮机的转速较高且流量较低，所得转轮直径在可接受的范围内。

c. 在其他多个可选方案中，有一个方案是采用 1 台混流式水轮机，其转速则有待选取。

若发电机供电频率为 60 Hz 且具有 z 极对，则其工作转速为

$$\Omega = 2\pi \times 60/z$$

设混流式水轮机的平均圆周速度系数为

$$\phi = 0.75 \qquad \therefore D_2 = 2\phi\sqrt{2gH}/\Omega$$

下表给出了采用不同极对时的转速、叶轮直径和功率比转速。

z	8	10	15
Ω(r/min)	450	360	240
Ω(rad/s)	47.12	37.7	25.13
D_2	1.46	1.83	2.75
Ω_{sp}	1.02	0.818	0.545

可以看出最佳选择是转速为 450 r/min、叶轮直径为 1.02 m 的混流式水轮机，相应电机极对数为 8。功率比转速的大小表明机组效率约为 95%。

9.9 CFD 在水轮机设计中的应用

尽管水轮机设计已经发展了很多年，但仍然在很大程度上依赖于早期的设计经验。Drtina 和 Sallaberger(1999)应用计算流体动力学(CFD)方法预测水轮机的内部流动状况，一方面使水轮机设计取得了重大进展，另一方面也使研究和设计人员能够更全面地掌握流动过程及其对水轮机性能的影响。现在，已经可以采用 CFD 方法分析流动分离、损失来源以及设计与非设计工况下各部件的损失分布，还可以确定会引起汽蚀的低压流动区域。

Drtina 和 Sallaberger 给出了两个例子来说明利用 CFD 方法可以更好地理解复杂流动现象。由于更深入地了解了流动规律，因此在实践中，要么对现有部件的设计进行了改进，要么采用全新的设计方法更换了老式部件。

9.10 威尔斯透平

引言

自 20 世纪 70 年代末以来，大量学者提出并研究了许多从海浪运动中提取能量的方法。问题是要找到一种既有效又经济的方法，将振荡能转化成可驱动电机的单向旋转运动。威尔斯透平(Wells turbine)是解决该问题的一种新型装置，它是一种轴流空气透平。对于被海洋环绕的国家如不列颠群岛和日本，或海岸线很长的美国，海浪能的转换十分具有吸引力。很多地方(苏格兰的艾雷岛和印度的特里凡得琅)都安装了基于振荡水柱的能量转换系

统和威尔斯透平。图 9.23 所示为透平、发电机及振荡海水柱的布置。与透平通流面积相比,增压室的横截面积很大,因而流经透平的空气流速相当大。

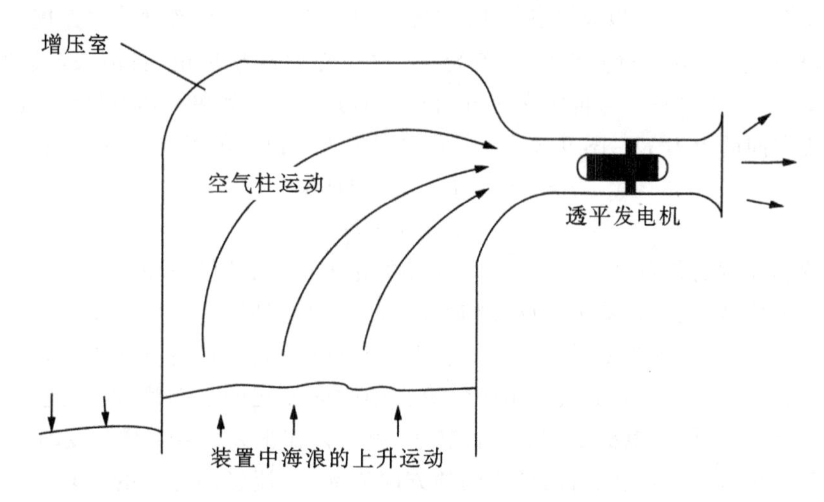

图 9.23 威尔斯透平及振荡水柱的布置(引自 Raghunathan 等,1995)

图 9.24 给出了一种威尔斯透平的示意图,该透平转子有 8 个安装角为 90°,剖面为无弯度翼型的叶片(弦线位于旋转平面)。初看起来,采用这种结构进行能量转换似乎不可能。然而一旦叶片达到设计速度,透平就能相当高效地利用周期性回流产生时均正功率输出。Raghunathan、Curran 和 Whittaker(1995)测出了艾雷岛实验波浪电站的最高效率为 65%。Gato 和 de O Falcào(1984)进行的理论分析显示,对于"设计合理的威尔斯透平",从振荡流中获取能量的平均效率可达 70%~80%。

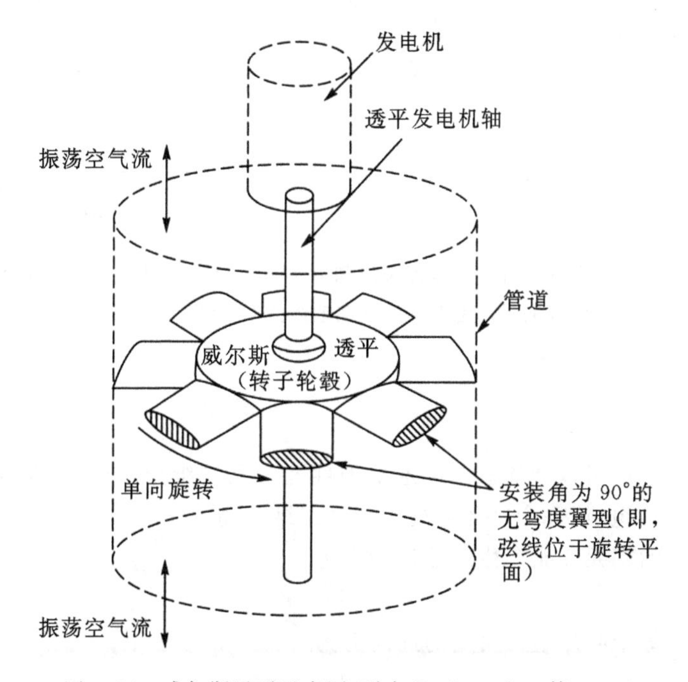

图 9.24 威尔斯透平示意图(引自 Raghunathan 等,1995)

工作原理

在图 9.25(a)中，叶片以设计速度 U 在气流中运动，气流的绝对轴向速度 c_1 指向上方。可以看到，相对速度 w_1 与叶片弦线夹角为 α。根据经典翼型理论，自由来流以某一冲角绕流孤立翼型时，将产生一个与自由来流方向垂直的升力 L。如果流体有粘性，翼型还会受到沿自由来流方向的阻力 D。图 9.25(a)中升力和阻力可以分解为分力 X 和 Y，即

$$X = L\cos\alpha + D\sin\alpha \tag{9.28a}$$

$$Y = L\sin\alpha - D\cos\alpha \tag{9.28b}$$

需要特别注意的是，周向力 Y 沿叶片运动的正方向，因此做正功。

对于对称翼型，无论 α 是正是负，周向力 Y 的方向总是保持不变(见图 9.25(b))。如果像图 9.24 中那样将一排翼型固定在转鼓上组成动叶栅，则无论空气从上方还是下方进入，叶片都将沿着切向力的正向旋转。由于气流为随时间变化的双向流动，因此产生的扭矩会周期性波动，但是只要发电机采用高惯性转子，就可以在很大程度上缓和波动。

由速度三角形可知，空气沿两种不同的方向流动时，流经动叶后的 c_2 均存在周向速度。Raghunathan 等人(1995)认为，采用导向叶片可以降低透平出口的旋流损失。

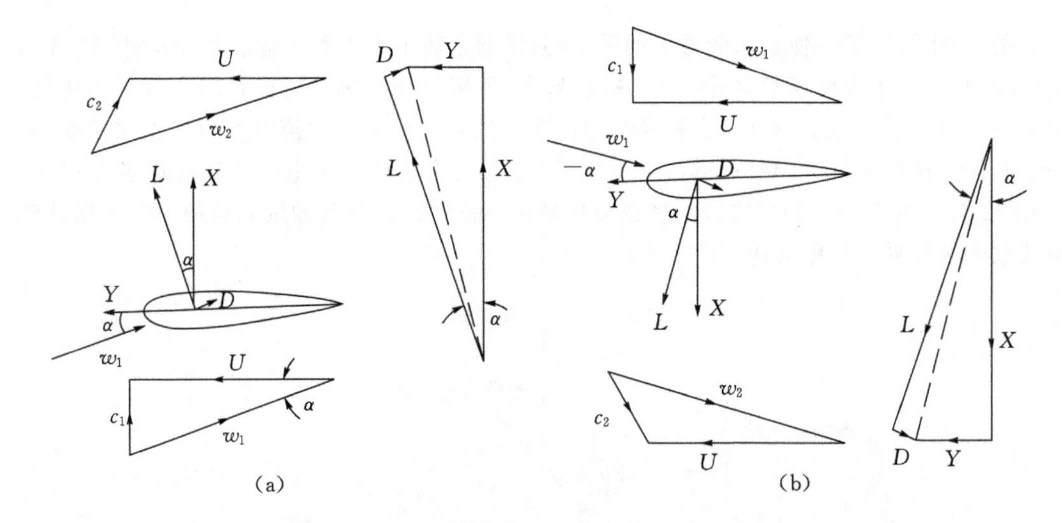

图 9.25 作用在威尔斯透平动叶片上的速度矢量和力矢量：(a)空气以向上的绝对速度流向速度为 U 的叶片；(b)空气以向下的绝对速度流向速度为 U 的叶片

二维流动分析

使用叶片基元理论可以预测威尔斯透平的性能。在二维分析中，将整圈透平叶片看作由一系列同心基元环组成，每个基元环视为一个二维叶栅。

面积为 $2\pi r\mathrm{d}r$ 的基元叶栅产生的输出功率为

$$\mathrm{d}W = ZU\mathrm{d}Y$$

式中，Z 为叶片数，每个叶片基元所受的周向力为

$$\mathrm{d}Y = C_y\left(\frac{1}{2}\rho w_1^2 l\right)\mathrm{d}r$$

半径为 r 的叶片基元所受轴向力为 $Z\mathrm{d}X$，其中

$$\mathrm{d}X = C_x\left(\frac{1}{2}\rho w_1^2 l\right)\mathrm{d}r$$

式中，C_x和 C_y分别为轴向力系数及周向力系数。在半径 r 处，各个叶片基元所受的轴向力等于基元环所受压力

$$2\pi r(p_1 - p_2)\mathrm{d}r = ZC_x\left(\frac{1}{2}\rho w_1^2 l\right)\mathrm{d}r$$

因此

$$\frac{(p_1 - p_2)}{(1/2)\rho c_x^2} = \frac{ZC_x l}{2\pi r\sin^2\alpha_1}$$

式中，$w_1 = c_x/\sin\alpha_1$ 。

考虑功率损失和功率输出可以得出效率公式。由阻力产生的功率损失为 $\mathrm{d}W_\mathrm{f} = w_1\mathrm{d}D$ ，其中

$$\mathrm{d}D = ZC_\mathrm{D}\left(\frac{1}{2}\rho w_1^2 l\right)\mathrm{d}r$$

由出口动能引起的功率损失为

$$\mathrm{d}W_\mathrm{k} = \left(\frac{1}{2}c_2^2\right)\mathrm{d}\dot{m}$$

式中，$\mathrm{d}\dot{m} = 2\pi r\rho c_x\mathrm{d}r$ ，c_2为出口绝对速度。气动效率定义为输出功率/输入功率，可表示为

$$\eta = \frac{\int_\mathrm{h}^\mathrm{t}\mathrm{d}W}{\int_\mathrm{h}^\mathrm{t}(\mathrm{d}W + \mathrm{d}W_\mathrm{f} + \mathrm{d}W_\mathrm{k})} \tag{9.29}$$

图 9.26(a)和(b)分别给出了 Raghunathan 等人(1995)计算出的无量纲压降 $p*$、气动效率 η 及其与实验结果的对比。

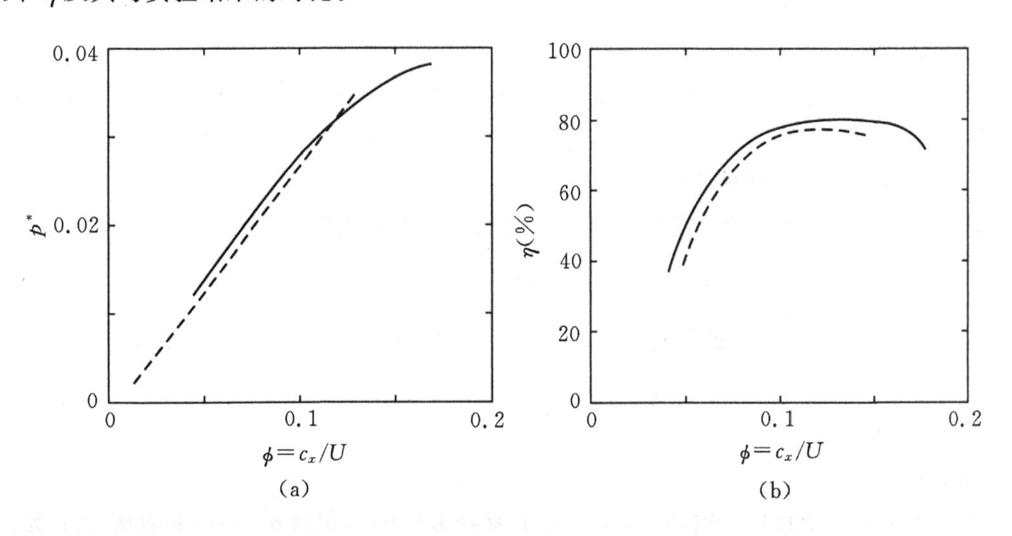

图 9.26 威尔斯透平实验数据和理论计算结果的对比：——理论计算，- - -实验数据。(a)无量纲压降与流量系数的关系；(b)效率与流量系数的关系

与设计和性能相关的变量

在设计威尔斯透平时，主要的已知量是根据压力幅值（$p_1 - p_2$）和进口体积流量 Q 得出的空气功率。性能指标有压降、功率、效率及其随流量的变化关系。气动设计方案和相应的设计性能是多个变量的函数，Raghunathan 给出了这些变量。它们的无量纲形式如下：

流量系数 $\phi = c_x/U$

平均半径处的叶片稠度 $\sigma = \dfrac{2lZ}{\pi D_t(1+\nu)}$

轮毂比 $\nu = D_h/D_t$

叶片展弦比 AR＝叶片长度/弦长

叶顶间隙比 $= t_c/D_t$

此外还包括叶片厚度比、透平进口湍流度、波浪频率及相对马赫数。Raghunathan、Setoguchi 和 Kaneko(1987)发现威尔斯透平具有一个区别于大多数透平机械的性能特点，即气流的绝对速度比相对速度小得多。理论上来说，相对流动可能出现跨音速工况，因而激波和激波与边界层相互作用导致的流动分离会产生附加损失。Raghunathan(1995)研究了这些变量对威尔斯透平性能的影响，下面给出他得出的一些主要结论。

流量系数的影响

流量系数 ϕ 是衡量气流冲角的物理量，叶片所受的气动力在很大程度上取决于 ϕ。图 9.26 给出了采用理论计算及实验方法获得的无量纲压降 $p^* = \Delta p/(\rho\omega^2 D_t^2)$ 及效率的典型结果。威尔斯透平的压降与流量系数呈线性关系(图 9.26(a))，这一特性可用于匹配透平与振荡水柱，后者也具有相似的特性。

图 9.26(b)显示，随着流量系数的增大，气动效率 η 先增大至一特定值后开始减小，这是由于边界层分离造成的。

叶片稠度的影响

稠度可用于衡量由叶片引起的气流阻塞程度，是重要的设计参数之一。很明显，威尔斯透平的压降与作用在叶片上的轴向力成比例。增大稠度会使轴向力和压降增大。图 9.27 表示了峰值效率和压降随稠度的变化关系。

Raghunathan 给出了无量纲压降和效率与稠度的关系式变化关系：

$$p^*/p_0^* = 1-\sigma^2 \quad 和 \quad \eta/\eta_0 = \frac{1}{2}(1-\sigma^2)$$

式中，下标 0 表示二维孤立翼型的结果($\sigma=0$)。无量纲压降与稠度($\sigma>0$)之间的关系如下：

$$p^* = A\sigma^{1.6}$$

式中，A 为常数。

轮毂比的影响

轮毂比 ν 是一个重要参数，它不仅决定了流经透平的体积流量，还影响着失速工况、叶顶泄漏、特别是透平升速至工作转速的能力。在设计时，建议取 $\nu<0.6$。

威尔斯透平的启动能力

威尔斯透平从静止开始启动时，动叶进口相对气流角为 90°。根据所选的设计参数，叶

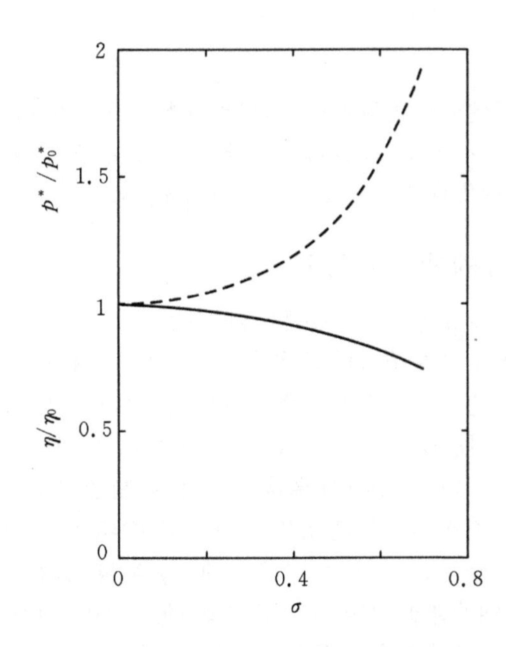

图 9.27　峰值效率及无量纲压降(与孤立翼型的 η_0 及 p_0^* 的比值)与稠度的关系：
——压强　– – –效率(引自 Raghunathan 等,1995)

片可能严重失速,因而周向力 Y 很小,转子升速可以忽略不计。如果在实际中发生了上述情况,则透平能达到的转速就远小于转速,这种现象称为蠕动。要避免发生蠕动,可以在设计阶段就恰当协调轮毂比与稠度的数值,也可以采用其他方法,如配备一套启动驱动装置。图 9.28 给出了可使威尔斯透平自启动的轮毂比及稠度数值。

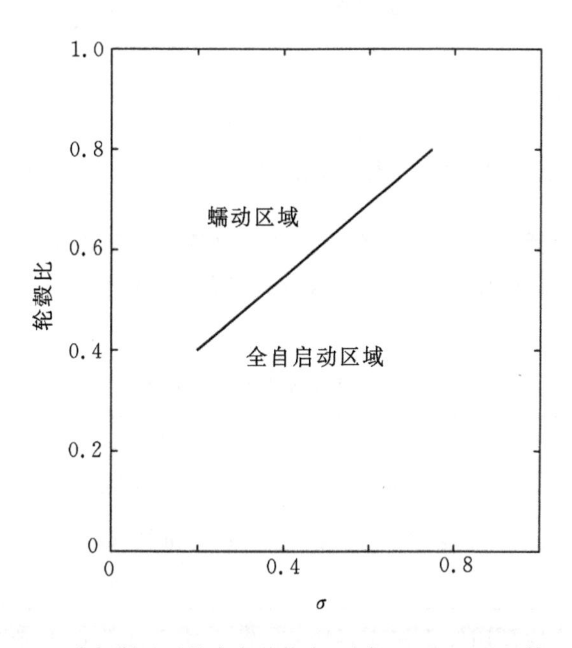

图 9.28　威尔斯透平的自启动能力(引自 Raghunathan 等,1995)

俯仰角可调的叶片

由于在设计中采用了俯仰角可调的叶片，已经大幅改进了威尔斯透平的性能。最初，威尔斯透平最大效率约为80%，但输出功率相当低，而且启动性能较差。功率低的原因之一是由于叶片固定安装，因此周向应力Y及流量系数ϕ较小。

具有俯仰角自调节叶片的威尔斯透平

Kim等人(2002)在一个试验台上采用可转叶片代替固定叶片改善了威尔斯透平的性能。他们设计了一种可围绕前缘旋转的对称叶片。由于气流振荡引起的气动力变化可使叶片俯仰角产生小量变化。这种结构上的改变能够使透平从往复气流中获得更高的扭矩和效率。根据作者所述，相比早期Sarmento、Gato和de O Falcào(1987)以及Salter(1993)提出的俯仰角“主动”调节叶片，这种透平叶片结构更为简单，制造费用也较低。

俯仰角自调节叶片的工作原理如图9.29所示。图中给出了一个通过位于前缘附近的枢轴安装在轮毂上的透平叶片，该叶片可在给定的$\pm\gamma$角范围内转动。当气流对叶片有一定冲角时，叶片承受绕枢轴的俯仰力矩，从而产生转动。相比叶片固定的威尔斯透平，当叶片处于新位置时，可在较低转速下产生更大的周向力和扭矩。

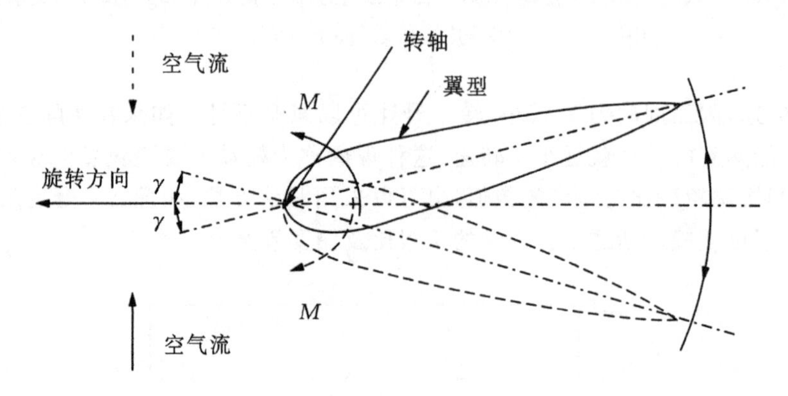

9.29 采用俯仰角自调节叶片进行波浪能转换的空气透平(引自Kim等，2002，由Elsevier许可引用)

Kim等人使用气体活塞式风洞测量了定常流动条件下该透平的性能特性。利用稳态参数及振荡通流的准稳态计算方法确定了透平运行和启动特性。表9.5列出了透平转子的几何参数。

表9.5 透平转子的详细参数

叶型	NACA0021	轮毂比	0.7
叶片弦长	75 mm	叶顶直径	298 mm
叶片个数Z	8	轮毂直径	208 mm
稠度	0.75	叶片长度H	45 mm

稳态流动的透平特性是用输出扭矩系数C_{τ}、输入功率系数C_{p}与流量系数$\phi=c_{x}/U_{av}$之间的关系来表示的，C_{τ}与C_{p}定义为

$$C_\tau = \tau_0 / [\rho(c_x^2 + U_{av}^2) ZlHr_{av}/2] \tag{9.30}$$

$$C_p = \Delta p_0 / [\rho(c_x^2 + U_{av}^2) ZlHr_x/2] \tag{9.31}$$

式中，τ_0为输出扭矩，Δp_0为透平总压降。

图 9.30(a)所示为不同叶片俯仰角 γ 下输出扭矩系数 C_τ随流量系数 ϕ 的变化关系。实线($\gamma=0°$)表示叶片固定的威尔斯透平的结果。当 $\gamma>0°$时，在无失速区，不同俯仰角工况的输出扭矩系数 C_τ随着 γ 的增大而减小；而在越过 $\gamma=0°$时的初始失速点之后，各 $\gamma>0°$输出扭矩系数 C_τ反而比 $\gamma=0°$时大得多。

图 9.30(b)所示为不同叶片俯仰角下输入功率系数 C_p与流量系数 ϕ 的变化关系。该图表明，对于所有的流量系数，$\gamma>0°$工况的输入功率系数 C_p均小于 $\gamma=0°$工况。这显然是由转子叶片俯仰角变化导致的。

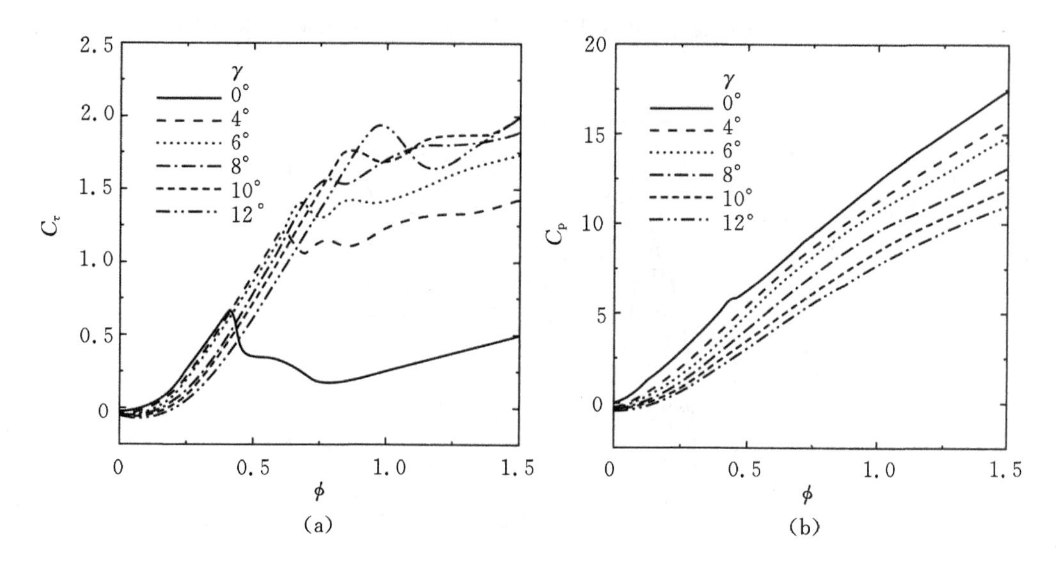

图 9.30 稳态流动工况的透平特性：(a)扭矩系数；(b)输入功率系数
(引自 Kim 等，2002，由 Elsevier 许可引用)

透平瞬时效率如下：

$$\eta = \frac{\Omega\tau_0}{Q\Delta p_0} = \frac{C_\tau}{\phi C_p} \tag{9.32a}$$

一个波浪周期($T=1/f$)的平均效率为

$$\eta_{av} = \left[\frac{1}{T}\int_0^T C_\tau \mathrm{d}t\right] / \left[\frac{1}{T}\int_0^T \phi C_p \mathrm{d}t\right] \tag{9.32b}$$

利用测得的输出扭矩系数 C_τ和输入功率系数 C_p特性，假设轴向速度按正弦规律变化，并且各个周期的最大幅值不同①(如图 9.31 所示)，可以计算出一个周期的平均效率。图 9.32给出了 $c_{xi}=0.6c_{xo}$时，不同 γ 值对应的平均效率与流量系数 ϕ 的函数关系。

① Kim 等人指出，吸入时的最大轴向速度 c_{xi}小于排出时的最大轴向速度 c_{xo}。

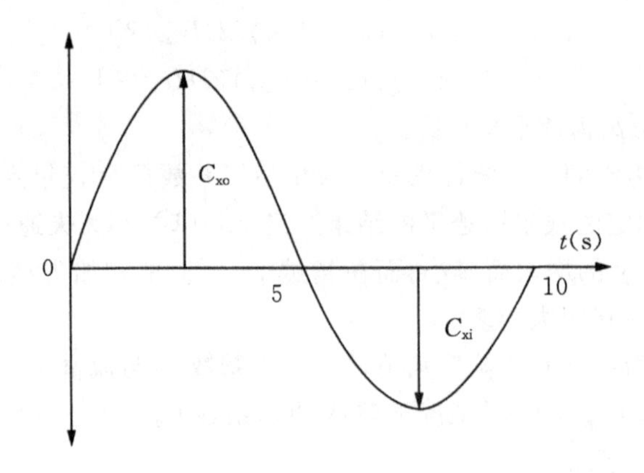

图 9.31 假设的轴向速度变化规律(引自 Kim 等,2002,由 Elsevier 许可引用)

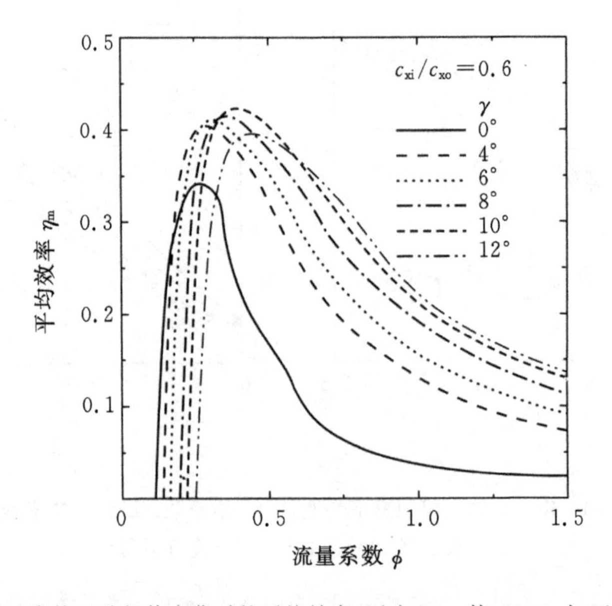

图 9.32 轴向速度按正弦规律变化时的平均效率(引自 Kim 等,2002,由 Elsevier 许可引用)

与叶片固定的威尔斯透平($\gamma=0°$)相比,$\gamma=10°$时的透平特性最佳,此时平均效率得到改善,最佳流量系数约为 0.4。当然,为了证实这一结论,需要进行现场试验。

研究展望

位于澳大利亚悉尼的 Energetech 公司于 2003 年左右开始设计缩尺比为 1/2 的试验透平,用于更为详细地研究透平内部流动,并对新型叶片-轮毂布置结构进行试验。此外,在澳大利亚新南威尔士州肯布拉港(Port Kembla)的试验波浪能电厂,一台直径为 1.6m、俯仰角可调的全尺寸透平投入使用。英国、爱尔兰、日本、印度及其他国家的研发中心也在研究威尔斯透平的改型。目前研究人员还不清楚哪种叶型或哪种俯仰角调节系统效果最好。Kim 等人(2001)试图利用稳态流动数据及不规则波浪运动的数值模拟结果,对比分析 5 种改型威尔斯透平。然而到目前为止,他们仍未从杂乱的数据中找出最佳机型。估计只有等待进一步的研究结果以及在真实海浪工况下进行原型机试验，才能得出最终结论。

9.11 潮汐能发电

潮汐能是由地球、太阳和月亮的相对运动产生的，天体引力导致地球表面的水位呈周期性变化。地球上任意区域的潮汐大小是由月亮和太阳相对于地球的位置变化、地球自转、海床形状及海岸放大效应决定的。月亮是引起潮汐的主要原因，太阳对潮汐的影响则小得多。如图 9.33 所示，当太阳、月亮与地球处于同一直线上时(图 9.33)，引力最大，会引起更大的潮汐(所谓大潮)。

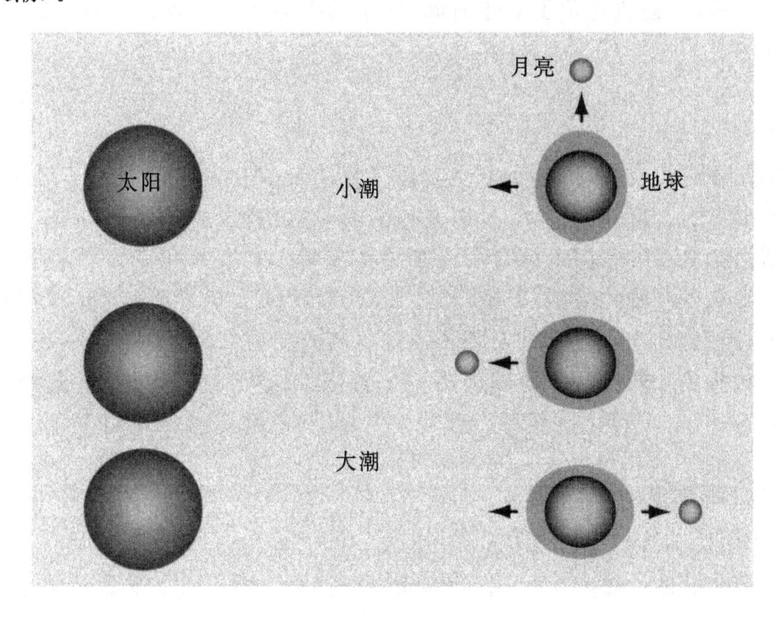

图 9.33 太阳、月亮和地球处在不同方位所引起的大潮和小潮

当太阳和月亮相对于地球的方位呈 90°角时，地球所受的引力最弱(引起小潮)。需要指出的是，潮汐能在实用时是取之不尽用之不竭的能量(它是一种可再生能源)[①]。任一时刻，地球表面总是同时存在两个大潮和两个小潮。其中一个大潮发生在离月亮最近的经线上，另一个大潮则发生在离月亮最远的地方。与此同时，与大潮所处位置相隔 90°的经线上则产生小潮。两个大潮之间的时间间隔约为 12 h 25 min。潮差指高潮位与低潮位之间的高度差。在海洋中央，潮差为 0.5～1 m，但在沿岸地区潮差则明显增大。塞汶河口(英国)的潮差可达 14 m，而像芬迪湾(新斯科舍，Nova Scotia)等那样的浅水区域，潮差则可超过 13 m。其他海岸地区的潮差也很大，很多地方都正在考虑安装潮汐能发电机。

这些潮汐能发电机中的一部分用于长期评估和试验，近来一些商业企业已获得了比较成功的结果。相比风能和太阳能，潮汐能由于完全可以预测，因而具有很大优势。

---

① Willians(2000)指出，由于潮汐运动要克服沿海岸线地形结构引起的抽吸海水作用，并且在海床和湍流中存在粘性耗散，因而将使地球-月亮系统的机械能发生损失。在过去的 6200 万年中，能量损失已导致地球自转速度减慢，自转周期从起初的 21.9 h 增加到现在的 24 h。从全球范围来看，人类从潮汐中提取的能量非常少，不会对地球自转产生影响。

潮汐能发电的分类

潮汐发电机主要有两种类型：

a. 潮汐流发电系统：利用水的动能带动水轮机发电；

b. 拦潮坝：利用涨、退潮之间所储存的水的势能。

拦潮坝本质上来说就是横跨整个潮汐区的大坝。由于拦潮坝的土建成本很高，还会产生一些环境问题，而且世界上适宜修建的地区很少（从经济性考虑，潮差最小要达到 7 m），因此很少使用。不过早在 1966 年，法国朗斯（La Rance）潮汐能电站就已投入运行。这是世界上第一个拦潮坝，其建造花费了 6 年时间，输出功率为 240 MW。本书对这类潮汐发电机不作进一步介绍。

潮汐流发电机

这是一项比较新的技术，仍处于开发阶段。目前最成功的方法是基于轴流式水轮机的实践经验发展出来的。自 2007 年 4 月以来，美国绿色能源公司（Verdant Power）在纽约市皇后区和罗斯福岛之间的东河上运行了一个示范项目。需要指出的是，该地的水流强度给这一工程项目带来了严峻的挑战：2006 年和 2007 年的原型机叶片均发生断裂。由于水下环境十分恶劣，因此在 2008 年 9 月安装了强度更高的新型叶片。2003 年，在挪威的克瓦尔松对一些基于轴流式水轮机设计的其他类型装置（300 kW）进行了试验；此外，北爱尔兰斯特兰福特湾的 SeaGen 项目也证明可以成功发电，能为电网提供 1.2 MW 电力。

SeaGen 潮汐流水轮机

如图 9.34 所示，斯特兰福特湾位于北爱尔兰东海岸，是一个面朝大海的大浅水湖。湖的入口是一个长约 8 km，宽约 0.5 km 的深水道（海峡）。海水流经海峡的流量很大、速度很快，流量最大时流速可达 4 m/s。当本书处于准备阶段时，SeaGen 项目制造商只通报了少量技术信息，但是利用已有数据并根据已在风力透平中使用的致动盘理论（见第 10 章），可以估算出一些主要的运行参数。Fraenkel（2007）介绍了在 SeaGen 项目之前的先行项目，即"Seaflow 项目"的设计理念、发展和试验背景，以及 SeaGen 项目本身实施时的准备工作。其后不久，Douglas 等人（2008）发表了一篇详细评估 SeaGen 项目的技术论文，其中包含了一些重要信息，该项目的能量补偿期约为 14 个月，二氧化碳的补偿期约为 8 个月。

图 9.35 所示为 SeaGen 发电机的结构布置，由安装在单根梁上的两台顶部直径为 16 m 的开式轴流水轮机组成。在设计转速 14 r/min 下，每台水轮机的功率为 600 kW。其结构与第 10 章介绍的水平轴风力机（HAWT）十分类似。转子叶片可转动 180°，以保证水轮机在涨潮和退潮时都能运行。

根据第 10 章的致动盘理论（式(10.15b)），可得水轮机水力输出功率为

$$P=\frac{1}{2}\rho AC_{\mathrm{p}}c_{x1}^{3}$$

式中，A 为叶盘面积，C_{p} 为功率系数，ρ 为海水密度，c_{x1} 为海水流向水轮机的速度。

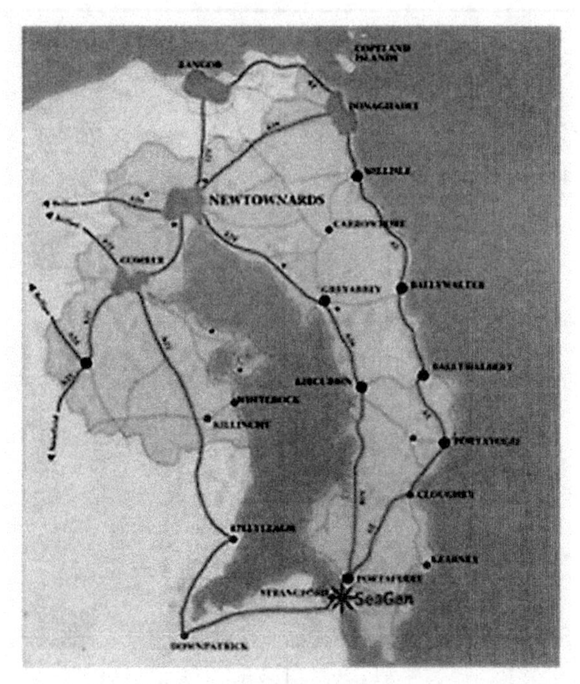

图 9.34 贝尔法斯特附近的斯特兰福特湾长约 25 km,每天进出该海湾(湖)的水流量约为 1.8×10^6 m^3

图 9.35 SeaGen 潮汐流发电机

(由英国 MCT 公司(Marine Current Turbine Ltd.)许可引用)

例题 9.9

为了使每台 SeaGen 潮汐流水轮机的满负荷设计功率达到 600 kW，试确定流向水轮机的最小水流速度和叶顶速比。假设功率系数 $C_p=0.3$①，叶片直径为 16 m，海水密度为 1025 kg/m^3。

解：

根据前文中给出的方程，有

$$c_{x1}^3=P\Big/\left(\frac{1}{2}\rho AC_p\right)=P\Big/\left(\frac{\pi}{8}\rho D^2C_p\right)=\frac{600\times10^3}{\pi/8\times1025\times16^2\times0.3}=19.41$$

因此

$$c_{x1}=2.69\ \mathrm{m/s}$$

叶尖速度为

$$U_t=\Omega r_t=\left(\frac{14}{30}\pi\right)\times8=11.73\ \mathrm{m/s}$$

因此，满功率时的叶尖速比为

$$J=\frac{U_t}{c_{x1}}=\frac{11.73}{2.69}=4.36$$

此叶尖速比与水平轴流风力机所采用的速比一致。

习题

1. 发电机由一功率比转速 $\Omega_{sp}=0.20$ 的小型单射流冲击式水轮机驱动。喷嘴进口有效水头为 120 m，喷嘴速度系数为 0.985。转轮以 880 r/min 的速度旋转，水轮机总效率为 88%，机械效率为 96%。若圆周速度与射流速度的比 $\nu=0.47$，试确定：

a. 水轮机的输出功率；

b. 体积流量；

c. 转轮直径与射流直径的比。

2. a. 采用一根 400 m 长的等直径管道将水从水库输送给水电站的冲击式水轮机，水库水位比水轮机喷嘴高 200 m。冲击式水轮机所需水的体积流量为 30 m^3/s。如果管道表面摩擦损失不超过水头的 10% 且 $f=0.03$，试确定最小管径。

b. 从已有的各种标准尺寸中选取合适管径以满足设计要求。现有的管径(m)为 1.6，1.8，2.0，2.2，2.4，2.6 和 2.8。根据所选取的管径，确定：

a. 管道摩擦水头损失；

b. 喷嘴出口流速。设喷嘴内部无摩擦损失，出口压力为大气压力；

c. 水轮机产生的总功率。设基于水轮机进口有效能量的水轮机效率为 75%。

3. 一台多射流冲击式水轮机的转轮直径为 1.47 m，喷嘴进口有效水头 200 m，水的体积流

① 水平轴风力机的 C_p 值通常在 0.3～0.35 的范围内，C_p 的贝兹极限为 0.593。

量为 4 m^3/s。通过实验已知其轮周效率为 88%，每个喷嘴的速度系数为 0.99。设该水轮机运行时的叶片圆周速度与射流速度之比为 0.47，试确定：

a. 转轮转速；

b. 输出功率和功率比转速；

c. 相对流动折转角为 165°时的水斗摩擦系数；

d. 若射流直径与转轮平均直径的比值不超过 0.113，求所需喷嘴数。

4. 由一台 4 射流冲击式水轮机供水的水库自由面与喷嘴间的高度差为 500 m。两者之间的连接管长度为 600 m，直径 0.75 m，摩擦系数 $f=0.0075$。喷嘴速度系数 $K_N=0.98$，由每个喷嘴喷出的射流直径为 75 mm。射流冲击在半径为 0.65 m 处的转轮水斗上，并相对于转轮折转了 160°。水斗内的摩擦使相对速度降低 15%。叶片圆周速度与射流速度的比值 $\upsilon=0.48$，水轮机的机械效率为 0.98。试通过迭代计算管中的水头损失，并确定水轮机的：

a. 转速；

b. 总效率(基于有效水头)；

c. 输出功率；

d. 水轮机出口动能损失占进口可用能量的百分比。

5. 一台混流式水轮机在其最高效率工况 $\eta_0=0.94$ 下运行，对应的功率比转速为 0.9 rad。水轮机的有效水头为 160 m，发电所需转速 750 r/min。叶尖圆周速度为导叶出口射流速度的 0.7 倍，进口绝对水流方向与径向的夹角为 72°，转轮出口绝对速度的周向分速度为零。设导叶中无损失且机械效率为 100%，试确定：

a. 水轮机功率和体积流量；

b. 转轮直径；

c. 转轮进口周向绝对速度的大小；

d. 进口处转轮叶片的轴向长度。

6. 一台 4 MW 混流式水轮机的功率比转速为 0.8，设其水力效率为 90%。水轮机的水头为 100 m。转轮进口处叶片沿径向布置，内径为外径的 3/4。转轮进、出口子午面速度分别为导叶出口射流速度的 25%和 30%。试确定：

a. 转轮转速和直径；

b. 导叶出口及转轮出口水流角；

c. 转轮进、出口流道宽度。

叶片厚度影响忽略不计。

7. a. 简述水轮机汽蚀现象并指出汽蚀可能发生的位置，说明汽蚀对水轮机运行和结构完整性的影响。采用什么措施可以减少汽蚀的发生？

b. 一台混流式水轮机功率为 27 MW，转速 94 r/min，有效水头 27.8 m。设其最优水力效率为 92%，转轮叶尖圆周速度与射流速度之比为 0.69，试确定：

a. 功率比转速；

b. 体积流量；

c. 叶轮直径和叶尖速度。

c. 采用一台缩尺比为 1/10 的模型机来验证原型水轮机的性能并确定其汽蚀极限。模型试验中的水头为 5 m。已知模型与原型满足动力相似，测得模型水轮机的汽蚀余量 H_S 为 1.35 m。试确定模型水轮机的：

a. 转速和体积流量；

b. 输出功率，用 Moody 公式修正以考虑尺寸效应(设 $n=0.2$)；

c. 吸入比转速 Ω_{SS}；

d. 原型水轮机运行水温为 30 ℃，大气压为 95 kPa。确定水轮机最易发生汽蚀的部分浸没在水下的必需深度。

8. 一台用于新水电工程的水轮机初步设计考虑采用立式混流式水轮机，输出水力功率为 200 MW，有效水头为 110 m。为了得到最佳设计效率，选取比转速 $\Omega_s=0.9$(rad)。转轮进口绝对速度与射流速度之比为 0.77，绝对水流角为 68°，叶片圆周速度与导叶出口射流速度之比为 0.6583。出口绝对流速无周向分量。试确定：

a. 转子的水力效率；

b. 转轮转速和直径；

c. 水的体积流量；

d. 进口处导叶的轴向长度。

9. 一台轴流转桨式水轮机的形状因子(功率比转速)为 3.0(rad)，转轮叶顶直径为 4.4 m，轮毂直径等于 2 m，净水头 20 m，转速 150 r/min。转轮出口的绝对流动方向沿轴向。设该水轮机的水力效率为 90%，机械效率为 99%，试确定：

a. 体积流量和转轴输出功率；

b. 转轮轮毂、平均半径及顶部的进、出口相对水流角。

10. 一座水电站由数台单射流冲击式水轮机组成，总发电功率为 4.2 MW。要求每台水轮机都以转速 650 r/min 运行，输出功率相同且功率比转速都等于 1.0 rev。设每台水轮机的喷嘴效率 η_N 为 0.98，总效率 η_0 为 0.88，叶片圆周速度与射流速度之比 ν 为 0.47。若喷嘴进口有效水头 H_E 为 250 m，试确定：

a. 所需水轮机台数(取整后的值)；

b. 转轮直径；

c. 总流量。

11. a. 在上一问题中，若水库水面高出水轮机喷嘴 300 m，并由三根长度为 2 km 的等直径管道将水输入水轮机。请使用达西公式确定合适的管径，设摩擦因子 $f=0.006$。

b. 该工程总设计师认为采用单管输水的经济性更佳，管道截面积应等于上述方案中的三根管道的截面积之和。设摩擦因子及总流量与上一方案相同，试确定单管方案的摩擦水头损失。

12. 瑞士苏黎世的苏尔寿公司(Sulzer Hydro Ltd.)制造了一台 6 射流冲击式水轮机，其额定功率为 174.4 MW，转轮直径 4.1 m，转速 300 r/min，有效水头 587 m。设水轮机总效率为 0.9，喷嘴效率为 0.99，试确定：

a. 功率比转速；

b. 叶片圆周速度与射流速度比；

c. 体积流量。

利用图 9.2 评估所得结果的合理性。

13. 一台立式混流式水轮机转轮直径为 0.825 m，运行的有效水头 $H_E=6.0$ m，可输出 200 kW 轴功率。转轮转速为 250 r/min，总效率 0.9，水力效率 0.96。若水流通过转轮的子午面速度为 $0.4\sqrt{2gH_E}$ 且保持不变，出口绝对流动无旋流，试确定导叶出口角、转轮叶片进口角以及进口处的转轮高度。计算水轮机的功率比转速，并确定所得数据与给出的总效率是否一致。

14. a. 一台混流式水轮机原型机，在功率比转速为 0.8 rad 时的设计转速为 375 r/min，有效水头为 25 m。设总效率为 92%，机械效率为 99%，转轮叶尖圆周速度与射流速度之比为 0.68，转轮出口流动无旋流，试确定：

i. 轴功率；

ii. 体积流量；

iii. 叶轮直径和叶尖速度；

iv. 转轮进口绝对和相对水流角，设子午面速度为 7 m/s 并保持不变。

b. 使用汽蚀系数及图 9.21 中的数据，考察该水轮机是否会发生汽蚀。转轮与尾水渠之间的垂直高差为 2.5 m，大气压力为 1.0 bar，水温 20 ℃。

15. 针对上一题中的原型机，制造了一台缩尺比为 1/5 的模型水轮机进行试验，以检验是否达到性能指标。试验装置的可用水头为 3 m，试确定该模型水轮机的：

a. 转速和体积流量；

b. 输出功率(不进行尺寸效应修正)。

16. 一台径流式水轮机的功率比转速 $\Omega_{sp}=1.707$，总水头 $H_E=25$ m，功率为 25 MW。水轮机总效率 $\eta_o=0.92$，机械效率为 0.985，喷嘴的水头损失为 0.5 m。叶尖速度与喷嘴射流速度的之比为 0.9。设子午面速度为 10 m/s 且保持不变，转轮出口无旋流。试确定：

a. 水轮机的体积流量；

b. 转轮的转速及直径；

c. 转轮进口的绝对和相对水流角。

17. 一台轴流式水轮机进口水头为 20 m，当转速为 250 r/min 时，功率可达 10 MW。水轮机的转轮直径为 3 m，轮毂直径为 1.25 m，转轮基于"自由涡流型"设计。设其水力效率为 94%，总效率为 92%，出口为纯轴向流动，试确定转轮上游在轮毂半径、平均半径、叶尖半径处的绝对和相对水流角。

18. a. 一台尺寸比例为 1/6 的转桨式模型水轮机，当净水头为 1.2 m，转速为 300 r/min，体积流量为 0.5 m^3/s 时可输出 5 kW 功率。试确定模型水轮机的效率。

b. 运用相似原理，计算原型水轮机的转速、流量和功率，原型机的净水头为 30 m；

c. 确定模型机和原型机的功率比转速，并采用 Moody 公式进行修正。考虑尺寸产生的影响，可以使用以下 Moody 公式：

$$(1-\eta_p)=(1-\eta_m)(D_m/D_p)^{0.25}$$

计算全尺寸原型水轮机的效率 η_p 及相应的功率。

19. 一台冲击式水轮机的节圆直径为 3 m，水斗角为 165°，射流直径为 5 cm，转速 240 r/min。若喷嘴出口射流速度为 60 m/s，水斗出口相对速度为进口相对速度的 0.9 倍，试确定：

a. 作用在水斗上的力；

b. 水轮机产生的功率。

参考文献

Addison, H. (1964). *A treatise on applied hydraulics* (5th ed.London: Chapman and Hall.

Douglas, C. A., Harrison, G. P., & Chick, J. P. (2008). Life Cycle Assessment of the Seagen marine current turbine. *Proceedings of the Institution of Mechanical Engineers for the Maritime Environment, 222(1)*(An online version of the article can be found at: http://pim.sagepub.com/content/222/1/1).

Drtina, P., & Sallaberger, M. (1999). Hydraulic turbines—basic principles and state-of-the-art computational fluid dynamics applications. Proceedingsof the Institution of Mechanical Engineers, *Part C, 213*, 85–102.

Fraenkel, P. L. (2007). Marine current turbines: Pioneering the development of marine kinetic energy converters, *Proceedings of the Institution of Mechanical Engineers, 221*, Part A: *Journal of Power and Energy* Special Issue Paper.

Franzini, J. B., & Finnemore, E. J. (1997). *Fluid mechanics with engineering applications.* New York, NY: McGraw-Hill.

Gato, L. M. C., & de O Falcao, A. F. (1984). On the theory of the Wells turbine. *Journal of engineering for gas turbines and power, 106*(3), 628–633.

Kim, T. H., Takao, M., Setoguchi, T., Kaneko, K., & Inoue, M. (2001). Performance comparison of turbines for wave power conversion. *International Journal of Thermal Science, 40*, 681–689.

Kim, T. H., et al. (2002). Study of turbine with self-pitch-controlled blades for wave energy conversion. *International Journal of Thermal Science, 41*, 101–107.

Massey, B. S. (1979). *Mechanics of fluids* (4th ed.New York, NY: Van Nostrand.

McDonald, A. T., Fox, R. W., & van Dewoestine, R. V. (1971). Effects of swirling inlet flow on pressure recovery in conical diffusers. *AIAA Journal, 9*(10), 2014–2018.

Moody, L. F., & Zowski, T. (1969). Hydraulic machinery. In C. V. Davis, & K. E. Sorensen (Eds.), *Handbook of applied hydraulics* (3rd ed.). New York, NY: McGraw-HillSection 26.

Raabe, J. (1985). *Hydro power. The design, use, and function of hydromechanical, hydraulic, and electrical equipment* Germany: VDI Verlag, Düsseldorf.

Raghunathan, S. (1995). A methodology for Wells turbine design for wave energy conversion. *Proceedings of the Institution of Mechanical Engineers, 209*, 221–232.

Raghunathan, S., Curran, R., & Whittaker, T. J. T. (1995). Performance of the Islay wells air turbine. *Proceedings of the Institution of Mechanical Engineers, 209*, 55–62.

Raghunathan, S., Setoguchi, T., & Kaneko, K. (1987). The well turbine subjected to inlet flow distortion and high levels of turbulence. *Heat and Fluid Flow, 8*(2).

Rogers, G. F. C., & Mayhew, Y. R. (1995). *Thermodynamic and transport properties of fluids* (5th ed., (*SI Units*)). Malden, MA: Blackwell, (*SI Units*).

Salter, S. H. (1993). Variable pitch air turbines. *Proceedings of the European wave energy symposium.* Edinburgh, pp. 435–442.

Sarmento, A. J. N. A., Gato, L. M., & de O Falcào, A. F. (1987). Wave-energy absorption by an OWC device with blade-pitch controlled air turbine. *Proceedings of the Sixth International Offshore Mechanics and Arctic Engineering Symposium, American Society of Mechanical Engineers, 2*, 465–473.

Stelzer, R. S. & Walters, R. N. (1977), *Estimating reversible pump-turbine characteristics*. Engineering Monograph No. 39 A Water Resources Technical Publication, U.S. Department of the Interior.

Wells, A. A. (1976). Fluid driven rotary transducer. British Patent 1595700.

White, F. M. (2011). *Fluid mechanics.* New York, NY: McGraw-Hill.

Williams, G. E. (2000). Geological constraints on the Precambrian history of the earth's rotation and the moon's orbit. *Reviews of geophysics, 38*, 37–60.

Yedidiah, S. (1981). The meaning and application-limits of Thoma's cavitation number. In J. W. Hoyt (Ed.), Cavitation and polyphase flow forum—198 (*1*, pp. 45–46). New York, NY: American Society of Mechanical Engineers.

Young, F. R. (1989). *Cavitation* New York, NY: McGraw-Hill.

风力机

10

您仔细瞧瞧，那不是巨人，是风车。
——**塞万提斯《唐·吉诃德》第一部分，第八章**

像螺旋纹中的圆圈旋转着环环相连
转个不停的轮轴没有开始或结束
像滚下山坡的雪球或节庆气球
像对着月球绕圈狂欢作乐
像时钟的指针走过钟面上的刻度
世界像颗苹果，在太空中无声的旋转
像你在心中的风车找到的圆圈
——**歌词：心中的风车（密歇尔·勒克朗）**

10.1 引言

风车是一种将风能转换成机械功的机器，而现代风力机则是一种将风能转化成电能的设备。就像发电机一样，风力机一般会连接到某种形式的电网之中，并且大型风力机可以成为电力系统的组成部分，这种发电用风力机的最大单机输出功率约为 5～6 MW。

在过去的 40 年中，全球发电装机容量显著增长。根据全球风能理事会（Global Wind Energy Council，GWEC）、欧洲风能协会（European Wind Energy Association，EWEA）、美国风能协会（American Wind Energy Association，AWEA）和其他机构公布的数据，截至 2011 年底，全球风电装机容量见图 10.1。目前，全球风力发电容量仍然以每 3 年翻一番的速度增长，其中中国是对全球风力发电量增长贡献最大的国家。根据全球风能理事会的统计，风能在中国的发展规模是空前的，到 2010 年底，风电装机容量已达 41.8 GW。截至 2009 年 5 月，世界各地有 80 个国家在推动风力发电的商业发展，因此很难准确预测风力发电的增长规模。到 2011 年底，全世界风电装机总容量已经达到 237 GW。

Xi、McElroy 和 Kiviluoma（2009）在其发表的一篇引人关注的论文中研究了风力发电作为全球电力来源的潜力。分析表明，只要在无森林、无冰和非城市地区布置陆上 2.5 MW 风力机以形成电网，并且只需提供 20％额定容量的电量，就可以提供超过现今世界电网容量 40 倍的电量。

风能的特性及资源评估

在地球上，赤道比两级可接收更多来自太阳的能量，陆地又比海洋更容易被迅速加热（或冷却），这种加热和冷却的差别（在赤道附近最大）驱动了从海平面延伸至上层大气的大气对流。热空气上升并在大气中流动，然后逐渐下沉到地表比较冷的区域。在大气上层的

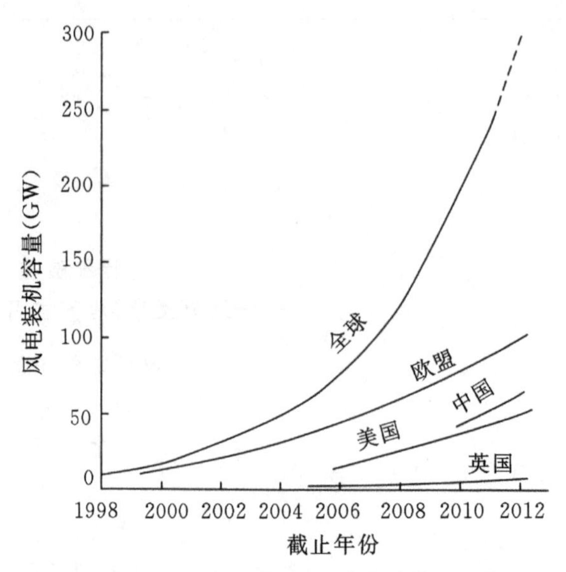

图 10.1 风电装机容量(全球的和某些国家)

连续风速一般超过 150 km/h,高海拔空气的大尺度运动将导致海平面附近形成特征各异的空气环流模式,如信风。

风能最显著的特点是它会随空间和时间变化,这种变化与许多因素有关,如气候区、地形地貌、季节、海拔高度、当地植被类型等。地形和海拔高度对风的强度影响很大,高空和山顶的风强大于被遮蔽的山谷。因为陆地和海洋之间加热的差异,沿海地区往往比内陆多风。利用现有的风力资源数据非常重要,美国、欧洲及全球许多机构都对多个地区的风力资源(单位为 W/m^2)进行了研究。本书限于篇幅不对大量研究结果进行介绍,以下仅列出主要研究机构发表的与风力资源详细分布有关的文献。

1. 世界范围:

Singh, S. ,Bhatti,T. S. ,& Kothari,D. P. (2006). A review of wind-resource-assessment technology. *Journal of Energy Engineering*,132(1),8 - 14.

Elliot,D. L. (2002). Assessing the world wind resource. *Power Engineering Review*, IEEE,22(9).

2. 美国:

Elliot,D. L. ,& Schwartz,M. (2004). *Validation of Updated Slate Wind Resource Maps for the United States*,NREL/CP - 500 - 36200.

3. 欧洲:

Troen,I. ,& Petersen,E. L. (1989). *European Wind Atlas*,Risϕ National Laboratory, Denmark.

如今,沿海水域的风电建设已经发生了重大变化,规划并安装了大量风力机。尽管环境原因导致安装困难且成本高,但沿海水域具有风速高、风的湍流度低等优点,并且人口密集区和产业中心通常都靠近海岸,风电的电力输送距离缩短,输电成本随之降低。

由于风随时间变化的特性,因此任一区域的风力强度和风量都可能逐年变化。人们对这些变化的原因仍不甚了解，估计可能是由于天气系统和洋流的大尺度变化所致。

风力机的设计和尺寸选择取决于所选风场是否具有良好的风源。简单说来，“良好”是指在建造风力机的许用高度区域，风要有足够的强度和持续时间。对可供选取的风场区域需要进行大范围的风速和风向监测(至少持续一年)，以此来确定风速随时间和离地高度的变化及分布。这些监测通常在距离地面 30 m 的标准高度进行，必要时，可以采用外推法来确定其他高度的风速[①]。为了估算风场中不同风速出现的频率，通常使用概率分布函数来拟合监测到的数据。几种常用的分布函数包括：

i. 简单的单参数瑞利分布(Reyleigh distribution)；

ii. 复杂但较准确的两参数威布尔分布(Weibull distribution)。

根据这些数据，可以计算出各种尺寸和结构的风力机输出功率。风力机转子在风速过高时可能损坏甚至被破坏，所以需要考虑最坏情况下的风况以避免此类事故发生。

还有一个重要问题是风电场建造对环境的影响。Walker 和 Jenkins(1997)概述了安装风力机的显著优势以及反对安装的理由。很显然，其优势在于减少化石燃料的使用从而减少污染物排放(其中最主要的是碳、硫和氮氧化物)。而建造风电场本身所造成的环境污染，在其无污染运行几个月后就可以抵消。根据世界能源理事会(1994)的报告可知，生产一台风力机的能源消耗经过大约一年的正常运行之后便可得到补偿。

风力机的发展历史

了解现代风力机的发展历史很有意义。从风中获得机械能的技术实践由来已久，至少可以追溯到 3000 年前。最早使用风力的是帆船，后来这种技术被应用到早期研磨谷物的风车。一般认为，风车起源于 7 世纪的波斯，12 世纪前就已经传播至整个欧洲。其后，风车设计逐步完善，尤其在 18 世纪的英国，风车制造者开发了非常有效的自动控制机构。图 10.2 展示了一座精心保存至今的砖建塔式风车，就是典型的这类风车，现在仍矗立于英国利物浦附近的 Bidston 山。这架风车一直到 1875 年还在使用，磨了 75 年的面粉。如今，它已成为一处颇受欢迎的历史景观。

图 10.2 位于英国 Wirral Bidston 的塔式风车(约 1875 年)

荷兰率先开发了用于排水的风力泵，美国也开发了深井泵用于汲水供牲畜饮用。大多数风车使用水平轴转子，并使用帆布制成的翼板，

① 美国国家可再生能源实验室(National Renewable Energy Laboratory，NREL)已开发出绘制风资源图的自动化方法，可以快速生成风场数据。该技术基于距离地表 100～200 m 处的风速与地表“大气”风速之间的经验关系，再应用所谓“自上而下”的方法来确定由高空至地表的大气速度分布(Schwartz，1999)。

这种风车在克里特岛至今仍在使用。英国风车多采用木质翼板，并用带有枢轴的板条进行控制。美国的风力泵则使用大量金属薄片翼板(Lynette & Gipe,1998)。20世纪70年代，由于能源危机，人们对风力机械的关注显著升温。Eggleston和Stoddard(1987)富含趣味地介绍了风力机设计发展的简明历史，他们关注的焦点是利用风力机产生电能，而不是机械能。Manwell等人(2009)也详细阐述了从古代风车到现代风力机应用期间的发展历史。

10.2 风力机的类型

风力机分为两大类：由气动阻力驱动的风力机(即老式风车)以及由气动升力驱动的风力机。相比现代风力机(升力驱动)，古代由波斯人开发的风力机(阻力驱动)效率非常低，本章不做介绍。

现代风力机根据空气动力学原理进行设计，相关内容将在本章后文中详细介绍。设计转子叶片时需要使其与迎面而来的气流相互作用从而产生气动升力，当然同时也会产生气动阻力，不过只要在未失速的正常运行范围内，阻力就都很小，只有升力的1%到2%。气动升力与随之产生的正扭矩驱动风力机运转，并输出功率。

本章重点关注水平轴风力机(horizontal axis wind turbine,HAWT)的空气动力学分析，但也简要介绍垂直轴风力机(vertical axis wind turbine,VAWT)。法国人Darrieus在20世纪20年代发明了采用垂直轴及小弯度对称翼型的风力机，因此就以其发明者的名字将其命名为Darrieus风力机。图10.3(a)所示为建于加拿大魁北克Cap-Chat的4.2 MW大型Darrieus垂直轴风力机，也称为Eole垂直轴风力机，其有效直径为64 m，叶片高度为96 m。

图10.3(b)给出了被称为“打蛋器”的风力机主要部件示意(Richards,1987)，采用拉索(图中未展示)保持风力机竖直。这类风力机的一个突出优点是可以不必考虑风向而持续运行。然而，它也有以下许多缺点：

i. 地面附近风速较低，因而在转子较低部位的输出功率小于较高部位；

ii. 每旋转一圈扭矩都有较大波动；

iii. 自启动能力很差；

iv. 高风速时的速度调节能力差。

Darrieus风力机通常需要输入机械动力来启动，但也曾发生过自启动(一些垂直轴风力机已经因为这种自启动被破坏)。其启动方法是将发电机作为电动机带动风力机，直到转速升至风力可以维持其转动为止。当风力较强时，很难使垂直轴风力机停机，这是因为没有有效的气动制动方法，需要使用摩擦制动。

据Ackermann和Soder(2002)介绍，20世纪70年代，垂直轴风力机开始商业生产，到80年代末，除加拿大以外，绝大多数国家都停止了相关研究及生产(参见Gasch,2002；Walker & Jenkins,1997；Divone,1998)。

大型水平轴风力机

水平轴风力机(HAWT)在目前的大型风力机中占主导地位，并在可见的未来仍将保持

(a)

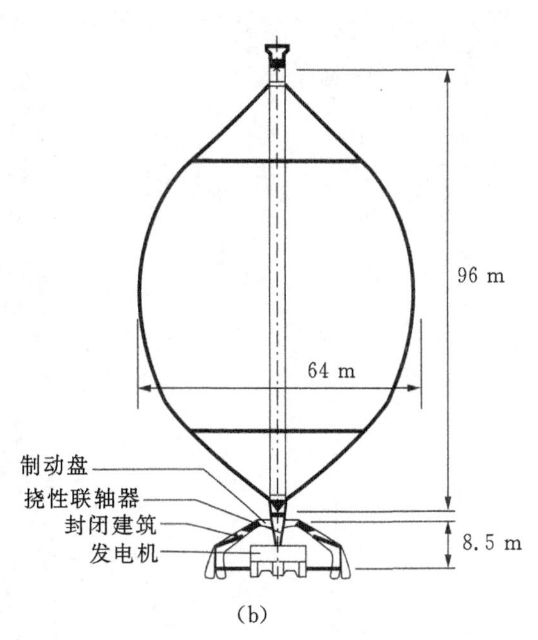

(b)

图 10.3 (a)建于加拿大魁北克 Cap-Chat 的 4 MW Eole 垂直轴风力机；(b)Eole 垂直轴风力机主要部件示意图，包括直流发电机(由 AWEA 许可引用)

这种地位。图 10.4(a)所示为西班牙 Barrax 的大型水平轴风力机，直径 104 m，功率 3.6 MW。(这种尺寸的风力发电机组应用得相当广泛，特别是在英国沿海水域。)水平轴风力机主要包括安装在高塔架顶部的机舱，其内部有发电机和连接转子的齿轮箱。目前，越来越多的风力机不带变速箱，而是使用直接驱动的方式。同时，采用电力偏航系统使风力机正对来流方向，由传感器监测风向，机舱则根据积分平均的风力方向转动。转子叶片的数量与风力机的用途有关。一般说来，三叶片转子常用于发电，仅有两个或三个叶片的风力机具有较高的叶尖速比(叶尖速度与轴向流速的比)，但启动扭矩小，甚至在启动时还需要辅助设施以使风力机正常运行。商用风力机的功率范围涵盖几百 kW 到 3 MW，关键参数为转子叶片的直径，叶片越长，“扫掠”面积越大，输出功率就越大。现代风力机转子直径超过 100 m，并且为了降低发电成本，正朝着更大型的方向发展。欧洲生产的大多数风力机为上风式设计，也就是叶轮迎风，机舱和塔架在叶轮下游。不过，也有采用下风式设计的风力机，此时风流经塔架后再到达叶轮。上风式设计的优点是塔架的“塔影”效应很小或没有，噪声也比下风式设计低。

小型水平轴风力机

发展于 19 世纪的小型水平轴风力机常用于机械抽水，如美国农场使用的风力驱动水泵。其转子有 20 个或更多叶片，叶尖速比低，但启动扭矩高。随着风速增大，水泵会自动开始抽水。据 Baker(1985)介绍，公用电网的发展使这种风力驱动水泵在 20 世纪 30 年代逐渐消失。不过，用设计先进的小型水平轴风力机给没有接入电网的偏远地区和孤立社区供

图 10.4　(a)通用电气公司第一台水平轴风力机，功率为 3.6 MW，直径 104 m，2002 年在西班牙 Barrax 投运；(b) Sergey Excel-S 的三叶片风力机，直径 7 m，风速 13 m/s 时的额定功率为 10 kW((a)由 US DOE 许可引用；(b)由 Bergey Windpower Company 许可引用)

电，已引起世界各国的广泛兴趣。这种小型风力机的输出功率在 1～50 MW 之间。图 10.4(b)给出了 Sergey Excel-S 的三叶片上风风力机，当风速为 13 m/s 时，其额定功率为 10 kW，这是现在美国最普遍的商用小型风力机。

塔架高度的影响

塔架高度是水平轴风力机设计的重要因素之一。距离地面越高，风速越大，这种气象现象称为风切变。为了捕获更多风能，可以采用增大叶轮轮毂高度的方法来利用风的这种特性。Livingston 和 Anderson(2004)研究了美国大平原(Great Plains)125 m 高度处的风速，提出了一种可行的风力机运行方案，在该方案中，风力机轮毂高度至少需要 80 m。通常，在白天的气温下，风速变化遵循七分之一次方风廓线定律(风速与离地高度的七分之一次方成正比)。

$$c_x/c_{x,\mathrm{ref}} = (h/h_{\mathrm{ref}})^n$$

式中，c_x为高度 h 处的风速，$c_{x,\mathrm{rel}}$为参考高度处的风速，指数 n 为实验获得的系数。对于中性稳定的大气环境和空地(标准环境)，$n\approx1/7$ 或 0.143；对于开放水域，$n\approx0.11$。如将 50 m轮毂高度处测得的 15 m/s 风速作为参考风速，估算距离地面 80 m 处的风速：

$$c_x = 15\ (80/50)^{0.143} = 16.04\ \mathrm{m/s}$$

后文中将指出，可提取的风能随风速的三次方变化，因此即使风速小幅增大也很重要。根据上述算例，当轮毂高度从 50 m 增大至 80 m 时，可提取的能量将增加 22%以上。当然，这需要支付更多成本以建造更坚固的塔架。

10.3 风力机性能测量

风力机的性能与所在风场的风能利用率有关。风的特性可以通过在某瞬时的稳定风速分量上叠加不同频率湍流的概率密度分布来描述。湍流风的速度有纵向、横向和垂直分量。在对风的基本描述中，我们只关注平行于风力机转轴的纵向分量 c。在一段较短时间内，可以认为风速是稳定分量 c 与脉动分量 c' 之和，也就是 $c=c+c'$。

风速的概率密度函数

在任意位置对风速进行一段足够长时间的测量，就可以明显发现变化的风速接近某一平均值，而且不会偏离很大。此外，测量值分布在平均值上下两侧的几率差不多。高斯概率密度分布(或正态分布)是最适于拟合这类湍流随机特性的概率密度函数(p. d. f.)。用于拟合连续收集所得数据的高斯概率密度函数为

$$p(c) = \frac{1}{\sigma_c\sqrt{2\pi}}\exp\left[-\frac{(c-\bar{c})^2}{2\sigma_c^2}\right]$$

式中，$\sigma_c^2 = (1/N_s - 1)\sum_{i=1}^{N_s}(c_i - \bar{c})^2$，$\sigma_c$ 为标准偏差，N_s为一个时间间隔内(如 10 s 内)用于确定短时风速的读数量，$c = (1/N_s)\sum_{i=1}^{N_s} c_i$。

图 10.5 所示为实际风速相对于平均风速变化的样本直方图，图中还给出了高斯概率密度分布拟合曲线。

输出功率预测:风力机的输出功率是风速的函数。每一台风力机都有其独特的功率特性曲线，根据特性曲线可以预测风力机的能量输出，并不需要考虑风力机各部件的详细信息。图 10.6 给出了假想的风力机输出功率随轮毂处风速的变化曲线。

图中包含了适用于所有风力机的三个关键因素，它们是：

1. **切入风速**:保证风力机可以提供有用功率的最小风速，一般在 3～4 m/s 之间。
2. **切出风速**:保证风力机可以安全输出功率的最大风速。切出风速是由风力机各部件的应力水平决定的极限风速。如果达到这个风速，控制系统就会启动制动系统使转子停转。
3. **额定输出功率和额定风速**:随着风速的增大，电功率输出将迅速增加。但是通常在风速为 14～17 m/s 时，发电机就已达到最大许用功率。与额定输出功率对应的风速称为额定风速。在较高风速下，可以利用控制系统调整叶片角度以使输出功率保持恒定。

从风的动能中获得的可用功率为

$$P_0 = \frac{1}{2}\rho A_2 c_{x1}^3$$

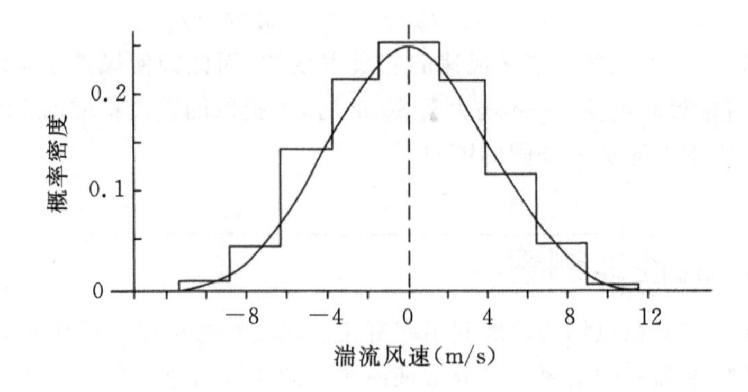

图 10.5 拟合风速数据样本的高斯概率密度分布

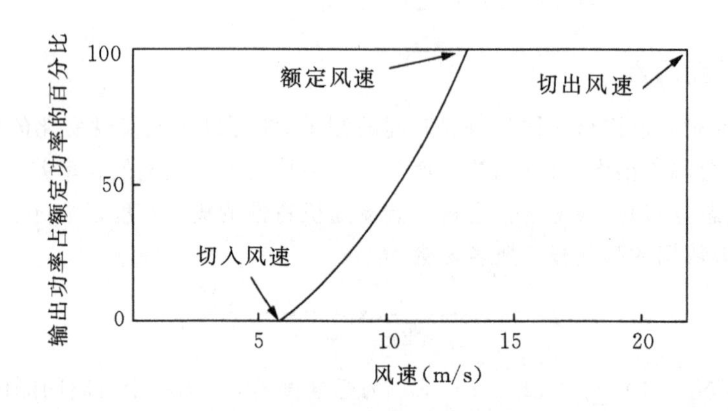

图 10.6 风力机的理想功率输出曲线

式中，A_2为叶轮轮盘面积，c_{x1}为叶轮上游风速。因此可知，风力机的理想功率随着风速的三次方而变化。图 10.6 给出了风力机的理想功率曲线，图中切入风速与额定风速之间的关系曲线是利用上述三次方定律做出的，额定风速下能量转换效率通常接近于最大值。

能量储存

由于风能存在间歇性，且在需要时可能无法提供能量，因此风力机的反对者常以此作为放弃风能转而利用其他能源的依据。显然，通过设计某种形式的能量储存装置即可解决这一问题。例如，据 *Renewable Energy World*(2009 年 9～10 月)介绍，西班牙的风电装机容量已超过 13.8 GW，提供了该国约 10%的电力需求。在西班牙伊维尔得罗拉(Iberdrola)，使用了抽水蓄能系统(852 MW)来储存多余的风力机能量，此外还将建成三个总容量为 1.64 GW 的抽水蓄能电站。

风力机可产生的最大平均功率计算

Carlin(1997)提出了一种基于给定尺寸的水平轴风力机瑞利概率能量分布来确定平均风速 c 下最大可能平均功率的计算方法。

风力机产生的平均风功率为

$$\bar{P}_W = \frac{1}{2}\rho\,\frac{\pi}{4}D^2\eta\int_0^\infty C_p(\lambda)c^3 p(c)\,dc$$

式中，λ=(叶尖速度/风速)=($\Omega R/c$)，η 为风力机的机械效率。

应用瑞利分布可得平均风功率为

$$\bar{P}_W = \frac{\pi}{8}\rho D^2\eta\int_0^\infty C_p(\lambda)c^3\left\{\frac{2c}{c_c^2}\exp\left[-\left(\frac{c}{c_c}\right)^2\right]\right\}dc$$

式中，$c_c = 2\bar{c}/\sqrt{\pi}$ 是由平均风速 c 得出的特征风速。

令效率 $\eta=1$，取功率系数为贝兹系数的最大值 $C_{p,Betz}=16/27$，经简化后所得的风力机功率为平均理想风力机功率 $P_{W,id}$

$$\therefore P_{W,id} = \frac{\pi}{8}\rho D^2 c_c^3 C_{p,Betz}\int_0^\infty\left(\frac{c}{c_c}\right)^3\left\{\frac{2c}{c_c}\exp\left[-\left(\frac{c}{c_c}\right)^2\right]\right\}\frac{dc}{c_c}$$

通常使用无量纲风速 $x=c/c_c$ 进一步简化上式

$$\bar{P}_{W,id} = \frac{\pi}{8}\rho D^2 c_c^3 C_{p,Betz}\int_0^\infty x^3\{2x\exp[-(x^2)]\}dx$$

上式中的积分值等于 $(3/4)/\sqrt{\pi}$，所以平均最大可能功率为

$$\bar{P}_{W,id} = \rho\left(\frac{2}{3}D\right)^2\bar{c}^3$$

需要注意的是，该式只适用于无损失的理想风力机，C_p 值取贝兹系数极限，风速概率由瑞利分布给出。

例题 10.1

试确定位于海平面处的 30 m 直径水平轴风力机的年平均能量产出(AEP)，已知年平均风速分别为(a)6 m/s；(b)8 m/s；(c)10 m/s。

设空气密度为 1.25 kg/m³，效率为 100%，$C_p=0.5926$(最大贝兹系数)。

解：

$$\bar{P}_W = 1.25\times((2/3)\times 30)^2\times c^3 = 500\times c^3\text{，因此}$$

a. $\bar{P}_W = 108\ \text{kW}, \therefore \text{AEP} = 8760\times 108 = 946\ \text{MWh}$

b. $\bar{P}_W = 256\ \text{kW}, \therefore \text{AEP} = 2243\ \text{MWh}$

c. $\bar{P}_W = 500\ \text{kW}, \therefore \text{AEP} = 4380\ \text{MWh}$

因为取 $\eta=1$，$C_p=16/27$(这是贝兹理论给出的最大值)，因此预计会有相当大的功率损耗。

10.4 年发电量

风力机的成本效益由其年平均发电量决定(安装和运行方面的成本要给予一定的补贴)。确定每年的发电量需要知道风速频率分布的详细信息，这就要求对风力机所在风场的

风速进行全面测量。对于水平轴风力机，需要在很长一段时间内（通常至少一年）测量风力机轮毂高度处的风速，常用方法是在相对较短的时间间隔内（如5分钟）测量变化的风速，并将风速平均值存储在所谓的“风速箱”（wind speed bins）中，这种“箱法”（method of bins）在风力数据统计中被广泛应用[①]。

10.5 风力数据的统计分析

基本方程组

某种风速的出现频率可由风速 c 的概率密度分布 $p(c)$ 描述，c_a 和 c_b 之间出现某种特定风速的概率表示为

$$p_{a\to b} = \int_{c_a}^{c_b} p(c)\mathrm{d}c$$

平均风速 $\bar{c} = \int_{c_a}^{c_b} cp(c)\mathrm{d}c$ 。

概率密度函数下方的总面积为

$$\int_0^{\infty} p(c)\mathrm{d}c = 1$$

平均风速 $\bar{c} = \int_0^{\infty} cp(c)\mathrm{d}c$ 。

密度为 ρ 的空气以速度 c（假定为常数）通过叶轮迎风面积 A 的质量流量为

$$\frac{\mathrm{d}m}{\mathrm{d}t} = \rho Ac$$

可得单位时间的流体动能或风功率为

$$P = \frac{1}{2}\frac{\mathrm{d}m}{\mathrm{d}t}U^2 = \frac{1}{2}\rho Ac^3 \tag{10.1a}$$

由此得出可利用的平均风功率为

$$\bar{P} = \frac{\rho A}{2}\int_0^{\infty} c^3 p(c)dc = \frac{\rho A}{2}\bar{c}^3 \tag{10.1b}$$

风速概率分布

风速分布的统计分析一般使用两种流动模型，分别是

1. 瑞利分布（Rayleigh Distribution）；

2. 威布尔分布（Weibull Distribution）。

最简单的风速概率分布为瑞利分布，因为它只需已知“平均风速”这一个参数就可以计

---

① NREL（参见 Schwartz，1999）给出了世界不同地区适用于低表面粗糙度空旷区域的经验关系式，因此，NREL 的风能资源地图只能针对低表面粗糙度并且没有遮蔽的区域（如草原）。NREL 应用所谓“自上而下”的方法得出风力资源数据，换言之，就是对距离地表几百米高的大气风廓线进行修正，使之能够适用于地表。NREL 采用这种方法是因为从世界各地获得的数据不太可靠，存在很多问题，比如缺乏关于监测程序、风速仪硬件校准、高度、空旷程度、安装和维护等方面的信息。

算。瑞利概率分布可表达如下：

$$p(c)=\frac{\pi}{2}\left(\frac{c}{\bar{c}^2}\right)\exp\left[-\frac{\pi}{4}\left(\frac{c}{\bar{c}}\right)^2\right]$$

累积分布函数为

$$F(c)=1-\exp\left[-\frac{\pi}{4}\left(\frac{c}{\bar{c}}\right)^2\right]$$

图 10.7 给出了不同平均风速下的瑞利概率密度分布。由图可知，较大的平均风速下出现较高风速的概率也较大。累积分布函数 $F(c)$表示风速小于给定风速 c 的时间比例。也就是说，$F(c)$是 $c'\leqslant c$ 的概率，其中 c'为虚拟变量。

$$F(c)=\int_0^{\infty}p(c')\mathrm{d}c'=1$$

累积分布函数的导数等于概率密度函数

$$p(c)=\frac{\mathrm{d}F(c)}{\mathrm{d}c}$$

注意：威布尔概率分布的数学运算比瑞利分布复杂得多，这是因为威布尔概率分布不仅基于两个参数，而且还需要掌握 Gamma 函数的一些知识。本书中介绍的所有风速特性都可以利用瑞利概率分布函数获得。希望了解威布尔概率函数及其在风能特性方面应用的读者可以参阅 Manwell(2009)等人的著作。

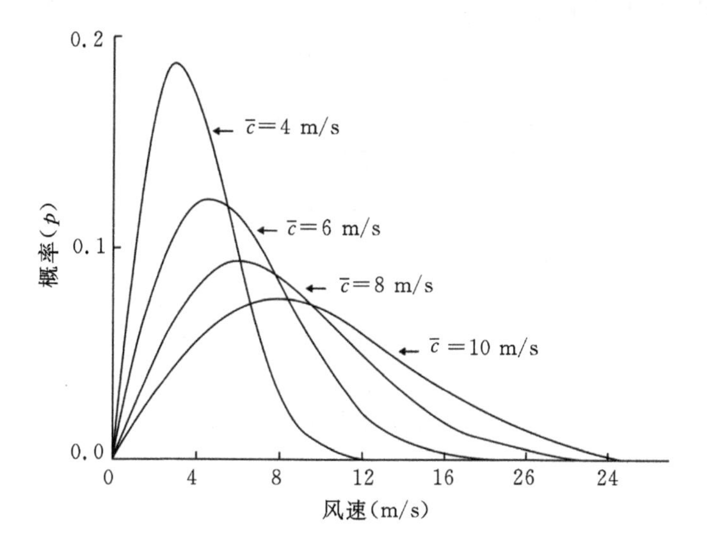

图 10.7 风速瑞利概率密度分布

应该注意的是，式(10.1b)给出的风力机平均输出功率(已考虑概率函数的影响)远小于风力机的额定功率，这是导致讨论相关问题时产生误解的原因之一。在给定的平均风速下，平均功率与额定功率的比称为容量系数，一般来说，风力机输出功率最大时的容量系数约为 0.5。

10.6 致动盘法

引言

以下章节将逐一介绍水平轴风力机(HAWT)的气动理论。首先从致动盘的简单一维动量分析开始,然后介绍更为详细的叶片基元理论。转子叶片的来流参数由转子平面上游的流动状态决定,可用于确定作用在叶片上的气动力。叶片基元动量法是目前最受认可的一种分析方法,研究人员对其进行了深入研究和广泛应用。本书将就其每一发展阶段给出若干有效实例来说明该理论的应用,包括采用叶片基元动量法进行详细计算,给出叶尖速比、叶片数等因素对风力机性能的影响;适用于有限数量叶片的普朗特叶尖损失修正系数的应用;以及 Glauert 开发的优化分析方法,可获得给定升力系数下的理想叶片形状,同时还介绍了叶尖速比对转子最佳功率系数的影响。

在第 6 章中就已经使用致动盘(actuator disk)这一概念分析了压气机和涡轮机叶栅的三维流动特性[①]。Betz(1926)对风车叶片间的流动进行了开创性的研究,提出了一个简单的致动盘模型。现在,我们将从图 10.8 所示的流动模型开始,逐步介绍风力机产生功率的过程。图中用致动盘替代了水平轴风力机转子,虽然对流场进行了一定程度的简化,但相关分析仍能得出有用的近似结果。

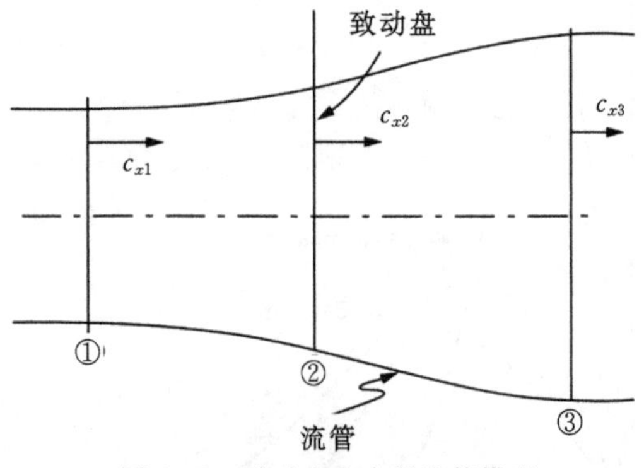

图 10.8 致动盘和有界流管模型

致动盘理论

假设:

i. 致动盘上游流场均匀稳定;
ii. 致动盘上的速度均匀稳定;
iii. 致动盘不会使气流发生旋转;
iv. 流过致动盘的流体(包括其上游和下游)处于有界流管内;
v. 流动不可压缩。

---

① 在第 6 章中,参照压气机和涡轮机的习惯用语,将“致动盘”译为“激盘”。——译者注

由于致动盘对流动产生阻力，因此空气接近致动盘时，流速降低，压力增大。当空气流过致动盘后，压力又会突然下降至低于周围环境压力，这种压力的不连续性是致动盘的主要特征。在致动盘下游，压力将逐渐恢复到环境值。

定义上游远处($x\to-\infty$)、致动盘处($x=0$)和下游远处($x\to\infty$)的轴向流速分别为 c_{x1}、c_{x2} 和 c_{x3}。由连续方程可得质量流量

$$m=\rho c_{x2}A_2$$

式中，ρ 为空气密度，A_2 为致动盘面积。

则作用在致动盘上的轴向力

$$X=m(c_{x1}-c_{x3}) \tag{10.2}$$

可得风力机或致动盘获得的功率

$$P=Xc_{x2}=m(c_{x1}-c_{x3})c_{x2} \tag{10.3}$$

则风能损失功率为

$$P_W=m(c_{x1}^2-c_{x3}^2)/2 \tag{10.4}$$

设不存在其他能量损失，可以令风能损失功率与风力机转子或致动盘获得的功率相等：

$$P_W=P$$

$$m(c_{x1}^2-c_{x3}^2)/2=m(c_{x1}-c_{x3})c_{x2}$$

由此可得

$$c_{x2}=\frac{1}{2}(c_{x1}+c_{x3}) \tag{10.5}$$

以上是 Betz(1926)理论的一种证明方法，其结论表明致动盘处的流速为致动盘上游远处和下游远处速度的平均值。需要强调的是，在实际流动中，致动盘下游远处存在尾迹掺混损失，但在上述推导过程中并未考虑这一损失。

Betz 理论的另一种证明方法

空气流过致动盘后，流速变化了 $c_{x1}-c_{x3}$，则与之对应的动量变化率等于质量流量与速度变化的乘积。又因为引起动量变化的作用力等于致动盘前后压差乘以致动盘的面积，于是有

$$\begin{aligned}(p_{2+}-p_{2-})A_2&=m(c_{x1}-c_{x3})=\rho A_2c_{x2}(c_{x1}-c_{x3})\\ \Delta p=(p_{2+}-p_{2-})&=\rho c_{x2}(c_{x1}-c_{x3})\end{aligned} \tag{10.6}$$

式中，p_{2+} 为致动盘迎风面压力，p_{2-} 为致动盘背面压力。在流管的两个流动区域分别应用伯努利方程可以得到压差 Δp。

对于图 10.8 中的区域 1—2，有

$$p_1+\frac{1}{2}\rho c_{x1}^2=p_{2+}+\frac{1}{2}\rho c_{x2}^2$$

对于区域 2—3，有

$$p_3+\frac{1}{2}\rho c_{x3}^2=p_{2-}+\frac{1}{2}\rho c_{x2}^2$$

用以上两式中的第一式减去第二式，可得

$$\frac{1}{2}\rho(c_{x1}^2-c_{x3}^2)=p_{2+}-p_{2-} \tag{10.7}$$

令式(10.6)和(10.7)相等，即可得到前文中推导出的结果

$$c_{x2} = \frac{1}{2}(c_{x1} + c_{x3}) \tag{10.5}$$

将连续方程代入式(10.3)可得

$$P = \rho A_2 c_{x2}^2 (c_{x1} - c_{x3})$$

根据式(10.5),有

$$c_{x3} = 2c_{x2} - c_{x1}$$

因此

$$c_{x1} - c_{x3} = c_{x1} - 2c_{x2} + c_{x1} = 2(c_{x1} - c_{x2})$$

由此可得

$$P = 2\rho A_2 c_{x2}^2 (c_{x1} - c_{x2}) \tag{10.8}$$

为了便于分析,定义轴向诱导因子 $\bar{a}$(假设其不随半径变化)[①],对于致动盘来说,

$$\bar{a} = (c_{x1} - c_{x2})/c_{x1} \tag{10.9}$$

因此

$$\begin{aligned} c_{x2} &= c_{x1}(1 - \bar{a}) \\ P &= 2\bar{a}\rho A_2 c_{x1}^3 (1 - \bar{a})^2 \end{aligned} \tag{10.10a}$$

功率系数

对于未受扰动的风(速度为 c_{x1}),当流动面积与致动盘面积相等($A_2 = \pi R^2$)时,从风中可获得的动能为

$$P_0 = \frac{1}{2}c_{x1}^2(\rho A_2 c_{x1}) = \frac{1}{2}\rho A_2 c_{x1}^3$$

定义功率系数 C_p

$$C_p = P/P_0 = 4\bar{a}(1 - \bar{a})^2 \tag{10.11}$$

求 C_p 对 $\bar{a}$ 的微分并令其等于零,可以得到 C_p 的最大值,即

$$dC_p/d\bar{a} = 4(1 - \bar{a})(1 - 3\bar{a}) = 0$$

上式有两个解,$\bar{a} = 1/3$ 和 1.0。由第一个解得到最大功率系数为

$$C_{p\max} = 16/27 = 0.593 \tag{10.12}$$

这个 C_p 值通常称为贝兹(Betz)极限,表示在设定的流动条件下风力机可能的最大功率系数。

轴向力系数

轴向力系数定义为

$$\begin{aligned} C_x &= X\Big/\left(\frac{1}{2}\rho c_{x1}^2 A_2\right) \\ &= 2m(c_{x1} - c_{x2})\Big/\left(\frac{1}{2}\rho c_{x1}^2 A_2\right) \\ &= 4c_{x2}(c_{x1} - c_{x2})/c_{x1}^2 \\ &= 4\bar{a}(1 - \bar{a}) \end{aligned} \tag{10.13}$$

① 在后文中,这一限制将取消。

求上式对 $\bar{a}$ 的微分，可得 C_x 在 $\bar{a}=0.5$ 时有最大值，其值等于 1。图 10.9 给出了 C_p 和 C_x 随轴向诱导因子 $\bar{a}$ 的变化。

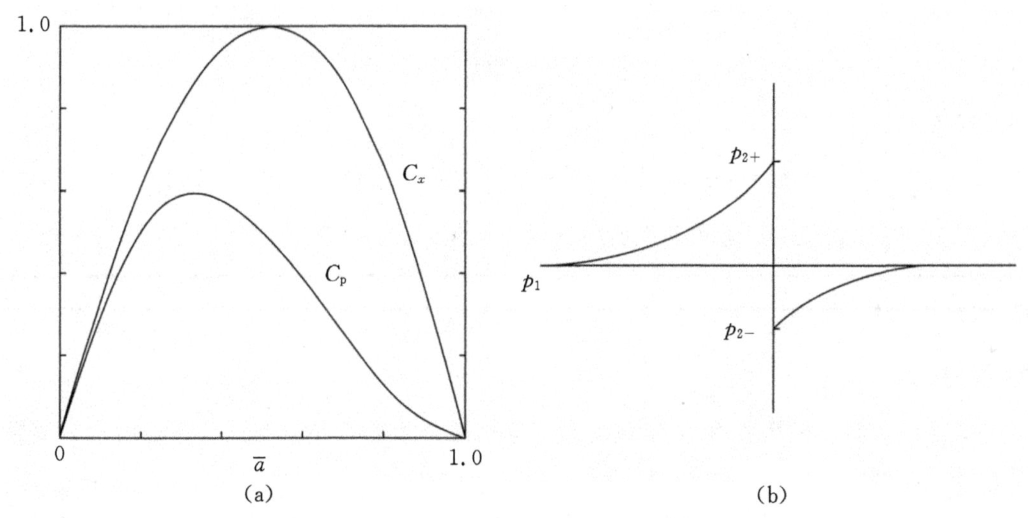

图 10.9 (a)C_p 和 C_x 随轴向诱导因子 $\bar{a}$ 的变化；(b)致动盘面前方和后方平面中的压力变化

例题 10.2

试应用 Betz 提出的风力机理论流动模型导出下列三种情况的静压差表达式：

a. 从致动盘迎风面到背面；

b. 从上游远处到致动盘迎风面；

c. 从致动盘背面到下游远处。

盘前压力为 p_{2+}，盘后压力为 p_{2-}。

解：

a. 作用在致动盘上的力 $X = A_2(p_{2+} - p_{2-}) = A_2\Delta p$ 。致动盘产生的功率

$$P = Xc_{x2} = A_2\Delta p c_{x2}$$

并且，

$$P = \frac{1}{2}m(c_{x1}^2 - c_{x3}^2)$$

令以上两式相等并简化，得

$$\Delta p/\left(\frac{1}{2}\rho c_{x1}^2\right) = [1-(c_{x3}/c_{x1})^2] = 1-(1-2\bar{a})^2 = 4\bar{a}(1-\bar{a})$$

上式为致动盘前后压差与上游远处动压的比。

b. 在致动盘的上游远处，

$$p_{01} = p_1 + \frac{1}{2}\rho c_{x1}^2 = p_{2+} + \frac{1}{2}\rho c_{x2}^2$$

$$(p_{2+} - p_1) = \frac{1}{2}\rho(c_{x1}^2 - c_{x2}^2)$$

$$(p_{2+} - p_1)/\left(\frac{1}{2}\rho c_{x1}^2\right) = 1-(c_{x2}/c_{x1})^2 = 1-(1-\bar{a})^2 = \bar{a}(2-\bar{a})$$

c. 在致动盘的下游远处，

$$p_{03} = p_3 + \frac{1}{2}\rho c_{x3}^2 = p_{2-} + \frac{1}{2}\rho c_{x2}^2$$

$$(p_{2-} - p_3)/\left(\frac{1}{2}\rho c_{x1}^2\right) = (c_{x3}^2 - c_{x2}^2)/c_{x1}^2$$

由 $p_3 = p_1$，可得

$$(p_{2-} - p_1)/\left(\frac{1}{2}\rho c_{x1}^2\right) = (1-2\bar{a})^2 - (1-\bar{a})^2 = -\bar{a}(2-3\bar{a})$$

图 10.9(b)近似表示了致动盘前后的压力变化。

例题 10.3

确定致动盘处流管半径(R_2)、致动盘下游远处流管半径(R_3)与致动盘上游远处流管半径(R_1)之间的比值。

解：

$$\pi R_1^2 c_{x1} = \pi R_2^2 c_{x2} = \pi R_3^2 c_{x3}$$

$$(R_2/R_1)^2 = c_{x1}/c_{x2} = 1/(1-\bar{a}),\ R_2/R_1 = 1/(1-\bar{a})^{0.5}$$

$$(R_3/R_1)^2 = c_{x1}/c_{x3} = 1/(1-2\bar{a}),\ R_3/R_1 = 1/(1-2\bar{a})^{0.5}$$

$$(R_3/R_2) = [(1-\bar{a})/(1-2\bar{a})]^{0.5}$$

取 $\bar{a} = 1/3$(对应于最大功率工况)，半径比为 $R_2/R_1 = 1.225$，$R_3/R_1 = 1.732$，$R_3/R_2 = 1.414$。

例题 10.4

使用前文中的致动盘功率表达式，确定叶尖半径为 30 m 的水平轴风力机在下列两种稳定风速下的功率输出：

a. 7.5 m/s；

b. 10 m/s。

设空气密度为 1.2 kg/m^3，$\bar{a} = 1/3$。

解：

将 $\bar{a} = 1/3$，$\rho = 1.2$ kg/m^2，$A_2 = \pi 15^2$ 代入式(10.10a)

$$P = 2\bar{a}\rho A_2 c_{x1}^3 (1-\bar{a})^2 \frac{2}{3} \times 1.2 \times \pi\, 15^2 \times \left(1-\frac{1}{3}\right)^2 c_{x1}^3 = 251.3 c_{x1}^3$$

a. $c_{x1} = 7.5$ m/s 时，$P = 106$ kW

b. $c_{x1} = 10$ m/s 时，$P = 251.3$ kW

这两个结果大致表明了风场中可获得的功率。

高 $\bar{a}$ 值工况的修正

当 $\bar{a}$ 值较高时，对致动盘的工作状况进行理论分析并与实验结果对比，具有一定的意义。根据前文的分析，致动盘下游远处的尾流速度 $c_{x3} = c_{x1}(1-2\bar{a})$，当 $\bar{a}=0.5$ 时，速度为零。也就是说，当 $\bar{a}=0.5$ 时不存在流动，致动盘模型失效。这就像将一个大平板放入流场并完全替代转子。有些人甚至认为，$\bar{a}$ 值等于 0.4 时理论模型就已失效。因此，需要采用经验方法来考虑实际流动状况。

图 10.10 展示了通过各种数据来源得到的大负荷风力机 C_x 实验值与 $\bar{a}$ 的关系曲线，同时还给出了由式(10.13)计算出的理论关系曲线。在 $0.5<\bar{a}<1.0$ 区间，如上所述，理论曲线无效，因此图中用虚线表示。实验表明，此时致动盘下游气流中的旋涡结构解体，尾流与周围空气发生掺混。Glauert(1935)、Wilson(1976)和 Anderson(1980)等提出了多种曲线来拟合 $\bar{a}>0.5$ 时的实验数据点。其中，Anderson 给出了一条简单适用的直线，它是 $\bar{a}=1$ 处的 C_{XA} 点与切点 T(过渡点)的连线，切点 T 是理论曲线上 $\bar{a}=\bar{a}_T$ 处的点。很容易证明，对曲线 $C_X=4\bar{a}(1-2\bar{a})$ 求导，然后拟合为一条直线即可得到下列方程：

$$C_X = C_{XA} - 4(C_{XA}^{0.5}-1)(1-\bar{a}) \tag{10.14}$$

切点处的 $\bar{a}$ 为

$$\bar{a}_T = 1 - \frac{1}{2}C_{XA}^{0.5}$$

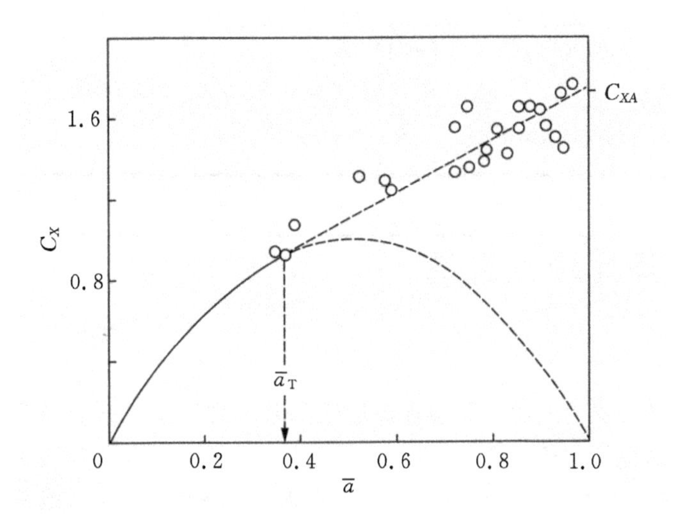

图 10.10 C_x 理论值和实验值随 $\bar{a}$ 的变化关系

Anderson 建议，取 C_{XA} 为 1.816。应用这个值，式(10.14)简化为

$$C_X = 0.4256 + 1.3904\bar{a} \tag{10.15a}$$

T 点处的 $\bar{a}_T=0.3262$。

Sharpe(1990)指出，绝大多数现有水平轴风力机的 $\bar{a}$ 值基本不超过 0.6。

输出功率的计算

利用简单的致动盘理论即可很容易地估算转子直径。在估算过程中需要考虑多种因素，如风力机所处风场的风况和叶尖速比等，还必须考虑各种损失，主要有机械传动损失(包括变速箱损失)和发电损失。由致动盘理论，风力机的气动输出功率为

$$P = \frac{1}{2}\rho A_2 C_p c_{x1}^3 \tag{10.15b}$$

理论上，在理想条件下 C_p 的最大值为 0.593。Eggleston 和 Stoddard(1987)指出，实际中风力机转子的 C_p 值可以高达 0.45。要达到这么高的 C_p 值，需要配备经过精密设计的光滑叶片且叶尖速比大于 10。通常，设计较好的风力机 C_p 值可达 0.3～0.35。考虑传动效率 η_d 和发电效率 η_c 后，输出的电功率为

$$P_{el} = \frac{1}{2}\rho A_2 C_p \eta_g \eta_d c_{x1}^3$$

例题 10.5

确定在 7.5 m/s 的稳定风速下可产生 20 kW 电功率的风力机转子直径。设空气密度 $\rho = 1.2\ \mathrm{kg/m^3}$，$C_p = 0.35$，$\eta_g = 0.75$，$\eta_d = 0.85$。

解：

根据电功率关系式可得，致动盘的面积为

$$A_2 = 2P_{el}/(\rho C_p \eta_g \eta_d c_{x1}^3) = 2 \times 20 \times 10^3/(1.2 \times 0.35 \times 0.75 \times 0.85 \times 7.5^3) = 354.1\ \mathrm{m^2}$$

因此，转子直径为 21.2 m。

10.7 叶片基元理论介绍

引言

由 Glauert(1935)提出的关于翼型和螺旋桨的基本理论早已被公认为气体动力学方面的经典理论，为了适应风力机的研究，Glauert 对其进行了扩展和各种改进。该理论通常称为动量涡流叶片基元理论(momentum vortex blade element theory)，或者简单一些称为叶片基元法(或叶素法)，目前仍广泛应用于风力机的设计。不过，这个理论最初忽视了一个重要因素，即由叶片数量有限而导致的流动周期性。Glauert 假设可以对基本径向叶片截面(基元或叶素)进行独立分析，但这只适用于转子叶片数有无限多个的情况。不过，已经有学者(如 Prandtl & Tietjens，1957；Goldstein，1929)提出了一些近似解，可在分析有限数量叶片的风力机特性时进行补偿修正。其中，最简单且最常用的是普朗特修正系数，本章稍后将对其进行详细介绍。还有一种经验修正方法也有应用，但它只适用于轴向诱导因子 a 超过动量理论许用极限的大负荷风力机。Sharpe(1990)的研究指出，对于大负荷风力机流场的认识还不充分，虽然经验分析结果只是近似的，但仍然优于基于动量理论分析得出的结果。

叶型的涡系

要更好地了解水平轴风力机的空气动力特性(相比简单致动盘法所得结论),就必须考虑作用在叶片上的力。为此,可将叶片的每个径向基元作为一个叶型来研究。假定风力机角速度 Ω 恒定,风速 c_{x1} 的方向平行于风力机转轴且大小不变。作用在每个基元(叶型)上的升力都有一个与之伴生的环流(见 3.4 节),该环流实际上是沿叶片展向的一个线涡(或一组线涡),这个与叶型一起运动的线涡称为附着涡。图 10.11 给出了一台双叶片风力机的涡系,可以看到,由于环量沿叶片长度方向是变化的,因此在风力机叶片尾部会生成尾涡,并以类似于螺旋线的路径传递至下游。当螺旋线以尾流速度向下游发展时,半径逐渐增大,并且由于流动减速,相邻螺旋线的间距将逐渐减小。

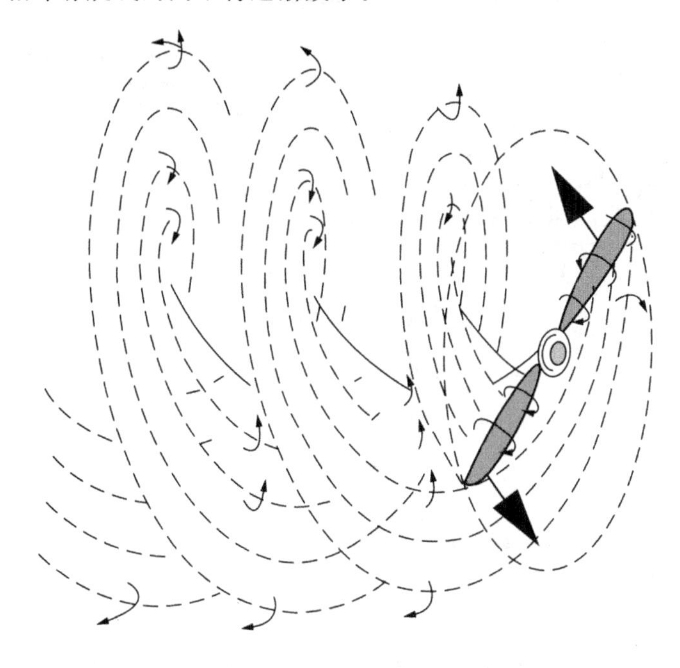

图 10.11 向双叶片风力机转子下游运动的涡系示意图

旋转尾流

在前文分析中,假设致动盘不使气流发生旋转,但是很明显,如果流过致动盘的空气对转子施加了一个扭矩,那么转子也会对空气施加一个大小相等、方向相反的扭矩。如此一来,离开转子叶片的尾流就会同时存在切向速度分量和轴向速度分量。

气流在进入转子时完全不旋转,但在离开转子时却发生旋转,并且转速在其流向下游的过程中始终保持不变。可以用切向流动诱导因子 a' 来定义切向速度的变化,即如图 10.12(a)所示,定义叶轮下游的诱导切向速度 $c_{\theta 2}$ 等于 $2\Omega ra'$。这是假设全部旋转能量的转换都发生在流体流经致动盘的过程中,但由于致动盘是没有厚度的盘,所以该假设在实际中不成立,旋转速度 $c_{\theta 2}$ 其实是在气流向叶型尾缘平面的流动中出现的。

Glauert 认为,因为叶片引起的流动具有周期性,所以对干扰流的准确计算非常复杂。他指出,对于大部分应用来说,使用周向平均值就已足够准确,这相当于将有限个叶片所承受的推力和扭矩均匀分布在同一半径的整个圆周上。

考虑水平轴风力机上一个半径为 r、径向厚度为 dr 的环形基元，设基元所受扭矩 $d\tau$ 等于通过基元的气流角动量的减小率，则

$$d\tau = (dm)\times 2a'\Omega r^2 = (2\pi r dr\rho c_{x2})\times 2a'\Omega r^2 \tag{10.16a}$$

或者

$$d\tau = 4\pi\rho\Omega c_{x1}(1-a)a'r^3 dr \tag{10.16b}$$

采用致动盘法进行分析时，设 a 值在整个致动盘上(记为 $\bar{a}$)保持不变。而利用叶片基元理论进行分析时，a 则是半径的函数。由于实际情况就是如此，因此不能简单地忽略这种变化。当然，用叶片基元法分析风力机时，如果令叶片弦长和桨距角沿径向以某种特殊方式变化，是可以保持 a 不变的，但这不是一种有用的设计。

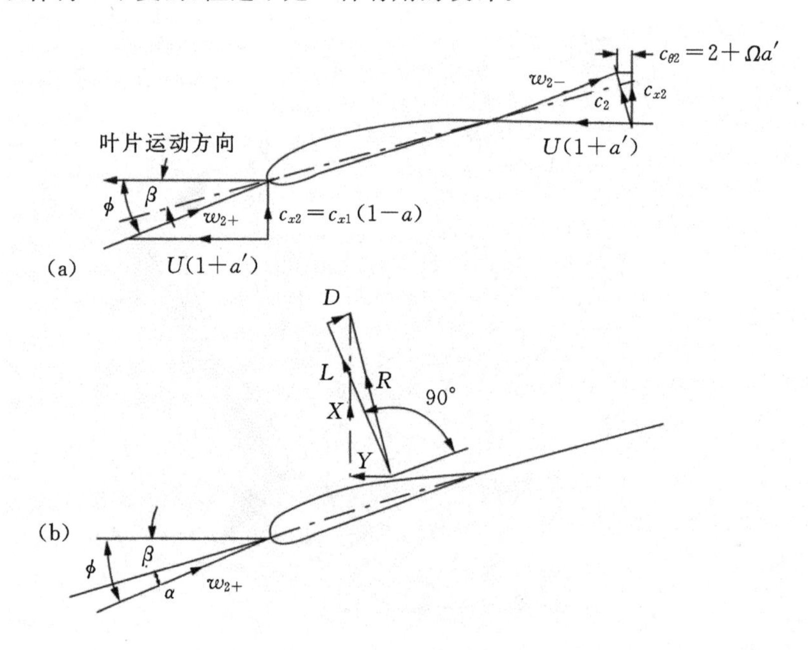

图 10.12 (a)半径 r 处叶片基元的速度三角形;(b)叶片受力及各分力示意图

设轴向诱导因子 a 和切向诱导因子 a' 均为半径 r 的函数，令上式乘以 Ω 后，从轮毂半径 r_h 到叶尖半径 R 对其进行积分，即可得到叶片所作功率的表达式为

$$P = 4\pi\rho\Omega^2 c_{x1}\int_{r_h}^{R}(1-a)a'r^3 dr \tag{10.17}$$

叶片基元受力分析

考虑一叶片数为 Z 的风力机，叶尖半径为 R，半径 r 处的弦长为 l，旋转角速度为 Ω。半径 r 处的叶型零升力线与叶片旋转平面之间的夹角为叶片桨距角 β。叶片前缘气流轴向速度与采用致动盘法所得结果相同，即 $c_{x2} = c_{x1}(1-a)$，风速垂直于旋转平面。

图 10.12(a)所示为半径 r 处从右向左运动的叶片基元，以及相对于叶片弦线的速度矢量。则叶片前缘处相对速度的合速度为

$$w_{2+} = [c_{x1}^2(1-a)^2 + (\Omega r)^2(1+a')^2]^{0.5} \tag{10.18}$$

图中，气流冲击叶片基元的相对速度与旋转平面之间的夹角为 ϕ。可以看出，叶片出口相对速度减小为 w_{2-}，这是由前文提到的尾流引起的。在后面的代数运算中，将会用到下列关系式：

$$\sin\phi = c_{x2}/w_{2+} = c_{x1}(1-a)/w_{2+} \tag{10.19}$$

$$\cos\phi = \Omega r(1+a')/w_{2+} \tag{10.20}$$

$$\tan\phi = \frac{c_{x1}}{\Omega r}\left(\frac{1-a}{1+a'}\right) \tag{10.21}$$

图 10.12(b)给出了叶片所受的升力 L 和阻力 D，其中升力与来流方向垂直，阻力与来流方向平行(根据符号约定及升、阻力定义)。在常规运行范围内，虽然阻力 D 远小于升力 L(为升力的 1%～2%)，但也不能忽略。合力 R 有一个分力沿叶片的运动方向，就是这个分力使风力机输出正功。

由图 10.12(b)可知，单位长度叶片在其运动方向上所受的力为

$$Y = L\sin\phi - D\cos\phi \tag{10.22}$$

在垂直于运动方向上所受的力为

$$X = L\cos\phi + D\sin\phi \tag{10.23}$$

升力和阻力系数

定义升力系数和阻力系数为

$$C_L(\alpha) = L/\left(\frac{1}{2}\rho w^2 l\right) \tag{10.24}$$

$$C_D(\alpha) = D/\left(\frac{1}{2}\rho w^2 l\right) \tag{10.25}$$

式中沿用孤立翼型的符号约定，w 为来流相对速度，l 为叶片弦长。升力系数 C_L和阻力系数 C_D是冲角($\alpha = \phi - \beta$)、叶片型线及雷诺数的函数。在本章中，冲角是从零升力线(见 5.12 节)开始测量所得的值，升力系数 C_L随冲角 α 的变化曲线穿过零点。需要注意的是，Glauert (1935)针对小弯度和小厚度翼型得出的升力系数理论表达式为

$$C_L = 2\pi\sin\alpha \tag{10.26}$$

根据上式，升力系数随冲角的变化曲线理论斜率为每弧度 2π(α 较小)，或每度 0.11。但对于不发生失速的工况，目前研究人员普遍接受的实验平均值则为每度 0.1。这个数据很有用，在后文计算中会经常用到。Abbott 和 von Doenhoff(1959)对四位数、五位数、六位数系列的 NACA 翼型在雷诺数为 6×10^6时进行了测量，结果显示升力系数曲线的斜率为每度 0.11。不过，这些翼型是为飞机机翼设计的，将它们用于风力机总会出现一些偏差，这些都在意料之中。

在失速之前 C_D很小，C_D/C_L一般约为 0.01。图 10.13 所示为典型风力机叶片在无失速状态下的 $C_L-\alpha$ 及 C_D-C_L关系曲线。有时，风力机叶片也可能在失速后状态(poststall conditions)下运行，此时 C_D很大，在计算性能时需要考虑阻力项。Eggleston 和 Stoddard (1987)给出了失速模型和失速后的 C_D和 C_L计算公式。

要使风力机性能良好，就必须合理地选择叶型。由于不同叶型的设计细节及其性能之间有一定的竞争关系，因此很难获得较多公开信息。美国能源部(DOE)开发出了一系列风力机叶片的专用叶型，采用该系列叶型设计的风力机叶片，不仅从叶根到叶尖具有不同的性

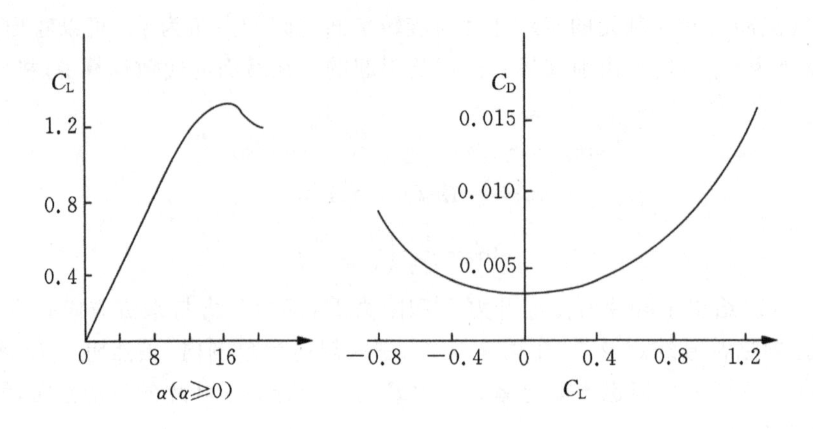

图 10.13　风力机叶片典型性能特性，C_L随 α 变化曲线和 C_D随 C_L变化曲线

能特点，而且还能满足结构强度的要求。使用这种新型叶片后，风力机输出功率可增加10%到35%。目前，相关叶型数据已被编目并提供给美国风能行业使用①。许多其他国家也有类似的风能协会、研究机构及会议等，Ackermann 和 Söder(2002)给出了相应信息。

致动盘理论与叶片基元理论关联式

半径 r 处长度为 dr 的叶片基元所受的轴向力和扭矩分别为

$$dX = (L\cos\phi + D\sin\phi)dr$$

$$d\tau = r(L\sin\phi - D\cos\phi)dr$$

对于叶片数为 Z 的风力机，根据式(10.24)和(10.25)中升力系数 C_L与阻力系数 C_D的定义，可以得到基元扭矩、基元功率和基元推力的表达式如下：

$$d\tau = \frac{1}{2}\rho w^2 r(C_L\sin\phi - C_D\cos\phi)Zl\,dr \tag{10.27}$$

$$dP = \Omega d\tau = \frac{1}{2}\rho w^2 \Omega r(C_L\sin\phi - C_D\cos\phi)Zl\,dr \tag{10.28}$$

$$dX = \frac{1}{2}\rho w^2 (C_L\cos\phi + C_D\sin\phi)Zl\,dr \tag{10.29}$$

现在我们来建立致动盘理论与叶片基元理论之间的关系（推导过程中，设 a 和 a'沿半径变化）。由式(10.2)，对于流经基元的流动，有

$$dX = dm(c_{x1} - c_{x3}) = dm c_{x2} 2a/(1-a) \tag{10.30}$$

令式(10.29)等于式(10.30)，整理后得

$$a/(1-a) = Zl(C_L\cos\phi + C_D\sin\phi)/(8\pi r\sin^2\phi) \tag{10.31}$$

此处还是考虑切向动量，由式(10.16a)可知基元扭矩为

$$d\tau = (2\pi r dr)\rho c_{x2}(rc_\theta)$$

令上式与式(10.27)相等，整理后得

$$c_{x2}c_\theta/w^2 = Zl(C_L\sin\phi - C_D\cos\phi)/(4\pi r) \tag{10.32}$$

① 更多信息参见10.11节，水平轴风力机叶片翼型标准。

由式(10.20)可知

$$c_{\theta}/w = 2Ua'\cos\phi/[U(1+a')] = 2a'\cos\phi/(1+a')$$

再引入式(10.19),则式(10.32)可转化为

$$a'/(1+a') = Zl(C_{\mathrm{L}}\sin\phi - C_{\mathrm{D}}\cos\phi)/(8\pi r\sin\phi\cos\phi) \tag{10.33}$$

定义无量纲参数叶片载荷系数为

$$\lambda = ZlC_{\mathrm{L}}/(8\pi r) \tag{10.34}$$

将其代入式(10.31)和(10.33),得

$$a/(1-a) = \lambda(\cos\phi + \varepsilon\sin\phi)/\sin^2\phi \tag{10.35a}$$

$$a'/(1+a') = \lambda(\sin\phi - \varepsilon\cos\phi)/(\sin\phi\cos\phi) \tag{10.36a}$$

$$\varepsilon = \frac{C_{\mathrm{D}}}{C_{\mathrm{L}}} \tag{10.37}$$

叶尖速比

对于水平轴风力机转子来说,最重要的无量纲参数是叶尖速比,其定义为

$$J = \frac{\Omega R}{c_{x1}} \tag{10.38}$$

它决定了风力机的运行状态,并对诱导因子 a 和 a' 具有显著影响。

将式(10.38)代入(10.21),得相对气流角 ϕ 的正切值为

$$\tan\phi = \frac{R}{rJ}\left(\frac{1-a}{1+a'}\right) \tag{10.39}$$

叶片稠度

叶片稠度 σ 是衡量风力机几何特性的基本无量纲参数,其定义为叶片面积与叶轮面积的比

$$\sigma = ZA_{\mathrm{B}}/(\pi R^2)$$

式中,

$$A_{\mathrm{B}} = \int l(r)\,\mathrm{d}r = \frac{1}{2}Rl_{\mathrm{av}}$$

因此,稠度公式又常常记为

$$\sigma = Zl_{\mathrm{av}}/(2\pi R) \tag{10.40}$$

式中,l_{av} 为平均叶片弦长。

方程求解

通过上述分析,我们得到了一组可以用迭代法求解的关系式。只要迭代能够收敛,就可以确定任一叶片桨距角 β 下的 a 和 a' 值。为了更快地得出结果,对于正常的有效运行工况(未失速),近似取 $\varepsilon \cong 0$,则式(10.35a)和(10.36a)可写为

$$a/(1-a) = \lambda\cot\phi/\sin\phi \tag{10.35b}$$

$$a'/(1+a') = \lambda/\cos\phi \tag{10.36b}$$

这些公式都是最简形式,可用于数值求解的建模。

10.8 叶片基元动量法(BEM)

在上一节中介绍了用于确定叶片基元受力的各种理论和重要定义,并通过例10.5给出了桨距角 β 的一种迭代求解方法。本节将介绍另一种迭代求解方法,即叶片基元动量法。该方法由 Glauert 提出,可用于确定各基元控制体的 a 和 a',其迭代计算步骤见表10.1。

表 10.1 叶片基元动量法计算 a 和 a' 的步骤

步骤	操作
1	给定 a 和 a' 的初值为0
2	使用公式(10.39)计算气流角
3	计算当地冲角,$\alpha=\phi-\beta$
4	使用升、阻力系数表(如有)或公式确定 C_L 和 C_D
5	计算 a 和 a'
6	检查 a 和 a' 是否收敛,如果没有收敛返回步骤2; 如收敛,开始步骤7
7	计算基元受力

参数沿展向的变化

桨距角 β 沿叶片展向变化明显。在各主要特性参数中,叶尖速比 J 受 β 的影响较大,升力系数 C_L 和叶片弦长 l 受 β 的影响则稍小。一般来说,C_L 和 l 的径向变化规律由风力机设计人员决定。在前面的例子中,桨距角是给定的,由它来计算升力系数及其他系数。当然,也可以先给定升力系数,同时令冲角小于失速冲角,由此来确定桨距角。例10.6中就使用了这种方法来计算 β 沿展向的变化规律。显然,为了获得最佳性能,叶片应沿其长度方向不断扭转,这就使叶片根部的桨距角比较大。而随着半径的增大,桨距角逐渐减小,因此叶尖附近的桨距角将趋近于零,甚至可能为负。在下面的例题中,为了限制变量数,取叶片弦长为常数。实际运行的风力机绝大多数都使用锥形叶片,其设计特点取决于强度、经济性及美观的要求。

例题 10.6

一台三叶片水平轴风力机,叶尖直径为30 m,运行时升力系数沿叶片展向保持不变,$C_L=0.8$,叶尖速比 $J=5.0$。设叶片弦长沿径向为常值1.0 m,试采用迭代法确定诱导因子 a 和 a',以及桨距角沿展向($0.2\leqslant r/R\leqslant 1.0$)的变化。

解:

首先从叶尖 $r=15$ m 开始计算,参照前文中的解法取 a 和 a' 的初始值为0,有

$$\lambda=(ZlC_L)/(8\pi r)=(3\times 0.8)/(8\times\pi\times 15)=0.116366,\quad 1/\lambda=157.1$$

$$\tan\phi=(R/rJ)(1-a)/(1+a')=0.2,\quad \phi=11.31^\circ$$

$$1/a=1+157.1\times\sin 11.31\times\tan 11.31=7.162,\quad a=0.1396$$

$$1/a'=157.1\times\cos 11.31-1=153.05,\quad a'=0.00653$$

经过 5 次迭代满足收敛精度要求，最终结果为

$$a = 0.2054,\quad a' = 0.00649,\quad \beta = 0.97°$$

表 10.2 给出了 a 和 a' 计算值沿叶片展向（$0.2 \leqslant r/R \leqslant 1.0$）的变化。由表可见，参数 a 随半径的变化较大。当使用致动盘法分析时，a 取为常数，显然与本例结果存在较大差别。图 10.14 给出了 $C_L=0.8$ 时，桨距角 β 沿叶片展向的变化（图中还给出了 $C_L=1.0$ 和 1.2 的工况作为对比）。可见，β 沿叶片展向大幅变化，这一点与预期相符，并且桨距角 β 与叶尖速比 J 的取值有关。本例中内半径比 $r/R=0.2$ 是任取的，不过，即使将该比值取得更小，它所带来的功率增大也几乎可以忽略不计。

表 10.2 迭代结果

r/R	0.2	0.3	0.4	0.6	0.8	0.9	0.95	1.0
ϕ	42.29	31.35	24.36	16.29	11.97	10.32	9.59	8.973
β	34.29	23.35	16.36	8.29	3.97	2.32	1.59	0.97
a	0.0494	0.06295	0.07853	0.1138	0.1532	0.1742	0.1915	0.2054
a'	0.04497	0.0255	0.01778	0.01118	0.00820	0.00724	0.00684	0.00649

注意：沿叶片展向 $C_L=0.8$。

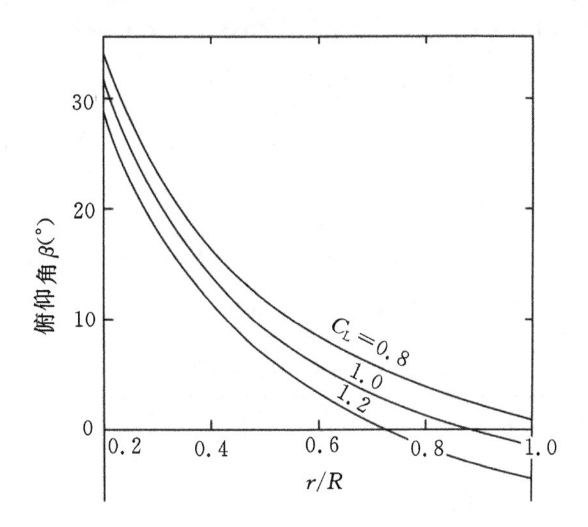

图 10.14 $C_L=0.8$、1.0、1.2 时桨距角 β 随半径比 r/R 的变化

扭矩和轴向力计算

由式(10.29)和(10.19)可得轴向力的增量为

$$\Delta X = \frac{1}{2}\rho Z l R c_{x1}^2 \left[(1-a)/\sin\phi\right]^2 C_L \cos\phi \Delta(r/R) \tag{10.41}$$

由式(10.27)和(10.20)可得扭矩的增量为

$$\Delta\tau = \frac{1}{2}\rho Z l \Omega^2 R^4 \left[(1+a')/\cos\phi\right]^2 (r/R)^3 C_L \sin\phi \Delta(r/R) \tag{10.42}$$

已经证明，相比其他公开发表的关系式，在数值计算中使用这两个关系式更为可靠。现在，就可以对轴向力和扭矩公式进行数值积分了。

例题 10.7

试确定例题 10.5 中风力机的轴向力、扭矩、功率及功率系数。设 $c_{x1}=7.5$ m/s，空气密度 $\rho=1.2$ kg/m^3。

解：

采用先前已经得到的 a、a' 和 ϕ 的中距值可以计算出精度更高的叶片基元轴向力增量 ΔX（数据见表 10.3）：

表 10.3 用于计算轴向力的数据

中距 r/R	0.250	0.350	0.450	0.550	0.650	0.750	0.850	0.95
$\Delta r/R$	0.100	0.100	0.100	0.100	0.100	0.100	0.100	0.100
a	0.05566	0.0704	0.0871	0.1053	0.1248	0.1456	0.1682	0.1925
ϕ(°)	36.193	27.488	21.778	17.818	14.93	12.736	10.992	9.5826
Var.1	0.1648	0.2880	0.4490	0.6511	0.8920	1.172	1.4645	1.8561

$$\Delta X = \frac{1}{2}\rho ZlRc_{x1}^2\ [(1-a)/\sin\phi]^2 C_L\cos\phi\Delta(r/R)$$

表 10.3 中的 Var.1= $[(1-a)/\sin\phi]^2 C_L\cos\phi\Delta(r/R)$，则

$$\sum \text{Var.}1 = 6.9682$$

由 $\frac{1}{2}\rho ZlRc_{x1}^2 = (1/2)\times 1.2\times 3\times 15\times 7.5^2 = 1518.8$，可得

$$X = 1518.8\sum \text{Var.}1 = 10583\ \text{N}$$

在表 10.4 中，Var.2 $= [(1+a')/\cos\phi]^2\ (r/R)^3 C_L\sin\phi\Delta(r/R)$，则

$$\sum \text{Var.}2 = 47.509\times 10^{-3}$$

表 10.4 用于计算扭矩的数据

中距 r/R	0.250	0.350	0.450	0.550	0.650	0.750	0.850	0.950
a'	0.0325	0.02093	0.0155	0.0123	0.0102	0.0088	0.0077	0.00684
ϕ(°)	36.19	27.488	21.778	17.818	14.93	12.736	10.992	9.5826
$(r/R)^3$	0.0156	0.0429	0.0911	0.1664	0.2746	0.4219	0.6141	0.8574
Var.2($\times 10^{-3}$)	1.206	2.098	3.733	4.550	6.187	7.959	9.871	11.905

由 $(1/2)\rho Zl\Omega^2R^4 = 0.5695\times 10^6$ 得

$$\tau = 27.058\times 10^3\ \text{Nm}$$

所以，功率 $P=\tau\Omega=67.644$ kW。根据式(10.11)，功率系数为

$$C_p = \frac{P}{P_0} = \frac{P}{0.5\rho A_2 c_{x1}^3} = \frac{P}{1.789\times 10^5} = 0.378$$

由式(10.12b)可得相对功率系数为

$$\zeta = \frac{27}{16}C_p = 0.638$$

例题 10.8

分别采用致动盘理论和叶片基元理论计算风力机的功率,通过对比计算结果可以更加牢固地掌握两种理论之间的关系。在本例中,我们用致动盘公式来计算功率。

解:

为了计算功率,首先需要确定 a 的等效常值 $\bar{a}$ 。由式(10.13),

$$C_x = 4\bar{a}(1-\bar{a}) = X/\left(\frac{1}{2}\rho c_{x1}^2 A_2\right)$$

由 $X=10583$ N 和 $\frac{1}{2}\rho c_{x1}^2 A_2 = (1/2)\times 1.2\times 7.5^2\times\pi\times 15^2 = 23856$,可得

$$C_x = 10583/23856 = 0.4436$$

$$\bar{a}(1-\bar{a}) = 0.4436/4 = 0.1109$$

解上述二次方程,得 $\bar{a}=0.12704$。

将 $\bar{a}$ 值代入式(10.10a) ,$P = 2\rho A_2 c_{x1}^3 \bar{a}(1-\bar{a})^2$,得

$$P = 69.286 \text{ kW}$$

这与例题 10.7 的结果相当吻合。

注意:尽管本例只是为了说明计算方法,但所选取的升力系数值仍然是合理的。对于简单的初始设计来说,应用这些公式就足够了,不过也可以添加一些修正,其中比较重要的是对叶片数的普朗特修正。

针对有限叶片数的修正

此前的所有分析都忽略了有限叶片数带来的影响。实际上,当叶片经过某一固定点时,该点的流动参数会发生波动,诱导速度将随时间变化。总的来说,这种变化会导致净动量交换减少、风力机净功率降低,因此有必要进行修正,如使用叶尖修正系数。可选的修正方案有两种:(i)Goldstein(1929)提出的精确解,用变形贝塞尔函数的无穷级数表示;(ii)Prandtl 和 Tietjens(1957)提出的近似方法。由于两种方法所得结果相近,因此通常选用普朗特方法进行修正。

普朗特修正系数

有关普朗特分析的数学推导超出了本书范围,此处不再赘述,这里只给出常用的修正系数 F 表达式如下:

$$F = (2/\pi)\arccos[\exp(-\pi d/s)] \tag{10.43}$$

式中,如图 10.15 所示,s 为两个相继的螺旋形旋涡流层之间的距离,$d=R-r$。由螺旋线的几何性质可知

$$s = (2\pi R/Z)\sin\phi$$

式中,$\sin\phi = c_{x2}/w$。于是有

$$s = 2\pi(1-a)Rc_{x1}/(wZ)$$

$$\pi d/s = \frac{1}{2}Z(1-r/R)w/c_{x2} = \frac{1}{2}Z(1-r/R)\sin\phi \tag{10.44a}$$

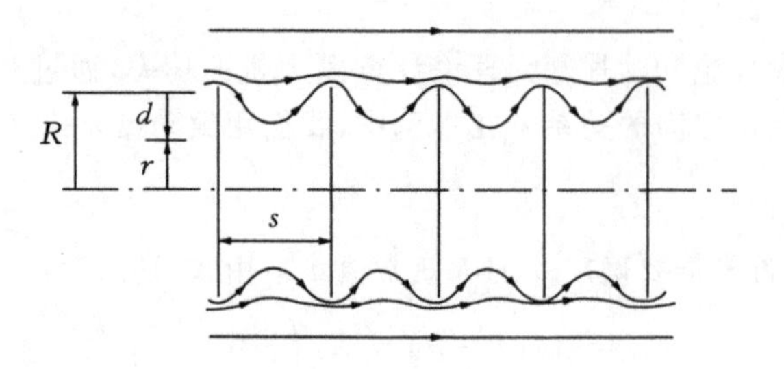

图 10.15　普朗特叶尖损失模型展示的漩涡流层的间距

利用上式可以得出精确解，但用下面的近似关系式则更为方便

$$\pi d/s = \frac{1}{2}Z(1-r/R)(1+J^2)^{0.5} \tag{10.44b}$$

由于叶尖处旋涡脱落，所以该处环量为零，这与飞机翼尖处的情况相同。利用前面几个关系式可得，当 $r=R$ 时 F 等于零；不过，随着半径的减小，F 将迅速增大并趋近于1。

图 10.16 给出了 $J=5$，$Z=2$、3、4、6 时的 $F=F(r/R)$ 曲线。根据这张图和前文公式可知，间距 s 越大，叶片数 Z 越少，并且任意半径比下 F 的变化越大（与1相比）。也就是说，速度波动的幅值越大。

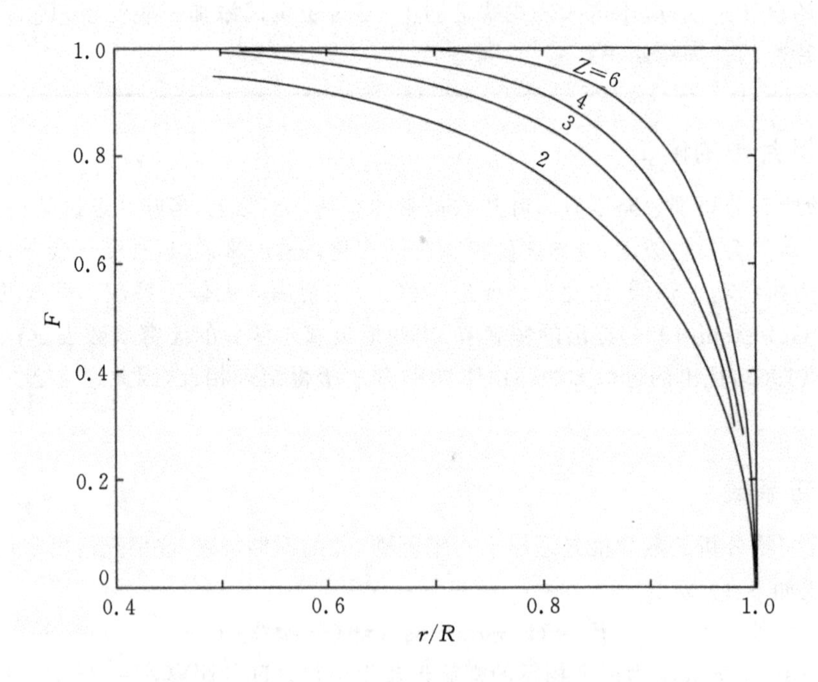

图 10.16　$Z=2$、3、4、6 时普朗特修正系数 F 随半径比的变化

将普朗特叶尖修正系数直接应用到每个叶片基元，由式(10.13)可得基元轴向力

$$dX = 4\pi\rho a(1-a)rc_{x1}^2\,dr$$

引入普朗特修正系数，得

$$dX = 4\pi\rho a(1-a)rc_{x1}^2 F dr \tag{10.45}$$

式(10.16b)给出的基元扭矩

$$d\tau = 4\pi\rho\Omega c_{x1}(1-a)a'r^3 dr$$

则修正为

$$d\tau = 4\pi\rho\Omega c_{x1}(1-a)a'Fr^3 dr \tag{10.46}$$

采用同样的方法可将式(10.35a)和(10.36a)修正为

$$a/(1-a) = \lambda(\cos\phi + \varepsilon\sin\phi)/(F\sin^2\phi) \tag{10.47a}$$

$$a'/(1+a') = \lambda(\sin\phi - \varepsilon\cos\phi)/(F\sin\phi\cos\phi) \tag{10.48a}$$

普朗特叶尖修正系数在基元轴向力和扭矩方程中的应用，对研究整体流动和各种干扰因子也有重要的启发。因为式(10.45)表述的基本含义是

$$dX = dm(2aFc_{x1})$$

也就是说，引入修正系数后，下游远处尾流的平均轴向诱导因子为 $2aF$，而不是 $2a$。还需要注意的是，叶轮平面(或叶片平面)处的平均诱导因子为 aF，轴向速度为

$$c_{x2} = c_{x1}(1-aF)$$

由此可以看出，由于叶尖处的 F 等于零，所以有 $c_{x2}=c_{x1}$。

注意：在前文中已经说明，$a\to 0.5$ 是基元理论的应用极限，即 $c_{x2}=c_{x1}(1-2a)$，而根据前面的计算，a 值一般在叶尖处达到最大。但是，当引入叶尖修正系数 F 后，极限值则变为 $aF=0.5$，并且从叶根到叶尖，F 逐渐减小为零。实际上，F 的这种变化特性为前文所讨论的迭代收敛性提供了更大的余地。

考虑叶尖修正的性能计算

为了减少工作量，采用与前文类似的简化，令 ε 等于零，计算 a 和 a' 的关系式简化为

$$a/(1-a) = \lambda\cos\phi/(F\sin^2\phi) \tag{10.47b}$$

$$a'/(1+a') = \lambda/(F\cos\phi) \tag{10.48b}$$

使用叶片基元动量法进行分析时，需要在表10.1的步骤1和2之间添加一个计算 F 的步骤。要计算 F，就要在每次迭代中计算一个新的 C_L，因此需要改变叶片载荷系数 λ。

例题 10.9

引入普朗特修正系数重新计算例题10.7，叶片数据(即桨距角 $\beta=\beta(r)$)不变。表10.5给出了 a、a'、ϕ 和 C_L 的迭代结果以及用于求和的数据。下面给出中距半径($r/R=0.95$)处的计算细节来说明计算过程。

解：

在 $r/R=0.95$ 处，由式(10.44b)和(10.43)得 $F=0.522$。则当 $Z=3$，$l=1.0$ 时，有

$$F/\lambda = 62.32/C_L$$

应用叶片基元动量法进行分析时，还是先取 a 和 a' 的初值为 0，则 $\tan\phi = (R/r)/J = (1/0.95)/5 = 0.2105$，可得 $\phi=11.89°$，$C_L = (\phi-\beta)/10 = (11.89-1.59)/10 = 1.03$，于是有 $F/\lambda = 60.5$。最后应用式(10.47a)和(10.48a)，计算出 $a=0.2759$，$a'=0.0172$。

表 10.5 所有中距半径比结果汇总

中距 r/R	0.250	0.350	0.450	0.550	0.650	0.750	0.850	0.950
F	1.0	1.0	0.9905	0.9796	0.9562	0.9056	0.7943	0.522
C_L	0.8	0.8	0.796	0.790	0.784	0.7667	0.7468	0.6115
A	0.055	0.0704	0.0876	0.1063	0.1228	0.1563	0.2078	0.3510
a'	0.0322	0.0209	0.0155	0.01216	0.0105	0.0093	0.00903	0.010
ϕ(°)	36.4	27.49	21.76	17.80	14.857	12.567	10.468	7.705
Var.1	0.1643	0.2878	0.4457	0.6483	0.8800	1.1715	1.395	0.5803

表 10.6 用于计算扭矩的数据汇总

中距 r/R	0.250	0.350	0.450	0.550	0.650	0.750	0.850	0.950
$(r/R)^3$	0.01563	0.04288	0.09113	0.1664	0.2746	0.4219	0.6141	0.7915
Var.2×10^{-3}	1.2203	2.097	3.215	4.541	6.033	7.526	8.773	7.302

表 10.7 计算结果汇总

	轴向力(kN)	功率(kW)	C_P	ζ
无叶尖修正	10.583	67.64	0.378	0.638
有叶尖修正	9.848	57.96	0.324	0.547

再一次迭代可得 $\phi=8.522°$，$C_L=0.693$，$F/\lambda=89.9$，$a=0.3338$，$a'=0.0114$。

继续迭代，最终得到

$$a = 0.351, a' = 0.010, \phi = 7.705, C_L = 0.6115$$

基元所受的轴向力

$$\Delta X = \frac{1}{2}\rho ZlRc_{x1}^2 \left[(1-a)/\sin\phi\right]^2 C_L\cos\phi\Delta(r/R)$$

表 10.5 中，$\text{Var.}1 = [(1-a)/\sin\phi]^2 C_L\cos\phi\Delta(r/R)$，于是有

$$\sum \text{Var.}1 = 6.3416$$

如例题 10.6 可知 $(1/2)ZlRc_{x1}^2 = 1518.8$，则

$$X = 1518.8 \times 6.3416 = 9631\ \text{N}$$

利用式(10.42)估算基元扭矩，表 10.6 中，$\text{Var.}2 = [(1+a')/\cos\phi]^2 (r/R)^3 C_L\sin\phi\Delta(r/R)$，代入数据得

$$\sum \text{Var.}2 = 40.707\times10^{-3}, \quad \frac{1}{2}\rho Zl\Omega^2R^4 = 0.5695\times10^6$$

则

$$\tau = 23.183 \times 10^3 \text{ Nm}$$

最终可得 $P = \tau\Omega = 57.960\ \text{kW}$，$C_p = 0.324$，$\zeta = 0.547$。

表 10.7 给出的计算结果表明，引入普朗特叶尖损失修正系数后，轴向力及输出功率均明显降低。

10.9 转子结构

由于需要考虑的几何结构参数及运行变量非常多，所以很难给出通用方法来确定各种参数对风力机性能的影响，只能利用电脑进行大量数值运算。影响风力机转子性能的变量包括叶片数、叶片稠度、叶片锥度和扭曲程度、以及叶尖速比。

叶片平面形状

在前面所有例题中都假设弦长不随半径变化，这主要是为了简化计算过程。实际上，大多数水平轴风力机的叶片都是锥形的，在选取锥度时既要考虑结构和经济性需求，还要在一定程度上考虑美观性。如果叶片平面形状已知，或其中一个参数给定，则可以改进前文中由叶片基元动量法发展出的计算程序，使其能够考虑叶片弦长沿径向变化时带来的影响。

本节稍后将对 Glauert 提出的分析方法进行拓展，以确定最佳工况下转子叶片形状的变化。

变叶片数的影响

前文介绍了采用致动盘理论对风力机整体性能进行初步估算的方法。在实际设计中，第一个要考虑的问题是选取所需的叶片数。风力机的叶片数可以从 1～40 个不等。大部分具有高叶尖速比的水平轴风力机只有两到三个叶片，用于抽水的风力机则由于叶尖速比较小(启动扭矩大)，所以转子叶片数很多。决定叶片数 Z 的主要因素包括设计叶尖速比以及对功率系数 C_p 的影响，当然还有一些其他因素如重量、成本、结构动力学和疲劳寿命等，限于篇幅，本节不予讨论。

Tangler(2000)综述了水平轴风力机转子和叶片设计的发展历程，他认为，对于大型商用风力机来说，上风式三叶片转子是工业界广泛认可的标准型式。自 20 世纪 90 年代中期以来，大型风力机基本上都采用这种结构。叶片数主要参照 Rohrback 和 Worobel(1977)，以及 Miller 和 Dugundji(1978)等提出的无粘计算结果来选取。图 10.17 给出了一定的叶尖速比范围内，叶片数对功率系数 C_p 的影响。由图可见，当叶片从一支增加到两支时，C_p 显著增大；但由两支增加到三支时，C_p 的增量则减小；再增大叶片数，C_p 的增量将进一步减小。实际上，C_p 的增量将被叶片数超过二或三时导致的摩擦损失迅速抵消。

Tanger(2000)指出，考虑到转子的噪声和美观，强烈建议选取三支叶片，而不是两支或一支叶片。另外，在给定的转子直径和稠度下，三叶片转子的叶片负荷是两叶片转子的三分之二，因此产生的脉冲噪声更低。

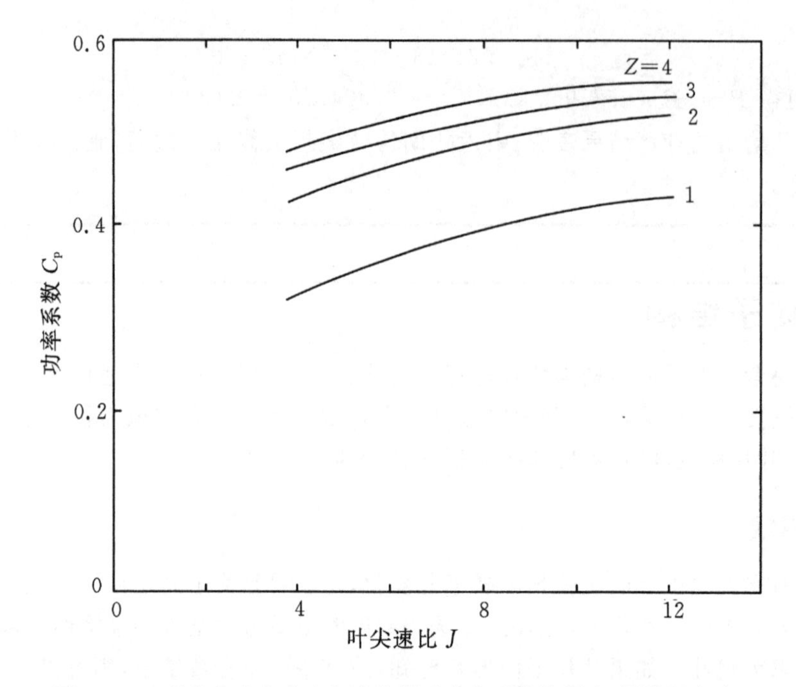

图 10.17 理论上叶尖速比和叶片数对功率系数的影响，假设阻力为 0

叶尖速比的影响

叶尖速比 J 是影响风力机设计性能的一个重要参数。虽然本章此前在所有例题中都使用了同一个 J 值，但其他叶尖速比下风力机性能的变化也非常值得研究。为此，采用例题 10.6 中的计算方法，设阻力为 0($\varepsilon=0$)，忽略针对有限叶片数的修正，对不同 J 值下 $C_L=0.6$，0.8 和 1.0($l=1.0$)时的风力机整体性能(轴向力和功率)进行了分析。图 10.18 和 10.19(a)分别展示了三种升力系数 C_L 下，轴向力系数 C_x 和功率系数 C_p 随叶尖速比 J 的变化规律。比较有意思的是，如果用 $C_X/(JC_L)$ 替换 C_x，则不同升力系数下的三组数据都会

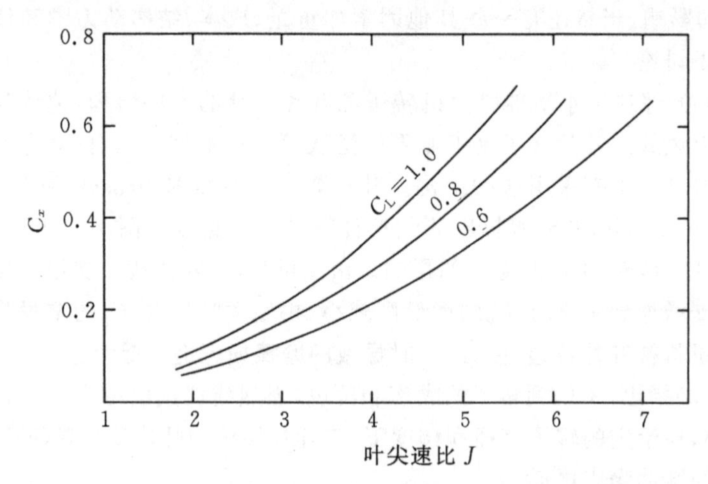

图 10.18 $C_L=0.6$，0.8，1.0 时轴向力系数 C_X 随叶尖速比 J 的变化

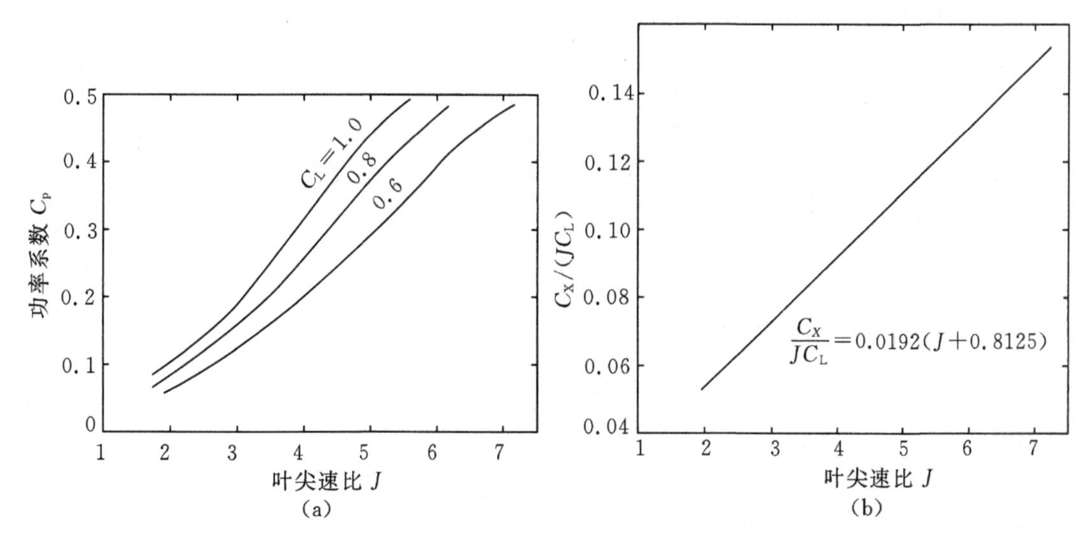

图 10.19 (a)$C_L=0.6$,0.8 和 1.0 时,功率系数 C_p 随 J 的变化;(b)轴向力系数除以 JC_L 的值随 J 的变化(这种处理将图 10.18 的各条曲线转化为一条直线)

集中到一条直线上,如图 10.19(b)所示。我们对轴向力的关注点主要集中在它对轴承和风力机支撑结构的影响。Garrad(1990)详细讨论了稳定负荷及不稳定负荷对水平轴风力机转子叶片和支撑结构的影响。

需要注意的是,当 J 比较大时,叶尖及其附近区域的轴向诱导因子 a 可能不收敛,这会显著影响上述计算结果的范围。而 a 不收敛的原因在于叶片负荷系数 $\lambda = ZlC_L/(8\pi r)$ 过大,实际中可以通过减小 C_L 或 l(或两者的组合)来降低 λ,也可以引入叶尖修正系数扩大 J 的范围,由此得到收敛的 a 值。当然,这些措施都将导致功率降低。在本章例题中,为了能更有效地对比性能,取升力系数和弦长为固定值。有意思的是,当不收敛导致计算终止时,所有功率系数都已增大到一个基本相同的值,约为 0.48。

转子优化设计准则

Glauert 的动量分析方法给出了一种相对简单又准确的风力机转子初步设计框架。在这个分析方法中,他还提出了“理想风机”的概念。这一概念提供了设计最优转子的方程组,非常重要。简言之,该方法给出了每个转子叶片截面的 $C_L l$ 最优值与当地速比 j 之间的函数关系,当地速比 j 定义为

$$j = \frac{\Omega r}{c_{x1}} = \left(\frac{r}{R}\right)J \tag{10.49}$$

当各半径处的最优 $C_L l$ 乘积已知时,只要取定 C_L 或 l 中任一个的值,就能确定另一个变量的值。

具体分析过程如下。假定 $C_D=0$,令式(10.36b)除以(10.35b),可得

$$\frac{a'(1-a)}{a(1+a')} = \tan^2\phi \tag{10.50}$$

同样,由式(10.39)和(10.49)可得

$$\tan\phi = \frac{(1-a)}{j(1+a')} \tag{10.51}$$

将上式代入式(10.50)替换 $\tan\phi$,得

$$\frac{1}{j^2}=\frac{a'(1+a')}{a(1-a)} \tag{10.52}$$

因此,对于任意半径 r,只要叶尖速比 J 一定,j 就是常数,上式中等号右侧的值也是常数。再由式(10.17)可知,如果给定 c_{x1} 和 Ω,那么当 $(1-a)a'$ 最大时,输出功率可达最大。求 $(1-a)a'$ 的微分并使其等于 0,得

$$a'=\frac{da'}{da}(1-a) \tag{10.53}$$

对式(10.52)求微分并简化,得

$$j^2(1+2a')\frac{da'}{da}=1-2a \tag{10.54}$$

将式(10.53)代入(10.54),

$$j^2(1+2a')a'=(1-2a)(1-a)$$

整合上式与式(10.52),得

$$\frac{1+2a'}{1+a'}=\frac{1-2a}{a}$$

解此方程可得 a' 为

$$a'=\frac{1-3a}{4a-1} \tag{10.55}$$

将式(10.55)代入式(10.52),由 $1+a'=a/(4a-1)$,得

$$a'j^2=(1-a)(4a-1) \tag{10.56}$$

式(10.53)和(10.55)可用于确定诱导因子 a 和 a' 沿叶片长度方向相对于 j 的变化。由式(10.55)和(10.56)可得

$$j=(4a-1)\sqrt{\frac{1-a}{1-3a}} \tag{10.57}$$

基于这些理想条件导出的式(10.57)只适用于很小的 a 值范围($(1/4)<a<(1/3)$)。需要注意的是,最佳工况要比一般工况的范围小很多。表 10.8 给出了 a 在这一范围内增大时对应的 a' 和 j 值(以及 ϕ 和 λ 值)。可以看出,大 j 值对应的诱导因子 a 仅略小于 1/3,并且 a' 非常小。反之,小 j 值对应的诱导因子 a 则接近 1/4,且 a' 迅速增大。

由式(10.50)和(10.55)可得最佳功率工况的气流角 ϕ

$$\tan^2\phi=\frac{a'(1-a)}{a(1+a')}=\frac{(1-3a)(1-a)}{a^2}$$

所以

$$\tan\phi=\frac{1}{a}\sqrt{(1-3a)(1-a)} \tag{10.58}$$

在最佳工况下,利用气流角 ϕ 可以确定叶片载荷系数 λ。首先整合式(10.55)、(10.36b)和(10.35b)消去 a' 和 a,经简化后得

$$\lambda^2=\sin^2\phi-2\lambda\cos\phi$$

再求解这个二次方程就能获得最佳叶片负荷系数与气流角之间的函数关系,

$$\lambda=1-\cos\phi\equiv\frac{ZlC_L}{8\pi r} \tag{10.59}$$

再来看一般工况，由式(10.51)、(10.35b)和(10.36b)可得

$$\tan\phi = \frac{1(1-a)}{j(1+a')} = \frac{1}{j}\left(\frac{a}{a'}\right)\tan^2\phi$$

于是有

$$j = \left(\frac{a}{a'}\right)\tan\phi \tag{10.60}$$

改写式(10.35b)和(10.36b)为

$$\frac{1}{a} = 1 + \frac{1}{\lambda}\sin\phi\tan\phi, \frac{1}{a'} = \frac{1}{\lambda}\cos\phi - 1$$

将其代入式(10.60)得

$$j = \sin\phi\left(\frac{\cos\phi - \lambda}{\lambda\cos\phi + \sin^2\phi}\right) \tag{10.61}$$

再将式(10.59)得出的最佳 λ 代入，有

$$j = \frac{\sin\phi(2\cos\phi - 1)}{(1-\cos\phi)\cos\phi + \sin^2\phi}$$

所以

$$j = \frac{\sin\phi(2\cos\phi - 1)}{(1+2\cos\phi)(1-\cos\phi)} \tag{10.62}$$

$$j\lambda = \frac{\sin\phi(2\cos\phi - 1)}{1+2\cos\phi} \tag{10.63}$$

表 10.8 中列出了一些 λ 值。有了式(10.62)，即可由气流角 ϕ 直接计算 j。也可以利用这些公式，根据已确定的弦长 l 与升力系数 C_L 的乘积($C_D=0$)来设计最佳叶片方案，然后在指定半径处给定 C_L，就能得到相应的 l。

表 10.8 最佳工况下 a'、a、j、ϕ 与 λ 的关系

a	a'	j	ϕ (°)	λ
0.260	5.500	0.0734	57.2	0.4583
0.270	2.375	0.157	54.06	0.4131
0.280	1.333	0.255	50.48	0.3637
0.290	0.812	0.374	46.33	0.3095
0.300	0.500	0.529	41.41	0.2500
0.310	0.292	0.753	35.33	0.1842
0.320	0.143	1.150	27.27	0.1111
0.330	0.031	2.63	13.93	0.0294
0.333	0.003	8.574	4.44	0.0030

图 10.20 所示为计算得出的叶片弦长与半径的变化关系曲线。由图可见，随着半径减小，弦长迅速增大，因此在某些工况点上，设计人员并不按照最佳工况要求来设计，这样做会使叶片性能略有下降，但可以接受。图 10.20 还给出了典型的叶片平面形状(用于 Micro 65/13 水平轴风力机，Tangler et al.，1990)作为对比。

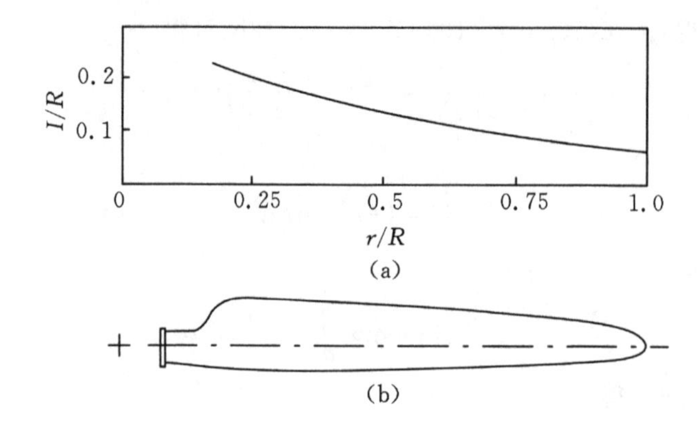

图 10.20 弦长随半径变化的例子:(a)由 Glauert 理论得到的 $C_L=1.0$ 时弦长随半径变化的优化结果;(b)典型的叶片平面形状(用于 Micon 65/13 水平轴风力机)

例题 10.10

按最佳工况设计的三叶片水平轴风力机,叶尖直径为 30 m,升力系数 C_L 在叶片展向为常数 1.0,叶尖速比 $J=5.0$。试确定满足这些条件时,沿叶片展向从半径 3 m 到叶尖处的弦长分布。

解:

先给定 ϕ 值,然后用它来计算其他参数,显然比反过来计算容易。为了说明具体步骤,取 $\phi=10°$,将已知参数代入式(10.63),可得 $j\lambda=0.0567$。由式(10.59)得 $\lambda=0.0152$,则 $j=3.733$。再由

$$j=\frac{\Omega r}{c_{x1}}=J\left(\frac{r}{R}\right)=\frac{5}{15}r$$

$$r=3j=11.19\ \text{m}$$

由于

$$j\lambda=J\left(\frac{r}{R}\right)\cdot\frac{ZlC_L}{8\pi r}=\frac{J}{R}\frac{ZlC_L}{8\pi}=\frac{l}{8\pi}$$

代入 $J=5.0$,$R=15$ m,$Z=3$,$C_L=1.0$,得

$$l=8\pi\times0.0567=1.425\ \text{m}$$

表 10.9 给出了最佳叶片弦长和半径值。

表 10.9 叶片弦长和半径值(最佳工况)

ϕ(°)	j	$4j\lambda$	r(m)	l(m)
30	1.00	0.536	3.0	3.368
20	1.73	0.418	5.19	2.626
15	2.42	0.329	7.26	2.067
10	3.733	0.2268	11.2	1.433
7.556	5	0.1733	15	1.089

10.10 最佳工况下的输出功率

式(10.17)给出了一般工况的输出功率,分析中考虑了切向流动诱导因子。此时,功率系数可表示为

$$C_p = P/\left(\frac{1}{2}\pi\rho R^2 c_{x1}^3\right) = \frac{8}{J^2}\int_{j_k}^{J}(1-a)a'j^3\mathrm{d}j$$

将上式代入式(10.56)可得最佳工况的功率系数表达式,即

$$C_p = \frac{8}{J^2}\int_{j_h}^{J}(1-a)^2(4a-1)j\mathrm{d}j \tag{10.64}$$

式中,积分下限和上限分别变为 j_h 和 $J=\Omega R/c_{x1}$。Glauert(1935)利用数值积分和相对最大功率系数 ζ 得出了 $j=0$ 到 J(0.5~10)的 C_p 结果,见表 10.10。由表可知,要获得较大的功率,叶尖速比 J 不能太小。

表 10.10 最佳工况功率系数

J	ζ	C_p	J	ζ	C_p
0.5	0.486	0.288	2.5	0.899	0.532
1.0	0.703	0.416	5.0	0.963	0.570
1.5	0.811	0.480	7.5	0.983	0.582
2.0	0.865	0.512	10.0	0.987	0.584

10.11 对水平轴风力机叶型的要求

对风力机叶片的基本要求包括叶片的气动特性、结构强度与刚度、易于制造、便于维护等。在风力机发展初期,研究人员普遍认为良好的叶片应该具有高升力和低阻力特性,因此在为风力机选择叶型时,多选取适用于飞机机翼的标准翼型,如 NACA 44XX、NACA 230XX 等(XX 表示厚度与弦长的比,以百分比表示)。Doenhoff(1959)对这些翼型的气动特性和形状进行了总结。

雷诺数是影响给定叶型升阻比的主要因素之一。早期的分析表明,风力机叶片的最佳性能取决于叶片弦长和升力系数之积 lC_L。对于高升力系数 C_L 工况,当其他参数如叶尖速比 J 和半径 R 保持不变时,允许风力机使用更窄的叶片。但选用窄叶片却未必能减少粘性损失,雷诺数过小反而会使阻力系数 C_D 增大。此外,随着叶片厚度减小,刚度迅速下降,因此需要特别考虑叶片较窄对结构刚度的影响。标准翼型还存在另一个严重问题,即前缘积垢会使翼型表面越来越粗糙,导致性能逐渐降低。Tangler 认为,对于采用失速调节的转子,由前缘表面粗糙引起的年度能量损失最大。图 10.21 是一台带有失速调节的三叶片中等功率(65 kW)风力机转子的输出功率曲线,由图可见损失非常大,该损失与沿叶片展向最大升力系数的减小成正比。粗糙度增大还使翼型升力曲线的斜率变小,翼型所受阻力增大,这些都进一步增大了能量损失。小型风力机所受的影响更为严重,这是因为小型风力机高

度较低，叶片上很容易堆积更多的昆虫和尘粒，导致叶片前缘半径的很大一部分都来源于积垢厚度。Lissaman(1998)给出了叶片积垢对小型风力机(直径10 m)转子的影响，并估计这种由粗糙度增大导致的年度能量损失(在美国)可达20%～30%。下一节将介绍一种新型NREL叶片，该叶片对积垢影响的敏感性要小得多。

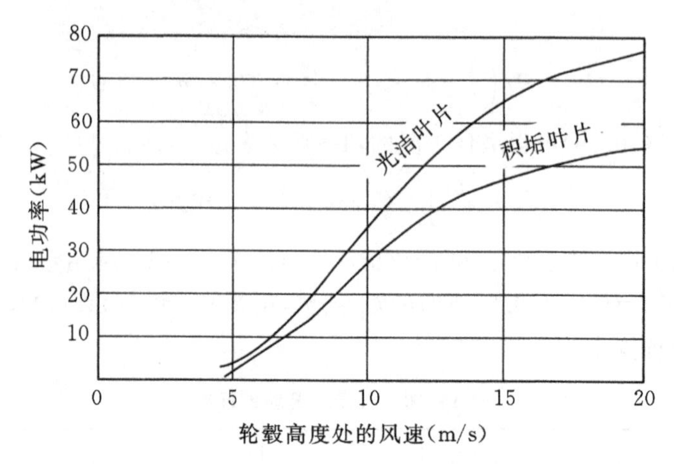

图10.21 现场测试得到的NACA 4415－4424叶片功率曲线(引自Tangler，1990，NREL)

10.12 叶片制造进展

Snel(1998)指出："一般来说，由于叶片设计的细节具有竞争性，所以在公开文献中关于这方面的信息不多。"幸运的是，为了推进风力发电厂的发展、效率提升及未来拓展，美国能源部、美国航空航天局和美国国家可再生能源实验室采取了进步而开明的政策，允许向世界发布大量很有价值的风力机知识。下面介绍从这些资料中搜集到的一些重要信息。

Tangler和Somers(1995)概述了水平轴风力机专用叶型的发展历程。起初，由国家可再生能源实验室(NREL)与叶型股份有限公司(Airfoils Incorporated)合作开发了7个系列的叶片，共23种叶型，用于各种尺寸的转子。这些叶型是以具有最大升力系数C_L并且对叶片粗糙度不敏感为目标进行设计的，方法是在升力系数C_L达到最大之前，使吸力面边界层的转捩位置尽量靠近叶片前缘。当叶片表面比较光滑时，表面流动大部分为层流，阻力系数C_D较小。在叶尖区域，吸力面侧通常约50%的流动为层流，压力面侧则有约60%以上的流动为层流。

要从NREL系列中选取合适的叶片，就必须考虑是采用失速调节、变桨距调节还是变速调节。通常，从轮毂到叶尖所需的叶型不同，因此在设计叶片时不能仅用单一叶型。可以通过规定不同的升力系数和阻力系数，来满足沿叶片展向变化的气动需求，其结果就是沿叶片展向选用不同的叶型。对于带有失速调节的风力机，限制叶尖区域的最大升力系数C_L有益于被动调节转子的峰值功率。图10.22—10.25给出了最初被指定用于"小型、中型、大型和超大型"水平轴风力机转子设计中的叶型系列①，它们是专为叶尖最大升力系数C_L较小的

① 随着时间的推移，水平轴风力机的顶部尺寸正日益增大，再使用20世纪90年代常用的"大型"或"超大型"这种尺寸分类将会产生误导，比较好的方法是利用直径或功率范围来区分。

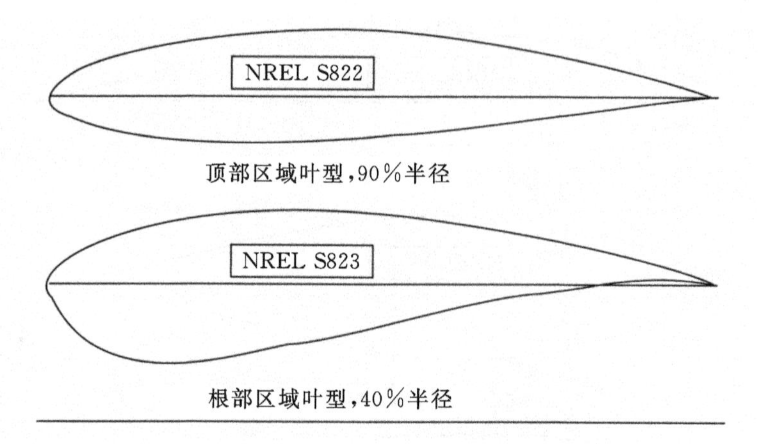

设计规范

叶型	r/R	$Re(\times 10^6)$	t_{max}/l	$C_{L\,max}$	$C_{D\,min}$
S822	0.9	0.6	0.16	1.0	0.010
S823	0.4	0.4	0.21	1.2	0.018

图 10.22　直径 2～11 m 的水平轴风力机厚叶型系列(P=2～20 kW)(由 NREL 提供)

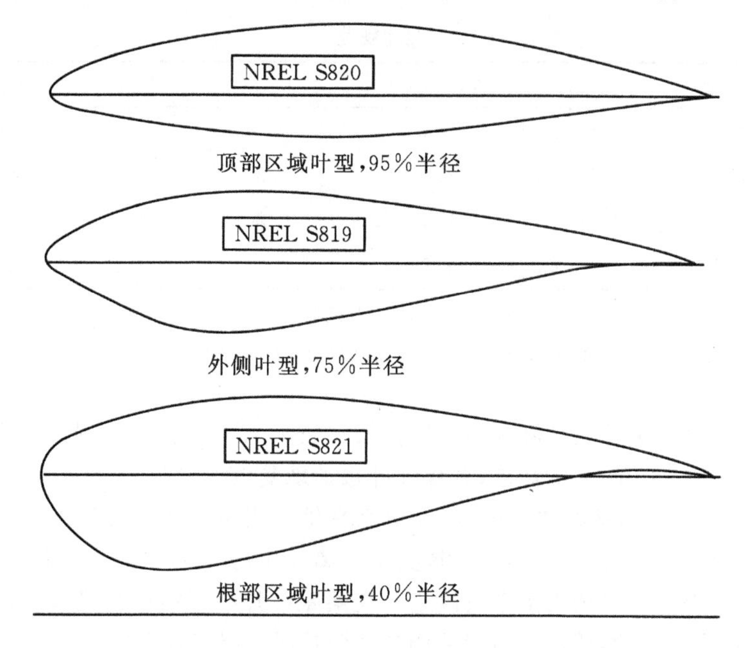

设计规范

叶型	r/R	$Re(\times 10^6)$	t_{max}/l	$C_{L\,max}$	$C_{D\,min}$
S820	0.95	1.3	0.16	1.1	0.007
S819	0.75	1.0	0.21	1.2	0.008
S821	0.40	0.8	0.24	1.4	0.014

图 10.23　直径 11～21 m 的水平轴风力机厚叶型系列(P=20～100 kW)(由 NREL 提供)

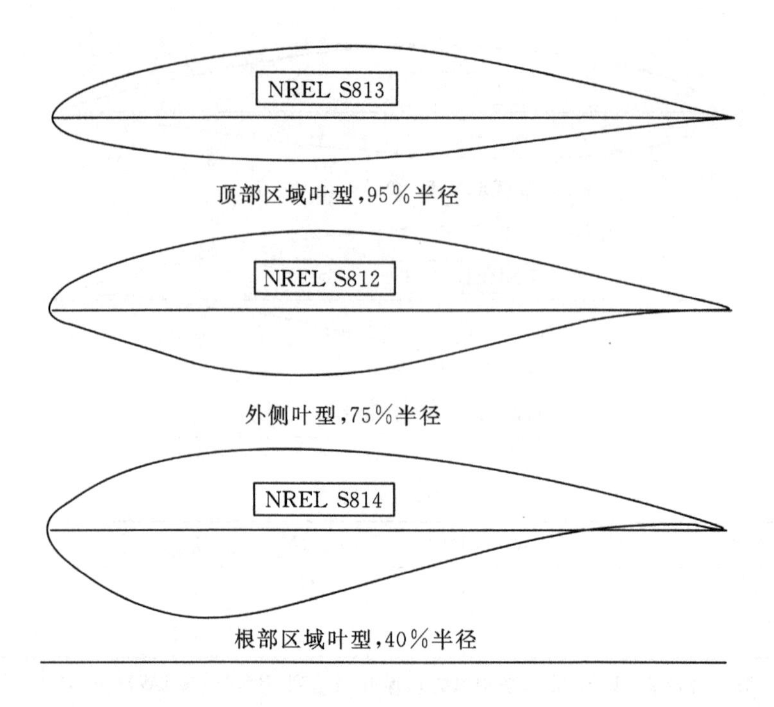

设计规范

叶型	r/R	$Re(\times 10^6)$	t_{max}/l	$C_{L\,max}$	$C_{D\,min}$
S813	0.95	2.0	0.16	1.1	0.007
S812	0.75	2.0	0.21	1.2	0.008
S814	0.40	1.5	0.24	1.3	0.012
S815	0.30	1.2	0.26	1.1	0.014

图 10.24　直径 21～35 m 的水平轴风力机厚叶型系列(P=100～400 kW)
(注：未获得 S815 翼型数据，由 NREL 提供)

风力机所设计的，其显著特点是叶片的厚度弦长比较大，特别是在叶根截面，这样就可以满足“挥舞刚度”(flap stiffness)的需求，并保证叶根能承受较大的弯曲应力。

Tangler(2000)认为，从型式上来说，今后水平轴风力机的发展应该不会与目前已广泛使用、设计也日趋成熟的三叶片、迎风式风力机偏离太多，更可能的是在结构以及失速、变桨距、变速等三种调节方式的选用上进行改进。变桨距叶片有可能取代具有可动调速叶尖的失速调节大型风力机叶片，从而更精确地调节峰值功率并提高可靠性。

随着超大型水平轴风力机(即直径 104 m，参见图 10.4(a))的投运，对叶片设计和材料提出了新的要求。根据 Mason(2004)的报道，一台直径为 125 m 的 5 MW 水平轴风力机采用了由碳/玻璃纤维复合材料制成的“轻质”叶片，这是德国第一个深水海上风电项目的设备之一，将在北海落户。

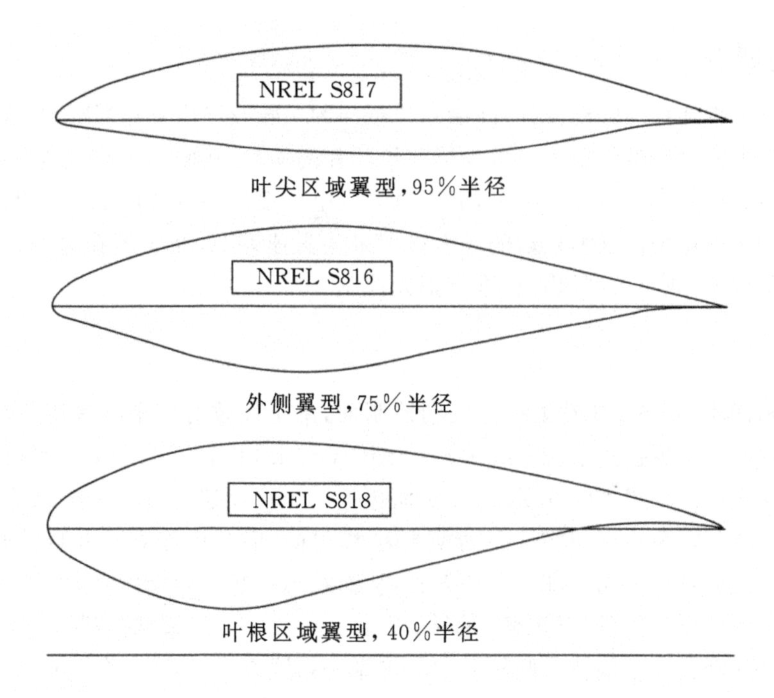

设计规范

叶型	r/R	$Re(\times 10^6)$	t_{max}/l	$C_{L\,max}$	$C_{D\,min}$
S817	0.95	3.0	0.16	1.1	0.007
S816	0.75	4.0	0.21	1.2	0.008
S818	0.40	2.5	0.24	1.3	0.012

图 10.25 直径 $D>36$ m 的水平轴风力机厚叶型系列(叶片长度=15～25 m，P=400～1000 kW)(由 NREL 提供)

10.13 调节方式(启动、调节和停机)

根据图 10.9 所示，风力机的运行包括从静止开始启动，到系统运行期间的功率调节，再到风速过大而停机的整个过程。大多数风力机在启动时都需要利用发电机作为电动机来克服初始启动扭矩，直到在“切入”风速下能产生足够功率为止，当然，这一操作的前提是有电源可用。

变桨距调节

由风力机控制系统主动调节转子叶片的角度，称为变桨距调节，其优点是可以通过内置的制动装置使叶片停止运动。一般来说，扭转整个叶片需要较大的驱动机构和轴承，这会增加系统重量及成本。其解决方法之一是对叶片的部分长度进行变桨距调节，如只控制叶片外侧三分之一长度的部分。

被动或失速调节

失速调节是指叶片的气动设计(即沿叶片展向的扭转及厚度分布)使叶片在风速过高时会发生失速。失速时产生的湍流将减少传递给叶片的能量,从而减小高风速下的输出功率。

Armstrong 和 Brown(1990)指出,商用风力发电厂使用的各种调节系统都有其拥趸,他们之间存在一定的竞争。欧洲在运的风力机多采用失速调节,而美国在运的大部分风力机则使用变桨距调节,或对大型风力机进行副翼控制。

副翼控制

美国能源部和 NASA 开发了一种气动控制面,用于代替对整个叶片进行变桨距调节。带有这种控制面的副翼控制系统(aileron control system)具有降低大型水平轴风力机转子成本和重量的潜力。如图 10.26 所示,控制面包括一个可动襟翼(flap),安装在叶片尾缘外侧。虽然它们看起来与飞机机翼上的襟翼和副翼很像,但其运作方式及目的却差别很大。飞机机翼的控制面是向下朝着高压面侧偏转,从而在飞机起飞和降落时增大升力;而风力机叶片的副翼则向低压面侧(即下风侧)偏转,以减小升力,达到制动的效果。图 10.26(b)所示为风力机叶片副翼完全偏转时两种典型的控制面布置方式(Miller & Sirocky,1985)。其中,标记为“平直”的结构具有最佳制动性能,标记为“平衡”的结构具有低压和高压控制面,这将有助于减少控制扭矩。

副翼改变了基础叶型的升阻力特性,使该特性成为偏转角的函数。研究人员曾为 Mod-O 风力机[①]配置 20%和 38%弦长的副翼,并进行了全尺寸试验。从加载到停机的损失结果显示,38%弦长副翼的气动制动效果要优于 20%弦长副翼。并且,在 Mod-O 风力机的整个运行范围内,38%弦长副翼均可有效调节功率输出。图 10.27 给出了将 38%弦长副翼设置在 0°、−60°、−90°时升力和阻力系数的变化。

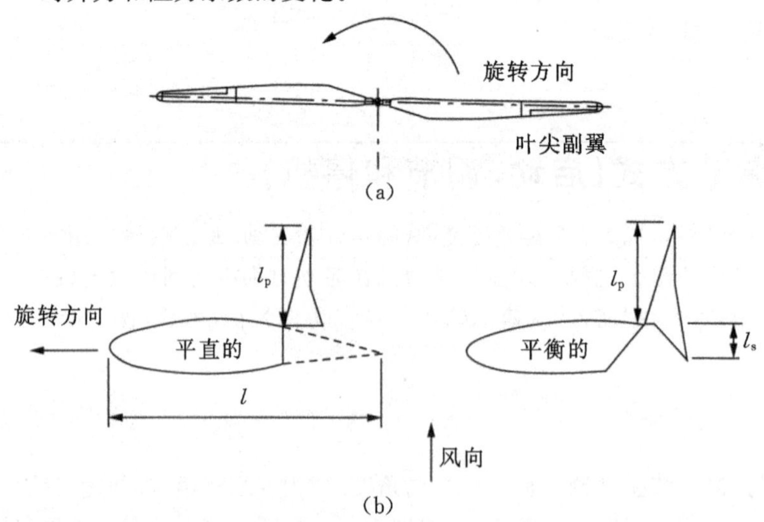

图 10.26　副翼控制面:(a)双叶片转子上副翼的位置;(b)处在完全偏转位置的两类副翼(引自 Miller 和 Sirocky,1985)

① Mod-O 风力机的详细信息见 Divone(1998)。

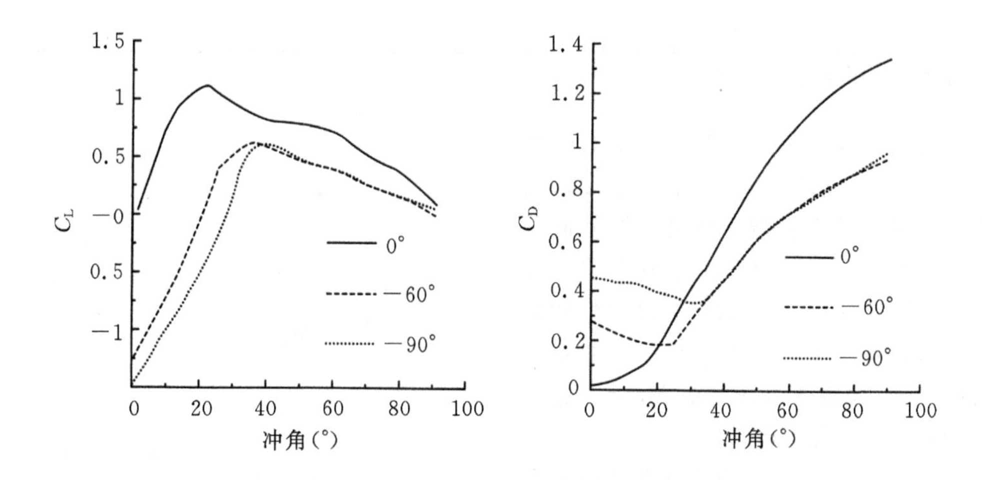

图 10.27 38%弦长副翼设置在 0°、−60°、−90°时,(a)升力和(b)阻力系数的变化。(引自 Savino, Nyland, Birchenough, 1985;由 NASA 提供)

虽然通过风洞试验可以得出升力系数和阻力系数,不过 Miller 和 Sirocky(1985)则更为巧妙地用一个弦向力系数 C_C(chordwise force coefficient,亦称抽吸系数)来表示带有副翼控制的风力机性能结果。C_C是升力系数与阻力系数的组合系数,如下所示:

$$C_C = C_L \sin\alpha - C_D \cos\alpha \tag{10.65}$$

式中,α 为冲角。

用 C_C表示副翼控制的制动效果,是因为只有弦向力才产生力矩(假设风力机叶片的桨距角为零或无扭转)。而弦向力与转子扭矩之间又存在直接关系,所以利用 C_C可以很方便地评估副翼的制动效果。如果 C_C为负,则副翼产生负扭矩使转子减速。如果能令所有冲角下的 C_C都为负值当然最好。图 10.28 所示为 Snyder、Wentz 和 Ahmed(1984)针对 20%和 30%弦长副翼的实验结果,给出了不同副翼偏转角下弦向力系数随冲角的变化。由这些结果可知,增大副翼弦长和偏转角可以改善副翼的气动制动性能。

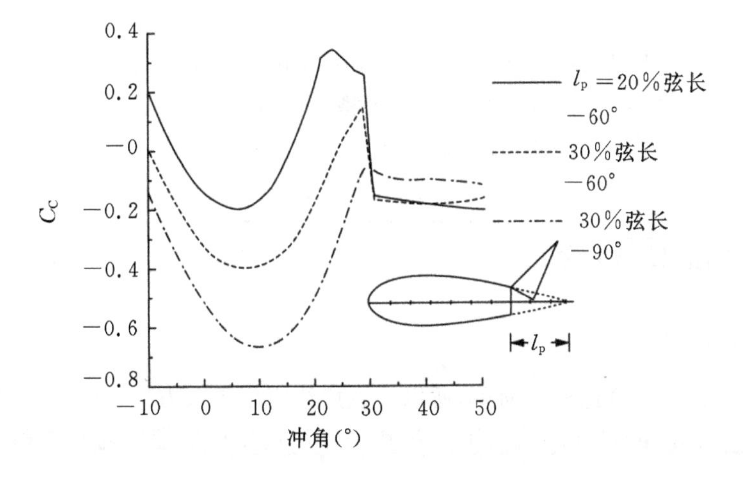

图 10.28 一定冲角范围内弦长对弦向力系数的影响(引自 Snyder 等,1984,未发表)

10.14 叶尖形状

由各种空气动力学模型所确定的叶片几何形状，对于设计高效且符合气动要求的叶尖外形来说并没有指导意义。根据流体力学基本原理，在叶尖处，由于升力消失将产生一个强脱落涡，该脱落涡与叶尖处的高度三维流动特性将导致升力损失。如果是钝头叶尖，因为脱落涡强度更大，所以这种效应的影响就更加严重。

为了改善气动效率，可以在叶片端部添加各种形状的“小翼”，目前已就此进行了大量研究。Gyatt 和 Lissaman(1985)期望通过控制叶尖脱落涡来改进风力机性能，并对多种形状的叶尖进行了现场测试给出了测试结果。Tangler(2000)的试验研究表明，将前缘尖角倒圆(图 10.29)并应用流线型边缘(后掠叶尖)可以改善气动性能。此外还有一些叶尖型式，如图 10.29 所示的剑形叶尖，因其低噪声特性而得到广泛应用，不过是以降低风力机性能为代价的。

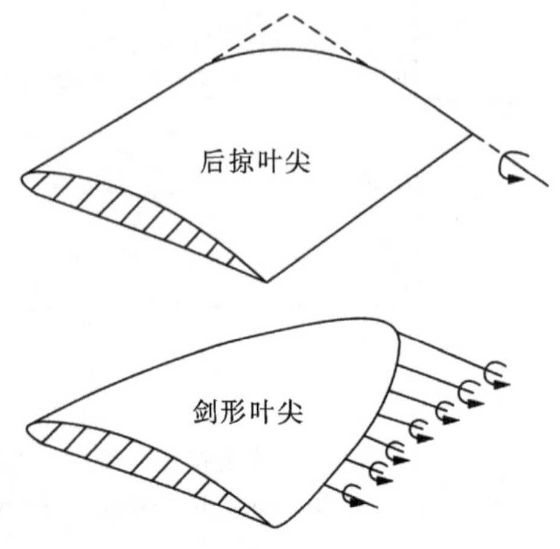

图 10.29 叶尖几何形状(引自 Tangler,2000；由 NREL 提供)

10.15 性能测试

风力机性能的气动预测方法及现场测试技术的对比改进受到很多因素的限制。由于自然风是多变的，具有不稳定、不均匀、方向变化等特点，所以解释性能测量结果就成了一个大问题。风切变(地面摩擦效应引起的风速沿高度变化)会导致各种高度上的风都具有不稳定性和不均匀性。

研究人员在世界上最大的 NASA Ames 低速风洞[①](测试截面为 24.4 m×36.6 m(80 ft×120 ft))中，对全尺寸水平轴风力机进行了稳态流动试验，试验结果为风力机性能预测方法的数据关联提供了准确的测试结果。

10.16 性能预测程序

叶片基元动量理论

由于叶片基元动量理论相对简单，所以一直广泛应用于风力机行业，它是风力机性能预测的主要方法。Tangler(2002)给出了一些基于叶片基元动量理论的性能预测程序及参考

① 这一设备的详细信息可在 windtunnels. arc. nasa. gov/80ftl. html 查找。

文献(见表 10.11)。

Tangler(2002)研究指出,叶片基元动量理论存在明显的局限性,无法准确预测性能。其局限性与理论中引入的某些简化有关,很难修正。误差主要来源于假设转轮上每个环形基元流道的来流都是均匀流动,并且环面之间不存在相互作用。此外,在叶尖损失模型中也只考虑了叶片数的影响,而没有考虑叶片形状差别的影响。

表 10.11 性能预测程序

程序名	参考文献
PROP	Wilson & Walker(1976)
PROP93	McCarty(1993)
PROPID	Selig & Tangler(1995)
WTPERF	Buhl(2000)

升力面与给定尾流理论

采用升力面建立转子叶片及其产生的涡尾流模型,据说可以消除叶片基元动量理论中由简化带来的误差。升力面与给定尾流理论(life surface,prescribed wake theory,LSWT)是一种能够模拟形状复杂叶片的先进模型,根据 Kocurek(1987)的研究,该模型可以考虑风切变的速度变化、塔架遮蔽效应和离轴运行。进行性能预测时,结合使用升力面法与叶片基元分析,并将二维翼型的升力系数与阻力系数组合起来作为冲角和雷诺数的函数。

本书为入门级教材,对这一正在发展中的理论不做详细介绍。Gerber 等(2004)给出了 LSWT 设计方法的实用说明以及关于其未来发展的建议。Kocurek(1987)和 Fisichella (2001)等也对 LSWT 理论进行了深入研究。

与实验数据对比

NREL 利用 NASA Ames 风洞对转子直径为 10 m 的风力机进行了综合试验。Tangler (2002)给出了一些测试结果,这里只简要介绍预测功率与实测功率的对比。试验装置包括一个转速恒定(72 r/min)的双叶片转子,采用上风式及失速调节。转子叶片(参见 Giguere & Selig,1988)的弦长沿径向线性减小,叶片扭转角如图 10.30 所示为非线性分布。运行时,叶尖相对于叶型弦线的桨距角为$-3°$,由于可以获得二维 S809 叶型的吹风试验数据,所以为了简便起见,从叶根到叶尖都使用 S809 叶型。

图 10.31 给出了输出功率随风速变化的试验与计算结果对比,其中计算方法包括 BEM (WTPERF 和 PROP93)和 LSWT。在低风速下(约<8 m/s),BEM 和 LSWT 的预测值与实测结果吻合良好。在较高风速下,两种理论方法的预测值略低于实测功率,并且 LSWT 的预测值小于 BEM。具体原因有待解释,但在作者看来,只有当叶片失速后(实测功率急剧下降),LSWT 的预测值才比 BEM 更接近实测功率。因此,风洞试验结果充分表明,在一般情况下,即失速发生之前,BEM 都是有效的计算方法。

峰值和峰值后功率预测

研究人员在尺寸为 24.4 m×36.6 m 的 NASA Ames 风洞中,采用完善的测试仪器对直径 10 m 的转子进行了综合试验,给出了风力机稳态运行数据,使我们可以更好地理解叶

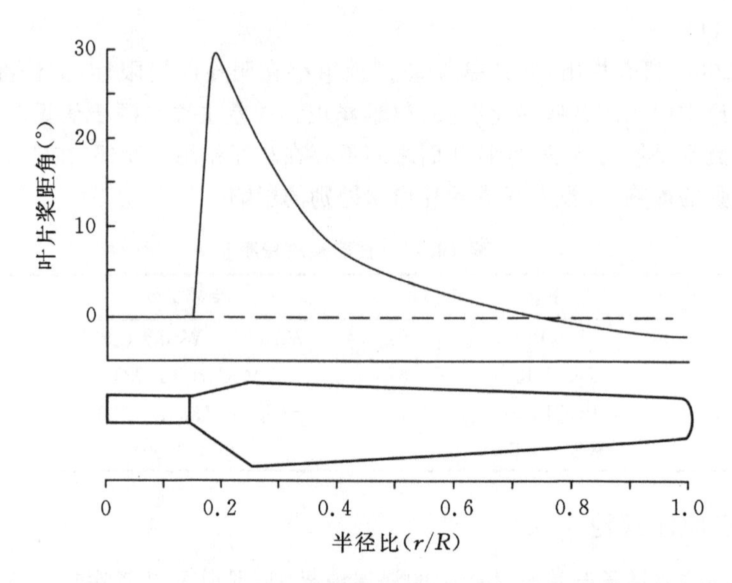

图 10.30 利用 NASA Ames 风洞进行试验的转子叶片弦长和扭转沿径向的分布。(引自 Tangler,2002;由 NREL 提供)

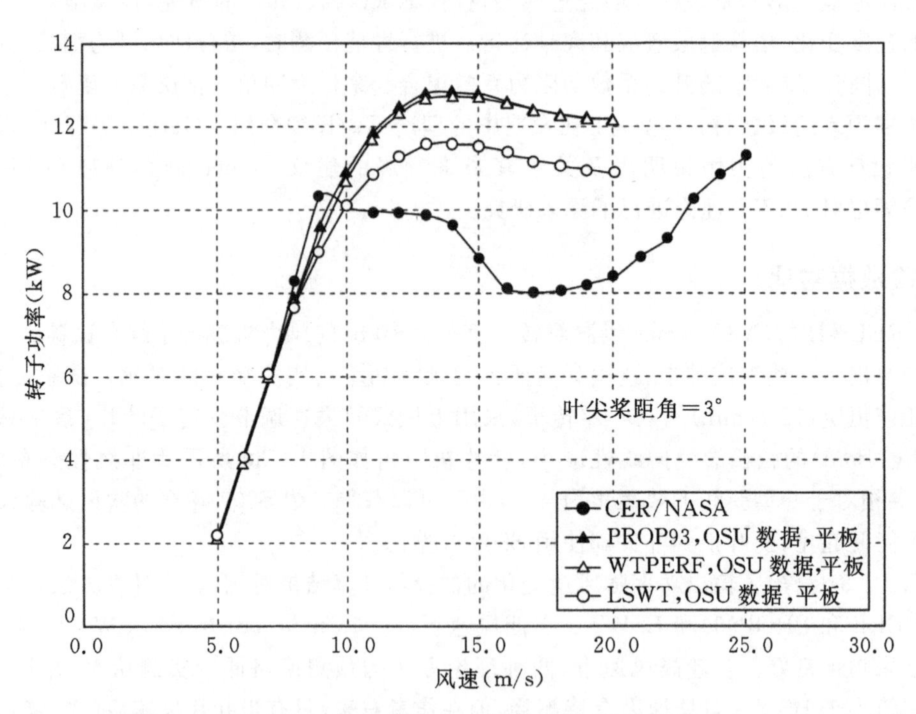

图 10.31 10 m 直径风力机输出功率(kW)随风速(m/s)的变化,测量值(CER/NASA)与理论值对比(引自 Tangler,2000;由 NREL 提供)

片失速的复杂现象。以往的研究认为,随着风速的增大,起源于叶根的失速现象会逐渐向叶尖发展,峰值功率和峰值后功率则与失速过程同时发生。但 Gerber 等人(2004)近来的研究发现,这一认识是错误的。由于三维流动下的失速延迟效应,实际中并不会出现这种过于简化的情况。Tangler(2003)对近期数据的分析表明,发生在叶片展向中部区域的前缘分离会随着风速的增大迅速地向内、外两侧发展，而 BEM 不能模拟这种三维失速过程。目前，技术人员正在研究如何将这些实际效应考虑在内。

风力机叶片性能的提升(仿生技术)

人们在十年以前就知道，须鲸具有形状构造比较特殊的鳍，因而拥有超常的游泳和姿态控制能力，很善于捕食。须鲸的鳍前缘有一些圆形大结节，这是一种须鲸特有的形态结构(图 10.32，Fish et al.，2011)。对圆形结节模型的实验表明，该结构延迟了叶片冲角的产生，直到失速点冲角才不为零，因而使最大升力提高，阻力降低。图 10.33 所示为 Howie (2009)得出的标准叶片与 WhalePower 叶片(叶型相同)的输出功率随风速变化的对比结果。在叶片前缘设置一些结节，可以作为船舶、飞机、通风机和风力机的一个设计特征。

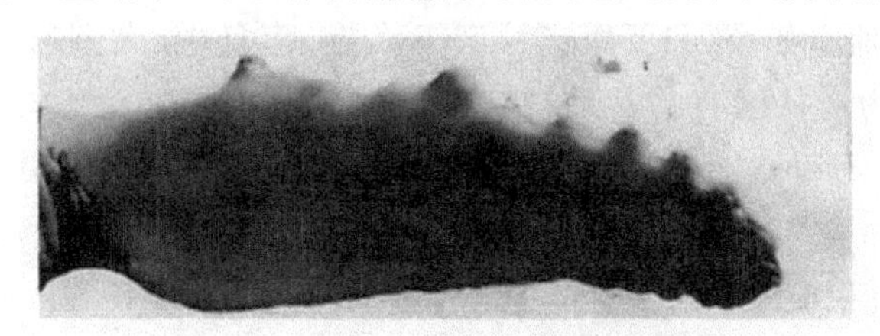

图 10.32 须鲸鳍前缘的圆形大结节

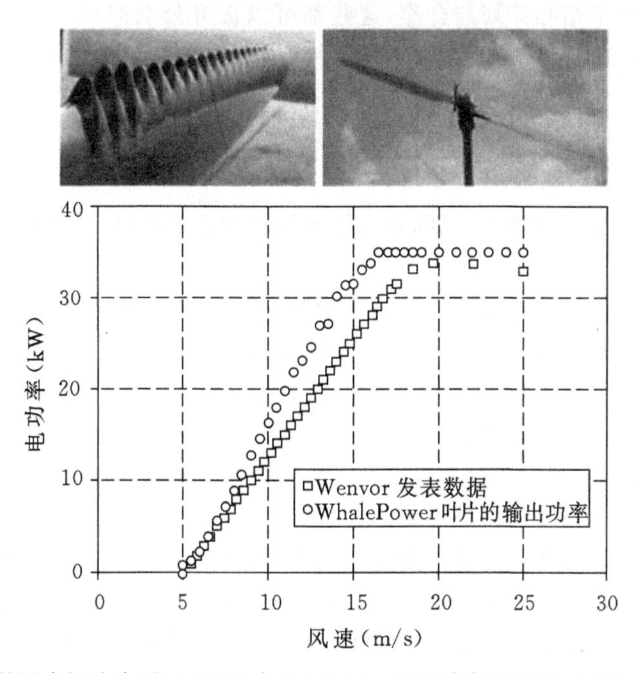

图 10.33 有结节的风力机叶片(左上)和风力机(右上)。下图为标准叶片与 WhalePower 叶片的输出功率随风速的变化(加拿大风能研究所进行的试验，由 WhalePower Corporation 提供)

10.17 环境问题

基于美观和环境问题的考虑，按重要性递减的顺序存在以下问题：(i)视觉侵扰；(ii)噪声；(iii)对当地生态的影响；(iv)土地使用；(v)对无线电、雷达和电视信号接收的影响。有关上述问题的报道很多，在很多网站上也对每个问题都进行了大量讨论。本章只简要概述前两个问题中的主要方面。

视觉影响

公众对风力机的接受程度(特别是英国和其他几个国家)非常重要，这主要取决于风力机的安装位置及其尺寸。对于公众接受程度的早期调查显示，如果在一英里范围内只安装几台风力机，则只会招来个别投诉，有时还可能引起公众的兴趣。但如果是在附近风景优美的山坡上安装风力机，则几乎每个提案都遭到强烈反对，新闻界对此发表评论，民众组成抵制提案的团体。20世纪90年代，一些激进的土地所有者和公众人士组成反对派，使英国许多地区的风电场建设推迟了好几年。不过，在相对偏远的高地则安装了大量风力机，也没有占用风景名胜区的土地。如今，只要距离社区不太近，而且中、大型风力发电机的数量不多(20～30台)，就被视为对社区有益。最初将风力机转移安置在近海，可能是因为那些反对声浪，但事实证明这一行动具有某些隐性收益，或许那些风力机最终可能成为该地区的旅游景点。在大多数调查中，大型风力机那修长的叶片持续做着几乎能催眠的转动，看上去像慢动作，通常能够引起更积极的审美反应。此外，接受风力机，拥有风力机部分或全部所有权的社区，一来电价会降低，而且有可能优先获得电力，二来在安装工作开始之前安装人员和社区领导之间就进行了精心计划与合作，这些都可以提升公众对风力机的接受程度。比较奇怪的是，在欧洲许多地区(如图10.2)随处可见的老式废弃风车，如今都成了被当地广泛接受的标志性建筑。

噪声排放

风力机无疑会产生一些噪声，但随着近年来设计的逐步改进，其排放的噪声水平已显著降低。

风力机噪声的最大来源一般是气动宽带噪声。减少这种噪声的主要措施包括：降低叶尖速度，减小叶片冲角，采用上风式风力机，变速运行，以及使用进行了特别改进设计的叶片尾缘和叶尖形状。对于新的陆上特大型风力机(1～5 MW级)，转子的叶尖速度是有限制的(在美国，该限制为70 m/s)。然而，大型变速风力机在低风速下常以较低的叶尖速度旋转，随着风速的增大，允许转子转速增加直至达到极限。采用这种模式运行的变速风力机，在低风速下工作时要比恒速风力机安静得多。

对风力机噪声的研究是一个庞大而复杂的课题，本章不介绍其基本理论。目前已经出版了多部与声学相关的著作，其中有一部值得特别推荐，它是由Rogers和Manwell(2004)发表并由NREL编制的白皮书，在一定程度上涵盖了风力机噪声的基础研究。Hubbard和Shepherd(1990)在NASA/美国能源部出版的《风力机声学》(*Wind Turbine Acoustics*)一书中提出了一种应用更广且更为深入的风力机噪声研究方法。

小型风力机存在一个特殊问题。这种风力机大量出售给了远离电力设施的地区，还经常安装在居民住宅附近，而且由于距离过近，所以迫切需要噪声水平的可靠数据，以便屋主和社区能够在风力机安装之前可靠地预测噪声水平。NREL对8台额定功率为400 W到100 kW的小型风力机进行了声学测试(Migliore, van Dam & Huskey, 2004)，以建立新风力机和现有风力机的声功率输出数据库，并为低噪声转子设定目标。测试结果将通过

NREL 报告、技术论文、研讨会、座谈会及互联网等记录并发表。Migliore 等人在对比结果时报告称，Bergey Excel 风力机的叶片经过改进后，其噪声水平（见图 10.4(b)）已降低到无法从背景噪声中分辨出来的程度。因此，任何进一步测试都需要在更安静的地方才能进行。

10.18 最大风力机

有时会有一些报道称，他们生产了世界上最大的风力机，其输出功率比其他任何机组都大。对于这类报道需要仔细考虑，并与经过验证的性能数据进行对比。最新的关于“最大风力机”的报道（2011 年）似乎是 Enercon E－126 风力机，其额定功率为 7.58 MW，三叶片转子直径为 127 m，轮毂高度据称达 135 m。

根据《可再生能源世界》(*Renewable Energy World*)（2004 年 11 月至 12 月）的一份报告称，上一个最大风力机的纪录保持者是安装在德国石勒苏益格-荷尔斯泰因(Schleswig-Holstein)布伦斯比特尔(Brunsbüttel)的 5MW 可再生能源系统的风力机（2004 年 10 月 1 日）。其三叶片转子的叶尖直径为 126.3 m（叶片长度 61.5 m，最大弦长 4.6 m），轮毂高度为 120 m。

各种风速和转子转速范围如下（这些数据可能有助于解决问题）。

转子转速	6.9～12.1 r/min
额定风速	13 m/s
切入风速	3.5 m/s
切出风速	25 m/s（陆上）；30 m/s（海上）

影响 Enercon E－126 风力机更高出力的主要因素似乎是轮毂高度的增加以及能否找到多风的场地。

单个叶片太长是限制水平轴风力机达到更高性能的重要因素之一，将其运送到使用地时通常要受到沿途弯道的限制。截至目前，世界上最长的风力机叶片大约为 80～100 m。如今的叶片材料采用碳纤维（代替玻璃纤维），叶片由较短的碳纤维片连接在一起制成。这一进展使建造输出功率为 8～10 MW 的单个海上风力机成为可能。

风力机尺寸的限制

最近，Ceyhan(2012)在一个名为“UPWIND”的项目中对风力机设计的几个方面进行了调查。由于叶片尺寸增大（直径达 252 m），在当地风速保持不变时，沿叶片的局部雷诺数高达 25×10^6。因为缺乏这么高雷诺数下的叶型性能数据，所以该先进项目的研发受阻。进行这项开创性工作的作者认为，高精度测量将是特大型海上风力机达成投资收益和可靠设计的关键。

10.19 结束语

本章介绍了水平轴风力机的空气动力学基本原理。为了建立水平轴风力机的性能分析模型，还简要介绍了风速概率的相关数学知识。通过将概率统计方法与重要但相对简单的叶片基元动量理论结合在一起，可以确定水平轴风力机在宽范围风速下的性能。

习题

1. 功率为0.42 MW的风力机在轮毂高度处风速为10 m/s，试确定风力机转子直径。假设功率系数$C_p=0.35$，空气的密度为1.2 kg/m^3，机械效率$\eta=0.88$。

2. 由RE Systems产生的功率为5 MW的三叶片水平轴风力机，叶尖直径为126.3 m，额定风速13 m/s。试确定额定功率系数C_p并将其与贝兹极限作比较。假定空气密度$\rho=1.2$ kg/m^3。

3. 对于上述问题，应用致动盘理论确定轴向诱导因子a，以及在额定风速下致动盘的静压差。

4. 水平轴风力机轮毂高度为80 m，叶片直径为80 m，在12 m/s风速下功率为1.824 MW，叶尖速比为4.5。请确定：

a. 功率系数、相对最大功率系数和转速；

b. 若80 m高度处的风速相同，求150 m高度处的风速；如果轮毂高度增大至150 m，设功率系数保持不变，求可能的输出功率。

假定空气密度为常数1.2 kg/m^3，而且可使用七分之一次方函数关系。

5. 一台三叶片水平轴风力机直径为50 m，叶片弦长沿径向不变，为2 m，叶尖速比$J=4.5$。使用迭代计算方法确定半径比为0.95时的轴向和切向诱导因子(a和a')以及升力系数。假定阻力系数与升力系数相比可以忽略，叶片的桨距角$\beta=3°$。

注意：这个问题需要应用BEM迭代方法，建议编写计算机程序进行求解。(如果用手算，三个迭代后可停止计算。)

6. 使用概率论方法分析的风速的瑞利分布，证明

$$\int_0^\infty p(c)\mathrm{d}c = 1 \text{ 式中 } p(c)=\frac{\pi}{2}\left(\frac{c}{\bar{c}}\right)\exp\left[-\frac{\pi}{4}\left(\frac{c}{\bar{c}}\right)^2\right]$$

式中，c为脉动风速，$\bar{c}$为平均风速。

7. a. 计算风力机的最大可能功率(Carlin方法)，证明以下积分：

$$\int_0^\infty c^3\left\{\frac{2c}{c_c^2}\exp\left[-\left(\frac{c}{c_c}\right)^2\right]\right\}\mathrm{d}c \text{ 可简化为 } \left(\frac{3}{4}\right)\sqrt{\pi}$$

式中，特征风速$c_c=2c/\sqrt{\pi}$。

b. 应用Carlin公式确定直径为28 m的风力机在平均风速为10 m/s时的最大理想输出功率，设空气密度为1.22 kg/m^3。

8. 风力机切入风速为4.5 m/s，切出风速为26 m/s。设该风力机所在风场年均风速为10 m/s，可采用瑞利风速分布。计算：

a. 风速低于切入风速，风力机不产生功率的年小时数；

b. 风速处于切入风速和切出风速之间的年小时数。

9. 三叶片水平轴风力机叶尖半径为20 m，设计时假定升力系数沿叶片展向不变$C_L=1.1$，叶尖速比$J=5.5$。试应用Glauert对“理想风力机”的动量分析方法，确定2.8 m至19.5 m半径范围内弦长沿叶片展向的变化。

注意：希望同学们通过这一传统问题的求解，能够熟悉Glauert的理论(参见10.9节中“转子优化设计准则”部分)。此外，本题需要应用BEM迭代方法求解，建议同学们编写计算机程序进行求解，也许能节省很多时间。

参考文献

Abbott, I. H., von Doenhoff, A. E. (1959). *Theory of wing sections* New York, NY: Dover.

Ackermann, T., & Söder, L. (2002). An overview of wind energy—Status 2002. *Renewable and Sustainable Energy Reviews*, *6*(1−2), 67−127.

Anderson, M. B. (1980). A vortex-wake analysis of a horizontal axis wind turbine and a comparison with modified blade element theory. *Proceedings of the third international symposium on wind energy systems*, Copenhagen, BHRA Fluid Engineering, paper no. H1 357−374.

Armstrong, J., Brown, A. (1990). Horizontal axis WECS design. In: L. L. Freris (Ed.), *Wind energy conversion systems*. Englewood Cliffs, NJ: Prentice-Hall.

Baker, T. L. (1985). *A field guide to American windmills* Norman, OK: University of Oklahoma Press.

Betz, A. (1926). Windenergie und ihreAusnutzungdurchWindmühlen, *Vandenhoek und Ruprecht*, Gottingen. Reprint 1982, by öko−Verlag Kassel, Germany.

Buhl, M. L. (2000). *WT_PERF user's guide*, NREL Golden, CO.

Carlin, P. W. (1997) Analytic expressions for maximum wind turbine average power in a Rayleigh wind regime. *Proceedings of the 1997 ASME/AIAA wind symposium* (pp. 255−263).

Ceyhan, O. (2012). Towards 20 MW Wind turbines: high reynolds number effects on rotor design. ECN−M−12−02. *50th AiAA aerospace sciences meeting*, January 2012, Nashville, TN.

Goldstein, S. (1929). On the vortex theory of screw propellers. *Proceedings of the royal society*, *A123*, 440−465.

Goldstein, S. (1929). On the vortex theory of screw propellers. *Proceedings of the royal society*, *A123*, 440−465.

Gyatt, G. W., & Lissaman, P. B. S. (1985). *Development of tip devices for HAWTs* Cleveland, OH: NASA Lewis Research Center, NASA CR 174991.

Howle, L. E. (2009). WhalePower Wenvor blade. A report on the efficiency of a Whalepower Corp. 5 m prototype wind turbine blade. BeleQuant Engineering, PLLC.

Hubbard, H. H., Shepherd, K. P. (1990). *Wind turbine acoustics*, NASA Technical paper 3057 DOE/NASA/20320-77.

Kocurek, D. (1987). *Lifting surface performance analysis for HAWTs*, SERI/STR-217-3163.

Lissaman, P. B. S. (1998). Wind turbine airfoils and rotor wakes. In: D. A. Spera (Ed.), *Wind turbine technology*. New York, NY: ASME Press.

Livingston, J. T., Anderson, T. (2004). *Taller turbines, and the effects on wind farm development create a need for greater height wind assessment*, WASWATCH WIND.

Lynette, R., Gipe, P. (1998). Commercial wind turbine systems and applications. In: D. A. Spera (Ed.), *Wind turbine technology*. New York, NY: ASME Press.

Manwell, J. F., McGowan, J. G., Rogers, A. L. (2009). *Wind energy explained (theory, design and application)*. New York, NY: John Wiley & Sons, reprinted 2010).

Migliore, P., van Dam, J., Huskey, A. (2004). *Acoustic tests of small wind turbines*, NREL SR-500-34601. AIAA-2004-1185.

Goldstein, S. (1929). On the vortex theory of screw propellers. *Proceedings of the royal society*, *A123*, 440−465.

Gyatt, G. W., & Lissaman, P. B. S. (1985). *Development of tip devices for HAWTs* Cleveland, OH: NASA Lewis Research Center, NASA CR 174991.

Howle, L. E. (2009). WhalePower Wenvor blade. A report on the efficiency of a Whalepower Corp. 5 m prototype wind turbine blade. BeleQuant Engineering, PLLC.

Hubbard, H. H., Shepherd, K. P. (1990). *Wind turbine acoustics*, NASA Technical paper 3057 DOE/NASA/20320-77.

Kocurek, D. (1987). *Lifting surface performance analysis for HAWTs*, SERI/STR-217-3163.

Lissaman, P. B. S. (1998). Wind turbine airfoils and rotor wakes. In: D. A. Spera (Ed.), *Wind turbine technology*. New York, NY: ASME Press.

Livingston, J. T., Anderson, T. (2004). *Taller turbines, and the effects on wind farm development create a need for greater height wind assessment*, WASWATCH WIND.

Lynette, R., Gipe, P. (1998). Commercial wind turbine systems and applications. In: D. A. Spera (Ed.), *Wind turbine technology*. New York, NY: ASME Press.

Manwell, J. F., McGowan, J. G., Rogers, A. L. (2009). *Wind energy explained (theory, design and application).* New York, NY: John Wiley & Sons, reprinted 2010).

Mason, K. F. (2004). Wind energy: Change in the wind. *Composites Technology.*

McCarty, J. (1993). PROP93 user's guide, *alternative energy institute* Canyon, TX: West Texas State University.

Migliore, P., van Dam, J., Huskey, A. (2004). *Acoustic tests of small wind turbines*, NREL SR-500-34601. AIAA-2004-1185.

Miller, D. R., Sirocky, P. J. (1985). Summary of NASA/DOE aileron-control development program for wind turbines. In *Proceedings Windpower '85 Conference*, Washington, DC: American Wind Energy Association, 537–545 SERI/CP-217-2902.

Miller, R. H., Dugundji, J., Martinez-Sanchez, M., Gohard, J., Chung, S., & Humes, T. (1978). Aerodynamics of horizontal axis wind turbines, *Wind Energy Conversion, vol. 2*, MIT Aeroelastic and Structures Research Lab. TR-184-7 through TR-184-16. DOE Contract No. COO-4131-T1. Distribution category UC-60.

Prandtl, L., Tietjens, O. G. (1957). *Applied hydro- and aeromechanics* New York, NY: Dover Publications.

Renewable Energy World (September–October 2009) *12*, 5. Waltham Abbey, UK: PennWell International Ltd.

Richards, B. (1987). Initial operation of project Eolé 4 MW vertical axis wind turbine generator. In *Proceedings Windpower '87 Conference* (pp. 22–27), Washington, DC: American Wind Energy Association.

Rogers, A. L., Manwell, J. F. (2004). *Wind turbine noise issues.* Renewable Energy Research Laboratory 1–19 University of Massachusetts, Amherst.

Rohrback, W. H., Worobel, R. (1977). *Experimental and analytical research on the aerodynamics of wind driven turbines.* Hamilton Standard, COO-2615-T2.

Savino, J. M., Nyland, T. W., Birchenough, A. G. (1985). *Reflection plane tests of a wind turbine blade tip section with ailerons.* NASA TM-87018, DOE/NASA 20320-65.

Schwartz, M. (1999). Wind resource estimation and mapping at the National Renewable Energy Laboratory, Golden, CO (NREL/CP–500–26245).

Selig, M. S., Tangler, J. L. (1995). Development and application of a multipoint inverse design method for HAWTs. *Wind Engineering, 19*(2), 91–105.

Sharpe, D. J. (1990). Wind turbine aerodynamics. In: L. L. Freris (Ed.), *Wind energy conversion systems.* Englewood Cliffs, NJ: Prentice-Hall.

Snel, H. (1998). Review of the present status of rotor aerodynamics. *Wind Energy, 1*, 46–49.

Snyder, M. H., Wentz, W. H., Ahmed, A. (1984). *Two-dimensional tests of four airfoils at angles of attack from 0 to 360 deg.* Center for Energy Studies, Wichita State University (unpublished).

Tangler, J. L., Smith, B., Kelley, N. and Jager, D. (1990). *Atmospheric performance of the special purpose SERI thin airfoil family: Final results.* SERI/ TP-257-3939, European Wind Energy Conference, Madrid, Spain.

Tangler, J. L. (2000). *The evolution of rotor and blade design*, NREL/CP—500—28410.

Tangler, J. L. (2002). The nebulous art of using wind-tunnel airfoil data for predicting rotor performance. Presented at the *21st ASME wind energy conference*, Reno, Nevada.

Tangler, J. L. (2003). *Insight into wind turbine stall and post-stall aerodynamics* Austin, TX: AWEA, (off the Internet).

Tangler, J. L., Somers, D. M. (1995). *NREL airfoil families for HAWTs*, NREL/TP-442-7109. UC Category: 1211. DE 95000267.

Walker, J. F., Jenkins, N. (1997). *Wind energy technology* New York, NY: John Wiley & Sons.

Wilson, R. E., (1976). *Performance analysis for propeller type wind turbines.* Ph.D. Thesis. Oregon State University.

World Energy Council (1994). *New renewable energy sources* London: Kogan Pagen.

Xi L., McElroy, M. B. Kiviluoma, J. (2009). *Global potential for wind-generated electricity.* PNAS Early Edition. www.pnas.org/cgi/doi.

附录 A:大型涡轮增压器轴流涡轮机的初步设计

涡轮增压器用于压缩内燃机的进气以使内燃机的输出功率增大。增压器采用一台由内燃机排气驱动的涡轮机来带动一台离心式空气压气机。图 A.1 所示为同轴的压气机和涡轮机结构布置图。通常采用空气或水冷却器降低进入发动机的空气温度,使内燃机能够输出更大功率。

涡轮增压器有两种基本类型:

1. 小型机组,用于各种汽车及卡车的涡轮增压,采用向心径流式涡轮机。

2. 大型机组,用于船舶推进和发电,通常在 1 MW 及以上,采用轴流式涡轮机。本例的设计对象即属于此类大型机组。汽车涡轮增压器通常能在大流量变化范围内工作,但效率较低,大型涡轮增压器的基本设计思想则是要求在所限定的流量范围内具有高效率。对所有涡轮增压器的要求都是紧凑、耐用以及单位成本低。尤其对于大型机组,即使在压比高于 4.5 时,仍然采用单级涡轮机,从而保证低的机组成本。

对于涡轮增压器类型及设计特点的详细讨论可参看 Flaxington 和 Swain(1999)以及 Iwaki 和 Mitsubori(2004)。

图 A.1 大型涡轮增压器的离心压气机和轴流式涡轮机的结构布置图(经 ABB 公司许可引用)

设计要求

涡轮机进口有效总压	210 kPa
涡轮机出口静压 p_3	105 kPa
涡轮机进口燃烧产物的温度 T_{01}	500 ℃
质量流量 $\dot{m}$	8 kg/s
自由涡设计	
反动度 R	0.4
流量系数 ϕ	0.4
涡轮机进出口均为轴向流动	
目标效率 η_{tt}	0.90
定压比热为常数 C_p(kJ/(kg·℃))	1.178
比热比 γ	1.32

平均半径设计

轴流涡轮机的初步设计步骤实际上是一个迭代过程。根据现有的数据、必需的附加假设以及设计人员以往的经验可以采用不同的方法。使用的符号与图 4.4 相同。

首先,需要确定级的等熵焓降 $\Delta h_{is} = h_{01} - h_{3ss}$ 。

等熵温度比为

$$\frac{T_{3ss}}{T_{01}} = \left(\frac{p_3}{p_{01}}\right)^{(\gamma-1)/\gamma} = 0.5^{0.2424} = 0.8453$$

因此,

$$\Delta h_{is} = C_p T_{01}(1 - T_{3ss}/T_{01}) = 1.178 \times 773 \times (1 - 0.8453) = 140.8 \text{ kJ/kg}$$

$$T_{3ss} = 653.4 \text{ K}$$

由图 4.4, $\Delta W = h_{01} - h_{03}$,则总-总效率为

$$\eta_{tt} = \frac{\Delta W}{h_{01} - h_{03ss}} \approx \frac{\Delta W}{h_{01} - h_{3ss} - (1/2)\,c_3^2}$$

由于 $(1/2)\,c_3^2 \approx (1/2)\,c_{3ss}^2$ 。因此,

$$\Delta h_{is} = \frac{\Delta W}{\eta_{tt}} + \frac{1}{2}c_3^2 = \frac{\Delta W}{\eta_{tt}} + \frac{1}{2}c_x^2$$

由式(4.13a)及 $\alpha_1 = 0$(进口轴向流动),

$$R = 1 - \frac{c_x \tan\alpha_2}{2U} \tag{A.1}$$

因此,整理得

$$\Delta W = U c_x \tan\alpha_2 = 2(1-R)U^2 = \eta_{tt}\left(\Delta h_{is} - \frac{1}{2}c_x^2\right) \tag{A.2}$$

将 $\phi = c_x/U$ 代入上式,进一步整理可得

$$U^2 = \frac{\eta_{tt}\Delta h_{is}}{2(1-R)+(1/2)\eta_{tt}\phi^2} \tag{A.3}$$

代入设计要求中给出的参数,可得

$$U = 315.6 \text{ m/s} \text{ 和 } c_x = 126.3\text{m/s}$$

由式(A.2)得 $\Delta W = 2(1-R)U^2 = 119.6$ kJ/kg ,

$$\tan\alpha_2 = \frac{\Delta W}{U c_x} = \frac{119.55\times10^3}{315.6\times126.3} = 3.0$$

$$\alpha_2 = 71.56°$$

确定平均半径处的速度三角形和效率

可以简单地确定计算总-总效率所需的其余参数。由 $\alpha_3 = 0°$,可得

$$\tan\beta_3 = U/c_x = 1/\phi = 2.5 \text{ , } \beta_3 = 68.2°$$

由式(4.13b)及 $\alpha_3 = 0°$,可得

$$\tan\beta_2 = \tan\beta_3 - 2R/\phi = 0.5 \text{ , } \beta_2 = 26.57°$$

$$w_3 = c_x/\cos\beta_3 = 340.1 \text{ m/s}$$

$$c_3 = c_x/\cos\alpha_2 = 399.3 \text{ m/s}$$

由式(4.18c),对第一次计算采用近似法求取总-总效率,即,

$$\eta_{tt} = \left[1+\frac{\zeta_R w_3^2+\zeta_N c_2^2}{2\Delta W}\right]^{-1}$$

Soderberg 损失系数则采用最简形式进行计算,

$$\zeta = 0.04[1+1.5(\varepsilon/100)^2]$$

对于动叶,$\varepsilon_R = \beta_2 + \beta_3 = 94.77°$,因此,$\zeta = 0.0939$ 。

对于静叶,$\varepsilon_N = \alpha_2 = 71.56°$,因此,$\zeta = 0.0707$ 。

利用这些数据计算总-总效率得 $\eta_{tt} = 91.5\%$ 。

所得新值与计算所用的初始值十分接近,所以此级的设计不需要做进一步迭代。

总-静效率通过式(4.19c)计算,即,

$$\eta_{ts} = \left[1+\frac{\zeta_R w_3^2+\zeta_N c_2^2+c_x^2}{2\Delta W}\right]^{-1}$$

可得 $\eta_{ts} = 86.26\%$ 。

值得注意的是,图 4.17 给出了出口轴向流动级的总-静效率与级负荷系数 $\psi = \Delta W/U^2$ 及流量系数 $\phi = c_x/U$ 的关系。在本设计中,平均半径处 $\psi = 1.2$,$R = 0.4$,所得 η_{ts}值与图中完全吻合。

然后,可计算静叶出口马赫数 $M_2 = c_2/\sqrt{\gamma R T_2}$,即

$$T_2 = T_{01} - c_2^2/(2C_p) = 705.3K$$

$$\gamma R = (\gamma-1)C_p$$

$$M_2 = 0.774$$

需要注意:涡轮机级能够设计成在更高的负荷下运行,即具有更大的有效压比,因而在静叶出口形成超音速的绝对流动,还有可能在进入动叶时形成超音速的相对流动。在这类

流动中会产生激波系,不可避免会造成效率损失。轴流式涡轮机叶栅的超音速和跨音速流动在第 3 章讨论。

确定叶根与叶顶半径

静叶出口轴向流动的面积为 $A_2 = \dot{m}/(\rho_2 c_x)$,其中 $\rho_2 = p_2/(R T_2)$ 。在确定静压 p_2 时,需要考虑静叶损失,此时有

$$\frac{p_2}{p_{01}} = \left(\frac{T_{2s}}{T_{01}}\right)^{\gamma(\gamma-1)}$$

并且对于静叶,

$$\left(1-\frac{T_{2s}}{T_{01}}\right) = (1-\frac{T_2}{T_{01}})/\eta_N$$

至此,仍无法确定静叶效率。由于在静叶中损失较小,因此选择 $\eta_N=0.97$。代入该值及以上相关数据可得 $T_{2s}/T_{01}=0.9097$。因此由 $p_{01} = 2.1\times10^5$ Pa ,可得

$$p_2 = 0.6768, p_{01} = 1.4213\times10^5 \text{ Pa}$$

又因 $R = 285.6$ kJ/(kg·℃) 可计算得到 $\rho_2 = p_2/(R T_2) = 0.7056$ kg/m³ 。因此,流动面积为

$$A_2 = \frac{\dot{m}}{\rho_2 c_x} = \frac{8}{0.7056\times126.3} = 0.08977 \text{ m}^2$$

在表 A.1 中选取了几个轮毂比的值进行方案计算,通过比较计算结果来确定最合适的展弦比、转速及动叶叶根应力。式(4.34a)给出了动叶叶根的离心应力。假设叶片是等截面的,材料为钢($\rho_m=7850$ kg/m³)。

叶顶半径由式(4.25)确定,

$$r_t = \sqrt{A_2/\pi[1-(r_h/r_t)^2]}$$

叶片平均温度 $T_b=721$ K 采用式(4.35)计算。

将表中列出的应力与密度之比同图 4.20 给出的有限数据进行比较,发现应力水平很低,因此可以采用等截面钢制叶片。

表 A.1　不同轮毂-叶顶半径比下的计算结果

r_h/r_t	0.75	0.8	0.85	0.9	见文中说明
r_t(cm)	25.56	28.17	32.09	38.78	
H(cm)	6.39	5.634	4.814	3.878	叶高
U_t(m/s)	360.7	350.7	341.2	332.2	叶顶速度
$\frac{\sigma_c/\rho_m}{10^4\ m^2/s^2}$	2.846	2.214	1.615	1.048	
σ_c(MPa)	223.4	173.8	126.8	104.8	离心应力
N(r/min)	13476	11887	10153	8180	动叶转速
R_h	0.18	0.24	0.29	0.33	轮毂处的反动度
Z	44	56.5	77.5	119	$H/s=2$ 时的叶片数量

轮毂处的反动度变化

在第 6 章的例题中，对一个轴流压气机级应用自由涡设计，结果表明反动度从叶根到叶顶沿径向增大，见式(6.9)。这一结果也适用于轴流涡轮机级，此时关注的焦点在于轮毂处的反动度是否会太小。因为当反动度很小甚至为负时，损失将会变大。

由式(A.1)，在任意半径处，

$$R = 1 - \frac{c_x \tan \alpha_2}{2U} = 1 - \frac{c_{\theta 2}}{2U} = 1 - \frac{K}{2Ur}$$

给变量 R 和 r 添加下标 m 以表示平均半径处的特定流动参数。因此，

$$R_m = 1 - \frac{K}{2U_m r_m}$$

组合上述表达式可得反动度随半径的变化规律为

$$R = 1 - (1 - R_m)\left(\frac{r_m}{r}\right)^2$$

在表 A.2 中，轮毂半径 r_h 处的反动度 R 以 r_h/r_t 的函数给出。当 $R=0$ 时，r_h/r_t 等于 0.632。

表 A.2　计算所得的速度三角形数据

r/r_t	α_2(°)	β_2(°)	β_3(°)	U(m/s)	R_h
1.0	69.14	−13.0	70.7	360.7	0.54
0.875	71.6	26.6	68.2	315.6	0.4
0.75	74.1	53.7	65.0	270.5	0.183

注：任意半径处的轴向速度 $c_x = 126.3$ m/s。

选择合适的级几何结构

由于需要同时考虑多个影响因素，选取合适的涡轮机结构并不容易。机组的尺寸十分重要，在涡轮增压器的设计中通常要求尺寸尽可能小。如表 A.1 所示，要使 r_t 减小，转速必须增大，此时叶片长度和叶根应力将同时增大。此外，还需核查叶片间距 s 是否太小，以致叶片不能安全地连接在涡轮机轮缘上。对于类似于这一设计的小型涡轮机，既可以采用整个锻件加工出叶片和轮盘，也可以将叶片焊接到轮盘上。

叶片展弦比 H/s 是影响涡轮机工作效率的另一个因素。该比值应足够大以使端壁损失和二次流损失不会过大。2.0 是参数 H/s 的一个可接受值，表 A.1 中的 $Z = 2\pi r_m/s$ 即是根据这一取值计算得出。

总体来说，现在的设计人员还是倾向于选择小尺寸方案，即 $r_h/r_t = 0.75$ 并且叶片数为 44，尽管这一决定并不绝对肯定。尺寸一旦选定，叶根和叶顶半径处的气流角也就随之确定，图 A.2 给出了相应的速度三角形数据。

为了预防动叶和静叶产生共振频率,选取静叶片数为 45,以避免叶片数互为公倍数。

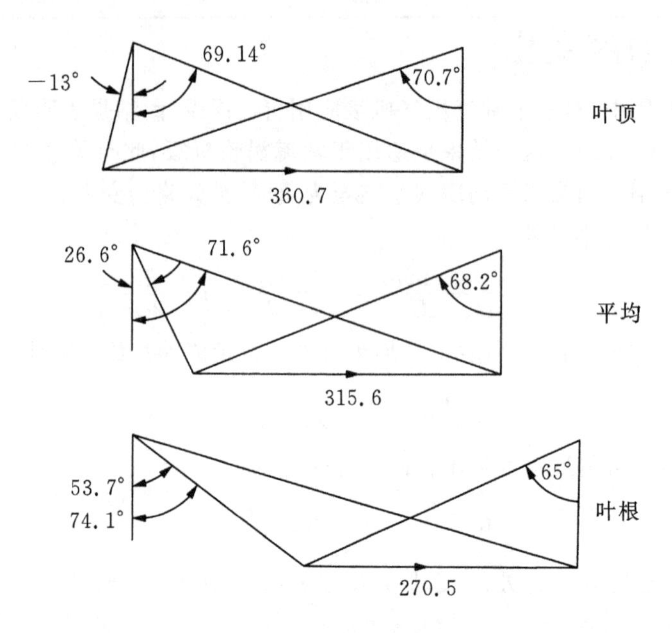

图 A.2　叶根半径、平均半径及叶顶半径处的速度三角形

计算节距/弦长比

根据涡轮机实测的静叶和冲动式动叶的叶型损失系数,图 3.25 中的数据体现了两个重要规律:

1. 通常随着气流偏转角的增加,损失增大。

2. 所需的气流偏转角越大,为了减少损失,节距-弦长比就应该越小。

将 Zweifel 准则的简化形式(式(3.51))应用于动叶的平均半径处,得

$$Z = 2(s/b)\cos^2\beta_3(\tan\beta_3 + \tan\beta_2) = 0.8$$

代入 $\beta_2 = 26.6°$ 及 $\beta_3 = 68.2°$, 可得

$$s/b = 0.8/0.8275 = 0.967$$

叶栅的轴向弦长 b 和实际弦长 l 之间的关系并不简单明了。然而,如果假设可采用单一圆弧段表示叶栅中涡轮机叶片中弧线(如图 A.3 所示),则可以得到一个简单的近似几何关系。由图中所示的几何关系可知,安装角 ξ 为

$$\tan\xi = \frac{\cos\beta_2' - \cos\beta_3'}{\sin\beta_2' + \sin\beta_3'}$$

采用粗略近似,使用相对气流角 β_2 和 β_3 作为叶片角代入上式,可得安装角如下:

$$\tan\xi = \frac{\cos 26.6 - \cos 68.2}{\sin 26.6 + \sin 68.2} = \frac{0.5228}{1.376} = 0.3798$$

$$\xi = 20.8°$$

因此, $s/l = (s/b)(b/l) = 0.967 \times \cos 20.8 = 0.903$ 。

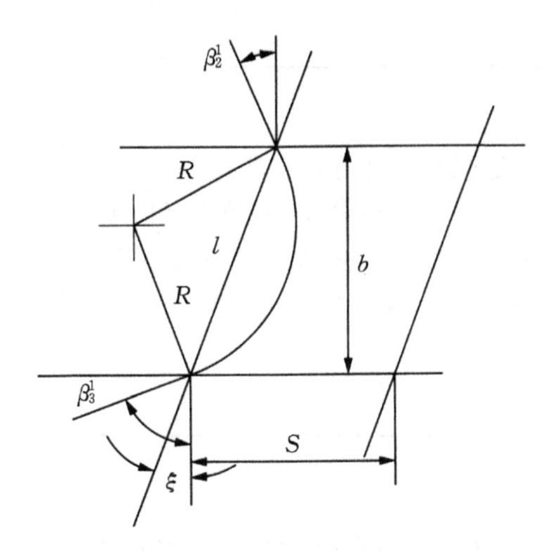

图 A.3 用于计算安装角的几何关系

这一节距-弦长值是合适的，与 Ainley 和 Mathieson(1951)获得的数值一致，如图 3.23，即使准确数值并不关键。

图 A.2 中给出了叶根半径、平均半径及叶顶半径处的速度三角形。式(4.15)可用于计算 $\alpha_3=0$ 时表 A.2 中的相对气流角。

叶片角与气流角

需要注意的是，速度三角形是按照气流角而不是叶片角做出的。图 3.24 所示冲动式和反动式叶片的损失系数与冲角的关系表明，反动式叶片的叶型损失系数对冲角在较宽范围(-20°～15°)内的变化并不敏感，这意味着在初步的设计练习中，动叶沿叶高的扭曲程度可以减小，也就是不同半径处的叶片剖面可在不同的冲角下运行而不产生过大的损失。

关于设计的附加信息

输出功率	$\dot{m}\Delta W = 956.4$ kW
转速	$N=13476$ r/min
动叶叶顶半径	$r_t=25.56$ cm
动叶弦长	$l=4.56$ cm
动叶温度	$T_b=772$ K

另见表 A.3。

表 A.3 轮毂、叶片中部和叶顶处的结果

半径(cm)	$r_h=19.17$ cm	$r_m=22.37$ cm	$r_t=25.56$ cm
静叶出口马赫数	0.906	0.74	0.682
静叶出口速度(m/s)	460	399	355

后记

以上介绍的初步设计方法只是多种可行方法中的一种，这一设计的前提是所做的初始假设（自由涡设计、反动度及流量系数给定）和半径比及叶型的选定。同学们可以进一步研究增大流量系数（即减小涡轮机直径）、增大反动度或采用非自由涡如一次方级设计（式6.13）的影响。在所有这些设计尝试中，都应该核查叶根处的反动度和马赫数，这一点在前文中已解释过原因。

参考文献

Ainley, D. G., & Mathieson, G. C. R. (1951). A method of performance estimation for axial flow turbines. *ARC. R. and M.*, 2974.

Flaxington, D., & Swain, E. (1999). Turbocharger aerodynamic design. Proceedings of the Institution of Mechanical Engineers, *Part C: Journal of Mechanical Engineering Science*, *213*(1), 43–57.

Iwaki, F., & Mitsubori, K. (2004). Development of TPL and TPS series marine turbocharger. *IHI Engineering Review*, *37*(1), 35–39.

附录 B:涡轮增压器离心压气机的初步设计

本设计是与附录 A 中涡轮机初步设计相关联的后续设计。由于轴承摩擦产生一定损失,提供给压气机的功显然小于涡轮机输出的功。由于内燃机使用燃料,进入压气机的空气流量小于进入涡轮机的内燃机排气流量。压气机与涡轮机在同一轴上,因此压气机转速与涡轮机相同。

对于涡轮机,首要考虑的是小尺寸,所以在压气机中需要使用有叶扩压器来减小透平压气机的尺寸。为了简化设计并且预计马赫数很低,所以进口气流不需要预旋。所设计的压气机负荷不高,也不要求高性能,与采用径向叶片相比较,采用后掠式叶轮叶片不会带来太多的好处。实际上,对后掠叶片进行的一些研究表明,采用后掠叶片可以提高压气机总效率,虽然本设计没有采用这种叶片。

设计需求与假设

涡轮机提供的功率(已考虑轴承摩擦)P	947 kW
转速 N	13476 r/min
空气质量流量 $\dot{m}$	7.5 kg/s
进口滞止温度 T_{01}	293 K
进口滞止压力 p_{01}	105 kPa
设比热为常数 C_p	1.005 kJ/(kg·℃)
设比热比为常数 γ	1.4
转子叶片数 Z	21

确定叶片速度与叶轮半径

比功 $\Delta W = P/\dot{m} = 947 \times 10^3/7.5 = \mathbf{126.3 \times 10^3}\,\mathrm{m^2/s^2}$。①

由于 $\Delta W = U_2 c_{\theta 2}$,因此很容易求得叶轮半径,采用 Stanitz 表达式确定滑移系数,$\sigma = 0.63\pi/Z = c_{\theta 2}/U_2 = \mathbf{0.9057}$:

$$U_2 = \sqrt{\Delta W/\sigma} = \mathbf{373.4}\ \mathrm{m/s}$$

由 $\Omega = \mathbf{1411}$ rad/s,因此 $r_2 = U_2/\Omega = \mathbf{0.265}$ m

① 黑体标出的数据将在下文中引用。

叶轮进口设计

进口的设计可以采用不同的方法。一种方法是先选定一个特定的 r_{s1}/r_2 值（通常为 0.35～0.65），以及进口轴向速度与叶顶速度比 c_{x1}/U_{s1}（0.4～0.5），然后采用连续方程计算轮毂半径。此时要核算叶顶半径 r_{s1} 处进口最大相对马赫数 $M_{1,rel}$ 是否符合要求，如不符合，则需反复调整 r_{h1}/r_2 和 c_{x1}/U_{s1} 的值。

另外，有一种较直接的方法是使用已有的理论公式(7.13a)。通过选定合适的叶顶相对进口马赫数 $M_{1,rel}$ 来确定进口半径比。根据式(7.12a)，当 $\gamma=1.4$ 时，得到

$$f(M_{1,rel})=\frac{\Omega^2\dot{m}}{\pi k p_{01}\gamma a_{01}}=\frac{M_{1,rel}^3\sin^2\beta_{s1}\cos\beta_{s1}}{(1+(1/5)M_{1,rel}^2\cos^2\beta_{s1})^4} \tag{7.13a}$$

式中，$k=1-(r_{h1}/r_{s1})^2$。当 $\alpha_1=0$ 及 $M_{1,rel}$ 值确定时，使 $f(M_{1,rel})$ 达到最大值的 β_{s1} 为最优值（见图 7.8）。对于确定的 $M_{1,rel}$，通过对式(7.13a)右侧取微分并使其为零，即可求出这一最佳值，

$$\cos^2\beta_{s1}=X-\sqrt{X^2-1/M_{1,rel}^2}$$

其中 $X=0.7+1.5/M_{1,rel}^2$。

对于一定范围内的 $M_{1,rel}$ 值，利用给定或推导的数据，可以得出 k 和轮毂比的最优值（用以表明其趋势），见表 B.1。

$r_{h1}/r_{s1}=0.443$ 处于生产实际中应用的正常范围之内，而且对应的 $M_{1,rel}=0.7$，较为理想。

根据连续方程 $\dot{m}=\rho_1 A_1 c_{x1}$，可以求出进口尺寸：

$$r_{x1}^2=\frac{\dot{m}}{\pi k\rho_1 c_{x1}}$$

式中，

$$\rho_1=\rho_{01}/\left[1+\frac{1}{5}M_1^2\right]^{2.5}$$

并且 $c_{x1}=M_1 a_1$，

$$M_1=M_{1,rel}\cos\beta_{s1}=0.7\times\cos 57.94=\mathbf{0.3716}$$

表 B.1 不同 $M_{1,rel}$ 值下的 k 值及半径比

$M_{1,rel}$	0.7	0.75	0.8	0.85
式(7.13a)右侧最大值	0.1173	0.1420	0.1695	0.2000
$f(M_{1,rel})$ 为最大值时的 β_{s1}(°)	57.94	58.36	58.78	59.25
k	0.8037	0.6640	0.5560	0.4715
r_{h1}/r_{s1}	0.4430	0.5796	0.666	0.7270

$$a_1=a_{01}/\left[1+\frac{1}{5}M_1^2\right]^{0.5}=338.5\text{m/s}$$

及

$$c_{x1}=0.3716\times 338.5=125.8\text{ m/s}$$

由于 $\rho_{01} = p_{01}/(RT_{01}) = 1.249\ \mathrm{kg/m^3}$ ，$\rho_1 = 1.249/1.0704 = 1.1669\ \mathrm{kg/m^3}$ 。因此，$r_{s1}^2 = 7.5/(\pi \times 0.8037 \times 1.1669 \times 125.8) = 0.02024$ ，于是得

$$r_{s1} = \mathbf{0.1423}\ \mathrm{m} \text{ 和 } r_{h1} = \mathbf{0.0630}\ \mathrm{m}$$

叶轮效率

在设计良好的径向叶片叶轮中，滞止压力损失不大，并且在最佳比转速下(N_s=0.6～0.7)[①]，等熵效率高达92%。离心压气机叶轮能够实现高效率的原因在于压缩过程主要来源于无摩擦离心项 $(1/2)(U_2^2-U_1^2)$ ，见式(7.2)。Rodgers(1980)指出，对于后掠角在25°到50°之间的叶轮，其效率比径向叶片叶轮效率高约2%。虽然后掠叶片有效率高的优点，但由于径向叶片设计很简单而且制造成本低，本设计仍然采用径向叶片。对于目前设计的径向叶片叶轮，假设叶轮等熵效率 η_i=92%是很合理的，以后的计算将采用此值。

叶轮出口设计

设计人员通常取叶轮出口径向速度 c_{r2} 等于叶轮进口轴向速度 c_{x1}。因此，采用 c_{r2} = **125.8** m/s。

由 U_2=373.4 m/s，σ=0.9057，得 $c_{\theta 2}$=**338.2** m/s。

$$c_2 = \sqrt{c_{\theta 2}^2 + c_{r2}^2} = \mathbf{360.8}\ \mathrm{m/s}$$

气流角 $\alpha_2 = \arctan(c_{\theta 2}/c_{r2}) = \mathbf{69.60°}$（以径向为基准）。

根据连续方程(式(1.8))，有 $m = \rho_2 A_2 c_{r2} = 7.5\ \mathrm{kg/s}$ 及 $A_2 = 2\pi r_2 b_2$ ，因此要得到 b_2，就需要确定密度 $\rho_2 = p_2/(RT_2)$ 。

由于

$$\eta_i = \frac{h_{02s} - h_{01}}{h_{02} - h_{01}} = \frac{T_{02s}/T_{01} - 1}{T_{02}/T_{01} - 1}$$

并且

$$\frac{T_{02}}{T_{01}} = \frac{\Delta W}{C_p T_{01}} + 1 = \mathbf{1.4289}$$

以及 $T_{02} = \mathbf{418.7}\ \mathrm{K}$ 。

因此，由 $\eta_i = 0.92$ ，可得 $T_{02s}/T_{01} = \mathbf{1.3946}$ ，$p_{02}/p_{01} = \mathbf{3.203}$ ；于是，

$$p_{02} = \mathbf{336.3}\ \mathrm{kPa}$$

$$T_2 = T_{02} - \frac{c_2^2}{2C_p} = \mathbf{353.9}\ \mathrm{K}\text{，则 } T_2/T_{01} = \mathbf{1.2080} \text{ 及 } T_{02}/T_2 = \mathbf{1.1830}$$

$$p_2 = p_{02}\Big/\left(\frac{T_{02}}{T_2}\right)^{\gamma(\gamma-1)} = \mathbf{186.7}\ \mathrm{kPa}$$

因此，$\rho_2 = p_2/(RT_2) = 186.7 \times 10^3/(287 \times 353.9) = 1.838\ \mathrm{kg/m^3}$ ，最终得

---

① 在这一设计中，$N_s = \phi^{0.5}/\psi^{0.75}$ ，其中 $\phi = c_{x1}/U_2 = 118.7/373.4 = 0.3179$ ，$\psi = \Delta W/U_2^2 = 126.3 \times 10^3/373.4^2 = 0.9058$ 。因此，N_s=0.607(基于进口轴向速度)。

$$b_2 = \dot{m}/(2\pi\, \rho_2\, c_{r2}\, r_2) = 0.0195\ \text{m} = \mathbf{1.95}\ \text{cm}$$

$$\frac{b_2}{r_2} = \frac{1.95}{26.5} = 0.0736$$

叶轮出口马赫数 $M_2 = c_2/a_2$,式中 $a_2 = \sqrt{\gamma R\, T_2} = 377.1\ \text{m/s}$,

$$M_2 = 360.8/377.1 = \mathbf{0.957}$$

无叶区的流动

叶轮出口(半径 r_2处)与扩压器叶片进口(半径 r_{2d}处)之间的区域称为无叶区。在此区域内的流动处理为在无叶扩压器中的流动(见无叶扩压器的阐述)。叶轮出口存在大范围流动分离以及高度的非均匀性,这会使扩压器性能恶化。无叶区可使流动产生一些扩散,还会使扩压器叶片区进口处流动的不规则性有所降低。

Cumpsty(1989)和文献指出,无叶区最小半径比 r_{2d}/r_2 为 1.1,但若需要减少叶片进口处气流的马赫数,还可以进一步增大该比值。在本设计中,马赫数 M_2并不大,因此不需采用这种措施。假设无叶区的轴向宽度为常数,即 $b_2 = \mathbf{1.95}$ cm。

尽管已知进入无叶区的流体很不规则,但对于初始设计,通常假设流动均匀且无摩擦。为了简化起见,认为在无叶区内,流体无摩擦而且切向动量守恒。在第 7 章中,假定平行壁扩压器中的流动是不可压缩流动,由此引出了式(7.50)描述的对数螺线流道的概念。

可以通过以下关系式确定半径 $r_{2d} = 1.1 r_2$处的切向速度,

$$\frac{c_{\theta 2d}}{c_{\theta 2}} = \frac{r_2}{r_{2d}}$$

$$\text{因而 } c_{\theta 2d} = 338.2/1.1 = \mathbf{307.5}\ \text{m/s}$$

$$c_{r2d} = \frac{r_2}{r_{2d}} c_{r2} = 114.36\ \text{m/s},\ \alpha_{2d} = \arccos(114.36/307.5) = \mathbf{68.16^\circ}$$

$$c_{2d} = (c_{2d}^2 + c_{r2d}^2)^{0.5} = 328.1\ \text{m/s}$$

$$T_{2d} = T_{02} - c_{2d}^2/2C_p = 418.7 - 328.1^2/2010 = 365.2\ \text{K}$$

$$a_{2d} = (\gamma R\, T_{2d})^{0.5} = 383.0\text{,可得 } M_{2d} = 328.1/383 = \mathbf{0.856}$$

迭代计算

无叶扩压器进口处的流体在高亚音速马赫数范围内,可以预见,在气流通过扩压器的过程中,马赫数会有显著变化。因此,以下的分析通过逐步的一系列近似迭代过程来确定密度(以及马赫数)的变化。

在首次近似中,半径 r_{2d}处的径向速度可以采用不可压缩流体对数螺旋线流动的近似关系式得出:

$$c_{r2d} = c_{r2}(r_2/r_{2d}) = 125.8/1.1 = 114.3$$

因此,

$$c_{2d} = (c_{\theta 2d}^2 + c_{r2d}^2)^{0.5} = (307.5^2 + 114.3^2)^{0.5} = 328.06\ \text{m/s}$$

在第二次近似中,可以确定半径 r_{2d}处的 T_{2d}和 p_{2d}:

$$T_{2d} = T_{02} - c_{2d}^2/2C_p = 418.7 - 328.06^2/2010 = 365.2\ \text{K}$$

$$p_{2d} = p_{02}/(T_{02}/T_{2d})^{\gamma(\gamma-1)} = 336.3\times10^3/(418.7/365.2)^{3.5} = 208.4\ \mathrm{kPa}$$

$$\rho_{2d} = \frac{p_{2d}}{RT_{2d}} = \frac{208.4\times10^3}{287\times365.2} = 1.988\ \mathrm{kg/m^3}$$

$$A_{2d} = 2\pi r_{2d} b_2 = 2\pi\times0.2915\times0.0195 = 0.03572\ \mathrm{m^2}$$

于是有

$$c_{r2} = \dot{m}/(\rho_{2d}A_{2d}) = 7.5/(1.988\times0.03572) = 105.6\ \mathrm{m/s}$$

$$c_{2d} = (105.6^2 + 307.5^2)^{0.5} = 325.1\ \mathrm{m/s}$$

第三次近似，

$$T_{2d} = T_{02d} - c_{2d}^2/2C_p = 418.7 - 325.1^2/2010 = 366.1\ \mathrm{K}$$

$$p_{2d} = p_{02d}/(T_{02d}/T_{2d})^{\gamma(\gamma-1)} = 336.3/(418.7/366.1)^{3.5} = 210.2\ \mathrm{kPa}$$

$$\rho_{2d} = 210.2\times10^3/(287\times366.1) = 2.000\ \mathrm{kg/m^3}$$

$$c_{r2d} = \dot{m}/(\rho_{2d}A_{2d}) = 7.5/(2.00\times0.03572) = 104.98\ \mathrm{m/s}$$

因此，

$$c_{2d} = (104.98^2 + 307.5^2)^{0.5} = 324.9\ \mathrm{m/s}$$

这一迭代计算结果具有足够的收敛性，因此可以确定马赫数 M_{2d} 及气流角 α_{2d}：

$$M_{2d} = c_{2d}/\sqrt{\gamma R T_{2d}} = 324.9/\sqrt{1.4\times287\times366.1} = \mathbf{0.847}$$

$$\alpha_{2d} = \arctan(c_{\theta 2d}/c_{r2d}) = \arctan(307.5/104.98) = \mathbf{71.15^\circ}$$

这一计算说明，对于这类高马赫数亚音速螺旋流动，叶轮出口与有叶扩压器进口之间的半径变化实际上只引起马赫数和气流角的微小变化。

无叶区流动的一个更为简单的解法是采用可压缩流体方程：

$$\frac{\dot{m}}{A_n p_0}\sqrt{C_p T_0} = \frac{\gamma M}{\sqrt{\gamma-1}}\left(1+\frac{\gamma-1}{2}M^2\right)^{(1/2)[(\gamma+1)/(\gamma-1)]} \tag{1.39}$$

在无叶区，$\dot{m}$、C_p、T_0 及 p_0 均假设为定值，并且 $\gamma=1.4$。因此，方程简化为

$$\frac{A_n M}{(1+(1/5)M^2)^3} = 常数$$

由于 b 是常数，A_n（即面积 $2\pi rb$）的变化是由径向的 r 的变化所引起的。因此，应用上式时，在半径从 r_2 变化到 r_{2d} 的过程中，需要采用 M 的径向分量。

在无叶区进口，$M_2 = 0.957$ 且 $\alpha_2 = 69.6^\circ$，所以 $M_{2r} = 0.957\cos69.6^\circ = 0.3336$。

因此，可由下式求解 M_{2r}，

$$\frac{r_2 M_{2r}}{(1+(1/5)M_{2r}^2)^3} = \frac{r_{2d} M_{2dr}}{(1+(1/5)M_{2dr}^2)^3}$$

代入 $r_{2d}/r_2=1.1$ 及 $M_{2r}=0.3336$，可以迭代（或查表）解得 $M_{2dr}=0.2995$。由 $\alpha_2=69.6^\circ$，可得 $M_{2d}=\mathbf{0.858}$。

以上无叶区马赫数变化的迭代计算可视作使用可压缩流动方程的一次练习。计算结果与采用不可压缩流体分析所得结果差异很小。

有叶扩压器

由图 7.25 可知，对于平板扩压器（$L/W_1=8$），选择 $2\theta=8^\circ$ 较好，此时 $C_p=0.7$，$C_{p,id}=0$.

8,其值与这种类型扩压器的最大效率工况接近,根据图 7.9 中给出的数据,处于可以避免失速的流动状态。

由 $C_p = (p_3 - p_{2d})/q_{2d}$,式中 $q_{2d} = (1/2)\rho c_{2d}^2$ ①,可得扩压器出口静压为

$$p_3 = p_{2d} + C_p q_{2d} = 210.2 + 0.7 \times 105.6 = 284.1 \text{ kPa}$$

又由 $C_{p,id} = 1 - (c_3/c_{2d})^2$ ②,可得出口速度为

$$c_3 = c_{2d}(l - C_{p,id})^{0.5} = 324.9\,(1 - 0.8)^{0.5} = \mathbf{145.3} \text{ m/s}$$

扩压器"喷嘴"的实际数目是任取的,但通常比叶轮叶片数少得多。本设计取定数目为 Z=12,与实际生产的常用值相当。

蜗壳

蜗壳的作用(如图 7.4 中所示)是简单地收集扩压器出口的压缩空气并引导其进入内燃机进气口。蜗壳中的能量损失部分来源于扩压器出口紊流混合造成的动能损失,部分来源于流体在蜗壳固体表面的摩擦。Watson 和 Janota(1982)指出,通常蜗壳总损失等于离开扩压器流体动压的一半。本设计假设这一额外损失正好等于有效动压的一半。

确定出口滞止压力 p_{03} 和压气机总效率 η_C

首先确定密度 $\rho_3 = p_3/RT_3$,其中 $T_3 = T_{03} - c_3^2/(2C_p) = 411.9$ K , $p_3 = 284.1$ kPa。因此可得 $\rho_3 = 2.409$ kg/ m³ 。

刚离开扩压器流体的总压近似为 $p_{03} = p_3 + q_3$, 其中 $q_3 = (l/2)\rho_3 c_3^2$,且 $q_3 = 16.4$ kPa, 因此 $p_{03} = 300.9$ kPa 。由于前文提到的蜗壳中的总压损失,因此压气机出口的最终总压为 $p_{03} = p_3 + (l/2)\, q_3 = \mathbf{293}$ kPa。

压气机总效率 η_C 可以通过式(7.34)确定:

$$\eta_C = C_p T_{01}(T_{03ss}/ T_{01} - 1)/\Delta W$$

其中 $T_{03ss}/ T_{01} = (p_{03}/ p_{01})^{(1/3.5)} = 1.3407$ 。因此,

$$\eta_C = 0.794$$

总效率值相当低,这主要是由于扩压器效率较低(η_D=0.805)。而锥形扩压器具有较强的抗失速性能,对于从叶轮中流出的非定常紊流,抗失速性能更好。因此,尝试采用 $C_p = C_p^* = 0.8$ 重新设计扩压器。

使用新值 A_2/A_1=4.42 和 N/R_1=18.8,从图 7.26 开始再一次计算:

$$C_{p,id}^* = 1 - 1/A_R^2 = 0.9490\,,\ \eta_D = C_p^*/C_{p,id}^* = \mathbf{0.843}$$

按照前述计算可得新的扩压器计算结果为

$$p_3 = 295.3 \text{ kPa}$$

$$c_3 = 73.0 \text{ m/s}$$

$$T_3 = 416.0 \text{ K}$$

---

① 原书中此处公式未列出,已根据以往版本补充。——译者注

② 原书中此处公式未列出,已根据以往版本补充。——译者注

$$\rho_3 = 2.473\ \mathrm{kg/m^3}$$

及

$$p_{03} = 301.9\ \mathrm{kPa}$$

考虑蜗壳损失后，$p_{03'} = 298.6\ \mathrm{kPa}$ 。

因此，$T_{03ss'}/T_{01} = (298.6/105)^{(1/3.5)} = 1.3480$,压气机效率为

$$\eta_C = 81.1\%$$

这比前一压气机效率有了明显的改善。通过这一压气机设计示例,可以知道,这一设计看起来具有无限多个选择方案,但最好的方案还是要利用现有的有可靠依据的方法才能得出。关于这一课题,Cumpsty(1989)认为,大多数机构使用的压气机设计方法都是商业机密。新的设计在一定程度上常常是从老的成功设计演变出来的,但只要新的产品能够带来令人满意的测试结果,就可以认为是一种进展。

参考文献

Cumpsty, N. A. (1989). *Compressor aerodynamics* London: Longman.

Rodgers, C. (1980). Efficiency of centrifugal compressor impellers. Paper 22 of AGARD conference proceedings, No. 282. Centrifugal compressors, flow phenomena and performance conference in Brussells at VKI.

Watson, N., & Janota, M. S. (1982). *Turbocharging the internal combustion engine*.

附录 C:完全气体可压缩流动气体动力函数表

书中一些习题需要本附录包含的气动函数表。引用时,所有数据保留 4 位小数并且按马赫数等间距提取,以便需要时可以采用线性插值。这些数据在大多数情况下能够保证足够的精度,但必要时,可以直接运用下列公式以获得更高的精度:

静态参数与滞止态参数的比值	流体参数关系式
$\frac{T}{T_0}=\left(1+\frac{\gamma-1}{2}M^2\right)^{-1}$	$c=M\sqrt{\gamma RT},\frac{c}{\sqrt{C_p T_0}}=M=\sqrt{\gamma-1}\left(1+\frac{\gamma-1}{2}M^2\right)^{-(1/2)}$
$\frac{p}{p_0}=\left(1+\frac{\gamma-1}{2}M^2\right)^{-\gamma/(\gamma-1)}$	$\dot{m}=\rho cA_n,\frac{\dot{m}\sqrt{C_p T_0}}{A_n P_0}=\frac{\gamma}{\sqrt{\gamma-1}}M\left(1+\frac{\gamma-1}{2}M^2\right)^{-(1/2)[(\gamma+1)/(\gamma-1)]}$
$\frac{\rho}{\rho_0}=\left(1+\frac{\gamma-1}{2}M^2\right)^{-1/(\gamma-1)}$	

需要注意,在无轴功的定常绝热流动中,T_0 为常数。若又为等熵流动,则 p_0 和 ρ_0 也是常数。

在透平机械的定常流动中,质量流量守恒,所以 $\dot{m}$ 为常数。

表 C.1 给出了 $\gamma=1.4$(适用于干空气和双原子气体)时的数据。表 C.2 给出了 $\gamma=1.333$(常用于燃气轮机燃气)时的数据。

表 C.1　完全气体可压缩流动,$\gamma=1.4$

M	T/T_0	p/p_0	ρ/ρ_0	$\dot{m}\sqrt{C_pT_0}/A_np_0$	$c/\sqrt{C_pT_0}$
0.00	1.0000	1.0000	1.0000	0.0000	0.0000
0.01	1.0000	0.9999	1.0000	0.0221	0.0063
0.02	0.9999	0.9997	0.9998	0.0443	0.0126
0.03	0.9998	0.9994	0.9996	0.0664	0.0190
0.04	0.9997	0.9989	0.9992	0.0885	0.0253
0.05	0.9995	0.9983	0.9988	0.1105	0.0316
0.06	0.9993	0.9975	0.9982	0.1325	0.0379
0.07	0.9990	0.9966	0.9976	0.1545	0.0443
0.08	0.9987	0.9955	0.9968	0.1764	0.0506
0.09	0.9984	0.9944	0.9960	0.1983	0.0569

续表

M	T/T_0	p/p_0	ρ/ρ_0	$\dot{m}\sqrt{C_pT_0}/A_np_0$	$c/\sqrt{C_pT_0}$
0.10	0.9980	0.9930	0.9950	0.2200	0.0632
0.11	0.9976	0.9916	0.9940	0.2417	0.0695
0.12	0.9971	0.9900	0.9928	0.2633	0.0758
0.13	0.9966	0.9883	0.9916	0.2849	0.0821
0.14	0.9961	0.9864	0.9903	0.3063	0.0884
0.15	0.9955	0.9844	0.9888	0.3276	0.0947
0.16	0.9949	0.9823	0.9873	0.3488	0.1009
0.17	0.9943	0.9800	0.9857	0.3699	0.1072
0.18	0.9936	0.9776	0.9840	0.3908	0.1135
0.19	0.9928	0.9751	0.9822	0.4116	0.1197
0.20	0.9921	0.9725	0.9803	0.4323	0.1260
0.21	0.9913	0.9697	0.9783	0.4528	0.1322
0.22	0.9904	0.9668	0.9762	0.4731	0.1385
0.23	0.9895	0.9638	0.9740	0.4933	0.1447
0.24	0.9886	0.9607	0.9718	0.5133	0.1509
0.25	0.9877	0.9575	0.9694	0.5332	0.1571
0.26	0.9867	0.9541	0.9670	0.5528	0.1633
0.27	0.9856	0.9506	0.9645	0.5723	0.1695
0.28	0.9846	0.9470	0.9619	0.5915	0.1757
0.29	0.9835	0.9433	0.9592	0.6106	0.1819
0.30	0.9823	0.9395	0.9564	0.6295	0.1881
0.31	0.9811	0.9355	0.9535	0.6481	0.1942
0.32	0.9799	0.9315	0.9506	0.6666	0.2003
0.33	0.9787	0.9274	0.9476	0.6848	0.2065
0.34	0.9774	0.9231	0.9445	0.7027	0.2126
0.35	0.9761	0.9188	0.9413	0.7205	0.2187
0.36	0.9747	0.9143	0.9380	0.7380	0.2248
0.37	0.9733	0.9098	0.9347	0.7553	0.2309
0.38	0.9719	0.9052	0.9313	0.7723	0.2369
0.39	0.9705	0.9004	0.9278	0.7891	0.2430
0.40	0.9690	0.8956	0.9243	0.8056	0.2490
0.41	0.9675	0.8907	0.9207	0.8219	0.2551
0.42	0.9659	0.8857	0.9170	0.8379	0.2611
0.43	0.9643	0.8807	0.9132	0.8536	0.2671
0.44	0.9627	0.8755	0.9094	0.8691	0.2730
0.45	0.9611	0.8703	0.9055	0.8843	0.2790
0.46	0.9594	0.8650	0.9016	0.8992	0.2850
0.47	0.9577	0.8596	0.8976	0.9138	0.2909
0.48	0.9559	0.8541	0.8935	0.9282	0.2968
0.49	0.9542	0.8486	0.8894	0.9423	0.3027

续表

M	T/T_0	p/p_0	ρ/ρ_0	$\dot{m}\sqrt{C_pT_0}/A_np_0$	$c/\sqrt{C_pT_0}$
0.50	0.9524	0.8430	0.8852	0.9561	0.3086
0.51	0.9506	0.8374	0.8809	0.9696	0.3145
0.52	0.9487	0.8317	0.8766	0.9828	0.3203
0.53	0.9468	0.8259	0.8723	0.9958	0.3262
0.54	0.9449	0.8201	0.8679	1.0084	0.3320
0.55	0.9430	0.8142	0.8634	1.0208	0.3378
0.56	0.9410	0.8082	0.8589	1.0328	0.3436
0.57	0.9390	0.8022	0.8544	1.0446	0.3493
0.58	0.9370	0.7962	0.8498	1.0561	0.3551
0.59	0.9349	0.7901	0.8451	1.0672	0.3608
0.60	0.9328	0.7840	0.8405	1.0781	0.3665
0.61	0.9307	0.7778	0.8357	1.0887	0.3722
0.62	0.9286	0.7716	0.8310	1.0990	0.3779
0.63	0.9265	0.7654	0.8262	1.1090	0.3835
0.64	0.9243	0.7591	0.8213	1.1186	0.3891
0.65	0.9221	0.7528	0.8164	1.1280	0.3948
0.66	0.9199	0.7465	0.8115	1.1371	0.4003
0.67	0.9176	0.7401	0.8066	1.1459	0.4059
0.68	0.9153	0.7338	0.8016	1.1544	0.4115
0.69	0.9131	0.7274	0.7966	1.1626	0.4170
0.70	0.9107	0.7209	0.7916	1.1705	0.4225
0.71	0.9084	0.7145	0.7865	1.1782	0.4280
0.72	0.9061	0.7080	0.7814	1.1855	0.4335
0.73	0.9037	0.7016	0.7763	1.1925	0.4389
0.74	0.9013	0.6951	0.7712	1.1993	0.4443
0.75	0.8989	0.6886	0.7660	1.2058	0.4497
0.76	0.8964	0.6821	0.7609	1.2119	0.4551
0.77	0.8940	0.6756	0.7557	1.2178	0.4605
0.78	0.8915	0.6691	0.7505	1.2234	0.4658
0.79	0.8890	0.6625	0.7452	1.2288	0.4711
0.80	0.8865	0.6560	0.7400	1.2338	0.4764
0.81	0.8840	0.6495	0.7347	1.2386	0.4817
0.82	0.8815	0.6430	0.7295	1.2431	0.4869
0.83	0.8789	0.6365	0.7242	1.2474	0.4921
0.84	0.8763	0.6300	0.7189	1.2514	0.4973
0.85	0.8737	0.6235	0.7136	1.2551	0.5025
0.86	0.8711	0.6170	0.7083	1.2585	0.5077
0.87	0.8685	0.6106	0.7030	1.2617	0.5128
0.88	0.8659	0.6041	0.6977	1.2646	0.5179
0.89	0.8632	0.5977	0.6924	1.2673	0.5230

续表

M	T/T_0	p/p_0	ρ/ρ_0	$\dot{m}\sqrt{C_pT_0}/A_np_0$	$c/\sqrt{C_pT_0}$
0.90	0.8606	0.5913	0.6870	1.2698	0.5280
0.91	0.8579	0.5849	0.6817	1.2719	0.5331
0.92	0.8552	0.5785	0.6764	1.2739	0.5381
0.93	0.8525	0.5721	0.6711	1.2756	0.5431
0.94	0.8498	0.5658	0.6658	1.2770	0.5481
0.95	0.8471	0.5595	0.6604	1.2783	0.5530
0.96	0.8444	0.5532	0.6551	1.2793	0.5579
0.97	0.8416	0.5469	0.6498	1.2800	0.5628
0.98	0.8389	0.5407	0.6445	1.2806	0.5677
0.99	0.8361	0.5345	0.6392	1.2809	0.5725
1.00	0.8333	0.5283	0.6339	1.2810	0.5774
1.01	0.8306	0.5221	0.6287	1.2809	0.5821
1.02	0.8278	0.5160	0.6234	1.2806	0.5869
1.03	0.8250	0.5099	0.6181	1.2801	0.5917
1.04	0.8222	0.5039	0.6129	1.2793	0.5964
1.05	0.8193	0.4979	0.6077	1.2784	0.6011
1.06	0.8165	0.4919	0.6024	1.2773	0.6058
1.07	0.8137	0.4860	0.5972	1.2760	0.6104
1.08	0.8108	0.4800	0.5920	1.2745	0.6151
1.09	0.8080	0.4742	0.5869	1.2728	0.6197
1.10	0.8052	0.4684	0.5817	1.2709	0.6243
1.11	0.8023	0.4626	0.5766	1.2689	0.6288
1.12	0.7994	0.4568	0.5714	1.2667	0.6333
1.13	0.7966	0.4511	0.5663	1.2643	0.6379
1.14	0.7937	0.4455	0.5612	1.2618	0.6423
1.15	0.7908	0.4398	0.5562	1.2590	0.6468
1.16	0.7879	0.4343	0.5511	1.2562	0.6512
1.17	0.7851	0.4287	0.5461	1.2531	0.6556
1.18	0.7822	0.4232	0.5411	1.2500	0.6600
1.19	0.7793	0.4178	0.5361	1.2466	0.6644
1.20	0.7764	0.4124	0.5311	1.2432	0.6687
1.21	0.7735	0.4070	0.5262	1.2396	0.6730
1.22	0.7706	0.4017	0.5213	1.2358	0.6773
1.23	0.7677	0.3964	0.5164	1.2319	0.6816
1.24	0.7648	0.3912	0.5115	1.2279	0.6858
1.25	0.7619	0.3861	0.5067	1.2238	0.6901
1.26	0.7590	0.3809	0.5019	1.2195	0.6943
1.27	0.7561	0.3759	0.4971	1.2152	0.6984
1.28	0.7532	0.3708	0.4923	1.2107	0.7026
1.29	0.7503	0.3658	0.4876	1.2061	0.7067

续表

M	T/T_0	p/p_0	ρ/ρ_0	$\dot{m}\sqrt{C_pT_0}/A_np_0$	$c/\sqrt{C_pT_0}$
1.30	0.7474	0.3609	0.4829	1.2014	0.7108
1.31	0.7445	0.3560	0.4782	1.1965	0.7149
1.32	0.7416	0.3512	0.4736	1.1916	0.7189
1.33	0.7387	0.3464	0.4690	1.1866	0.7229
1.34	0.7358	0.3417	0.4644	1.1815	0.7270
1.35	0.7329	0.3370	0.4598	1.1763	0.7309
1.36	0.7300	0.3323	0.4553	1.1710	0.7349
1.37	0.7271	0.3277	0.4508	1.1656	0.7388
1.38	0.7242	0.3232	0.4463	1.1601	0.7427
1.39	0.7213	0.3187	0.4418	1.1546	0.7466
1.40	0.7184	0.3142	0.4374	1.1490	0.7505
1.41	0.7155	0.3098	0.4330	1.1433	0.7543
1.42	0.7126	0.3055	0.4287	1.1375	0.7581
1.43	0.7097	0.3012	0.4244	1.1317	0.7619
1.44	0.7069	0.2969	0.4201	1.1258	0.7657
1.45	0.7040	0.2927	0.4158	1.1198	0.7694
1.46	0.7011	0.2886	0.4116	1.1138	0.7732
1.47	0.6982	0.2845	0.4074	1.1077	0.7769
1.48	0.6954	0.2804	0.4032	1.1016	0.7805
1.49	0.6925	0.2764	0.3991	1.0954	0.7842
1.50	0.6897	0.2724	0.3950	1.0891	0.7878
1.51	0.6868	0.2685	0.3909	1.0829	0.7914
1.52	0.6840	0.2646	0.3869	1.0765	0.7950
1.53	0.6811	0.2608	0.3829	1.0702	0.7986
1.54	0.6783	0.2570	0.3789	1.0638	0.8021
1.55	0.6754	0.2533	0.3750	1.0573	0.8057
1.56	0.6726	0.2496	0.3710	1.0508	0.8092
1.57	0.6698	0.2459	0.3672	1.0443	0.8126
1.58	0.6670	0.2423	0.3633	1.0378	0.8161
1.59	0.6642	0.2388	0.3595	1.0312	0.8195
1.60	0.6614	0.2353	0.3557	1.0246	0.8230
1.61	0.6586	0.2318	0.3520	1.0180	0.8263
1.62	0.6558	0.2284	0.3483	1.0114	0.8297
1.63	0.6530	0.2250	0.3446	1.0047	0.8331
1.64	0.6502	0.2217	0.3409	0.9980	0.8364
1.65	0.6475	0.2184	0.3373	0.9913	0.8397
1.66	0.6447	0.2151	0.3337	0.9846	0.8430
1.67	0.6419	0.2119	0.3302	0.9779	0.8462
1.68	0.6392	0.2088	0.3266	0.9712	0.8495
1.69	0.6364	0.2057	0.3232	0.9644	0.8527

续表

M	T/T_0	p/p_0	ρ/ρ_0	$\dot{m}\sqrt{C_pT_0}/A_np_0$	$c/\sqrt{C_pT_0}$
1.70	0.6337	0.2026	0.3197	0.9577	0.8559
1.71	0.6310	0.1996	0.3163	0.9509	0.8591
1.72	0.6283	0.1966	0.3129	0.9442	0.8622
1.73	0.6256	0.1936	0.3095	0.9374	0.8654
1.74	0.6229	0.1907	0.3062	0.9307	0.8685
1.75	0.6202	0.1878	0.3029	0.9239	0.8716
1.76	0.6175	0.1850	0.2996	0.9172	0.8747
1.77	0.6148	0.1822	0.2964	0.9104	0.8777
1.78	0.6121	0.1794	0.2931	0.9037	0.8808
1.79	0.6095	0.1767	0.2900	0.8970	0.8838
1.80	0.6068	0.1740	0.2868	0.8902	0.8868
1.81	0.6041	0.1714	0.2837	0.8835	0.8898
1.82	0.6015	0.1688	0.2806	0.8768	0.8927
1.83	0.5989	0.1662	0.2776	0.8701	0.8957
1.84	0.5963	0.1637	0.2745	0.8634	0.8986
1.85	0.5936	0.1612	0.2715	0.8568	0.9015
1.86	0.5910	0.1587	0.2686	0.8501	0.9044
1.87	0.5884	0.1563	0.2656	0.8435	0.9072
1.88	0.5859	0.1539	0.2627	0.8368	0.9101
1.89	0.5833	0.1516	0.2598	0.8302	0.9129
1.90	0.5807	0.1492	0.2570	0.8237	0.9157
1.91	0.5782	0.1470	0.2542	0.8171	0.9185
1.92	0.5756	0.1447	0.2514	0.8106	0.9213
1.93	0.5731	0.1425	0.2486	0.8041	0.9240
1.94	0.5705	0.1403	0.2459	0.7976	0.9268
1.95	0.5680	0.1381	0.2432	0.7911	0.9295
1.96	0.5655	0.1360	0.2405	0.7846	0.9322
1.97	0.5630	0.1339	0.2378	0.7782	0.9349
1.98	0.5605	0.1318	0.2352	0.7718	0.9375
1.99	0.5580	0.1298	0.2326	0.7655	0.9402
2.00	0.5556	0.1278	0.2300	0.7591	0.9428

表 C.2 完全气体可压缩流动，$\gamma=1.333$

M	T/T_0	p/p_0	ρ/ρ_0	$\dot{m}\sqrt{C_pT_0}/A_np_0$	$c/\sqrt{C_pT_0}$
0.00	1.0000	1.0000	1.0000	0.0000	0.0000
0.01	1.0000	0.9999	1.0000	0.0231	0.0058
0.02	0.9999	0.9997	0.9998	0.0462	0.0115
0.03	0.9999	0.9994	0.9996	0.0693	0.0173
0.04	0.9997	0.9989	0.9992	0.0923	0.0231
0.05	0.9996	0.9983	0.9988	0.1153	0.0288
0.06	0.9994	0.9976	0.9982	0.1383	0.0346
0.07	0.9992	0.9967	0.9976	0.1612	0.0404
0.08	0.9989	0.9957	0.9968	0.1841	0.0461
0.09	0.9987	0.9946	0.9960	0.2069	0.0519
0.10	0.9983	0.9934	0.9950	0.2297	0.0577
0.11	0.9980	0.9920	0.9940	0.2523	0.0634
0.12	0.9976	0.9905	0.9928	0.2749	0.0692
0.13	0.9972	0.9888	0.9916	0.2974	0.0749
0.14	0.9967	0.9870	0.9903	0.3197	0.0807
0.15	0.9963	0.9851	0.9888	0.3420	0.0864
0.16	0.9958	0.9831	0.9873	0.3641	0.0921
0.17	0.9952	0.9810	0.9857	0.3861	0.0979
0.18	0.9946	0.9787	0.9840	0.4080	0.1036
0.19	0.99402	0.9763	0.982	0.4298	0.1093
0.20	0.9934	0.9738	0.9803	0.4514	0.1150
0.21	0.9927x	0.9711	0.9783	0.4728	0.4728
0.22	0.9920	0.9684	0.9762	0.4941	0.1264
0.23	0.9913	0.9655	0.9740	0.5152	0.1321
0.24	0.9905	0.9625	0.9717	0.5362	0.1378
0.25	0.9897	0.9594	0.9694	0.5569	0.1435
0.26	0.9889	0.9562	0.9669	0.5775	0.1492
0.27	0.9880	0.9529	0.9644	0.5979	0.1549
0.28	0.9871	0.9494	0.9618	0.6181	0.1605
0.29	0.9862	0.9459	0.9591	0.6380	0.1662
0.30	0.9852	0.9422	0.9563	0.6578	0.1718
0.31	0.9843	0.9384	0.9534	0.6774	0.1775
0.32	0.9832	0.9346	0.9505	0.6967	0.1831
0.33	0.9822	0.9306	0.9475	0.7158	0.1887
0.34	0.9811	0.9265	0.9444	0.7347	0.1943
0.35	0.9800	0.9224	0.9412	0.7533	0.1999
0.36	0.9789	0.9181	0.9379	0.7717	0.2055
0.37	0.9777	0.9137	0.9346	0.7898	0.2111
0.38	0.9765	0.9093	0.9311	0.8077	0.2167
0.39	0.9753	0.9047	0.9276	0.8253	0.2223

续表

M	T/T_0	p/p_0	ρ/ρ_0	$\dot{m}\sqrt{C_pT_0}/A_n p_0$	$c/\sqrt{C_pT_0}$
0.40	0.9741	0.9001	0.9241	0.8427	0.2278
0.41	0.9728	0.8954	0.9204	0.2334	0.8598
0.42	0.9715	0.8906	0.8906	0.8766	0.2389
0.43	0.9701	0.8857	0.9130	0.8932	0.2444
0.44	0.9688	0.8807	0.9091	0.9095	0.2499
0.45	0.9674	0.8757	0.9052	0.9255	0.2554
0.46	0.9660	0.8706	0.9012	0.9412	0.2609
0.47	0.9645	0.8654	0.8972	0.9567	0.2664
0.48	0.9631	0.8601	0.8931	0.9718	0.2718
0.49	0.9616	0.8548	0.8890	0.9867	0.2773
0.50	0.9600	0.8494	0.8847	1.0012	0.2827
0.51	0.9585	0.8439	0.8805	1.0155	0.2881
0.52	0.9569	0.8384	0.8761	1.0295	0.2935
0.53	0.9553	0.8328	0.8717	1.0431	0.2989
0.54	0.9537	0.8271	0.8673	1.0565	0.3043
0.55	0.9520	0.8214	0.8628	1.0696	0.3097
0.56	0.9504	0.8157	0.8583	1.0823	0.3150
0.57	0.9487	0.8099	0.8537	1.0948	0.3204
0.58	0.9470	0.8040	0.8490	1.1069	0.3257
0.59	0.9452	0.7981	0.8443	1.1188	0.3310
0.60	0.9434	0.7921	0.8396	1.1303	0.3363
0.61	0.9417	0.7861	0.8348	1.1415	0.3416
0.62	0.9398	0.7801	0.8300	1.1524	0.3469
0.63	0.9380	0.7740	0.8252	1.1630	0.3521
0.64	0.9362	0.7679	0.8203	1.1733	0.3573
0.65	0.9343	0.7618	0.8153	1.1833	0.3626
0.66	0.9324	0.7556	0.8104	1.1930	0.3678
0.67	0.9305	0.7494	0.8054	1.2023	0.3729
0.68	0.9285	0.7431	0.8003	1.2114	0.3781
0.69	0.9266	0.7368	0.7953	1.2201	0.3833
0.70	0.9246	0.7306	0.7902	1.2285	0.3884
0.71	0.9226	0.7242	0.7850	1.2367	0.3935
0.72	0.9205	0.7179	0.7799	1.2445	0.3986
0.73	0.9185	0.7116	0.7747	1.2520	0.4037
0.74	0.9164	0.7052	0.7695	1.2592	0.4088
0.75	0.9144	0.6988	0.7643	1.2661	0.4139
0.76	0.9123	0.6924	0.7590	1.2727	0.4189
0.77	0.9102	0.6860	0.7537	1.2790	0.4239
0.78	0.9080	0.6796	0.7484	1.2850	0.4289
0.79	0.9059	0.6732	0.7431	1.2907	0.4339

续表

M	T/T_0	p/p_0	ρ/ρ_0	$\dot{m}\sqrt{C_pT_0}/A_np_0$	$c/\sqrt{C_pT_0}$
0.80	0.9037	0.6668	0.7378	1.2961	0.4389
0.81	0.9015	0.6603	0.7325	1.3013	0.4438
0.82	0.8993	0.6539	0.7271	1.3061	0.4487
0.83	0.8971	0.6475	0.7217	1.3107	0.4536
0.84	0.8949	0.6411	0.7164	1.3149	0.4585
0.85	0.8926	0.6346	0.7110	1.3189	0.4634
0.86	0.8904	0.6282	0.7056	1.3226	0.4683
0.87	0.8881	0.6218	0.7002	1.3260	0.4731
0.88	0.8858	0.6154	0.6948	1.3292	0.4779
0.89	0.8835	0.6090	0.6893	1.3321	0.4827
0.90	0.8812	0.6026	0.6839	1.3347	0.4875
0.91	0.8788	0.5963	0.6785	1.3370	0.4923
0.92	0.8765	0.5899	0.6731	1.3391	0.4970
0.93	0.8741	0.5836	0.6676	1.3410	0.5018
0.94	0.8717	0.5773	0.6622	1.3425	0.5065
0.95	0.8694	0.5710	0.6568	1.3439	0.5111
0.96	0.8670	0.5647	0.6514	1.3449	0.5158
0.97	0.8646	0.5585	0.6459	1.3458	0.5205
0.98	0.8621	0.5522	0.6405	1.3464	0.5251
0.99	0.8597	0.5460	0.6351	1.3467	0.5297
1.00	0.8573	0.5398	0.6297	1.3468	0.5343
1.01	0.8548	0.5337	0.6243	1.3467	0.5389
1.02	0.8524	0.5276	1.3464	0.6189	0.5434
1.03	0.8499	0.5215	0.6136	1.3458	0.5479
1.04	0.8474	0.5154	0.6082	1.3450	0.5525
1.05	0.8449	0.5093	0.6028	1.3440	0.5569
1.06	0.8424	0.5033	0.5975	1.3428	0.5614
1.07	0.8399	0.4974	0.5922	1.3414	0.5659
1.08	0.8374	0.4914	0.5869	1.3397	0.5703
1.09	0.8349	0.4855	0.5816	1.3379	0.5747
1.10	0.8323	0.4796	0.5763	1.3359	0.5791
1.11	0.8298	0.4738	0.5710	1.3337	0.5835
1.12	0.8272	0.4680	0.5658	1.3313	0.5878
1.13	0.8247	0.4622	0.5605	1.3287	0.5922
1.14	0.8221	0.4565	0.5553	1.3259	0.5965
1.15	0.8195	0.4508	0.5501	1.3229	0.6008
1.16	0.8170	0.4452	0.5449	1.3198	0.6050
1.17	0.8144	0.4396	0.5398	1.3165	0.6093
1.18	0.8118	0.4340	0.5347	1.3131	0.6135
1.19	0.8092	0.4285	0.5295	1.3094	0.6177

续表

M	T/T_0	p/p_0	ρ/ρ_0	$\dot{m}\sqrt{C_pT_0}/A_np_0$	$c/\sqrt{C_pT_0}$
1.20	0.8066	0.4230	0.5245	1.3057	0.6219
1.21	0.8040	0.4176	0.5194	1.3017	0.6261
1.22	0.8014	0.4122	0.5143	1.2976	0.6302
1.23	0.7988	0.4068	0.5093	1.2934	0.6344
1.24	0.7962	0.4015	0.5043	1.2890	0.6385
1.25	0.7936	0.3963	0.4994	1.2845	0.6426
1.26	0.7909	0.3911	0.4944	1.2798	0.6466
1.27	0.7883	0.3859	0.4895	1.2751	0.6507
1.28	0.7857	0.3808	0.4846	1.2701	0.6547
1.29	0.7830	0.3757	0.4798	1.2651	0.6587
1.30	0.7804	0.3706	0.4749	1.2599	0.6627
1.31	0.7778	0.3657	0.4701	1.2547	0.6667
1.32	0.7751	0.3607	0.4654	1.2493	0.6706
1.33	0.7725	0.3558	0.4606	1.2438	0.6746
1.34	0.7698	0.3510	0.4559	1.2382	0.6785
1.35	0.7672	0.3462	0.4512	1.2325	0.6824
1.36	0.7646	0.3414	0.4465	1.2266	0.6862
1.37	0.7619	0.3367	0.4419	1.2207	0.6901
1.38	0.7593	0.3320	0.4373	1.2147	0.6939
1.39	0.7566	0.3274	0.4328	1.2086	0.6977
1.40	0.7540	0.3229	0.4282	1.2025	0.7015
1.41	0.7513	0.3183	0.4237	1.1962	0.7053
1.42	0.7487	0.3139	0.4192	1.1899	0.7090
1.43	0.7460	0.3094	0.4148	1.1835	0.7127
1.44	0.7434	0.3051	0.4104	1.1770	0.7164
1.45	0.7407	0.3007	0.4060	1.1704	0.7201
1.46	0.7381	0.2965	0.4017	1.1638	0.7238
1.47	0.7354	0.2922	0.3974	1.1571	0.7275
1.48	0.7328	0.2880	0.3931	1.1504	0.7311
1.49	0.7301	0.2839	0.3888	1.1367	0.7347
1.50	0.7275	0.2798	0.3846	1.1367	0.7383
1.51	0.7248	0.2758	0.3804	1.1298	0.7419
1.52	0.7222	0.2718	0.3763	1.1228	0.7454
1.53	0.7195	0.2678	0.3722	1.1158	0.7489
1.54	0.7169	0.2639	0.3681	1.1087	0.7524
1.55	0.7143	0.2600	0.3641	1.1016	0.7559
1.56	0.7116	0.2562	0.3600	1.0945	0.7594
1.57	0.7090	0.2524	0.3561	1.0873	0.7629
1.58	0.7064	0.2487	0.3521	1.0801	0.7663
1.59	0.7038	0.2450	0.3482	1.0729	0.7697
1.60	0.7011	0.2414	0.3443	1.0656	0.7731

续表

M	T/T_0	p/p_0	ρ/ρ_0	$\dot{m}\sqrt{C_pT_0}/A_np_0$	$c/\sqrt{C_pT_0}$
1.61	0.6985x	0.2378	0.3405	1.0583	1.0583
1.62	0.6959	0.2343	0.3367	1.0510	0.7799
1.63	0.6933	0.2308	0.3329	1.0436	0.7832
1.64	0.6907	0.2273	0.3291	1.0363	0.7865
1.65	0.6881	0.2239	0.3254	1.0289	0.7898
1.66	0.6855	0.2206	0.3217	1.0215	0.7931
1.67	0.6829	0.2172	0.3181	1.0141	0.7964
1.68	0.6803	0.2139	0.3145	1.0066	0.7996
1.69	0.6777	0.2107	0.3109	0.9992	0.8028
1.70	0.6751	0.2075	0.3074	0.9918	0.8061
1.71	0.6726	0.2044	0.3039	0.9843	0.8093
1.72	0.6700	0.2012	0.3004	0.9769	0.8124
1.73	0.6674	0.1982	0.2969	0.9694	0.8156
1.74	0.6649	0.1951	0.2935	0.9620	0.8187
1.75	0.6623	0.1922	0.2901	0.9545	0.8218
1.76	0.6597	0.1892	0.2868	0.9471	0.8249
1.77	0.6572	0.1863	0.2835	0.9396	0.8280
1.78	0.6546	0.1834	0.2802	0.9322	0.8311
1.79	0.6521	0.1806	0.2770	0.9248	0.8341
1.80	0.6496	0.1778	0.2737	0.9173	0.8372
1.81	0.6471	0.1751	0.2706	0.9099	0.8402
1.82	0.6445	0.1723	0.2674	0.9025	0.8432
1.83	0.6420	0.1697	0.2643	0.8951	0.8461
1.84	0.6395	0.1670	0.2612	0.8878	0.8491
1.85	0.6370	0.1644	0.2581	0.8804	0.8521
1.86	0.6345	0.1619	0.2551	0.8731	0.8550
1.87	0.6320	0.1593	0.2521	0.8658	0.8579
1.88	0.6295	0.1568	0.2491	0.8585	0.8608
1.89	0.6271	0.1544	0.2462	0.8512	0.8636
1.90	0.6246	0.1520	0.2433	0.8439	0.8665
1.91	0.6221	0.1496	0.2404	0.8367	0.8693
1.92	0.6197	0.1472	0.2376	0.8295	0.8722
1.93	0.6172	0.1449	0.2348	0.8223	0.8750
1.94	0.6148	0.1426	0.2320	0.8152	0.8778
1.95	0.6123	0.1404	0.2292	0.8081	0.8805
1.96	0.6099	0.1382	0.2265	0.8010	0.8833
1.97	0.6075	0.1360	0.2238	0.7939	0.8860
1.98	0.6051	0.1338	0.2212	0.7869	0.8888
1.99	0.6026	0.1317	0.2185	0.7799	0.8915
2.00	0.6002	0.1296	0.2159	0.7729	0.8942

附录 D:英美制单位与国际单位制的换算

长度

1 inch=0.0254 m

1 foot=0.3048 m

面积

1 in^2=6.452×10^{-4} m^2

1 ft=0.09290 m^2

体积

1 in^3=16.39 cm^3

1 ft^3 =28.32 dm^3

=0.02832 m^3

1 gall(UK)=4.546 dm^3

1 gall(US)=3.785 dm^3

速度

1 ft/s=0.3048 m/s

1 mile/h=0.447 m/s

质量

1 lb=0.4536 kg

1 ton(UK)=1016 kg

密度

1 lb/ft^3=16.02 kg/m^3

1 slug/ft^3=515.4 kg/m^3

力

1 lbf=4.448 N

1 ton f(UK)=9.964 kN

压强

1 lbf/in^2=6.895 kPa

1 ft H_2O=2.989 kPa

1 in Hg=3.386 kPa

1 bar=100.0 kPa

能量

1 ft lbf=1.356 J

1 Btu=1.055 kJ

比能

1 ft lbf/lb=2.989 J/kg

1 Btu/b=2.326 kJ/kg

比热

1 ft lbf/(lb ℉)=5.38 J/(kg·℃)

1 ft lbf/(slug ℉)=0.167 J/(kg·℃)

1 Btu/(lb ℉)=4.188 kJ/(kg·℃)

功率

1 hp=0.7457 kW

附录 E:水蒸气焓熵图

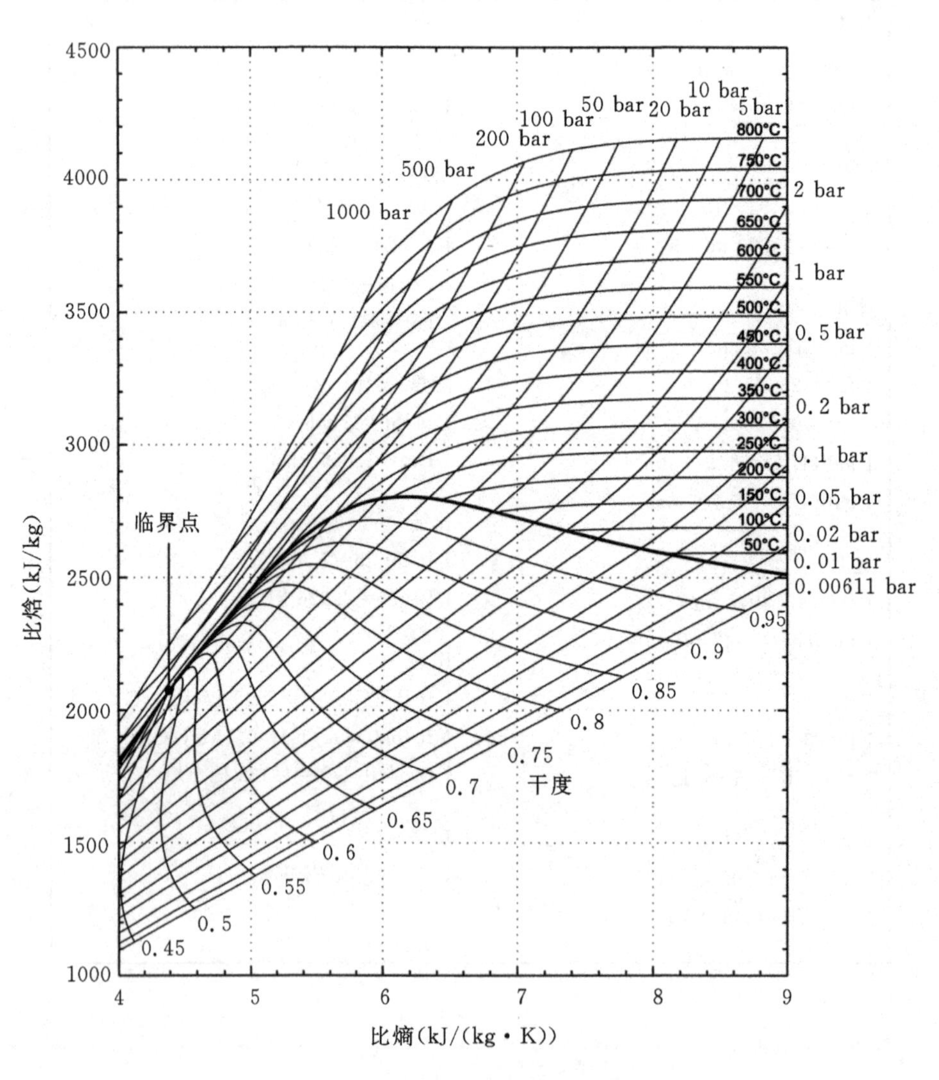

图 A.1　由 Peter O'Brien 根据国际水蒸气性质协会提供的方程(http://www.iapws.org)绘制,2013

附录 F:习题答案

第 1 章

1. (a)179.9 m/s,439.1 K;(b)501.4 kPa,39.24 J/(kg·K)。

2. (a)279.9 K,2.551 bar;(b)27.16 kg/s。

3. 316.9 m/s,0.0263 kJ/kg·K。

4. 88.1%。

5. (a)704 K;(b)750 K;(c)668 K。

6. 2301.8 kJ/kg,36.5 kg/s。

7. (a)500 K,0.313 m^3/kg;(b)1.045。

8. 49.1 kg/s;24 mm。

9. (a)630 kPa,275 ℃;240 kPa;201 ℃;85 kPa,126 ℃;26 kPa,x=0.988;7 kPa,x=0.95;
(b)0.638,0.655,0.688,0.726,0.739;(c)0.739,0.724;(d)1.075。

10. (a)0.489;(b)87.4 kPa;(c)399.6 K;(d)0.308。

11. 630.6 K,0.8756。

第 2 章

1. 6.29 m^3/s。

2. 9.15 m/s,5.33 atm。

4. 551 r/min,1:10.8;0.885 m^3/s;17.85 MN。

5. 4030 r/min,31.4 kg/s。

6. (a)0.501,4.95,3.658 kW;(b)61.19 m,0.64 m^3/s,468 kW。

7. (a)150 r/min,1500 kW;(b)0.842 rev 或 5.293 rad。

8. (a)88.9%;(b)202.4 r/min,13.9 m^3/s,4.858 MW。

9. (a)303 kW,Ω_S=1.632 (rad),D_S=4.09;(b)0.0936 m^3/s,799 r/min,P=3.23 kW。

10. (a)T_{02}=305.2 K;(b)P_C=105 kW。

第 3 章

1. 49.8°。

2. 0.77;C_D=0.048,C_L=2.245。
3. (b)57.8°;(c)(a)357 kPa,(b)0.0218,1.075。
4. (a)1.22,6°;(b)19.5°。
5. (a)41.3°;(b)0.78;(c)0.60;(d)−7.95°。
6. (a)0.178,0.121;(b)0.1;(c)0.342。
7. 141.2 kg/(s·m²),0.40,1.30。
8. 0.058。
9. (a)1.21;(c)0.19。

第 4 章

2. (a)88%;(b)86.17%;(c)1170.6 K。
3. α_2=70°,β_2=7.02°,α_3=18.4°,β_3=50.37°,375.3 m/s。
4. 22.7 kJ/kg;420 kPa,117 ℃。
5. 91%。
6. (a)1.503;(b)39.9°,59°;(c)0.25;(d)90.5 及 81.6%。
7. (b)67.5°,22.5°,0.90,0.80;(c)0.501 m,85.2 m/s,61 mm。
8. (a)215 m/s;(b)0.098,2.68;(c)0.872;(d)265 ℃,0.75 MPa。
9. (a)(a)601.9 m/s,(b)282.8 m/s,(c)79.8%;(b)89.23%。
10. (b)(a)130.9 kJ/kg,(b)301.6 m/s,(c)707.6 K;(c)(a)10200 r/min,(b)0.565 m (c)0.845。
11. (b)0.2166;(c)8740 r/min;(d)450.7 m/s,0.846。
12. 1.07,0.464。
13. 0.908。

第 5 章

1. 14 级。
2. 30.6 ℃。
3. 132.5 m/s,56.1 kg/s;10.1 MW。
4. 86.5%;9.28 MW。
5. 0.59,0.415。
6. (a)0.88;(b)0.571。
7. 36.9°,36.9°,0.55,0.50。
8. (a)229.3 m/s;(b)23.5 kg/s,15796 r/min;(c)33.16 kJ/kg;(d)84.7%;(e)5.86 级,4.68 MW;(f)6 级时在相同压比下级负荷较低,5 级时重量及成本较低。
9. (a)0.44,19.8°;(b)0.322,0.556,70.0°,55.2°,+11.3°,−3.4°;(c)55.6°。
10. (a)0.137;(b)0.508;(c)0.872,2.422。
11. (a)16.22°,22.08°,33.79°;(b)467.2 Pa,7.42 m/s。

12. (a)$\beta_1=70.79°$，$\beta_2=68.24°$；(b)83.96%；(c)399.3 Pa；(d)7.144 cm。

13. (a)141.1 Pa，0.588；(b)60.48 Pa；(c)70.14%。

第 6 章

1. 55°及 47°。

2. 0.602，1.38，−0.08(意味着在轮毂附近有较大的损失)。

4. 70.7 m/s。

5. 做功在各个半径处为常数：

$$c_{x1}^2=\text{常数}-2a^2[(r^2-1)-2(b/a)\ln r];$$

$$c_{x2}^2=\text{常数}-2a^2[(r^2-1)-2(b/a)\ln r];$$

$$\beta_2=47.5°,\beta_3=4.6°。$$

6. (a)469.3 m/s；(b)0.798；(c)0.079；(d)3.244 MW；(e)911.6 K，897 K。

7. (a)62°；(b)55.3°，1.54°；(c)55.19°及 65.95°；(d)−0.175，0.478。

8. 见图 6.13，(a)中 $x/r_t=0.05$，$c_x=113.2$ m/s。

9. 0.31 m。

10. (a)1.4；(b)$A_2=0.4822$ m^2，$r_t=0.7737$ m，$t_h=0.632$ m；(c)$c_{\theta3h}=49.49$ m/s，$c_{\theta3h}=40.43$ m/s；(d)$R_h=0.444$，$R_t=0.546$。

11. 结论列于表中，见《解答手册》。

12. 见《解答手册》中的图。

13. (d)$\alpha_h=9.1°$；$\alpha_t=21.08°$。

14. (a)$i_h=7.09°$，$i_t=7.5°$，(b)$p_{0h}-p_{0t}=0.276$ bar。

15. 见解答手册。

第 7 章

1. (a)27.9 m/s；(b)880 r/min，0.604 m；(c)182 W；(d)0.333 (rad)。

2. 579 kW；169 mm；50.0。

3. 0.875；5.61 kg/s。

4. 24430 r/min；0.2025 m，0.5844。

5. 0.735，90.5%。

6. (a)542.5 kW；(b)536 及 519 kPa；(c)586 及 240.8 kPa，1.20，176 m/s；(d)0.875；(e)0.22；(f)28400 r/min。

7. (a)29.4 dm^3/s；(b)0.781；(c)77.7°；(d)7.82 kW。

8. (a)14.11 m；(b)2.635 m；(c)0.7664；(d)17.73 m；(e)13.8 kW；$\sigma_S=0.722$，$\sigma_B=0.752$。

9. (a)见正文；(b)(a)32214 r/min，(b)5.246 kg/s；(c)(a)1.254 MW，(b)6.997。

10. (a)189.7 kPa，0.953；(b)0.751；(c)0.294，33.3 J/(kg·K)

11. (a)516 K，172.8 kPa，0.890；(b)$M_2=0.281$，$M_2=0.930$。

12. (a)0.880;(b)314.7 kPa;(c)1.414 kg/s。

13. (a)7.358 kW;(b)275.8 r/min,36.7 kW。

14. (a)ΔW=300 J/(kg·K),功率=38.6 kW;(b)Ω_S=0.545 (rad),D_S=4.85。

15. M_2=0.4482,c_2=140.8 m/s。

16. (a)465 m/s,0.740 m;(b)0.546 (rad)。

17. r_{s1}=0.164m,M_1=0.275。

18. (a)372.7 m/s;(b)156 m/s;(c)0.4685;(d)0.046 m^2。

19. (a)11.55 kg/s;(b)1509 kW;(c)0.5786;(d)2.925 rad。

第 8 章

1. 586 m/s,73.75°。

2. (a)205.8 kPa,977 K;(b)125.4 mm,89200 r/min;(c)1 MW。

3. (a)90.3%;(b)269 mm;(c)0.051,0.223。

4. 1593 K。

5. 2.159 m^3/s,500 kW。

6. (a)10.089 kg/s,23356 r/min;(b)9.063×10^5,1.879×10^6。

7. (a)81.82%;(b)890 K,184.3 kPa;(c)1.206 cm;(d)196.3 m/s;(e)0.492;
(f)r_{s3}=6.59 m,r_{h3}=2.636 cm。

8. (a)308.24 m/s;(b)56.42 kPa,915.4 K;(c)113.6 m/s,0.2765 kg/s;
(d)5.452 cm;(e)28.34°;(f)0.7385 rad。

9. (a)190.3 m/s;(b)85.7 ℃。

10. S=0.1648,η_{ts}=0.851。

11. 文献研究。

12. (a)4.218;(b)627.6 m/s,M_3=0.896。

13. (a)S=0.1824,β_2=32.2°,α_2=73.9°;(b)U_2=518.3 m/s;(c)T_3=851.4 K;
(d)N=38,956 r/min,D_2=0.254 m,Ω_s=0.5685,(近似)对应于图 8.15 中 η_{ts} 的最大值。

14. (a)361.5 kPa;(b)0.8205。

15. (a)α_2=73.90,β_2=32.20;(b)2.205;(c)486.2 m/s。

16. (a)0.3194 m,29.073 r/min;(b)ζ_R=0.330,ζ_N=0.0826。

第 9 章

1. (a)224 kW;(b)0.2162 m^3/s;(c)6.423。

2. (a)2.138 m;(b)对于 d=2.2 m,(a)17.32 m,(b)59.87 m/s,40.3 MW。

3. (a)378.7 r/min;(b)6.906 MW,0.252 (rad);(c)0.783;(d)3。

4. 管中的水头损失为 17.8 m。(a)672.2 r/min;(b)84.5%;(c)6.735 MW;
(d)2.59%。

5. (a)12.82 MW，8.69 m^3/s；(b)1.0 m；(c)37.6 m/s；(d)0.226 m。

6. (a)663.2 r/min；(b)69.55°，59.2°；(c)0.152 m 及 0.169 m。

7. (b)(a)1.459(rad)，(b)107.6 m^3/s，(c)3.153 m，15.52 m/s。(c)(a)398.7 r/min，0.456 m^2/s；(b)20.6 kW(不正确)，19.55 kW(正确)；(c)4.06 (rad)。
(d)$H_s - H_a = -2.18$ m。

8. (a)0.94；(b)115.2 r/min，5.068 m；(c)197.2 m^2/s；(d)0.924 m。

9. (a)11.4 m^3/s，19.47 MW；(b)72.6°，75.04°叶顶处；(c)25.730，59.540 轮毂处。

10. (a)需要 6 台水轮机；(b)0.958 m；(c)1.861 m^3/s。

11. (a)0.498 m；(b)28.86 m。

12. (a)0.262(rad)；(b)0.603；(c)33.65 m^3/s。

13. $\alpha_2 = 50.32°$，$\beta_2 = 52.06°$，0.336 m，$\Omega_{sp} = 2.27$ (rad)。是的，所给数据与所述的效率一致。

14. (a)(a)390.9 kW；(b)1.733 m^3/s；(c)0.767 m 及 15.06 m/s；(d)$\alpha_2 = 65.17°$及 $\beta_2 = 0.57°$。(b)$\sigma = 0.298$，在 $\Omega_{sp} = 0.8$，$\sigma_c = 0.1$ 时，该水轮机不会发生水蚀(见图 9.21)。

15. (a)649.5 r/min 及 0.024 m^3/s；(b)0.650 kW；(c)0.579 kW。

16. (a)110.8 m^3/s；(b)100 r/min 及 3.766 m；(c)$\alpha_2 = 49.26°$及 $\beta_2 = 39.08°$。

17. 轮毂处，$\alpha_2 = 49.92°$，$\beta_2 = 28.22°$；平均半径处，$\alpha_2 = 38.64°$，$\beta_2 = 60.46°$；叶顶处，
$\alpha_2 = 31.07°$，$\beta_2 = 70.34°$。

18. (a)0.8495；(b)250 r/min，90 m^3/s，22.5 MW；(c)模型的 $N_{SP} = 30.77$ r/min，原型的转速为 31.73 r/min。

19. (a)4910 N；(b)185.1 kW。

第 10 章

1. $C_p = 0.303$，$\zeta = 0.51$。

2. $\bar{a} = 0.0758$ 及 $\Delta p = 14.78$ Pa。

3. (a)$C_p = 0.35$，$\zeta = 0.59$，及 $N = 12.89$ r/min；(b)13.13 m/s，2.388 MW。

4. $a = 0.145$，$a' = 0.0059$，及 $C_L = 0.80$。